Conserver cette Couverture

15005

LES
IRRIGATIONS
EN ÉGYPTE

LES
IRRIGATIONS
EN ÉGYPTE

PAR

JULIEN BAROIS

Inspecteur général des Ponts et Chaussées,
Ancien secrétaire général du Ministère des Travaux Publics d'Égypte,
Ancien directeur français des Chemins de fer Égyptiens de l'État.

Deuxième édition revue et augmentée

*La première édition a obtenu
une médaille d'or de la Société nationale d'Agriculture de France.*
(Séance du 24 décembre 1904.)

PARIS
LIBRAIRIE POLYTECHNIQUE Ch. BÉRANGER, ÉDITEUR
SUCCESSEUR DE BAUDRY ET Cⁱᵉ
PARIS, 15, RUE DES SAINTS-PÈRES, 15
MAISON A LIÈGE, 21, RUE DE LA RÉGENCE

1911
Tous droits réservés.

PRÉFACE

A mes amis d'Égypte.

Bien que cet ouvrage soit destiné moins à vous-mêmes qu'aux étrangers désireux d'apprendre à connaître votre pays, c'est à vous, mes amis d'Égypte, que je me plais à adresser la préface de cette nouvelle édition.

J'y trouve d'abord une excellente occasion de vous dire le souvenir plein de charme que je garde de mon long séjour parmi vous, dans cette Égypte si attachante, que je quittai il y a deux ans à peine et où je compte retourner souvent pour y cultiver de vieilles affections qui me sont si précieuses.

Mais mon but principal, en vous dédiant ces lignes, est d'essayer de dégager à votre intention, de l'ensemble des faits contenus dans ce volume quelques considérations de philosophie naturelle qui présenteront peut-être quelque intérêt même en dehors de la vallée du Nil.

Vous savez combien profondément ont été modifiées dans ces derniers temps les conditions agricoles de la Basse et de la Moyenne Égypte. Vous n'avez, il est vrai, introduit aucune plante nouvelle dans vos assolements et ce sont toujours les mêmes produits qu'autrefois que vous demandez à la terre : coton et canne à sucre en été, céréales et fourrages en hiver, maïs comme récolte intercalaire pendant la crue du Nil. Mais la proportion et la superficie de ces diverses cultures a été complètement changée. En peu d'années, la totalité du coton exporté d'Égypte a plus que doublé, passant de 120 000 tonnes à plus de 290 000 tonnes, tandis que la surface de vos champs de coton s'est élevée de 380 000 hectares à 670 000 hectares[1]. Ce magnifique résultat

---

[1] On pourra consulter au sujet de la culture du coton en Égypte un ouvrage très étudié et très documenté, *La production du coton en Égypte*, publié en 1908 par M. François-Charles Roux.

économique, vous l'avez obtenu comme conséquence directe des améliorations considérables qui ont été apportées au système d'irrigation et qui sont principalement les suivantes :

Pour la Basse-Égypte :

Agrandissement et creusement de nombreux canaux ;

Relèvement de 2,50 m. (de la cote 13 mètres à la cote 15,50 m.) de la retenue maxima du Barrage du Delta;

Création de canaux de drainage qui ont permis notamment d'assainir et de défricher beaucoup de terres auparavant marécageuses.

Pour la Moyenne Égypte :

Transformation de 190 000 hectares de bassins d'inondation en terres d'irrigation par la construction du barrage d'Assiout sur le Nil et par l'établissement de grandes artères d'alimentation et de drainage.

Pour l'ensemble de l'Égypte :

Réglementation rationnelle du niveau des canaux et distribution équitable de leurs eaux ;

Attribution aux terres irriguées, pendant l'étiage, d'un milliard de mètres cubes d'eau supplémentaire provenant de la réserve emmagasinée pendant la crue en amont du barrage d'Assouan.

Une ère de prospérité qui a étonné le monde s'est levée sur votre pays à la suite de ce superbe développement de l'irrigation. Et voilà cependant que, dès aujourd'hui, si peu d'années après que vous avez été entraînés dans la voie du progrès, des craintes se manifestent parmi vous sur la solidité et sur la durée de vos conquêtes agricoles.

Avant de mettre la dernière main à cette édition, j'ai tenu, au commencement de cette année, à étudier sur place les travaux les plus récents, notamment la transformation de la Moyenne Égypte et la surélévation du barrage d'Assouan. J'ai alors constaté de près l'émotion qui s'était emparée des agriculteurs, des financiers et des négociants au sujet de l'avenir économique de la contrée. Depuis plusieurs années déjà, on remarquait que la quantité totale du coton exporté ne progressait pas proportionnellement à l'extension des cultures, autrement dit, que le rendement moyen des terres à coton s'amoindrissait pour l'ensemble de l'Égypte. Une commission officielle avait été nommée en 1908 pour examiner la question et avait publié un rapport rempli d'excellents conseils. Mais le gros déficit de la récolte 1909-10, qui avait cependant donné les plus brillantes espérances jusque vers la fin du mois d'août, suscita tellement d'inquiétudes que le gouvernement jugea nécessaire de désigner une nouvelle commission chargée de faire une enquête approfondie et de proposer des mesures pour combattre toute cause de décadence agronomique.

Comment se pose donc le problème ? Quelles en sont les données ? Quelles en sont les solutions possibles ?

La commission de 1908 a rapproché, pour les douze années 1895 à 1907 et pour toute l'Égypte, la superficie cultivée en coton, la production totale annuelle et le rendement moyen, puis elle a divisé ces douze années par groupes de trois et a trouvé les chiffres suivants :

PÉRIODES	RENDEMENT MOYEN	
	en kantars par feddan.	en kilogrammes par hectare.
1895-1896-1897.	5,55	595
1898-1899-1900.	5,01	537
1901-1902-1903.	4,85	520
1904-1905-1906.	4,28	459
Moyennes.	4,92	528

C'est ainsi une réduction de 136 kilogrammes par hectare, soit de 23 p. 100 en moyenne, entre la première et la troisième période [1].

On peut objecter que la décroissance progressive ainsi calculée est un peu trop forte. Car, dans la première période, figure le plus fort rendement des douze années, 621 kilogrammes par hectare pour l'année 1897-98, et, dans la dernière période, le plus faible rendement, 410 kilogrammes par hectare, pour l'année 1905-06. En outre, l'augmentation rapide de la surface cultivée en coton, pendant les trois dernières années, dans la Moyenne Égypte où le rendement est un peu plus faible que dans le Delta, exerce une influence légèrement déprimante sur le rendement général de l'Égypte pendant cette période.

Quoi qu'il en soit, on peut considérer comme établi que le produit

[1] Il ne semble pas que les récoltes autres que le coton aient subi une diminution analogue.

de la récolte du coton ne s'est pas accru en proportion de la surface des cultures. De plus, le rendement de l'année 1909-10 a été de beaucoup inférieur à celui de toutes les années précédentes.

Ces mécomptes proviennent-ils surtout d'influences permanentes et générales dont l'action s'aggrave chaque année, ou bien d'influences fortuites, accidentelles ou locales susceptibles de disparaître d'une année à l'autre? Sont-ils l'effet de la superposition de ces deux sortes d'influences et dans quelle mesure? Ce sont là les points qu'il importe d'élucider.

Les causes qui agissent sur le rendement d'une récolte de coton en Égypte sont :

Les conditions climatériques ;
La qualité des semences ;
La composition du sol ;
Les insectes ;
L'arrosage.

Examinons successivement chacun de ces éléments et recherchons comment chacun d'eux a été ou a pu être affecté par la transformation agricole de l'Égypte.

Conditions climatériques. — On cultivait autrefois le coton sur un tiers à peine de la Basse Égypte. Actuellement, il couvre près de la moitié du territoire ; c'est-à-dire que presque tous les cultivateurs ont substitué un assolement biennal à l'ancien assolement triennal. Les arrosages s'étendent donc sur une plus grande superficie toute l'année. En outre, c'est un peu plus tôt qu'autrefois qu'on donne l'eau, dès le début de la crue, au maïs qui est aussi une récolte très développée. De ce double fait résulte-t-il à de certains moments, dans la campagne, une humidité des couches inférieures de l'air qui puisse être nuisible au coton ? Il n'existe pas, jusqu'à présent, de renseignements précis à ce sujet.

Qualité des semences. — La commission de 1908 déclare nettement que « la détérioration de la plante tant au point de vue du rendement que de la qualité des fibres est un fait constaté ».

Composition du sol. — La même commission relate que, « en l'absence d'observations méthodiques, elle n'a pas eu de bases certaines pour établir si, d'une manière générale, le sol s'est appauvri ou non dans les dernières années ». Elle observe toutefois que, la superficie plantée en coton ayant augmenté par suite de l'assolement biennal sans que le nombre des bestiaux de ferme se soit accru, il en est résulté une réduction de la quantité de fumier disponible par hectare de coton, d'où probabilité d'appauvrissement du sol.

Insectes. — L'extension de la culture du coton sur une plus grande proportion du territoire a évidemment pour effet de faciliter la multiplication des insectes ennemis de cette plante, qui sont plus spécialement la chenille de la feuille au printemps et la chenille de la capsule à l'automne. De l'avis de tous, c'est cette dernière chenille qui a été l'une des causes principales, sinon la cause réelle, du déficit de la récolte de 1909.

Arrosage. — De ce côté, ainsi que je l'ai déjà dit, de très importants changements ont été réalisés. Ils ont eu pour but d'amener plus d'eau en toute saison et à un niveau plus rapproché de la surface du sol irrigué et pour conséquence d'étendre considérablement l'aire du coton. Certains des travaux exécutés, certaines des dispositions et des réglementations adoptées peuvent-ils avoir contribué dans quelque mesure à abaisser le rendement ?

Voici du moins plusieurs faits qui sont le plus ordinairement incriminés :

Dans les années de bas étiage, les ingénieurs, pour proportionner la distribution au débit disponible dans le Nil, imposent des périodes d'arrosage trop espacées.

Au début de la crue, l'eau est mise trop tôt ou avec trop de libéralité à la portée du fellah qui en abuse. Si l'étiage a été bas et la crue tardive, trop d'humidité succède alors dans le sol trop brusquement à trop de sécheresse. Si l'étiage a été bon et la crue précoce, la terre déjà assez humide souffre d'un excès d'eau.

Le relèvement du plan d'eau dans les grands canaux produit sur les bords des infiltrations salines qui détériorent le sol sur de larges espaces.

Certaines terres de l'intérieur de la Basse Égypte, qui se chargent de sels nuisant à leur fertilité gagneraient en qualité si elles pouvaient recevoir de temps en temps des cultures à grands besoins d'eau comme le riz. Or, pour sauvegarder dans les années de mauvais étiage le coton planté le long des biefs éloignés des canaux, on a interdit le riz en dehors de la région basse du nord.

Le drainage est insuffisant ; les colateurs sont engorgés à certains mois de l'année ; l'entretien en est négligé.

Une nappe souterraine existe dans le sous-sol de l'Égypte. Elle est alimentée par l'infiltration continue des eaux du Nil et des canaux ainsi que des eaux d'arrosage ; le niveau en varie régulièrement avec les saisons. Par suite du développement des irrigations, la surface de cette nappe a une tendance à s'exhausser dans certaines régions et à certaines époques de façon à gêner les racines du coton.

Je viens de résumer les causes qui peuvent influer sur le rendement de vos récoltes de coton ; ce sont les mêmes que votre commission de 1908 a reconnues.

Parmi ces causes, les unes, comme la qualité des semences, la composition du sol, les insectes, sont essentiellement agricoles ; elles ne sont pas, d'ailleurs, spéciales à l'Égypte. La sélection des graines pour améliorer la plante, les engrais judicieusement composés pour rendre à la terre sa fécondité, l'échenillage ou les aspersions de liquides appropriés pour combattre les insectes, sont des procédés qui sont appliqués dans tous les pays de culture intensive. Je ne m'y arrêterai pas ; je voudrais seulement dire quelques mots sur ce qui, dans la pratique actuelle de l'irrigation, intéresse plus spécialement le rendement du coton.

Mais auparavant, je ne puis m'empêcher de vous faire observer combien vous êtes peu documentés sur ce qui convient et sur ce qui nuit à cette plante si précieuse pour vous, à laquelle vous devez le meilleur de votre prospérité. Vous vous êtes surtout préoccupés jusqu'à présent d'amener assez d'eau pour arroser le plus de coton possible, sans trop vous soucier de l'avenir de vos récoltes. Il devient nécessaire d'y penser aujourd'hui.

En parcourant l'Égypte, on est frappé de ne rencontrer dans vos provinces ni observatoires agricoles, ni laboratoires, ni champs de culture expérimentale. La Société Khédiviale d'agriculture et l'administration des Domaines de l'État sont entrées, il est vrai, récemment dans la voie des recherches scientifiques : ce qu'elles ont fait n'est pas encore suffisant. Vous retireriez certainement un grand profit de la création de stations agronomiques en divers points de la vallée du Nil.

Le gouvernement a nommé dans ces derniers temps des commissions d'enquête avec mission de le conseiller sur les mesures à prendre pour améliorer le rendement du coton. Mais, en l'absence d'informations circonstanciées et d'études suivies, quelle peut être la valeur d'une enquête basée uniquement sur des statistiques d'ensemble ou sur l'opinion plus ou moins fondée de propriétaires qui ne sont pas généralement habitués à préciser les conditions particulières de leur exploitation ? Comment déterminer la part d'influence à attribuer, dans chaque localité, aux divers éléments qui concourent pour détériorer une récolte ? De ce que la province de Béhéra par exemple, a eu une série de mauvais rendements, ce n'est pas une raison pour que le produit de la province de Menoufieh ait diminué et cependant le résultat final sera un abaissement de la moyenne générale, abaissement dû peut-être à des circonstances qui n'ont aucune répercussion sur l'ensemble du territoire.

C'est de l'étude de chaque région que peut venir la lumière. Ainsi l'administration des Domaines de l'État a fait dernièrement, dans le centre de la Basse Égypte, des observations et des relevés desquels elle conclut que ses récoltes s'amoindrissent régulièrement depuis 1903. Or, je connais une propriété voisine des terres des Domaines dans laquelle les rendements moyens n'ont guère varié depuis vingt ans. La commission de 1908 a constaté, de son côté, que, depuis douze ans, la moyenne des rendements ne s'est pas modifiée dans la Moyenne Égypte. Tout ceci montre combien la question est complexe et a besoin d'être examinée de près. Ces remarques sont aussi de nature à faire supposer qu'il n'existe pas, pour l'Égypte entière, des causes permanentes de décadence, mais qu'il se produit plutôt des accidents ou passagers ou locaux ou même régionaux qui, une fois reconnus et analysés, pourront être combattus avec succès pourvu qu'on y mette de la persévérance.

Pour en revenir à l'irrigation, la transformation du système a été très rapide et même l'ingénieur a eu de la peine à suivre dans sa marche en avant le fellah qui réclamait toujours plus d'eau pour étendre ses cultures et dont les exigences ont souvent dépassé les ressources disponibles. De cela est résulté un certain manque d'équilibre dans l'ensemble. Il n'en est pas moins vrai que, dans ses grandes lignes, le système général d'irrigation dont vient d'être doté l'Égypte constitue un outil souple et puissant, bien approprié au pays. Il lui manque encore, pour être parfaitement adapté à ses fonctions, quelques ouvrages complémentaires, quelques corrections partielles, quelques changements dans la réglementation des eaux ; l'observation et l'expérience les indiqueront et il appartiendra au gouvernement d'y pourvoir. De son côté, le fellah aura aussi à modifier sans doute certaines habitudes d'assolement et d'arrosage et là encore le gouvernement devra peut-être intervenir pour promulguer, dans l'intérêt général, des dispositions législatives plus restrictives ou plus sévères que celles qui existent actuellement.

Pour faire mieux saisir ma pensée, je reprendrai une à une les diverses critiques que j'ai entendu formuler contre le service des irrigations et qui ont déjà été signalées plus haut.

Certains se plaignent que les périodes d'arrosage soient trop espacées dans les périodes de bas étiage et que le coton souffre alors de la dessiccation du sol. C'est que la surface cultivée en coton s'est augmentée plus vite que la fourniture de l'eau. Quand on a créé le réservoir d'Assouan, on pensait que le débit du Nil accru du supplément emmagasiné serait suffisant pour toutes les nouvelles terres irriguées de la Moyenne Égypte et pour les terres à coton du Delta. Or, l'expérience a montré que, dans les années de bas étiage, il y a à peine assez d'eau pour l'ensemble des deux régions. Il sera donc sage, quand la capacité de ce réservoir aura été plus que doublée par les travaux actuellement en cours, d'attribuer d'abord une part de cette nouvelle réserve aux cultures existantes et de ne pas étendre outre mesure par le défrichement la superficie des terres cultivables du Delta. On améliorerait peut-être aussi la situation en donnant tout simplement moins d'eau à chaque arrosage et en arrosant plus souvent.

D'autres considèrent que la cote du Nil en amont du Barrage du Delta est relevée trop tôt en juillet, dès le début de la crue, et que les terres à maïs imbibées d'eau à ce moment tout autour des champs de coton communiquent à ceux-ci trop d'humidité. Si, en effet, cet état de choses est nuisible au coton, il est très facile, sauf dans les années de crue précoce, de retarder l'exhaussement de la retenue au Barrage et, dans tous les cas, on peut ne pas relever prématurément le niveau des grands canaux d'alimentation en réglant convenablement leurs ouvrages de prise. Mais alors le fellah qui, pour avoir de plus forts rendements en maïs, a substitué à l'ancienne espèce indigène, poussant très vite, une nouvelle espèce moins hâtive, demandant à être semée plus tôt, devra ou revenir à cette ancienne espèce ou hâter la maturation du nouveau maïs par des fumures plus abondantes, ou même modifier ses assolements.

Le long de quelques biefs de grands canaux maintenus toute l'année à un niveau surélevé, on remarque que les terres, parfois sur une grande largeur, sont détériorées par des efflorescences salines provenant des infiltrations. Pour corriger cet inconvénient, plusieurs moyens peuvent être employés suivant les circonstances : ou abaisser le plan d'eau dans ces biefs par une modification locale du système de distribution, ou établir des rigoles latérales de drainage qui couperaient les lignes d'infiltration rapprochées de la surface du sol, ou faciliter sur les terres abîmées la pratique de lavages abondants pendant la crue, ou y autoriser des cultures réclamant beaucoup d'eau comme le riz qui est aujourd'hui interdit dans les régions hautes du Delta.

Il est admis par tout le monde que le drainage est généralement insuffisant et que beaucoup de colateurs sont engorgés dans certaines saisons. En fait, le drainage a toujours été, dans ce pays, en retard sur l'irrigation. On y remédiera par un meilleur entretien des drains, par le creusement de nouveaux canaux d'évacuation dans les districts où il en manque, et enfin, partout où cela serait reconnu nécessaire, par l'abaissement du plan d'eau dans les biefs inférieurs des drains principaux au moyen de pompes, comme cela se fait déjà dans la province de Béhéra. On pourra aussi lutter contre le mal en réglementant en tout temps, d'une façon moins libérale et plus stricte qu'aujourd'hui, les dimensions et l'usage des prises d'eau particulières. Enfin, le fellah devra soigner davantage son propre drainage et employer lui aussi, le cas échéant, des machines élévatoires pour donner un écoulement satisfaisant à ses rigoles d'assainissement.

Une autre question a été soulevée il y a peu de temps et on y attache une grande importance, c'est celle d'un mouvement ascendant de la nappe souterraine qui serait plus marqué qu'autrefois en certains points ou du moins à une époque de l'année où il ne se produisait pas auparavant. Le fait est jusqu'à présent peu connu en lui-même, ainsi que dans ses causes et dans ses effets ; il est par conséquent délicat de l'aborder en l'absence d'informations précises. Il résulterait évidemment de la plus grande abondance des eaux superficielles sur une plus large partie du territoire et aussi de la plus forte pression exercée tout le long de l'année sur le sous-sol perméable par les eaux à niveau surélevé soit du Nil, soit des grandes artères d'alimentation qui sillonnent le pays. Pourrait-on y remédier par un meilleur drainage ? C'est fort probable, ou encore en modérant le débit des canaux pendant la crue par l'établissement de périodes de chômage qui abaisseraient de temps en temps le niveau de l'eau dans ces canaux ; ou enfin faudrait-il en venir à modifier les assolements de façon à diminuer la superficie qui doit être arrosée à la fois ? Les études que le gouvernement égyptien vient de prescrire sur ces divers points montreront certainement s'il y a lieu d'appliquer l'une ou l'autre de ces mesures en quelque point ou dans certaines années, ou bien elles feront découvrir d'autres solutions si c'est nécessaire.

J'arrive à la conclusion que je voudrais tirer pour vous, mes amis d'Égypte, des considérations que je viens de vous présenter.

La prospérité agricole de l'Égypte, contrée située dans une partie du globe où il ne pleut pas, dépend tout entière et de l'habileté avec laquelle l'ingénieur amène et distribue sur les terres les eaux fécondantes apportées des zones équatoriales par votre fleuve, et de la prudence avec laquelle vous faites usage de ces eaux.

La fertilité de votre sol s'est conservée intacte depuis la plus haute antiquité jusqu'à nos jours grâce à une méthode de culture par inondation qui fit jadis votre célébrité. Vous avez aujourd'hui rejeté ces pratiques millénaires comme ne répondant plus à vos besoins et vous leur avez substitué un système d'irrigation dont le plan est large et simple et qui a complètement transformé la situation économique de votre pays. C'est en un temps très court que ce système, dont les principes furent posés vers le milieu du siècle dernier, a pris tout son développement. Ne soyez donc pas étonnés si, bien que satisfaisant dans son ensemble aux conditions générales de votre agriculture, il n'ait pas déjà atteint la perfection.

Ce que vous avez à faire maintenant, c'est de le compléter dans les parties encore inachevées, de le corriger sur les points que l'expérience montre défectueux, de l'assouplir en l'adaptant autant que possible aux nécessités agronomiques qui peuvent être très diverses d'un endroit à l'autre. Mais ne marchez qu'en vous appuyant sur l'observation méthodique des faits et ne perdez jamais de vue qu'il est indispensable que l'ordre et l'intensité de vos cultures soient toujours en rapport étroit avec les possibilités de l'irrigation. C'est ainsi que vous maintiendrez la prééminence agricole que vous tenez de votre situation privilégiée sur les bords du Nil.

Les Réaux, août 1910.

INTRODUCTION

A LA PREMIERE ÉDITION

J'ai publié en 1887 une étude sur l'irrigation en Égypte[1]. C'était la première fois qu'on tentait de présenter un tableau d'ensemble des conditions techniques de ce pays envisagé au point de vue de l'hydraulique agricole. Les documents étaient rares, les sources d'information peu nombreuses, aussi, malgré mes efforts, je n'avais pu produire qu'une œuvre incomplète. Tel qu'il était, cet essai a cependant été accueilli avec une certaine faveur, car il est aujourd'hui entièrement épuisé.

De divers côtés, j'ai été sollicité d'en faire une seconde édition, mais l'Égypte s'est tellement transformée depuis cette époque, que c'est un ouvrage entièrement nouveau, conçu sur un plan tout à fait différent, que j'ai dû composer ; à peine quelques pages de ma première étude y ont trouvé place.

Toutefois, j'ai continué à m'inspirer de l'idée qui m'avait guidé alors, cherchant à exposer les faits et les méthodes au point de vue des enseignements généraux qui peuvent s'en dégager et laissant de côté, de parti pris, les curiosités, les particularités et les polémiques qui n'ont pas d'importance spéciale en dehors de l'Égypte. Le but que je me propose surtout est d'appeler l'attention des ingénieurs français sur les procédés employés pour fertiliser le sol au moyen des eaux d'un grand fleuve, procédés qui sont de nature à trouver leur application, sinon en France même, au moins dans notre domaine colonial d'Asie et d'Afrique. Je m'estimerais heureux si les connaissances que j'ai pu acquérir en matière d'irrigation, pendant la longue durée de mon séjour en Égypte, pouvaient être ainsi de quelque utilité pour mes compatriotes.

On ne doit pas s'attendre à trouver dans ce volume des considérations étendues sur le développement des méthodes d'arrosage dans les temps passés, à travers les civilisations qui se sont succédé sur ce coin de terre

[1] *L'Irrigation en Égypte* a été imprimée à l'Imprimerie Nationale, à Paris, par les soins du Ministère de l'Agriculture, et a paru dans les *Bulletins de l'Hydraulique agricole* de 1887. Un certain nombre d'exemplaires fut mis en vente à la librairie Hachette et Cie, à Paris.

fécondé par le Nil. Il n'y sera guère question que des faits qui se sont produits depuis une centaine d'années et plus spécialement dans la seconde moitié du xixe siècle. D'ailleurs, dans l'état actuel de la science, vouloir remonter plus haut serait une entreprise pleine de difficultés et d'incertitudes, car les générations disparues nous ont laissé bien peu de choses comme vestiges d'anciens travaux hydrauliques, comme traditions ou comme vieux usages, pour nous aider dans de pareilles recherches.

Nous ne possédons jusqu'à ce jour, sur la manière dont les anciens égyptiens pratiquaient l'art des irrigations que les renseignements généraux et assez vagues qui nous ont été transmis par les auteurs grecs et romains. Le sol et les monuments ne nous ont rien révélé à ce sujet ou du moins presque rien.

Du lac Mœris, ce vaste réservoir dont la construction étonna le monde, c'est à peine si l'on retrouve l'emplacement, et on n'en peut préciser le rôle. Deux ou trois restes de nilomètres dans des ruines de temples, quelques hauteurs de crues marquées sur le quai antique de Karnak, sont les seules traces du soin qu'on a pris dans tous les temps de noter le mouvement des eaux du Nil. Quant aux digues maçonnées, murs de réservoirs, ponts, prises d'eau, à tous ces ouvrages qui auraient pu donner quelques indications sur les limites et le niveau des bassins d'inondation, sur leur mode d'alimentation et de vidange, et sur tout ce qui se rattache aux irrigations, ils ont totalement disparu. Fondés sur une couche d'alluvions légères, ils n'ont sans doute pas résisté longtemps à l'effort des courants et aux déplacements du Nil pendant les siècles de misère et d'incurie qui ont passé si souvent sur l'Égypte ; leurs débris ont été submergés sous les eaux ou engloutis dans le limon, et la place n'en est même plus indiquée par un remous du fleuve ou par une ondulation du sol.

On constate, en outre, un fait assez inexplicable. Les parois des tombeaux, qui nous ont conservé la représentation exacte et détaillée des procédés employés par les anciens Égyptiens dans les arts, dans l'agriculture, dans les métiers de toute sorte, ne nous les montrent nulle part travaillant à leurs digues, ouvrant ou fermant leurs barrages, curant leurs canaux. C'est à peine si, dans toute l'Égypte, on voit sur deux ou trois bas-reliefs des fellahs occupés à élever de l'eau pour l'arrosage, comme ils le font encore aujourd'hui, au moyen d'un panier en cuir suspendu à l'extrémité d'un levier. Les hiéroglyphes nous ont toutefois appris que, parmi les fonctionnaires les plus importants du pays, on comptait de tout temps ceux qui étaient chargés de surveiller les canaux et de distribuer les eaux.

De l'époque arabe, nous n'avons guère, par les historiens, que quelques renseignements relatifs aux crues du Nil, aux années de sécheresse et d'abondance.

Les premiers documents précis que nous possédions sur l'utilisation agricole des eaux du Nil nous ont été donnés par les ingénieurs de l'expédition de Bonaparte. A ce moment-là, l'Égypte tout entière était encore soumise à l'antique régime des bassins d'inondation ; comme règle générale, les terres étaient submergées ou arrosées pendant la crue du Nil et elles ne recevaient plus d'eau pendant le reste de l'année, à moins qu'elles ne fussent exceptionnellement bien situées sur les bords du fleuve et de ses embranchements. Mais, peu de temps après le passage des savants français, commença une ère de profonde transformation économique et agricole par suite de la substitution progressive, sur une large surface du territoire, des procédés de l'irrigation permanente au système de l'inondation annuelle.

On peut diviser en trois périodes l'exécution de cette opération qui a amené l'Égypte à un degré de prospérité inconnu jusque là.

La première de ces périodes, sous le règne de Mehemet Ali, est marquée par la création d'un important réseau de canaux d'irrigation dans la Basse Égypte, par la construction d'un barrage sur le Nil à la pointe du Delta, par l'exécution de nombreux travaux dans les bassins d'inondation de la Haute Égypte. C'est l'époque d'un effort colossal qui a été accompli principalement avec l'aide de deux ingénieurs français, Mougel et Linant de Bellefonds, et qui a eu pour conséquence immédiate une rapide extension de la culture du coton.

La seconde période, dont le point culminant est le règne du khédive Ismaïl, donne à la Moyenne Égypte une grande artère d'irrigation, le canal Ibrahimieh ; elle correspond à un accroissement considérable de la culture de la canne à sucre et à l'établissement d'une puissante industrie sucrière en Égypte. C'est encore du côté de la France que le khédive Ismaïl recrute la plupart de ses conseillers techniques. Mais alors, comme sous Mehemet Ali, l'influence des ingénieurs européens sur les services d'irrigation se fait sentir plutôt par des avis que par une direction effective : aussi l'inertie ou le mauvais vouloir des fonctionnaires indigènes empêche souvent les meilleures solutions d'aboutir et l'on constate de la confusion et des hésitations fréquentes dans la marche en avant.

La troisième période commence en 1884, lorsque, l'Angleterre ayant pris en main les affaires d'Égypte après la révolte d'Arabi, les ingénieurs anglais se mettent à la tête de l'administration chargée des irrigations, non plus comme des conseillers pas toujours écoutés, mais en maîtres obéis. Alors le barrage du Delta, l'œuvre de Mougel, est achevé et consolidé et la retenue qu'il crée envoie sur la Basse Égypte par trois grands canaux toute l'eau qui est disponible dans le lit du fleuve, les bassins d'inondation de la Haute Égypte sont mis à l'abri des effets des basses crues, l'eau du Nil est emmagasinée à Assouan pendant les mois d'abondance pour augmenter le débit d'étiage, le régime des canaux est amélioré, les travaux de drainage poussés avec activité, la distribution des eaux réglementée, la corvée supprimée et l'entretien de tout le système pratiquement assuré.

Ces derniers résultats ont été obtenus sous la haute direction des sous-secrétaires d'État anglais qui se sont succédé au Ministère des Travaux Publics, sir Colin Scott Moncrieff, le colonel Ross et sir William Garstin, avec l'appui des ministres Abderrahman Pacha, Zeki Pacha, Fahkry Pacha [1], sans oublier Nubar Pacha, qui, président du conseil des ministres pendant plusieurs années, a eu une action décisive sur les progrès de l'irrigation. Les dépenses nécessaires ont été rendues possibles par l'amélioration continue de la situation financière de l'Égypte et par le concours que les puissances ont prêté au gouvernement en autorisant la Caisse de la Dette publique à fournir une forte partie des fonds qui ont été consacrés aux travaux les plus importants. Toutes les mesures qui ont pour but le développement de la richesse dans la vallée du Nil sont du reste toujours chaudement encouragées par le khédive Abbas Hilmi qui, grand agriculteur lui-même, connaît parfaitement les besoins et les ressources du pays.

Cette troisième période de l'histoire des irrigations est remarquable par l'extension constante des cultures de coton et de canne à sucre qui font la fortune de l'Égypte et par une énorme augmentation de la valeur du sol.

Un certain nombre d'ouvrages sur les irrigations d'Égypte a paru depuis 1887, époque de la publication de ma première étude sur ce sujet. Je citerai notamment :

Egyptian irrigation, par M. W. Willcocks, dont la première édition fut publiée en 1889 et la seconde en 1899.

Le Nil, le Soudan, l'Égypte, par A. Chélu bey, 1891.

The Fayum and Lake Mœris, par le major R. H. Brown, 1892.

History of the Barrage, du même auteur, 1896.

Ces ouvrages m'ont été très utiles pour la rédaction de ce livre ; mais j'ai surtout trouvé une source abondante et précieuse de renseignements dans les rapports très substantiels et très détaillés publiés chaque année par le Ministère des Travaux Publics, et aussi dans deux rapports officiels, très documentés, l'un du colonel Ross, sur la préservation des bassins de la Haute Égypte contre l'effet des basses crues (1889), et l'autre, de M. W. Willcocks, sur l'irrigation pérenne (1894) [2].

---

[1] J'ajouterai que Ismaïl Pacha Sirry, actuellement ministre des Travaux publics, a beaucoup contribué à l'extension de l'irrigation dans la Moyenne Égypte.

[2] Il convient de citer aussi les nombreuses publications du capitaine Lyons, directeur du Survey Department, sur la météorologie et l'hydrologie de l'Égypte et du bassin du Nil.

LES
IRRIGATIONS EN ÉGYPTE

CHAPITRE PREMIER

COUP D'ŒIL GÉNÉRAL SUR L'ÉGYPTE

Description générale. — Climat. — Divisions administratives, superficie cultivée, population. — Voies de communication. — Produits agricoles. — Monnaies, poids et mesures.

DESCRIPTION GÉNÉRALE

L'Égypte proprement dite s'étend depuis les rivages de la mer Méditerranée jusqu'au 22º degré de latitude nord, soit à quelques kilomètres au nord de la cataracte de Ouady Halfa, seconde cataracte du Nil. De ce point jusque vers la hauteur du Caire, elle développe une étroite bande cultivée le long des rives du Nil; près de cette ville commence le Delta qui s'épanouit en éventail vers le nord et dont le point le plus septentrional est à la latitude de 31°36'. A la pointe du Delta, le Nil se divise en deux branches, celle de Damiette qui s'éloigne vers l'est et celle de Rosette qui s'incline du côté de l'ouest (pl. 1).

De la frontière sud jusqu'au Delta la longueur de la vallée du Nil est à peu près de 1 200 kilomètres. Le Delta forme un grand triangle ayant une base d'environ 240 kilomètres de l'est à l'ouest, sur les bords de la mer, et une hauteur de 150 kilomètres du nord au sud.

Entièrement recouverte par le limon que le fleuve a déposé depuis les temps les plus reculés dans la dépression qui sépare le plateau lybique du plateau arabique, l'Égypte forme ainsi une longue oasis entourée à l'est comme à l'ouest par de vastes déserts qui avancent leurs ondulations stériles jusqu'aux limites où la nature et l'industrie des hommes amènent les eaux fertilisantes du Nil.

Très resserrée jusque vers Gebel Silsileh, point situé à 24°36' de latitude nord, la partie cultivable de la vallée ne comprend dans cette région que quelques petits lambeaux de plaines découpées entre les promontoires rocheux qui bordent le fleuve. Tout près du 24ᵉ degré de latitude se dressent les pittoresques ruines de Philœ, au milieu des îles granitiques qui dominent la cataracte d'Assouan. Là aussi, à peu de distance du débouché de ces rapides, en face de l'île célèbre d'Éléphantine, s'élève la petite ville d'Assouan ; c'est la première ville qu'on rencontre en venant du sud ; grâce à la beauté de son site et à son merveilleux climat, elle est devenue un lieu très fréquenté pendant l'hiver par les touristes.

A Gebel Silsileh, le Nil franchit un défilé rocheux ; puis la vallée s'ouvre et présente jusqu'au Caire des contours assez réguliers; sa plus grande largeur est d'une vingtaine de kilomètres et sa largeur moyenne de dix kilomètres.

Le Nil est ordinairement plus rapproché du désert arabique que du désert lybique. Sur la rive droite, sauf dans la province de Kéneh, il n'existe guère que des parties cultivables peu étendues qui forment en général des plaines discontinues séparées par des contreforts désertiques.

Ainsi de Ouady Halfa au Caire il n'y a sur la rive droite que 160 000 hectares cultivables, tandis que sur la rive gauche il en existe 688 000. Aussi à partir de Kéneh les principaux centres de population, Guirgueh, Sohag, Assiout, Minieh, Benisouef, sont tous à l'ouest du fleuve.

Toute la région située au sud d'Assiout est cultivée presque exclusivement par bassins d'inondation. L'aspect en est très différent suivant l'époque de l'année où on la parcourt.

En hiver, c'est une mer de verdure, coupée de distance en distance par les digues en terre qui limitent les bassins, et d'où émergent les villages bâtis sur des monticules qui sont les seules aspérités de cette plaine limoneuse, nivelée par les apports du Nil.

Au printemps, ce n'est plus qu'un sol noir, fendillé, desséché, d'apparence stérile sur lequel se détachent quelques oasis fertilisées par les eaux d'arrosage que le fellah élève à grand renfort de bras ou de machines à vapeur. Cette plaine sombre est dominée, dans le lointain, par la longue ligne des plateaux qui bordent de chaque côté la vallée et qui, tantôt sous l'aspect de croupes onduleuses jaunies par le sable, tantôt sous la forme de roches abruptes brûlées par les rayons ardents du soleil, montrent de loin la barrière que ne peut franchir le domaine des cultures.

Enfin en été, pendant la crue, toute cette terre, sauf quelques champs verdoyants de maïs qui serpentent le long des rives du fleuve, est noyée sous une nappe d'eau que divisent les rubans sinueux des digues et d'où surgissent les taches noires des villages (fig. 1).

Si, au lieu de prendre la voie de terre, le voyageur s'abandonne au cours du Nil, son horizon, pendant l'étiage, se trouve généralement limité au fleuve même, à ses îles, à ses bancs de sable, à ses hautes berges couronnées de digues sur lesquelles apparaissent, de distance en distance, des bourgades construites en terre et entourées de palmiers; parfois, du côté de la rive droite, sur plusieurs kilomètres de longueur, surplombent

Fig. 1. — Aspect d'un bassin d'inondation pendant la crue.

des falaises escarpées. Mais pendant la saison des hautes eaux, le spectacle change; le pont de la dahabieh ou du bateau à vapeur domine alors la plaine qui apparaît, suivant l'époque, soit couverte de récoltes, soit noyée jusqu'aux confins du désert sous l'eau d'inondation.

Quelques points de la vallée se présentent toutefois dans ces régions sous un aspect différent; ce sont ceux où l'antique culture des bassins a été remplacée par la pratique des irrigations; l'eau du fleuve y est élevée au moyen de puissantes pompes à vapeur, comme à Erment, Mentana, Dabayah, au sud de Louxor, ou dans la région de Nag Hamadi, ou, sur la rive droite, à Cheikh Fadel, dans la province de Minieh. Là, la culture est permanente; la canne à sucre et le coton en constituent les éléments les plus importants; de grandes usines échelonnées le long du Nil, pour le traitement de la canne ou l'égrenage du coton, dressent leurs énormes bâtiments et leurs hautes cheminées qui coupent le paysage large et monotone. La végétation y règne presque toute l'année, l'inondation n'y répand pas ses eaux sur les terres; le fellah travaille chaque saison aux récoltes successives que l'irrigation lui permet de confier à la terre généreuse.

On donne ordinairement les noms de Haute Égypte à la partie de la vallée du Nil située au sud d'Assiout et de Moyenne Égypte à la région qui s'étend entre Assiout et le Caire. La Haute Égypte a 500 kilomètres de longueur et la Moyenne Égypte 300 kilomètres.

Depuis quelques années, la culture par bassins d'inondation est presque entièrement supprimée dans la Moyenne Égypte: sur la rive gauche du Nil, l'eau d'irrigation est distribuée par une grande dérivation appelée canal Ibrahimieh, et, sur la rive droite, dans la province de Ghizeh, par des machines à vapeur. L'aspect du pays est à peu près le même que celui de la Haute Égypte dans les districts à culture permanente.

Dans la Moyenne Égypte est comprise une province dont la topographie présente un caractère tout particulier; elle se nomme le Fayoum. C'est une dépression, presque circulaire, découpée dans le désert lybique qui la domine de toute part et au fond de laquelle est un lac sans issue, le lac Keroun. Le Fayoum est situé à 80 kilomètres environ au sud du Caire, en dehors de la vallée même du Nil, avec laquelle il communique seulement par une trouée qui donne passage à une dérivation du fleuve appelée Bahr Yousef, unique source d'alimentation des canaux d'arrosage de cette province. La pente du sol y étant relativement forte, beaucoup de ces canaux forment de véritables ravins creusés par la chute naturelle de l'eau jusqu'à des profondeurs qui atteignent parfois 15 mètres au-dessous de la surface du terrain. La culture s'y fait par irrigation.

Si enfin, en sortant du Caire, on pénètre dans la Basse Égypte ou Delta, on n'aperçoit, à perte de vue, qu'une vaste plaine, uniformément plate, aménagée en cultures variées auxquelles un immense réseau de canaux distribue toute l'année l'eau d'arrosage. De nombreux et grands villages couvrent la campagne, un peuple de travailleurs est répandu en toute saison dans les champs, prodiguant spécialement ses soins au cotonnier, source principale de la richesse du pays, et au maïs qui est l'aliment traditionnel du fellah. La contrée est parsemée de pompes à vapeur qui élèvent les eaux d'irrigation et d'usines où afflue le coton pour y être égrené et comprimé.

Mais au fur et à mesure qu'on avance vers le Nord, la terre devenant plus basse, sa fertilité diminue ; les cultures se font pauvres et rares ; de vastes surfaces de terrains incultes, en partie marécageuses, commencent à apparaître pour se fondre plus loin dans les grands lacs qui forment une ceinture presque continue entre le Delta et la mer.

Ces lacs reçoivent le trop-plein des eaux des canaux, les eaux de colature et les eaux d'infiltration de la vallée. Ils sont au nombre de quatre : le lac Mariout et le lac d'Edkou, à l'ouest de la branche de Rosette ; le lac Bourlos, entre les deux branches du Nil, et le lac Menzaleh, à l'est de la branche de Damiette.

CLIMAT[1]

Les caractères généraux du climat du Caire sont la rareté de la pluie, la faible intensité du froid, la longueur de la période annuelle des chaleurs, la limpidité ordinaire de l'atmosphère ; toutefois les quatre saisons y sont marquées par des phénomènes spéciaux qui les distinguent assez nettement les unes des autres.

En hiver, la température est douce et assez régulière ; elle est à peu près, en moyenne, celle qui se produit pendant l'été dans certaines villes de l'Écosse, à Édimbourg par exemple ; la neige est inconnue, la gelée exceptionnelle, la pluie peu fréquente ; il est rare que le ciel soit entièrement couvert par les nuages.

Même pendant l'hiver, la puissance du rayonnement donne lieu à des différences assez fortes de température entre le jour et la nuit ; mais c'est surtout en mars, avril et mai qu'on constate de grandes et brusques variations de chaleur. Elles coïncident avec l'apparition de vents, désignés sous le nom de khamsin, qui, après avoir soufflé pendant plusieurs jours de la région du sud et avoir rapidement relevé le thermomètre, sont presque subitement remplacés par des vents d'ouest et du nord chargés de fraîcheur et d'humidité. Ces vents sont le phénomène particulier du printemps ; souvent violents, ils apportent du désert qu'ils ont traversé tant de poussière que le soleil en est obscurci comme par un épais brouillard ; généralement accompagnés d'une forte dépression barométrique, ils sont parfois si brûlants qu'ils causent à l'organisme une sensation des plus pénibles et deviennent un fléau pour l'agriculture. Cependant, entre les périodes de

---

[1] Notice sur le climat du Caire, par l'auteur, publiée dans le *Bulletin de l'Institut Égyptien*, 1889.

khamsin, se rencontrent fréquemment de belles journées chaudes de printemps avec de belles nuits fraîches et calmes.

Mais bientôt s'annonce l'été avec la continuité de ses journées torrides, tempérées par la brise du nord, et avec ses nuits légèrement refroidies qui procurent à la nature quelques instants de délassement, en attendant que le soleil darde de nouveau ses rayons dans un ciel presque uniformément pur. Le calme des jours et des nuits, la température élevée et sèche, relativement légère à supporter, la fréquence des vents du nord sont les caractéristiques de l'été.

La crue du Nil, vers le mois de septembre, apporte un peu d'humidité dans cet air desséché ; le matin, de gros nuages montent dans le ciel, le sol est souvent couvert d'une abondante rosée ; la direction des vents devient plus variable, puis, en octobre et novembre, la température s'abaisse, le ciel est plus couvert, parfois il tombe un peu de pluie, l'hiver se prépare.

Le tableau ci-dessous résume les principales données météorologiques du climat du Caire.

Principales données météorologiques du climat du Caire (d'après les observations de l'observatoire de l'Abbassieh au Caire).

MOIS	TEMPÉRATURES			PRESSIONS MOYENNES (moy. de 20 années 1868-1887).	HUMIDITÉ			ÉVAPORATION (moy. des années 1887-1888).	NUAGES en dixièmes de la surface du ciel (moy. de 15 années comprises entre 1868 et 1888).	OBSERVATIONS
	(moy. de 31 ans 1868-1898) moyennes.	moy. de 20 ans 1868-1887			relative (moyenne de 13 années entre 1870 et 1888).	absolue (moyenne des 4 années 1884-1887).				
		minima.	maxima.							
	degrés.	degrés.	degrés.	mm.	p. 100.	gr.		mm.		
Janvier	12,30	6,9	18,3	762,12	68	7,6		2,29	3,5	Le Caire est situé à 160 kil. environ de la mer, l'observatoire à 33 m. d'altitude, l'altitude moyenne de la région est de 20 m. Latitude nord : 30°4'40". Longitude est de Greenwich 2 h. 5 m. 9 s.
Février	13,67	6,8	20,0	61,42	63	7,7		2,65	3,6	
Mars	16,87	9,0	23,4	59,14	55	7,8		5,55	3,2	
Avril	21,24	14,4	30,1	57,80	45	8,0		6,43	2,4	
Mai	24,90	15,2	33,3	57,65	43	9,6		8,16	1,7	
Juin	27,87	18,9	35,7	56,44	42	11,1		9,98	0,7	
Juillet	28,85	20,6	36,9	54,49	46	12,7		11,93	0,9	
Août	27,89	21,1	35,7	54,86	53	13,9		10,00	1,1	
Septembre	25,80	19,8	33,3	57,52	59	13,8		7,54	1,5	
Octobre	23,10	20,0	33,6	59,62	64	13,3		5,47	2,1	
Novembre	18,51	13,9	26,3	60,80	67	10,4		4,00	2,9	
Décembre	14,52	9,2	21,6	61,74	68	8,6		3,17	3,5	
Moy. annuelles.	21,29	14,6	29,0	758,63	56	10,4		6,42	2,3	

Le climat du Caire n'est pas naturellement celui de toute l'Égypte ; à mesure que l'on s'approche de la mer, la température est moins élevée, la différence de température entre les jours et les nuits moins forte, l'humidité plus abondante, les pluies plus fréquentes. L'intensité de ces phénomènes varie en sens inverse lorsqu'on s'avance dans la direction du sud.

Mais le Caire donne à peu près exactement l'idée du climat moyen de l'Égypte[1].

Température. — Au Caire, la température moyenne mensuelle la plus basse est celle du mois de janvier, elle est de 12°,30 ; elle va en croissant de mois en mois jusqu'au mois de juillet où elle atteint 28°,85, puis elle redescend régulièrement jusqu'à la fin de l'année ; la température moyenne annuelle est de 21°,29.

La température la plus élevée constatée au Caire est de 47°,3 et la plus basse 2° au-dessous de zéro dans l'ensemble des années 1868 à 1898.

A Alexandrie, sur le bord de la mer, la température moyenne annuelle est un peu plus basse qu'au Caire, 20°,66, la moyenne de l'hiver étant à peu près la même que pour le Caire et la moyenne de l'été inférieure de 2°,5, toujours avec des écarts moindres entre le maximum et le minimum de chaque jour et avec des températures maxima inférieures à celles du Caire.

Du Caire à la mer, la température varie progressivement entre ces limites; en remontant le Nil au contraire, la moyenne et les maxima augmentent.

Pression atmosphérique. — Les variations de la pression atmosphérique sont faibles ; elles se produisent surtout au moment des changements de vents ou khamsin des mois d'avril, mai et juin.

État du ciel. — Les chiffres indiqués au tableau ci-contre dans la colonne intitulée « nuages » montrent que le ciel d'Égypte est ordinairement très découvert ; il l'est surtout pendant la nuit, c'est ce qui explique le rayonnement intense qui se produit et qui a pour conséquence les fortes différences de température constatées entre le jour et la nuit, différences qui s'élèvent en été, en moyenne, à 16° et qui descendent en hiver à 12°. La sécheresse des régions désertiques qui enserrent l'Égypte est la cause principale de ce phénomène qui s'atténue naturellement au fur et à mesure qu'on s'approche de la mer.

Humidité atmosphérique. — La pluie est peu fréquente au Caire et dans la Haute Égypte ; elle l'est davantage dans le voisinage de la mer.

---

[1] Voici quelques chiffres relatifs aux différences du climat le long de la vallée du Nil. Ils se rapportent à l'année 1907 et sont extraits du rapport météorologique officiel du gouvernement égyptien :

Température moyenne annuelle centigrade. — Alexandrie 19°,2, Le Caire 19°,6, Assiout 20°,5, Assouan 24°,2, Khartoum 28°,2.

Température maxima absolue. — Alexandrie 33°, Le Caire 40°,4, Assiout 41°,0, Assouan 47°,2, Khartoum 45°,3.

Pluie annuelle totale en millimètres. — Alexandrie 159,4, Port-Saïd 68,7, Le Caire 49,6.

Évaporation moyenne en millimètres par jour. — Alexandrie 3,74, Ghizeh (auprès du Caire, sur le bord du Nil) 3,81, Helouan (auprès du Caire, dans le désert) 7,04, Assiout 5,82, Assouan 11,32, Khartoum 11,14.

Ainsi, par exemple, en 1888, année relativement pluvieuse, il est tombé au Caire 42,40 mm. de hauteur d'eau en vingt-cinq fois réparties dans les mois de janvier, février, avril, mai, juin, novembre et décembre.

En 1887, année sèche, il n'a plu que treize fois, dans les mois de janvier, février, mars, avril, novembre et décembre ; la hauteur totale d'eau tombée n'a été que de 21,90 mm. En moyenne, on peut dire qu'il pleut une vingtaine de jours par an avec une chute totale d'une trentaine de millimètres.

A Alexandrie, il pleut en moyenne quarante jours par an avec une chute de 200 millimètres. En 1877, il a plu cinquante-six fois dans l'année.

D'une façon à peu près absolue, en Égypte, il ne pleut pas entre la fin d'avril et le commencement d'octobre.

Si donc les pluies peuvent présenter une certaine importance pour l'agriculture dans le nord du Delta, et jusqu'à une centaine de kilomètres de la mer, elles sont, à ce point de vue, absolument négligeables dans le reste de l'Égypte.

Cela ne veut pas dire, d'ailleurs, que l'ingénieur n'ait jamais à s'en préoccuper pour ses travaux. Ainsi, une commission internationale chargée, en 1892, d'étudier un projet d'assainissement du Caire, décidait que le réseau des égouts devrait être calculé pour débiter 3,6 litres d'eaux de pluie par seconde et par hectare ; ce chiffre était basé sur ce que la plus forte quantité de pluie tombée au Caire avait été, le 7 décembre 1891, de 12,4 mm. en une heure et dix minutes ; c'est là, du reste, une pluie exceptionnelle.

D'autre part, lorsque de fortes averses tombent sur les plaines en pente ou sur les vallées encaissées du désert qui entoure l'Égypte, les eaux se précipitent avec violence, en torrents, sur les terres basses ou les terrains cultivés qu'elles rencontrent. Ce n'est pas dangereux lorsque ces eaux s'étalent sur de grandes surfaces plates ; mais lorsqu'elles rencontrent des obstacles qui s'opposent à leur passage, elles les rompent parfois et causent alors d'importants dégâts. Il n'est pas très rare que les chemins de fer construits dans le désert, tels que les lignes d'Ismaïliah à Suez, du Caire à Hélouan, de Louxor à Assouan, soient coupés par les pluies, soit parce que la voie est établie sur des terrains de déjection où elle barre les écoulements naturels, soit parce que les ouvrages d'art n'ont pas une ouverture suffisante, d'ailleurs fort difficile à prévoir faute d'observations précises.

Les brouillards sont rares au Caire ; ils se produisent le matin pendant les mois de janvier, février, septembre, octobre, novembre et décembre ; c'est dans ces deux derniers mois qu'ils sont les plus fréquents. De 1885 à 1888, le nombre des jours de brouillard a varié de onze à quarante-trois par an, la moyenne étant de vingt-cinq. Ces brouillards sont parfois assez épais sur le cours du Nil pour empêcher absolument la navigation.

Dans la Basse Égypte, les brouillards de la fin de septembre et du mois d'octobre sont funestes aux cotonniers dont ils pourrissent les graines, ils sont très redoutés des agriculteurs.

Humidité relative. — L'humidité relative au Caire est, en moyenne :

Pour l'hiver	62 p. 100
— le printemps	43 —
— l'été	52 —
— l'automne	66 —

Elle est en moyenne, pour l'année, de 56 p. 100.

Il y a de très grandes variations d'humidité entre les diverses heures du jour ; ainsi en 1887, la moyenne des différences entre le maximum et le minimum journaliers d'humidité a été en juillet de 52 ; c'est le mois pour lequel cette différence est la plus forte ; elle a été de 17 en janvier, mois pour lequel elle est la plus faible. La sécheresse peut atteindre des valeurs considérables, surtout pendant les mois de mars, avril, mai et juin et, par les vents du sud, les variations d'humidité peuvent être très rapides ; ainsi, le 17 mars 1887 à six heures du matin, l'atmosphère était complètement saturée d'humidité et, à trois heures, elle n'en contenait plus que 11 p. 100 ; c'est, il est vrai, un cas exceptionnel. Les courbes des variations diurnes de l'humidité présentent leurs points extrêmes aux mêmes heures que les courbes de température.

Quant à la quantité de vapeur d'eau contenue dans l'air, elle est :

En hiver	7,7 gr. par mètre cube.
Au printemps	9,6 —
En été	13,5 —
En automne	10,8 —

Toutes ces observations concourent pour montrer que le climat du Caire et de l'Égypte en général est particulièrement sec et qu'il ne serait qu'une cause de stérilité si le Nil ne répandait sur le pays ses eaux fécondantes.

Sans doute, l'action de la mer tend à atténuer l'influence néfaste de la sécheresse dans les parties septentrionales du Delta ; ainsi, comme donnée extrême, l'humidité relative moyenne est, à Alexandrie :

En hiver	70 p. 100
Au printemps	71 —
En été	76 —
En automne	71 —

soit, en moyenne, 72 p. 100 ; mais néanmoins, même dans cette partie de l'Égypte, le facteur essentiel de la fertilité du sol est encore l'eau qui est apportée par le fleuve.

Vents. — Le vent du nord est le vent dominant de l'Égypte ; il souffle en moyenne pendant une durée de cent cinquante jours par an, surtout pendant les mois d'été, de mai à octobre, et adoucit la rigueur du climat.

Il a déjà été dit quelques mots du « khamsin », vent du sud, qui règne particulièrement vers les mois de mars et d'avril, se produit parfois dès le mois de février et, certaines années, souffle encore en mai et en juin. Le khamsin est pour l'Égypte ce qu'est le sirocco pour l'Algérie ; il est sec et chaud ; il se manifeste ordinairement par périodes de trois ou quatre jours ; quand il est fort, il dessèche tout sur son passage et cause d'énormes relèvements de température qui peuvent atteindre au Caire jusqu'à 45°.

Orages. — Quoique l'atmosphère soit, à certains moments, très chargée d'électricité, surtout quand soufflent les vents du sud qui entraînent avec eux de grandes quantités de poussières fines et sèches, les orages sont rares en Égypte. La grêle est tout à fait exceptionnelle.

Évaporation. — Dans un pays dont toute la vie dépend de la distribution des eaux du Nil et où la sécheresse de l'air est considérable, les ingénieurs ont naturellement à se préoccuper sérieusement de la quantité d'eau évaporée journellement, lorsqu'ils ont à fixer le débit des canaux d'arrosage et de drainage ou la quantité d'eau à emmagasiner dans les bassins et les réservoirs.

D'après les chiffres relevés à l'observatoire du Caire en 1887 et 1888, la hauteur d'eau évaporée serait en moyenne de 6,42 mm. par jour, ce qui correspond à une hauteur annuelle de 2,35 m. En juillet, cette hauteur atteint 12 millimètres par jour et en janvier elle descend à 2,30 mm.

M. Linant de Bellefonds, dans son ouvrage sur les travaux publics en Égypte, rapporte que des observations faites pendant deux années sans interruption l'ont conduit à fixer l'évaporation moyenne à 9 millimètres de hauteur d'eau par jour. Il s'agit là, probablement, de chiffres relevés sur des réservoirs de petites dimensions ; l'auteur n'indique pas d'ailleurs la nature des expériences qu'il a faites.

Lors de la construction du canal de Suez et au moment du remplissage des Lacs Amers, M. Lavalley, entrepreneur des travaux, fit des constatations en grand, du mois de mars au mois d'août, c'est-à-dire pendant la saison chaude, et il trouva que, sur cette grande surface, il s'évaporait chaque jour une hauteur d'eau de 3 ou 4 millimètres seulement. C'est ce chiffre qui a été admis, en 1882, par la commission officielle chargée d'examiner en France le projet de la mer intérieure de Gabès, comme représentant l'évaporation probable en Tunisie, sous un climat analogue à celui de l'Égypte.

Le major R.-H. Brown, inspecteur général des irrigations, dans son livre

The Fayum and Lake Mœris, donne pour le lac Keroun, au Fayoum, 0,01 m. par jour pendant les trois mois les plus chauds de l'année et plus de 0,006 m. en moyenne pour l'ensemble des mois de mars à septembre.

Dans son ouvrage *Egyptian Irrigation* publié en 1889, M. Willcocks, alors inspecteur des irrigations, conclut d'observations faites également sur le lac Keroun, que l'évaporation y est de 7,5 mm. par jour en mai et juin. D'autres expériences faites par lui-même au nord du Delta, du 1er août à fin novembre, sur une surface d'eau de 380 000 000 mètres carrés, il déduit le chiffre de 3 millimètres par jour. En résumé, il déclare qu'on peut admettre pour la Haute Égypte 7 millimètres en été et 5 millimètres en hiver, et, pour la Basse Égypte, 3 millimètres en été, 2 millimètres en hiver.

Enfin, dans le grand projet que cet ingénieur a présenté en 1894 pour l'établissement d'un réservoir d'emmagasinement des eaux du Nil à Assouan, à l'extrême sud de l'Égypte, il a admis le chiffre de 8 millimètres par jour pour l'évaporation pendant la saison de la crue.

DIVISIONS ADMINISTRATIVES. — SURFACE CULTIVÉE. — POPULATION

La superficie totale de l'Égypte, en tenant compte des terres incultes, des lacs, marécages, etc., peut être évaluée à un peu plus de 33 000 kilomètres carrés.

Ainsi, comme comparaison, on peut dire que le Nil, en Égypte, a une longueur analogue à celle de la Loire et que la surface totale du pays correspond à celle de cinq départements français.

La superficie cultivée en 1904 était de 23 300 kilomètres carrés répartis comme il suit :

Haute Égypte

Rive droite du Nil	1 700 km²
Rive gauche du Nil	7 000
Province du Fayoum	1 700
Total pour la Haute Égypte	10 400 km²

Basse Égypte.

A l'est de la branche de Damiette	5 020 km²
Entre les deux branches	5 350
A l'ouest de la branche de Rosette	2 530
Total pour la Basse Égypte	12 900 km²
Total général pour l'Égypte	12 300 km²

La population est de 11 182 600 habitants, d'après le recensement de 1907; elle ressort à 480 habitants par kilomètre carré de terres cultivées et à 339 habitants par kilomètre carré de territoire.

L'Égypte est donc un pays très peuplé. La population de la Belgique, qui est la plus dense de l'Europe, n'est que de 187 habitants par kilomètre carré.

Au point de vue administratif, la vallée du Nil est divisée en quatorze provinces et six gouvernorats, non compris des gouvernorats extérieurs comme celui d'el Ariche, en Asie, et de Souakim, sur les bords de la mer Rouge.

La population et les terres cultivées sont réparties comme il suit entre ces divisions administratives :

		SUPERFICIE [1] cultivée en 1904.	POPULATION (recensement de 1907)
Haute Égypte. (Les provinces sont indiquées ci-dessous en descendant le cours du Nil du sud au nord) :		hectares.	habitants.
Provinces	de Nubie	32 100	232 843
	de Keneh	154 000	772 492
	de Guirgueh	139 700	792 971
	d'Assiout	183 300	903 335
	de Minieh	178 500	659 967
	de Benisouef	102 000	372 412
	de Ghizeh	76 400	460 080
	de Fayoum	173 400	441 583
Basse Égypte. A l'est de la branche de Damiette :			
Provinces	de Galioubieh	76 600	434 575
	de Charkieh	217 400	879 646
	de Dakhalieh	206 200	912 428
Entre les branches du Nil :			
Provinces	de Menoufieh	145 300	970 581
	de Garbieh	390 100	1 484 814
A l'ouest de la branche de Rosette :			
Province de Béhéra		253 400	798 473
Gouvernorats.			
Le Caire		» »	654 476
Alexandrie		» »	332 246
Port-Saïd		» »	49 884
Ismaïliah		1 600	11 448
Suez		» »	18 347
TOTAUX		2 330 000	11 182 571

VOIES DE COMMUNICATION

La principale voie de communication est le Nil qui constitue une magnifique artère de navigation traversant le pays dans toute sa longueur du

[1] Ces chiffres sont extraits du *Report upon the Administration of the public works department in Egypt for* 1904.

nord au sud et desservant le Delta par les deux branches de Rosette et de Damiette. Ce fleuve forme une route ouverte aux transports par bateaux sur près de 2 000 kilomètres de longueur depuis la frontière sud jusqu'à la mer, avec le seul obstacle naturel de la cataracte d'Assouan le long de laquelle on vient de construire un canal avec écluses. La navigation est, il est vrai, difficile et même impossible en beaucoup de points pendant la saison des basses eaux.

Au Nil viennent s'ajouter : dans la Moyenne Égypte, les deux grands cours d'eau du canal Ibrahimieh et du Bahr Yousef, qui coulent parallèlement au fleuve, sur sa rive gauche, et qui donnent ensemble une longueur plus ou moins navigable d'environ 500 kilomètres ; dans le Delta, presque tous les grands canaux d'irrigation et de drainage dont, en 1895, 800 kilomètres étaient utilisables pour la circulation des bateaux pendant toute l'année et 500 kilomètres pendant la période des hautes eaux seulement. Ce réseau navigable s'est encore étendu depuis cette époque.

L'Égypte a en outre à sa disposition comme voies terrestres : un réseau de chemins de fer appartenant à l'État ; des voies ferrées agricoles construites et exploitées par des compagnies avec garantie de l'État ; des routes agricoles.

Les lignes de l'État sont à voie normale ; elles se ramifient au travers du Delta sur 1 300 kilomètres et se prolongent le long du Nil, dans la Haute Égypte, jusqu'à Assouan, sur 893 kilomètres, avec embranchement de 73 kilomètres dans le Fayoum. Par exception, de Louxor à Assouan, la ligne de la Haute Égypte a une voie de 1,06 m. d'écartement sur 220 kilomètres. Ce réseau principal a, en outre, été accru récemment dans la Moyenne et la Haute Égypte, par l'acquisition de 500 kilomètres environ de lignes privées agricoles, qui étaient autrefois spécialement destinées au transport de la canne à sucre entre les champs de culture et les usines de fabrication.

Quant aux chemins de fer agricoles concédés à des compagnies, ils sont à voie étroite. A la fin de 1903, les longueurs exploitées étaient :

1° Dans le Delta :
Ligne de Mansourah à Matarieh (province de Dakhalieh), voie de 1 m.   109 km.
Lignes de la Compagnie des Delta Light Railways, voie de 0,75 m. . .   842 —
2° Dans le Fayoum, voie de 0,75 . . . .   181 —
                                                    Total. . . . . 1 132 km.

En principe, les chemins de fer agricoles sont posés sur les routes créées par le gouvernement sous le nom de « routes agricoles » et dont l'exécution a été commencée en 1889. Ces routes sont de simples levées en terre, non macadamisées. Telles qu'elles sont, elles ont beaucoup contribué à améliorer les communications et à développer les charrois. Tous les transports par terre se faisaient autrefois à dos de chameau, de cheval ou d'âne et ces bêtes, surchargées de lourds fardeaux, n'avaient pour circuler que des chemins étroits, raboteux, coupés à chaque pas par des rigoles d'arrosage. L'Égypte, qui donnait tous ses soins et consacrait toutes ses ressources à la distribution des eaux d'irrigation, avait toujours négligé l'importante question des transports par terre.

Aujourd'hui, les routes agricoles sont déjà nombreuses et leur longueur s'augmente chaque année. A la fin de 1905, on en comptait dans la Haute Égypte :

Province de Minieh	259 km.	
— Benisouef	126	
— Fayoum	350	
Total		735 km.

Dans la Basse Égypte :

Provinces de l'est	524 km.	
— du centre	1 064	
— de l'ouest	271	
Total		1 849 km.
Total général		2 584 km.

En dehors de ces routes, les digues du Nil et beaucoup de digues de canaux et de bassins servent à la circulation.

Pour ses échanges avec les pays étrangers, l'Égypte possède un grand port de commerce, Alexandrie, dont le mouvement à l'entrée représentait en 1908 un tonnage total de 3 680 000 tonnes, et plusieurs ports secondaires, tels que Rosette et Damiette aux embouchures du Nil, Suez, Kosseir et Souakim, sur la mer Rouge. Port-Saïd est surtout un port charbonnier et un port de transit pour le canal de Suez, mais il pourra devenir un débouché important pour l'Égypte quand seront terminés les bassins actuellement en cours d'exécution pour les besoins du commerce local.

La valeur totale du commerce qui se fait par ces ports est, à l'importation, de 610 000 000 de francs et, à l'exportation, de 600 000 000 de francs. Les exportations consistent presque exclusivement en produits du sol[1].

PRODUITS AGRICOLES

De toute antiquité, l'agriculture a été la source de toute richesse en Égypte. Les tableaux reproduits ci-après donnent une idée de la puissance et de la variété de la production agricole ; ils indiquent les superficies affectées aux divers genres de récoltes.

[1] Ces chiffres représentent la moyenne des exportations et des importations pour les années 1904 à 1908, d'après le rapport de la Direction des douanes égyptiennes, année 1908.

Superficie des cultures d'Égypte dans l'année 1908 [1].

NATURE DES CULTURES	SURFACES CULTIVÉES		
	Haute Égypte.	Basse Égypte.	Totales.
	hectares.	hectares.	hectares.
Coton	143 435	545 538	688 973
Blé	222 342	268 233	490 575
Orge	81 379	103 605	184 984
Maïs, millet (dourah)	264 870	490 857	755 727
Fèves	179 863	47 353	227 216
Trèfle	214 713	394 977	609 690
Autres cultures	98 321	134 830	233 151
TOTAUX	1 204 923	1 985 393	3 190 316

Sous la dénomination générale « autres cultures » qui figure au tableau ci-dessus, est comprise une grande diversité de récoltes qui, d'après une statistique établie en 1899 par M. Boinet bey [2], directeur du bureau de statistique du Ministère des Finances, se répartissaient à cette époque comme il suit, sur une superficie qui était cette année-là de 286 350 hectares.

Cultures secondaires d'Égypte dans l'année 1899.

NATURE DES CULTURES	SURFACES CULTIVÉES		
	Haute Égypte.	Basse Égypte.	Totales.
	hectares.	hectares.	hectares.
Riz	12 757	81 787	94 544
Canne à sucre	26 225	2 552	28 777
Lentilles	34 112	2 335	36 447
Chanvre	817	1 516	2 333
Lin	»	290	290
Sésame	355	2 308	2 663
Indigo	43	26	69
Henné	39	723	762
Arachides	110	6 613	6 723
Carthame	1 976	67	2 043
Fenu grec	33 265	6 506	39 771
Oignons	8 137	3 562	11 699
Gesse	11 891	89	11 980
Melons, pastèques	6 761	6 398	13 159
Pois chiches, lupins, haricots	8 178	2 922	11 100
Légumes divers	1 533	4 723	6 256
Pavots	72	6	78
Vignes	373	816	1 189
Cultures diverses	6 032	10 435	16 467
TOTAUX	152 676	133 674	286 350

[1] Statistique communiquée par le Ministère des Travaux publics.
[2] Actuellement S. E. Boinet Pacha, secrétaire général du Ministère des Travaux publics.

Il existe en outre, en Égypte, 4 500 000 palmiers.

Le premier de ces tableaux donne un renseignement intéressant sur les conditions de l'agriculture de ce pays.

On y voit, en effet, que, en 1908, il y a eu dans la Haute Égypte 1 204 923 hectares de cultures; or, comme la surface cultivée n'est que de 963 000 hectares, il en résulte que, dans cette région, la surface des cultures est 25 p. 100 plus forte que la surface cultivable : c'est la partie de l'Égypte où règne d'une façon étendue le système des bassins d'inondation dans lesquels on ne peut faire qu'exceptionnellement plus d'une culture par an.

Dans la Basse Égypte, la surface des cultures a été de 1 985 393 hectares, tandis que la superficie cultivée ne représente que 1 367 000 hectares; la surface des cultures est donc de 45 p. 100 plus étendue que la surface cultivable; ainsi, une grande proportion des terres donne plus d'une récolte par an : c'est la partie de l'Égypte dans laquelle règne le système des canaux d'irrigation qui portent de l'eau toute l'année.

Pour toute l'Égypte, la surface des cultures est de 37 p. 100 plus forte que la superficie du sol cultivable [1].

Pendant les trois saisons cotonnières 1905 à 1908, l'Égypte a exporté en moyenne, chaque année, d'après les statistiques de la douane, 296 000 tonnes de coton valant 517 800 000 francs et 7 180 000 hectolitres de graines de coton valant 57 650 000 francs.

En outre, l'Égypte exporte annuellement d'autres produits du sol pour 82 000 000 de francs, du sucre et des denrées coloniales pour 3 800 000 francs.

Par contre, elle importe pour 98 000 000 de francs de farines, blé, maïs, orge, fruits, etc., et pour 30 000 000 de francs de sucre et de denrées coloniales.

MONNAIES, POIDS ET MESURES

L'unité monétaire est la livre égyptienne qui est divisée en cent piastres; 77 piastres valent 20 francs.

L'unité des mesures agraires est le feddan, qui vaut 4 200,833 m².

Dans le cours de cet ouvrage, nous compterons la livre égyptienne pour 26 francs et le feddan pour 4 200 mètres carrés en chiffres ronds.

L'ardeb est une mesure de capacité employée pour les céréales et qui équivaut à 197,75 litres.

Le kantar est l'unité de poids qui est en usage pour le coton, le sucre, etc.; il pèse 44,49 kg.

---

[1] En 1899, la proportion des doubles cultures était seulement de 10 p. 100 dans la Haute Égypte, de 28 p. 100 dans la Basse Égypte et de 21 p. 100 dans l'ensemble de l'Égypte. Ces chiffres, comparés à ceux de l'année 1908, montrent le chemin qui a été parcouru et le progrès qui a été réalisé dans les dix dernières années.

CHAPITRE II

LE NIL

Considérations générales. — Le cours du Nil. — La crue du Nil, ses causes. — Les nilomètres de l'Égypte. — Le régime naturel du Nil à Assouan. — Ce que devient le régime du Nil dans la traversée de l'Égypte. — Débit du Nil — Composition des eaux et du limon du Nil.

CONSIDÉRATIONS GÉNÉRALES

Le Nil n'est plus aujourd'hui ce fleuve mystérieux aux sources inconnues dont l'imagination populaire se plaisait à entourer de légendes les crues bienfaisantes. Le temps est passé également où les géographes, se basant sur des renseignements transmis de proche en proche par des populations sauvages et ignorantes, traçaient au fleuve un cours fantaisiste au travers de vastes régions inexplorées.

Les expéditions de Méhemet Ali, vice-roi d'Égypte, commencèrent, dans la première moitié du siècle dernier, à ouvrir l'accès de la vallée supérieure du Nil, et bientôt d'intrépides voyageurs, Speke, Grant, Baker, Chaillé-Long, Gessé, Schweinfurt, et tant d'autres remontèrent le cours du fleuve, en visitèrent les affluents et apportèrent des éléments d'information qui permirent d'étudier d'un peu plus près le régime de ses eaux, de déterminer les limites générales de son bassin et de reconnaître le rôle que jouent dans l'écoulement des pluies tropicales les vastes lacs et les immenses marécages de la région équatoriale.

Les ingénieurs et les officiers que le Khédive Ismaïl envoya organiser le Soudan complétèrent ces renseignements, les précisèrent, leur donnèrent une forme plus scientifique en multipliant les observations; mais l'étude du grand fleuve dans les hautes régions se trouva interrompue par les événements qui, en 1884, fermèrent ce pays à la civilisation. Elle ne put être reprise qu'en 1899 lorsque les Anglais, avançant par le sud, eurent conquis les rives du lac Victoria et que l'armée anglo-égyptienne eut arraché à la barbarie la ville de Khartoum et tout le cours supérieur du Nil.

Depuis cette époque, des nilomètres ont été établis sur le lac Victoria, ainsi que tout le long du Haut Nil et de ses principaux affluents et des stations météorologiques fournissent régulièrement des observations sur les quantités de pluie tombées dans les diverses parties de ce vaste bassin.

Les données recueillies journellement sur le mouvement des eaux dans ces parages lointains sont d'un grand secours pour les ingénieurs des irrigations, mais l'organisation de ce service de renseignements est encore toute récente; il y a à peine dix ans qu'il a commencé à fonctionner. A partir d'Assouan au contraire, le Nil a été très bien étudié depuis longtemps et est parfaitement connu; et la raison en est simple. C'est en effet le Nil, on ne saurait trop le répéter, qui donne vraiment la vie à l'Égypte; chacune des gouttes d'eau qu'il y apporte est un germe fécond, indispensable à toute production du sol dans ce pays brûlé d'un bout à l'autre de l'année par un soleil qui se voile rarement; sous d'autres climats, l'utilisation agricole des rivières peut apporter un surcroît de richesse au pays, ici la fertilité résulte uniquement de l'art avec lequel les eaux d'arrosage sont aménagées et distribuées dans les diverses parties du territoire, la stérilité règne partout où ces eaux n'arrivent pas.

Aussi l'étude des fluctuations du Nil en Égypte a, dès l'époque des civilisations anciennes, joué un rôle important dans les préoccupations des gouvernants. Les restes du nilomètre pharaonique de l'île d'Éléphantine en sont une preuve, ainsi que la découverte récente, sur le mur du quai antique du temple de Karnak, d'inscriptions relatant les niveaux et les dates de plusieurs crues des IXe et Xe siècles avant notre ère.

Plus tard, les historiens arabes conservèrent dans leurs ouvrages le souvenir des crues les plus remarquables par leur abondance ou leur pauvreté; on inscrivait d'ailleurs religieusement dans les archives les cotes du Nil relevées à un nilomètre établi dans l'île de Rodah, auprès du Caire, et des fêtes officielles et populaires dont l'une, celle de l'ouverture du canal du Khalig, au Caire, s'est maintenue jusqu'à nos jours, célébraient l'arrivée de l'inondation sur les terrains de culture.

Dans les temps modernes, les premières recherches un peu précises sur le Nil ont été faites par les ingénieurs de l'expédition de Bonaparte. De cette époque datent descartes de la vallée à grande échelle, des relevés de vitesses, de pentes et de débits. Ces travaux furent continués sous les règnes de Méhémet Ali et de ses successeurs par des ingénieurs français, parmi lesquels Linant de Bellefonds et Mougel bey, et par des ingénieurs égyptiens. Mais l'utilisation intensive et scientifique des eaux du Nil pour l'agriculture ne faisait alors que commencer et, malgré l'extension que prit l'irrigation des terres dans la période comprise entre 1850 et 1880, les ingénieurs du gouvernement n'ayant pas alors à leur disposition les ressources régulières et assurées, qui seules permettent d'entreprendre de grands travaux publics, devaient se borner à des constatations locales et laisser de côté les vues d'ensemble; toutefois de nombreux nivellements étaient déjà exécutés et rattachés les uns aux autres. Pendant cette période, si les crues faibles et les étiages bas obligeaient parfois à prendre temporairement des mesures énergiques pour préserver le pays de la famine ou de la misère, le développement agricole n'était pas encore suffisant pour que la répartition des eaux du Nil entre les diverses parties de l'Égypte, dans une année normale, devînt une éventualité déjà inquiétante pour l'avenir. Mais le problème s'étant enfin posé, grâce à la prospérité croissante du pays, il a bien fallu serrer de plus près la question du régime du Nil. Les ingénieurs anglais qui, depuis 1884, dirigent les irrigations, se sont naturellement appliqués à obtenir des données de plus en plus précises et nombreuses sur le fleuve; leurs études sont résumées chaque année dans des raprorts imprimés dont l'ensemble forme un recueil précieux. Enfin, lorsque M. l'ingénieur Willcocks fut chargé d'établir un projet pour l'emmagasinement de l'eau des crues[1], il eut à se livrer à des recherches d'ensemble sur le cours du Nil, ses pentes, ses débits.

La besogne est donc aujourd'hui facile pour celui qui, à l'aide de tous ces documents accumulés, veut présenter un tableau du régime du fleuve et de ses particularités les plus intéressantes. Il n'existe peut-être pas, en effet, un autre grand fleuve aussi bien étudié que le Nil en Égypte dans tout ce qui concerne l'emploi de ses eaux pour l'agriculture[2].

COURS DU NIL (pl. I)

Sortant du lac Victoria à peu près sous l'équateur, à l'altitude d'environ 1 133 mètres au-dessus du niveau de la mer, le Nil parcourt un peu plus de 7 000 kilomètres avant d'arriver à la mer et son bassin s'étend sur plus de trois millions de kilomètres carrés. Du lac Victoria jusqu'à Khartoum, il porte le nom de Nil Blanc sur 4 000 kilomètres environ de longueur, et, dans cette partie de son cours, ses principaux affluents sont le Sobat à l'est, le Bahr-el-Gazal à l'ouest. Khartoum est situé au confluent du Nil Blanc qui vient directement du Sud et du Nil Bleu qui descend des plateaux de l'Abyssinie; la jonction de ces deux cours d'eau forme le Nil proprement dit. Sur ses 3 000 derniers kilomètres de parcours, le Nil ne reçoit plus d'autre affluent que l'Atbara, qui lui apporte les eaux de la partie septen-

[1] Rapport sur l'irrigation pérenne, 1894, par M. W. Willcocks.
[2] Voir également une étude sur le régime du Nil dans une notice sur le climat du Caire, publiée par l'auteur dans le *Bulletin de l'Institut Égyptien* de 1889.

trionale des montagnes de l'Abyssinie; à partir du confluent de l'Atbara situé à 2 700 kilomètres de la mer, plus une rivière, plus une goutte d'eau du ciel ne viennent alimenter le lit du grand fleuve.

Le lac Victoria et le lac Albert sur le Nil Blanc, les vastes marais qui s'étendent vers le 7e degré de latitude et enfin le lac Tzana sur le Nil Bleu forment d'énormes réservoirs qui régularisent et modèrent l'écoulement par le Nil des pluies tropicales dont la zone ne s'étend guère au nord du 13e degré de latitude.

De Khartoum jusqu'à Assouan, à part quelques rares cultures que l'on rencontre sur les bords mêmes du fleuve, notamment dans la région de Dongola, c'est au milieu du désert le plus aride qu'il promène ses eaux; il franchit dans cette région de nombreux rapides que l'on divise généralement en six cataractes ayant ensemble une longueur de 565 kilomètres avec une chute totale de 200 mètres. On compte 1 800 kilomètres de Khartoum à Assouan en suivant le Nil qui, de Berber à Ouady Halfa, forme une courbe prononcée vers l'Ouest.

Assouan est véritablement la porte par laquelle le Nil pénètre en Égypte; c'est là que commence le territoire qui fait l'objet de cette étude.

Assouan est, en chiffres ronds, à 975 kilomètres de la pointe du Delta en suivant les sinuosités du courant principal du Nil pendant les basses eaux [1].

De ce point jusqu'à Keneh, sur 280 kilomètres, il coule vers le nord, s'infléchit là par un coude assez brusque vers l'ouest, puis se dirige vers le nord-ouest et enfin reprend la direction du nord sur ses 370 derniers kilomètres.

A 25 kilomètres en aval du Caire, à l'endroit communément appelé le Barrage à cause du grand ouvrage qui commande en ce point l'irrigation de la Basse Égypte, prennent naissance les deux branches de Damiette et de Rosette qui ont chacune environ 235 kilomètres de longueur.

Aussitôt échappé de la ceinture de granit qui l'enserre à Assouan, le Nil prend l'allure qu'il conserve à peu près tout le long de son cours en Égypte.

En un seul point, à Gebel Silsileh, à 70 kilomètres au nord d'Assouan, il est particulièrement étroit; sa largeur y est réduite à 350 mètres, sur une très faible longueur, par des collines de grès. Au Caire même, il n'a guère que la même largeur divisée en deux bras, le bras principal étant rétréci à 240 mètres par des constructions et des murs de quai. Sur le reste de son parcours, sa largeur est très variable. Pendant l'étiage, les bancs de sable et de limon émergent de tous côtés. Pendant les eaux moyennes, le

---

[1] C'est en prenant pour origine le point de séparation des deux branches du Delta (ou le barrage du Delta, ce qui est la même chose) et en suivant l'axe du lit mineur du Nil en basses eaux, que seront cotées les distances le long du Nil dans le cours de cet ouvrage, à moins de mention spéciale.

fleuve coule entre ses berges espacées de 500 mètres à 2 kilomètres et il est souvent divisé en plusieurs branches par des îles qui atteignent quelquefois plusieurs kilomètres de longueur. Enfin, à l'époque des hautes eaux, le lit majeur serait pendant certaines crues, la vallée tout entière, si le fleuve n'était contenu par des digues situées plus ou moins loin des berges et assez élevées pour protéger les terres contre les inondations.

Depuis la pointe du Delta jusqu'à la mer, les deux branches de Rosette et de Damiette conservent à peu près les mêmes caractères que le Nil en amont; mais la branche de Damiette présente, en général, une largeur moindre que la branche de Rosette. On aura une idée approchée de cette différence en comptant que la branche de Damiette est large en moyenne de 600 mètres, et la branche de Rosette, de 350 mètres.

Les six sections de la planche II sont prises dans les endroits où le Nil et ses deux branches sont franchis par des ponts de chemin de fer ; elles représentent donc la forme du lit dans les points où les eaux sont relativement ramassées.

Le Nil coule, depuis Assouan jusqu'à la mer, sur un fond d'alluvion limoneuse ou sableuse, généralement formé de matières très fines, fond très mobile, dont le niveau varie avec l'intensité du courant, se creuse pendant la crue et se relève pendant l'étiage. Quant à la profondeur de l'eau, elle est assez faible pendant l'étiage, sur de longs parcours, pour que des bateaux ayant 80 centimètres de tirant d'eau aient la plus grande peine à naviguer et ne puissent pas franchir certains passages, tandis que, dans les endroits où le fleuve a peu de largeur, comme au Caire, cette profondeur n'est en aucune saison inférieure à une douzaine de mètres.

En considérant la direction générale de la vallée sans tenir compte des circuits qu'y trace le cours du Nil, la longueur totale de la Haute Égypte, d'Assouan à la pointe du Delta, est de 860 kilomètres environ et la longueur du Delta, en suivant de la même manière la direction générale de l'une ou l'autre des deux branches, est de 170 kilomètres.

Des chiffres donnés plus haut pour les longueurs du fleuve, il résulte que les détours du Nil représentent 10 p. 100 d'augmentation sur la ligne directe en Haute Égypte et 40 p. 100 en Basse Égypte.

La pente du Nil varie peu d'un bout à l'autre de l'Égypte ; elle est naturellement plus forte en crue qu'à l'étiage. En moyenne[1], dans la Haute Égypte, elle est de 0,077 m. par kilomètre pendant les basses eaux et de 0,082 m. pendant les hautes eaux. La pente la plus forte est de 0,087 m., dans la province de Kench, où le fleuve s'infléchit brusquement vers l'ouest, et la plus faible 0,067 m., dans la province de Benisouef, où le Nil décrit

---

[1] Rapport sur l'irrigation pérenne, par W. Willcocks, 1894, publié par le Ministère des Travaux Publics.

de nombreux méandres. Dans la Basse Égypte, la pente est de 0,081 m. par kilomètre en crue moyenne et de 0,050 m. en basses eaux. Donc, d'une façon générale, le Nil est un fleuve à faibles pentes. Aussi la vitesse du courant n'est pas très grande ; en crue, elle varie entre 1 mètre et 2 mètres par seconde et, à l'étiage, entre 0,30 m. et 0,70 par seconde, suivant les sections.

Quoique les branches de Damiette et de Rosette soient réellement les deux seules qui subsistent dans le Delta, toutes les autres branches anciennes étant actuellement ou comblées ou transformées en canaux, il ne serait pas exact de dire que les embouchures de Rosette et de Damiette soient les seules par lesquelles le fleuve se déverse dans la mer. Le Nil, en effet, écoule une partie de ses eaux, soit toute l'année, soit pendant les crues seulement, suivant le cas, par des dérivations naturelles ou artificielles dans des lacs qui limitent, au nord, les terres fertiles du Delta. Ces lacs sont isolés de la mer par une chaîne de dunes littorales qui s'appuie sur des alluvions limoneuses provenant du Nil et poussées le long du rivage par un courant marin agissant de l'ouest à l'est. Chacun d'eux communique avec la Méditerranée par une ouverture naturelle qui lui permet de se débarrasser du trop-plein des eaux que lui envoie le Nil et qu'on doit considérer comme une véritable embouchure du fleuve. Ces lacs déjà cités sont au nombre de trois : le lac d'Édkou, à l'ouest de la branche de Rosette, qui couvre en moyenne 25 000 hectares ; le lac Bourlos, qui s'étend entre les deux branches du Nil sur 80 kilomètres environ de longueur parallèlement au rivage, et qui a une superficie moyenne de 112 000 hectares ; et enfin le lac Menzaleh, à l'est de la branche de Damiette, qui a été coupé en deux parties par le canal de Suez et dont la portion qui reçoit encore les eaux du Nil présente une longueur approximative de 60 kilomètres et une surface de 180 000 hectares environ.

Un quatrième lac littoral reçoit aussi les eaux de la vallée, c'est le lac Mariout, à l'ouest du lac d'Édkou, qui a une surface moyenne de 40 000 hectares, mais qui n'a pas d'écoulement naturel vers la mer.

Enfin, un autre lac sans issue sert encore d'exutoire aux eaux du fleuve, le lac Keroun, au Fayoum, de 20 000 hectares de superficie. Il recueille le trop-plein des canaux alimentés par le Bahr Yousef, ancienne dérivation naturelle du Nil qui a aujourd'hui une prise artificielle sur le grand canal Ibrahimieh, à 60 kilomètres au nord d'Assiout.

LA CRUE DU NIL, SES CAUSES

Le Nil ne recevant que des affluents alimentés uniquement par les pluies régulières des régions intertropicales, il en résulte qu'il se produit annuellement, toujours à la même époque, une forte crue après laquelle le niveau des eaux baisse constamment jusqu'au retour de la crue de l'année suivante.

C'est la régularité de ce régime qui caractérise le Nil en Égypte. Tous les ans, le fleuve commence à croître à la fin de juin, les eaux montent jusque vers la fin de septembre, puis descendent, assez rapidement d'abord, lentement ensuite, jusqu'au mois de juin suivant. Chaque année, le phénomène se reproduit de la même manière, avec la même allure générale.

Toutefois, les pluies tropicales n'ont pas tous les ans la même intensité et la même durée ; elles sont tantôt en avance, tantôt en retard ; en outre, elles ne se répartissent pas invariablement de la même façon dans l'immense bassin de réception du Nil. Aussi les divers affluents ne peuvent apporter chaque année à l'artère principale la même quantité d'eau, aux mêmes dates, et la crue du Nil, bien qu'elle soit dans son ensemble un des phénomènes les plus constants de la nature, n'en subit pas moins, d'une année à l'autre, des modifications très sensibles.

Il y a un grand intérêt pour l'Égypte à connaître aussitôt que possible quelle sera l'allure de la crue et, d'une manière générale, la tenue des eaux pendant les diverses saisons. Les ingénieurs et les agriculteurs devront prendre leurs mesures en conséquence, les uns pour assurer la meilleure distribution des eaux et les autres pour régler les époques de leurs semailles et l'étendue de leurs cultures.

Il y a peu d'années, avant la dernière conquête du Soudan, on ne pouvait faire à cet égard que de courtes prévisions ; car du nilomètre d'Assouan, qui était alors le point d'observation le plus méridional, les eaux arrivent en cinq jours au Caire et en sept jours à la mer pendant la crue ; en douze jours au Caire et quinze jours à la mer pendant l'étiage.

Aujourd'hui que de nombreux nilomètres sont installés le long du Haut Nil et de ses principaux affluents, le service des irrigations est renseigné assez longtemps à l'avance sur les quantités d'eau que le fleuve mettra à sa disposition.

En 1907, il y avait 35 nilomètres établis au sud d'Assouan, y compris les trois échelles du lac Victoria. Il existait en outre, dans le bassin du Nil, au sud de l'Égypte, 52 stations où l'on observait la hauteur de pluie tombée et 32 stations où l'on notait seulement les jours pluvieux. Ce sont là de précieux éléments d'information qui sont centralisés au Caire.

Les renseignements ainsi recueillis depuis quelques années permettent déjà d'analyser avec une certaine précision les phénomènes qui concourent à la formation du régime du Nil tel qu'il est depuis longtemps connu en Égypte.

Les quantités d'eau qui tombent annuellement dans le bassin du Nil sont, en chiffres ronds, les suivantes[1] :

Tableau des hauteurs annuelles de pluie dans le bassin du Haut Nil.

DÉSIGNATION DE LA RÉGION	LATITUDE	HAUTEUR ANNUELLE DE PLUIE	LIEUX DES OBSERVATIONS[1]
		millimètres.	
Lac Victoria	0	1.500	Entebbe.
—	—	2.000	Mbarara.
Bahr el Gebel	2°30' N	1.100	Ouadelaï.
—	7 20	640	Gamba Chambe.
Rivière Sobat	8 30	1.200	Gambela (Abyss.).
—	9 30	800	Embouchure du Sobat.
Bahr el Gazal	8 00	900	Deir Zubeir-Wau.
—	9 00	600	Meshra el Resk.
Nil blanc	9 30	700	Tewfikieh.
—	12 00	500	Renk.
—	14 00	260	el Dueim.
—	16 00	130	Khartoum.
Nil bleu	9 00	1.200	Addis Abbeba (Abyss.).
—	12 00	800	Roseires.
—	14 00	410	Ouady Medani.
—	16 00	220	Abou Deleig.
Atbara	13 00	1.020	Gondar (Abyss.).
—	18 00	130	Confluent du Nil.

[1] Voir la carte générale du bassin du Nil, Pl. I.

D'une façon générale, au nord du 16° degré de latitude, les pluies sont presque nulles et elles sont de plus en plus abondantes au fur et à mesure qu'on avance vers l'équateur ou qu'on s'élève sur le plateau abyssin. Les plus grandes quantités de pluie observées sont de 2 000 millimètres par an sur les bords du lac Victoria et de 1 200 millimètres dans les hautes régions de l'Ethiopie. Dans la vallée même du Nil, au nord de Khartoum, les pluies sont tellement faibles qu'elles ne peuvent plus avoir aucun effet appréciable sur le régime du fleuve.

Les pluies qui alimentent le bassin du Nil sont d'ailleurs très inégalement réparties dans le cours de l'année et la saison où elles se produisent normalement n'est pas la même sur tous les points de ce vaste territoire. Mais elles arrivent partout avec la régularité qui caractérise les phénomènes météorologiques dans les régions intertropicales de l'Est africain.

Là, en effet, le mouvement des grands courants atmosphériques qui

---

[1] Ces renseignements sur le régime des pluies équatoriales, ainsi que sur les courbes de hauteur du Haut Nil et de ses affluents sont extraits des savants ouvrages du captain H.-G. Lyons, F. R. S., Director general survey department of Egypt : The physiography of the River Nile and its Basin, 1906. — The rains of the Nile Basin and the Nile Flood in 1906. — The rains of the Nile Basin and the Nile Flood of 1907.

déterminent soit la pluie, soit la sécheresse, n'est pas entravé par la présence de puissantes chaînes de montagnes. Or, la direction et la force de ces courants, pour chaque localité et à un moment donné, dépend, dans ces parages, de la déclinaison du soleil. Il en résulte que la zone des pluies accompagne assez exactement le soleil dans son déplacement apparent par rapport à l'équateur.

En janvier et février, le soleil étant dans le sud, les pluies sont faibles sur le lac Victoria et nulles au nord de l'équateur.

En mars, elles augmentent sur l'équateur et s'étendent jusque vers le cinquième degré de latitude nord.

Avril et mai forment la principale saison pluvieuse sur l'équateur avec des hauteurs d'eau de 200 à 400 millimètres par mois. Les vents du sud s'étendent alors jusque dans la vallée du Sobat, mais les pluies y sont encore faibles. Dans la partie supérieure du Bahr el Gebel, il tombe 150 millimètres d'eau par mois. Le plateau abyssin reçoit, à cette époque de l'année, ce qu'on nomme dans le pays « les petites pluies ».

En juin, le soleil se maintenant dans le voisinage du Tropique, les vents du sud s'avancent rapidement jusque vers le 16e degré de latitude et il pleut abondamment sur les plaines centrales du Soudan et sur le haut plateau abyssin dans les bassins du Nil bleu et du Sobat. D'après les observations actuellement connues, 15 p. 100 de la pluie de mousson d'Abyssinie tombe dans ce mois.

Juillet et août sont la saison sèche de l'équateur, mais ils apportent le maximum de pluie dans le Soudan et en Abyssinie où 60 p. 100 de la pluie annuelle tombe dans ces deux mois.

A partir de septembre, la zone pluvieuse rétrograde vers le sud avec le soleil ; les pluies diminuent au-dessus de l'équateur, cédant à l'influence des vents secs du nord.

En octobre, elles deviennent sans importance au nord du 6e degré de latitude, mais elles augmentent considérablement sur l'équateur où elles atteignent un second maximum en novembre et décembre.

L'examen des courbes de hauteur prises en divers points du Haut Nil et sur ses principaux affluents montre comment se combine dans le lit du fleuve l'écoulement vers l'Égypte de ces eaux de pluie (voir fig. 2).

Si l'on suit ces courbes d'amont en aval, c'est-à-dire en commençant par le sud, on reconnaît d'abord, dans le lac Victoria, un niveau maximum absolu en mai et juin correspondant au maximum de pluie d'avril et mai, et un second niveau maximum, moins élevé, vers la fin de l'année, correspondant au second maximum de pluie de cette saison. Le niveau minimum se produit en mars. Il y a, en moyenne, 0,70 m. de différence entre le maximum et le minimum. L'écoulement du trop-plein du lac Victoria et des pluies de printemps et d'automne qui ont lieu jusque vers le 5e degré de latitude font monter lentement le Nil, dans la partie de son cours appelée Bahr el Gebel, d'une façon continue d'avril à septembre, avec des oscillations en octobre et novembre. L'étiage se produit en février et mars.

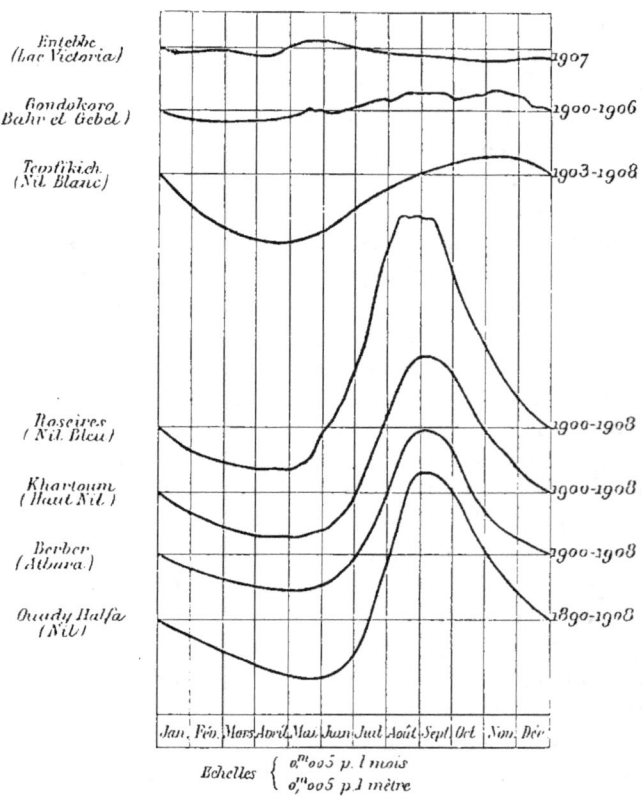

Fig. 2. — Courbe de hauteur des eaux en divers points du Haut-Nil et de ses affluents.

Le gonflement du fleuve n'est pas très fort; ainsi, à Gondokoro (5e degré de latitude), il n'a qu'un mètre de hauteur.

Après que le Nil, sous le nom de Nil Blanc, a reçu, vers le dixième degré de latitude, ses deux grands affluents du Sobat, à l'est, et du Bahr el Gazal, à l'ouest, qui se trouvent déjà dans la zone des pluies de juillet et août, la courbe des hauteurs, tout en conservant la forme générale allongée du Bahr el Gebel, est cependant plus accentuée. A Tewfikieh (9°30′ de latitude), le minimum se produit fin avril et le maximum en novembre, avec une différence de hauteur de 2,50 m. environ.

Plus au nord, le régime du fleuve change totalement. On entre en plein dans la zone des fortes pluies de juillet et août. Leur effet se trouve nettement marqué sur la courbe du Nil Blanc, à El Dueim (14° de latitude) et sur les courbes du Nil lui-même après le confluent du Nil Bleu, à Khartoum (16° de latitude), et après le confluent de l'Atbara, à Berber (18° de latitude), par une brusque et forte montée en août et septembre. L'afflux des eaux sous ces latitudes retarde même, par suite de la crue locale qui en résulte, l'écoulement du débit venant du sud. C'est en somme dans ces parages que s'élabore vraiment la crue du Nil. Le Nil Bleu et l'Atbara, qui recueillent les pluies du plateau abyssin, en sont les deux facteurs principaux. L'apport des eaux équatoriales contribue surtout à adoucir la courbe de décroissance des eaux et à retarder l'étiage.

A Roseires, sur le Nil Bleu (12° de latitude), le minimum a lieu, en moyenne, en avril, et le maximum vers la fin d'août. La différence moyenne entre les hautes et les basses eaux est de 8,20 m. La forte montée se fait en juillet ; la descente est plus lente.

Sur l'Atbara, près du confluent (18° de latitude), la courbe a une forme analogue, mais avec 5 mètres seulement de différence moyenne entre les hautes et les basses eaux.

Le Nil Bleu et l'Atbara sont les deux derniers affluents du Nil, et comme, en aval de leurs confluents, il ne pleut pas, le régime du fleuve se trouve donc définitivement constitué à Berber, point où l'Atbara se jette dans le Nil.

A Berber, le Nil atteint le plus bas étiage vers le milieu de mai ; il monte en moyenne de 6,50 m. du 15 mai au 1er septembre, redescend vers le 15 septembre, s'abaisse de 3 mètres jusqu'au 1er novembre, puis de plus en plus lentement jusqu'au milieu de mai.

Comme rien ne vient modifier le régime du Nil à partir de Berber, il s'ensuit que la courbe des hauteurs relevées à Ouady Halfa, point où se trouve le dernier nilomètre au sud de l'Égypte (22° de latitude), est à peu près parallèle à celle de Berber.

LES NILOMÈTRES DE L'ÉGYPTE

Dans l'Égypte proprement dite, on n'avait, il y a une vingtaine d'années, que deux nilomètres : celui d'Assouan construit en 1869 dans l'île d'Éléphantine, à l'emplacement même d'un ancien nilomètre datant de l'époque des Pharaons, et celui du Caire situé à la pointe sud de l'île de Rodah, en face du Vieux-Caire, dont l'origine connue remonte aux premiers temps de la conquête arabe. Ces deux nilomètres perpétuaient, en ce qui concerne le Nil, la grande division du pays en Haute et Basse Égypte, que les anciens Pharaons avaient consacrée dans leurs titres honorifiques; le nilomètre d'Assouan réglait les conditions de l'arrosage au sud du Caire, tandis que le nilomètre de Rodah servait de point de repère pour la distribution des eaux dans le Delta. Ce sont, d'ailleurs, toujours là les deux principaux nilomètres d'Égypte, ceux auxquels par tradition on rapporte les niveaux des crues ; mais pour donner une base plus précise à la distribution des eaux, on a construit plusieurs autres échelles le long du Nil et de ses branches, à la prise des principaux canaux.

Les niveaux du Nil, aux nilomètres d'Assouan et de Rodah, sont relevés en coudées ou pics de 0,54 m. Les pics sont divisés en 24 parties égales appelées kirats, représentant une hauteur de 0,025 m. Toutefois, par une anomalie curieuse, au nilomètre de Rodah, les pics compris entre 16 et 22 ne sont que des demi-pics et ont 0,27 m. de hauteur seulement. On a cherché à expliquer ce fait par cette considération que les bassins de la Haute Égypte se remplissant ordinairement quand la hauteur du fleuve au Caire est comprise dans cet intervalle, une montée d'un pic à Assouan ne correspond qu'à une montée d'un demi-pic au Caire.

Quoi qu'il en soit, dans le cours de cet ouvrage, les cotes du Nil seront toujours données en mètres, de façon à ne pas fatiguer l'attention du lecteur qui n'est pas familiarisé avec les pics et les kirats.

Le zéro du nilomètre d'Assouan est à l'altitude 84,16 m. au-dessus du niveau de la mer et le zéro du nilomètre de Rodah à l'altitude 8,82 m., mais ce dernier zéro n'a plus aucun rapport avec le niveau actuel des étiages, qui descendent rarement au-dessous de l'altitude 12 mètres par suite du relèvement progressif du lit du Nil depuis l'établissement de ce nilomètre.

Le régime naturel du Nil se trouve altéré dans toute la longueur de l'Égypte par le fonctionnement des ouvrages qui concourent à la distribution ou à l'emmagasinement de ses eaux. Toutefois, avant l'année 1903[1], le nilomètre d'Assouan échappait encore à ces influences ; c'est donc aux indications de ce nilomètre antérieures à cette date qu'il faut recourir pour étudier le phénomène de la crue du Nil, tel qu'il se comporte en Égypte, dégagé de toute action artificielle perturbatrice.

---

[1] C'est la date de la mise en service d'un grand réservoir établi à quelques kilomètres en amont du nilomètre d'Assouan. Depuis cette époque, les ingénieurs règlent la distribution des eaux en Égypte, non plus d'après les indications du nilomètre d'Assouan, mais d'après celles de l'échelle de Ouady-Halfa. Celle-ci est établie en aval de la seconde cataracte, à 360 kilomètres en amont du nilomètre d'Assouan.

LE RÉGIME NATUREL DU NIL A ASSOUAN

Prenons comme exemple l'année 1881, qu'on peut considérer comme correspondant à un état moyen du régime du Nil. Cette année-là les eaux, à Assouan, ont baissé graduellement de 2,50 m. environ, d'une façon régulière, depuis le mois de janvier jusqu'au milieu de mai ; le niveau minimum a été atteint le 14 mai ; à partir de cette date, le fleuve commença à monter, lentement jusqu'au 15 juin, puis rapidement et continuellement jusqu'au 4 septembre avec un petit arrêt dans la première quinzaine du mois d'août. La montée totale a été de 8,15 m. Le niveau est resté à peu près stationnaire jusque vers le 20 septembre ; puis il est redescendu de 5 mètres environ jusqu'au

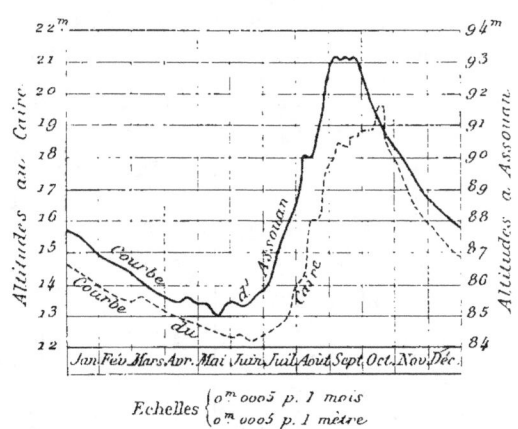

Fig. 3. — Hauteurs du Nil à Assouan et au Caire, en 1881.

1er janvier 1882, soit pendant un intervalle d'un peu plus de trois mois (fig. 3).

Telle est l'allure ordinaire du mouvement des eaux du Nil. Toutefois, sur la courbe de 1881, les crues des divers affluents qui contribuent à former la crue totale du fleuve ne sont pas très distinctement marquées, elles se confondent à peu près ; dans d'autres années, on les verrait figurées par plusieurs maxima nettement séparés et se succédant à des intervalles de trois semaines à un mois pendant lesquels les eaux s'abaissent parfois de 1 mètre pour se relever ensuite.

Pour la période des 17 années 1871 à 1887[1], la hauteur nilométrique moyenne de l'étiage à Assouan est 0,83 m. (1 p. 13 k.) correspondant à l'altitude 84,99 m.[2] et la hauteur moyenne nilométrique des crues est de 9,04 m. (16 p. 18 k.) correspondant à l'altitude 93,20 m. La montée moyenne des crues est donc de 8,20 m. ; elle varie de 6,30 m. à 9,85 m. entre un étiage et le maximum suivant.

---

[1] Notice sur le climat du Caire par l'auteur, publiée dans les bulletins de l'Institut Egyptien.
[2] M. Willcocks adopte 85 mètres en se basant sur les vingt années 1873 à 1892.

Pour la même période, la date moyenne du plus bas étiage de l'année est le 2 juin ; elle oscille entre le 14 mai et le 22 juin ; quant à la date moyenne du maximum de la crue, elle est le 6 septembre et oscille entre le 17 août et le 18 septembre.

Le tableau ci-joint indique la hauteur moyenne du Nil tous les 6 jours pour l'ensemble de ces 17 années ; il montre que le mois de mai est celui où la cote moyenne des eaux est la plus basse, 1,01 m. à l'échelle du nilomètre (1 p. 21 k.), que c'est le mois de septembre où elle est la plus forte, 8,59 m. (15 p. 22 k.), et que les trois mois d'août, septembre et octobre forment vraiment l'époque de la crue proprement dite.

Hauteurs du Nil à Assouan de six jours en six jours (moyenne des années 1871 à 1887).

DATES		HAUTEURS MOYENNES		HAUT. MOYENNES DU MOIS		DATES		HAUTEURS MOYENNES		HAUT. MOYENNES DU MOIS	
mois.	jours.	en pics.	en mètres.	en pics.	en mètres.	mois.	jours.	en pics.	en mètres.	en pics.	en mètres.
		p. k.	m.	p. k.	m.			p. k.	m.	p. k.	m.
Janvier.	6	6,10	3,46			Juillet.	6	4,13	2,45		
	12	6, 4	3,33				12	5,14	3,01		
	18	5,21	3,17	6, 1	3,26		18	6,21	3,71	6,14	3,55
	24	5,16	3,06				24	8,15	4,66		
	30	5,10	2,92				30	12,17	5,78		
Février	6	5, 4	2,79			Août.	6	12,13	6,77		
	12	4,21	2,63				12	14, 4	7,65		
	18	4,14	2,47	4,18	2,56		18	15, 4	8,19	14, 3	7,63
	24	4, 8	2,34				24	15,12	8,37		
	28	4, 6	2,29				30	15,22	8,59		
Mars. .	6	4, 0	2,16			Sept . .	6	16, 3	8,71		
	12	3,19	2,05				12	16, 4	8,73		
	18	3,13	1,91	3,16	1,98		18	15,23	8,61	15,22	8,59
	24	3, 7	1,78				24	15,18	8,50		
	30	3, 0	1,62				30	15, 6	8,23		
Avril. .	6	2,18	1,48			Octobre	6	14,10	7,78		
	12	2,12	1,35				12	13,16	7,38		
	18	2, 9	1,28	2,12	1,35		18	12,19	6,91	13, 6	7,15
	24	2, 7	1,24				24	12, 2	6,52		
	30	2, 1	1,10				30	11, 6	6,07		
Mai . .	6	2, 0	1,08			Nov . .	6	10, 9	5.60		
	12	1,21	1,01				12	9,18	5,26		
	18	1,20	0,99	1,21	1,01		18	9, 4	4,95	9,13	5,15
	24	1,18	0,94				24	8,16	4,68		
	30	1,16	0,90				30	8, 5	4,43		
Juin . .	6	1,23	1,05			Déc . .	6	7,20	4,23		
	12	2, 3	1,15				12	7,13	4.07	7, 9	3,98
	18	2,12	1,35	2,11	1,33		18	7, 6	3,91		
	24	2,22	1,57				24	6,22	3,73		
	30	3,18	2,02				30	6,15	3.58		
Moyenne de l'année										7, 8	3,96

Pour la durée comprise entre l'année 1869, date depuis laquelle sont conservées les observations du nilomètre d'Assouan, jusqu'en 1901, le plus bas étiage connu s'est produit les 15 et 16 mai 1900, avec la cote 0,10 m. au-dessous du zéro de l'échelle (— 0 p. 4 k.) ; et les plus hautes eaux connues ont été enregistrées le 1er octobre 1878 avec la cote 9,99 m. (18 p. 12 k.). C'est une différence de hauteur de 10,09 m. entre les niveaux extrêmes du Nil à Assouan.

Il y a d'ailleurs, d'une année à l'autre, des variations très sensibles entre les niveaux soit des basses eaux, soit des crues. Entre l'étiage de 1900 et celui de 1879, le plus haut connu, la différence est de 2,81 m. ; il est vrai que l'étiage de 1879 a été tout à fait exceptionnel puisqu'il ne s'est produit qu'une fois en trente ans (1871 à 1900), et que l'étiage qui s'en rapproche le plus, celui de 1880, lui a été encore inférieur de 1,06 m. Pour les hautes eaux, entre la cote maxima de 1877, la plus basse connue, et celle de 1878, la différence est de 2,74 m. L'étiage oscille ainsi entre 0,92 au-dessous et 1,89 m. au-dessus de l'étiage moyen ; la crue, entre 0,94 m. au-dessus et 1,80 m. au-dessous de la crue moyenne.

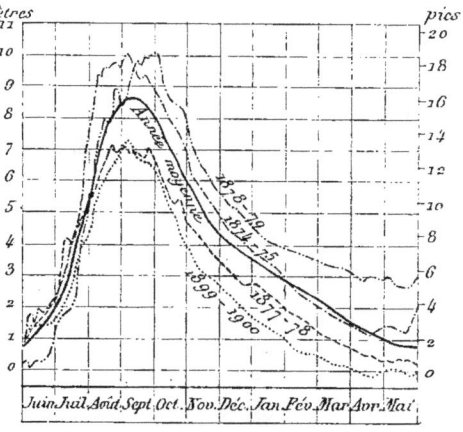

Fig. 4. — Courbes des hauteurs du Nil à l'échelle d'Assouan.

La figure 4 représente la courbe moyenne des 17 années 1871 à 1887, ainsi que les courbes des deux années de plus forte crue, 1874-75 et 1878-79 et des deux années de plus faible crue 1877-78 et 1899-1900.

En général, un étiage faible succède à une crue faible ; ainsi, pour les trente années 1871 à 1900, toute crue qui ne s'est pas élevée à plus de 0,05 m. au-dessous de la moyenne a été suivie d'un étiage au plus égal à la moyenne. Mais il n'arrive pas toujours qu'un étiage fort succède à une crue forte ; ainsi les étiages qui ont suivi les deux fortes crues de 1874 et de 1884 ont été au-dessous de la moyenne ; toutefois, l'étiage le plus élevé, celui de 1879, a suivi la plus forte crue, celle de 1878.

Dans l'intervalle compris entre 1871 et 1900, il y a eu :

6 années pendant lesquelles l'étiage n'a pas différé de l'étiage moyen de plus de 0,05 m. en plus ou en moins,

10 années pendant lesquelles l'étiage a été supérieur à la moyenne de plus de 0,05 m.,

14 années pendant lesquelles il a été inférieur à la moyenne de plus de 0,05 m.

Pendant la même période il y a eu :

2 années pendant lesquelles la hauteur de la crue n'a pas différé de la crue moyenne de plus de 0,05 m. en plus ou en moins,

13 années pendant lesquelles elle a été inférieure à la moyenne de plus de 0,05 m.,

15 années pendant lesquelles elle a été supérieure à la moyenne de plus de 0,05 m.

D'une manière générale, si l'on considère seulement la hauteur d'une crue sans tenir compte de son degré d'avance ou de retard, ni de la durée pendant laquelle elle se maintient à un niveau élevé, on peut classer les crues de la façon suivante par rapport au bénéfice qu'en retire l'agriculture égyptienne :

Une crue qui ne dépasse pas la cote de 8,10 m. (15 p.) à l'échelle d'Assouan est mauvaise ; entre 8,10 m. (15 p.) et 8,65 (16 p.) elle est médiocre ; entre 8,65 (16 p.) et 9,20 m. (17 p.) elle est bonne ; au-dessus de 9,70 m. (18 p.) elle est trop forte et dangereuse.

Dans cet ordre d'idées, on relève, dans la période 1871-1900 :

3 crues mauvaises.
3 — médiocres.
10 — bonnes.
11 — fortes.
3 — dangereuses.

L'intérêt de cette classification a beaucoup diminué dans ces dernières années par suite des perfectionnements apportés aux ouvrages d'irrigation ; elle n'en est cependant pas moins utile à connaître et elle sert encore de base aux ingénieurs dans l'application des mesures à prendre soit pour assurer une meilleure répartition des eaux pendant les crues faibles, soit pour éviter la rupture de digues dans les bassins d'inondation ou le long du Nil pendant les crues fortes.

Avant de quitter ce sujet, il convient de signaler un phénomène qui se produit rarement, mais qui a été cependant plusieurs fois constaté. Il a été dit plus haut que le Nil ne présente pas de crues accidentelles en dehors de sa crue normale annuelle. Une exception à cette règle générale a cependant été relevée en novembre 1896. Le Nil resta stationnaire du 17 au 21, le 22 il commença à s'élever et il monta de 0,72 m. en sept jours au lieu de baisser de 0,50 comme dans une année normale. Il diminua ensuite régulièrement.

Plusieurs cas analogues sont relatés dans les chroniques arabes[1]. Ainsi le 10 mai 1809, le Nil monta de 0,81 pour redescendre ensuite. En mai 1812, il s'éleva d'une coudée (0,54 m.) en une nuit et continua à croître pendant vingt jours pour s'abaisser ensuite. Même phénomène anormal en 1434.

Ce sont là du reste des cas très exceptionnels dont il y a à peine lieu de se préoccuper dans la pratique.

CE QUE DEVIENT LE RÉGIME DU NIL DANS LA TRAVERSÉE DE L'ÉGYPTE

Les besoins de l'agriculture ont amené de tout temps les Égyptiens à construire des ouvrages qui sont destinés, soit à protéger la vallée contre le débordement des crues, soit à faciliter la distribution des eaux sur les terres, et dont la mise en œuvre a une répercussion nécessaire sur le régime même du fleuve. De ces ouvrages, les uns sont très anciens, d'autres tout à fait récents ; les principaux sont :

1° Le réservoir d'Assouan. Il est rempli pendant la décrue et est vidé dans le lit même du fleuve au moment des basses eaux. Son effet est de diminuer le débit des eaux moyennes et d'augmenter le débit d'étiage.

2° Les digues du Nil. Partout où le Nil ne coule pas entre des berges naturelles élevées, le lit majeur a été délimité par des digues longitudinales dont la crête dépasse le niveau des plus fortes crues. Ces digues ont une certaine action sur le niveau des hautes eaux ; mais, par suite de leur écartement, elles n'ont aucune influence sur l'écoulement des eaux basses ou moyennes.

3° Les bassins d'inondation qui couvrent une grande partie de la vallée au sud du Caire. Ils sont remplis pendant la montée de la crue et sont vidés lorsque la baisse a déjà commencé à se faire sentir. Il y a là une énorme masse d'eau dont l'emmagasinement atténue d'abord l'effet de la crue, et qui, rejetée ensuite dans le lit du fleuve à l'époque fixée par le service des irrigations, constitue, entre les mains des ingénieurs, une puissante réserve leur permettant de retarder la décrue ou de gonfler la crue en aval au moyen de lâchures combinées suivant les besoins des terres du Delta.

4° Les canaux d'irrigation. Ils détournent du Nil pendant toute l'année l'eau nécessaire aux cultures.

5° Le barrage d'Assiout (km. 423) ;

Le barrage d'Esneh (km. 809), qui vient d'être inauguré ;

Le barrage du Delta (km. 0) ;

Le barrage de Zifta (km. 85 de la branche de Damiette).

---

[1] Rapport d'irrigation de 1896 du major Brown, Inspecteur général des irrigations. — Chronique du Cheikh Abdel Rahman Djebani.

Ces ouvrages, établis en travers du fleuve, ont une action directe sur le niveau de ses eaux ; ils créent des retenues artificielles, variables suivant les saisons, et permettent de régler le débit des canaux d'après la demande des agriculteurs. Et même le barrage du Delta, dans certaines circonstances, fait refluer vers les canaux qu'il commande toute l'eau du Nil, de sorte que, à ces moments-là, les branches de Damiette et de Rosette ne sont plus alimentées que par les infiltrations provenant de la nappe souterraine de la vallée ou par les eaux de drainage des terres irriguées et des canaux.

Des observations qui précèdent, il résulte que le régime naturel du Nil est aujourd'hui profondément modifié en Égypte par la mise en œuvre des ouvrages qui viennent d'être signalés. Ces altérations sont réduites au minimum pour le nilomètre du Caire, si l'on considère les années antérieures à 1882 ; car, à cette époque, le barrage du Delta n'était pas encore mis en service, le réservoir d'Assouan n'était pas construit, les irrigations en amont du Caire, fort peu développées alors, ne consommaient que peu d'eau pendant l'étiage ; l'écoulement des hautes eaux seules était influencé par les opérations du remplissage et de la vidange des bassins d'inondation de la Haute Égypte.

Si l'on se reporte à la figure 3, page 29, qui représente les hauteurs du Nil à Assouan et au Caire en 1881, année qu'on peut considérer comme une année moyenne, on reconnaît que la courbe du Caire suit celle d'Assouan avec un certain retard et avec moins d'amplitude dans la montée totale. C'est seulement à la fin de juin que le Nil commence à croître au Caire, tandis qu'à Assouan la montée s'était fait sentir à la fin de mai. Les courbes sont à peu près parallèles jusque vers la fin d'août ; mais, à cette époque, le remplissage des bassins aplatit davantage la courbe du Caire qui continue à s'élever jusque vers le 10 octobre, tandis que la courbe d'Assouan s'abaisse rapidement dès les derniers jours de septembre. Une hausse brusque de près d'un mètre se produit alors au Caire par suite de la vidange des bassins d'inondation, et la baisse se fait ensuite régulièrement jusqu'à la fin de l'année. Cette montée artificielle est loin, d'ailleurs, de se répéter chaque année avec une aussi grande netteté ; son caractère varie suivant les conditions dans lesquelles on règle l'écoulement des bassins.

En général, c'est vers la fin de juin que se produit le minimum au Caire et vers le milieu d'octobre qu'on y constate le maximum ; nous avons vu qu'à Assouan le minimum a lieu au commencement de juin et le maximum au commencement de septembre.

Si l'on considère la moyenne des quarante années comprises de 1840 à 1879, on trouve que le niveau maximum des crues, au nilomètre de Rodah, est à la cote d'altitude 19,71 m. (23 p. 9 k.) et la moyenne des étiages à la cote 12,60 m. (7 p. 0 k.), ce qui donne pour la moyenne des crues une montée totale de 7,11 m., tandis qu'à Assouan elle est de 8,20 m.

La plus haute crue connue ayant eu lieu en 1874 et s'étant élevée à la cote 21,40 m. (26 p. 12 k.), tandis que le plus bas étiage observé, celui de 1849, est descendu à la cote 11,77 m. (5 p. 11 k.), il en résulte que l'écart maximum des eaux au Caire, avant l'établissement du barrage du Delta, était de 9,63 m., tandis qu'à Assouan cet écart est de 10,09 m.

Les étiages variaient alors au Caire de la cote 14,21 m. (10 p. 0 k.), en 1879, à la cote 11,77 m. (5 p. 11 k.), en 1849, soit sur une hauteur de 2,44 m. Quant aux crues, en tenant compte de la plus basse connue, celle de 1899 qui s'est arrêtée à l'altitude 17,57 m. (16 p. 20 k.) et la comparant à la crue de 1874 qui a atteint la cote 21,40 m. (26 p. 12 k.), on voit qu'elles peuvent osciller dans un intervalle de 3,83 m.

On considère généralement que, dans son allure générale, une crue qui s'élève au nilomètre de Rodah au-dessus de la cote 20,50 m. (24 p. 20 k.) est dangereuse pour le Delta; qu'elle est forte entre 20,50 m. (24 p. 20 k.) et 20 mètres (24 p.); bonne entre 20,00 m. (24 p.) et 19,00 m. (22 p.); faible entre 19,00 m. (22 p.) et 18,50 (20 p. 6 k.); mauvaise au-dessous de 18,50 m. (20 p. 6 k.). Pendant les quarante années, 1840 à 1889, il y a eu, d'après cette classification, 5 crues dangereuses, 10 crues fortes, 15 bonnes, 7 faibles, 3 mauvaises.

La crue qu'on regarde comme la plus favorable pour le Delta est celle qui monte quelques jours au-dessus de la cote 19,80 m. (23 p. 12 k.) au nilomètre de Rodah.

Le profil en long de la planche III montre les plus grandes hauteurs observées le long du Nil pendant la crue de 1887, qui a été forte[1], et reproduit, en même temps, le tracé d'un étiage moyen. On peut y remarquer que la hauteur de la crue diminue au fur et à mesure qu'on se rapproche de la mer.

DÉBIT DU NIL

La table établie par M. Willcocks[2] et donnant les débits du Nil pour des hauteurs variant à Assouan de dix en dix centimètres, nous a servi à calculer les débits mensuels moyens pour les deux années de plus faible crue, 1877-78 et 1899-1900, pour les deux années de plus forte crue, 1878-79 et 1874-75, et pour la moyenne des années 1871 à 1887.

---

[1] La cote maxima de cette crue à Assouan a été 9,65 m. (17 p. 21 k.) soit 0,64 m. au-dessus de la moyenne des crues.
[2] Pour les débits déduits de l'observation des vitesses de surface, M. Willcocks a employé la formule de Harlacher avec la constante 0,85 ; pour les débits déduits de la pente, la formule de Manning avec la constante 40. (Rapport de 1894 sur l'irrigation pérenne.)

Hauteurs et débits des crues minima, maxi[...]

MOIS	ANNÉE MINIMA 1877-1878				
	HAUTEURS MOYENNES		DÉBIT MOYEN en m³ par seconde.	DÉBIT MOYEN par jour en millions de m³.	DÉBIT TOTA[L] du mois en millions de
	en pics et kirats.	en mètres.			
Juin	2,22	1,57	700	60,5	1 815
Juillet	6,19	3,67	1 990	171,9	5 329
Août	11,22	6,43	5 190	448,4	13 900
Septembre	13, 0	7,02	6 120	528,8	15 864
Octobre	10,20	5,85	4 360	376,7	11 678
Novembre	7,20	4,23	2 490	215,1	6 453
Décembre	5,18	3,10	1 560	134,8	4 179
Janvier	4,14	2,47	1 160	100,2	3 106
Février	3, 1	1,64	730	63,1	1 767
Mars	2,21	1,55	690	59,6	1 848
Avril	1, 2	0,58	330	28,5	855
Mai	0,16	0,36	270	23,3	722
Moyennes et totaux	5,23	3,21	2 130	184,2	67 516
Moyennes et totaux pour les 3 mois, août, septembre et octobre	11,22	6,43	5 220	451,3	41 442

MOIS	ANNÉE MINIMA 1874-1875				
	HAUTEURS MOYENNES		DÉBIT MOYEN en m³ par seconde.	DÉBIT MOYEN par jour en millions de m³.	DÉBIT TOTA[L] du mois en millions de
	en pics et kirats.	en mètres.			
Juin	2,19	1,51	680	58,7	1 761
Juillet	7, 8	3,96	2 230	192,7	5 974
Août	16, 6	8,77	9 620	831,2	25 767
Septembre	17.13	9,47	11 590	1 001,4	30 042
Octobre	14.15	7,90	7 720	667,0	20 677
Novembre	10, 4	5,49	3 820	330,0	9 900
Décembre	7,22	4,27	2 530	218,6	6 777
Janvier	6,14	3,55	1 890	163,3	5 062
Février	5, 8	2,88	1 420	122,7	3 436
Mars	3,13	1,91	860	74,3	2 303
Avril	2, 8	1,26	580	50,1	1 503
Mai	1,14	0,85	410	35,4	1 097
Moyennes et totaux	8, 0	4,32	3 610	312,1	114 299
Moyennes et totaux pour les 3 mois, août, septembre et octobre	16, 3	8,71	9 640	833,2	76 486

MOIS	ANNÉE MOYENNE DES ANNÉES 1871 A 1887				
	HAUTEURS MOYENNES		DÉBIT MOYEN en m³ par seconde.	DÉBIT MOYEN par jour en millions de m³.	DÉBIT TOTA[L] du mois en millions de
	en pics et kirats.	en mètres.			
Juin	2,11	1,33	510	44,0	1 320
Juillet	6,14	3,55	1 890	163,3	5 062
Août	14, 3	7,63	7 180	620,3	19 229
Septembre	15,22	8,59	9 170	792,3	23 769
Octobre	13, 6	7,15	6 310	545,2	16 901
Novembre	9,13	5,15	3 410	294,6	8 838
Décembre	7, 9	3,98	2 250	194,4	6 026
Janvier	6, 1	3,26	1 660	143,4	4 445

1 Pour ces faibles hauteurs, la table de M. Willcocks donne des chiffres trop bas ou les indications du nilomètre d'Assouan [...] rage du Delta a été de 220 mètres cubes par seconde.

moyennes de 17 années à Assouan.

ANNÉE MINIMA 1899-1900

MOIS	HAUTEURS MOYENNES		DÉBIT MOYEN en m³ par seconde.	DÉBIT MOYEN par jour en millions de m³.	DÉBIT TOTAL du mois en millions de m³.
	en pics et kirats.	en mètres.			
Juin	2, 7	1,24	570	49,2	1 476
Juillet	5, 4	2,79	1 350	116,6	3 615
Août	11,10	6,16	4 830	417,3	12 936
Septembre	12,23	6,99	6 070	524,4	15 732
Octobre	9, 9	5,06	3 320	286,8	8 891
Novembre	5,21	3,17	1 600	138,2	4 146
Décembre	4, 4	2,25	1 030	89,0	2 759
Janvier	2,10	1,30	590	51,0	1 581
Février	1, 8	0,72	370	32,0	896
Mars	0,13	0,29	250	21,6	670
Avril	— 0, 1	— 0,02	180¹	15,5	465
Mai	— 0, 1	— 0,02	180¹	15,5	480
Moyennes et totaux	4,15	2,49	1 700	146,4	53 647
Moyennes et totaux pour les 3 mois, août, septembre et octobre	11, 6	6,07	4 740	409,5	37 559

ANNÉE MAXIMA 1878-1879

MOIS	HAUTEURS MOYENNES		DÉBIT MOYEN en m³ par seconde.	DÉBIT MOYEN par jour en millions de m³.	DÉBIT TOTAL du mois en millions de m³.
	en pics et kirats.	en mètres.			
Juin	0,15	0,34	2?0	22,5	675
Juillet	5,11	2,95	1 470	127,0	3 937
Août	14, 1	7,58	7 080	611,7	18 963
Septembre	17,11	9,43	11 470	991,0	29 730
Octobre	16,11	8,89	9 920	857,1	26 570
Novembre	11,22	6,43	5 230	451,1	13 557
Décembre	9, 9	5,06	3 320	286,8	8 891
Janvier	7,20	4,23	2 490	213,1	6 668
Février	6,23	3,75	2 060	178,0	4 984
Mars	6, 9	3,44	1 800	155,5	4 820
Avril	5,19	3,13	1 570	135,6	4 068
Mai	5, 7	2,86	1 400	121,0	3 751
Moyennes et totaux	8,23	4,84	4 000	346,1	126 614
Moyennes et totaux pour les 3 mois, août, septembre et octobre	16, 0	8,63	9 490	819,9	75 263

ANNÉE MOYENNE DES ANNÉES 1871 A 1887 (suite).

MOIS	HAUTEURS MOYENNES		DÉBIT MOYEN en m³ par seconde.	DÉBIT MOYEN par jour en millions de m³.	DÉBIT TOTAL du mois en millions de m³.
	en pics et kirats.	en mètres.			
Février	4,18	2,56	1 210	104,5	2 926
Mars	3,16	1,98	900	77,8	2 412
Avril	2,12	1,35	610	52,7	1 581
Mai	1,21	1,01	480	41,5	1 286
Moyennes et totaux	7, 8	3,96	2 965	256,2	93 795
Moyennes et totaux pour les 3 mois, août, septembre et octobre	14,14	7,79	7 550	652,6	59 899

nt pas très exactes à cause des bancs de sable qui coupent le fleuve. Cette année-là, en effet, le débit minimum constaté au bar-

Les résultats sont indiqués dans les tableaux ci-joints et dans les figures 5 et 6.

Dans l'année moyenne, le débit le plus faible est au mois de mai, 480 mètres cubes par seconde; il est très peu plus élevé en juin, augmente en juillet, est maximum en septembre, 9170 mètres cubes par seconde; il est très supérieur à tous les autres mois de l'année en août, septembre et

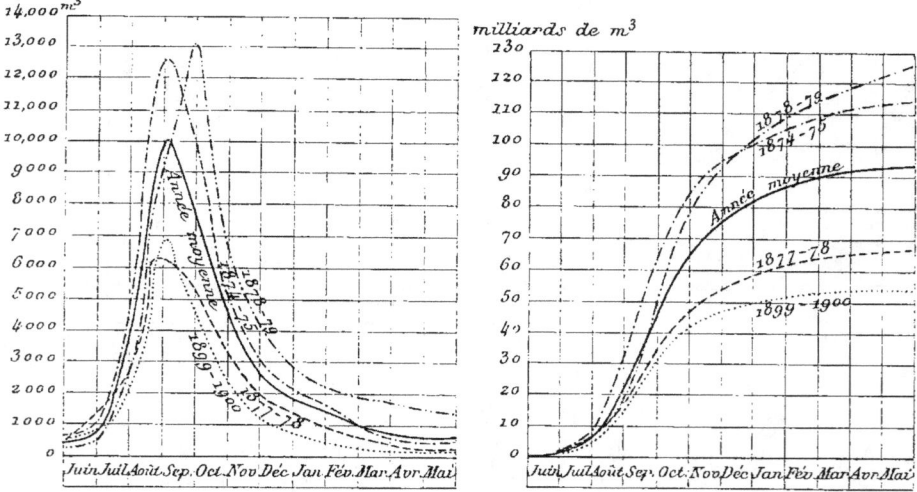

Fig. 5. — Courbes des débits du Nil en mètres cubes par seconde à Assouan.

Fig. 6. — Courbes des débits cumulés du Nil à Assouan.

octobre, et décroît ensuite progressivement, rapidement d'abord jusqu'à la fin de novembre et plus lentement ensuite.

Le débit minimum de l'année moyenne a lieu le 4 juin; il est de 410 mètres cubes par seconde, et le débit maximum a lieu le 6 septembre et est de 10 300 mètres cubes par seconde. Le débit total de l'année est de 94 000 millions de mètres cubes; sur ce volume, 60 000 millions de mètres cubes, c'est-à-dire près des deux tiers du débit total annuel, s'écoulent pendant les trois mois d'août, septembre et octobre.

L'année 1877-78, qui est l'année de la plus faible crue en hauteur, a donné un débit total de 67 500 millions de mètres cubes avec 41 400 millions pour les trois mois d'août, septembre et octobre. Mais l'année du plus faible débit est celle de 1899-1900, qui cependant a eu une crue un peu plus haute à Assouan que celle de 1877; le débit total de l'année a été de 53 600 millions de mètres cubes avec 37 500 millions pour les trois mois d'août, septembre et octobre. Au moment du maximum de la crue, le Nil donnait 6 450 mètres cubes par seconde, le 20 août 1877, et 6 940 mètres cubes par seconde le 4 septembre 1899

L'année 1878-79, qui a eu la plus grande hauteur de crue, a eu un débit total de 126 600 millions de mètres cubes avec 75 300 millions pour les trois mois d'août, septembre et octobre ; mais le débit le plus fort pour ces trois mois s'est produit en 1874, année où il s'est élevé à 76 500 millions de mètres cubes pour un débit total annuel de 114 000 millions de mètres cubes. Le plus fort débit connu est celui du 1er octobre 1878, jour où le Nil écoulait 13 500 mètres cubes par seconde ; celui qui s'en rapproche le plus est de 12 700 mètres cubes par seconde, le 6 septembre 1874.

D'autre part, le plus faible débit d'étiage connu a eu lieu les 15 et 16 mai 1900. Ces jours-là, d'après les formules de M. Willcocks, il ne passait à Assouan que 170 mètres cubes par seconde. Mais soit que, pour des cotes aussi basses, ces formules donnent de trop faibles débits ou que les indications du nilomètre d'Assouan ne soient plus aussi exactes à cause des dénivellations qui se produisent entre les bancs de sable, ce volume de 170 mètres cubes est évidemment trop faible, puisque la même année le plus faible débit du Nil au barrage du Delta, mesuré avec précision, a été de 220 mètres cubes par seconde. Dans l'année 1879, qui est celle du plus fort étiage, le débit du Nil n'est pas descendu au-dessous de 1 310 mètres cubes par seconde.

On voit par ces quelques chiffres entre quelles limites peut osciller d'une année à l'autre la quantité d'eau apportée par le Nil en Égypte. Le débit des trois mois de crue peut varier du simple au double, le débit du maximum de la crue et le débit d'étiage dans la proportion de 1 à 5. Aussi, malgré la régularité proverbiale du régime du Nil, c'est un redoutable problème pour les ingénieurs, dans un pays qui ne vit que par les eaux du fleuve et dont les besoins sont loin d'être disproportionnés à de certains moments avec le volume de ces eaux, que d'en régler la distribution sur tout le territoire et d'assurer, par des mesures tantôt prudentes, tantôt énergiques, la bonne venue des récoltes.

Les débits du Nil se modifient naturellement, au fur et à mesure qu'on s'avance en Égypte, en raison de l'alimentation des canaux d'irrigation, du remplissage et de la vidange des bassins d'inondation, de l'évaporation et des infiltrations. Ils dépendent aussi de la réglementation du réservoir d'Assouan. Si, pour éliminer ce dernier facteur, on se reporte aux années qui ont précédé le fonctionnement de cet ouvrage, on fait, pour le Caire, les constatations suivantes :

Le débit minimum moyen, qui est de 410 mètres cubes par seconde à Assouan, tombe, au Caire, à 380 mètres cubes, et ce minimum s'y produit en moyenne le 15 juin. Le débit maximum y a lieu en moyenne le 1er octobre et est égal à 7600 mètres cubes par seconde[1].

C'est vers le 15 août qu'on ouvre les canaux de remplissage des bassins d'inondation échelonnés entre Assouan et le Caire. Comme ces canaux prennent ensemble 2000 mètres cubes par seconde dans une crue ordinaire et 3600 mètres cubes dans une forte crue[2], et qu'en même temps les canaux d'irrigation, l'évaporation et les infiltrations agissent aussi pour réduire le débit du Nil, il arrive qu'il passe au Caire, du 15 août au 1re octobre, en moyenne, 2400 mètres cubes par seconde de moins qu'à Assouan. Mais, d'autre part, comme les canaux d'alimentation des bassins d'inondation sont fermés au mois d'octobre et qu'on commence à cette époque à ouvrir les canaux de décharge de ces bassins, le Nil débite au Caire, pendant le mois d'octobre, 900 mètres cubes par seconde et pendant le mois de novembre 500 mètres cubes par seconde de plus qu'à Assouan.

Le débit maximum de la crue au Caire varie entre 12000 et 4800 mètres cubes, le débit minimum d'étiage entre 1300 et 220 mètres cubes par seconde.

Au nord du Caire se trouvent les prises des canaux d'irrigation du Delta; ils débitent, en temps de crue, 1200 mètres cubes par seconde. La portée maxima d'une crue moyenne au Caire étant de 7600 mètres cubes, c'est donc 6400 mètres cubes par seconde qui vont se perdre dans la mer par les branches de Rosette et de Damiette; la première prend 4100 mètres cubes et la seconde 2300 mètres cubes. Durant des crues extraordinaires, la branche de Damiette a débité 4300 mètres cubes par seconde et la branche de Rosette jusqu'à 7000.

D'après tous ces chiffres, on peut constater que le débit du Nil est relativement faible en Égypte par rapport à l'immense étendue de son bassin de réception. Si on le compare à un fleuve des régions tempérées, au Rhône, par exemple, on trouve que ce dernier cours d'eau, à Beaucaire, débite en étiage 400 mètres cubes par seconde, chiffre à peu près égal au débit d'un étiage moyen du Nil, et que, pendant les hautes eaux, il débite 13900 mètres cubes par seconde, chiffre un peu supérieur à celui des plus fortes crues du Nil.

---

[1] Les chiffres relatifs au débit du Nil au Caire sont extraits du rapport de M. Willcocks sur l'irrigation pérenne (1894). Comme ils sont antérieurs à la construction du réservoir d'Assouan, ils sont indépendants de l'action que le service des irrigations peut exercer actuellement sur les débits d'étiage par des prélèvements sur l'eau emmagasinée dans ce réservoir pendant la décrue du Nil.

[2] Ces chiffres de 2000 et 3600 mètres cubes sont aujourd'hui bien diminués par suite de la suppression de la plus grande partie des bassins d'inondation de la Moyenne Égypte (voir chap. v ci-après).

COMPOSITION DES EAUX ET DU LIMON DU NIL

La couleur de l'eau du Nil est en général légèrement jaunâtre, mais elle se modifie considérablement à l'approche de la crue et pendant la période des hautes eaux. Au mois de juin, au moment où il ne monte encore que très lentement, le fleuve prend une teinte verdâtre, parfois très prononcée, que lui communiquent les détritus végétaux entraînés des vastes marais équatoriaux par le premier flux de la crue ; la période des *eaux vertes* dure de huit à quinze jours : l'eau a alors une odeur désagréable et n'est pas potable. Ensuite apparaissent les *eaux rouges* qui sont chargées d'une quantité considérable de limon charrié des plateaux de l'Abyssinie par les courants rapides du Nil Bleu et surtout de l'Atbara ; ces eaux arrivent à Assouan vers le 15 juillet et au Caire vers le 25 juillet ; elles atteignent leur plus haut degré de coloration dans le mois d'août : ce sont celles qui, de toute antiquité, ont été considérées comme les plus fertilisantes. Elles sont plus ou moins chargées de matières en suspension, selon que les affluents venant de l'Abyssinie ont plus ou moins donné, et certaines crues sont appelées *crues blanches* en raison de la petite quantité de limon rouge qu'elles contiennent. Vers la fin d'octobre, le Nil reprend sa couleur ordinaire.

L'étude la plus complète qui existe jusqu'à ce jour sur la nature chimique des eaux et du limon du Nil a été faite par le Dr H. Letheby, professeur de chimie au collège de London Hospital, à l'occasion des projets d'irrigation que l'ingénieur anglais sir John Fowler avait dressés en 1875 et 1876 à la demande du Khédive Ismaïl. Les analyses de ce chimiste portent sur des échantillons prélevés dans le Nil, auprès du Caire, chaque mois, de juin 1874 à mai 1875 ; l'année 1874 fut une année de crue exceptionnellement forte.

D'après ces expériences, la quantité d'ammoniaque provenant des substances salines et organiques dissoutes varie entre 0,114 gr. et 0,270 gr. par litre et est en moyenne de 0,176 gr.[1]. Quant aux autres matières en dissolution, le tableau ci-dessous en indique les quantités et présente en regard, pour servir de terme de comparaison, les proportions moyennes de substances dissoutes dans l'eau de Seine en amont du confluent de ce fleuve avec la Marne. Les chiffres sont donnés en grammes par litre d'eau :

---

[1] Cette proportion est peu différente de celle qu'on constate dans les diverses rivières d'Europe ; ainsi l'eau de la Seine en amont de Bercy, contient 0,060 gr. d'ammoniaque ; la Tamise, à Hampton, point où se trouve la prise d'eau pour l'alimentation de Londres, en renferme 0,085 gr. à 0,157 gr. Dupuit indique 0,150 gr. par litre comme la proportion maxima d'ammoniaque qui doit être contenue dans les eaux potables.

	Eau du Nil.	Eau de Seine.
Chaux	0,0424 gr.	0,0922 gr.
Magnésie	0,0100	0,0060
Soude	0,0062	0,0087
Potasse	0,0144	
Chlore	0,0067	0,0043
Acide sulfurique	0,0216	0,0108
Silice	0,0097	0,0078
Matières organiques	0,0175	0,0130
Acide carbonique et pertes	0,0403	0,0676
Totaux	0,1690 gr.[1]	0,2108 gr.

Pendant l'année 1874-75, la quantité de matières dissoutes a varié entre des limites assez restreintes, soit de 0,136 gr. à 0,205 gr.; elle a atteint son maximum absolu au moment des basses eaux, par suite d'une augmentation dans la proportion de chaux, de soude, de chlore, d'acide sulfurique et de matières organiques. Un autre maximum s'est produit pendant les hautes eaux, par suite d'une augmentation dans les quantités de potasse, de silice, de matières organiques et d'acide carbonique. Les expériences n'ayant porté que sur une année, on ne peut en conclure que ce soit là une loi générale.

Pendant le cours de la même année, les poids de matières en suspension, par litre d'eau, ont été les suivants :

	MINIMUM	MAXIMUM	MOYENNE des 12 mois
Matières organiques	0,0051 gr.	0,1841 gr.	0.0413 gr.
Matières minérales	0,0383	1,3074 gr	0.2713
Totaux	0,0434 gr.	1,4915 gr.[2]	0,3126 gr.

Les époques du minimum ayant été à peu près les mêmes pour les substances organiques et pour les substances minérales, la proportion de matières organiques qui entre dans la composition du sédiment n'est donc jamais très considérable.

Une série d'autres expériences sur les matières en suspension dans l'eau du Nil a été faite pour chaque mois des années 1896, 1897 et 1898 par le Dr Mackensie, directeur de l'École d'agriculture du Caire, sur des échantillons prélevés auprès du Caire, et a donné les résultats moyens indiqués au tableau ci-dessous.

[1] Le poids total des matières dissoutes dans l'eau du Nil diffère peu des constatations faites pour les principales rivières de France; on admet, en effet, généralement comme poids par litre les chiffres suivants :

Pour la Loire	0,135 gr.
Pour la Garonne	0,137 gr.
Pour le Rhône	0,184 gr.

[2] Pendant l'année 1860, la Durance dont les limonages et les colmatages jouissent d'une notoriété si méritée a eu ses eaux chargées de limon à raison d'une moyenne de 1,454 kgr. par mètre cube, chiffre presque égal au maximum constaté pour le Nil.

Les chiffres trouvés par le Dr Letheby pour 1874 diffèrent très notablement de ceux du Dr Mackensie ; mais on peut admettre que la moyenne des quatre années représente assez exactement la quantité de matières en suspension ; cette moyenne est inscrite dans la dernière colonne du tableau en grammes par litre d'eau.

MOIS	ANNÉES 1896-97-98 (Dr Mackensie).	ANNÉES 1874-1875 (Dr Letheby).	MOYENNE des 4 années.
	grammes.	grammes.	grammes.
Janvier	0,310	0,167	0,274
Février	0,253	0,126	0,224
Mars	0,127	0,053	0,109
Avril	0,158	0,066	0,135
Mai	0,147	0,048	0,122
Juin	0,144	0,069	0,123
Juillet	0,139	0,178	0,148
Août	1,590	1,492	1,566
Septembre	1,561	0,533	1,304
Octobre	1,110	0,378	0,928
Novembre	0,708	0,344	0,617
Décembre	0,470	0,289	0,424
Moyennes	0,560	0,313	0,498

Si on applique les chiffres de la dernière colonne de ce tableau aux volumes d'eau débités mensuellement à Assouan dans une année moyenne, on trouve que la quantité totale des matières en suspension transportées par le Nil est la suivante :

Millions de tonnes.

Janvier	1,22
Février	0,65
Mars	0,26
Avril	0,21
Mai	0,16
Juin	0,16
Juillet	0,75
Août	30,11
Septembre	30,99
Octobre	15,68
Novembre	5,45
Décembre	2,55
Total pour l'année	88,19

68 p. 100 de ce total de 88 200 000 tonnes de sédiment est entraîné par le Nil à travers l'Égypte pendant les deux mois d'août et de septembre, et les eaux sont très peu chargées pendant les mois de mars, avril, mai et juin.

Dans les années de fortes crues, le chiffre total de matières solides passant à Assouan dépasse 100 000 000 de tonnes [1].

D'après le Dr Letheby, la composition moyenne du limon du Nil est la suivante :

	PENDANT LA CRUE	PENDANT L'ÉTIAGE
Matières organiques	15,02	10,37
Acide phosphorique	1,78	0,57
Chaux	2,06	3,18
Magnésie	1,12	0,99
Potasse	1,82	1,06
Soude	0,91	0,62
Alumine et oxyde de fer	20,92	23,55
Silice	55,09	58,22
Acide carbonique et pertes	1,28	1,44
Totaux	100,00	100,00

Ainsi, il semble que c'est pendant la crue, c'est-à-dire au moment où l'on fait le plus d'irrigations et où l'on submerge les bassins de la Haute Égypte, que le limon du Nil contient les plus grandes quantités de matières organiques, d'acide phosphorique et de potasse qui sont des agents fertilisateurs énergiques.

D'après d'autres essais faits par MM. Payen, Champion et Gastinel bey en 1872, le limon du Nil renfermerait de 0,091 à 0,130 p. 100 d'azote ; les échantillons qu'ils ont analysés ne contenaient que des traces d'acide phosphorique.

Enfin, en 1896, le Dr Mackensie a constaté que les matières organiques et nitreuses augmentent régulièrement quand le niveau du fleuve baisse, tandis que la quantité de potasse diminue.

En présence du petit nombre des analyses faites, on ne peut établir de règle générale au sujet de la variation de composition des sédiments ; il semble toutefois que la crue de 1874 doive être considérée comme une crue pauvre en argile, c'est-à-dire en eaux rouges ; car la proportion ordinaire d'argile par rapport à la silice est certainement plus forte que celle qui résulte des chiffres ci-dessus.

Comme conclusion, nous classerons le limon du Nil parmi les alluvions les plus riches en matières fertilisantes, mais pauvres en éléments calcaires [2].

---

[1] Le Rhône débite annuellement 36 000 000 de tonnes de matières en suspension ; le Pô, 70 000 000 ; le Danube, 105 000 000 ; le Mississipi, 320 000 000.

[2] Limon de la Durance : 36 à 45 p. 100 de matière argilo-siliceuse, 32 à 44 p. 100 de carbonate

de chaux, 10 à 20 p. 100 de matières diverses renfermant surtout des substances azotées organiques et comptant en moyenne pour 0,08 p. 100 d'azote.

Limon du Rhône : 49 p. 100 de résidu insoluble, 10 p. 100 de peroxyde de fer, 32 p. 100 de carbonate de chaux, 9 à 10 p. 100 de substances diverses, contenant en moyenne 0,16 p. 100 d'azote.

Tangues : 41 à 71 p. 100 de sables siliceux, 23 à 52 de carbonate de chaux, 3 p. 100 de matières organiques ; 1,50 à 7,50 p. 100 de substances diverses, parmi lesquelles de la magnésie, de l'alumine, de l'oxyde de fer, du chlore, de l'acide phosphorique, de la soude et de la potasse solubles, des sels calcaires, de l'azote, etc.

Alluvions marines de la baie du mont Saint-Michel : sable calcaire contenant 3 à 5,6 p. 100 de matières organiques dont 0,13 à 0,45 p. 100 d'azote, 32 à 40 de carbonate de chaux, 1,50 à 2,60 de phosphate de chaux.

CHAPITRE III

LE SOL DE L'ÉGYPTE

Topographie. — Pentes et niveaux du sol. — Province du Fayoum. — Nature du sol et du sous-sol d'Égypte. — Eaux souterraines.

TOPOGRAPHIE

La cataracte d'Assouan (km. 975) est formée par un vaste affleurement de syénite et de quartz diorite au travers duquel le Nil s'est creusé son lit. Au sortir de ce chaos rocheux, la vallée est très étroite, présentant de distance en distance quelques lambeaux de terres cultivables séparées par des collines de grès ou des terrains désertiques élevés qui enserrent le fleuve et qui s'étendent jusqu'à 70 kilomètres d'Assouan, à Gebel Silsileh (km. 905). Là, le Nil passe entre deux collines de grès, puis la vallée limoneuse s'élargit peu à peu, bordée de chaque côté par des plateaux calcaires, contreforts de la chaîne lybique et de la chaîne arabique, qui se prolongent jusqu'au Caire et s'épanouissent ensuite pour former les limites occidentale et orientale du Delta.

Les rebords de ces deux plateaux prennent l'aspect tantôt de falaises abruptes, tantôt de rangées de collines; leurs crêtes ne s'élèvent guère à plus de 200 à 300 mètres au-dessus du niveau de la vallée et, le plus souvent, ne dépassent pas 50 à 100 mètres de hauteur. Il n'y a qu'un seul endroit où ces plateaux calcaires traversent la vallée de part en part : c'est à Gebelein, point situé à 185 kilomètres au nord d'Assouan (km. 790) ; là se trouvait autrefois, selon toutes probabilités, une cataracte, mais ce qu'il en reste ne présente plus aucun obstacle au cours des eaux.

Ce n'est guère qu'à une centaine de kilomètres au nord d'Assouan que commence réellement l'Égypte cultivable et régulièrement arrosée, un peu au sud d'Edfou. Jusqu'à ce point, il n'y a encore, sur les bords du Nil, que des terrains d'alluvion de peu d'importance[1], séparés en parcelles peu éten-

---

[1] Il faut en excepter la grande plaine de Kom Ombo, tout près du Gebel Silsileh, qui n'avait pu être cultivée jusqu'à présent à cause de son niveau élevé au-dessus du fond de la vallée, mais où une société particulière a entrepris récemment des travaux pour y effectuer de l'irrigation au moyen de pompes à vapeur sur 15 000 hectares environ.

dues par des régions incultes. Sur les 250 kilomètres suivants, c'est-à-dire jusque vers Farchout (km. 624), la vallée du Nil a une largeur moyenne de 5 kilomètres et demi ; assez variable d'ailleurs d'un point à un autre, cette largeur est de 6 kilomètres à Erment (km. 774), 8 kilomètres à Louxor (km. 755), 12 kilomètres à Kous (km. 723), 4 kilomètres à Keneh (km. 695). Dans cette partie de l'Égypte, le fleuve va heurter, dans ses détours, tantôt le plateau arabique, tantôt le plateau lybique, et laisse dans l'ensemble, sur une surface cultivable d'un peu moins de 100 000 hectares, à peu près autant de terrains sur sa rive droite que sur sa rive gauche. Les points où le Nil côtoie le plateau lybique sont au nombre de trois : Gebelein (km. 790), Gournah, en face de Louxor (km. 755), Denderah, en face de Keneh (km. 695). Sur sa rive droite, le Nil s'éloigne d'abord fort peu du plateau arabique jusque vers Gebelein et longe ensuite ce même plateau en face d'Erment (km. 774), à Kouzam (km. 638), à Gebel Tarif (km. 622).

Depuis Farchout jusqu'à Assiout (km. 423), c'est-à-dire sur 200 kilomètres de longueur de fleuve, la vallée est devenue plus large, elle a 16 kilomètres à Abou Chouchah (km. 586), 12 kilomètres à Guirgueh (km. 574), 14 kilomètres à Sohag (km. 528), et s'élargit à 16 kilomètres entre Sohag et Assiout ; en ce dernier point, elle n'a plus que 10 kilomètres. Sa largeur moyenne, dans ce parcours, est de 13,500 km. et, après la grande boucle qu'elle décrit vers l'est entre Gebelein et Farchout et dont le point culminant est Keneh, elle se développe presque en ligne droite vers le nord-ouest.

Dans cette partie de son cours, le Nil s'est définitivement éloigné du plateau lybique et se tient toujours beaucoup plus rapproché du bord oriental de la vallée qu'il côtoie sur d'assez grandes distances, notamment à Gebel Toukh (km. 560), à Gebel Haridi (km. 495), à Gebel Matmar (km. 440). Ainsi, sur la surface totale d'environ 186 000 hectares de terres cultivables comprises dans cette région, il n'y a que 33 000 hectares sur la rive droite.

D'Assiout au Caire, sur 400 kilomètres de longueur de fleuve, la vallée se dirige d'une façon générale vers le nord. Jusque vers Wasta (km. 116) sa largeur varie de 10 à 20 kilomètres, elle est en moyenne de 15 kilomètres ; mais, au nord de Wasta, elle diminue et n'a plus en moyenne que 7 kilomètres[1].

Entre Assiout et Wasta, le Nil s'est tellement reporté vers les coteaux de la rive droite que, à part une étendue cultivable de 16 000 hectares située en face d'Assiout, il n'y a, sur cette rive, que quelques enclaves très peu importantes de cultures resserrées entre le fleuve et le désert ; toute la partie fertile de la vallée est sur la rive gauche. Au nord de Wasta, la proportion

---

[1] D'après le Dr Sickenberger, cette diminution de section provient de ce que la moitié des eaux du fleuve s'était ouvert une route à l'ouest, par le Fayoum, dans les mers anciennes qui couvraient le désert occidental.

des terres cultivées sur la rive droite est à peu près le quart de la superficie totale cultivable.

Le Caire est à 950 kilomètres d'Assouan en suivant les détours du Nil et à 860 kilomètres en considérant l'axe de la vallée ; et la pointe du Delta, c'est-à-dire l'endroit où se séparent les branches de Rosette et de Damiette, est à 25 kilomètres au nord du Caire.

Le Delta, compté à partir du Caire, forme un grand triangle de 175 kilomètres de hauteur, ayant le long de la mer une base légèrement convexe de 270 kilomètres de contour entre Alexandrie à l'ouest et Port-Saïd à l'est. Les deux branches du Nil y coulent au milieu du terrain d'alluvion, loin des montagnes et des déserts ; toutefois, la branche de Rosette, sur les 40 premiers kilomètres de son parcours, côtoie le désert lybique. Ces deux cours d'eau partagent ainsi le Delta en trois parties de forme générale triangulaire.

La première, qui est le Delta proprement dit, a 140 kilomètres de base le long de la mer et renferme 535 400 hectares de terres cultivables ; la seconde, à l'ouest de la branche de Rosette, a 70 kilomètres de base et contient 253 400 hectares de terrains ; la troisième, à l'est de la branche de Damiette, a une base de 60 kilomètres et une superficie cultivable de 500 200 hectares. Le Delta tout entier présente donc une surface totale de 1 300 000 hectares cultivables en chiffres ronds, à laquelle il faut ajouter 800 000 hectares environ de terrains incultes couverts par les dunes littorales, par la chaîne de lacs qui forme une ceinture entre le Delta et la mer, et enfin par la bande de terrains salés ou marécageux qui s'étend entre les lacs et les terres fertiles.

PENTES ET NIVEAUX DU SOL

La pente longitudinale de la vallée du Nil est faible, la cote du terrain étant 94 mètres au-dessus du niveau de la mer à Assouan et la longueur totale de l'Égypte, en suivant l'axe de la vallée d'Assouan à la mer, étant de 1 030 kilomètres environ. Cette pente est répartie assez régulièrement, comme on peut s'en rendre compte par un coup d'œil jeté sur la planche III. Elle est en moyenne de 0,09 m. par kilomètre dans la Haute Égypte et de 0,10 m. dans la Basse Égypte. Le terrain, partant de la cote d'altitude 17 mètres à la pointe du Delta, s'abaisse progressivement jusqu'au niveau de la mer sur le bord des lacs septentrionaux.

La surface du sol est très plate et ne présente que des inégalités insignifiantes. Toutefois, comme partout où une rivière coule en creusant son lit au milieu de ses propres alluvions, il existe, en Égypte, d'une façon générale, une pente dans le sens perpendiculaire à la direction du fleuve, les bords du Nil formant le point culminant de la vallée. Ainsi, dans la province de Guirgueh, les terres cultivées qui sont situées auprès du fleuve sont plus élevées que celles qui s'étendent au pied de la montagne occidentale de 0,50 m. à 0,90 m. pour une largeur totale de la vallée de 5 à 6 kilomètres. Dans le sud de la province de Benisouef, où la vallée a de 12 à 15 kilomètres de largeur, cette dénivellation est comprise entre 0,80 m. et 1,20 m.

Il résulte de ce fait que tout le long de la vallée, dans la Haute et dans la Moyenne Égypte, il règne une ligne de bas-fonds dans le voisinage du désert, parallèlement au Nil. Ces bas-fonds, remplis au moins une partie de l'année par le résidu des eaux d'inondation ou par des infiltrations provenant des terrains plus élevés, ont été généralement utilisés pour faciliter le remplissage ou la vidange des bassins ; ils forment aujourd'hui de longs canaux continus tels que le canal Sohagieh, dans la Haute Égypte, le Bahr Yousef et le canal Lebani, dans la Moyenne Égypte.

Le même phénomène de dénivellation transversale du sol à partir des bords du Nil se produit aussi dans la Basse Égypte, quoique moins nettement à cause de la présence des nombreux bras qui existaient au moment de la formation du Delta et jusque dans les temps historiques et qui ne sont plus aujourd'hui que des canaux sans débordement. Ainsi, il y a une ligne de points bas entre les branches de Rosette et de Damiette et une autre ligne nettement marquée vers le milieu de la largeur de la province de Béhéra, à l'ouest de la branche de Rosette. Les pentes transversales ne dépassent guère 0,02 m. à 0,03 m. par kilomètre. A mi-distance entre le Caire et la mer, les terrains voisins de la branche de Damiette sont plus hauts de 1 mètre environ que ceux qui bordent la branche de Rosette.

Si l'on compare le niveau moyen des terres au niveau des eaux du Nil (voir pl. III), on constate que le niveau moyen de l'étiage est à 9 mètres au-dessous du sol à Assouan, et que cette différence diminue progressivement jusqu'à 7,50 m. à Assiout et 6,50 m. à Benisouef, pour n'être plus que de 3 à 4 mètres dans le milieu de la Basse Égypte. Quant aux hautes eaux, pendant les fortes crues, elles dépassent de 2 mètres à 2,50 m. le niveau moyen des terres, et de 1 mètre à 1,50 m., pendant les crues moyennes, quoique parfois les bords mêmes du Nil soient assez élevés pour dominer le niveau des crues moyennes. Ainsi, si le Nil n'était pas endigué tout le long de son cours, toute la vallée serait ordinairement noyée pendant les crues et, d'autre part, pendant l'étiage, les eaux d'irrigation ne peuvent être distribuées à un niveau rapproché de celui du sol que si on les élève au moyen de machines, ou si on exhausse le fleuve par des barrages, ou si l'on reporte les prises des canaux à une grande distance en amont des terres à arroser.

PROVINCE DU FAYOUM [1]

La province du Fayoum se trouve à 80 kilomètres environ au sud du Caire, à l'ouest de la vallée du Nil, dont elle est séparée par une bande de désert d'une largeur variant de 4 à 10 kilomètres. Elle est reliée au reste de l'Égypte par une gorge d'un kilomètre d'ouverture au travers de laquelle passe le Bahr Yousef ; ce cours d'eau qui est alimenté par le Nil se prolonge jusqu'à Medinet-el-Fayoum, chef-lieu de la province.

Le Fayoum forme une grande cuvette ayant 50 kilomètres du nord-est

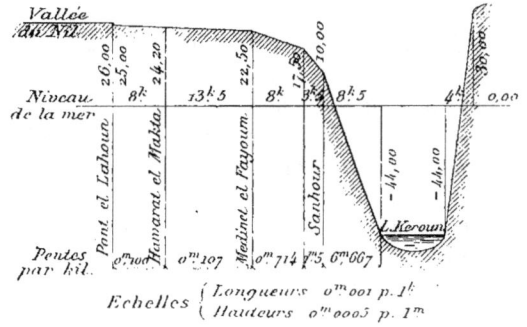

Fig. 7. — Coupe en travers du Fayoum.

au sud-ouest et 40 kilomètres du nord-ouest au sud-est, dont la partie basse est occupée par le Birket Keroun, lac de 40 kilomètres de longueur sur 10 kilomètres de largeur maxima. La ville de Medinet-el-Fayoum est à peu près à moitié distance des extrémités nord et sud de la province ; en ce point le Bahr Yousef se ramifie en un grand nombre de canaux qui rayonnent en éventail.

Le lac Keroun a environ 200 kilomètres carrés de superficie et la surface cultivée de la province est de 173 400 hectares.

Depuis l'entrée du Bahr Yousef dans le Fayoum, à el Lahoun, jusqu'à Medinet-el-Fayoum, la pente du terrain est d'environ 0,10 m. par kilomètre. Sur les 8 kilomètres qui s'étendent au delà de cette ville, la pente s'accentue, elle devient égale à 0,60 m. par kilomètre ; sur les quatre kilomètres suivants, elle s'élève à 1,50 m. par kilomètre et ensuite jusqu'aux bords du lac Keroun, elle devient 6,67 m. par kilomètre (fig. 7). Ces trois séries de pentes, qui sont beaucoup plus fortes que celles qui règnent dans

---

[1] Voir l'ouvrage « The Fayum and lake Mœris, » publié à Londres en 1892 par le major R.-H. Brown, R. E. inspecteur général des irrigations de la Haute Egypte.

le reste de l'Égypte, ne sont pas d'ailleurs aussi marquées lorsqu'on se rapproche des contours de la province ; mais l'inclinaison du sol est d'une façon générale dirigée vers le Birket Keroun qui est situé au fond de la dépression, qui la limite vers le nord et qui n'a aucun écoulement. Ce lac est exclusivement alimenté par les déversoirs des canaux issus du Bahr Yousef et par les eaux d'infiltration et de drainage.

Le sol qui est à l'altitude 26 mètres au-dessus du niveau de la mer à l'entrée du Fayoum, dans la vallée du Nil, est à la cote 22,50 m. à Medinet-el-Fayoum et tombe jusqu'à 44,00 m. au-dessous du niveau de la mer, sur les bords du lac Keroun.

Le Bahr Yousef étant un cours d'eau dont le débit est entièrement entre les mains des ingénieurs des irrigations, le Fayoum n'a pas à se protéger contre ses crues.

Le lac Mœris couvrait autrefois la plus grande partie de la province du Fayoum. C'était un vaste réservoir construit ou plutôt aménagé par Anemenhat III, il y a environ cinq mille ans, de façon à emmagasiner les eaux surabondantes de la crue du Nil et à les déverser pendant les mois d'étiage sur les terres de la Basse Égypte. De ce gigantesque ouvrage des temps passés, il ne reste plus que quelques vestiges de digues et la petite nappe du Birket Keroun enserrée entre le désert et les versants cultivés du Fayoum.

NATURE DU SOL ET DU SOUS-SOL DANS LA VALLÉE DU NIL

Le sol de la vallée du Nil, tant dans la Haute Égypte que dans le Delta, est constitué sur une grande épaisseur par les dépôts d'alluvions du fleuve. Au moment de l'étiage, lorsque le niveau des eaux est descendu à 7 ou 8 mètres au-dessous de la surface des terres cultivées, si l'on navigue sur le Nil en longeant la rive dans un de ces nombreux coudes où le courant ronge la berge à la base et la découpe presque verticalement, et si l'on observe la tranche de terrain ainsi découverte, on reconnaît facilement les diverses variétés dont se composent ces alluvions ; certaines couches très argileuses, fendillées par l'action du soleil, se tiennent à pic ; d'autres, plus sableuses, présentent une moindre cohésion, et, enfin, de distance en distance, des bancs de sable presque pur prennent un talus allongé ; ces sables sont intercalés en lentilles plus ou moins étendues entre les limons argileux.

Les dépôts limoneux s'étendent jusqu'à plus de 10 mètres au-dessous du fond du lit du fleuve ; plus bas, on trouve des sables et des graviers, puis, plus profondément encore, des couches de terre glaise.

Vers la pointe du Delta, c'est à 20 mètres de profondeur que commencent les sables et graviers et à 25 mètres les argiles.

A Tantah, au centre de la Basse Égypte, le limon a 8 mètres de profondeur, il repose sur une couche de sable avec graviers de 13,50 m. d'épaisseur, puis vient un banc d'argile de 12 mètres de puissance supporté par des sables.

Des sondages à grandes profondeurs exécutés en 1848 par le gouvernement égyptien sur la rive droite du Nil, dans la Haute Égypte, en face d'Erment, ont montré sous les terrains d'alluvion des marnes, puis des grès et enfin des schistes.

Dans d'autres sondages entrepris à Benisouef en 1899, le calcaire est apparu à 30 mètres au-dessous du sol, surmonté par une couche de sable plus ou moins mélangé de graviers de 22 mètres d'épaisseur et par une hauteur de limon de 7,50 m.

A Medinet-el-Fayoum, dans des recherches faites également en 1899, la fondation rocheuse n'est apparue qu'à 131 mètres de profondeur, la couche d'alluvion du Nil ayant 6,50 m. de hauteur et reposant sur des couches de sable et de limon plus ou moins dur.

Ainsi, d'une façon générale, dans toute l'étendue de la vallée du Nil, la couche de terre végétale qui constitue le sol cultivable de l'Égypte a une épaisseur considérable; c'est une argile limoneuse dont la composition chimique présente une assez grande uniformité dans la Haute comme dans la Basse Égypte.

D'après de nombreuses analyses faites en 1872 à Paris par les soins de MM. Payen, Champion et Gastinel bey, elle contient environ :

Silice	45 p. 100
Argile	53 —
Magnésie	0,20 à 1,60
Chaux	1,30 à 4,90
Azote	0,03 à 0,10
Acide phosphorique	0,03 à 0,32

Il y a toutefois des terres fortes qui contiennent jusqu'à 84 p. 100 d'argile et des terres légères où le sable entre dans la proportion de 68 p. 100.

Au fur et à mesure qu'on approche de la Méditerranée, le sol contient une quantité de chlorure de sodium de plus en plus grande, qui, dans les parties basses du nord du Delta, atteint jusqu'à 4 p. 100.

D'une façon générale, la terre d'Égypte contient beaucoup de silice, d'alumine et d'oxyde de fer, peu de chaux, des quantités faibles d'acide phosphorique et de petites proportions de matières organiques ne dépassant pas 4 à 9 p. 100.

EAUX SOUTERRAINES

La vallée du Nil étant ainsi formée d'une couche profonde de terrains perméables, il règne, dans toute son étendue, une nappe d'infiltration dont le niveau est en rapport avec celui du fleuve et dont l'importance est considérable pour les parties de l'Égypte qui ne sont pas desservies régulièrement par des canaux d'irrigation. Dans ces régions, les paysans creusent des puits jusqu'aux eaux souterraines qu'ils élèvent, au moyen de norias ou de balanciers, pendant la saison sèche, jusqu'au niveau de leurs rigoles d'arrosage.

M. l'ingénieur Willcocks, dans ses rapports sur le projet du réservoir d'Assouan, évalue à 300 mètres cubes par seconde l'absorption par le sol en temps de crue entre Assouan et Assiout, région où l'on ne fait guère que de la culture par bassins d'inondation, et à 100 mètres cubes par seconde entre Assiout et le Caire, où près d'un quart du territoire était alors cultivé par irrigation. Quel que soit le degré d'exactitude qu'on attribue à ces chiffres, il n'en résulte pas moins qu'il se constitue ainsi, pendant la crue, dans le sous-sol, une réserve d'eau considérable qui, lentement, avec une vitesse atténuée par la résistance du sol, se déverse du lit du Nil vers les bords de la vallée et s'écoule aussi d'amont en aval vers la mer.

Des observations faites sous ma direction dans le sous-sol de la ville du Caire pendant les trois années 1890, 1891 et 1892, ont donné les résultats suivants.

La cote moyenne d'étiage du Nil étant, à cette époque-là, au Caire, en raison de la retenue du barrage du Delta, 13,65 m., vers la fin de juin, et la cote maxima d'une crue moyenne étant 19,25 m. à la fin de septembre, la nappe souterraine oscille régulièrement à la suite du mouvement des eaux du fleuve. Les cotes minima se produisent au mois de juillet dans les puits les plus rapprochés du Nil et au mois d'août dans ceux qui en sont le plus éloignés. La nappe monte ensuite assez rapidement pour atteindre son maximum d'élévation entre le mois de novembre et le mois de janvier, suivant les localités, puis elle redescend lentement vers son minimum. La montée de la nappe souterraine est en retard d'environ deux mois sur la crue du Nil. On peut admettre que la cote maxima des eaux souterraines est en moyenne de 2,50 m. inférieure au niveau des crues et que leur cote minima est à 1,20 m. au-dessus de l'étiage du fleuve.

La figure 8 [1] donne les variations de niveau, au cours d'une année, de

---

[1] Ces relevés ont été faits par le service officiel de l'arpentage. Voir en outre, le rapport (publié en 1909) de M. Audebeau bey, ingénieur en chef des Domaines de l'Etat Egyptien, sur les expériences relatives à l'influence de la nappe souterraine sur les cultures de coton.

la nappe souterraine, sur la rive gauche du Nil, en face du Caire, entre le fleuve et les pyramides de Ghizeh ; les terres rapprochées du Nil sont cultivées par irrigation, et les plus éloignées par inondation. La surface de la nappe souterraine descend au mois d'août jusqu'à 6,40 m. au-dessous du sol à un kilomètre du Nil et jusqu'à 5,20 m. à 4 kilomètres du Nil. Elle s'élève, en octobre, jusqu'à un mètre au-dessous du sol dans la partie irriguée ; à ce moment-là, l'inondation règne sur les terres situées plus

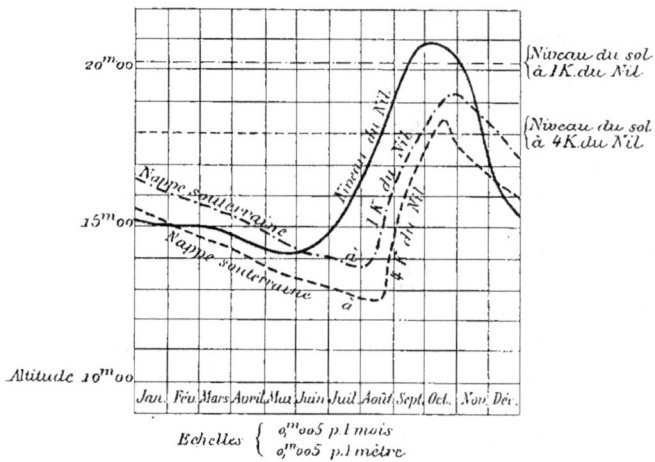

Fig. 8. — Niveaux de la nappe souterraine, en 1908, sur la rive gauche du Nil, à Ghizeh.

loin du fleuve. L'étiage de la nappe souterraine descend à une cote inférieure à la cote d'étiage du Nil.

Des mouvements analogues ont été observés un peu partout en Égypte avec des différences dépendant des circonstances locales.

Le relèvement des eaux du Nil par des barrages, l'établissement de grands canaux au travers des territoires cultivés, l'épandage et l'irrigation sont des faits qui, naturellement, ont une influence considérable, dans chaque région de l'Égypte, sur le niveau de la nappe souterraine. Les ingénieurs doivent surveiller attentivement les changements ainsi apportés au régime de ces eaux inférieures pour éviter que, se rapprochant d'une façon constante de la surface du sol cultivable, elles ne nuisent au développement des plantes agricoles qui, comme le cotonnier, ont des racines assez profondes.

Les eaux de la nappe souterraine diffèrent notablement, par leurs éléments chimiques, des eaux mêmes du Nil. Cette particularité ressort nettement du tableau ci-après, qui indique la composition moyenne, en grammes par litre, des eaux puisées pendant l'étiage dans trois puits situés sur la rive gauche du Nil à une assez grande distance du fleuve.

		EAU DE PUITS	EAU DU NIL
Ammoniaque saline		0,000057	0,000061
Ammoniaque des substances alcalines dissoutes		0,000067	0,000110
Matières dissoutes.	Chaux	0,1656	0,0424
	Magnésie	0,0453	0,0100
	Soude	0,0820	0,0620
	Potasse	0,0037	0,0144
	Chlore	0,1360	0,0067
	Acide sulfurique	0,0593	0,0216
	Acide nitrique	0,0017	Traces.
	Silice, alumine et oxyde de fer	0,0180	0,0097
	Matières organiques	0,0060	0,0175
	Acide carbonique et perte	0,1226	0,0403
Quantité totale de matières solides après évaporation		0,6402	0,1690

Ainsi, en s'infiltrant dans les couches inférieures du sol, l'eau s'est chargée de quatre fois plus de matières dissoutes que n'en contient le Nil lui-même ; elle a recueilli, dans son passage au travers des terres, des quantités considérables de carbonates, de sulfates de chaux et de magnésie, de chlorure de sodium. C'est là un point très important sur lequel il y aura lieu de revenir lorsque sera traitée la question du drainage des terres irriguées.

Plus bas que cette nappe qui est alimentée directement par le fleuve même, il existe en beaucoup d'endroits des eaux artésiennes. Celles-ci sont situées généralement à plus de 25 mètres de profondeur, sous des couches argileuses. Elles sont souvent potables et de bonne qualité ; ce sont des nappes artésiennes qui fournissent actuellement l'eau potable au Caire et à plusieurs autres villes. On emploie aussi ces eaux pour l'arrosage dans un certain nombre d'exploitations agricoles insuffisamment desservies par les canaux publics. Elles ne sont pas jaillissantes, mais elles s'élèvent naturellement jusqu'à un niveau un peu inférieur à celui du sol.

CHAPITRE IV

PROCÉDÉS GÉNÉRAUX DE L'ARROSAGE PAR INONDATION

Culture par submersion et par irrigation. — Bassins d'inondation. — Dimensions des bassins. — Conditions d'une bonne inondation des bassins. — Durée de la submersion. — Canaux d'alimentation. — Digues des bassins. — Canaux et ouvrages de vidange. — Remarques générales. — Remplissage des bassins. — Vidange des bassins. — Effets de la submersion du sol.

CULTURE PAR SUBMERSION ET PAR IRRIGATION

Des indications météorologiques données dans un précédent chapitre[1], il résulte que le climat d'Égypte permet de faire, en toute saison, des cultures agricoles, pourvu qu'on procure au sol l'humidité nécessaire à la végétation. Cette humidité que les phénomènes atmosphériques se refusent à fournir à la terre, le fellah s'est appliqué à la lui donner dès les époques les plus reculées en utilisant à cet effet les eaux qui coulent dans le lit du Nil et celles qui s'infiltrent dans le sous-sol de la vallée.

Submerger les champs, au moment de la crue, un temps assez long pour que le terrain soit profondément pénétré et qu'il conserve assez de fraîcheur pendant toute la durée de la récolte qui sera semée aussitôt après le retrait des eaux, ce fut le procédé dont le développement grandiose a donné naissance à ces énormes bassins d'inondation que tous les historiens de l'antiquité ont vantés et qui subsistent encore sur une grande partie de l'Égypte. La méthode est simple ; elle réclame du paysan un minimum de travail et permet, au moment même où le Nil coule à pleins bords, de prélever rapidement une grande masse d'eau, qui est employée toute ensemble au bénéfice de l'agriculture et qui n'est renvoyée à la mer, par le lit même du fleuve, qu'après avoir engraissé et fertilisé le sol de la vallée. Ce procédé, par un système bien combiné de prises d'eau, d'ouvrages régulateurs, de déversoirs et de digues peut s'appliquer à presque toute l'étendue cultivable de l'Égypte ; mais, en raison de l'époque de l'année à laquelle se produit la crue, il ne peut être pratiqué qu'en vue des récoltes qui s'accom-

[1] Voir chap. 1er, p. 5 et suivantes.

modent des températures régnant en automne et en hiver, c'est-à-dire de celles qui poussent dans la zone tempérée, telles que céréales, fèves, lentilles, fourrages, etc. Ces récoltes une fois enlevées, la terre reste sèche et improductive jusqu'à la crue suivante.

Aussi, si l'on veut demander au sol des produits qui ont besoin de l'été d'Égypte pour arriver à maturité, comme le Nil est bas dans cette saison et que d'ailleurs l'ardeur du soleil annulerait trop rapidement les effets d'une inondation, c'est à l'irrigation qu'il faut recourir; on l'obtiendra soit en amenant les eaux du Nil dans le voisinage des champs à cultiver par des canaux de dérivation, soit en creusant des puits jusqu'au niveau des eaux d'infiltration du sous-sol et en élevant ces eaux au moyen de machines élévatoires simples et rustiques.

La culture par inondation et la culture par irrigation ont été en usage de tout temps en Égypte, mais c'est surtout dans la première moitié du siècle dernier que l'irrigation a commencé à prendre un développement considérable, grâce auquel le pays a été amené au degré de prospérité qu'on y constate aujourd'hui. La construction de grands ouvrages d'art et de nombreux canaux destinés à porter au loin l'eau du Nil en toute saison a été entreprise d'abord par Méhémet Ali, poursuivie sous le règne de ses successeurs et notamment d'Ismaïl pacha, poussée énergiquement par les ingénieurs anglais pendant les vingt-cinq dernières années, et elle a rendu possible la production en grand de la canne à sucre et du coton, cultures d'été qui sont la principale source de la richesse de la contrée.

L'inondation et l'irrigation sont en général pratiquées séparément, c'est-à-dire que les terres qui ont été inondées ne reçoivent pas d'arrosage après la submersion, et inversement. Cela tient à deux causes principales : d'une part, les régions destinées à l'inondation ne sont pas aménagées pour l'irrigation, les récoltes d'hiver qui poussent sur les terrains qui ont été inondés n'ayant pas besoin d'autre eau jusqu'à leur maturité; d'autre part, les terres qui portent les récoltes d'été doivent être préservées par des endiguements contre l'inondation qui tuerait les plantes alors sur pied. Il y a cependant quelques exceptions à cette règle. Ainsi certaines terres situées dans les parties basses des bassins d'inondation se trouvent à un niveau assez rapproché de la nappe souterraine pour qu'on puisse sans trop de peine élever l'eau jusqu'au sol et la distribuer par des rigoles d'arrosage, de façon à obtenir une récolte hâtive pendant l'été avant l'arrivée de la crue; on fait donc là de l'inondation tout de suite après l'irrigation. Dans les districts irrigués, on peut aussi faire, sur les champs qui ne sont pas en culture au moment de la crue, non pas de l'inondation à proprement parler, mais des submersions sur de faibles hauteurs et de peu de durée, à l'abri de petits épaulements protégeant les terres voisines; ces submersions, insuffisantes pour assurer à elles seules la bonne venue d'une récolte, doivent être complétées par des arrosages réguliers : on fait donc là de l'irrigation à la suite de la submersion.

La nature du climat et les facilités de l'arrosage donnent au sol égyptien une grande élasticité de production et ont amené naturellement le fellah à entreprendre, dans chaque région, des cultures tout le long de l'année.

Les principales de ces cultures sont les cultures d'hiver et les cultures d'été ; ce sont celles qui couvrent la plus grande surface de territoire.

Les cultures d'hiver, dites *chetoui*, se font aussitôt après les submersions ou les arrosages intensifs pratiqués pendant la crue ; on les sème en automne et on les enlève au printemps ; elles comprennent les céréales, les fourrages, les légumineuses.

Les cultures d'été sont le coton dans presque toute l'Égypte et la canne à sucre dans la Moyenne et la Haute Égypte ; commencées à la fin de l'hiver ou dès le début du printemps, elles donnent leur récolte en automne pour le coton et en hiver pour la canne à sucre. Elles sont sur pied pendant toute la durée de l'étiage du Nil et sont exclusivement des cultures d'irrigation. On les désigne sous le nom de cultures *sefi*.

En dehors des cultures d'été et d'hiver qui forment la base fondamentale de l'assolement égyptien, il y en a une autre très importante qu'on appelle *nili* dans la Basse Égypte et *nabari* dans la Haute Égypte. Elle comporte uniquement une récolte de maïs ou de sorgho[1] (holcus sorghum) qui sert tout spécialement à la nourriture du paysan et qui ne reste sur pied qu'une centaine de jours en moyenne pour arriver à maturité. Elle se fait en été pendant la période des hautes eaux du Nil et se récolte en automne ; c'est une culture épuisante, mûrissant rapidement grâce à la chaleur de la saison. Comme elle demande beaucoup d'arrosage, on ne peut pratiquement l'entreprendre dans la Basse Égypte qu'au moment où le fleuve donne de l'eau en abondance et à un niveau élevé. En Haute Égypte, dans les parties aménagées en bassins d'inondation, on ne la fait que sur les terres les plus hautes de la vallée qui peuvent difficilement être submergées ou qu'on défend aisément contre la submersion par de petites digues.

Sur les terres les plus basses des bassins d'inondation, on fait aussi des cultures intercalaires dites *qedi* qu'on sème au printemps sur des terres ayant produit une récolte d'hiver et qu'on arrose au moyen des eaux provenant de la nappe souterraine. Ces récoltes doivent être enlevées avant l'introduction de l'eau de la crue dans les bassins. Elles se sont éten-

---

[1] Ces deux plantes sont vulgairement appelées en Égypte *Dourah ;* le maïs est le *Dourah shami* et le millet le *Dourah baladi.*

dues de plus en plus dans ces dernières années et se composent de maïs et de sorgho[1] qui sont des cultures hâtives n'occupant la terre que peu de temps.

Enfin, une autre culture très répandue dans les terres basses situées au nord du Delta, est celle du riz, qui, ayant besoin de grandes quantités d'eau, a une importance considérable pour la fixation du débit des canaux d'irrigation de la Basse Égypte. On cultive deux espèces de riz : l'un, dit *sultani*, se sème lorsque l'eau de la crue commence à arriver, dans le mois de juillet et d'août, et se récolte en novembre ; l'autre, dit *sabaini*, se sème à la fin du printemps et mûrit, comme le précédent, en novembre.

Ainsi, en résumé, dans les territoires où règne exclusivement la culture par irrigation, les besoins de l'agriculture auxquels l'ingénieur doit faire face sont les suivants : pendant les basses eaux, arrosage des cultures d'été ; pendant les eaux moyennes, arrosage des cultures d'hiver ; pendant les hautes eaux, arrosage des cultures *nili* et des cultures d'été et, en même temps, irrigation intensive ou submersion passagère des terres préparées pour les cultures d'hiver.

Dans les territoires affectés spécialement aux cultures par inondation, il y a lieu de pourvoir pendant la crue, en premier lieu, à la submersion prolongée et abondante des terres destinées aux cultures d'hiver et, en second lieu, à l'arrosage des cultures *nabari*.

Quant aux cultures qedi, les seules existant dans les bassins d'inondation pendant les basses eaux, les ingénieurs n'ont pas à s'en préoccuper ; ce sont les paysans qui se chargent de leur procurer l'eau d'arrosage au moyen de puits qu'ils creusent eux-mêmes jusqu'à la nappe souterraine.

D'une façon générale, il n'y a pas de bassins d'inondation dans le Delta ; toutes les cultures s'y font par irrigation ; il en est de même dans la partie de la Moyenne Égypte qui est comprise entre le Bahr Yousef et le Nil.

Dans la Haute Égypte, presque toutes les terres sont sous le régime des bassins d'inondation, ainsi que, dans la Moyenne Égypte, les territoires à l'ouest du Bahr Yousef[2].

BASSINS D'INONDATION

Si l'Égypte est la région classique des inondations, elle n'est pas la seule où l'agriculture ait cherché, par des submersions annuelles, à maintenir et à augmenter la fertilité de la terre. On a reconnu, dans tous les pays des zones tempérées, que la submersion, opérée régulièrement pendant la saison

---

[1] On cultive aussi de cette façon dans certaines régions des cucurbitacés (melons, pastèques, concombres).

[2] Des bassins d'inondation existent encore dans la province de Ghizeh, mais on est en train de les supprimer presque entièrement pour leur substituer le système de culture par irrigation.

où le sol ne travaille pas, est un excellent moyen d'en entretenir la fécondité, sans qu'il soit nécessaire d'avoir recours à des irrigations quand les récoltes sont sur pied. Tous les ouvrages d'hydraulique agricole citent des exemples de terrains fertilisés, sans le secours d'irrigations d'été, par de simples submersions d'hiver obtenues soit avec des eaux limoneuses, soit avec des eaux claires.

En Europe, ce procédé n'est guère appliqué qu'au bord même des rivières, sur les portions des vallées que les plus hautes eaux surmontent et où elles séjournent pendant quelque temps ; le plus souvent même, on profite ainsi des crues sans avoir exécuté à l'avance des travaux d'aménagement pour recevoir et retenir les eaux sur le terrain inondé. Ce mode d'arrosage est employé surtout pour les prairies et, bien que les eaux claires soient considérées comme propres à cette opération, les agriculteurs leur préfèrent généralement les eaux limoneuses. Les limonages obtenus par des submersions naturelles ne sont du reste assujettis à aucune règle particulière, si ce n'est à la condition fondamentale que les eaux puissent se retirer d'elles-mêmes complètement et, autant que possible, avant l'époque de la végétation ; car autrement elles endommageraient les récoltes.

En Égypte, où il ne saurait y avoir de culture sans le secours de l'eau du Nil, les conditions sont tout à fait différentes. Il n'est pas possible d'y laisser à l'initiative individuelle de chaque propriétaire le soin d'inonder son champ ; l'emmagasinement et la vidange des eaux exigent des travaux et des mesures d'ensemble, sans lesquels tout ne serait que désordre et confusion et dont le gouvernement doit prendre lui-même en mains la direction, sous peine de voir la plus grande partie des terres rester incultes et d'amener le pays à la famine et à la ruine. Aussi les bassins d'inondation constituent tout un système dans lequel le régime de chaque bassin, non seulement n'est pas indépendant, mais est étroitement lié avec le fonctionnement des bassins voisins et parfois de toute une série de bassins éloignés.

Le problème, quoique simple dans ses grandes lignes, est beaucoup plus compliqué dans ses applications qu'il ne semblerait à première vue. Il faut en effet que tout l'ensemble du système soit assez élastique pour s'adapter au régime de toutes les crues, c'est-à-dire pour donner l'inondation à toutes les terres des bassins dans de bonnes conditions, quelle que soit la tenue du Nil pendant les hautes eaux, et nous avons vu que l'état du fleuve pendant la crue est très variable d'une année à l'autre.

La tradition avait bien perpétué d'âge en âge, depuis les temps les plus reculés, les procédés généraux de culture par inondation ; mais l'imprévoyance, l'incurie, le désordre familier aux gouvernements orientaux, le manque de ressources régulières affectées aux travaux publics, avaient laissé dépérir le réseau de digues, de canaux et d'ouvrages d'art destinés au remplissage et à la vidange des bassins ; aussi, dans les années défavorables, beaucoup de terres restaient incultes, tandis que, lors des fortes crues, des ruptures fréquentes de digues compromettaient l'arrosage. D'ailleurs, depuis Mehemet Ali, tous les efforts s'étaient portés vers le développement de l'irrigation et le système de l'inondation, si nécessaire à une grande partie du pays, avait été à peu près abandonné à lui-même. Ce ne fut guère qu'après la basse crue de 1888 que le colonel Ross, alors inspecteur général des irrigations, justement frappé de la grande quantité de terres qui était restée inculte par suite du défaut d'aménagement rationnel des bassins, étudia à fond la question. Il projeta alors des remaniements importants dans les canaux d'alimentation et de vidange et dans les endiguements, ainsi que la construction de toute une série d'ouvrages d'art dans le but de parer aux effets des mauvaises crues. Ces travaux ont été exécutés depuis, au moins en grande partie, et l'on peut dire qu'aujourd'hui le système des bassins d'inondation fonctionne à peu près aussi bien qu'on peut le désirer.

Quelques chiffres permettront de mesurer le chemin parcouru depuis cette époque.

Après la crue de 1877, la plus mauvaise du siècle dernier, une surface de près de 400 000 hectares resta inculte faute d'eau, et il en résulta pour le trésor une perte de 29 000 000 de francs dans le rendement des impôts. La moyenne des années suivantes jusqu'à 1887 donna près de 20 000 hectares incultes avec une perte d'impôts de 1 000 000 de francs. Dans l'année 1888, qui fut une année de faible crue, il y eut 110 000 hectares incultes et 7 800 000 francs de déficit dans le recouvrement des impôts. Or, après la crue de 1899, qui fut au moins aussi défavorable que celle de 1877, il n'y eut que 110 000 hectares de terres sans eau et 37 000 avec un arrosage insuffisant ; et après celle de 1907, qui fut seulement de 0,11 m. plus haute que la crue de 1877, il n'y eut que 33 000 hectares de terres sans eau ; pratiquement, il n'y a plus maintenant de terres restant sans eau d'inondation, excepté dans les années de crue exceptionnellement basse, mais il en existe encore quelques-unes qui ne reçoivent assez souvent qu'une submersion insuffisante sur la rive droite du Nil.

Voyons d'abord quelles sont les dispositions théoriques d'un système de bassins d'inondation. Prenons, par exemple, une portion de vallée sur la rive gauche du fleuve, ayant au maximum 4 à 5 kilomètres de largeur entre le fleuve et le désert et une trentaine de kilomètres de longueur, et comprise entre deux promontoires rocheux qui la limitent à l'amont et à l'aval en se rapprochant très près du bord du Nil. La pente du sol, parallèlement au fleuve, est environ de 0,09 m. par kilomètre et le profil transversal est celui qui est indiqué sur la figure 11, c'est-à-dire incliné à partir de la rive du fleuve vers le désert.

Ce territoire sera partagé par une digue longitudinale ou digue du Nil
$a\,b\,c$ et par des digues transversales $d\,d$, $c\,c$, $f\,f$, allant de la digue $a\,b\,c$ aux

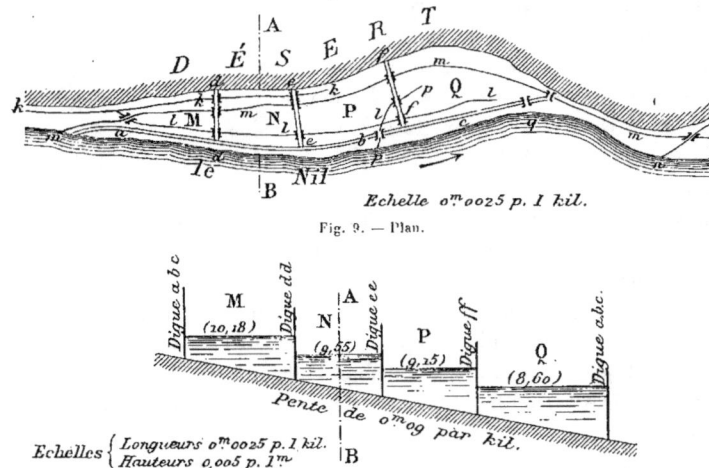

Fig. 9. — Plan.

Fig. 10. — Coupe longitudinale et suivant l'axe des bassins.

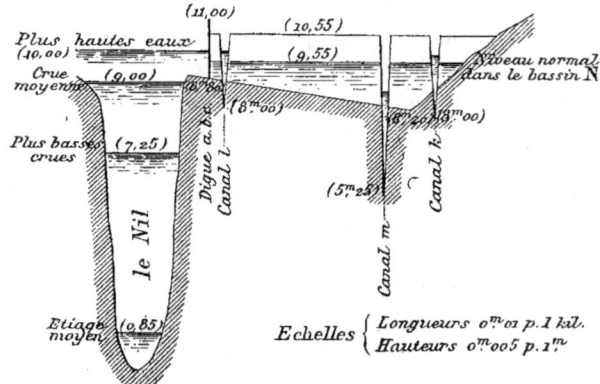

Fig. 11. — Coupe transversale suivant AB.

Fig. 9, 10, 11. — Chaîne théorique de petits bassins.

pentes du désert, en quatre bassins M, N, P, Q, ayant respectivement
1 300, 1 800, 2 000 et 3 000 hectares environ. La digue du Nil, élevée de
1 mètre au-dessus des plus hautes eaux, protège la vallée contre l'invasion
directe de la crue (voir fig. 9, 10 et 11).

La bande étroite qui est comprise entre la berge du fleuve et la digue abc,
partie la plus élevée de la vallée, est cultivée en maïs ou en sorgho pendant

la période des hautes eaux et irriguée au moyen de machines élévatoires mues par l'homme ou par les animaux ; quand le niveau des eaux l'atteint ou la dépasse, on la protège autant que possible au moyen de petites digues en terre construites par le fellah.

Quant aux bassins, ils reçoivent l'inondation au moyen de deux systèmes de canaux : un premier système, à niveau élevé, est la prolongation du canal d'alimentation principal de la chaîne de bassins qui se trouve en amont ; il se divise en deux branches, l'une *lll* qui suit les terrains hauts voisins de la digue du Nil ; l'autre *kkk* qui se rapproche des pentes du désert ; le second système, à niveau plus bas, a sa prise en amont de la chaîne de bassins, M,N,P,Q, qu'il traverse d'un bout à l'autre suivant la ligne des points bas ; c'est le canal *mmm*, qui, prolongé, forme le canal d'alimentation à niveau élevé de la chaîne suivante, le canal *nn* formant le système bas de cette nouvelle série de bassins.

Le canal *lll* franchit au moyen d'un siphon le canal *mmm* qui lui-même traverse également par un siphon le canal *nn*. Les trois canaux *ll*, *mm* et *kk* sont coupés par des ouvrages régulateurs au droit des digues transversales. Un déversoir *q* permet de rendre directement au Nil l'eau des bassins M,N,P,Q, qui passe d'un bassin dans l'autre par les ouvrages régulateurs des digues, à moins qu'il ne soit nécessaire de la faire écouler par le canal *mm* dans la chaîne aval de bassins pour en compléter l'inondation.

Le niveau normal de l'eau dans les bassins est fixé de façon à ce que les points les plus élevés soient noyés de 0,40 m. à 0,80 m. La coupe transversale, figure 11, montre que ce niveau peut être donné, même dans les années faibles, au moyen du réseau des canaux à haut niveau, dont la prise est reculée très loin en amont, mais que, dans les premiers bassins, le canal à bas niveau est en général impuissant à l'atteindre, la prise de ce canal étant trop rapprochée.

De cette observation découle le mode de remplissage des bassins ; le canal à bas niveau alimentera les parties basses des bassins M et N et pourra suffire pour donner le niveau normal dans les bassins P et Q ; les canaux à haut niveau compléteront l'inondation des bassins M et N, ainsi que des bassins P et Q, s'il y a lieu, après que l'alimentation des bassins de la chaîne amont aura été assurée. Les canaux à haut niveau seront appelés à jouer un autre rôle important. Ils amèneront, dès le commencement de la crue, les eaux d'irrigation destinées à l'arrosage des cultures *nabari* (maïs et sorgho) qui sont faites sur une partie des terres les plus élevées des bassins, terres qui sont protégées contre les inondations au moyen de petites digues construites par les paysans au moment où l'eau des bassins atteint son niveau maximum [1].

---

[1] On peut admettre, d'une façon générale, que les terres hautes sur lesquelles on fait les cultures nabari s'étendent sur un tiers de la largeur de la vallée à partir du Nil. Ces cultures sont

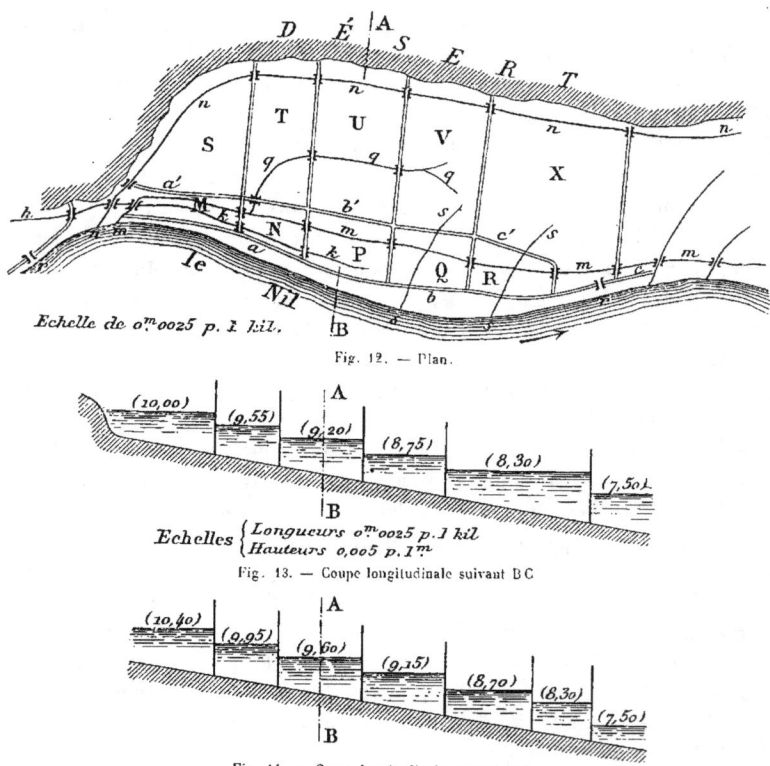

Fig. 12. — Plan.

Fig. 13. — Coupe longitudinale suivant BC.

Fig. 14. — Coupe longitudinale suivant DE.

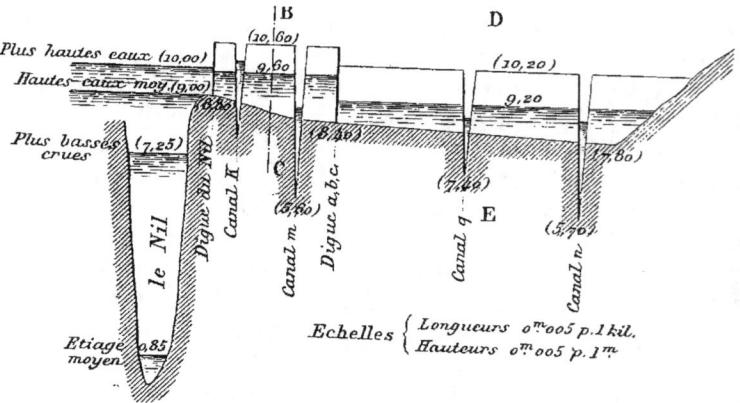

Fig. 15. — Coupe transversale suivant AB.

Fig. 12, 13, 14, 15. — Chaîne théorique de grands bassins.

Enfin, de petits canaux accessoires, tels que pp, peuvent amener au milieu des bassins de bonnes eaux limoneuses prises directement du Nil pendant les années favorables.

Prenons un autre exemple dans un endroit où la vallée est moins resserrée et a une quinzaine de kilomètres de largeur (voir fig. 12, 13, 14 et 15). Les dispositions seront à peu près les mêmes. Mais, afin d'éviter d'avoir à maintenir dans toute la largeur de la vallée la hauteur d'eau nécessaire pour noyer suffisamment les terres hautes rapprochées du Nil, on formera au delà de la digue du Nil abc une seconde digue longitudinale $a'b'c'$ qui séparera ainsi une série de bassins hauts M,N,P,Q,R, d'une seconde série de bassins bas S,T,U,V,X. Il y aura alors deux canaux principaux d'alimentation, l'un mmm pour les bassins hauts et l'autre nnn pour les bassins bas, tous les deux se prolongeant en aval du bassin X pour former le réseau des canaux à haut niveau de la chaîne suivante de bassins. Le service à haut niveau des terres en bordure du Nil sera fait par le prolongement kkk du canal d'alimentation de la chaîne des bassins d'amont. En raison de la largeur de la vallée et de la grande dimension des bassins S,T,U,V,X, afin de diminuer la durée du remplissage, un embranchement qqq du canal mmm apportera également l'eau dans ces bassins. Deux siphons pour faire passer le canal supérieur kkk sous les canaux mmm et nnn, des ouvrages régulateurs aux points où les canaux franchissent les digues des bassins, un déversoir au Nil en r compléteront l'outillage de cette chaîne de bassins. Les réseaux des canaux hauts et bas fonctionnent comme dans l'exemple précédent, les canaux supérieurs venant au secours des canaux inférieurs pour assurer ou compléter l'inondation des divers bassins et le canal kkk servant en outre à arroser la culture *nabari* des terres hautes. Enfin, des canaux directs pourront apporter dans les bonnes années l'eau limoneuse du Nil au cœur des grands bassins[1].

Ainsi, chaque bassin est disposé de façon à pouvoir au besoin faire servir son eau pour l'inondation du bassin d'aval après qu'il en a profité lui-même et chaque chaîne de bassins peut venir en aide à la chaîne suivante.

Ce ne sont là, d'ailleurs, que des dispositions générales susceptibles d'être modifiées pour se prêter aux diverses particularités du terrain.

DIMENSIONS DES BASSINS

Les dimensions des bassins sont très variables; elles dépendent de la configuration des lieux. Quelques-unes ont une superficie qui ne dépasse pas

parfois séparées des bassins ou *hod* au moyen de digues permanentes formant des enclaves appelées *hocheh*.

[1] Ces canaux directs ne sont plus guère utiles avec les perfectionnements apportés dans la distribution de l'eau rouge pendant les vingt dernières années.

un millier d'hectares, mais il n'est pas rare d'en rencontrer qui ont de 15 à 20 000 hectares, et le grand bassin de Kocheicha, dans la province de Benisouef, aujourd'hui supprimé, mesurait 34 000 hectares.

Le dernier bassin d'une chaîne est toujours plus long et plus large que les autres, et la raison en est facile à comprendre. Si l'on se reporte aux figures 11 et 15, on voit que dans les fortes crues le Nil s'élève beaucoup au-dessus du sol, qu'il atteint 1 mètre à 1,50 m. au-dessus de ses berges, et qu'il peut remplir directement un bassin quelconque, par son extrémité aval, de 0,30 m. à 0,50 m. plus haut que son niveau normal d'inondation. Or, comme on est moins maître du mouvement des eaux pendant les fortes

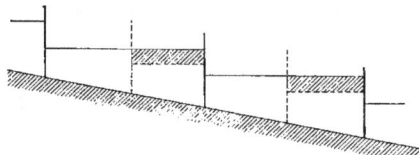

Échelles : Longueurs 0ᵐ,005 p. 1 km ; Hauteurs 0ᵐ,05 p. 1 m.
Fig. 16.

crues, il est arrivé souvent, par suite d'une fausse manœuvre ou d'une rupture de digues en amont, que le dernier bassin de la chaîne a été rempli à déborder et a dû être déchargé dans le Nil par son extrémité aval. La hauteur du fleuve en ce point est alors plus élevée que le niveau normal du bassin ; mais, si celui-ci est très étendu, l'inondation, en raison des pentes de la vallée et du fleuve, y est inférieure au niveau normal du bassin immédiatement supérieur et est cependant assez élevée pour couvrir complètement ce bassin. Ainsi, avec cette disposition, dans les fortes crues, le dernier bassin seul se trouve avoir un niveau plus élevé que son niveau normal et ne réagit pas d'une façon fâcheuse sur le régime des bassins d'amont. Tandis que, dans les bassins ordinaires, les villages sont construits sur des monticules artificiels, de façon à être seulement au-dessus du niveau normal d'inondation, le colonel Ross a constaté que, dans le dernier bassin d'une chaîne, ils sont établis au-dessus du niveau même des crues et qu'on peut y élever les eaux à 0,80 m. au-dessus du niveau normal sans atteindre aucune construction.

Il est avantageux, au point de vue du remplissage, surtout dans les basses crues, d'avoir des bassins qui ne soient pas trop longs ; ainsi, le profil ci-contre (fig. 16) montre qu'en partageant une longueur de 20 kilomètres en quatre bassins au lieu de deux, on économisera tout le volume d'eau représenté par les surfaces hachurées ; en outre, les digues de séparation seront soumises à de moindres charges. Il est également préférable (voir fig. 14) d'établir la division en bassins, de telle sorte que le sol ne présente pas de

PROCÉDÉS GÉNÉRAUX DE L'ARROSAGE PAR INONDATION

fortes dénivellations dans l'intérieur d'un même bassin et aussi de pourvoir, autant que possible, de sources d'alimentation indépendantes les bassins situés à des niveaux très différents du reste de la chaîne ; on obtient ainsi une distribution plus facile avec une moindre dépense d'eau.

CONDITIONS D'UNE BONNE INONDATION

La fertilité des bassins dépend de deux conditions principales :

1° La submersion par de l'eau limoneuse appelée dans ce pays « eau rouge » ;

2° Le séjour de l'eau pendant un temps suffisamment long sur les terres inondées.

Eau rouge. — La quantité de limon contenue dans l'eau du Nil est maxima au mois d'août [1] ; elle est alors de 1,566 gr. par litre en moyenne ; en septembre elle est de 1,304 gr. et en octobre de 0,928 gr. Comme elle n'est que de 0,148 gr. pendant le mois de juillet, on voit par là combien la quantité de limon qui est charriée par le Nil et qui augmente avec l'intensité de la crue est considérable pendant les derniers jours du mois d'août.

Une longue expérience a montré que c'est à cette époque qu'il convient de commencer à répandre l'eau sur les terres pour les engraisser et leur conserver la fertilité.

Quand le colonel Ross, après la mauvaise crue de 1888, étudia les modifications à apporter au système d'inondation, il constata une fécondité remarquable dans les grands bassins qui reçoivent l'eau de bonne heure et pendant longtemps ; il reconnut au contraire que les terres des petits bassins en bordure du Nil, dont l'inondation était précaire et peu abondante parce qu'elle dépendait d'une crue de plus de 8,50 m. (16 p.) environ à Assouan, étaient pauvres et de peu de valeur ; il en était de même pour les terres qui ne recevaient qu'une eau débarrassée en grande partie de son limon à travers une longue suite de bassins supérieurs.

Un exemple frappant de ce fait s'est produit pendant la crue de 1885. Le grand bassin de Kocheicha, situé dans la province de Benisouef, recevait ordinairement des bassins d'amont une eau presque claire et les récoltes y étaient peu abondantes. En 1885, la digue qui sépare le bassin du Nil s'étant rompue au moment où le fleuve était à son maximum de hauteur, les *eaux rouges* l'ont ainsi envahi et submergé. Les agriculteurs firent de si belles récoltes sur les terres qui avaient subi cette inondation accidentelle qu'ils demandèrent et obtinrent que des mesures fussent prises pour

---

[1] Voir page 43.

introduire, à l'avenir, directement dans leur bassin l'eau du Nil chargée de limon.

Le même résultat s'est d'ailleurs vérifié partout où les travaux de transformation exécutés pendant les dernières années ont eu pour conséquence d'amener l'eau rouge régulièrement sur des points où elle n'arrivait pas auparavant, ou du moins, où elle ne parvenait que fortuitement ou en petite quantité.

Ainsi, pour que les terres retirent de l'inondation tout le profit qu'elle peut donner, il faut que les ouvrages de prise d'eau et les canaux soient disposés de façon à assurer une alimentation régulière en eau rouge et il sera avantageux de faire circuler, pendant la crue, dans les bassins, une aussi grande quantité d'eau rouge que le permettront le niveau du fleuve et les dimensions des ouvrages.

Il sera en outre toujours préférable que l'eau rouge, au moyen de prises faites sur le canal d'amenée, soit distribuée à la fois sur plusieurs points d'un même bassin, surtout sur les points hauts, de façon à ce que le limon se dépose autant que possible partout, et que les terres élevées ne soient pas seulement submergées par l'envahissement lent des eaux débouchant d'abord sur les terres basses et se clarifiant ainsi avant de se répandre sur les champs éloignés du courant d'alimentation.

Durée de la submersion. — La durée pendant laquelle les bassins restent sous l'eau est très variable. Elle dépend de circonstances locales, telles que le niveau du sol, sa situation par rapport aux canaux d'amenée et aux ouvrages d'évacuation, la section des canaux d'alimentation et toutes autres dispositions qui peuvent accélérer ou retarder l'arrivée des eaux et leur vidange. Elle dépend aussi d'éléments variables chaque année qui sont notamment les différences du régime de chaque crue.

Comme règle générale, l'introduction de l'eau dans les bassins ne peut commencer que lorsque les cultures de maïs ou de dourah (cultures qedi) qui y sont faites dans les parties basses sont mûries et enlevées. Or, cela n'arrive guère avant le 10 août. C'est donc en moyenne vers cette époque que les terres des bassins commencent à recevoir l'eau d'inondation. D'autre part, la meilleure époque pour faire les semailles après l'inondation s'étend du 10 au 30 octobre. Les terres qui sont submergées le plus longtemps restent donc sous l'eau du 10 août au 20 octobre, soit pendant soixante-dix jours.

Mais si l'on tient compte de la durée du remplissage, on ne peut guère compter pour la moyenne des terres plus de cinquante jours, en ne prenant que celles qui se trouvent dans de bonnes conditions et en ne considérant que les crues favorables. Dans les mauvaises années, beaucoup de bassins, en raison du peu de jours pendant lesquels le niveau du fleuve reste élevé, n'ont pas le temps de se remplir avant la baisse de la crue, et ne peuvent être entièrement inondés qu'en utilisant les eaux qui ont déjà servi dans les bassins d'amont de la même chaîne ou des chaînes supérieures. On se trouve alors obligé de réduire la durée de la submersion complète de chaque bassin, la même eau devant être promenée d'un bassin dans l'autre pendant la période de soixante-dix jours indiquée plus haut.

Dans ce cas-là, on cherche à obtenir une submersion aussi prolongée que possible et durant au moins cinq à six jours. Bien que ce soit peu,

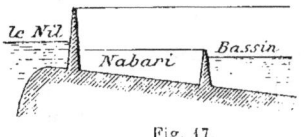

Échelles :
Longueurs 0ᵐ,005 p. 1 km.
Hauteurs 0ᵐ,05 p. 1 m.

Fig. 17.

c'est cette durée de six jours qui est adoptée dans beaucoup de bassins pour la submersion des terres hautes qui sont en partie couvertes pendant la crue par des cultures *nabari*, de maïs ou de sorgho. On maintient l'eau du bassin au-dessous du niveau des champs ainsi cultivés et on ne lui donne sa hauteur normale que six jours avant le moment de la vidange ; le fellah protège alors sa culture au moyen d'un épaulement en terre (fig. 17), ou laisse noyer sa récolte pendant ces quelques jours sur 0,40 m. à 0,50 m. sans grand dommage pour elle. Cette pratique n'est pas d'ailleurs très favorable à la conservation de la fertilité des terres hautes.

En résumé, pour obtenir de l'inondation tous les effets qu'on doit en attendre, il faut qu'elle dure le plus longtemps possible entre les premiers jours du mois d'août et le milieu du mois d'octobre ; bien entendu, quand on ne peut donner l'eau que pendant une partie de cette durée, c'est vers la fin de cette période, c'est-à-dire juste avant l'époque des semailles, qu'il faut le faire, sans quoi la terre resterait tout à fait inculte.

CANAUX D'ALIMENTATION

Les canaux d'alimentation des bassins ont deux rôles à remplir. Ils doivent servir : 1° à donner l'irrigation aux cultures *nabari* faites sur les terres hautes des bassins ou sur les terres situées entre la digue longitudinale des bassins et le bord du Nil, cultures qui poussent pendant la crue ; 2° à répandre l'eau d'inondation dans les bassins.

Pour établir les dimensions de ces canaux, on considère en premier lieu que, afin de permettre l'enlèvement des cultures qedi (maïs ou sorgho) qui existent sur les terres basses avant la crue, on ne peut guère commencer à envoyer l'eau dans les bassins que du 8 au 18 août, environ vers le 15 août. C'est donc à partir de cette époque de l'année seulement qu'il faut prendre la crue au point de vue de son utilisation pour les bassins. Le Nil monte d'ordinaire très rapidement dans la dernière semaine du mois d'août; sauf dans de très fortes années, il atteint rarement 8,37 m. (15 p. 12 k.) à Assouan avant le 15 août, et il est presque invariablement plus haut dans la troisième que dans la seconde décade du mois d'août; il atteint en moyenne son maximum dans la première décade du mois de septembre.

D'un autre côté, l'alimentation doit être terminée avant la fin du mois de septembre, pour que la submersion des terres les moins favorisées ait encore assez de durée avant le moment de la vidange commandé, comme on l'a déjà dit, par l'époque des semailles.

Pour remplir ces conditions, on prend comme base que l'alimentation des bassins doit se faire complètement, dans les plus mauvaises années, pendant les seize derniers jours du mois d'août et les vingt-quatre premiers jours de septembre, soit pendant quarante jours.

D'autre part, les dimensions des canaux doivent aussi être calculées de façon à ce qu'ils puissent faire profiter les bassins d'un supplément d'alimentation d'eau limoneuse pendant les bonnes années ; car il est évident que plus il passe d'eau limoneuse sur une terre, plus il s'y dépose de matières fertilisantes.

De l'étude du régime du Nil pendant les dix-huit années antérieures à 1889, le colonel Ross a conclu qu'un bas Nil avait une cote moyenne de 7,45 m. (13 p. 19 k.) à Assouan pendant la période des quarante jours indiquée plus haut; un moyen Nil, une cote moyenne de 8,32 m. (15 p. 10 k.) et un haut Nil une cote moyenne de 8,77 m. (16 p. 6 k.) pendant la même période; et il a admis en chiffres ronds qu'une basse crue serait fixée à la cote 7,45 m. à l'échelle d'Assouan, une crue moyenne à 1 mètre plus haut que la basse crue, et une forte crue 0,50 m. plus haut qu'une crue moyenne.

Partant de ces données, on a fixé le débit des canaux à 2 755 litres par seconde et par hectare de bassin, ce qui donne, pour la surface inondée, une hauteur moyenne de submersion de 1 mètre en quarante-deux jours de débit, 0,75 m. en trente et un jours et demi et 0,60 en vingt-cinq jours pour une basse crue de 7,45 m. à Assouan. On calcule en outre que les canaux doivent débiter 0,826 litre par jour et par hectare cultivé en nabari. La somme de ces deux débits donne le débit total du canal.

Une hauteur moyenne de 1 mètre de submersion, y compris les pertes par évaporation, n'est pas tout à fait suffisante. Mais les mêmes canaux, pendant un Nil moyen, débiteront un quart en plus, ce qui donnera une bonne hauteur de 1 mètre de submersion en moyenne, évaporation déduite;

et, dans une grande crue, le débit sera 50 p. 100 plus fort qu'en basse crue. Et même quand, dans les hautes crues, le Nil atteint 10 mètres à l'échelle d'Assouan, la totalité de l'eau portée par ces canaux est dangereuse à admettre dans les bassins ; il faut alors régler l'entrée de l'eau dans les canaux, à moins qu'on n'ait à sa disposition des moyens suffisants pour évacuer l'excès du débit.

Les principaux canaux d'alimentation sont, en général, creusés à un niveau tel que le plafond soit atteint par l'eau lorsque la hauteur du Nil correspond à la cote de 4,32 m. (8 pics) à l'échelle d'Assouan pour les plus grandes artères et de 4,86 m. (9 pics) pour les autres. Quelques canaux ne reçoivent l'eau que lorsque le Nil est à Assouan à la cote 5,40 m. (10 pics) et même 5,94 m. (11 pics). La largeur du plafond, à la prise, varie de 7 à 21 mètres ; quant à la pente, elle est ordinairement de 0,04 m. par kilomètre et correspond ainsi à une bonne vitesse permettant au limon de rester en suspension dans l'eau jusqu'au moment où celle-ci arrive sur les terres à inonder.

Avec ces dispositions, on obtient les débits suivants pour des largeurs de plafond de 10, 15 et 20 mètres, selon qu'on se trouve en présence d'un Nil mauvais, bon ou haut.

Canal dont le plafond correspond à la cote de 8 pics (4,32 m.) à Assouan.

LARGEUR au plafond.	CRUE BASSE		CRUE MOYENNE		CRUE FORTE	
	Profondeur d'eau.	Débit en m³ par seconde.	Profondeur d'eau.	Débit en m³ par seconde.	Profondeur d'eau.	Débit en m³ par seconde.
mètres.	mètres.	m³.	mètres.	m³.	mètres.	m³.
20	3	33	4	53	4,50	65
10	3	23	4	41	4,50	50

Canal dont le plafond correspond à la cote de 9 pics (4,86 m.) à Assouan.

LARGEUR au plafond.	CRUE BASSE		CRUE MOYENNE		CRUE FORTE	
	Profondeur d'eau.	Débit en m³ par seconde.	Profondeur d'eau.	Débit en m³ par seconde.	Profondeur d'eau.	Débit en m³ par seconde.
mètres.	mètres.	m³.	mètres.	m³.	mètres.	m³
15	2,50	18	3,50	32	4,00	41
10	2,50	12	3,50	22	4,00	28

Considérons la prise d'un canal d'alimentation au moment où elle reçoit l'eau de la crue. S'il s'agit d'une basse crue marquant 7,45 m. à l'échelle d'Assouan, les terres en bordure du Nil seront en général 1,50 m. plus élevées que cette crue ; s'il s'agit d'une crue moyenne de 8,32 m., elles seront encore de 0,50 m. plus hautes que la crue ; c'est donc seulement dans les grandes crues que les berges du Nil pourront être arrosées par le canal dès son origine. En admettant pour le canal la pente ordinaire de 0,04 m. par kilomètre et en prenant pour la pente longitudinale de la vallée, le long des sinuosités du canal, le chiffre moyen de 0,075 m. par kilomètre, on voit que l'eau du canal se rapprochera du niveau des terres de 0,035 m. par kilomètre et n'atteindra par conséquent ce niveau qu'après un parcours de 43 kilomètres en basse crue et de 14 kilomètres en crue moyenne.

Si ce canal doit inonder les terres éloignées du Nil, dont le niveau moyen est à peu près à 1 mètre plus bas que celui des berges, c'est après 14 kilomètres de parcours qu'il pourra commencer à remplir son office dans les basses crues et tout de suite après avoir franchi les terres hautes voisines du Nil, soit à peu près après 3 kilomètres de parcours, dans les crues moyennes.

Un canal d'alimentation ne peut donc, ordinairement, être utilisé que pour les terres situées plus ou moins loin de sa prise, et c'est pour cette raison qu'on a recours, comme nous l'avons vu (voir fig. 9 à 15), au prolongement des canaux d'alimentation de la chaîne des bassins d'amont pour arroser sur une certaine longueur les parties hautes de la chaîne immédiatement inférieure.

Certains canaux ont des prises en maçonnerie permettant de régler leur débit et de les fermer au besoin, mais beaucoup n'en ont pas et l'eau de la crue y entre librement ; dans ce dernier cas, pour fermer le canal, on en obstrue l'embouchure à 50 mètres environ en aval de la prise au moyen d'un barrage construit en pierres perdues, toujours approvisionnées à cet effet dans le voisinage.

L'inconvénient de ce dernier système est une dépense annuelle de matériaux et de main-d'œuvre, c'est en outre et surtout qu'une fois le barrage fermé, on ne peut plus l'ouvrir pendant la même crue. Cela n'a pas d'importance si la fermeture a lieu au moment où se prépare la vidange des bassins, mais il n'en est pas de même si l'on est obligé d'agir ainsi par précaution au moment du maximum d'une forte crue et quand le remplissage des bassins n'est pas terminé.

Un ouvrage de communication avec le bief aval d'un canal provenant du système supérieur de bassins peut remédier à ce défaut ; cet ouvrage peut être utilement employé dans certains cas, même quand le canal considéré a un ouvrage en maçonnerie à sa prise au Nil. Quoi qu'il en soit, au cas d'un afflux d'eau considérable, la meilleure manière de procéder paraît être de laisser l'eau couler librement dans le canal et d'en rejeter l'excédent au Nil par les déversoirs dont nous parlerons plus loin et qui sont situés vers l'extrémité aval des diverses chaînes de bassins. On peut ainsi faire passer sur les terres une grande quantité d'eau limoneuse pour leur plus grand profit.

Suivons depuis son origine jusqu'à son extrémité aval un canal établi comme il vient d'être indiqué. Sa longueur est très variable suivant l'extension du système de bassins qu'il a à desservir ; il peut avoir une centaine de kilomètres, comme le canal Sohaghieh, dans la province de Guirgueh, ou son tronc principal peut être limité à 15 kilomètres comme le canal Oum Addas, dans la province de Kéneh ; en général, elle est comprise entre 35 et 50 kilomètres.

Nous trouvons d'abord l'ouvrage de prise en maçonnerie, quand il existe ; il est composé d'arches de 3 mètres d'ouverture fermées par des poutrelles horizontales ou des aiguilles verticales. Nous rencontrons ensuite le siphon par lequel passe le canal de la chaîne supérieure de bassins pour fournir l'eau aux terres hautes d'aval, et parfois aussi un ouvrage de communication entre les deux canaux permettant l'alimentation du canal inférieur par le canal supérieur en cas de besoin. Puis le canal pénètre dans les bassins, soit en suivant les terres rapprochées du Nil, soit en circulant dans le fond des bassins ; il est préférable d'ailleurs qu'il coule dans les terres hautes, le long de la digue du Nil, car il peut être alors mieux utilisé pour la culture *nabari* et il répartit mieux l'eau dans chaque bassin. A chaque digue transversale, le canal est muni d'un ouvrage régulateur de même type que l'ouvrage de prise. Enfin, le long de son cours, sont ménagés d'autres ouvrages destinés à distribuer l'eau directement dans les bassins ou à alimenter des embranchements qui servent de feeders à deux ou plusieurs bassins. Autant que possible, le canal est endigué des deux côtés pour que ses eaux limoneuses ne soient pas mélangées avec les eaux déjà clarifiées des bassins et puissent être portées plus loin avec toutes leurs qualités fertilisantes ; mais souvent aussi, par raison d'économie dans la construction et l'entretien, le lit du canal forme un simple chenal creusé au-dessous du niveau des terres et débordant naturellement par-dessus les berges lorsque l'inondation commence. Parfois, au contraire, une des digues ou les deux digues d'un canal sont les digues mêmes des bassins.

Quand le canal a franchi l'ouvrage régulateur de la digue aval du dernier bassin de la série, il passe en siphon sous le canal principal de la série suivante. Le niveau de ses eaux affleure, à cette distance de la prise, les terres hautes et son rôle prédominant est alors de fournir de l'eau aux cultures nabari existant le long des premiers kilomètres du canal inférieur d'alimentation et sur les terres hautes des bassins jusqu'au point où ce dernier canal atteint un niveau suffisant par rapport au sol. Il a également un second rôle, dans les mauvaises années, qui est de compléter l'inondation des parties des bassins supérieurs de la chaîne aval trop élevées pour être débordées par les eaux du canal inférieur. Il remplit ce double rôle au moyen de prises d'eau et de canaux de distribution appelés *sayalah*, qui sont soit dirigés vers le fond des bassins, soit parallèles au Nil, suivant qu'ils sont destinés à l'inondation ou à la culture *nabari*; ils ont d'ailleurs souvent ce double but et sont munis d'ouvrages régulateurs appropriés à leurs diverses fonctions.

Malgré tous ces arrangements, il y a des points où la culture est encore à la merci de la plus ou moins grande hauteur de la crue du Nil et où elle est difficile pendant les mauvaises années. C'est d'abord la bande de terre de largeur variable, tantôt très étroite, tantôt ayant 200 à 300 mètres de largeur, qui s'allonge entre la digue du Nil et le fleuve lui-même. Cette bande est cultivée en *nabari*. Le fellah l'arrose ordinairement à l'aide d'appareils élévatoires à main qui puisent dans le Nil; il doit élever l'eau tant que la crue n'atteint pas la cote de 9 mètres à l'échelle d'Assouan. La population elle-même, et non le gouvernement, creuse et entretient, dans les parties où cette bande de terrain est assez étendue, de petits canaux dont le plafond est à 1,50 m. au-dessous du niveau du sol, et qui sont à sec tant que le Nil reste au-dessous de cette cote.

Dans cette même catégorie de terres pénibles à cultiver sont les îles, les berges immédiates des biefs supérieurs des grands canaux et aussi toutes les parcelles de terrain bordant le désert, où il n'y a pas assez de place pour un système de bassins et où le paysan tire son eau, soit du Nil, soit d'un canal entretenu par le gouvernement et dont le plafond ne reçoit l'eau que lorsque la crue atteint 7 mètres à l'échelle d'Assouan. Toutes ces terres souffrent beaucoup du manque d'eau quand le Nil reste bas ou lorsqu'il est au-dessous de la cote 7 mètres à 7,50 m. au moment de l'époque des semailles du maïs, c'est-à-dire au commencement d'août.

DIGUES DES BASSINS

On a déjà vu que les eaux sont maintenues dans les bassins, au niveau convenable, pendant le temps nécessaire à une bonne submersion, au moyen d'un système de digues longitudinales et de digues transversales.

Ces digues sont en terre; elles ont généralement 4 à 5 mètres de largeur en couronne.

CANAUX ET OUVRAGES DE VIDANGE

Pour compléter l'examen général de l'outillage des bassins d'inondation, il reste à parler des canaux et ouvrages au moyen desquels on évacue l'énorme masse d'eau qui a été emmagasinée pendant la crue sur le sol de la vallée.

Il n'y a pas à proprement parler un réseau de canaux d'écoulement. Dans une chaîne de bassins, l'eau qui n'est pas nécessaire pour compléter l'inondation de la chaîne suivante retourne au Nil par un déversoir établi à l'extrémité aval de la digue longitudinale du dernier bassin ; elle arrive à ce déversoir en passant d'un bassin dans l'autre par des ouvrages régulateurs construits dans les digues transversales, les uns sur la ligne des points bas de la vallée, les autres en d'autres endroits ; la plupart de ces ouvrages sont ceux-là mêmes qui se trouvent sur les canaux d'alimentation au passage des digues.

Les déversoirs sont des ouvrages qui sont à peu près du même type que les régulateurs ; ils sont calculés de façon à pouvoir vider un système de bassins en quinze à vingt jours avec une charge de 0,30 m. à 0,40 m. au-dessus du niveau du Nil.

Pour éviter que, après la vidange générale, des eaux ne restent stagnantes dans certaines dépressions du sol, on réunit ensemble tous ces bas-fonds par des cheneaux de 1 mètre de profondeur sur 3 à 4 mètres de largeur qui permettent de les drainer rapidement et de les ensemencer ensuite presque en même temps que les terres hautes.

REMARQUE GÉNÉRALE SUR LES CANAUX, DIGUES ET OUVRAGES DES BASSINS

Avant d'étudier le fonctionnement de tout cet ensemble de digues, de canaux et d'ouvrages d'art qui constituent les bassins d'inondation, il est bon de faire remarquer que tout ce qui vient d'être dit à ce sujet constitue les principes fondamentaux sur lesquels est établi ce système, qui n'est pas partout mis au point que nous avons indiqué. Bien des biefs de canaux ne sont pas endigués et leur eau s'éparpille à un certain moment dans les bassins supérieurs, y perdant une partie de leur limon au détriment des bassins inférieurs ; un certain nombre d'ouvrages de prise ne sont pas encore construits et des barrages provisoires doivent être faits, le cas échéant, pour y suppléer. D'autre part, le manque ou l'insuffisance d'ouvrages régulateurs et de déversoirs oblige à faire chaque année dans les digues des bassins ou des canaux des coupures qu'on doit remblayer chaque année. Mais des sommes énormes ont été dépensées dans ces derniers temps pour améliorer tout le système et beaucoup de ces inconvénients disparaissent progressivement.

REMPLISSAGE DES BASSINS

Le premier point est de laisser couler l'eau aussitôt que possible dans les canaux le long desquels est cultivé du *nabari* ; cela est facile lorsque ces canaux ont des ouvrages de prise permettant de régler le débit et des barrages aux extrémités pour empêcher l'eau d'aller noyer les cultures *qedi* qui occupent alors le fond des bassins. On admet donc l'eau dans ces canaux aussitôt que le niveau de la crue dépasse celui du plafond.

En second lieu, dès que la récolte *qedi* est enlevée, les prises des bassins doivent être ouvertes, et cela aussitôt que possible dans le mois d'août, afin de pouvoir envoyer sur les terres le plus d'eau rouge qu'on le peut. Avec un aménagement convenable, on peut, dans une bonne crue, faire passer dans les bassins deux fois et demi plus d'eau rouge que le minimum calculé pour une mauvaise crue.

Quand un bassin a une alimentation directe du Nil au moyen d'un canal ayant une section suffisante et une pente assez forte pour maintenir le limon en suspension et quand il est muni d'un déversoir au Nil à son extrémité aval, il est dans les meilleures conditions possibles pour l'inondation. Aussitôt que l'eau dans le bassin a atteint 0,25 m. au-dessous du niveau normal, le déversoir est ouvert de façon à avoir un débit égal au débit d'alimentation. Si le débit d'alimentation est plus fort que celui du déversoir, on réduit le premier en fermant plus ou moins les prises d'eau. On ne doit amener le bassin à son niveau normal que dix jours environ avant le moment de la vidange, soit vers le 15 septembre dans la Haute Égypte et vers le 20 septembre dans la Moyenne Égypte. De cette façon, les plus hautes terres ont au moins dix jours de bonne inondation, et les digues sont moins longtemps soumises à de fortes pressions ainsi qu'à l'action des vagues que le vent soulève dans un bassin tout à fait plein.

Quand une série de deux ou plusieurs bassins est alimentée uniquement par une prise d'eau rouge au Nil située en amont de la chaîne et n'a pas de réseau de canaux à haut niveau provenant d'une chaîne supérieure de bassins (et c'est encore le cas de certaines séries de bassins de la rive droite du Nil qui sont séparées les unes des autres par de longs promontoires rocheux infranchissables), depuis le commencement du remplissage, les régulateurs des digues transversales sont laissés ouverts ; ceux de la digue aval du dernier bassin sont seuls fermés. De cette façon, il passe plus d'eau dans le canal, quand le Nil est encore bas, que si on fermait un régulateur plus rapproché de la prise, car la pente superficielle serait ainsi diminuée. Quand les bassins inférieurs de la série sont pleins jusqu'à 0,25 m. au-dessous de leur niveau normal et que le Nil continue à monter, les régulateurs des bassins sont fermés graduellement d'aval en amont ; mais, si l'on voit, quand le Nil est arrivé à son niveau maximum, que les bassins supérieurs sont à court d'eau, les régulateurs d'aval doivent être tous fermés et l'inondation doit être complétée autant que possible en amont ; l'eau est ensuite passée de bassin en bassin pour compléter l'inondation des bassins inférieurs. Il faut toutefois veiller, lorsque la prise du canal est très rapprochée, à ce que la fermeture des régulateurs des premiers bassins ne diminue pas trop la pente superficielle et par suite le débit, à moins qu'il y ait déjà assez d'eau dans l'ensemble du système et qu'elle y soit emmagasinée de façon à pouvoir ensuite, par une répartition convenable, inonder toutes les terres. Au contraire, lorsque la crue est bonne, on procède comme on l'a vu plus haut, en continuant tout le temps qu'il est possible le passage de l'eau à travers les bassins, déversant le surplus au Nil par le déversoir d'aval, ne donnant le plein niveau qu'une dizaine de jours avant la vidange et ayant bien soin de ne pas le laisser s'abaisser jusqu'à la fin.

Quand les chaînes de bassins ont, outre leurs propres canaux d'alimentation, un réseau de canaux à niveau élevé provenant des systèmes de bassins supérieurs, le remplissage est ainsi rendu beaucoup plus indépendant de la hauteur des crues, puisqu'on peut avoir recours à la vidange des bassins de la série supérieure soit pour compléter le remplissage des bassins amont de la série considérée, soit pour créer un mouvement général d'eau rouge dans les bassins jusqu'au moment où on leur donne leur plein niveau.

Cette communication avec les canaux des séries supérieures de bassins est encore très utile quand un ou plusieurs bassins d'une même chaîne ont des canaux directs d'alimentation de section insuffisante.

Pendant la première période du remplissage, il est possible, dans bien des cas, de faire entrer directement l'eau du Nil dans certains bassins par les déversoirs qui servent ensuite à l'évacuer. Il est très avantageux de profiter de cette facilité qui augmente le nombre des points par lesquels on peut introduire l'eau rouge dans une même chaîne de bassins.

Pendant les fortes crues, avec un système bien combiné de prises d'eau, de régulateurs et de déversoirs, il est toujours facile et il est avantageux de laisser les canaux principaux couler en plein et de rendre au Nil l'excédent d'eau ; on augmente ainsi l'intensité du limonage ; mais quand le Nil est mauvais, c'est-à-dire quand la crue est basse, c'est avec la plus grande attention qu'il faut régler l'admission et la répartition de l'eau. Des mesures spéciales sont prescrites dans ce cas aux ingénieurs régionaux et l'alarme leur est donnée aussitôt qu'à certains indices on prévoit une crue faible. Alors on emmagasine l'eau dans le centre de chaque chaîne de bassins et elle est ensuite répartie dans les bassins d'aval de la même chaîne et dans les bassins amont de la chaîne suivante. On bouche en outre, à grand renfort de terre, les régulateurs et les déversoirs des bassins où l'eau est emmagasinée, de façon à éviter toute déperdition.

Jusqu'à ces dernières années, on croyait pouvoir prédire une basse crue lorsque le 15 août le Nil était au-dessous de 7 mètres à l'échelle d'Assouan, ou si le 22 août il était au-dessous de 7,60 m., ou si le 28 août il était au-dessous de 8,10 m. Mais aujourd'hui que des nilomètres sont installés jusqu'au fond du Soudan, l'état des crues peut être prévu beaucoup plus sûrement et plus longtemps à l'avance.

On a parlé jusqu'à présent du niveau normal ou du plein niveau des bassins comme si c'était une donnée fixe, immuable. En fait il dépend chaque année du point jusqu'où s'étendent les cultures *nabari* et les ingénieurs éprouvent souvent des difficultés à régler ce niveau normal, surtout lorsque les paysans ont fait des cultures nabari sur des champs isolés, séparés par des terres en friche prêtes à recevoir l'inondation. Ces cultures nabari, si intéressantes pour le fellah, courent ainsi souvent de grands risques d'être noyées. Lorsqu'on prévoit une faible crue, les cultures nabari prennent plus d'extension que dans les années ordinaires, le paysan cultivant de cette façon une grande partie de terres sur lesquelles il estime que l'eau ne montera pas.

VIDANGE DES BASSINS

Les principes appliqués pour procéder à la vidange des bassins sont assez simples.

L'époque la plus favorable pour les semailles étant du 10 au 30 octobre, la vidange de tous les bassins devrait être commencée de façon à être terminée autant que possible quelques jours avant la fin de cette période ; toutefois, jusqu'à ces derniers temps, dans les bassins situés le plus au nord, c'est-à-dire à la hauteur du Caire, cette opération n'était ordinairement terminée qu'en novembre. On ne peut en effet vider tous les bassins à la fois, car très souvent on est obligé de se servir de l'eau de certaines séries pour compléter l'irrigation de séries inférieures ; d'ailleurs, les semailles doivent se faire plus tôt dans les régions les plus méridionales où l'arrivée des chaleurs est plus précoce.

En outre, il ne faut pas oublier que la vidange de l'ensemble des bassins de l'Égypte est une opération considérable. Jusqu'à ces dernières années, on avait à rendre ainsi au Nil plus de 8 milliards de mètres cubes répartis sur une surface de 630 000 hectares et sur une longueur de fleuve de près de 1 000 kilomètres. Quand les travaux de suppression de bassins dans la Moyenne Égypte, actuellement en cours, auront été terminés, ce volume d'eau sera encore de 6 milliards de mètres cubes, réparti sur 460 000 hectares. Il est nécessaire d'user d'une certaine prudence pour déverser cette masse d'eau dans un fleuve qui, au mois d'octobre, époque de la vidange, débite seulement 550 millions de mètres cubes par jour.

En général, la durée de la vidange pour une chaîne de bassins est d'une vingtaine de jours et la durée totale pour toute l'Égypte est de trente-cinq à quarante jours à partir des derniers jours de septembre. La date du commencement de la vidange est reculée lorsque la crue a été tardive ou faible. La fin de l'opération peut, d'autre part, se trouver forcément remise d'un certain nombre de jours dans les années où le Nil baisse lentement et atteint encore un niveau trop élevé en octobre pour rendre possible l'assèchement complet des bassins voisins des déversoirs.

Quand on veut commencer la vidange, la première opération consiste à fermer la prise des canaux d'alimentation. Dans une année moyenne, ils ont à ce moment-là 3,70 m. ou 3,10 m. d'eau, suivant la cote de leur plafond, le Nil étant alors à 8 mètres à l'échelle d'Assouan. Ces fermetures se font en barrant les ouvrages de tête, quand il y en a, ou, quand il n'y en a pas, en obstruant l'entrée du canal par une digue en pierres perdues.

En même temps, pour qu'on puisse arroser encore les cultures nabari, qui ne mûrissent qu'en novembre, on retient de l'eau dans les biefs des canaux le long desquels sont de ces cultures. Pour cela, on barre ces biefs aux deux extrémités soit avec des digues en terre, soit en fermant les régulateurs, aussitôt que l'alimentation commence à baisser ou que les opérations de la vidange menacent d'entraîner sans profit cette réserve d'eau dans le grand courant qui déverse tout au Nil.

Quant à l'eau contenue dans les bassins, elle est rendue au fleuve le plus directement possible, sauf ce qui en est nécessaire pour compléter l'inondation des bassins d'aval ; on la fait écouler par les déversoirs les plus rapprochés ménagés dans les digues longitudinales.

Les opérations de vidange, comme celles de remplissage, sont naturellement plus ou moins modifiées par la hauteur et la durée de la crue.

Des ruptures de digues se produisent de temps en temps. Elles n'ont pas grande importance pendant les bonnes crues, sinon qu'elles augmentent la dépense d'entretien. Mais, dans les mauvaises années, elles sont parfois désastreuses, surtout lorsque par la brèche s'échappe toute une réserve d'eau accumulée avec de grandes précautions et destinée à submerger ensuite une chaîne de bassins qui se trouvent ainsi voués à la stérilité jusqu'à l'année suivante.

De ce qui précède, il résulte que, pour toutes les régions dans lesquelles la culture se fait par bassins d'inondation avec du nabari sur les terres hautes, la crue du Nil intéresse seule l'agriculteur ; l'étiage le laisse indifférent. Selon la hauteur et la durée de la crue, le sol sera plus ou moins facilement, plus ou moins abondamment submergé, la vidange se fera plus ou moins vite, à une époque plus ou moins favorable. Aussi comme, jusqu'au siècle dernier, la culture par bassins était celle qui régnait dans toute l'Égypte, que le système tout entier était loin d'atteindre le degré de perfection et de sécurité qu'il a actuellement et que, par conséquent, l'inondation dépendait plus complètement qu'aujourd'hui de l'état du Nil, on comprend avec quelle anxiété superstitieuse était attendue la montée des eaux. Dans le langage populaire, le Nil et la crue étaient représentés par le même mot ; la crue était, pour le peuple, le Nil lui-même amenant ses eaux d'une source lointaine et mystérieuse, chaque année, à l'époque fatidique.

EFFETS DE LA SUBMERSION SUR LE SOL

Les eaux du Nil sont introduites dans les bassins au moment où elles sont le plus chargées de limon et de matières fertilisantes ; on a vu qu'à cette époque de l'année, le Nil contient à peu près 1,500 kg. de matières en suspension par mètre cube d'eau et qu'on compte une hauteur moyenne de 1,25 m. d'eau dans les bassins pendant une année moyenne, et 1,50 m. dans les bonnes années. Ces eaux séjournent sur les terres assez longtemps pour y déposer la plus grande partie de leur limon ; si l'on admet qu'elles n'en laissent échapper que les deux tiers, soit un kilogramme par mètre cube, l'autre tiers restant en suspension tant à cause de la ténuité des substances qui le composent que par suite des courants ou de l'agitation que le vent produit sur les bassins, les surfaces submergées sont engraissées par une quantité de limon représentant 13 tonnes par hectare, soit une couche qui aurait un millimètre à peu près de hauteur si elle était uniformément répandue. Cette masse de dépôt renferme, entre autres substances, 14 kilogrammes d'azote et un poids variable d'acide phosphorique. Ce sont là certainement des éléments précieux pour contribuer à entretenir la fertilité du sol ; mais, seuls, ils n'y suffiraient pas ; une récolte moyenne de blé absorberait plus du double de la quantité d'azote ainsi apportée par l'inondation. D'autre part, ces 14 kilogrammes d'azote sont loin d'être uniformément répandus, beaucoup de terres ne recevant que des eaux en partie décantées et sur une faible hauteur. Si donc le sol des bassins conserve depuis si longtemps sa puissance de production sans que le paysan ait besoin de recourir aux engrais pour la maintenir, cela tient évidemment à ce que l'eau, par elle-même et indépendamment des matières qu'elle porte en suspension, exerce dans l'intérieur des terres arables une action spéciale fertilisante. Quelles que soient les causes de cette action, il est un fait, facile à constater, qui ne peut que la favoriser. Après que les eaux se sont retirées, la terre se dessèche peu à peu ; au bout de quelque temps, comme elle est très argileuse, elle se rétracte, se fend et est bientôt coupée par des crevasses nombreuses et profondes qui s'enfoncent dans le sol et se subdivisent en fissures de plus en plus minces ; pendant toute la saison de repos de la terre, le sol est ainsi préparé pour une aération parfaite ;

l'oxygène et l'azote de l'air pénètrent dans les ramifications des crevasses et entrent en contact intime avec les particules terreuses dans toute l'épaisseur de la couche active du sol. Les eaux d'inondation, arrivant ensuite, emprisonnent cet air qui, se trouvant à l'état très divisé, est évidemment plus apte à être dissous facilement et à être transformé en produits qui seront ensuite assimilés par les racines des plantes.

Cette aération si complète de la terre pendant la période de sécheresse des bassins permet de supprimer tout labourage avant l'ensemencement qui suit immédiatement le retrait des eaux.

L'inondation, en dehors de l'action propre et fertilisante qu'elle exerce sur le sol, contribue en outre à l'assainir. Dans les endroits où des efflorescences salines se sont produites, amenées du sous-sol par de l'eau d'infiltration qui s'évapore à la surface, l'inondation les délaye, les dissout et les entraîne.

CHAPITRE V

DESCRIPTION DES BASSINS D'INONDATION

Petite chaîne de bassins. — Grande chaîne de bassins. — Les bassins d'inondation de l'Égypte avant 1903. — Situation actuelle des bassins d'inondation. — Irrigation permanente dans la région des bassins. — Importance des cultures dans la région des bassins.

PETITE CHAINE DE BASSINS

Le premier système de bassins que nous nous proposons de décrire à titre d'exemple s'étend du kilomètre 794 au kilomètre 740 du Nil (voir fig. 18). Il est situé sur la rive droite, au nord et au sud de la ville de Louxor.

Il comprend d'abord, entre les kilomètres 794 et 769, une bande étroite qui s'élargit jusqu'à 3 500 mètres, au kilomètre 774, pour se rétrécir ensuite ; puis vient un promontoire désertique, le mahgar Salamieh, qui ne laisse que quelques parcelles cultivables le long du fleuve entre les kilomètres 769 et 765 ; enfin, du kilomètre 765 au kilomètre 740, la vallée s'ouvre jusqu'à atteindre un maximum de largeur de 6 500 mètres ; au kilomètre 740 commence un second promontoire désertique de 3 kilomètres environ de longueur qui sépare cette chaîne de bassins de la suivante.

La première partie de cette chaîne est divisée en deux bassins :

Sud-Salamieh	1 318 hectares.
Nord-Salamieh.	1 420 —
Total	2 738 hectares.

La seconde partie est divisée en cinq bassins :

Gabbanah	302 hectares.
Hibel	680 —
Est-Karnak.	617 —
Ouest-Karnak	857 —
Ahchi	1 260 —
Total	3 716 hectares.

Ces bassins reçoivent leur eau par trois canaux principaux qui sont, en allant du sud au nord, le canal Killabieh, le canal Mahallah et le canal Bayadieh.

Le canal Killabieh a sa prise au kilomètre 825 ; son plafond a 10 mètres de largeur et commence à être en eau pour une hauteur du Nil correspondant à 5,40 m. à l'échelle d'Assouan (10 pics); sa pente est de 0,03 m. par kilomètre ; son débit est de 8,300 m³ par seconde en mauvaise crue, et 17,900 m³ en moyenne crue. Après avoir traversé les bassins d'amont et le promontoire désertique qui limite le bassin Sud-Salamieh, ce canal pénètre, au trente-septième kilomètre à partir de sa prise, dans ce dernier bassin, par deux branches : l'une de six kilomètres, qui longe le désert et aboutit par un ouvrage régulateur (2 ouvertures de 3 mètres) dans le bassin Nord-Salamieh et l'autre, canal du siphon de Qidah, de neuf kilomètres, qui passe en siphon (2 ouvertures de 3 mètres) sous le canal Mahallah pour suivre le côté intérieur de la digue longitudinale du bassin Sud-Salamieh et se prolonger sur les terrains bordant le Nil,

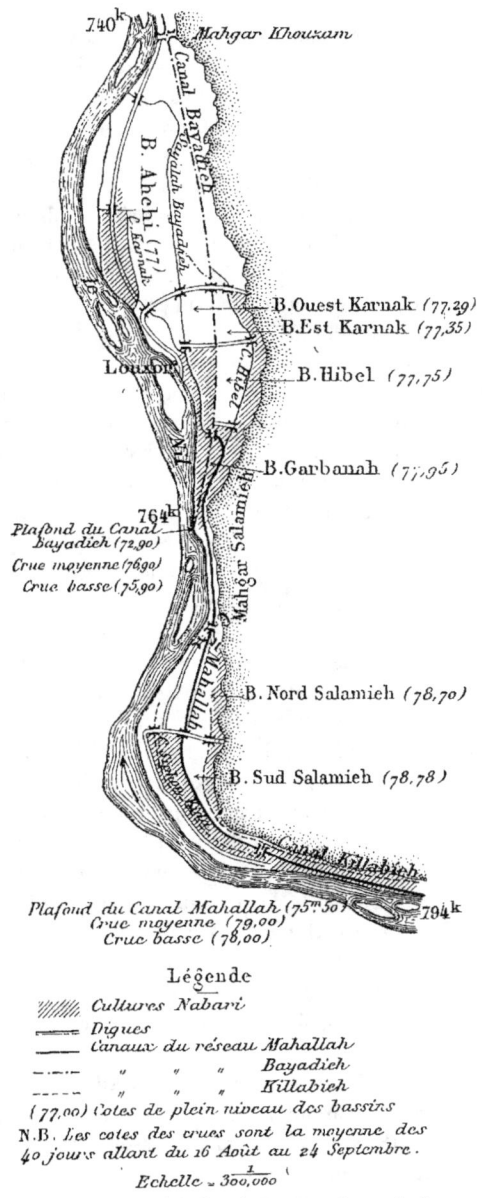

Fig. 18. — Système de bassins aux environs de Louxor.

au moyen d'un aqueduc de 2 mètres d'ouverture percé dans la digue transversale nord du bassin Sud-Salamieh.

Le canal Mahallah a sa prise au kilomètre 794 ; sa largeur au plafond est de 7 mètres ; il commence à prendre l'eau lorsque la hauteur du Nil correspond à la cote de 4,86 m. (9 pics) à l'échelle d'Assouan ; sa pente est de 0,04 m. par kilomètre et son débit moyen 8,850 m³ par seconde en mauvaise crue et 16,300 m³ par seconde en crue moyenne. Il traverse tout le bassin Sud-Salamieh, franchit sa digue transversale nord (15 km.) par un ouvrage (3 arches de 2,50 m.), passe alors dans le bassin Nord-Salamieh dans lequel il peut donner l'eau par un aqueduc de 3 mètres, est muni à l'extrémité nord de ce bassin (20 km), c'est-à-dire au commencement du mahgar Salamieh, d'un ouvrage régulateur (2 ouvertures de 2 1/4 m.) ; un peu après la traversée de cette partie désertique, au kilomètre 26, il lance dans les terres avoisinant le coteau une branche de dix kilomètres, nommée Hibel Sayalah, aboutissant au bassin Ahchi, après avoir franchi les digues des bassins Gabbanah, Hibel et Est-Karnak par des ouvrages de 3 mètres d'ouverture. Le plafond du Hibel Sayalah, à sa prise, est à 0,54 m. au-dessus de celui du canal Mahallah et a 4 mètres de largeur. Une seconde branche se sépare au kilomètre 29 du canal Mahallah, passe en siphon (2 ouvertures de 3,50 m.) sous le canal Bayadieh, au kilomètre 4 de ce canal, pour desservir sous le nom de Bayadieh Sayalah la région qui s'étend entre le canal Bayadieh et le Nil ; elle a une vingtaine de kilomètres de longueur et aboutit, vers l'extrémité aval du bassin Ahchi, à un déversoir après avoir traversé au moyen de régulateurs les digues transversales des bassins Hibel (2 arches de 2 mètres) et Ouest-Karnak (2 arches de 2,20 m.). Un peu en amont de l'ouvrage régulateur de la digue aval du bassin Hibel se détache une autre branche encore plus rapprochée du Nil, le Sayalah Karnak de 11 kilomètres de longueur, traversant la digue aval du bassin Ouest-Karnak, par un régulateur (1 arche de 3 mètres), et aboutissant à un déversoir situé vers le milieu de la digue longitudinale du bassin Ahchi et pouvant, par cet ouvrage, donner de l'eau pour le nabari entre cette digue et le Nil. Cette branche a son plafond, de 4 mètres de largeur, à 0,54 m. au-dessus de celui du canal Mahallah. Une prise directe au Nil, sans ouvrage d'art, un peu en aval de la digue aval du bassin Ouest-Karnak, permet, pendant les bonnes crues, de donner de l'eau rouge immédiatement dans le bief aval de cette branche.

Le canal Bayadieh a sa prise au kilomètre 764 ; son plafond a 15 mètres de largeur et prend l'eau lorsque le Nil est à une cote correspondant à 4,32 m. (8 pics) à l'échelle d'Assouan ; il débite en moyenne 24,900 m³ par seconde pendant les mauvaises crues, et 40,750 m³ pendant les crues moyennes ; sa pente est de 0,04 m. par kilomètre ; il traverse d'un bout à l'autre, dans leur milieu, les bassins Gabbanah, Hibel, Karnak et Ahchi ;

il n'y a pas d'ouvrage régulateur avant la digue aval du bassin Ahchi, au kilomètre 23 de son cours (3 ouvertures de 3 mètres) ; c'est par cet ouvrage qu'il pénètre dans le système de bassins situé en aval. Un peu en aval de la digue transversale de Karnak (10,500 km.) deux petits canaux donnent la possibilité d'établir une communication entre le canal Bayadieh et les deux canaux de distribution, dits Sayalah Hibel et Sayalah Bayadieh, dérivés du canal Mahallah.

Dans cette chaîne de bassins, il y a trois déversoirs au Nil :
l'un (2 arches de 3 mètres) en aval du bassin Nord-Salamieh ;
l'autre (2 arches de 2 mètres) à l'extrémité du Sayalah Karnak ;
le troisième vers l'aval du bassin Ahchi (4 arches de 2,75 m.).

Enfin, il existe encore pour cette chaîne un ouvrage régulateur dans la digue aval du bassin Nord-Salamieh (2 arches de 3 mètres), à côté de celui du canal Mahallah, et un autre régulateur dans la digue aval du bassin Ahchi (3 arches de 2,25 m.), à côté de celui du canal Bayadieh.

Par un Nil bas de 7,45 m. (13 p. 19 k.) à l'échelle d'Assouan, le canal Killabieh, dans son dernier bief, monte juste à la surface du sol et peut, avec un peu de difficulté, mais sans qu'on ait à relever les eaux au moyen de barrages, arroser tout le terrain bordant le Nil. Avec un Nil de 7,85 m., l'arrosage est assuré pour les deux bassins Salamieh.

Quant au canal Mahallah, en Nil bas, il n'arrose pratiquement rien sur ses trente premiers kilomètres, soit jusqu'à l'entrée du bassin Hibel ; mais, à partir de là, par les Sayalah Hibel et Karnak, il commande toute la vallée. Enfin, le canal Bayadieh ne peut donner d'eau que dans les parties basses ou centrales du bassin Ahchi, mais la partie est du bassin Ahchi peut être couverte sur 0,60 m. de hauteur par l'eau emmagasinée dans le Sayalah Bayadieh.

Dans une crue moyenne de 8,32 m. (15 p. 10 k.) à l'échelle d'Assouan, le canal Killabieh ne donne pas pratiquement beaucoup plus d'eau qu'en basse crue à cause de l'usage qui en est fait en amont. Quant au canal Mahallah, il commande le bassin Nord-Salamieh, ce qui permet de détourner une grande partie de l'eau du Killabieh dans le canal du siphon Qidah pour arroser les terrains longeant la berge du Nil ; il domine en outre tous les bassins situés en aval du mahgar Salamieh. Enfin le canal Bayadieh ne peut guère servir que pour les bassins situés au nord du bassin Ahchi.

Supposons d'abord une mauvaise crue[1].

Les eaux du canal Killabieh seront maintenues en amont de la digue inférieure du bassin Sud-Salamieh, de façon à remplir les deux parties de ce bassin et à y rester emmagasinées. Un peu d'eau du canal Mahallah sera

---

[1] Les conditions d'alimentation de cette chaîne sont en train d'être beaucoup facilitées pendant les mauvaises crues par suite de l'achèvement tout récent du barrage d'Esneh, sur le Nil. Cet ouvrage permet d'obtenir un relèvement des eaux du fleuve à la prise du canal Killabieh.

prise pour les parties basses du bassin Nord-Salamieh et y restera emmagasinée, le régulateur de la digue transversale aval de ce bassin étant hermétiquement fermé au moyen de poutrelles et de terre.

Vers le 8 septembre, on pourra laisser filtrer l'eau amenée par le Killabieh à travers les poutrelles du régulateur dans le bassin Nord-Salamieh, en maintenant le bassin Sud-Salamieh dans le voisinage de son plein niveau qui est fixé à l'altitude 78,78. Ce supplément d'eau sera emmagasiné dans le bassin Nord-Salamieh.

Les bassins suivants seront alimentés par le canal Mahallah avec la plus grande précaution, sans aucune perte d'eau, mais de façon à mouiller autant que possible la terre et à diminuer l'absorption de l'eau par le sol au moment où sera complétée l'inondation par la vidange des bassins supérieurs. Le bassin Ahchi devra être rempli autant que possible en prenant soin de boucher hermétiquement avec de la terre le déversoir au Nil, le régulateur de la digue aval et en surveillant bien les berges du canal Bayadieh pour que l'eau emmagasinée ne trouve pas un écoulement par ce canal.

Lorsque l'époque de la vidange est venue, l'eau du bassin Sud-Salamieh servira à compléter l'inondation du bassin Nord-Salamieh qui devra être terminée au plus tard le 25 septembre ; le bassin Sud-Salamieh pourra alors être ensemencé ; c'est un peu trop tôt, mais nécessaire dans l'intérêt des bassins inférieurs. Une fois le bassin Nord-Salamieh rempli, le régulateur du bassin Sud-Salamieh sera fermé et l'eau du Killabieh sera envoyée par le siphon sur la berge du Nil cultivée en nabari tant que le fleuve continuera à donner un peu d'eau.

Vers le 29 septembre, la vidange du bassin Nord-Salamieh sera commencée, l'eau étant déchargée lentement dans le canal Mahallah pour augmenter son débit naturel et maintenir l'irrigation nabari qui en dépend.

Les bassins Hibel et Karnak (nous ne parlons pas du bassin Gabbanah qui n'a que très peu d'étendue et est surtout nabari), qui ne contiennent encore que très peu d'eau, seront portés au niveau normal le 25 septembre en fermant les deux régulateurs de la digue aval. Le 30 septembre, ces régulateurs seront ouverts et les bassins de Karnak portés à leur plein niveau pendant cinq jours. Le 4 octobre, ils seront vidés dans le bassin Ahchi dont toutes les ouvertures d'écoulement seront fermées pour permettre d'atteindre le plein niveau qui sera conservé pendant cinq jours en restant tout à fait indépendant du canal Bayadieh ; le bassin Ahchi sera déchargé dans les bassins inférieurs le 10 octobre.

Depuis le 25 septembre jusqu'au moment où le Nil ne donnera plus d'eau dans les canaux ou qu'il n'y aura plus d'eau disponible emmagasinée dans les bassins supérieurs, l'eau nabari continuera à passer dans le Sayalah Hibel du côté du désert et dans le Sayalah Karnak du côté de la berge du Nil.

Supposons maintenant une année de crue moyenne.

Aussitôt que le Nil atteint 8,10 m. (15 pics) à Assouan, si à ce moment-là l'époque du remplissage est déjà arrivée, tous les canaux d'alimentation reçoivent l'eau librement et, après que l'eau a atteint le niveau des terres nabari sur le bord du Nil et au pied du coteau par les branches du siphon Qidah, de Hibel et de Karnak, le surplus du débit est accumulé dans les bassins Nord-Salamieh, Sud-Salamieh, Hibel, Est-Karnak, Ouest-Karnak et Ahchi. Les régulateurs des bassins Nord-Salamieh, Est et Ouest-Karnak, Ahchi restent fermés, le remplissage se faisant par les canaux et par les autres ouvrages laissés ouverts : toutefois, s'il y a, à un moment donné, excès d'eau dans un ou plusieurs bassins, la réglementation se fera en manœuvrant les ouvrages laissés fermés jusque-là, ainsi que les déversoirs au Nil. Comme le nabari dépendant de la branche du siphon Qidah est important, on réglera l'ouvrage qui se trouve à l'extrémité du canal Killabieh sur la digue aval du bassin Sud-Salamieh, de façon à maintenir le niveau de l'eau dans la branche du siphon Qidah à une hauteur suffisante pour l'irrigation de ces récoltes, soit à la cote 79.

Ainsi qu'il a été dit au chapitre précédent, les bassins ne sont pas élevés à leur plein niveau au moment du remplissage, mais seulement quelques jours avant la vidange. Les divers ouvrages du système sont suffisants pour assurer une bonne réglementation des hauteurs d'eau jusqu'à ce moment-là, pour créer un courant d'eau rouge à travers toute la chaîne pendant toute la durée de l'inondation et pour donner ensuite le niveau normal dans les bassins.

Dans une crue moyenne, avec un Nil baissant lentement vers la fin de septembre, la vidange est menée lentement, de façon à garder le plus longtemps possible dans les canaux Killabieh et Mahallah et dans leurs embranchements de l'eau d'irrigation pour le nabari.

A cet effet, le régulateur de la digue aval du bassin Ahchi reste fermé et le déversoir de ce bassin est ouvert en plein. La partie de ce bassin qui est située du côté du coteau se décharge dans le canal Bayadieh au moyen d'une coupure pratiquée dans ses berges en amont des régulateurs du mahgar Khouzam.

Prenons maintenant une forte crue.

L'eau du canal Killabieh est interceptée au moyen des régulateurs et des déversoirs supérieurs.

Le canal Mahallah, par une coupure faite sur sa rive droite aux environs de la prise ou un peu en amont du siphon Qidah, écoule librement son eau dans le lit du Killabieh, dans le bassin Nord-Salamieh et dans le canal du siphon Qidah. Le déversoir du bassin Nord-Salamieh est ouvert en plein et le régulateur du mahgar Salamieh est réglé de façon à ne laisser passer que l'eau nécessaire à l'arrosage des bassins Hibel et Karnak dans les conditions normales.

Quant au canal Bayadieh, dans une très forte crue, dont le niveau maximum atteint jusqu'à 0,90 m. au-dessus de la forte crue de 8,77 m. (16 p. 6 k.) prise comme type, comme tout le système ne peut supporter qu'une hauteur d'eau supplémentaire de 0,50 m. on établit à la prise de ce canal un petit barrage en pierres pour modérer son débit ; on donne ainsi l'eau au bassin Ahchi dans les conditions ordinaires et on ouvre son déversoir pour laisser écouler au Nil l'excès d'eau.

Le règlement des eaux pendant l'inondation et la vidange se feront à peu près dans les mêmes conditions que pour une crue moyenne.

Pour terminer l'étude de cette chaîne de bassins, il ne reste plus qu'à donner quelques détails sur les cultures nabari qu'on y pratique [1].

La bande de terrain comprise entre la prise du canal Mahallah et le siphon du Killabieh est nabari, ne pouvant être inondée ; toute la partie qui s'étend entre le canal Mahallah et la branche du siphon Qidah, en aval du siphon, est également nabari, quoiqu'elle puisse être inondée de temps en temps.

On fait aussi au pied du désert, depuis la fin du mahgar Salamieh jusqu'au déversoir Nord-Salamieh, une assez grande quantité de nabari qu'on arrose au moyen de puits. En aval du mahgar Salamieh, tout le bassin Gabbanah est pratiquement nabari ainsi que la partie qui se trouve entre le Nil et le canal Bayadieh le long de la branche de Karnak, en amont de la digue transversale de Hibel. A gauche également de la branche de Karnak, on cultive une quantité croissante de cannes à sucre, avec arrosage par élévation de l'eau du Nil après la crue, sur la limite du désert ; dans les bassins Hibel et Est-Karnak, il y a aussi beaucoup de puits qui permettent de cultiver la canne à sucre.

Le nabari existe enfin le long de la digue du Nil dans le bassin Ahchi, surtout en amont du déversoir de la branche de Karnak. Dans la seconde moitié du bassin Ahchi, le niveau de l'eau est normalement trop élevé pour qu'on puisse y faire du nabari.

On a déjà indiqué les mesures prises pour maintenir pendant et après l'inondation le débit des canaux et embranchements qui desservent ces cultures. Au commencement de la crue, les conditions dans lesquelles se trouve le canal Killabieh permettent d'y admettre l'eau dès que le Nil atteint 6,48 m. (12 pics) à l'échelle d'Assouan et de la lancer dans la branche du siphon Qidah, soit en moyenne vers le 8 août ; le fellah élève alors cette eau jusqu'au niveau de ses champs. Le canal Mahallah alimente de même, dès la montée du Nil, les branches de Hibel et de Karnak.

---

[1] Les surfaces ordinairement cultivées en nabari sont marquées par des hachures sur la figure 18.

GRANDE CHAINE DE BASSINS

Comme exemple d'une grande chaîne de bassins, nous prendrons celle qui est désignée sous le nom de Nord-Sohag (voir pl. IV).

Elle est située sur la rive gauche du Nil et s'étend sur 100 kilomètres environ de longueur entre Sohag (km. 528), et Assiout (km 423), dans une région où la largeur de la vallée atteint une quinzaine de kilomètres. Elle comprend vingt-neuf bassins formant une surface totale de 81 000 hectares divisés comme il suit :

NOMS DES BASSINS	SUPERFICIE DES BASSINS	
Hocheh Araba-Idfa	202	hectares.
Araba-Idfa	3 704	—
Gheziret Geheneh	1 785	—
Qilfaou	840	—
Baga	638	—
Gharizat	1 050	—
Hocheh Sahel Muefin	202	—
Aouled Nuser	252	—
Nag Tamana	1 008	—
Samarnah	2 895	—
Banaouit	4 452	—
Beni Hilal	849	—
Enebis	3 645	—
Saouamah	563	—
Banahou et Banagah	1 792	—
Est Kom Badr	3 652	—
Ouest Kom Badr	4 687	—
Hocheh Cheikh Zemeddin	307	—
Chattourah	750	—
Michta	465	—
Est Madmar	605	—
Ouest Madmar	2 117	—
Est Tima	403	—
Qaou	529	—
Sahel Qaou	304	—
Est Omdounah	5 783	—
Ouest Omdounah	4 054	—
Douer	4 340	—
Beni Smia	13 605	—
Zannar	14 662	—
Total	81 406	hectares.

Suivant les principes développés dans le chapitre précédent, les petits bassins sont dans la partie de la vallée la plus rapprochée du Nil et les derniers bassins de la série ont la surface la plus considérable.

Les digues transversales, surtout celles des grands bassins, sont hautes et massives; celle du bassin Zannar est soutenue par un mur en maçonnerie. L'ensemble des digues qui entourent les bassins forme un réseau de 320 kilomètres environ.

Ce vaste système reçoit son eau par cinq canaux principaux : le Guirgaouieh, le Sohagieh, le canal Haouati, le canal de Tahta et le canal de Chattourah.

Le Guirgaouieh a sa prise au kilomètre 571 du Nil et il a un parcours de 31 kilomètres avant d'atteindre l'extrémité amont du système des bassins Nord-Sohag. Il a 18 mètres de largeur à sa prise, l'altitude de son lit correspond à une hauteur du Nil de 4,32 m. (8 pics) à l'échelle d'Assouan; sa pente est de 0,04 m. par kilomètre; il débite en moyenne 29,700 m^3 par seconde en basse crue et 48,400 m^3 par seconde en crue moyenne. Ce canal passe sous le canal Sohaghieh par un siphon ayant 4 arches de 3 mètres d'ouverture et se prolonge sur 18 kilomètres environ jusqu'à la digue aval du bassin Samarnah où il aboutit à deux régulateurs, l'un de 5 arches de 2,60 m. et l'autre de 3 arches irrégulières de 2,30 m. en moyenne. Il s'en détache deux branches importantes. L'une prend naissance à un kilomètre en aval du siphon du Sohaghieh sous le nom de canal de Qilfaou; son plafond, qui a 5 mètres de largeur est à 1,50 m. au-dessus du lit du Guirgaouieh, son ouvrage de prise a 2 arches de 3 mètres; cette branche passe tout de suite sous le canal de Tahta par un siphon ayant 2 arches de 2,50 m. d'ouverture et envoie plusieurs ramifications entre ce dernier canal et le Nil. L'autre branche prend naissance à la digue aval du bassin Nag Tamana, et porte le nom de canal Beni Hilal; son plafond est à 0,50 m. au-dessus du lit du canal Guirgaouieh, sa prise a une arche de 3 mètres d'ouverture et sa largeur au plafond est de 6 mètres; il passe sous le canal de Tahta au kilomètre 19 de ce dernier canal et porte ainsi les eaux du canal Guirgaouieh jusqu'à 55 kilomètres de sa prise au Nil et à 24 kilomètres du siphon du Sohaghieh, dans le bassin Beni Hilal.

Le canal Sohaghieh est un grand cours d'eau qui, partant du Nil à Sohag, au kilomètre 528, traverse la vallée, se déroule en contours sinueux au pied des pentes du désert sur une centaine de kilomètres d'un bout à l'autre du système Nord-Sohag et continue ensuite à couler sur environ 70 kilomètres à travers les bassins du système inférieur; il passe dans ce dernier système par un ouvrage régulateur ayant 5 arches de 3 mètres percé dans la digue aval du bassin Zannar. Le Sohaghieh a 80 mètres de largeur à sa prise; son plafond est au niveau du Nil, lorsque celui-ci atteint la cote de 4,32 m. (8 pics) à l'échelle d'Assouan; il a un ouvrage de prise composé de 21 arches de 3 mètres d'ouverture. Il peut débiter en moyenne de 230 à 350 mètres cubes par seconde pendant une mauvaise ou une moyenne crue. Un premier ouvrage régulateur est établi au kilomètre 20, à Talihat (15 arches de 3 mètres et une de 5 mètres destinée à la navigation pendant la crue) et un second ouvrage au kilomètre 80, (9 arches de 3 mètres) à la traversée de la digue aval du bassin Beni Smia. Le Sohagieh serpente entre des digues formées d'un terrain sableux médiocrement résistant, d'un tracé irrégulier et souvent assez éloignées du lit du cours d'eau. Il comporte des prises d'eau entre les kilomètres 32 et 45 pour l'alimentation des bassins Ouest-Kom Badr et Ouest-Omdoumah, sur sa rive gauche, et pour les bassins Est-Kom Badr et Est-Omdoumah, sur sa rive droite ; il alimente notamment le canal Harafchah qui traverse tout le bassin Kom Badr-Est et est prolongé jusqu'à la digue aval du bassin Omdoumah.

Le canal Haouati est un petit canal local qui part de l'embouchure du Sohaghieh, sur sa rive gauche, avec une prise de 2 arches de 3 mètres, un plafond de 7 mètres de largeur situé à 1 mètre au-dessus du lit du Sohaghieh et une pente de 0,04 m. par kilomètre ; il a 14 kilomètres environ de longueur, traverse tout le bassin Araba Idfa et aboutit par un déversoir (2 arches de 3 mètres) dans le Sohaghieh. Il débite en moyenne, par une basse crue, 5,900 m³ par seconde et, par une moyenne crue, 13,750 m³ par seconde.

Le canal de Tahta a sa prise à un kilomètre plus bas que celle du Sohaghieh ; son ouvrage de tête a 4 arches de 3 mètres ; son plafond affleure à un niveau du Nil correspondant à 4,32 m. (8 pics) à l'échelle d'Assouan ; il a 15 mètres de largeur et une pente de 0,04 m. par kilomètre. Il débite en moyenne, par une basse crue, 25 mètres cubes par seconde et par une crue moyenne 40,750 m³. Son cours se maintient dans la chaîne des bassins rapprochés du Nil et il aboutit au kilomètre 38 à un ouvrage régulateur de 3 arches de 2,20 m. d'ouverture qui le fait pénétrer dans le bassin Madmar au travers de la digue aval du bassin Banagah. Son premier ouvrage régulateur (3 arches de 2,35 m.) est au kilomètre 28,500, à la traversée de la digue aval du bassin Enebis ; il franchit en outre la digue aval du bassin Banahou par un régulateur de mêmes dimensions. La largeur du plafond qui était de 15 mètres à la prise est réduite progressivement à 7 mètres à son extrémité. Au kilomètre 26 prend naissance un embranchement important de 25 kilomètres destiné à l'alimentation des bassins en bordure du Nil : sa prise est formée par un ouvrage de 2 arches de 3 mètres ; son plafond (9 mètres de largeur) est à 0,50 m. au-dessus du lit du canal de Tahta ; il passe sous le canal Chattourah par un siphon (2 tuyaux de 1,30 m. de diamètre) et se termine dans le bassin Qaou où il entre par un régulateur (1 arche de 3 mètres) ; à partir du siphon du Chattourah, la largeur du plafond est réduite à 6 mètres et le lit relevé de 0,50 m. Il y a en outre le long du canal de Tahta plusieurs autres prises d'eau dont une pour le bassin

Samanah, une pour le bassin Enebis, une autre pour le bassin Est-Kom Badr.

Le canal Chattourah a sa prise au kilomètre 488 du Nil ; son plafond (9 mètres de largeur) correspond à une hauteur du Nil de 4,86 m. (9 pics) à l'échelle d'Assouan ; sa pente est de 0,04 m. par kilomètre ; il débite en moyenne 10 mètres cubes par seconde en basse crue et 20,300 m³ par seconde en crue moyenne. Son tracé est presque en ligne droite, à peu de distance du Nil et sa longueur est de 35 kilomètres. Il se termine par un régulateur de 3 mètres d'ouverture auprès du village d'Aboutig vers l'extrémité aval du bassin Beni Smia. Son premier régulateur (2 arches de 3 mètres) se trouve au kilomètre 15, à la traversée de la digue du bassin Tima, juste en aval d'une prise d'eau (2 arches de 3 mètres) qui débouche dans le bassin Tima sur la rive gauche du canal. Un second régulateur se trouve à la traversée de la digue du bassin Douer (1 arche de 3 mètres). Il a deux petits embranchements à droite et à gauche dans la partie haute du bassin Douer.

Le mouvement et la répartition des eaux dans ce vaste ensemble de bassins est en outre assuré par un certain nombre d'ouvrages régulateurs percés dans les digues des bassins et d'ouvrages de prise répartis le long des canaux et de leurs embranchements. Tous ces ouvrages sont indiqués sur la carte de la planche IV.

Quant à la vidange, elle se fait par deux voies différentes :

1° Par une série de déversoirs se déchargeant directement dans le Nil et qui sont :

Le déversoir du bassin Tima (3 mètres d'ouverture);

Le déversoir d'Aboutig, au sud du bassin Beni Smia (15 arches de 3 mètres);

Les déversoirs de Choutb (3 arches de 3 mètres), de Selim (3 arches de 3 mètres) et de Matia (2 arches de 3,95 m.) dans le bassin Zannar.

2° Par deux déversoirs se déchargeant dans le Sohaghieh qui entraîne les eaux des bassins supérieurs jusque dans les deux grands bassins Beni Smia et Zannar, d'où elles sont rejetées soit dans le Nil par les déversoirs dont nous avons parlé plus haut, soit dans les bassins de la chaîne suivante, par le régulateur de la digue aval du bassin Zannar.

Ces deux déversoirs desservant les bassins situés sur la rive gauche du Sohaghieh sont :

Le déversoir du bassin Araba-Idfa (2 arches de 3 mètres) ;

Le déversoir du bassin Omdoumah-Ouest (4 arches de 3 mètres).

Pour compléter cette description, ajoutons que la chaîne des bassins d'amont Sud-Sohag peut être mise en communication avec la chaîne Nord-Sohag par deux régulateurs établis dans la digue séparative des deux systèmes et ayant ensemble six arches de 2,40 m. d'ouverture. Un déversoir des bassins d'amont débouche en outre dans le Sohaghieh entre le Nil et l'ouvrage de prise et conduit ainsi la vidange du système supérieur dans le fleuve par l'embouchure même du Sohaghieh. Enfin un siphon formé d'un tuyau de 1,50 m. de diamètre et passant sous le canal Haouati permet de faire écouler dans la partie haute du bassin Araba-Idfa l'eau du bassin Ouest-Sohag pour la culture nabari.

D'une façon générale, la partie située entre le Nil et le Sohaghieh jusqu'au bassin Enebis est principalement arrosée par les eaux provenant du canal Guirgaouieh; les terres situées à gauche du Sohaghieh, dans les deux bassins Araba-Idfa et Gharizat, par le canal Haouati; les six grands bassins inférieurs, Ouest-Kom Badr, Ouest-Omdoumah, Est Kom Badr, Est-Omdoumah, Beni Smia et Zannar par le Sohaghieh; les bassins en bordure du Nil depuis Gheziret Muefin jusqu'à Tima et le bassin Enebis, par le canal de Tahta; les terrains voisins du Nil entre Tima et Aboutig, par le canal Chattourah.

Toutefois les règles à suivre pour le remplissage et la vidange varient beaucoup suivant l'intensité et la durée des crues.

Prenons d'abord une basse crue correspondant, comme il a été dit au chapitre précédent, à une hauteur moyenne du Nil de 7,45 m. (13 pics 19 k.) à l'échelle d'Assouan.

L'eau du Guirgaouieh passant en siphon sous le Sohaghieh commande tous les terrains situés au nord de ce dernier canal, même les plus hautes terres des bords du Nil, et elle pourrait servir à remplir tous les bassins de la chaîne si le débit n'en était pas tout à fait insuffisant en temps de basse crue. Toutefois les bassins spécialement irrigués par ce canal et que le canal de Tahta ne peut dominer sont tous les bassins voisins du Nil jusqu'au Saouamah, les bassins Aouled Nuser et Nag Tamana et les terres situées entre le canal de Tahta et le Sohaghieh sur 12 kilomètres, les bassins Samarnah et Benaouit.

Le canal de Tahta dessert la moitié inférieure du bassin Benaouit, tout le bassin Enebis, la moitié inférieure des bassins Beni Hilal et Saouamah et tous les bassins situés en aval de son vingt-quatrième kilomètre : le Banahou, le Banagah, le Madmar et toute la bordure du Nil depuis l'embouchure du canal Chattourah jusqu'à Tima entre le Nil et le chemin de fer.

Le canal Haouati ne commande pour ainsi dire rien, l'altitude des terres qui dépendent de lui étant à la cote 60 mètres ainsi que plus et celle de la basse crue à Sohag étant seulement 59,42.

Le Sohaghieh ne domine rien du tout, sauf lorsque son niveau est relevé par la manœuvre du régulateur de Talihat, jusqu'à ce qu'il atteigne les bassins Kom Badr-Est et Ouest; il peut couvrir d'eau le fond de ces deux bassins ainsi que les deux bassins Omdoumah et inonder les deux grands bassins inférieurs.

Le canal Chattourah n'est d'aucune utilité jusqu'au kilomètre 15,500. A partir de ce point, il commande les terres basses du bassin Est-Omdoumah, le bassin Douer tout entier et la bordure du Nil de Tima à Aboutig.

Dans ces conditions, aussitôt qu'une basse crue est déclarée, c'est-à-dire fin août, les eaux venant du Guirgaouieh sont dirigées de façon à être emmagasinées dans le bassin Samarnah dont les ouvrages régulateurs d'aval sont soigneusement bouchés pour éviter toute perte d'eau ; l'embranchement de Qilfaou reste ouvert pour les besoins des terres qu'il dessert et celui de Beni Hilal est réglé pour les cultures nabari situées le long de son parcours et dans les parties hautes du bassin Banaouit.

Quant au canal de Tahta, on le ferme au passage de la digue du bassin Barnahou et ses eaux sont réparties entre le bassin Enebis et l'embranchement de Qaou. Les ouvertures d'aval du bassin Enebis sont bouchées hermétiquement ; les communications entre ce bassin et le bassin Benaouit restent toutefois ouvertes pour que le surplus de l'eau puisse profiter dans une certaine mesure aux bas-fonds de ce bassin. L'embranchement de Qaou coule de façon à compléter l'inondation de tous les bassins qui en dépendent le long du Nil depuis le bassin Banagah jusqu'au bassin de Tima-Est. Le bassin Madmar reste soigneusement fermé et ne reçoit d'eau du canal de Tahta qu'après la seconde quinzaine de septembre, si possible.

Le canal Sohaghieh coule librement, un cinquième de son débit étant réservé pour les bassins de la chaîne aval. Les bassins Zannar et Beni Smia sont remplis ensemble, le premier restant à 0,50 m. au-dessous de son plein niveau et le second poussé jusqu'à son plein niveau ; ceci permet de maintenir le niveau du Sohaghieh à une hauteur suffisante en face des bassins Kom Badr et Omdoumah pour qu'ils puissent en prendre une certaine quantité d'eau.

Le canal Chattourah coule librement dans les bassins Madmar et Est-Omdoumah et remplit le bassin Douer ; on en détourne une petite quantité d'eau pour le nabari des terres hautes de Douer et Beni Smiat à l'est du chemin de fer, mais ce canal n'est pas mis en communication avec le bassin Beni Smia.

Le 10 octobre, au moment où doit commencer la vidange, la situation sera à peu près la suivante :

Les bassins dépendant du canal Haouati seront à peu près à sec, le bassin Samarnah sera 0,35 m. au-dessous de son plein niveau et contiendra 20 000 000 de mètres cubes d'eau.

Les bassins en bordure du Nil depuis le bassin Beni Hilal jusqu'à Tima seront complètement inondés.

Le bassin Douer sera à peu près plein.

Le bassin Beni Smia sera à 0,25 m. au-dessous de son plein niveau.

Les quatre bassins sur le Sohaghieh (Est et Ouest-Kom Badr, Est et Ouest-Omdoumah) seront remplis aux deux tiers.

Vers la fin de septembre, pour compléter l'inondation du système, on manœuvre le barrage de Talihat de façon à rejeter une partie des eaux du Sohaghieh dans les bassins Benaouit, Enebis, etc.[1].

Étant donnée la répartition des eaux d'inondation qui vient d'être indiquée à la date du 10 octobre, le problème à résoudre consiste à utiliser les eaux ainsi emmagasinées, ainsi que celles qui peuvent venir de la vidange des bassins du système supérieur et du Guirgaouieh, de façon à faire monter chacun des bassins, au moins pour quelques jours, à son plein niveau ou à un niveau approchant. Des instructions très détaillées sont entre les mains des ingénieurs prescrivant les ouvrages à ouvrir et à fermer successivement, les canaux à barrer, les digues à couper, les dates auxquelles toutes ces opérations doivent être faites, ainsi que les ouvrages dont le débit doit être réglé pour l'irrigation des cultures nabari.

Il serait fastidieux d'entrer dans le détail de toutes ces opérations qui s'étendent du 10 au 25 octobre et dont les grandes lignes sont les suivantes :

Le siphon sous le Sohaghieh étant ouvert en plein, on complète tout de suite l'inondation du bassin Samarnah qui passe ensuite par le régulateur dans le bassin Banaouit, puis dans le bassin Enebis pour le compléter ; on donne en même temps la petite quantité d'eau nécessaire pour les bassins qui dépendent de l'embranchement Qilfaou et pour le nabari de ce côté.

On ferme la prise du canal de Tahta qui ne sert plus alors qu'à assurer le mouvement des eaux entre les bassins à vider et ceux à remplir, et à donner l'eau d'irrigation au nabari des terres voisines du Nil, ainsi qu'à maintenir le plein niveau dans la série des petits bassins compris entre le canal Chattourah et le Nil. Les eaux du bassin Enebis sont ensuite déchargées dans le bassin Est-Kom Badr, puis dans le bassin Est-Omdoumah pour en compléter l'inondation ; en même temps les eaux du bassin Enebis s'écoulant par le canal de Tahta se rendent à travers le bassin Madmar,

---

Avant la construction récente du barrage de Talihat, on était obligé, pendant les très faibles crues, de construire un barrage provisoire en travers du Sohaghieh pour inonder les bassins de la région de Tahta et de Tima. Il est intéressant de rappeler en quelques mots comment ce barrage fut construit en 1899 auprès du village de Talihat. La prise du Sohaghieh fut fermée le matin du 19 septembre ; le 20, on commençait le travail ; le 25, c'était fini. Le 24 et le 25, la prise fut graduellement réouverte et le matin du 26, ouverte en plein. 4 000 hommes travaillèrent jour et nuit ; on exécuta 20 000 mètres cubes de terrassement et on employa 16 000 sacs à terre. La longueur du barrage était de 163 mètres et la charge maxima d'eau qu'il eut à supporter fut de 4 mètres. Après que l'inondation des bassins de chaque côté du Sohaghieh fut complète, le barrage fut ouvert le matin du 10 octobre et tout le débit du Sohaghieh alla dans le bassin Beni Smia qui était devenu à peu près à sec. C'est ce travail considérable et toujours aléatoire qu'a supprimé la construction de l'ouvrage régulateur de Talihat.

non encore rempli, dans le bassin Omdoumah-Est. Au même moment, la prise du canal Chattourah est fermée et le lit de ce canal sert à activer le passage des eaux d'un bassin dans l'autre ; par des coupures faites sur sa rive droite et sur la rive droite du canal de Tahta, on augmente leur débit des eaux de vidange des petits bassins bordant le Nil et on les déverse par le bassin Douer dans le bassin Beni Smia. Le bassin Est-Omdoumah étant amené alors dans les environs du plein niveau, ses eaux passeront par le bassin Douer dans le bassin Beni Smia. Il reste encore à compléter l'inondation des deux bassins Ouest-Kom Badr et Ouest-Omdoumah. Pour cela, lorsque les deux bassins Est-Kom Badr et Est-Omdoumah auront été maintenus à leur plein niveau du 16 au 22 octobre, on les déchargera par une large coupure dans le Sohaghieh dont le niveau, ainsi surélevé, permettra de remplir ces deux bassins qu'on videra ensuite dans le Sohaghieh par le déversoir aval du bassin Ouest-Omdoumah.

Du 10 au 20 octobre, le Sohaghieh, avec son débit de vingt millions de mètres cubes par jour, aura suffi pour achever le remplissage du bassin Beni Smia, qui se videra dans le bassin Zannar déjà presque rempli, et le tout s'écoulera par le régulateur d'Assiout dans les bassins situés au nord de cette ville et, si nécessaire, par les déversoirs au Nil situés le long de la digue du Zannar.

Quant aux bassins Araba Idfa situés à l'origine du système sur la rive gauche du Sohaghieh, ils seront remplis par la vidange des bassins situés au sud de Sohag.

Considérons maintenant une crue moyenne de 8,32 m. (15 p. 10 k.) à l'échelle d'Assouan.

Le Guirgaouieh montera plus haut que le sol de tous les premiers bassins de la chaîne. Le canal de Tahta dominera les bassins Beni Hilal et Saouamah, ainsi que la partie inférieure du bassin Muefin et il irriguera toutes les terres au nord de son vingt-huitième kilomètre. Le Sohaghieh ne s'élèvera dans les deux premiers bassins de sa rive gauche et dans le tiers supérieur de Ouest-Kom Badr et Ouest-Omdoumah que lorsqu'il sera gonflé par la fermeture du barrage de Talihat ou par la vidange du Samarnah, du Benaouit et de l'Enebis ou par le remous du Beni Smia rempli à la cote 55,00, soit à son plein niveau. Le canal Chattourah inondera seulement la partie inférieure du bassin Madmar, mais il commandera bien le bassin Est-Omdoumah et toute la bordure du Nil depuis Michta jusqu'à Aboutig, ainsi que le bassin Douer.

Dans ces conditions, les eaux du Guirgaouieh seront distribuées, en tenant compte des surfaces plantées en nabari, dans les bassins desservis par le canal Qilfaou (les eaux de ce canal seront relevées convenablement par le moyen du régulateur de Nag Tamana), et dans les bassins de Samarnah,

Benaouit et Beni Hilal, soit dans tous les bassins qui dépendent de cette source d'alimentation.

Quant au canal de Tahta, il donnera l'eau dans le bassin Saouamah, dans la partie inférieure du bassin Beni Hilal, dans les bassins Banaouit, Enebis et Banagah, ainsi que dans le bassin Madmar après que les eaux du canal Chattourah en auront rempli les parties basses. L'embranchement de Qaou coulera à pleins bords et arrosera les bassins en bordure du Nil jusqu'à Tima.

Le canal Chattourah commencera le remplissage des bassins Madmar et Est-Omdoumah et fera passer de grandes quantités d'eau dans le bassin Douer, le reste de son débit étant distribué sur les terrains en bordure du Nil. Le Sohaghieh, alimenté en grand, remplira rapidement les bassins qui en dépendent. Le canal Haouati débitera sans interruption, le surplus d'eau des deux bassins qu'il alimente revenant au Sohaghieh par le déversoir situé à l'aval du bassin Gharizat.

La vidange des divers groupes du système s'effectuera comme il suit :

1° Le bassin de Gheziret Muelin, par une coupure dans la digue du Nil;

2° Le bassin Araba Idfa, par son déversoir sur le Sohaghieh; le bassin Gharizat, en partie par le même déversoir, la communication entre les deux bassins étant laissée libre, et le reste par une coupure pratiquée dans la digue du Sohaghieh;

3° Les bassins en amont du Samarnah, par le moyen de coupures faites dans les berges du canal Aouled Nuser, dans le Samarnah et de là dans le Benaouit;

4° Le Benaouit et l'Enebis, par des coupures de digues, dans le Sohaghieh, et en grande partie aussi dans le bassin Est-Kom Badr par le régulateur de la digue aval du bassin Enebis; de ce dernier bassin l'eau passera en partie dans le bassin Omdoumah-Est par un régulateur, en partie dans le Sohaghieh par une coupure de digue. L'Omdoumah-Est se videra par le bassin Douer et par le bassin Beni Smia au moyen des régulateurs; l'Omdoumah-Ouest, par son déversoir dans le Sohaghieh, après avoir reçu le produit du Ouest-Kom Badr par une coupure faite dans leur digue séparatrice. Le Beni Smia se déchargera dans le Nil par le grand déversoir d'Aboutig. Enfin le bassin Zannar se déversera aussi dans le Nil par les ouvrages de Selim, Choutb et Motia. De cette façon, toutes les eaux du système Nord-Sohag peuvent être rendues au fleuve sans passer par les bassins du système inférieur.

Tous les petits bassins en bordure du Nil y seront déversés directement par des coupures faites dans la digue longitudinale; toutefois entre Tima et Aboutig, leurs eaux peuvent s'écouler par le bassin Beni Smia au moyen des ponts du chemin de fer.

Toute la vidange peut ainsi s'opérer entre le 10 et 25 octobre.

Barois. — Les irrigations en Égypte.

Il n'y a que peu de points dans ce vaste système pour lesquels il ne soit pas établi de moyens suffisants de régler le niveau et le mouvement des eaux en assurant une bonne circulation d'eau rouge pendant la période comprise entre le remplissage et la vidange ; ce sont les bassins Ouest-Kom Badr, Saouamah, Aouled Nuser, Gheziret Muefin et Gharizat. On est obligé, dans ces bassins, de surveiller soigneusement l'alimentation pour éviter les accidents ; car, une fois que l'eau y est enfermée, on ne peut la retirer qu'au moment de la vidange et il n'est pas possible d'en abaisser le niveau par des manœuvres de régulateurs.

Pendant les fortes crues, le débit du Guirgaouieh peut être réduit à volonté au siphon du Sohaghieh ; celui du canal de Tahta, du Sohaghieh, du canal Haouati, par la manœuvre de leurs ouvrages de tête ; celui du canal Chattourah, par la construction d'un barrage provisoire en pierres. Il n'y a aucune crainte d'être gagné par l'eau, car le déversoir d'Aboutig permet de la retourner sans difficulté au Nil dont le niveau maximum sera à 0,50 m. environ au-dessous du plein niveau du bassin Beni Smia. De même le bassin Zannar pourra toujours écouler ses eaux, car son niveau normal est à 1,30 m. au-dessus du niveau maximum du Nil au droit de ses déversoirs.

Dans la chaîne des bassins Nord-Sohag, le *nabari* est assez irrégulièrement réparti. Il y en a très peu le long des grands bassins d'aval, le Beni Smia et le Zannar, où il n'est guère cultivé qu'entre la digue du Nil et le fleuve, parce que l'inondation doit être maintenue haute dans ces bassins comme conséquence du mouvement général des eaux du système. Au contraire, le *nabari* est beaucoup plus étendu dans la partie sud de la chaîne, notamment entre le Sohaghieh et le canal de Tahta sur les dix premiers kilomètres, au sud du bassin Araba Idfa, entre les deux digues du Sohaghieh jusqu'au bassin Beni Smia, dans l'angle d'amont des bassins Est-Kom Badr et Ouest-Omdoumah qui ne peuvent pas toujours recevoir une bonne inondation, et enfin sur les bords du Nil, notamment en face de Tahta et dans les petits bassins situés entre le canal Chattourah et le Nil. Le nabari est disséminé sur ces petits bassins chaque année à des places différentes et sur des surfaces variables, de façon à faire profiter les terres des bénéfices du limon de l'inondation de temps en temps. Mais les dispositions de l'alimentation du système ne permettent de donner l'eau d'arrosage à toutes ces surfaces nabari, ni de bonne heure avant le remplissage des bassins, ni tard après la vidange.

Les endroits où l'on fait ordinairement du nabari sont indiqués par une teinte verte sur la carte des bassins Nord-Sohag (pl. IV) ; mais, sauf sur les points spécialement réservés pour cette culture et protégés par des digues permanentes qui les séparent des bassins d'inondation, elle ne se pratique pas chaque année sur la totalité des surfaces teintées.

LES BASSINS D'INONDATION DE L'ÉGYPTE AVANT 1903 [1]

a) *Ensemble des bassins*.

Le système de culture par bassins d'inondation s'étend sur les deux rives du Nil, depuis l'extrémité méridionale de l'Égypte jusqu'aux abords du Caire.

Cela ne veut pas dire que cette région soit exclusivement mise en valeur par l'inondation. Mais, à l'exception de la longue bande de terrains desservie par le canal Ibrahimieh dans les provinces d'Assiout, de Minieh et de Benisouef, les terres, aussi bien celles soumises à l'inondation que celles consacrées à l'irrigation, n'y sont desservies que par des canaux prenant l'eau non pas toute l'année, mais seulement lorsque le fleuve en crue atteint un certain niveau correspondant au minimum à une hauteur de 4,32 m. (8 pics) à l'échelle d'Assouan. Donc, dans toute cette région, les terres ne peuvent être cultivées par irrigation que pour des récoltes végétant pendant la période des hautes eaux, à moins que les particuliers ne pourvoient eux-mêmes aux installations et aux dépenses d'élévation d'eau en dehors de cette période de l'année. C'est ce qui se fait, au moyen de pompes à vapeur plus ou moins puissantes, sur certains points des terres hautes bordant le Nil ou sur des îles; c'est ce qui se fait encore dans les terrains bas des bassins, pour les cultures *qedi*, au moyen de puits creusés jusqu'à la nappe souterraine et de machines élévatoires mues par les hommes ou par les animaux.

En un mot, dans toute cette partie de l'Égypte, exception faite pour les terres arrosées par le canal Ibrahimieh, le gouvernement ne fournit l'eau au cultivateur par des canaux que pendant la période des hautes eaux.

Sur la rive gauche, à part quelques parcelles isolées peu importantes, situées au sud de la prise du canal Ramadi, les bassins forment, depuis le kilomètre 893 du Nil jusqu'au kilomètre 8 de la branche de Rosette, une chaîne continue dont chaque série peut prêter son aide à la série suivante tant pour l'alimentation que pour la vidange, ainsi qu'il a été montré dans les exemples précédents.

Du kilomètre 893 au kilomètre 350 du Nil, les chaînes de bassins de la rive gauche se présentent dans les mêmes conditions générales que la grande chaîne qui a été décrite ci-dessus pages 89 et suivantes.

[1] La superficie de l'ensemble des bassins est actuellement diminuée de 190 000 hectares par la suppression de la plus grande partie des bassins de la Moyenne Égypte convertis en terres d'irrigation. Il a néanmoins paru intéressant de rappeler comment, avant cette transformation, s'enchaînaient du sud au nord les mesures prises pour le remplissage et la vidange des bassins, alors que, sur près de 900 kilomètres de longueur, c'était presque exclusivement par l'inondation que le Nil apportait la fertilité à l'Égypte.

Au nord du kilomètre 350 du Nil, depuis Dérout (province d'Assiout) jusqu'à Kocheicha (province de Benisouef), sur plus de 200 kilomètres de longueur, les bassins présentent cette particularité qu'ils sont isolés du fleuve par une bande longitudinale continue de 5 kilomètres de largeur moyenne, soumise au régime de l'irrigation et recevant des eaux d'arrosage du canal Ibrahimieh (voir pl. V). Cette série de bassins est alimentée par le canal Ibrahimieh, par le Bahr Yousef, par des dérivations du canal Ibrahimieh et par des canaux de prise directe au Nil traversant en siphon le canal Ibrahimieh. La vidange se fait par le grand déversoir de Kocheicha (kil. 117 du Nil).

Depuis Kocheicha jusqu'à la pointe du Delta, dans la province de Ghizeh, les bassins couvrent toute la largeur de la vallée, sauf les parties réservées, le long du Nil, aux cultures *nabari*; mais ils sont dans des conditions peu favorables au point de vue de la qualité des eaux de remplissage et aussi à cause des dates tardives d'alimentation et de vidange. Leur régime dépend en effet presque entièrement du mouvement des eaux dans la chaîne supérieure.

Toutes ces chaînes de bassins de la rive gauche couvrent une superficie totale de 520 000 hectares.

Si l'on passe à la rive droite du Nil, on trouve que les bassins n'y forment pas un grand système continu comme sur la rive gauche, par suite des promontoires désertiques qui s'avancent de distance en distance jusqu'aux bords mêmes du fleuve. En dehors de petites séries, souvent très peu étendues et qui, étant isolées les unes des autres, sont soumises aux chances annuelles de l'alimentation directe par le Nil, il y existe cependant trois chaînes continues : l'une qui s'étend du kilomètre 825 au kilomètre 570 du Nil, soit sur 255 kilomètres; l'autre du kilomètre 495 au kilomètre 390, soit sur 105 kilomètres, et enfin la dernière, du kilomètre 115 jusqu'au Caire, soit sur 90 kilomètres.

La première chaîne comprend 57 000 hectares, la seconde 40 000 hectares et la troisième 18 900. Les deux premières ne sont d'ailleurs dites continues que parce que l'eau peut y être transmise d'un bout à l'autre au moyen de canaux d'alimentation qui chevauchent les uns sur les autres par des siphons ; mais ces canaux traversent en plusieurs endroits des promontoires de terres incultes. Les premiers bassins de ces diverses chaînes et notamment de la dernière se trouvent dans des conditions défavorables pour l'inondation pendant les crues faibles, parce que la prise du canal d'alimentation est trop rapprochée des terres à inonder par suite de la présence d'escarpements infranchissables qui empêchent de la reporter assez loin en amont.

b) *Alimentation et vidange de l'ensemble des bassins.*

La surface totale des terres inondées pendant la crue, d'Assouan au Caire, tout le long de la vallée du Nil, peut être évaluée en chiffres ronds à 630 000 hectares au maximum, dont 520 000 sur la rive gauche et 110 000 sur la rive droite.

Sur les bases admises dans le chapitre précédent pour calculer le débit des canaux qui alimentent les bassins, on leur fournit pendant quarante jours, en crue moyenne, un débit moyen de 2 300 mètres cubes par seconde, soit 200 000 000 de mètres cubes par jour ; c'est à peu près le débit moyen du Nil en décembre et le quart du débit d'une crue moyenne au mois de septembre. En quarante jours, on emmagasine donc un volume total de 8 milliards de mètres cubes sur les deux rives du Nil, soit une profondeur de 1,30 m. par hectare inondé, et cette énorme masse d'eau est rendue au fleuve dans le courant du mois d'octobre. C'est à peu près un douzième du débit total du Nil dans une année moyenne qui se trouve ainsi détourné du lit du fleuve pour submerger la vallée, sur les deux rives, du mois d'août au mois d'octobre.

Les principales prises d'eau par lesquelles le Nil fournit aux bassins leur eau d'inondation sont échelonnées à droite et à gauche suivant les indications du tableau ci-dessous.

Liste des principales prises d'eau sur le Nil pour l'alimentation des bassins de la Haute Égypte.

RIVE GAUCHE			RIVE DROITE		
Emplacement en kil. du Nil à partir de la pointe du Delta.	Noms des canaux.	Largeur au plafond.	Emplacement en kil. du Nil à partir de la pointe du Delta.	Noms des canaux.	Largeur au plafond.
kil.		m.	kil.		m
893	Ramadi	20	825	Killabieh	10
810	Oum Addas	7	794	Mahallah	7
807	Asfoun	12			
759	Fadilieh	11	764	Bayadieh	15
723	Toukh-Der	12	735	Chanourieh	16
668	Rannan	17			
629	Damranieh	16	720	Chekieh	6
628	Rachouanieh	19	686	Ghilazi	15
595	Kasrah	21			
594	Zarzourieh	17	684	Samatah	10
571	Guirgaouieh	18	643	Taref	10
528	Sohaghieh	80			
528	Haouati	7	619	Haouès	13
527	Tahta	15	557	Lahéwah	10
488	Chattourah	35	541	Isaouieh	14
423	Ibrahimieh	50			
411	Beni-Hussein	6	485	Kisndarieh	18
234	Etsa	10			
247	Abou-Bakarah	20	435	Maanna	15
180	Sultani	25	427	Aly Bey	8
165	Ninah	6			
157	Bahabchine	18	405	Maabdah	5
135	Magnounah	6	115	Kachab	10
101	Girzeh	25			
93	Ghizeh	25			

D'autre part, l'eau introduite sur les terres des bassins par les prises de tous ces canaux est renvoyée dans le Nil par un certain nombre de déversoirs dont les principaux sont indiqués dans la liste ci-dessous et également par des coupures faites dans certaines digues et réparées chaque année.

Liste des principaux déversoirs au Nil pour la vidange des bassins de la Haute Égypte.

RIVE GAUCHE				RIVE DROITE			
Emplacement en kil. du Nil à partir de la pointe du Delta.	Désignation.	Nombre des arches.	Ouverture des arches.	Emplacement en kil. du Nil à partir de la pointe du Delta.	Désignation.	Nombre des arches.	Ouverture des arches.
kil.			m.	kil.			m.
853	Kilh	4	2,50	801	Mataanah	4	2,50
825	Diqqerah	2	2,35				
807	Nazirich			770	Salamich	2	3
789	Gebelein	3	2,27				
755	Farhanah	2	3	747	Naga-Hatab	2	2
734	Darafiq	2	2,54	712	Ahchi	4	2,75
707	Ballas	1	2				
696	Taramsah	2	2,30	697	Khirbah	2	2,30
637	Haou	3	3				
595	Abou Chouchah	7	3	692	Gebelaoui	5	3
540	Gheziret Muntazar	1	3				
528	Sohag	12	3	646	Hamad	5	3
476	Tima	1	3	626	Hichah		
449	Aboutig	15	3				
442	Motia	2	3	570	Aouled-Yahiah	2	2,50
431	Choutb	3	3				
430	Selim	3	3	500	Galaouich	3	3
390	Beni-Hussein	2	3				
358	Masarah	2	3	480	Zaou	1	2
349	Dérout	5	3	449	Matmar	5	3
117	Kocheïcha	60	3				
104	Atouah	6	3	442	Abou-Zabibah	3	2,30
93	Agouz	9	3				
40	Abou-Noumros	2	3	408	Mazah-Abnoub	5	2
8 kil. en aval de la pointe du Delta.	Iswid	Coupure dans les berges du rayah de Béhéra.		390	Maabdah	5	3

Un décret khédivial de 1894 a fixé la date d'ouverture des canaux des bassins au 10 août. Le besoin s'était fait sentir de cette réglementation, d'une part parce que les ingénieurs, pour faire profiter les terres à submerger de l'eau rouge, avaient une tendance à hâter le remplissage des bassins et, d'autre part, parce que les propriétaires de terrains cultivés en qedi étaient souvent désireux de retarder l'arrivée de l'eau pour pouvoir faire à loisir la rentrée de ces récoltes.

Il faut ajouter, d'ailleurs, que la date ainsi fixée n'a jamais été considérée que comme approximative et que le service des irrigations a toujours conservé, en fait, une certaine latitude d'appréciation pour déterminer l'époque de l'entrée de l'eau dans chaque bassin, suivant la situation et l'étendue des récoltes qedi à sauvegarder.

On peut dire, d'une façon générale, que les bassins sont ouverts du 5 au 15 août, qu'ils sont complètement remplis du 20 septembre au 5 octobre, que la vidange commence vers le 5 octobre et est finie le 31 octobre.

Mais ces règles comportent en pratique des exceptions assez nombreuses pour les bassins qui se trouvent dans des conditions spécialement difficiles d'alimentation et de vidange ; pour ceux, par exemple, qui ne peuvent être remplis, en raison de leur situation, qu'au moment même où commence la vidange des autres bassins et avec l'eau qui en provient. Citons notamment, comme rentrant dans cette catégorie, les bassins de la province de Ghizeh, sur la rive gauche du Nil, qui reçoivent la plus grande partie de leur eau des chaînes supérieures ; le remplissage n'y est complété que dans le courant d'octobre et la vidange ne s'achève guère que dans la seconde moitié de novembre.

Pour préciser les conditions du mouvement des eaux d'inondation dans les bassins, prenons l'année 1898 qui fut une année de bonne crue, un peu lente à descendre.

Dans les provinces de Minieh et de Benisouef, tous les canaux d'alimentation furent ouverts le 10 août.

A cette date du 10 août, la cote du Nil, à l'échelle d'Assouan, était de 8,53 m. (15 p., 19 k.) et depuis le commencement du mois, elle avait varié comme il suit :

	m.	p. k.		m.	p. k.
1ᵉʳ août...	3,91	7, 6	6 août...	6,97	12,22
2 — ...	4,09	7,14	7 — ...	7,40	13,17
3 — ...	4,50	8, 8	8 — ...	7,67	14, 5
4 — ...	5,08	9,10	9 — ...	8,17	15, 3
5 — ...	6,01	11, 3	10 — ...	8,53	15,19

Le Nil avait donc déjà dépassé à Assouan, le 4 août, les cotes de 4,32 m. et 4,86 m. qui correspondent à celles des plafonds de tous les grands canaux d'alimentation des bassins.

Dans la province d'Assiout, un tiers des bassins fut ouvert le 10 août et le reste entre le 10 et le 15 août, à l'exception de deux bassins situés sur la rive gauche du Bahr Yousef (bassins Touna et Abou-Khaleb) qui ne furent ouverts que le 20 août à cause de la présence des récoltes qedi.

Dans les provinces situées au sud d'Assiout, les bassins furent ouverts à des dates variant du 10 au 18 août.

Les canaux de la province de Ghizeh furent ouverts aux mêmes dates.

Dans tous les systèmes, les déversoirs furent ouverts aux mêmes dates que les canaux d'alimentation pour donner de l'eau limoneuse à contre-pente dans les bassins qu'ils devaient décharger plus tard ; les déversoirs furent fermés aussitôt que par l'effet des autres moyens de remplissage les bassins eurent atteint un niveau supérieur à celui du Nil. Ainsi le déversoir d'Aboutig fut fermé le 18 août, ceux de Choutb et de Selim le 13 août, celui de Motia, qui donne dans un petit bassin élevé, le 24 septembre ; le déversoir de Kocheicha, le 13 août. La répartition des eaux entre les différents bassins d'un même système et entre les différents systèmes de bassins commença du 15 au 31 août par la manœuvre des ouvrages régulateurs qui permettent le passage de l'excès d'eau d'un bassin dans l'autre ou d'un système dans le suivant, et aussi par la manœuvre des appareils de fermeture des déversoirs au Nil, de façon à éviter que certains bassins ne s'élèvent au-dessus de leur plein niveau et que d'autres, au contraire, ne restent trop bas. Le très important régulateur du Sohaghieh à Assiout, qui commande le passage de l'eau dans les premiers bassins situés au nord de cette ville, commença à être réglé le 3 septembre. Plus au nord, le régulateur de Komi qui commande le passage des eaux du Kocheicha dans les bassins de Ghizeh était resté grand ouvert tant que le déversoir de Kocheicha était lui-même ouvert, afin que les bassins d'aval pussent profiter de cette alimentation directe d'eau limoneuse, puis le 13 août, il fut fermé en même temps que le déversoir ; le 24 août, il fut de nouveau ouvert pour passer l'excédent d'eau du Kocheicha dans les bassins de Ghizeh.

A part quelques exceptions, l'achèvement du remplissage complet de tous les bassins, depuis ceux de la province de Benisouef jusqu'à la limite méridionale de l'Égypte, fut opéré du 20 septembre au 26 septembre ; quelques-uns seulement ne furent pleins qu'après le 26 septembre à des dates variant jusqu'au 10 octobre.

La vidange, dans les bassins des provinces d'Esneh et de Keneh, commença le 1er octobre et fut terminée dans presque tous les bassins entre le 20 et le 25 octobre ; dans la province de Ghizeh, elle commença du 1er au 5 octobre et fut terminée à la fin du mois ; dans le sud de la province d'Assiout (système Nord-Sohag), elle commença du 3 au 8 octobre et fut terminée le 10 novembre. Le déversoir de Kocheicha fut ouvert le 15 octobre. La vidange fut achevée pour la province d'Assiout dans les premiers jours de novembre, pour la province de Minich entre le 10 et le 15 novembre, pour la province de Benisouef le 30 novembre et plus tard dans la province de Ghizeh. Le Nil était resté haut assez longtemps, de sorte que, lorsqu'on ouvrit le déversoir de Kocheicha, il n'y avait que 0,28 m. de différence de niveau entre l'eau du bassin et celle du Nil.

Pendant la très mauvaise crue de 1899, les conditions du remplissage et de la vidange furent beaucoup plus difficiles.

Malgré les arrangements pris pour la meilleure utilisation des eaux détournées du Nil, plusieurs des systèmes de la région du sud, qui ne sont pas dans des conditions faciles d'alimentation en très basse crue, reçurent trop peu d'eau et 60 000 hectares y restèrent à sec.

Dans la province de Guirgueh, les bassins-réservoirs furent bien remplis et leur eau fut utilisée au moment de la vidange pour les autres bassins, mais elle n'y séjourna que peu de temps ; il y eut toutefois des terres non arrosées tant sur la rive droite que sur la rive gauche, dans les parties hautes des systèmes, soit environ 22 000 hectares.

Dans les provinces d'Assiout, de Minieh et de Benisouef, sauf quelques exceptions peu importantes, aucun bassin ne put être complètement rempli que pendant la période de vidange.

Il est certainement remarquable que, pendant cette période de vidange, par suite des arrangements des bassins et de la réglementation adoptée pour le mouvement des eaux, l'eau du canal Sohaghieh, qui a sa prise à 528 kilomètres au sud du Delta, a pu être passée de bassin en bassin et de système en système en dehors du lit du Nil jusqu'à la branche de Rosette, à 30 kilomètres au nord du Caire.

c) Action du remplissage et de la vidange des bassins sur les niveaux du Nil.

On évalue à 200 000 000 de mètres cubes par jour, soit 2 300 mètres cubes par seconde, l'eau qui est prise au Nil pour l'alimentation des bassins pendant une crue moyenne et durant une période de quarante jours entre le 15 août et le 25 septembre. Or, le Nil débite à ce moment-là, à Assouan, en moyenne, 700 000 000 de mètres cubes par jour, soit 8 000 mètres cubes par seconde. C'est donc les deux septièmes du débit qui sont ainsi détournés du fleuve.

M. Willcocks a calculé que, du Caire à la pointe du Delta, les sections moyennes du lit du fleuve aux différentes hauteurs, en prenant comme zéro la cote moyenne des étiages, sont les suivantes :

Au-dessous de 0 mètre	. 1 402 m²		Au-dessous de 8 mètres.		8 346 m²
— 6	— . 5 414 —		—	8,50 —	. 9 258 —
— 7	— . 6 628 —		—	9 —	. 10 184 —

La hauteur de crue du Nil pendant la période du remplissage des bassins est d'environ 8 mètres en moyenne, et la différence de section du Nil est au Caire, entre 7 et 8 mètres, d'après les chiffres ci-dessus, de 1 718 mètres carrés. Si l'on prend comme vitesse moyenne de l'eau 1,50 m., on voit qu'une diminution de débit au Caire de 2 300 mètres par seconde correspondra à une réduction de section de 1 500 mètres carrés, ce qui représentera un abaissement de 0,80 m. en chiffres ronds et en négligeant les phénomènes accessoires d'absorption et d'évaporation le long du parcours du fleuve. Ce n'est là d'ailleurs qu'une approximation, mais elle suffit pour donner une idée de l'importance du phénomène qui varie naturellement chaque année avec le niveau des crues.

Lorsque les eaux des bassins sont restituées au Nil, dans le courant du mois d'octobre, un effet inverse se manifeste sous la forme d'un gonflement artificiel du fleuve. Comme la crue à cette époque est généralement encore très haute, il est nécessaire de diriger la vidange des bassins de façon à ne modifier le régime du Nil en aval que d'une façon ou avantageuse ou non dangereuse, suivant les cas, pour les cultures irriguées du Delta.

Ainsi, dans les faibles crues, on cherchera à vider les bassins de telle sorte que le plus grand volume d'eau possible arrive à la fois à la pointe du Delta et y produise un niveau plus élevé que celui que la crue naturelle aurait donné.

Dans les fortes crues, au contraire, on retardera la période de la vidange pour que les eaux des bassins ne parviennent au Delta qu'après que la crue naturelle aura commencé à baisser, ou on l'allongera pour que le gonflement que ces eaux produisent ne donne pas au fleuve un niveau plus élevé que celui de la crue naturelle, si celle-ci a déjà inspiré des craintes pour la sécurité des digues et des ouvrages d'art.

Avec les grands déversoirs qui ont été construits il y a quelques années pour remplacer les anciennes coupures de digues au moyen desquelles on déchargeait les bassins dans le Nil, les ingénieurs ont entre les mains des moyens puissants pour régler l'allure de cette onde, et ils savent la manœuvrer de façon à obtenir le meilleur résultat qu'on puisse en tirer pour le bénéfice des terres d'aval.

En 1899, année de crue anormalement basse, l'effet de la vidange des bassins fut seulement d'arrêter pendant quelques jours la baisse des eaux.

En 1898, année de crue élevée, comme la cote au Caire était encore très haute le 1er octobre, soit 18,60 m. (23 p., 4 k.), on s'arrangea pour que la décharge des bassins du sud y parvînt avant celle des bassins Assiout-Kocheicha. La vidange en fut commencée partout du 1er au 5 octobre et terminée le 30 octobre. L'onde maxima à Assiout fut de 0,72 m. entre le 11 et le 14 octobre; elle arriva au Caire le 18 octobre. L'ouverture des portes du déversoir de Kocheicha fut faite lentement du 14 au 18 octobre. L'altitude la plus haute de la crue naturelle au Caire avait été de 19,73 m. (23 p., 10 k.) du 14 au 17 septembre. Le Nil s'éleva à l'altitude de 19,98 m. (23 p., 21 k.) du 17 au 20 octobre par l'effet de l'onde de vidange; on avait cherché à obtenir 19,78 m. (23 p., 12 k.). On avait ainsi réussi à ne dépasser que de 0,60 m. au Caire le niveau qu'aurait eu le fleuve à ce moment-là en tenant compte de la décrue.

En 1897, année de crue pauvre et tardive, l'onde des bassins du sud atteignit le déversoir de Kocheicha le 20 octobre, date à laquelle on l'ouvrit. On avait voulu réunir ensemble toutes les eaux de vidange parce que la cote maxima du Nil au Caire, cote atteinte le 26 septembre, n'avait été que de 18,40 m. (19 p., 21 k.), que le fleuve s'était rapidement abaissé depuis et qu'on trouvait utile d'atteindre une cote de 19,51 m. (23 p.) au Caire pour améliorer la situation de la Basse Égypte. On obtint pendant plusieurs jours 19,04 m. (22 p., 6 k.). Le niveau fut ainsi relevé de 1,20 m.

En 1895, on avait calculé la décharge de façon à obtenir au Caire une cote maxima de 19,51 m. (23 p.) ; on atteignit 19,49 m. (22 p., 23 k.).

En 1893, on s'efforça de produire un effet aussi grand que possible et on arriva à ce résultat que 1,08 m. de baisse à Assouan du 9 au 22 octobre se transforma en une hausse de 0,92 m. au Caire entre les dates correspondantes, soit du 14 au 27 octobre. L'action totale sur le Nil, au Caire, fut une surélévation de 2 mètres du niveau des eaux.

Ces quelques exemples montrent comment, certaines années, on utilise l'onde de vidange et comment, dans d'autres années, on corrige les inconvénients qu'elle pourrait produire.

d) *Entretien des digues et des canaux.*

Sur les 870 000 hectares que comprend la surface cultivée de la Haute Égypte, d'Assouan au Caire, non compris la province du Fayoum, 700 000 hectares sont sur la rive gauche de la vallée et 170 000 hectares sur la rive droite. Sur cette surface totale, il y a environ 750 000 hectares [1] qui sont desservis par des canaux ne recevant l'eau que pendant la période des hautes eaux, appelés *canaux nili*. Dans quelques endroits, ces canaux sont alimentés pendant les basses eaux par des pompes.

Ces 750 000 hectares cultivés au moyen de canaux *nili* se divisent en deux parties : 615 000 hectares forment les bassins proprement dits, et 135 000 hectares sont destinés régulièrement aux cultures nabari et sur quelques points à des cultures d'irrigation permanente à l'aide de machines élévatoires. Les surfaces cultivées par inondation ou en nabari sont d'ailleurs variables d'une année à l'autre dans une certaine mesure.

Enfin, un peu plus de 120 000 hectares, dans la région du canal Ibrahimieh, sont arrosés par des canaux qui reçoivent l'eau du Nil toute l'année par gravitation.

Ainsi, la surface de la Haute et de la Moyenne Égypte, non compris le Fayoum, se répartit comme il suit :

---

[1] Depuis 1903, cette surface a été notablement réduite par suite de travaux destinés à l'extension des cultures par irrigation ; lorsque ces travaux seront terminés, la culture par bassins d'inondation couvrira seulement 560 000 hectares.

Bassins	615 000 hectares.
Cultures nabari ou cultures permanentes au moyen de pompes.	135 000 —
Arrosage permanent	120 000 —
Total	870 000 hectares.

Nous ne considérons actuellement que les 750 000 hectares aménagés en bassins ou cultivés en nabari. L'énorme volume d'eau limoneuse qui est amené sur ces terres pendant la crue par les canaux, qui est distribué par les nombreux ouvrages d'art et qui est emmagasiné pendant plusieurs semaines entre les digues des bassins, ne peut produire ses bons effets avec sécurité qu'autant que canaux, ouvrages d'art et digues sont dans un état convenable d'entretien au moment de la montée du Nil.

L'entretien des ouvrages en maçonnerie est relativement peu coûteux ; quelques réfections de radiers et d'appareils de manœuvre, des enrochements, tout cela ne coûte guère plus de 500 000 francs par an pour tout l'ensemble.

Mais il n'en est pas de même des ouvrages en terre : digues et canaux. Les digues sont plus ou moins dégradées chaque année par les tassements qui se produisent sous la pression des eaux, par le clapotis des vagues que soulève le vent ou par les courants. D'autre part, des dépôts se font dans les canaux, surtout vers leur origine, et en réduisent le profil, sans compter les éboulements des berges qui créent des sinuosités peu favorables au maintien du débit nécessaire.

En outre, pendant la crue, on a assez souvent à établir des barrages temporaires pour diminuer ou arrêter la dépense d'eau d'un canal, ou pour en relever le niveau ; on est aussi obligé de pratiquer des coupures dans les digues pour activer le mouvement des eaux pendant le remplissage ou pendant la vidange ; les barrages doivent disparaître après la crue et les digues doivent être rétablies sur l'emplacement des coupures.

Le fonctionnement des bassins exige donc chaque année des terrassements importants. Les travaux qui doivent être exécutés pendant l'inondation même des bassins sont en général faits par des hommes de corvée réquisitionnés dans les villages. Mais ceux qui sont exécutés pendant la période des basses eaux, quand les bassins ou les canaux sont à sec, sont ordinairement confiés à des entrepreneurs, et ce sont de beaucoup les plus considérables. D'après les chiffres officiels des années 1898, 1899 et 1900 se rapportant aux provinces de la Haute et de la Moyenne Égypte, non compris la province de Ghizeh, c'est-à-dire à une surface cultivée en bassins et en nabari de 675 000 hectares, le cube moyen annuel de ces terrassements s'élève à 7 103 890 mètres cubes, soit à 10,62 m^3 par hectare. Au prix moyen de 32 centimes un quart par mètre cube, la dépense totale annuelle est de 2 146 100 francs, soit 3,42 fr. par hectare.

En 1887, on comptait 25,78 m³ et 9 francs par hectare. On voit par là le progrès considérable qui a été réalisé en une dizaine d'années, progrès qui correspond à une économie annuelle de 3 700 000 francs sur l'ensemble des terrassements. Pour obtenir ce résultat, on a dépensé plus de 20 000 000 de francs en construction d'ouvrages d'art, en travaux de creusement et de redressement de canaux, de renforcement de digues, etc., qui ont contribué, d'autre part, à assurer une alimentation d'eau plus complète et plus indépendante des variations des crues, à maintenir une fertilité plus régulière du sol et par suite à développer la richesse du pays. Une meilleure entente et une réglementation mieux surveillée et plus scientifique du mouvement des eaux dans les canaux ont diminué en outre les envasements; le profil des digues a été rendu plus uniforme et plus stable, et enfin la création de nombreux ouvrages régulateurs et de déversoirs a rendu inutiles, en beaucoup de points, les coupures pratiquées autrefois chaque année dans les digues et remblayées ensuite à grands frais.

Les 7 103 890 mètres cubes de terrassements d'entretien indiqués plus haut se répartissent comme il suit :

NATURE DES TRAVAUX	CUBES des terrassements.	PROPORTION de chaque nature de travaux.
Réparation des digues	3 023 005 m³	42,4 p. 100
Curage des canaux	3 841 096 —	54,0 —
Réparation de coupures dans les digues.	202 970 —	2,8 —
Barrages provisoires en travers des canaux et des ouvrages d'art	36 819 —	0,8 —
Totaux	7 103 890 m³	100,0 —

Ces proportions varient suivant les conditions de chaque région, bien que le cube et la dépense par hectare soient à peu près uniformes pour toutes les provinces.

Ainsi, dans les provinces de Guirgueh et de Kench, qui sont exclusivement aménagées en bassins, la proportion des terrassements pour les digues est de 24,9 p. 100, tandis que les curages des canaux s'élèvent à 73,1 p. 100. Au contraire, dans la province de Minieh, où le système des digues est très développé et où le réseau des canaux est très restreint, puisque l'alimentation se fait presque exclusivement par le Bahr Yousef qui est toujours en eau, les terrassements des digues entrent dans le total pour 85,2 p. 100 et le curage des canaux pour 5,1 p. 100 seulement ; mais, d'autre part, les terrassements pour les coupures de digues s'élèvent à 9,7 p. 100.

C'est dans la province la plus méridionale, celle de Nubie, que la dépense est la plus élevée ; elle monte à 4,60 fr. par hectare, représentant un volume de terrassements de 14,26 m³. Cela tient à ce que cette province, qui n'a que 32 000 hectares cultivés et dans laquelle la vallée est généralement très étroite, a un développement de canaux relativement très grand par rapport à la surface des bassins.

En dehors de ces travaux réguliers d'entretien, le fonctionnement des bassins, pendant la crue même, exige la présence de nombreux ouvriers dont la mission est de surveiller les digues, de les protéger contre les affouillements, de réparer les brèches qui peuvent se produire, de manœuvrer les appareils de fermeture des ouvrages, de faire les barrages provisoires en travers des canaux et les coupures dans les digues. Les hommes chargés de ces travaux sont des paysans réquisitionnés dans les villages en corvée gratuite suivant les lois et usages du pays dont nous parlerons plus tard [1].

Quoique cette corvée ait été restreinte autant que possible dans ces dernières années, elle n'en constitue pas moins une certaine charge pour la population ; il est vrai qu'à cette époque de l'année le paysan n'a rien à faire en dehors de la distribution de l'eau d'arrosage à ses cultures nabari.

En 1900, pour les 675 000 hectares des provinces de la Haute et de la Moyenne Égypte, non compris le Fayoum et Ghizeh, cette corvée a représenté un total de 26 768 hommes, restés en moyenne 42 jours en dehors de leurs villages ; c'est donc un total de 1 141 233 journées, qui, à 1 franc en moyenne par jour, donne une dépense totale de 1 141 233 francs, soit 1,70 fr. par hectare.

En 1899, année de très faible crue, les digues et les canaux réclamaient naturellement moins de surveillance ; les travaux de la corvée occupèrent seulement 16 433 hommes pendant 39 jours en moyenne, soit en tout 615 927 journées.

Afin de donner une idée de la répartition des hommes de corvée, prenons comme exemple la province de Guirgueh qui comprend 139 700 hectares, pendant l'année 1900.

Pour surveiller 231 kilomètres de digues du Nil, on a pris 888 hommes pendant 35 jours, à raison de 4 hommes par kilomètre de digue, et, pour 290 kilomètres de digues des bassins, 1 972 hommes pendant 47 jours, à raison de 7 hommes par kilomètre. Les digues des canaux, sur 534 kilomètres de longueur, ont exigé 2 228 hommes pendant 51 jours, soit 4 hommes par kilomètre. Pour 201 ouvrages d'art, 551 hommes ont été réquisitionnés pendant 63 jours, à raison de 3 hommes en moyenne par ouvrage. On a en outre maintenu 70 hommes en réserve dans des postes déterminés, pour parer aux besoins urgents, pendant 42 jours. En tout, on

---

[1] Voir chap. XIV.

a ainsi employé 5 709 hommes pendant une moyenne de 48 jours, représentant 274 032 journées, soit à peu près 2 journées par hectare.

Le nombre des jours de travail des hommes de corvée varie chaque année suivant l'intensité et la durée de la crue ; il peut s'élever à 2,5 j. par hectare et descendre à 0,5 j.

Pendant une crue faible ou courte, les digues sont, en effet, en général moins menacées, sauf en certains points des bassins qui servent de réservoirs d'emmagasinement et où la charge est parfois très forte ; il y a donc dans ce cas moins de longueur de digues à surveiller que pendant une crue haute et longue, où les gardiens doivent être répartis sur presque toute la longueur des digues et la corvée dure plus longtemps. Par compensation, dans les années de faible crue, il y a des dépenses supplémentaires à prévoir pour établissement de barrages dans les canaux, construction de dérivations et de digues provisoires, coupures dans les digues, étanchement plus complet de certains ouvrages régulateurs et de déversoirs, surveillance plus stricte du mouvement des eaux. Dans l'année 1899, ces dépenses se sont élevées à plus de 300 000 francs.

SITUATION ACTUELLE DES BASSINS D'INONDATION

En 1903, un fait capital s'est produit dans l'histoire agricole de l'Égypte : c'est la mise en service du réservoir d'Assouan. Emmagasinant près d'un milliard de mètres cubes d'eau pendant la crue, ce réservoir a permis d'augmenter le débit du Nil en Égypte pendant l'étiage. Comme conséquence, on a pu entreprendre la conversion de 190 000 hectares de bassins d'inondation, dans la Moyenne Égypte, en terrains aménagés pour recevoir les bienfaits d'une irrigation permanente. Cette opération est terminée dans les provinces d'Assiout, de Minieh et de Benisouef ; elle est presque achevée dans la province de Ghizeh.

La situation générale des bassins d'inondation en Égypte est donc actuellement la suivante :

Les bassins d'inondation règnent, comme par le passé, sur les deux rives du Nil, depuis la limite sud de l'Égypte jusqu'à Dérout (km. 350 du Nil).

En aval de ce dernier point, sur la rive gauche (voir pl. VII), il ne subsiste plus qu'une bande étroite de bassins d'une surface totale de 96 000 hectares, longeant le désert lybique et bornée à l'est par le cours du Bahr Yousef dans les provinces d'Assiout, de Minieh et de Benisouef, et par les bas-fonds qui forment le canal Lebani, dans la province de Ghizeh. Tout le reste de la vallée est affecté à la culture par irrigation. 170 000 hectares de bassins ont ainsi disparu sur la rive gauche du Nil. Sur la rive droite, les anciens bassins sont conservés, sauf sur les 90 derniers kilomètres en amont du Caire, où, sur 20 000 hectares environ, la culture par irrigation au moyen de pompes à vapeur remplace maintenant le régime de l'inondation.

La superficie des bassins d'inondation de l'Égypte a ainsi, dans ces dernières années, été réduite de 750 000 hectares à 560 000 hectares, dont 420 000 sur la rive gauche et 140 000 sur la rive droite.

L'alimentation et la vidange des bassins situés au sud d'Assiout se font comme par le passé.

La série des bassins situés sur la rive gauche du canal Ibrahimieh et du Bahr Yousef entre Assiout (km. 423) et Kocheicha (km. 117) reçoit son eau de la chaîne supérieure Nord-Sohaghieh[1], du canal Ibrahimieh, par une prise directe à Dérout, et du Bahr Yousef lui-même[2]. La vidange s'écoule par le Bahr Yousef, en sort par le déversoir d'Abou Bakr (25 arches de 3 mètres), situé à el Lahoun, et aboutit au Nil par le déversoir de Kocheicha dont le chenal, d'une largeur de 300 mètres environ, coupe de part en part la zone irriguée qui s'étend entre le Bahr Yousef et le Nil.

Une petite chaîne de bassins qui existe entre le canal Ibrahimieh et le Nil sur 60 kilomètres environ de longueur, d'Assiout à Dérout, est alimentée principalement par l'extrémité du canal Sohaghieh qui franchit le canal Ibrahimieh par le siphon de Waladieh (voir pl. V). Ces bassins se vident directement dans le Nil.

Au nord de Kocheicha, la chaîne de bassins qui subsiste dans la province de Ghizeh prend son eau de remplissage par le canal nili de Agouz (voir pl. VII) qui s'échappe du Bahr Yousef à el Lahoun, à l'entrée du Fayoum, par le chenal du déversoir de Kocheicha et aussi par une prise nili faite un peu en aval, à Rekka (voir pl. V). Elle se vide dans la branche de Rosette au travers du canal ou rayah de Béhéra à Nikla, point situé à 6 kilomètres en aval du barrage du Delta.

En même temps qu'il réduisait la superficie des bassins de la Moyenne Égypte, le gouvernement poursuivait la construction sur le Nil de deux barrages ayant pour but de rendre l'alimentation de presque tous les bassins conservés dans la Haute et la Moyenne Égypte à peu près indépendante du niveau des crues et de donner ainsi une grande sécurité pour leur remplissage.

L'un de ces ouvrages, achevé en 1903, est le barrage d'Assiout (km. 423 [3]).

[1] Voir page 89.
[2] Voir chap. VIII, le régime du canal Ibrahimieh et du Bahr Yousef au point de vue de l'alimentation des bassins.
[3] Voir au chap. VIII, le fonctionnement du barrage d'Assiout et au chap. XIII, la description des barrages d'Assiout et d'Esneh.

Il est surtout destiné à créer une retenue permettant, en tout état du fleuve, de faire débiter au canal Ibrahimieh assez d'eau pour l'arrosage de toutes les terres irrigables de la Moyenne Égypte et du Fayoum. Mais il a aussi pour objet, en cas de crue faible ou tardive, de produire sur le fleuve, quelle que soit la hauteur de la crue, un niveau artificiel favorable à l'inondation des deux chaînes de bassins situées en aval, celle de la rive gauche, longeant le désert lybique jusqu'au Delta (voir pl. VII) et celle de la rive droite qui a 105 kilomètres de longueur.

Le second ouvrage, le barrage d'Esneh (km. 809), terminé en 1908, a la même action régularisatrice pour le remplissage de toutes les séries de bassins qui s'étendent le long de la rive gauche du Nil entre Esneh et Dérout, sur 460 kilomètres de longueur, et d'une autre série de 255 kilomètres de longueur qui occupe la rive droite. Il commande, en effet, sur la rive gauche le canal Asfoun (5 ouvertures de 5 mètres) qui alimente directement 42 000 hectares de bassins, et, sur la rive droite le canal Killabieh (4 ouvertures de 5 mètres) qui alimente de son côté 30 000 hectares de bassins ; et ces deux séries de bassins peuvent, en cas de besoin, venir en aide aux séries inférieures par l'application des principes qui ont été exposés plus haut.

Avec les deux barrages d'Assiout et d'Esneh, la plupart des difficultés qui ont été signalées dans ce chapitre pour l'alimentation des bassins dans les crues défavorables ne subsistent plus que pour une faible partie du territoire. C'est, en effet, la plupart du temps, dans ces mauvaises années, le manque de hauteur de la crue et non la faiblesse de son débit, à l'époque où l'on doit procéder au remplissage des bassins, qui crée ces difficultés. Or, aujourd'hui, par la manœuvre de ces deux ouvrages, on relève au moment opportun le niveau du fleuve, de manière à assurer aux feeders dont la prise est en amont un supplément d'alimentation, au moyen duquel on régularise et on complète le remplissage de toutes les chaînes de bassins situées en aval, en appliquant les procédés de distribution et de répartition des eaux décrits dans ce chapitre.

IRRIGATION PERMANENTE DANS LA RÉGION DES BASSINS

Il a déjà été dit que, en plusieurs endroits de la région des bassins, les avantages résultant de l'irrigation permanente ont conduit les propriétaires à installer de puissantes pompes à vapeur sur les bords du Nil. Les eaux ainsi élevées sur des terres protégées contre l'inondation par des digues sont distribuées par les canaux mêmes qui reçoivent la crue. Ce n'est là, en réalité, qu'une extension des cultures nabari par laquelle les canaux, maintenus en eau toute l'année, peuvent irriguer des récoltes de coton et de canne à sucre avec de l'eau pompée dans le Nil, avant et après que le débit par gravitation a cessé.

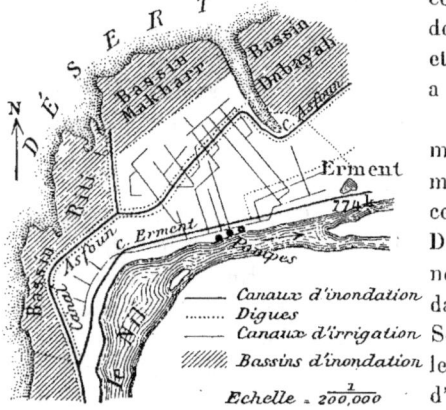

Fig. 19. — Domaine d'Erment.

Parmi les plus importants domaines cultivés par irrigation au moyen de machines à vapeur, citons ceux de Matanah, d'Erment, et de Dabayah [1], dans les provinces d'Esneh et de Keneh ; celui de Maragah dans les bassins de la province de Sohag ; les terres desservies par les usines de la Société égyptienne d'irrigation auprès de Nag Hamadi et par l'usine du prince Ahmet à Farchout, dans la province de Keneh ; celles arrosées par la machine de la Sugar Land C° à Belianah, province de Guirgueh ; sur la rive gauche du Nil, le domaine de Cheikh Fadel

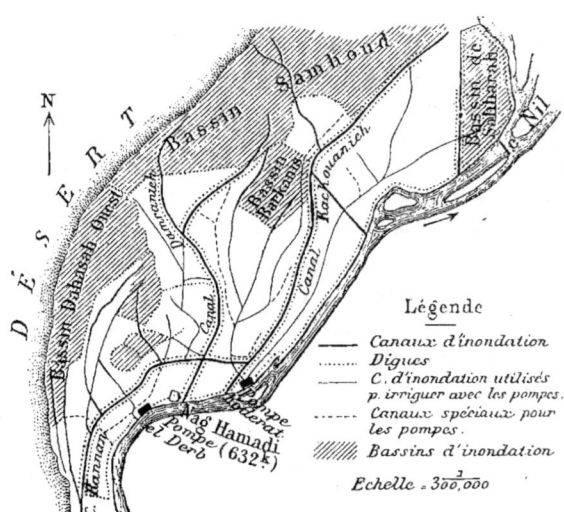

Fig. 20. — Irrigations de Nag Hamadi.

[1] Ces domaines appartenaient autrefois à l'administration la la Daïra Sanieh.

qui forme une superficie cultivable enclavée dans le désert sur les bords du fleuve.

Le domaine d'Erment fournit un bon exemple d'une grande propriété en bordure du Nil, aménagée pour la culture de la canne à sucre sur l'emplacement d'anciens bassins d'inondation (fig. 19). Elle s'étend sur la rive gauche du Nil entre les kilomètres 784 et 774 ; elle est comprise entre la digue du fleuve et les digues des bassins d'inondation Riti et Makharr. Elle a 2 830 hectares de superficie. Traversée par le canal Asfoun, qui est la grande artère d'alimentation des bassins de la région, et par le Sayalah Sahel, qui est le canal d'arrosage des terres hautes voisines du Nil pendant la crue, elle reçoit l'eau en étiage par un réseau spécial de canaux privés qui traversent en divers points les deux grands canaux ci-dessus et qui reçoivent de l'eau pompée dans le Nil au moyen de trois usines voisines l'une de l'autre. Quand les eaux, au moment de la crue, sont assez hautes pour que les canaux Sahel et Asfoun les distribuent au niveau des terres, on arrête les pompes et on arrose au moyen de ces deux canaux qui jouent alors leur rôle normal de canaux d'inondation pour les territoires environnants.

Les usines élévatoires de la Société égyptienne d'irrigation fournissent, d'autre part, un exemple d'une installation dans laquelle le sol n'appartient pas aux propriétaires des pompes ; ce sont les paysans qui possèdent la terre et ce sont eux-mêmes qui l'ont aménagée pour être protégée contre l'inondation et pour recevoir les bénéfices de l'irrigation (fig. 20).

Au moyen de deux grandes usines construites l'une à El Derb (km. 632) et l'autre à Kodérat (km. 627), cette société donne de l'eau d'irrigation, pendant les basses eaux, sur un territoire qui n'a pas moins de 25 kilomètres de longueur et de 10 kilomètres dans sa plus grande largeur, et qui s'étend, sur la rive gauche du Nil, entre la digue du fleuve et les bassins Dahasah Ouest, Barkhanis et Samhoud. Pour la distribution des eaux ainsi pompées, on utilise principalement les lits des canaux actuels d'inondation de la région et plus spécialement ceux qui sont destinés aux cultures nabari, et aussi d'anciens canaux d'alimentation des bassins aujourd'hui transformés en terrains d'irrigation. Tout ce réseau de canaux, qui a conservé ses ouvrages de prise et ses régulateurs, reprend pendant la crue ses fonctions normales, donnant l'eau pour le remplissage des bassins qui subsistent encore, pour les cultures nabari et en même temps pour le coton et la canne à sucre qui sont alors en pleine végétation. Aussitôt que les eaux sont à un niveau assez élevé dans les canaux pour suffire à ces besoins, les pompes s'arrêtent et toute l'alimentation se fait par gravitation.

IMPORTANCE DES CULTURES DANS LA RÉGION DES BASSINS

Les régions aménagées en bassins d'inondation comportent trois sortes de cultures, la culture *nabari* pendant la crue, *qedi* avant la crue, *chetoui* après la crue.

La culture nabari (maïs ou sorgho) se pratique sur les terres hautes des bassins situées près du Nil ou du désert, et sur les berges mêmes du fleuve, entre le Nil et la digue. Les terres à nabari peuvent porter deux récoltes par an, soit maïs ou sorgho du 1ᵉʳ août au 31 octobre, puis orge ou lentilles ou fourrage ensuite ; mais l'orge ne doit être semée sur ces terrains qu'autant qu'on peut y élever de l'eau du Nil sans trop de peine pour arroser en hiver, car la faible submersion qu'ils ont pu subir n'est pas suffisante pour cette culture.

Dans les estimations qu'a faites le colonel J. Ross, inspecteur général des irrigations, après la mauvaise crue de 1888, pour arrêter les bases de son grand projet d'amélioration des bassins, exécuté depuis, il avait compté pour toute la partie de l'Égypte située au sud d'Assiout :

Surface des bassins 307 000 hectares.
Surface de nabari 76 000 —

Le nabari s'étend donc sur une surface égale à 25 p. 100 de celle des bassins ; il est d'ailleurs distribué irrégulièrement le long de la vallée ; d'après les chiffres du colonel Ross, il se faisait alors à raison de :

66 000 hectares sur les terres hautes voisines du Nil ;
3 000 — au pied du désert ;
7 000 — entre le Nil et ses digues.

Ces données étaient probablement un peu exagérées ; car, dans ces mêmes provinces, le nabari s'est étendu seulement sur 55 000 hectares en 1900, et, en 1899, année de basse crue, favorable par conséquent au nabari, il a couvert 65 000 hectares.

Cette culture n'est pas très bonne pour le sol ; elle l'épuise et l'empêche de recevoir ensuite une submersion suffisante pour le régénérer ; cependant le fellah la considère comme plus avantageuse pour lui que la culture d'inondation ; mais il ne faut pas la pratiquer tous les ans sur la même terre à moins d'employer de l'engrais.

La culture qedi qui se fait au printemps, avant l'inondation, dans le fond des bassins, avec de l'eau d'arrosage tirée du sous-sol, comprend maïs, sorgho et légumes. Après la crue, on fait les cultures d'hiver, céréales, fèves, fourrage, etc., sur les terres qui ont été cultivées en qedi. Ces terres portent donc annuellement deux récoltes. La culture qedi exige beaucoup de travail pour l'arrosage, mais elle est rémunératrice ; l'eau limoneuse, arrivant sur le sol après que la récolte a été enlevée, lui maintient sa fertilité, de sorte que le qedi n'épuise pas comme le nabari ; on y emploie parfois de l'engrais.

Cette culture s'étend chaque année, mais elle n'a pas l'importance du nabari. En 1900, dans les provinces situées au sud d'Assiout, elle couvrait 33 000 hectares, soit un peu plus du dixième de la surface des bassins et un peu plus de la moitié de la surface du nabari.

Dans les bassins, les terres cultivées en nabari et en qedi sont les seules qui puissent donner deux récoltes par an.

D'après les statistiques établies par le Ministère des Finances pour les deux provinces de Guirgueh et de Keneh qui représentent le mieux la situation des régions à bassins d'inondation, puisqu'elles ne comportent pas de canaux d'irrigation permanente, les diverses sortes de cultures y ont été réparties comme il suit depuis le commencement de la crue de 1903 jusqu'à celle de 1904.

Cultures nabari.

Maïs et sorgho	36 000	hectares.
Légumes	800	—
	36 800	hectares.

Cultures d'hiver.

Blé	84 700	hectares.
Fèves	47 900	—
Orge	38 800	—
Divers	100 200	—
	271 600	hectares.

Cultures d'été[1].

Coton	500	hectares.
Canne à sucre	8 300	—
Maïs, sorgho, légumes	36 500	—
	45 300	hectares.
Total	353 700	hectares.

Ajoutant à ce chiffre un millier d'hectares de jardins, on arrive à une surface de récoltes de 353 700 hectares pour une superficie cultivée de 293 700 hectares. La différence, qui est de 60 000 hectares, représente les cultures multiples ; elle est de 20 p. 100 de la surface cultivable. Les cultures d'été forment 10 p. 100 de l'ensemble des cultures ; le coton et la canne à sucre entrent pour un cinquième dans la superficie des cultures d'été et pour trois centièmes dans la superficie des terres cultivées.

[1] Les cultures qedi sont comptées comme cultures d'été.

CHAPITRE VI

PROCÉDÉS GÉNÉRAUX DE L'IRRIGATION ÉGYPTIENNE

Cultures par irrigation. — Régions cultivées exclusivement par irrigation toute l'année. — Besoins des cultures. — Canaux Nili et Sefi. — Dépense d'eau. — Niveau de l'eau dans les canaux, machines élévatoires. — Distribution des eaux, rotations. — Arrosages.

CULTURES PAR IRRIGATION

Dans les territoires de l'Égypte qui sont aménagés pour recevoir l'inondation, les canaux sont peu profonds et n'apportent l'eau sur les terres que pendant la crue. Nous avons vu, dans les deux chapitres précédents, qu'on y fait bien, en certains endroits, de l'irrigation à l'aide de l'eau dérivée de ces canaux, mais cette irrigation n'est que temporaire ; elle cesse avec la baisse des eaux du Nil et n'intéresse par conséquent que des cultures hâtives (maïs et sorgho) poussant pendant les mois de crue et appelées nabari. Des récoltes analogues, dites qedi, sont aussi obtenues par irrigation dans les parties basses des bassins, avant la crue, au moyen de l'eau puisée dans la nappe souterraine ; c'est indirectement et après avoir filtré au travers du sous-sol perméable de la vallée que le fleuve fournit son eau à ces cultures. Les seuls points où l'on puisse faire, dans ces régions, de l'irrigation permanente et se livrer à des cultures telles que le coton et la canne à sucre qui restent sur pied depuis le printemps jusqu'à l'automne, sont ceux pour lesquels des pompes à vapeur aspirent, jusqu'au niveau des terres, l'eau du Nil pendant l'étiage, ou plutôt pendant tout le temps où elle ne pénètre pas directement dans les canaux par l'effet de la crue.

Nous ne reviendrons pas sur les cultures nabari et qedi ; il en a été déjà question plusieurs fois. Quant aux terres arrosées au moyen de pompes et qui, formant des enclaves isolées au milieu des bassins d'inondation, ne relèvent d'aucun système général d'irrigation, leur régime de culture et d'arrosage ne diffère pas de celui des terres dotées de canaux d'irrigation permanente, que nous allons maintenant étudier ; elles reçoivent des cultures d'été (coton et canne à sucre), des cultures nabari pendant la crue (maïs et sorgho) et des cultures d'hiver (céréales, fourrages, etc.).

L'irrigation, dans les régions à bassins d'inondation, s'étend à une portion assez notable de la surface cultivée. Ainsi, dans les provinces de Guirgueh et de Keneh[1], sur 353 700 hectares de récoltes portées dans l'année 1904 par 293 700 hectares de terres (60 000 hectares donnant deux récoltes par an), il y a eu 82 000 hectares de cultures irriguées, soit 23 p. 100 de la superficie des récoltes ; mais sur ces 82 000 hectares irrigués, 8 800 hectares seulement ont été plantés en canne à sucre et en coton, c'est-à-dire irrigués pendant le printemps, l'été et l'automne, et 73 300 hectares n'ont donné que des récoltes hâtives de maïs et de sorgho. 79 p. 100 de la surface des récoltes de ces deux provinces a été obtenue par inondation. Par contre, dans les régions aménagées pour l'irrigation, il n'y a pas de culture par inondation, la division en bassins n'y existant pas ; toutes les terres sont ou peuvent être irriguées toute l'année ; on y fait seulement pendant la crue des submersions partielles peu profondes et de courte durée destinées à ameublir et préparer les terres avant les semailles d'hiver.

RÉGIONS CULTIVÉES EXCLUSIVEMENT PAR IRRIGATION TOUTE L'ANNÉE

Trois régions de l'Égypte sont cultivées exclusivement par irrigation :
1° Les terres qui dépendent du canal Ibrahimieh (voir pl. VII). Elles s'étendent sur la plus grande partie de la largeur de la vallée, rive gauche, et sur plus de 300 kilomètres de longueur. le long du Nil et comprennent environ 270 000 hectares dans les provinces d'Assiout, de Minieh, de Benisouef et de Ghizeh[2]. Elles reçoivent l'eau par le canal Ibrahimieh dont la prise est au kilomètre 423 du Nil et par ses embranchements dont les premiers ont leur prise à Dérout, au kilomètre 61 du canal. Un barrage établi sur le Nil, en face de la ville d'Assiout (km. 423) commande l'alimentation du canal Ibrahimieh.

2° La province du Fayoum, grande cuvette de forme à peu près circulaire, entourée partout par le désert et qui présente une surface cultivable de 173 400 hectares. L'eau lui est fournie par le Bahr Yousef, cours d'eau qui se détache du canal Ibrahimieh (km. 61) et qui, après un parcours de 276 kilomètres parallèle au Nil dans les provinces d'Assiout, de Minieh et de Benisouef, pénètre dans le Fayoum à El-Lahoun (voir pl. V et VII).

---

[1] Voir page 117.
[2] Les travaux de canalisation ne sont pas encore terminés dans la province de Ghizeh, où la suppression de quelques bassins d'inondation est actuellement en cours d'exécution et sera probablement achevée en 1910. La surface de ces bassins est comprise dans les 270 000 hectares ci-dessus.

3° Les provinces de la Basse Égypte qui comprennent :

A l'est de la branche de Damiette.	500 200 hectares.
Entre les deux branches du Nil.	535 400 —
A l'ouest de la branche de Rosette	253 400 —
Total	1 289 000 hectares.

L'irrigation de la Basse Égypte est commandée par un grand barrage établi à la pointe du Delta (fig. 21). Les provinces de l'est sont arrosées par trois canaux ayant leur prise entre le Caire et le barrage, les canaux Ismailieh, Cherkaouieh et Bessoussieh et par un quatrième canal, le plus important, qui a sa prise au barrage même, le rayah Charkieh ou Tewfikieh. Les provinces du centre reçoivent toute leur eau par un grand canal appelé rayah Menoufieh et les provinces de l'ouest par le canal dit rayah de Béhéra ; ces deux derniers canaux ont également leur prise au barrage du Delta. Un barrage établi au km. 83 de la branche de Damiette, à Zifta, facilite l'alimentation des biefs inférieurs du rayah Tewfikieh et d'un certain nombre de canaux issus du rayah Menoufieh. A l'eau fournie par ces canaux s'ajoute celle qui est élevée tout le long des deux branches du Nil par des machines à vapeur ou des norias pour arroser les terres situées près du fleuve.

Fig. 21.

BESOINS DES CULTURES[1]

Dans tous les points de l'Égypte où l'on fait de l'irrigation permanente, les besoins auxquels il faut satisfaire varient naturellement suivant la saison ; ils sont caractérisés par quatre phases distinctes.

En hiver, les cultures qui sont sur pied sont des céréales, des fèves, du fourrage. La température n'est pas très élevée, l'atmosphère présente une certaine humidité ; des brouillards et même de la pluie, surtout dans le nord de la Basse Égypte, rafraîchissent les plantes ; les besoins d'eau sont presque nuls. C'est la période des eaux moyennes du Nil.

Au printemps, ces cultures disparaissent, mais alors commence la préparation des terres pour l'ensemencement du coton ou pour la plantation

---

[1] Voir pages 58 et suivante l'échelonnement des diverses cultures. Les cultures d'été (coton, canne à sucre, etc.) sont dites *sefi* ; les cultures d'hiver (céréales, fourrages, etc.), *chetoui*, et les cultures de maïs ou de sorgho (dourah) qui se font pendant la crue, *nili*.

de la canne à sucre. La demande d'eau devient plus pressante ; la chaleur commence d'ailleurs à se faire sentir ; l'alimentation des canaux doit être réglée avec d'autant plus de soin que le niveau du Nil s'abaisse de plus en plus ; c'est la période d'étiage. Au même moment, dans le nord de la Basse Égypte, se sème le riz qui a besoin d'arrosages fréquents et abondants.

Puis, brusquement, aussitôt que la crue du Nil arrive, la dépense d'eau d'irrigation augmente dans des proportions considérables. A cette époque de l'année, en effet, la chaleur devient intense et les cultures de coton, de canne à sucre et de riz réclament plus d'arrosages que jamais. En outre, vers la fin de juillet, commence l'ensemencement du maïs et du dourah qui couvrent une grande surface, et il faut beaucoup d'eau pour ameublir et mouiller la terre destinée à recevoir ces plantes, et ensuite pour les arroser fréquemment de façon à hâter leur maturité. Lorsque la crue est en retard, c'est une période critique pour les irrigations.

Enfin, pendant le maximum et la décroissance de la crue, c'est-à-dire en septembre et en octobre, les besoins du coton et de la canne à sucre diminuent, mais il faut envoyer de l'eau sur toutes les terres destinées à porter les récoltes de céréales et de fourrages qui se développent pendant l'hiver. A ce moment-là, le Nil est haut et, sauf dans les très mauvaises crues, l'irrigation ne présente pas de grandes difficultés.

Ce rapide aperçu montre que, d'une façon générale, le niveau de la crue intéresse relativement peu le Delta et la Moyenne Égypte[1], territoires d'irrigation, tandis que son importance est prédominante pour la Haute Égypte, territoire d'inondation ; au contraire, le régime de l'étiage a une influence énorme sur la prospérité de la Basse et de la Moyenne Égypte, car c'est pendant l'étiage que sont sur pied, dans ces deux régions, les cultures les plus riches.

CANAUX NILI ET SEFI

Les dimensions des canaux d'arrosage doivent être calculées de façon à satisfaire à tout moment aux divers besoins de l'agriculture en tenant compte du niveau variable des eaux du Nil. Ces canaux sont de deux sortes : les uns, à chenal profond, coulent toute l'année ; on les nomme canaux *sefi* ; ce sont de beaucoup les plus nombreux ; les autres, à plafond plus relevé, ne prennent l'eau que lorsque la crue arrive à un certain niveau, c'est-à-dire vers le commencement du mois d'août en année moyenne. Ces derniers canaux se nomment canaux *nili*. Ils viennent en aide aux canaux *sefi* pour distribuer l'eau de la crue que ceux-ci ne pour-

[1] Il y a toutefois dans la Moyenne Égypte encore une assez grande surface de bassins d'inondation.

raient suffire à répartir sur les terres ; car, à ce moment-là, c'est toute la surface du territoire à peu près qu'il faut irriguer, tandis que pendant l'étiage on n'a à pourvoir qu'à l'arrosage de 40 à 50 p. 100 de cette superficie. Il n'y a pas d'ailleurs, dans la Basse Égypte, de grands canaux nili ; presque toute l'eau d'irrigation entre dans les provinces par les six principaux canaux indiqués ci-dessus ; les canaux nili ne sont que des embranchements des grands canaux ou des prises faites sur les bords du Nil pour l'arrosage des terrains voisins du fleuve.

Beaucoup de canaux nili ont été remplacés par des canaux sefi au fur et à mesure que les bénéfices de la culture d'été, dite sefi, ont été assurés à des régions plus étendues par de nouvelles ramifications des grandes artères.

DÉPENSE D'EAU

La base de tout système d'irrigation rationnel est la connaissance aussi exacte que possible, d'une part, de la consommation d'eau qui est nécessaire aux différentes cultures, et, d'autre part, de la superficie qui est normalement cultivée à chaque époque de l'année, de telle sorte que les canaux d'irrigation puissent être établis de façon à détourner du fleuve dans chaque saison, en tenant compte de son débit et de son niveau variables, le volume d'eau réclamé par la terre.

Les éléments de ce problème se sont précisés peu à peu, au fur et à mesure que la demande d'eau d'irrigation, par suite du développement agricole du pays, se rapprochait du volume débité par le Nil pendant l'étiage et lui devenait même supérieure pendant les mauvaises années.

La commission internationale qui avait été nommée pour les études du canal de Suez, fut consultée par le khédive Ismail pour déterminer la quantité d'eau nécessaire à l'irrigation en Égypte ; elle conclut de ses recherches qu'il suffisait d'un débit continu de 55 centilitres par seconde et par hectare de culture.

Linant de Bellefonds, qui avait dirigé les travaux publics sous le règne de Méhémet-Ali, indique dans ses ouvrages[1], comme quantité reconnue suffisante par la pratique, 65 centilitres pour les rizières et 44 centilitres pour les autres cultures, soit, en moyenne, 55 centilitres. Toutefois, le même auteur déclare, dans un autre endroit, que 826 millilitres sont à peine assez pour le coton et pour la canne à sucre et 989 millilitres pour le riz.

L'ingénieur anglais Fowler, qui étudia vers 1875 des projets d'ensemble

---

[1] Voir Mémoires sur les principaux travaux publics en Égypte par Linant de Bellefonds bey, ouvrage publié en 1872 chez Arthus Bertrand, éditeur à Paris.

pour l'irrigation de l'Égypte, basa ses calculs sur une moyenne de 193 millilitres par seconde et par hectare cultivable pendant les basses eaux; en admettant, ce qui était généralement le cas alors, que le tiers des terrains reçoive des cultures d'été, ce débit correspond à 58 centilitres par hectare de culture.

Le Ministère des Travaux Publics, dans des projets d'irrigation par machines élévatoires élaborés vers 1883, considérait comme répondant aux besoins un débit continu de 65 centilitres par seconde et par hectare. Pour les rizières toutefois, ce chiffre était regardé comme insuffisant.

Mais, pendant toute cette période, l'irrigation était encore dans la période des tâtonnements. Le désordre régnait dans la distribution des eaux par suite de l'influence locale des gros propriétaires et de l'action prépondérante des grands personnages qui détournaient au profit de leurs terres la majeure partie du débit des canaux; en outre, à cause d'une mauvaise réglementation des vitesses d'écoulement, des envasements considérables se produisaient dans les canaux dont le curage, exécuté avec beaucoup de difficultés par la corvée, n'arrivait jamais à donner les sections requises; enfin, on ne dressait pas de statistiques des cultures. Dans de pareilles conditions, il était impossible d'établir des chiffres de consommation d'eau sur des données à la fois assez larges et assez précises pour inspirer toute confiance.

Dans les années qui suivirent, le service des irrigations ayant commencé à prendre une allure plus régulière sous la direction énergique des ingénieurs anglais, les débits des canaux et les superficies arrosées furent contrôlés plus exactement et on put étudier de plus près tout ce qui concerne l'irrigation des grandes surfaces de terres.

En 1887, des travaux importants furent entrepris pour amener le réseau des canaux de la Basse Égypte à son état actuel. On admit alors qu'un débit de 825 millilitres par seconde et par hectare de culture d'été donne une bonne irrigation pendant les basses eaux et que, pour les rizières, il faut compter un peu plus. On estima d'ailleurs que ces 826 millilitres appliqués au tiers de la surface cultivable d'une région suffisent largement aux besoins, et c'est ce chiffre de $\frac{0.826 l.}{3} = 0,275$ l. par seconde et par hectare qui sert de base pour les calculs du débit d'étiage des canaux. Ce volume, étant celui que doivent porter les canaux à leur prise, tient compte des pertes par évaporation et par infiltration.

Mais on ne doit pas se préoccuper que du débit d'étiage. Nous avons dit qu'au moment où les eaux du Nil montent, on sème de grandes surfaces en maïs et en dourah, auxquelles il faut donner beaucoup d'eau tout en réservant celle qui est nécessaire aux cultures d'été (coton et canne à sucre). A l'époque dont nous parlons, c'est-à-dire vers 1887, les semailles de maïs et de dourah se faisaient dans toute l'Égypte au commencement d'août, pendant un espace de temps qui ne dépassait pas quinze à vingt jours, et on calculait que la quantité d'eau à amener alors sur une région déterminée devait être quintuple de celle qui est fournie pendant l'étiage [1]; mais on se basa sur une proportion moindre, pensant avec raison que, lorsque les paysans seraient assurés d'une distribution d'eau équitable et régulière, ils se hâteraient moins de faire ces semailles qui se trouveraient, sans inconvénient pour les récoltes, échelonnées sur une plus longue période, soit de la fin de juillet à la fin d'août. Les profils en travers des canaux furent donc prévus pour donner en juillet et en août trois fois plus d'eau que pendant l'étiage et aussi pour débiter pendant le plein de la crue, c'est-à-dire en septembre et en octobre, les quantités d'eau nécessaires tant pour la préparation des cultures d'hiver que pour les arrosages du maïs et du coton [2].

En 1893, lorsque le Ministère des Travaux Publics décida l'étude de la construction de réservoirs destinés à emmagasiner les eaux de la crue pour augmenter le débit d'étiage, on dut serrer la question de plus près et calculer dans quelle proportion le débit du Nil est utilisé mois par mois pour l'irrigation. Les chiffres suivants furent adoptés [3].

En été, la quantité maxima nécessaire pour la bonne irrigation d'un hectare de coton correspond à l'épandage d'un débit continu de 467 millilitres d'eau par seconde; il faut en outre prévoir 147 millilitres par seconde et par hectare de terrain irrigué pour compenser les pertes dues à l'évaporation et à l'absorption avant l'arrivée de l'eau aux champs; c'est donc 605 millilitres d'eau qu'il faut fournir à la prise du canal sur le Nil par hectare cultivé en coton. Pour la canne à sucre, c'est la même chose.

Pour les cultures à arrosage continu et abondant comme le riz, il faut prévoir 1,100 l. par hectare et par seconde pendant l'été comme pendant la crue.

Pour les cultures d'hiver, 302 millilitres par hectare irrigué et par seconde suffisent.

---

[1] L'arrosage nécessaire pour les semailles du dourah exige d'ailleurs trois fois plus d'eau qu'un arrosage ordinaire.

[2] Dans les Indes, pour des régions cultivées à peu près dans les mêmes conditions que la Basse Égypte, on calcule 22 à 28 centilitres par hectare cultivable; et, dans la province du Bengale, 874 millilitres par hectare cultivé.

En Lombardie, d'après Nadaut de Buffon, on compte pour les prairies naturelles 1 litre par seconde et par hectare; pour les rizières 2,5 l.; pour les autres cultures 6 décilitres; soit en moyenne 1 litre par seconde et par hectare pour une région suffisamment étendue.

Dans le midi de l'Espagne (Irrigations du Midi de l'Espagne, par Ch. Aymard), les débits varient de 75 centilitres à 1 litre pour les cultures ordinaires et vont jusqu'à 2,48 l. pour les rizières.

Enfin, dans le midi de la France, on estime qu'un débit continu de 75 centilitres donne une irrigation suffisante; mais, quand on le peut, on prend pour base des calculs 1 litre par seconde et par hectare.

[3] Rapport sur l'irrigation pérenne par M. Willcocks, novembre 1893.

On admit, en outre, d'une façon générale, qu'un tiers de la surface cultivable porte des cultures d'été et qu'un tiers des surfaces propres à la culture du riz est affecté chaque année à cette culture.

Partant de ces données et les appliquant au régime des cultures qui a été exposé plus haut[1], on fixa comme suit le débit à la prise des canaux, par seconde et par hectare irrigable, aux diverses époques de l'année.

Janvier à fin juin.	0,220 litre.
1er au 15 juillet.	0,357 —
16 juillet à fin octobre.	0,687 —
Novembre.	0,302 —
Décembre.	0,220 —

Ces chiffres tiennent compte des quantités plus abondantes d'eau qu'il faut aux terres au moment de leur préparation pour les semailles et aussi de la moins grande urgence des arrosages pendant la période fraîche de l'année.

Toutefois, dans son rapport officiel sur les irrigations de la Basse Égypte pour l'année 1900, M. le major Brown, inspecteur général des irrigations, fait remarquer, que tout en acceptant comme correct pour les cultures d'été le chiffre de 0,605 l. par seconde et par hectare irrigué, il convient de tenir compte dorénavant, dans les projets d'irrigation, de ce que la culture du coton s'est beaucoup étendue proportionnellement à la surface cultivable, et de ce qu'elle couvre maintenant non pas le tiers, mais les deux cinquièmes de cette surface. Dans ces conditions, le débit à assurer à un canal serait de 0,247 l. par seconde et par hectare cultivable en étiage, au lieu de 0,220 l., chiffre précédemment fixé, la question spéciale des rizières devant d'ailleurs être considérée en dehors de ce chiffre.

En résumé, on peut admettre comme débit minimum des canaux pendant l'été, c'est-à-dire pendant l'étiage :

Pour le riz : 1,100 l. par seconde et par hectare cultivé.

Pour le coton et la canne à sucre : 0,605 l. par seconde et par hectare cultivé.

Pour la culture d'hiver : 0,302 l. par seconde et par hectare cultivé.

Par rapport à la surface cultivable, 0,247 l. par seconde et par hectare pendant l'été, 0,687 l. pendant la crue et 0,220 pendant l'hiver.

Considérons une année de très bas étiage, l'année 1900 par exemple, et appliquons les débits d'été à l'ensemble des territoires d'irrigation permanente. Le canal Ibrahimieh arrosait alors 77.000 hectares de culture d'été[2],

---

[1] Voir pages 58 et suivante ; 120 et suivante.
[2] Il aura bientôt 70 000 hectares de cultures d'été à desservir en plus avec l'aide du supplément de débit fourni au Nil pendant l'étiage par le réservoir d'Assouan.

Fayoum compris, pour lesquels il aurait dû avoir, dans les plus basses eaux un débit de 46,50 m³. D'autre part, dans la Basse Égypte, où l'on cultivait alors annuellement en moyenne 57.000 hectares de riz et 515.000 hectares d'autres cultures d'été [1] (coton, etc.), le débit total à prévoir par seconde pour l'ensemble des canaux d'arrosage aurait dû être de :

$$
\begin{array}{rll}
57\,000 \text{ hectares} \times 1,100 \text{ litre} & = & 62,7 \text{ mètres cubes.} \\
515\,000 \quad - \quad \times 0,605 \quad - & = & 311,6 \quad - \\
\text{Total}\ldots\ldots & & 374,3 \text{ mètres cubes.}
\end{array}
$$

Or, en 1900, le débit total du Nil n'était pas supérieur à 260 mètres cubes et, au Caire, où le débit minimum d'étiage, année moyenne, ne dépasse pas 380 mètres cubes par seconde, il est descendu, cette année-là, à 220 mètres cubes par seconde, ainsi qu'il est résulté des mesurages faits le 13 juin 1900 à la prise des canaux d'alimentation du Delta, qui absorbaient toute l'eau du fleuve [2]. Les débits d'étiage des mauvaises années sont donc très sensiblement inférieurs aux besoins normaux des cultures.

Il est vrai que, à une certaine distance en aval du barrage du Delta, les deux branches du Nil récupèrent des eaux provenant par infiltration à travers le sol, soit des canaux et des terres arrosées, soit de la nappe souterraine et que ces eaux, puisées par des machines élévatoires, viennent en aide à l'alimentation insuffisante des canaux. Mais on n'obtient guère ainsi qu'un débit total supplémentaire de 45 à 50 mètres cubes par seconde, qui, ajouté aux 220 mètres cubes indiqués plus haut, ne donne encore pour tout le Delta qu'un débit total de 270 mètres cubes par seconde pour être affecté à l'irrigation. Aussi, ce n'est qu'en sacrifiant de parti pris les cultures de riz d'été, peu rémunératrices par elles-mêmes, qu'on a pu, en 1900, sauver la récolte du coton, en lui assurant, pendant la période la plus mauvaise, c'est-à-dire entre le 7 mai et le 21 juin, un débit continu de 0,500 l. par seconde et par hectare.

La même année, les cultures séfi dépendant du canal Ibrahimieh consommèrent, au moment le plus critique, 0,497 l. par seconde et par hectare cultivé ; mais en prenant toute la période d'étiage, soit du 1ᵉʳ avril au 15 juillet, la dépense moyenne fut supérieure à la dépense théorique ; elle s'éleva à 0,731 par hectare cultivé.

La dépense d'eau d'irrigation est naturellement un peu élastique. Elle est forcément plus forte dans les terres légères et sableuses que dans les

---

[1] Ces chiffres sont bien augmentés aujourd'hui, grâce aux réserves d'eau emmagasinées à Assouan. En 1905, il y avait dans le Delta 577 000 hectares de cultures d'été, plus 72 000 hectares de riz.

[2] En l'année 1900, le débit s'est maintenu à ce chiffre ou à peu près pendant plus de deux mois.

terres argileuses. Elle est plus élevée également lorsque le niveau du Nil est favorable et que les canaux donnent aux cultivateurs tout le débit qu'ils demandent ; et ils en demandent même parfois plus qu'il ne convient pour la bonne tenue des récoltes, étant enclins à abuser de cette source de richesses qui passe à portée de leurs mains. D'un autre côté, dans les mauvaises années, avec une judicieuse répartition des arrosages, on peut arriver, sans causer trop de préjudices aux récoltes, à diminuer la consommation jusqu'aux environs d'un demi-litre par seconde et par hectare, au moins pour quelque temps.

Pendant les périodes de bas étiage, les ingénieurs d'irrigation mettent tous leurs soins à assurer une juste répartition des eaux disponibles entre les divers districts, suivant l'étendue des cultures, et à éviter tout gaspillage.

On peut à la rigueur empêcher le gaspillage par une stricte surveillance ; mais la répartition équitable des eaux tout le long de canaux dont les artères principales ont 150 à 200 kilomètres, présente de grandes difficultés, surtout en raison de la rapidité du développement qu'ont pris les cultures d'été depuis quelques années, rapidité qui n'a pas toujours permis de maintenir les dimensions des ouvrages régulateurs et distributeurs en rapport avec les besoins croissants de l'agriculture. Il en résulte que la dépense effective d'eau est assez différente d'une province à une autre.

Ainsi, en 1899, année de bon étiage, parmi les provinces desservies par le canal Ibrahimieh, tandis que le Fayoum recevait 0,860 l. par hectare cultivé en sefi, les provinces de Minieh et de Benisouef n'en recevaient que 0,522 l. Dans le Delta, les provinces de l'est consommaient la même année comme minimum 0,797 l., les provinces du centre 0,632 l. et les provinces de l'ouest 0,735 l. Pendant l'année 1900, la répartition a été plus équitable ; elle a varié de un dixième seulement entre les trois parties du Delta, mais encore de 30 p. 100 entre les diverses provinces arrosées par le canal Ibrahimieh. En 1907, la dépense d'eau pendant l'étiage, aussi bien pour le Delta que pour la Moyenne Égypte, est ressortie à des chiffres variant, d'une province à l'autre, de 0,580 l. à 0,834 l. par hectare. Il est vrai que tous ces chiffres ne comportent pas plus d'exactitude que les statistiques agricoles elles-mêmes, toujours un peu sujettes à caution.

Après l'étiage, un moment critique pour l'irrigation est celui des semailles du maïs. Vers le 15 juillet, il se produit une énorme demande d'eau pour la préparation des terres destinées à cette culture, et cependant le Nil est à peine encore en crue. Il faut à ce moment-là 0,687 l. par seconde et par hectare cultivable, ce qui, rien que pour les terres du Delta et celles de la Moyenne Égypte, et sans parler des autres terres de la Haute Égypte qui portent des cultures séfi, représentait en 1900, un débit continu de près de 1 100 mètres cubes par seconde et représentera bientôt, après l'achèvement des travaux de conversion de bassins actuellement en cours, 1 230 mètres

cubes par seconde. Or, le débit moyen du Nil au mois de juillet est de
1 890 mètres cubes par seconde ; pour peu que la crue soit faible ou en
retard, il peut tomber à 1 350 mètres cubes, comme en 1899, ou à 1 000 mètres
cubes, comme en 1882, et c'est alors impossible de fournir aux cultivateurs
toute l'eau qu'ils réclament. Dans ce cas, la solution consiste à pourvoir
d'abord aux besoins de la récolte de coton et de canne à sucre qui est en
pleine végétation et à faire retarder un peu les semailles de maïs, ce qui ne
présente pas de grands inconvénients pour cette plante.

Pendant la crue elle-même, l'eau ne manque pas dans le Nil ni dans les
canaux. Il s'agit alors, sans cesser d'irriguer le coton et la canne à sucre, de
répartir en outre une quantité d'eau abondante sur une énorme superficie,
représentant à peu près les deux tiers de la surface cultivable, pour la préparation des terres destinées aux céréales et cultivées après la crue. Ces
récoltes n'ont pas une grande valeur et par suite ne peuvent supporter beaucoup de frais ; aussi les ingénieurs doivent s'appliquer à maintenir dans les
canaux un niveau au moins aussi élevé que celui des terres à arroser, de
façon à ce que l'eau puisse s'y répandre par simple gravitation, sans dépense
d'élévation. Le problème ne présente guère de difficulté que dans les années
de basses crues, et nous avons vu comment, dans ce cas, on cherche à profiter de l'onde produite dans le Nil par la vidange des bassins de la Haute
Égypte, pour obtenir à la pointe du Delta, un gonflement artificiel qui assure
au moins pendant quelques jours le niveau désiré de 19,80 m. (23 p. 12 k,),
à l'échelle du Caire. On obtient aussi, depuis quelques années, le même
résultat en manœuvrant convenablement pendant les faibles crues le barrage établi à la pointe du Delta.

Après la crue et pendant l'hiver, la fourniture de l'eau se fait toujours
dans de bonnes conditions, le débit du Nil étant de beaucoup supérieur aux
besoins de cette saison.

NIVEAU DE L'EAU DANS LES CANAUX ; MACHINES ÉLÉVATOIRES

La pente de l'eau dans les canaux est réglée à raison de 0,04 m. à
0, 05 m. par kilomètre ; c'est celle qui a été reconnue comme la plus favorable pour éviter à la fois les envasements du lit et les érosions des berges.
Or le Nil, à la prise des canaux, est, pendant l'étiage, même avec un barrage construit au travers du fleuve, comme à la pointe du Delta, notablement
plus bas que la surface des terres voisines ; par suite, comme la pente de
la vallée est de 0,08 m. à 0,10 m. par kilomètre, ce n'est qu'après un assez
long parcours, parfois de 50 à 60 kilomètres, qu'un canal peut amener l'eau
au niveau du sol à arroser.

Les canaux sont, il est vrai, coupés de distance en distance par des régulateurs ou ponts-barrages, ordinairement construits en aval des principaux embranchements et destinés à régler dans chaque bief les niveaux, les pentes et les débits. Au moyen de ces ouvrages, on peut, lorsque les eaux sont peu chargées de limon, c'est-à-dire pendant l'étiage, en exhausser le niveau aux dépens de la vitesse, les rapprocher ainsi plus rapidement de la surface des terres riveraines et les relever jusqu'à cette hauteur et même davantage. C'est ce qui se pratique régulièrement pour le canal Ibrahimieh qui distribue ses eaux toute l'année au niveau des terres ou à peu près. Mais, dans la Basse Égypte, on n'a pas cherché ordinairement à obtenir ce résultat[1], on y craint et les pertes d'eau qui se produiraient par l'imbibition du sol sous une plus forte charge et les détériorations que subiraient, par suite des infiltrations, les terres bordant le canal non encore pourvues de moyens de drainage suffisants. Aussi, et c'est là une des caractéristiques de l'irrigation égyptienne, presque partout dans la Basse Égypte l'eau est amenée sur les terres au moyen de machines élévatoires, sauf pendant la crue. La hauteur d'élévation et la durée pendant laquelle on doit y recourir sont naturellement moins grandes le long des biefs inférieurs des canaux.

Ces machines élévatoires sont établies, les unes sur les berges mêmes du Nil pour l'irrigation des terres riveraines du fleuve, d'autres sur les bords des canaux, d'autres sur des puits creusés jusqu'à la nappe souterraine dans les régions non desservies par des canaux sefi et où l'on fait cependant des cultures d'été.

L'Égypte est donc couverte de machines d'arrosage. Dans les propriétés importantes, on se sert de pompes à vapeur ; ce sont ordinairement des pompes centrifuges actionnées par des machines fixes et le plus souvent par des locomobiles.

Dans les petites exploitations, les hommes ou les animaux servent de moteurs aux appareils de diverses espèces utilisés pour l'irrigation. Pour les faibles hauteurs, jusqu'à 1 mètre, on se sert du *nataleh*, sorte de seau en cuir que deux hommes font osciller au moyen de quatre cordes entre le canal et la rigole d'arrosage, ou encore de petites vis d'Archimède en bois manœuvrées par deux hommes. Pour des hauteurs pouvant aller jusqu'à 3 mètres, le seau en cuir est suspendu à un levier équilibré tournant autour d'un axe supporté par deux piliers ; cet appareil appelé *chadouf* est mis en marche par un ou deux hommes. Lorsque la différence de niveau est trop grande pour un seul chadouf, on en superpose plusieurs, chacun d'eux puisant l'eau dans la rigole où l'a élevée le chadouf inférieur. Des tympans, des norias de diverses sortes sont également installés le long du Nil et des canaux et se meuvent au moyen de manèges auxquels on attèle un bœuf, un buffle ou

---

[1] On cherche cependant de plus en plus à se rapprocher de cet idéal en perfectionnant le drainage.

un cheval, parfois un âne ou un chameau. Enfin, dans le Fayoum, des roues à palettes actionnées par le courant des canaux, plus rapide dans cette région de l'Égypte, ont leur couronne garnie de pots en terre cuite qui élèvent l'eau comme les augets d'une noria.

La force du vent n'est jamais employée en Égypte pour les appareils d'arrosage.

DISTRIBUTION DES EAUX, ROTATIONS

Ainsi, l'eau n'est pas distribuée en Égypte par des prises d'eau exactement réglées et calibrées d'après l'étendue de chaque propriété : le tuyau d'une pompe, le chapelet d'une noria, le seau d'un chadouf ou d'un nataleh plongent soit directement dans le canal, soit dans une rigole dérivée du canal et élèvent l'eau jusqu'aux terres sans autre limite que le débit du canal et la puissance du moteur. En principe, tous ces appareils fonctionnent librement et dans les endroits qui conviennent le mieux au fellah, avec cette seule restriction que les pompes à vapeur et les norias ou *sakiehs* ne peuvent être installées qu'avec une autorisation du service des irrigations. Le gouvernement amène l'eau à portée des terres et le paysan la fait monter jusqu'à son champ, à son gré, par ses propres appareils et avec ses propres moyens.

Dans ces conditions, lorsque l'eau d'un canal est à la libre disposition du public, il y a de grandes chances pour que le gaspillage, le long des biefs supérieurs, affame les biefs d'aval au détriment des cultures que ceux-ci desservent, surtout lorsqu'il s'agit de canaux de grande longueur ayant 150 à 200 kilomètres. D'où, première nécessité d'une réglementation dans les moments où il faut répartir judicieusement tout le long des canaux une quantité d'eau limitée et peu différente de celle qui est nécessaire.

D'un autre côté, même si le canal est, à certaines époques de l'année, assez largement alimenté pour suffire à tous les besoins, une introduction d'eau trop abondante dans les rigoles particulières nuit à la terre et rend plus difficile le drainage en congestionnant les canaux de colature ; de là, utilité d'une réglementation en tout temps, dans la mesure où les habitudes locales peuvent le permettre.

En troisième lieu, lorsque les canaux coulent longtemps au niveau des terres ou à un niveau rapproché, et que ces terres ne sont pas pourvues de moyens de drainages suffisants, ce qui est généralement le cas, des infiltrations se produisent à d'assez grandes distances le long des berges et font remonter à la surface des efflorescences salines qui abîment le sol. Pour éviter ces inconvénients, il est bon d'abaisser de temps en temps le plan d'eau afin que la cuvette même du canal serve à drainer ces infiltrations.

Enfin, il est nécessaire, après le passage de la crue, d'enlever du lit des canaux le limon qui s'y est déposé, et de rétablir la section nécessaire au débit des basses eaux. Dans les grands canaux, ce curage se fait au moyen de dragues ; mais le travail s'exécute à la main dans la plupart des canaux secondaires et des petits canaux et nécessite leur mise à sec pendant une certaine période de temps chaque année.

Pour ces diverses raisons, on s'est trouvé dans l'obligation d'avoir recours, presque pendant chaque saison, à des arrangements spéciaux, désignés sous le nom de *rotations* et comportant des périodes alternatives de chômage et d'alimentation.

A partir de 1897, le programme annuel des rotations pour la Basse Égypte a été établi sur les bases suivantes :

Du 20 décembre au 31 janvier, abaissement général du plan d'eau dans les canaux pour les travaux de curage ; c'est l'époque où les cultures d'hiver, semées fin octobre ou en novembre après les forts arrosages de la crue, n'ont pas encore besoin d'irrigation [1].

Pendant les mois de février, mars et avril, arrosages d'hiver sans rotations ; dans cette saison, à la fin de laquelle se fait la préparation de la terre pour les semailles du coton, le débit des canaux est toujours suffisant pour les besoins et le plan d'eau n'est pas assez élevé pour que les infiltrations soient nuisibles aux abords des canaux.

Du 1er mai au 20 juin, rotations de printemps ; il commence à être nécessaire de ménager l'eau.

Du 21 juin au 20 août, rotations d'été, très sévères pendant les années de bas étiage où la demande d'eau est supérieure au débit des canaux, tant dans la première partie de cette période pour l'arrosage du coton, que vers la fin, au moment où se font les semailles du maïs.

Du 21 août au 20 septembre, plein débit de crue ; il faut alors de l'eau largement pour toutes les terres cultivables de la région.

Du 21 septembre au 30 novembre, rotations de crue, pour empêcher un mouillage surabondant des terres et en faciliter le drainage. Ces rotations sont en outre utiles, dans les années où la crue est basse et n'atteint pas une hauteur suffisante, pour assurer aux canaux secondaires leur plein débit ; avec un bon système de rotations, on peut alors obtenir alternativement dans les embranchements un niveau suffisant pour l'arrosage des terres par gravitation, ce qui est nécessaire dans cette période d'irrigation générale et intensive.

---

[1] On cherche aujourd'hui à réduire autant que possible la durée des curages. La Société Khédiviale d'agriculture a fait observer au Ministère des Travaux publics que les longs chômages d'hiver nuisaient aux récoltes du blé, les conditions de l'agriculture se trouvant maintenant modifiées par suite de l'emploi d'engrais chimiques, emploi qui se répand dans le pays depuis que la culture y est devenue plus intensive. (Voir Reports upon the administration of the irrigation service for the year 1905-id 1906).

Du 1ᵉʳ décembre au 19 décembre, pas de rotations ; on donne de l'eau à toutes les terres avant le chômage de quarante jours nécessité par les travaux de curage.

Ainsi on admet que, sauf pendant les mois de février, mars et avril, pendant un mois d'été et vingt jours du mois de décembre, les rotations doivent être appliquées aux canaux d'irrigation tout le reste de l'année ; celles d'été étant spécialement destinées à utiliser le mieux possible le débit d'étiage des canaux ; celles du printemps et de crue, à empêcher que les terres ne souffrent d'être trop imprégnées d'eau ; celles d'hiver, à faciliter le curage des canaux.

Ce n'est guère que vers 1886 qu'on fit en Égypte les premiers essais du système de distribution par rotations, et le programme annuel ci-dessus n'a été élaboré qu'après une expérience de près de dix années. Ce n'est d'ailleurs qu'un programme général que les fonctionnaires supérieurs du service des irrigations ont le droit de modifier pour l'accommoder chaque année aux besoins et aux conditions de chaque province. La durée des rotations d'été, notamment, dépend du régime de chaque étiage ; elle est plus longue dans les années mauvaises et dans les régions moins facilement alimentées. Certains ingénieurs sont d'avis qu'il est préférable que ces rotations d'étiage soient établies chaque année à date fixe, quel que soit l'état du fleuve ; il est cependant plus ordinairement admis qu'il faut restreindre autant que possible leur durée, car c'est alors la saison chaude et les canaux sont pour beaucoup de villages la seule source d'alimentation en eau potable. D'autre part, les rotations sévères de cette période de l'année où l'arrosage est si nécessaire aux cultures, mettent un grand pouvoir entre les mains des agents subalternes et ouvrent la porte aux abus et à la corruption ; donc, à ce point de vue encore, il y a lieu d'en limiter l'extension aux nécessités réelles de la saison.

L'application des rotations donne lieu à des mesures plus ou moins strictes, suivant que la demande d'eau excède plus ou moins le débit des canaux. Elle devient très rigoureuse pendant les bas étiages ; il est alors formellement prohibé de puiser avec n'importe quel appareil dans les parties de canaux qui, mises en chômage, continuent cependant à porter de l'eau pour alimenter les biefs d'aval ; tandis que, dans les rotations ordinaires, on y tolère le fonctionnement des petits appareils tels que natalehs, chadoufs et sakiehs.

Dans le cours de l'année, la durée des périodes alternatives de chômage et d'exploitation est fixée de telle sorte que les cultures ne souffrent pas ; mais, en été, quand l'eau devient rare, les périodes de chômage sont allongées et celles d'exploitation réduites de façon à la répartir aussi équitablement que possible dans chaque système de canaux. Dans tous les cas, la base d'un programme de rotations est la connaissance, d'abord de l'intervalle qu'une culture peut supporter entre deux arrosages, et ensuite du temps que chaque machine met à irriguer la superficie à laquelle elle est affectée.

Au moment de l'étiage, deux sortes de cultures sont sur pied, le coton ou la canne à sucre, et, dans les districts du nord, le riz.

Pour le coton, M. Willcocks cite que, d'après des expériences faites par lui en 1888, un arrosage tous les vingt jours donne de très beaux produits; qu'avec un arrosage tous les trente jours, la plante commence à souffrir; qu'elle dépérit très sensiblement avec un arrosage tous les quarante jours et qu'avec un arrosage tous les cinquante jours, la végétation s'arrête. En fait, quand l'irrigation est libre, on arrose le coton tous les quinze jours, et même tous les dix jours, mais le service des irrigations considère que le coton le plus prospère est celui qui reçoit un arrosage tous les vingt et un jours[1]. D'autre part, on a constaté qu'il faut en moyenne six jours à une machine à vapeur ou à une sakieh pour irriguer la récolte de coton qu'elle dessert, à raison de 830 mètres cubes par hectare, quantité reconnue très suffisante pour un bon arrosage. Une récolte de coton réclame ainsi dix ou douze arrosages du mois d'avril au mois de septembre, soit 8 à 10 000 mètres cubes d'eau en total par hectare.

Le riz se présente dans des conditions très différentes au point de vue de l'irrigation. Il prend autant d'eau qu'on peut lui en donner; il lui faut, en tout cas, un arrosage tous les quatre jours quand il est jeune, et jamais moins que tous les huit jours; un intervalle de cinq à six jours constitue une bonne moyenne.

La canne à sucre se comporte à peu près comme le coton.

Le maïs demande un arrosage tous les dix à douze jours.

Quant aux cultures d'hiver, elles ont besoin au maximum de deux ou trois arrosages, suivant les conditions climatériques, à partir du mois de février et même de la seconde quinzaine de janvier.

Sur ces données, les rotations d'hiver, de printemps et de crue, c'est-à-dire des saisons où l'eau est assez abondante dans les canaux, se font ordinairement par chômages de sept jours espacés de sept jours, ou encore par chômages de dix jours espacés de dix jours; le premier cas correspondant à un arrosage tous les quinze jours et le second à un arrosage tous les vingt jours.

En 1904, les rotations de printemps, dans la Basse Égypte, commencées de bonne heure, ont été obtenues en abaissant le plan des canaux pendant

---

[1] Beaucoup de bons agriculteurs préféreraient des arrosages plus rapprochés et moins abondants dépensant en totalité la même quantité d'eau; ils considèrent généralement que des rotations de vingt et un jours donnent des arrosages trop espacés, que le développement du cotonnier en souffre, et que l'intervalle des rotations ne devrait dans aucun cas être supérieur à quinze jours.

des périodes de dix à seize jours et en le relevant ensuite pendant des périodes de quatre à six jours. On a pu ainsi dans beaucoup d'endroits avoir une hauteur d'eau telle que l'arrosage, au moment des semailles des cotons, ait pu se faire sans appareils élévatoires, par simple gravitation.

Pendant l'étiage, on accorde pour le coton, dans les bonnes années, huit jours d'arrosage pour huit jours de chômage ; dans les années moyennes, six jours d'exploitation seulement pour douze ou quatorze jours de chômage ; et quand il faut resserrer encore la distribution, on arrive à six jours d'exploitation pour vingt-quatre jours et même vingt-huit jours de chômage, comme en 1900, année de très bas étiage. Avec un programme aussi rigoureux, le coton souffre forcément ; cependant, en 1900, la récolte a été en moyenne assez bonne.

Mais de semblables arrangements ne sont pas applicables au riz, qui réclame des arrosages fréquents ; aussi on éprouve de grandes difficultés à régler les rotations dans la Basse Égypte sur les canaux qui arrosent à la fois du coton et du riz, quoique ce dernier soit généralement concentré dans les biefs d'aval. Dans les districts à riz, les rotations comportent ordinairement quatre à cinq jours d'exploitation pour quatre à cinq jours de chômage.

Dans certaines années de disette d'eau, on a établi les rotations sans tenir compte des rizières. Comme correctif à cette mesure, on a soin, lorsque les prévisions d'étiage sont mauvaises, d'avertir les paysans qu'on ne leur garantit pas d'eau pour leurs plantations de riz d'été ou *sultani* ; ils peuvent alors retarder leurs semailles de quelques mois et semer au moment de la crue du riz tardif ou *sabaini* ; souvent aussi ils remplacent leur riz par une récolte médiocre de coton. En 1903, année de très mauvais étiage, un avis officiel fut publié dès le 23 mars, déclarant que les rotations ne seraient établies suivant les exigences de la culture du riz que sur un certain nombre de canaux dont la liste était donnée en même temps.

Le meilleur système serait évidemment de partager les canaux en artères principales qui seraient toujours en eau et qui seraient de simples canaux d'amenée non utilisés pour l'arrosage, et en canaux secondaires qui seraient des canaux d'arrosage et sur lesquels s'exerceraient les rotations. Mais, pour le moment, le réseau des canaux n'est pas encore disposé pour qu'il en soit ainsi.

Ordinairement, pour les rotations, chaque groupe de canaux est divisé en trois ou quatre sections, une seule section travaillant pendant que les autres sont en chômage. Toutefois, dans le Fayoun, on emploie un autre procédé. Les canaux de cette province sont tous issus du Bahr Yousef (voir pl. V). On les partage, au point de vue des rotations, en trois classes, suivant la surface des terres cultivables qu'ils desservent :

1re classe : canaux desservant 4 000 hectares ou plus.
2e classe :   —   de 4 000 à 1 000 hectares.
3e classe :   —   moins de 1 000 hectares.

Les canaux de première classe commandaient, vers 1900, 91 000 hectares ; chaque canal est divisé en trois sections et chaque section reçoit l'eau à son tour pour une durée proportionnelle à sa surface cultivable, de façon à ce que la rotation soit terminée en douze jours.

Les canaux de la deuxième classe, qui commandaient, à la même époque, 18 000 hectares sont divisés en deux sections chacun, chaque section recevant l'eau à son tour proportionnellement à sa surface cultivable et de telle sorte que la rotation soit terminée en douze jours.

Les canaux de la troisième classe sont divisés en deux groupes, chaque groupe recevant alternativement l'eau pendant six jours et étant à sec pendant six jours. Ces canaux commandaient, en 1900, 7 000 hectares.

Le débit du Bahr Yousef est partagé entre les canaux en proportion de la surface qu'ils commandent, les deux sections de la troisième classe recevant double alimentation pendant leur période de fonctionnement.

Ce système marche bien. La période de douze jours est établie au Fayoum parce que les terres y sont légères et supporteraient difficilement plus d'intervalle entre les arrosages.

Quelques exemples feront mieux saisir la manière dont sont appliquées les rotations d'étiage suivant l'état du Nil.

En 1899, année de bon étiage et de très mauvaise crue, des rotations générales, dans les provinces du centre du Delta, commencèrent à être appliquées le 26 mai, avec sept jours de travail pour neuf jours de chômage ; dans les districts à rizières du nord de ces provinces, on donna quatre jours de travail et six jours de chômage. A la fin de juin, on éprouva des difficultés pour l'arrosage du maïs et on mit en vigueur un deuxième programme comportant dans les districts du nord sept jours de travail et sept jours de chômage et, dans les districts du sud, sept jours de travail et quatorze jours de chômage. Mais cette dernière répartition fut encore trop large, on manqua d'eau à l'extrémité nord de certains canaux, et là quelques terres ne purent avoir qu'un seul arrosage en trente ou quarante jours. Ce fâcheux résultat montre l'urgence qu'il y avait à adopter d'autres mesures pour l'avenir.

On fit pendant la crue, cette année-là, des rotations avec sept jours de plein débit et sept jours d'un débit réduit aux deux tiers.

En 1900, l'étiage s'annonçant très mauvais, on prit pour le Delta des mesures exceptionnelles.

En premier lieu, on publia de bonne heure, dès le mois de février, le programme des rotations, de façon à ce que tout le monde les connût à l'avance et que l'on vît nettement que la culture du riz d'été serait impossible.

En second lieu, il fallait à tout prix éviter la forte demande d'eau qui se produit au moment des semailles du maïs, avant même le commencement de la crue. Un décret spécial interdit, jusqu'à une date à fixer par le ministre des Travaux Publics, d'arroser les terres connues généralement dans la Basse Égypte sous le nom de terres *charaki* et réservées pour l'ensemencement du maïs ou de toute autre culture dont l'ensemencement se prépare de la même manière que celui du maïs. Cette interdiction ne s'appliquait pas toutefois aux terres réservées à la culture des légumes et des cucurbitacées (melons, pastèques, concombres, etc.), ou aux cultures dont l'arrosage pouvait s'effectuer au moyen d'eau puisée dans des puits n'ayant pas de communication avec un canal ou au moyen de machines à vapeur établies sur le Nil et dûment autorisées[1].

L'interdiction relative à l'arrosage des terres charaki fut levée à des dates variant du 12 au 23 juillet, suivant les régions, le Nil ayant atteint à cette époque une hauteur suffisante pour permettre de faire face à cette dépense d'eau.

Les prescriptions suivantes étaient inscrites sur les programmes officiels de rotations :

1° Les pompes établies sur le Nil ne sont pas sujettes aux rotations.

2° Pendant le chômage d'une section, toute prise d'eau publique ou privée et toute machine élévatoire comprise dans cette section doivent être fermées ou arrêtées ; pendant la période du travail, les prises publiques ou privées comprises dans la section sont ouvertes suivant le débit disponible, et les machines élévatoires fonctionnent.

3° Tout propriétaire d'un canal ou d'une machine élévatoire qui ouvre son canal et fait travailler sa machine hors tour est puni conformément à la loi sur les canaux[2] et peut être condamné à la fermeture de sa prise ou à l'arrêt de sa machine pour tout ou partie de la période suivante d'activité. En cas de récidive, on pourra fermer définitivement le canal ou arrêter la machine et toutes les autorisations que possède le propriétaire peuvent lui être retirées.

4° Les propriétaires de machines élévatoires ainsi que les propriétaires de canaux ou leurs agents sont rendus directement responsables de l'ouverture des prises ou du fonctionnement des machines hors tour.

5° L'interdiction de faire marcher une machine pendant sa propre période de travail ne donne aucun droit au propriétaire de travailler hors tour.

---

[1] En 1902, année d'étiage aussi très bas, la prohibition fut étendue même aux machines établies le long du Nil, sauf pour les îles. Jusque-là, le gouvernement n'avait pas cru pouvoir le faire, considérant que ces machines puisent dans un réservoir naturel qu'il n'avait pas le droit d'interdire aux riverains.

[2] Voir cette loi chap. XVI.

6° Pour la réglementation des rotations, le jour commence au lever du soleil.

Quelques-unes de ces mesures sont très sévères, mais on comprend combien la police des eaux serait difficile si la loi ne donnait pas les moyens d'arrêter toute infraction énergiquement et rapidement.

La date du commencement des rotations en 1900 était fixée au 14 mars, mais on ne jugea pas utile de les appliquer avant le 4 et le 5 avril dans les provinces de Galioubieh et de Charkieh et avant le 16 et le 17 avril dans les autres provinces du Delta.

Trois programmes furent successivement mis en vigueur, de plus en plus rigoureux, au fur et à mesure que croissaient les difficultés d'alimentation.

PREMIER PROGRAMME

Un arrosage tous les vingt jours.

Chaque groupe de canaux est partagé en trois sections A, B et C ; les

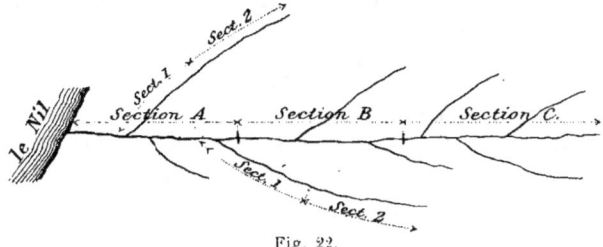

Fig. 22.

canaux principaux ont environ 150 kilomètres de longueur (fig. 22).

DURÉE DES PÉRIODES	TRAVAIL	CHÔMAGE
6 jours.	Section A.	Sections B et C.
1 —	Arrêt général.	
6 —	Section B.	Sections A et C.
1 —	Arrêt général.	
6 —	Section C.	Sections A et B.
20 jours.		

Un jour d'arrêt général est prévu entre chaque période pour permettre le remplissage des canaux et embranchements de la section suivante, de façon à ce que l'eau puisse parvenir jusqu'aux extrémités de cette section avant qu'elle ne commence à travailler. Pendant ce jour de chômage général, aucune machine ne peut fonctionner sans permission ; l'autorisation peut toutefois en être donnée à celles qui, par suite de circonstances spéciales, n'ont pu marcher d'une façon satisfaisante pendant la période de travail qui leur était assignée. On peut ainsi, dans une certaine mesure, corriger la rigueur du système.

Pour certains embranchements un peu longs, on fait également des rotations intérieures par une division en deux sections dont chacune est en chômage pendant deux périodes sur trois.

DEUXIÈME PROGRAMME

Un arrosage en vingt-quatre jours.
Division d'un groupe de canaux en trois sections A, B, C.

DURÉE DES PÉRIODES	TRAVAIL	CHÔMAGE
6 jours.	Section A.	Sections B et C.
2 —	Chômage général.	
6 —	Section B.	Sections A et C.
2 —	Chômage général.	
6 —	Section C.	Sections A et B.
2 —	Chômage général.	
24 jours.		

Les périodes de travail restent de six jours, mais la durée des chômages généraux est de deux jours.

TROISIÈME PROGRAMME

Un arrosage tous les vingt-huit jours.
Division d'un groupe de canaux en quatre sections D, E, F, G.

6 jours.	Section D.	Sections E, F, G.
1 —	Chômage général.	
6 —	Section E.	Sections D, F, G.
1 —	Chômage général.	
6 —	Section F.	Sections D, E, G.
1 —	Chômage général.	
6 —	Section G.	Sections D, E, F.
1 —	Chômage général.	
28 jours.		

Il y eut dans la pratique quelques modifications locales à ces programmes. Ainsi, dans la province de Charkieh, certains canaux ne purent être divisés qu'en deux ou en quatre sections, mais on conserva les mêmes périodes de travail et de chômage.

Pour certains canaux voisins du barrage du Delta, on dut aussi faire des arrangements spéciaux et on accorda quatre jours de travail sur trente jours comme programme le plus sévère.

Enfin, sur le canal Ismailieh où le sol est plus léger, on donna trois jours d'arrosage à demi intervalles, au lieu de six jours à intervalles pleins.

Toutes les rotations de vingt-quatre, vingt-huit et trente jours doivent naturellement être considérées comme exceptionnelles; de si longs espacements des arrosages sont nuisibles aux cultures.

Quoique l'interdiction d'arroser les charaki eût été levée du 12 au 23 juillet, les rotations continuèrent après cette date, pour permettre à l'eau d'arriver jusqu'aux biefs extrêmes des canaux. Mais la rigueur en fut adoucie ; elles comportèrent alors dix jours de travail et dix jours de chômage. Les rotations cessèrent définitivement entre le 5 et le 12 août, suivant les provinces.

Dans la Moyenne Égypte et dans le Fayoum, les rotations de 1900 furent distribuées d'une autre manière.

Au Fayoum, on maintint le programme d'un arrosage en douze jours que nous avons déjà exposé ; il fonctionna du 1er avril au 20 juillet.

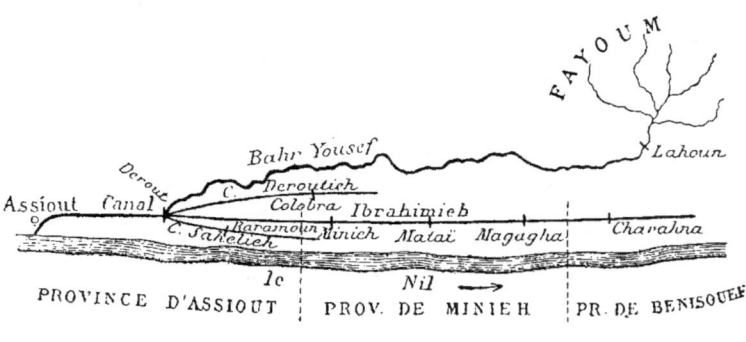

Fig. 23.

Dans le système du canal Ibrahimieh, avant la mise en service du barrage d'Assiout[1], on commençait en général les rotations d'étiage lorsque le Nil descendait à la cote 45,50 m. à Assiout, et on les cessait lorsqu'il se relevait à la cote 46,00. En 1900, on mit successivement en vigueur les trois programmes suivants, à partir du kilomètre 61, c'est-à-dire en aval des ouvrages de distribution de Dérout (fig. 23).

PROGRAMME	PÉRIODE D'APPLICATION	FRÉQUENCE DES ARROSAGES			
		PROVINCE D'ASSIOUT		PROVINCE de Minieh.	PROVINCE de Benisouef.
		Canal Sahelieh.	Canal Deroutieh.		
N° I.	10 mars au 16 avril.	1 en 16 jours	1 en 19 jours	1 en 19 jours	1 en 22 jours
N° II.	16 avril au 10 mai.	1 — 18 —	1 — 22 —	1 — 22 —	1 — 24 —
N° III.	10 mai au 15 juillet.	1 — 20 —	1 — 24 —	1 — 24 —	1 — 26 —

[1] Cet ouvrage, construit en travers du Nil, en aval de la prise du canal Ibrahimieh, a pour effet de relever le niveau du fleuve pendant les basses eaux ; il fut terminé en décembre 1902.

Les tableaux des rotations furent établis comme suit :

Canal Ibrahimieh.

RÉGU-LATEURS	PROVINCE DE MINIEH						PROV. DE BENISOUEF	
	MINIEH		MATAÏ		MAGAGHA		CHARAHNA	
	NOMBRE DE JOURS						NOMBRE DE JOURS	
	Travail.	Chômage.	Travail.	Chômage.	Travail.	Chômage.	Travail.	Chômage.
Prog. n° I.	7	12	6	13	6	13	10	12
— II.	8	14	7	15	7	15	11	13
— III.	9	15	7 1/2	16 1/2	7 1/2	16 1/2	12	14

Province d'Assiout, canaux Sahelieh et Deroutieh.

CANAUX	SAHELIEH				DEROUTIEH			
RÉGULATEURS	BARAMOUN				COLOBRA			
	Amont.		Aval.		Amont.		Aval.	
	NOMBRE DE JOURS							
	Travail.	Chômage.	Travail.	Chômage.	Travail.	Chômage.	Travail.	Chômage.
Prog. n° I.	8	8	8	8	10	9	9	10
— II.	9	9	9	9	12	10	10	12
— III	10	10	10	10	13	11	11	13

On dut, en outre, sur certains points de la région de l'Ibrahimieh, établir des rotations spéciales pour les machines à vapeur, afin de permettre à l'eau d'arriver en quantité suffisante dans les biefs d'aval. Ainsi, sur le tronc supérieur du canal Ibrahimieh, entre la prise et les ouvrages distributeurs de Dérout (km. 61), du 10 avril au 15 juillet, les machines élévatoires furent soumises successivement à :

9 jours de travail et 9 jours de chômage ;
8 — 10 —
7 — 11 —

Et, pour le Bahr Yousef, depuis sa prise dans l'Ibrahimieh, à Dérout, jusqu'à son entrée au Fayoum, à Lahoun, entre le 10 mai et le 12 juillet, les machines élévatoires furent soumises à une rotation comportant cinq jours de travail pour dix jours de chômage.

PROCÉDÉS GÉNÉRAUX DE L'IRRIGATION ÉGYPTIENNE

Ces quelques exemples font ressortir combien le système des rotations prend des formes variées suivant les besoins agricoles et l'outillage de chaque région.

Il a déjà été dit à plusieurs reprises qu'il se produit une grande demande d'eau en été, au moment des semailles du maïs. On a vu notamment[1] que de graves inconvénients en étaient résultés en 1899, vers la fin de juin, principalement pour les districts du nord du Delta situés vers les extrémités des grands canaux d'alimentation. Ces difficultés ne faisant que croître d'année en année par suite de l'extension de plus en plus grande de la culture du coton qui a, lui aussi, besoin d'être abondamment arrosé dans cette saison, on a pris le parti de promulguer chaque année, comme on l'avait fait pour la première fois en 1900, un décret interdisant l'arrosage des terres à maïs avant une date fixée. En 1904, qui fut une bonne année à ce point de vue, l'interdiction eut lieu seulement du 26 mai au 15 juin ; mais, en 1907, elle dura du 15 mai aux 21 et 25 juillet et, en 1905, année de crue très tardive, elle fut maintenue jusqu'au 28 juillet.

Il y a cependant intérêt, surtout pour les districts du nord, à ce que le maïs ne soit pas semé trop tard. Aussi, d'une part, l'administration cherche à diminuer le plus possible la durée de l'interdiction ; et, d'autre part, pendant la semaine qui suit l'abrogation du décret, il y a sur tout le territoire une énorme demande d'eau à laquelle il est toujours difficile de faire face, même lorsque la crue est déjà en pleine montée.

Les rotations sont aussi parfois appliquées utilement dans la région des bassins d'inondation à des cas spéciaux. Nous avons vu que certains terrains situés en bordure du Nil sont isolés des bassins pour être consacrés à la culture sefi[2]. Ces terrains sont arrosés pendant l'étiage au moyen de pompes à vapeur établies sur la rive du Nil, mais au moment de la crue, ils reçoivent l'eau au niveau du sol par des embranchements des canaux d'alimentation des bassins. Il y a évidemment un intérêt économique à arrêter le fonctionnement des pompes le plus tôt possible, c'est-à-dire aussitôt que ces embranchements peuvent donner l'eau par simple gravitation. Mais, d'autre part, tant que les bassins ne sont pas remplis, leur niveau maintient celui de ces embranchements trop bas au-dessous de la surface des terres

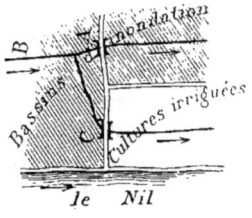

Fig. 24.

sefi à arroser. Pour y remédier, lorsque les prévisions de la crue autorisent à le faire sans mettre en péril le remplissage des bassins (fig. 24), on ferme ou on règle par périodes l'ouvrage A par lequel le canal pénètre dans le bas-

---

[1] Voir ci-dessus, page 135.
[2] Voir pages 113 et suivantes.

sin d'inondation, de façon à relever le niveau de l'eau dans le bief amont AB et à la faire refluer dans le canal d'irrigation AC.

Ainsi, en 1898, pour irriguer les terres plantées en canne à sucre, à Belianah, près de Guirgueh, terres qui sont arrosées par la pompe à vapeur de la *Sugar Land C°*, on maintint un niveau surélevé par ce procédé dans les canaux desservant ces cultures aux époques suivantes :

14 août au	16 août	2 jours.
27 —	31 —	4 —
10 septembre au	14 septembre	4 —
14 —	29 —	5 —
31 —	25 octobre	4 —

Mais il faut faire la plus grande attention à ne pas compromettre par des mesures de cette nature la culture des bassins, qui n'a pas d'autres ressources que l'inondation, pour des cultures sefi qui sont toujours en mesure de recourir, le cas échéant, au travail des pompes à vapeur.

Nous nous sommes étendus assez longuement sur cette question des rotations parce qu'elles ont constitué un très notable progrès dans les irrigations égyptiennes, à divers points de vue qui ont déjà été énumérés, et surtout en facilitant, pendant la période de l'année où l'eau est rare et où son emploi doit être strictement limité et réparti, une meilleure utilisation des débits disponibles.

Tandis que, sans rotations, il faut s'attendre à une dépense d'eau de 0,826 l. par seconde et par hectare cultivé, l'application de ce système de distribution permet de réduire ce chiffre, même à 0,500 l. lorsqu'il le faut. En 1899, sur le canal Ibrahimieh, avant le commencement des rotations, la dépense d'eau était de 0,875 l., elle est tombée aussitôt après à 0,687 l. sans qu'il en résultât aucun dommage pour les cultures.

Des résultats de même nature sont constatés pour les rotations faites pendant la crue. Ainsi, le canal Tewfikieh qui arrose les provinces de l'est du Delta avait été projeté pour une cote d'eau maxima de 15,50 m. pendant la crue, à sa prise sur le Nil. En 1892, on trouva que cette cote donnait un débit insuffisant, on l'éleva à 15,70 m. et en 1893 à 16,00 m. Or, en 1897, malgré le développement progressif de l'étendue des cultures dépendant de ce canal, les niveaux qui donnèrent un débit suffisant furent, grâce aux rotations, 15,50 m. du 30 août au 10 septembre et 15,00 m. après cette date[1].

ARROSAGES

Une fois l'eau ainsi distribuée par les canaux publics et leurs embranchements et répartie sur les diverses portions du territoire par le jeu des

---

[1] Le Nil, cet année-là, ne fut pas assez haut pour produire une cote de 15,50 m. dans le canal Tewfikieh avant le 30 août.

ouvrages régulateurs, elle arrive à la prise d'eau des canaux particuliers où elle pénètre, suivant les localités et les saisons, soit par écoulement direct, soit en passant par des machines élévatoires. Elle est ainsi amenée jusqu'à la rigole d'arrosage au moyen de laquelle le cultivateur la conduit à son champ, qu'il a eu soin de préparer de façon à pouvoir y répandre les eaux sur toute sa surface.

En général, le sol est tellement plat qu'il n'est pas besoin de grands travaux pour le niveler et le rendre propre à l'irrigation. Pour procéder à cette opération préliminaire, lorsqu'elle est nécessaire, on emploie un instrument formé d'une sorte de caisse de brouette sans roues et sans pieds munie à l'arrière de deux manches ; un bœuf ou un buffle est attelé à l'avant, l'homme tenant les deux manches par derrière et appuyant sur la caisse de manière à racler les terres avec le rebord antérieur qui est très évasé et recouvert d'une bande de fer ; la caisse se remplit avec le produit des bosses qui sont écrêtées et, par un simple mouvement de bascule imprimé aux manches, l'homme la vide dans les parties creuses. Cet outil primitif est d'ailleurs connu dans tous les pays d'irrigation.

Quand le terrain est ainsi aplani, l'irrigation s'y pratique de diverses façons.

En général, le sol est divisé par de petites digues, en carrés de 30 à 40 mètres de surface, que l'on submerge successivement sur quelques centimètres de hauteur. Ce procédé est employé pour les arrosages qui sont donnés avant que la récolte soit levée ou semée.

Plus tard, lorsque les plants sont sortis de terre, l'arrosage se fait, suivant la nature de la récolte, soit dans les sillons servant de rigoles, soit dans des carrés submergés comme il vient d'être dit.

Pour les rizières, l'eau circule d'une manière continue dans une série de bassins successifs séparés par de petites digues en terre.

D'ailleurs, les procédés usités en Égypte pour l'emploi des eaux d'arrosage ne présentent aucune particularité méritant d'être signalée et ne diffèrent pas de ceux qui sont pratiqués dans tous les autres pays plats.

CHAPITRE VII

IRRIGATION DU DELTA

Historique de l'irrigation du Delta. — Provinces de l'est. — Provinces du centre. — Provinces de l'ouest. — Distribution des eaux au barrage du Delta et dans les deux branches du Nil. — Grandes voies de navigation. — Statistique des canaux d'irrigation et des machines élévatoires. — Entretien des digues et des canaux. — Importance des cultures.

HISTORIQUE DE L'IRRIGATION DU DELTA

Le Delta a la forme d'un grand éventail à moitié ouvert, partagé en trois parties inégales par les deux branches de Rosette et de Damiette, qui se séparent l'une de l'autre à 25 kilomètres en aval du Caire. Le sol, qui est à la cote 18,00 m. aux environs du Caire, s'abaisse en pente douce et régulière vers la mer.

En suivant le mouvement général des courbes de niveau, on y reconnaît l'allure d'un cône de déjection très aplati présentant dans son profil transversal, c'est-à-dire de l'est à l'ouest, des zones alternativement basses et relevées ; celles-ci sont placées le long des deux branches du Nil et des grands canaux qui occupent l'emplacement d'anciens bras naturels, et celles-là dans les parties intermédiaires. En outre, la branche de Damiette coule à un niveau un peu plus haut que la branche de Rosette[1].

Si, du Caire comme centre, on trace un arc de cercle de 170 kilomètres de rayon, on obtient assez exactement le contour du rivage de la mer. La limite des terres cultivables s'arrête en moyenne à 30 kilomètres de la mer, plus ou moins suivant les endroits. La zone inculte comprend, en allant de l'intérieur à l'extérieur, une bande de terrains marécageux et salpêtrés, une ceinture de lacs saumâtres et une chaîne de dunes littorales.

Le Delta était encore, au commencement du siècle dernier, aménagé suivant les procédés que nous avons exposés pour les cultures par l'inondation. Des canaux d'amenée alimentaient des séries de bassins séparés les uns des autres par des digues et, au delà du dernier bassin de la série, se

---

[1] Voir pages 48 et suivantes la description du Delta.

prolongeaient par des canaux de vidange aboutissant dans les lacs littoraux qui se déversaient eux-mêmes dans la mer. Comme dans la région des bassins, on y pratiquait des cultures d'hiver dites chetoui (blé, orge, fourrage, etc.), et des cultures nili pendant la crue (maïs, dourah), ces dernières sur les terres hautes bordant les branches du Nil et les grands canaux. On y faisait aussi un peu de coton ; c'était possible même pendant l'étiage, du moins dans les années ordinaires, car le niveau des basses eaux dans le Delta est naturellement plus rapproché du sol que dans la Haute Égypte et les oscillations de la crue y ont moins d'amplitude, de sorte que, sans trop de peine, au moyen de sakiehs ou de chadoufs, on élevait, des deux branches du Nil ou d'autres bras secondaires du fleuve, l'eau nécessaire à cette récolte ; on pouvait aussi, dans d'autres endroits protégés contre l'inondation par des digues, l'extraire de la nappe souterraine au moyen de puits. Mais l'étendue de ces cultures d'été était très restreinte. D'après Girard, de l'expédition française, elle ne couvrait guère, dans les bonnes terres bien situées, que 12 p. 100 de la superficie totale ; la culture nili du maïs n'occupait elle-même à peu près que la même surface. Cette proportion ne pouvait guère être augmentée sans que le système d'irrigation de la région ne fût complètement modifié.

Mehemet Ali commença à entreprendre cette œuvre vers 1825. Le principe de la transformation fut simple. On renforça et compléta les digues longitudinales des deux branches du Nil pour protéger les terres contre l'inondation qu'on recherchait auparavant ; on creusa jusqu'à 1 mètre ou 1,50 au-dessous du niveau des basses eaux les principaux canaux d'alimentation des bassins, de façon à assurer leur débit toute l'année, et on les munit d'ouvrages régulateurs adaptés à leur nouveau rôle de canaux d'arrosage permanent. Mais, en pratique, bien des difficultés surgirent.

Avec la manie commune à presque tous les Orientaux de vouloir toujours faire grand, les principales artères avaient été établies avec des dimensions exagérées, hors de proportion avec les débits à prévoir pendant la crue. On était donc obligé, à cette époque de l'année, pour relever les eaux au niveau des terres et permettre l'arrosage intensif et les submersions nécessaires à la préparation des cultures d'hiver, de fermer en partie les ouvrages régulateurs ; on réduisait ainsi la vitesse d'écoulement et de grandes quantités de limon se déposaient dans le lit des canaux. Souvent aussi, sous la direction des ingénieurs indigènes commandés par des pachas ignorants et brutaux, le débit était mal réglé, des lâchures intempestives rongeaient les berges, bouleversaient le régime des eaux et engendraient un désordre favorable aux envasements. D'autre part, lorsque la période d'étiage était venue, la corvée, troupe de paysans ramassés par la force et travaillant à coups de courbache, était impuissante à exécuter convenablement le curage de ces grands canaux dont le fond était rempli de boue liquide et qu'on n'avait pas le temps d'assécher complètement, parce qu'on ne pouvait interrompre longtemps les arrosages. Souvent on devait se contenter de relever sur les berges, un peu au-dessus du niveau des basses eaux, une certaine quantité de vase, juste assez pour livrer un mince passage à l'eau et la crue se chargeait bien vite de ramener au fond ces déblais qu'il fallait extraire l'année suivante avec les mêmes difficultés et les mêmes peines, véritable travail de Sisyphe. Enfin, dans les biefs supérieurs des canaux, le niveau d'étiage était trop bas au-dessous du sol environnant,

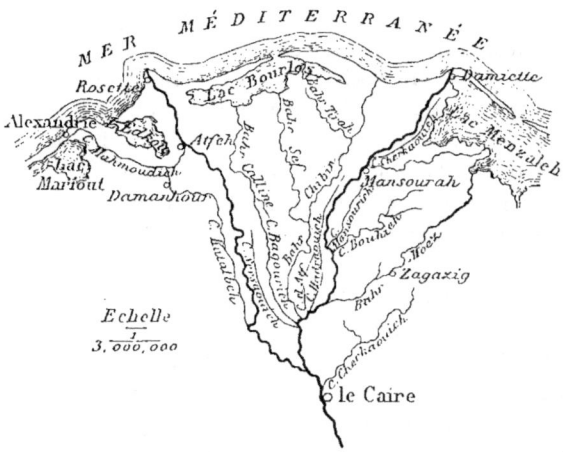

Fig. 25. — Extrait d'une carte de Linant de Bellefonds. (Canaux sefi du Delta en 1855.)

surtout dans les provinces du sud du Delta où la différence de hauteur atteignait 6 à 7 mètres ; il en résultait des frais d'élévation d'eau considérables et trop dispendieux.

Linant de Bellefonds, alors conseiller de Mehemet Ali pour les travaux publics, a publié une carte, sans date, mais se rapportant probablement à l'année 1855, qui montre quel était à cette époque le tracé des principaux canaux sefi de la Basse Égypte. Nous en indiquons les principales lignes sur la figure 25. Par une note imprimée sur cette carte et reproduite ci-dessous, il indique sommairement quel était alors le régime de la Basse Égypte.

« On arrose les terres de la Basse Égypte de deux manières, pendant l'inondation et à l'époque de l'étiage. Quand la crue commence, on laisse entrer les eaux dans les canaux ; et, comme elles ne sont pas encore au niveau des terres, on les élève au moyen de différentes machines pour arroser les terrains déjà semés en riz, coton, etc. Ceci se pratique à la fin de juillet et dans le mois d'août. On inonde, dans le cours du mois d'août, au moyen de simples saignées dans les berges des canaux, les terrains convenablement placés ; on inonde les autres avec des machines. On sème du dourah dans ces terres ainsi arrosées. En quarante jours, cette récolte se fait. Le Nil alors étant à son maximum de crue, les canaux sont tous remplis ; les barrages construits sur leur cours servent à élever les eaux pour les répandre sur les terres qui ne sont plus ensemencées et que l'on submerge entièrement. On n'arrose plus alors, on inonde de grandes étendues formées en bassins par des digues. Quand les eaux du fleuve diminuent, elles se retirent de dessus les terres par différents canaux dans les lieux les plus bas. Alors on sème les blés, orges, lin, fèves, etc. Dans la Basse Égypte, les terres étant plus basses (que dans la Haute Égypte), on peut arroser ces cultures jusqu'à trois fois au moyen de saignées faites aux berges des canaux.

« Après les inondations et quand l'étiage commence, en mars et avril, c'est le moment des récoltes. On cure alors les canaux qui doivent fournir de l'eau et qui sont comblés en partie pendant l'inondation ; ceux-ci sont creusés à 8 mètres, tandis que pour servir à l'inondation 4 mètres suffisent. On fait à la prise d'eau des canaux alimentaires quelques travaux annuels, comme des épis de pieux jointifs, etc., pour donner une plus grande quantité d'eau. Au moyen des machines qui élèvent les eaux, on commence à ensemencer les terres en coton, en riz, mais c'est avec beaucoup de peine et de grandes dépenses. Ce n'est que dans les terrains les plus éloignés des prises d'eau des canaux, à des distances de 16 à 18 lieues, que les eaux retenues dans le lit des canaux par le moyen des barrages peuvent se répandre naturellement sur ces terres, à cause du peu de pente des canaux.

« Tous les ans, on emploie, terme moyen, 150000 hommes pendant quatre mois pour le curage des canaux, réparations des digues et travaux nouveaux. »

Tels furent les débuts de la transformation des irrigations dans la Basse Égypte. C'était encore un système mixte ; l'inondation par bassins et l'irrigation s'y pratiquaient en même temps. Ce n'est que progressivement que les digues des bassins furent supprimées et le système des canaux profonds développé ; alors toute inondation générale disparut du Delta et on put y introduire un assolement normal et régulier par suite duquel toute terre est consacrée successivement aux diverses cultures d'été et d'hiver, quelle que soit sa situation par rapport au Nil.

Il n'était pas prudent, d'ailleurs, de songer à aménager toutes les terres de la Basse Égypte pour l'irrigation sans donner plus de sécurité à l'alimentation des canaux pendant l'été. Pour cela, il fallait diminuer leur profondeur afin de faciliter leur curage annuel, et on ne pouvait y arriver qu'en relevant le niveau de l'étiage du Nil.

Dans ce but, on résolut de mettre à exécution l'idée préconisée par le général Bonaparte, d'établir un barrage sur les deux branches du Nil à la pointe du Delta et de distribuer l'eau dans toute la Basse Égypte au moyen de canaux ayant tous leur prise en amont de cet ouvrage. Le barrage projeté devait créer une retenue de 4,50 m.

La construction de ce barrage fut commencée en 1843 et on entreprit en même temps le creusement des trois grands canaux d'alimentation du Delta (fig. 26), l'un pour les provinces de l'ouest, l'autre pour les provinces comprises entre les deux branches du Nil, et le troisième pour les provinces de l'est. Le premier seul fut achevé ; le second, celui du centre, ne fut relié que partiellement au réseau des canaux qu'il devait fournir d'eau et le troisième fut à peine commencé. D'autre part, pour diverses raisons qui seront indiquées dans un autre chapitre, le barrage lui-même resta incomplet et fut longtemps inutilisé.

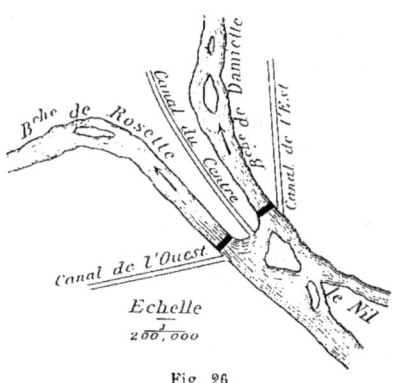

Fig. 26.

On se contentait, dans les dernières années antérieures à 1882, de créer une faible retenue de 1,50 m. à 2 mètres pendant l'étiage sur la branche de Rosette, le barrage de la branche de Damiette restant complètement ouvert. On obtenait ainsi un meilleur débit dans les deux canaux de l'ouest et du centre et on faisait refluer une plus grande quantité d'eau dans la branche de Damiette qui continuait à alimenter, par des canaux échelonnés le long de son cours, une grande partie des provinces du centre et toutes les provinces de l'est.

En 1880, le gouvernement égyptien avait complètement perdu l'espoir de se servir du Barrage autrement que comme d'un répartiteur entre les deux branches du Nil. On considérait que, pour le mettre en état de rendre les services pour lesquels il était prévu, il faudrait y dépenser des sommes hors de proportion avec les ressources budgétaires de l'Égypte surchargée de dettes. En outre, les moyens de drainage n'existant encore qu'à l'état embryonnaire, on craignait que les infiltrations résultant d'un relèvement continu des eaux du Nil ne produisissent des effets désastreux sur les récoltes. Enfin, sous l'influence des idées plus douces introduites par les européens, dont le nombre grandissait chaque année dans le pays, on éprouvait de plus en plus de difficultés à obtenir de la corvée le curage des grands canaux sefi. On eut alors l'idée d'arriver à supprimer la plupart des canaux profonds en élevant l'eau du Nil, sur divers points, au moyen de grandes usines à vapeur. Des installations mécaniques furent établies à cet effet dans les provinces de l'ouest, les plus mal desservies au point de vue de l'alimentation d'étiage ; et on se proposait d'étendre ce système à tout le Delta et à la province de Ghizeh. C'était un expédient coûteux ; il avait toutefois l'avantage de faire débourser par des sociétés concessionnaires les frais de premier établissement.

Mais, en 1882, les ingénieurs anglais prirent possession du Ministère des Travaux Publics, et, peu de temps après, le gouvernement égyptien obtint des grandes puissances un arrangement financier qui permit d'envisager et d'entreprendre l'exécution de grands travaux d'ensemble destinés à mettre en état le Barrage, à construire le canal de l'est et à transformer le réseau des canaux de la Basse Égypte de façon à ce que l'artère générale de l'alimentation de chacune des trois parties du Delta eût sa prise en amont du Barrage, suivant le plan primitif.

Ce travail fut poursuivi méthodiquement; actuellement, toute l'irrigation de la Basse Égypte est commandée par le Barrage rendu capable de relever l'eau du Nil jusqu'à la cote 15,50 m. au-dessus du niveau de la mer, soit à 1,50 m. au-dessous des terres cultivables ; tout le Delta reçoit maintenant son eau par des canaux qui ont leur prise en amont du Barrage.

Avec ce système, les terres situées au nord du Delta se trouvent desservies au moyen de grandes artères dont la prise sur le Nil est à plus de 150 kilomètres de là. On a reconnu qu'il est très difficile d'assurer une bonne distribution sur d'aussi longs parcours avec le régime très libéral qui règne en Égypte pour l'emploi de l'eau d'irrigation. Aussi, pour remédier à cet inconvénient, on a été amené à construire sur la branche de Damiette, à Zifta (85 km. en aval du barrage du Delta), un nouveau barrage destiné à faciliter l'arrivée de l'eau d'arrosage dans les parties septentrionales des provinces du centre et de l'est. On s'est même proposé d'en construire un autre, dans un but analogue, sur la branche de Rosette, mais ce dernier projet n'est encore qu'à l'étude.

On peut se rendre compte par quelques chiffres du chemin ainsi parcouru depuis cinquante ans.

Vers 1860, Linant de Bellefonds calculait que le débit de tous les canaux, avec un étiage moyen, était de 63 mètres cubes par seconde, permettant de cultiver 75 000 hectares en cultures d'été, moitié riz et moitié coton, soit un vingtième de la surface de la Basse Égypte.

Vers 1880, au moment où l'on ne se servait du Barrage que comme répartiteur entre les deux branches du Nil avec 1,75 m. de retenue sur la branche de Rosette et une cote d'altitude amont de 12 mètres, Rousseau pacha, alors sous-secrétaire d'État au Ministère des Travaux Publics, estimait le débit des canaux de la Basse Égypte à 175 mètres cubes par seconde.

En 1885, époque où l'on commença à utiliser le Barrage avec une retenue de 3 mètres de hauteur et une cote d'altitude amont de 13 mètres, le débit des canaux est porté à près de 300 mètres cubes.

A partir de 1891, après que les travaux de consolidation de cet ouvrage furent achevés et purent donner une retenue de 4,50 m., avec une cote d'altitude amont de 13,75 m., on obtint 350 mètres cubes en année ordinaire.

Enfin, après que de nouveaux travaux eurent surélevé encore la retenue du Barrage et eurent porté la cote amont à l'altitude de 14 mètres, on obtint, en 1900, avec le plus bas étiage connu, très inférieur aux étiages ordinaires, un débit minimum de 220 mètres cubes par seconde (on ne pouvait donner davantage, le débit du Nil étant entièrement absorbé par les canaux); et, par le perfectionnement du régime des canaux et du système de distribution des eaux, on put, avec ce débit restreint, arroser plus de 450 000 hectares de cultures d'été, sans compter celles qui étaient arrosées au moyen de pompes établies sur le Nil et qui étaient de 60 000 hectares environ. Dans une année moyenne, le débit des canaux peut actuellement être maintenu avec facilité au chiffre de 500 mètres cubes par seconde. En outre, avec la charge de 6 mètres d'eau que supporte actuellement le Barrage, on peut obtenir plus tôt qu'autrefois, à la prise des trois grands canaux du Delta, la cote de 15,50 m. qui est nécessaire pour fournir, au commencement de la crue, le débit indispensable aux semailles du maïs.

PROVINCES DE L'EST

Les trois provinces de Galioubieh, Charkieh et Dakahlieh, situées à l'est de la branche de Damiette, ont ensemble une surface cultivable de 500 200 hectares.

D'après la carte de Linant de Bellefonds (fig. 24), cette région, il y a cinquante ans, prenait son eau d'irrigation dans le Nil par cinq grands canaux sefi échelonnés comme il suit :

1° Sur le Nil proprement dit, à 13 kilomètres au sud de la pointe du Delta : le Cherkaouieh ;

2° Sur la branche de Rosette,

à	53 kilomètres au nord de la pointe du Delta			: le Bahr Moez.
à	88 —	—	—	— : le Bouhieh.
à	89 —	—	—	— : le Mansourieh.
à	140 —	—	—	— : le Bahr Saghir.
à	143 —	—	—	— : le Cherkaouieh de Damiette.

Plus tard furent construits le canal Ismaïlieh dont la prise est au Caire ; le canal Bessoussieh un peu au nord du Cherkaouieh ; puis plus au nord, non loin du Mansourieh, le canal Om Salamah, qui alimentait le Bouhieh. Le canal Mansourieh lui-même fut joint au Bahr Saghir, de sorte qu'il y avait pour les grands canaux sefi, sept prises au Nil. Telle était la situation avant que le barrage du Delta pût enfin être mis en service en 1889.

Actuellement, le nombre des canaux ayant leur prise au Nil et desservant l'irrigation de ces provinces est réduit à quatre ; ils ont tous leur prise en amont du barrage du Delta ; ce sont les canaux Ismaïlieh, Cherkaouieh, Bessoussieh et Tewfikieh (pl. VI). Le canal Mansourieh, qui forme prolongement du canal Tewfikieh a une prise supplémentaire au Nil (km. 85), en amont du barrage de Zifta.

Canal Ismaïlieh. — La tête de ce canal est à Choubrah, à 7 kilomètres en aval du Caire. Dirigé d'abord vers le nord-est, il suit la limite du désert jusqu'à la rencontre de la petite vallée de l'Ouady qu'il traverse et qu'il longe ensuite du côté au nord en se dirigeant droit vers l'est jusqu'à la ville d'Ismaïliah, où il débouche dans le lac Timsah. Une branche qui a sa naissance un peu avant Ismaïliah s'allonge vers le sud à travers le désert en suivant une ligne parallèle au canal maritime, et aboutit dans le chenal du port de Suez. Un petit canal se détache du canal Ismaïlieh en aval de l'embranchement de Suez et se dirige vers le nord pour porter de l'eau douce à la ville de Port-Saïd.

Le tracé du canal Ismaïlieh se rapproche en plusieurs points de la direction suivie par les anciens canaux qui, d'après les historiens, mettaient en communication le Nil avec le lac Timsah ou même avec la mer Rouge, et dont on a retrouvé des vestiges sur le sol.

La longueur du canal entre le Nil et le lac Timsah est de 136 kilomètres et la longueur de la branche de Suez est de 89 kilomètres.

Ce canal fut construit en vertu de conventions passées entre le gouvernement égyptien et la compagnie du canal de Suez, dans le but de créer une voie de navigation fluviale entre le Nil et le canal maritime, de fournir l'eau à quelques terrains alors concédés à la compagnie, et enfin de donner, pour les besoins du canal maritime et des villes et stations établies sur ses berges, un débit journalier de 70 000 mètres cubes. D'après ces mêmes conventions, le plafond du canal Ismaïlieh devait être établi de façon à ce que la profondeur y fût toujours de 2,50 m. en hautes eaux, de 2 mètres en eaux moyennes et de 1 mètre en basses eaux.

La largeur du plafond à la prise est de 13 mètres, les talus ont 3 mètres de base pour 1 de hauteur et dans les parties sableuses 6 mètres de base pour 1 mètre de hauteur. La branche de Suez a 8 mètres de largeur au plafond.

La pente est de 42 millimètres par kilomètre sur les 98 premiers kilomètres ; en ce point, une chute de 0,60 m. est rachetée par l'écluse de Gassassine ; la pente du canal devient ensuite 20,5 mm. par kilomètre jusqu'à Ismaïliah où le plafond du canal est à 4,30 m. au-dessus du lac Timsah. Cette différence de niveau est rachetée par deux écluses. Sur la branche de Suez, la pente moyenne est de 26 millimètres par kilomètre.

Le niveau du seuil de la prise est à 10,30 m. au-dessus du niveau de la mer, soit 8 mètres environ au-dessous du sol de la vallée.

A la traversée de l'Ouady, le canal est en remblai et le plan d'eau est à 2,50 m. au-dessus du sol environnant ; il en résulte de nombreuses infiltrations qui s'étendent assez loin sur les deux rives et qui, faute d'avoir ménagé des moyens d'égouttement, ont ruiné de grandes surfaces auparavant cultivables. Des travaux importants ont été entrepris dans ces dernières années pour assainir ces terres et les rendre productives.

Cinq ponts-barrages avec écluses sont échelonnés sur le canal Ismaïlieh : à la prise et aux kilomètres 12,5, 49,2, 93,6, 127,4, 128,6. Ils comprennent une écluse de 8,50 m. de largeur, et de 59,50 de longueur avec 38,50 m. de longueur utile ; l'ouvrage régulateur accolé à l'écluse se compose de deux pertuis de 2,75 m. de largeur ; des aqueducs latéraux ménagés dans les bajoyers de l'écluse et ayant 1,90 m., de hauteur sur 0,70 m. de largeur peuvent mettre en communication les deux biefs d'amont et d'aval. L'écluse de Choubrah, à la prise, était primitivement construite à 500 mètres environ de l'embouchure du canal ; il en résultait de grands envasements entre l'ouvrage et le Nil ; elle était d'ailleurs en mauvais état ; on vient de la reconstruire actuellement plus près du fleuve. Les deux écluses terminales d'Ismaïliah n'ont pas de pertuis accolés.

Les écluses de la branche de Suez sont au nombre de cinq, y compris l'écluse de prise ; elles sont aux kilomètres 0, 16, 42, 68 et 89 ; elles n'ont pas de pertuis accolés, mais elles sont munies d'aqueducs latéraux permettant d'établir un courant dans le canal.

Un déversoir de cinq ouvertures de 3 mètres, auprès d'Ismaïliah, rejette le trop-plein des eaux dans le lac Timsah, au kilomètre 129.

Un certain nombre de prises d'eau relient le canal au réseau des canaux d'irrigation de la région. La plus importante est un ouvrage de trois arches de 3 mètres au kilomètre 75, avec écluse, établi entre le canal Ismaïlieh et le canal Ouady, et rachetant une différence de niveau de 1,10 m. Une autre communication existe entre le canal Chibini, branche du Cherkaouieh, et le canal Ismaïlieh dans le second bief de ce dernier, en amont de Belbeïs.

Le débit du canal Ismaïlieh est de 32 mètres cubes par seconde en été avec 4,00 m. de hauteur au-dessus du seuil de prise. Pendant les hautes eaux la prise est à peu près fermée pour éviter les envasements et la plus grande partie de l'alimentation se fait par le canal Chibini, qui lui donne des eaux clarifiés à 50 kilomètres de sa prise. On remanie actuellement les ouvertures des régulateurs pour les agrandir.

Canal Cherkaouieh. — Ce canal a sa prise à 12 kilomètres environ en amont du Barrage ; il suit sur 30 kilomètres de longueur un tracé qui se rapproche beaucoup du canal Ismaïlieh ; il se partage ensuite en deux branches principales, le Chibini dirigé vers le nord-est et le Khalili vers le nord. La pente de ce canal est de 0,05 m. par kilomètre ; la largeur au plafond est de 10 mètres à la prise et 7 mètres à l'extrémité ; les talus ont 2 mètres de base pour 1 mètre de hauteur.

L'ouvrage de prise au Nil a quatre arches : l'arche centrale ayant 6,75 m. d'ouverture et les trois autres 2,40 m. ; le niveau du seuil est à l'altitude 11 mètres. A 17 kilomètres est un autre ouvrage de trois arches formant un débouché total de 7,90 m.

Le système du Cherkaouieh est en communication par ses embranchements avec ceux du canal Ismaïlieh et du canal Bessoussieh. Le trop-plein des eaux s'écoule par le Bahr el Baghar dans la partie orientale du lac Menzaleh.

Ce canal débite 25 mètres cubes pendant l'étiage avec 3,50 m. de hauteur d'eau et plus de 100 mètres cubes pendant la crue, avec une cote d'altitude de 15,50 m. à la retenue du Barrage.

Canal Bessoussieh. — Ce canal a sa prise à 2 kilomètres en aval de celle du Cherkaouieh, il suit sur 24 kilomètres une ligne parallèle au Nil et au canal ou rayah Tewfikieh. Puis, il se partage en deux branches, le Filfileh et le Kartamieh, qui, réunis après une trentaine de kilomètres de parcours, sont prolongés par le canal Abou el Akdar et le Bahr Facous, sur 50 kilomètres environ, et déversent leurs eaux par le prolongement du Bahr Facous, formant drain, dans la partie centrale du lac Menzaleh. Les canaux Kartamieh, Abou el Akdar et Bahr Facous, ne sont autre chose que l'ancienne branche Pélusiaque.

La largeur du Bessoussieh à sa prise est de 8 mètres, l'ouvrage de tête a trois arches formant un débouché total de 7,45 m. Le seuil est à la cote 11,60 m. Le débit est de 15 mètres cubes par seconde avec une hauteur d'eau de 3,00 m. en étiage. En crue, avec une cote de 15,50 m. au Barrage, il débite 90 mètres cubes.

Canal ou rayah Tewfikieh ou Charkieh. — L'ensemble des trois canaux Ismaïlieh, Cherkaouieh et Bessoussieh arrose le tiers des provinces de l'est du Delta, soit 175 000 hectares ; un dixième environ, soit 50 000 hectares, est arrosé au moyen de pompes prenant l'eau directement dans le fleuve ;

tout le reste, soit près de 300 000 hectares, reçoit son eau d'irrigation du canal Tewfikieh.

Ce canal, qui a sa prise au barrage même du Delta, a été construit de 1887 à 1890 ; il suit un tracé très rapproché de la branche de Rosette.

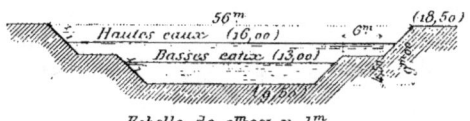

Fig. 27. — Section du rayah Tewfikieh à la prise.

Jusqu'à 65 kilomètres de sa prise, c'est un canal entièrement neuf. Là, il emprunte l'ancien canal Mansourieh sur 42 kilomètres de longueur, puis le Cherkaouieh de Farascour qui retombe dans le Nil près de son embouchure

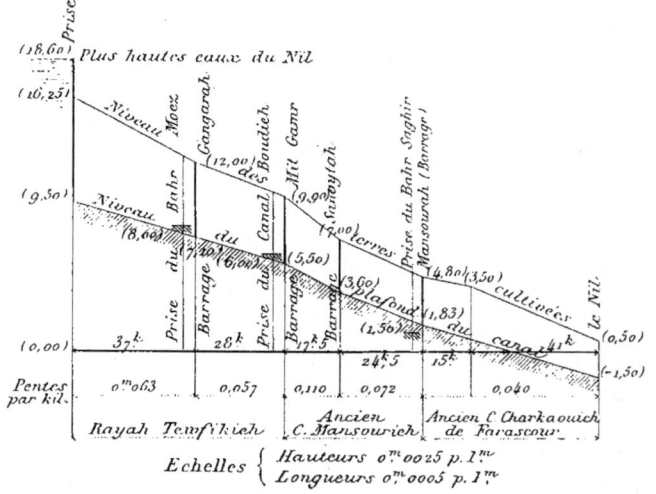

Fig. 28. — Profil en long du rayah Tewfikieh.

après un parcours de 56 kilomètres. L'ensemble de ces trois canaux n'en forme plus en réalité qu'un seul qui a 163 kilomètres de longueur. Ayant intercepté les communications avec le Nil des grands canaux dirigés vers l'est qui irrigaient autrefois ces provinces, c'est le rayah Tewfikieh qui fournit maintenant l'eau à ces canaux, dont les principaux sont :

1° Le Bahr Moez dont la prise est à 36 kilomètres de l'origine du canal Tewfikieh et qui a 100 kilomètres de longueur;

2° Le canal Bouhieh dont la prise est au kilomètre 64 et qui a 53 kilomètres de longueur ;

3° Le Bahr Saghir dont la prise est au kilomètre 106 et qui a 71 kilomètres de longueur.

Ces trois canaux, comme tous les autres moins importants qui dérivent du canal Tewfikieh, déversent le trop-plein de leurs eaux dans le lac Menzaleh.

L'ouvrage de prise du rayah Tewfikieh comprend six arches de 5 mètres d'ouverture et une écluse de 8 mètres de largeur et de 50 mètres de longueur. La cote du radier est 9,50 m., l'altitude des terres étant 16,50 m. et celle des plus hautes crues du Nil 18,60 m. Le canal était projeté pour une hauteur maxima d'eau, en crue, de 6 mètres (alt. 15,50 m.), mais il a pu être rempli jusqu'à 6,50 m. (alt. 16 mètres).

La largeur du plafond (fig. 27) est de 26 mètres à la prise et de 18 mètres à l'extrémité, les talus à 1 de base pour 1 de hauteur, la crête des berges étant à 9 mètres au-dessus du plafond et une risberme de 6 mètres de largeur étant ménagée à 4,50 m. de hauteur.

Deux régulateurs ayant sept ouvertures de 3 mètres sont établis aux kilomètres 37 et 65. La pente moyenne est de 0,06 m. par kilomètre (fig. 28).

Le canal Mansourieh a 14 mètres de largeur au plafond à son origine et 10 mètres à son extrémité. Il avait jusqu'à ces derniers temps, conservé son ancienne prise au Nil qui pouvait être utilisée pour augmenter le débit pendant la crue ou comme déversoir. Depuis la construction du barrage de Zifta sur le Nil, pour faire profiter ce canal et ses embranchements de la retenue créée par cet ouvrage, une nouvelle prise a été établie pour remplacer l'ancienne; elle comprend quatre arches de 5 mètres d'ouverture et une écluse de 35 mètres de longueur sur 8 mètres de largeur. Un régulateur de sept arches de 3 mètres avec écluse, récemment reconstruit à Sanaytah, est établi au kilomètre 17,5 et une écluse fait communiquer ce canal avec le Nil à son extrémité, à Mansourah. Les deux canaux Tewfikieh et Mansourieh forment ainsi une ligne navigable de 110 kilomètres parallèle au Nil qui est lui-même impraticable en étiage quand le barrage du Delta est entièrement fermé.

La pente moyenne du canal Mansourieh est de 0,087 par kilomètre.

Quant au Cherkaouieh de Farascour qui termine cette artère de canaux, son ouvrage de tête a trois ouvertures de 3 mètres et la largeur au plafond va en décroissant de 10 mètres à 3 mètres. La pente moyenne est de 0,04 par kilomètre.

Le rayah Tewfikieh, avec une hauteur d'eau de 6,50 m. à la prise (altitude 16 mètres), donne un débit de 220 mètres cubes par seconde; avec 5,50 m. d'eau (altitude 15 mètres), il débite 200 mètres cubes. C'est le régime du temps de crue. En étiage, avec 3,50 m. de hauteur d'eau (altitude

13 mètres), il débite 100 mètres cubes. Pendant la crue, l'alimentation de la région peut être augmentée de moitié par la nouvelle prise du canal Mansourieh.

Les trois grands canaux alimentés par le rayah Tewfikieh et qui ont été cités plus haut sont d'anciens chenaux tortueux, au lit assez irrégulier, dont la pente suit à peu près celle de la vallée et dont l'importance relative est donnée par la dimension des ouvrages de prise.

Le Bahr Moez est commandé par un pont régulateur de sept arches de 3 mètres, avec écluse accolée ; il a 0,06 m. de pente moyenne et est pourvu de quatre ponts régulateurs le long de son cours ; il reçoit 4,50 m. de hauteur d'eau pendant la crue.

Le canal Bouhieh a un ouvrage de tête composé de quatre arches de 3 mètres ; il prend 3,60 m. de hauteur d'eau pendant la crue. Par un petit canal de jonction de 4 kilomètres de longueur, il peut recevoir directement des eaux prises dans la branche de Damiette, en amont du barrage de Zifta.

Le Bahr Saghir a un ouvrage de prise de trois arches de 3 mètres avec écluse accolée ; il est navigable jusqu'au lac Menzaleh ; sa profondeur d'eau pendant la crue est de 3,80 m.

PROVINCES DU CENTRE

La région du centre du Delta est partagée en deux provinces, la Menoufieh au sud et la Garbieh au nord, comprenant une surface totale cultivable de 535 400 hectares. Comme la branche de Damiette, dans sa partie supérieure, a son lit à un niveau plus élevé que la branche de Rosette, et que le Delta a une pente transversale de l'est à l'ouest, l'irrigation d'étiage de ces provinces était autrefois desservie par une série de canaux ayant tous leur prise sur la branche de Damiette entre le cinquantième et le soixantième kilomètre à partir de la pointe du Delta. Ces canaux se ramifiant en éventail vers le nord aboutissaient finalement dans les terres marécageuses, dites Barraris, qui bordent le lac Bourlos et dans le lac Bourlos lui-même. Ils étaient au nombre de cinq : le Sersaouieh, le Bagourieh, le Bahr Chibin (ancienne branche Sebennytique), le canal El Atf et le canal Hadraouieh, ce dernier étant le plus rapproché de la branche de Damiette (fig. 25).

Au moment de la construction du barrage du Nil, on creusa un grand canal, dit rayah Menoufieh, dont la prise était à la pointe même du Delta, en amont de cet ouvrage. Les canaux Sersaouieh et Bagourieh reçurent alors leur eau par ce canal, mais quatre grands canaux seft : le Bahr Chibin, le canal el Atf, le canal Hadraouieh et le canal Sahel, continuèrent à être alimentés directement par la branche de Damiette jusqu'en 1889, époque à laquelle les réparations effectuées au Barrage le mirent en état de donner son plein effet.

Actuellement, toute l'alimentation de ces provinces se fait par le rayah Menoufieh qui, à 23 kilomètres de son origine, se divise en deux grandes artères, l'une le Bahr Chibin du côté de l'est, l'autre le canal Bagourieh du côté de l'ouest; ces deux dérivations principales s'étendent jusqu'au nord du Delta et aboutissent, le premier dans la mer, et le second dans le lac Bourlos. Toutefois, le rayah Abbas, nouvellement construit, ayant sa prise sur le Nil en amont du barrage de Zifta (km. 85 de la branche de Damiette), permet, le cas échéant et surtout au commencement de la crue, de lancer de l'eau, prise directement au fleuve, dans les parties inférieures du Bahr Chibin et de suppléer ainsi, à certains moments de l'année, à l'insuffisance de l'alimentation provenant du rayah Menoufieh.

Rayah Menoufieh. — Le rayah Menoufieh est un grand canal de 55 mètres de largeur au plafond, dont la prise se compose de sept arches de 4,17 m. d'ouverture avec écluse accolée, et a son seuil à la cote 9,50 m. au-dessus du niveau de la mer [1]. La pente moyenne de la surface en hautes eaux est réglée ordinairement à 0,065 m. par kilomètre et à 0,075 m. en basses eaux. A 10 kilomètres de sa prise, il est muni d'un régulateur composé de dix arches de 4 mètres avec écluse. Son tracé est très rapproché de la branche de Damiette et, sur la rive gauche, il a deux embranchements : le canal Nanaieh de 39 kilomètres de longueur et de 6 mètres de largeur, et le canal Sersaouieh de 85 kilomètres de longueur et de 8 mètres de largeur, qui irriguent sur leur parcours les terres hautes voisines de la branche de Rosette.

Bahr Chibin. — Le Bahr Chibin se sépare du rayah Menoufieh au kilomètre 23 ; il a une longueur totale, jusqu'à la mer, de 173 kilomètres et sert de canal d'irrigation jusqu'au kilomètre 163, formant ainsi avec le rayah Menoufieh une ligne continue de 186 kilomètres du Nil à son extrémité. Il comporte le long de son cours sept ouvrages régulateurs, y compris l'ouvrage de prise, tous munis d'écluses de navigation. L'ouvrage de tête, à Karinein, a dix arches de 5 mètres d'ouverture et celui d'extrémité à Bounah a trois arches de 3 mètres. La pente de la surface, en hautes eaux, est en moyenne de 0,065. Ce canal, dirigé presque du sud au nord, et situé dans le voisinage de la branche de Damiette, a ses principaux embranchements sur la rive gauche. Pour l'arrosage des terrains situés sur la rive droite, il donne naissance à une dérivation qui suit les terrains hauts de la berge de la branche de Damiette sur 140 kilomètres de longueur et qui se nomme

---

[1] Cet ouvrage s'est effondré en 1909, des sources s'étant produites sous le radier.

canal Sahel. Ne commandant qu'une bande de terrain étroite, le Sahel n'a à son origine, malgré son long parcours, que 8 mètres de largeur au plafond; les canaux el Atf et Hadraouich, qui s'en détachent et qui retombent à leur extrémité dans le canal principal lui-même, complètent le système de la rive droite du Bahr Chibin.

Sur la rive gauche du Bahr Chibin, on rencontre les principaux embranchements suivants :

Au kilomètre 15, le Bahr Sef de 62 kilomètres de long, et à 10 kilomètres en aval, le canal Batanieh de 54 kilomètres de long et de 10 mètres de largeur, qui, réunis tous deux vers leur extrémité, vont se perdre dans le canal Bagourieh.

Au kilomètre 25, le canal Kased de 10 mètres de largeur, qui, après un parcours de près de 80 kilomètres du sud au nord, se retourne à l'est vers le Bahr Mallah avec lequel il confond ensuite ses eaux.

Au kilomètre 41, le canal Gafarieh, de 70 kilomètres de long et de 10 mètres de large, qui réunit ses eaux de chaque côté à celles du canal Kased et du Bahr Mallah.

Au kilomètre 70, le Bahr Mallah, ancien cours d'eau de 30 mètres de largeur, dont l'ouvrage de prise a un débouché de 7,75 m. et qui après un parcours de 50 kilomètres se réunit avec le Bahr Tirah.

Au kilomètre 85, le Bahr Tirah, également un vieux cours d'eau irrégulier de 30 mètres de largeur, dont l'ouvrage de prise a 17,65 m. de débouché et qui porte ses eaux jusque sur les terres de Beltim, entre le lac Bourlos et la mer après 70 kilomètres de parcours.

Sur la rive droite, au kilomètre 62, par le rayah Abbas, nouvellement construit, le Bahr Chibin est en communication directe avec la branche de Damiette en amont de barrage de Zifta.

Canal Bagourieh. — Ce canal est la seconde des grandes artères issues du rayah Menoufieh. Tout l'espace compris entre lui et le Bahr Chibin étant, par suite du fait naturel de la pente transversale du Delta de l'est à l'ouest, desservi par les dérivations du Bahr Chibin, le canal Bagourieh n'a pas de grands embranchements du côté de l'est.

Avec son prolongement du Bahr Nachart, il a 147 kilomètres jusqu'au lac Bourlos. Son ouvrage de prise sur le rayah Menoufieh a cinq arches formant un débouché total de 16 mètres; la largeur du plafond est de 25 mètres. En hautes eaux, il a une pente moyenne de surface de 0,052 m. par kilomètre. Il y a cinq ponts régulateurs sur son cours, y compris l'ouvrage de prise; le dernier de ces ouvrages, situé au kilomètre 135, a trois arches de 3 mètres.

Ce canal se rapproche assez vite de la branche de Rosette dont il

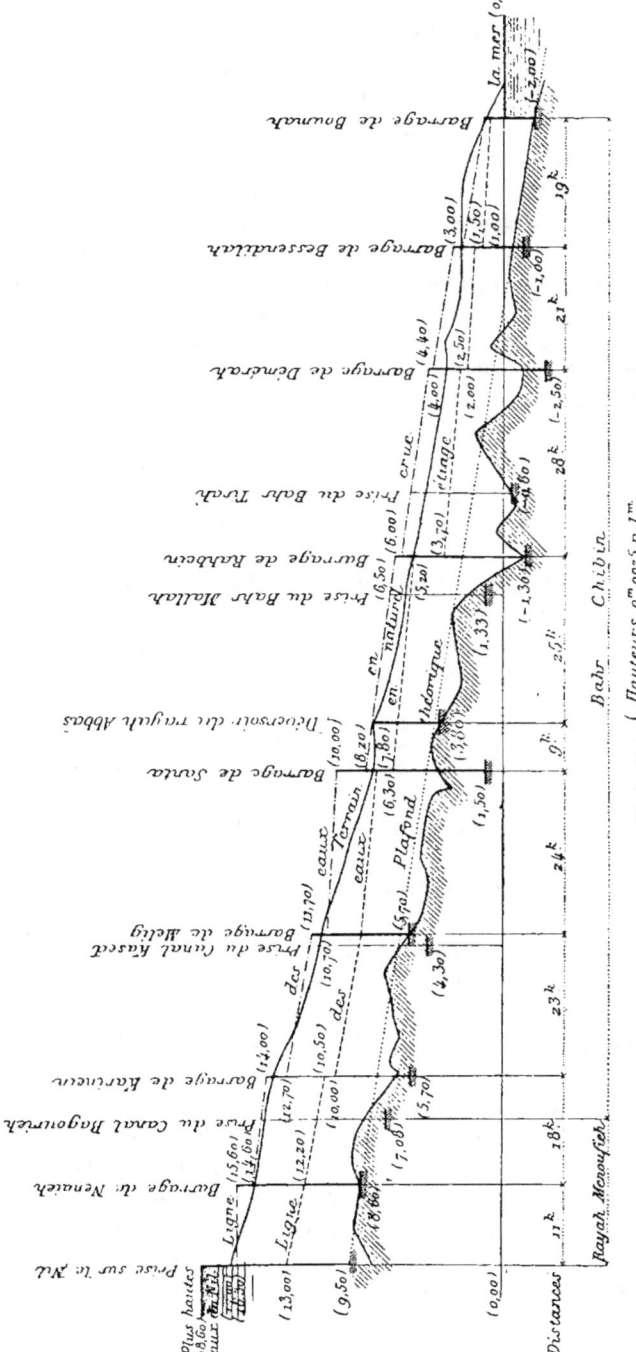

Fig. 29. — Profil en long du Rayah Menoufieh et du Bahr Chibin.

s'écarte peu ensuite ; les terres comprises entre son cours et le Nil étant, dans la partie sud du Delta, arrosées par les canaux Nanaieh et Sersaouieh, issus du rayah Menoufieh, le canal Bagourieh n'a pas de dérivations importantes sur la rive gauche avant le kilomètre 68, point où se détachent de lui les canaux Goddabah (7 mètres de largeur et 67 kilomètres de longueur) et Cotoni (10 mètres de largeur et 50 kilomètres de longueur).

Le canal Goddabah suit les terres hautes qui bordent le Nil jusqu'en face de Rosette et alimente en passant le Bahr Saïdi, ancien bras du Nil de 30 kilomètres de longueur, qui se jette dans le lac Bourlos ; il communique avec le Nil, près de sa prise, par une double écluse qui permet à la navigation de suivre les canaux Menoufieh et Bagourieh, sur une longueur d'environ 80 kilomètres, quand la saison des basses eaux met le Nil presque à sec entre ces deux points par suite de la fermeture de barrage du Delta. Quant au canal Cotoni, il aboutit vers l'extrémité inférieure du Bahr Saïdi.

Rayah Abbas. — Le rayah Abbas a sa prise en amont du barrage de Zifta sur la branche de Damiette.

L'ouvrage de tête se compose de quatre ouvertures de 5 mètres séparées par des piles de 2 mètres d'épaisseur et munies de fermetures métalliques mobiles. Le radier est à la cote 4,18 m. au-dessus du niveau de la mer. Cet ouvrage est flanqué d'une écluse de navigation de 35 mètres de longueur et de 8 mètres de largeur.

La cote normale des hautes eaux dans le canal, en aval de la prise, est 8,50 m. au-dessus du niveau de la mer. La largeur au plafond est de 24 mètres et la profondeur en hautes eaux est de 4,30 m.

La longueur du canal est de 10 kilomètres. Il débouche dans le Bahr Chibin à 9 kilomètres environ en aval du barrage de Santa.

En hautes eaux, il débite 100 mètres cubes par seconde.

Remarques générales. — Les réseaux des embranchements dépendant du Bahr Chibin et du canal Bagourieh communiquent entre eux en divers points (voir pl. VI) pour aider à la répartition des eaux dans les parties septentrionales éloignées du point d'alimentation générale, qui est le barrage du Delta.

L'ensemble des canaux des provinces du centre déverse le trop-plein de ses eaux dans le lac Bourlos par le Bahr Saïdi, le Bahr Nachart et le Bahr Tirah ; dans la mer par le Bahr Chibin ; dans la branche de Damiette, par l'extrémité du canal Sahel, en face de Damiette ; dans la branche de Rosette, par quelques petits déversoirs ménagés le long des embranchements qui la côtoient.

Enfin, pour augmenter l'afflux des eaux pendant la crue, on peut ouvrir, sur la branche de Damiette, les anciennes prises du Bahr Chibin et des canaux el Atf et Hadraouieh ; sur la branche de Rosette, l'ancien ouvrage de tête du Bahr Saïdi. On a également à sa disposition plusieurs canaux nili, dont trois, récemment construits, partent du Nil en amont du Barrage, de chaque côté du rayah Menoufieh (voir pl. VIII, fig. 11).

Telles sont les grandes lignes et les principaux éléments du système d'irrigation des provinces du centre du Delta.

Nous reproduisons figure 29 le profil en long du rayah Menoufieh et du Bahr Chibin, d'après l'ouvrage *Egyptian Irrigation*, de M. Willcocks, qui fut pendant plusieurs années chargé de diriger l'irrigation de ces provinces. Ce profil en long est intéressant à plusieurs points de vue.

Il montre d'abord, par les altitudes des seuils des anciens ponts-barrages de Karinein, Santa, Rahbein et Demerah, que ce canal, creusé trop profondément au-dessous du sol, se trouvait surchargé d'eaux inutiles, qui, pendant la crue, noyaient les terres basses et empêchaient tout drainage, ou nécessitaient une réglementation exagérée qui produisait de forts dépôts de limon. Les nouveaux ouvrages de Nanaieh, Melig, Bessendilah et Bounah indiquent la position normale du plafond.

Ce profil fait ressortir en outre le niveau des eaux pendant l'étiage et pendant la crue. On y voit que, pendant l'étiage, avec une cote des eaux de 13 mètres en amont du barrage du Delta, c'est vers le soixante-quinzième kilomètre seulement qu'elles atteignent la surface des terres. En amont de ce point, l'irrigation d'étiage ne peut se faire qu'au moyen de machines élévatoires[1].

Avec la cote d'altitude 13,20 m. à la prise, le rayah Menoufieh débite 105 mètres cubes par seconde ; avec la cote 13,80 m., 140 mètres cubes ; avec la cote 16 mètres, 400 mètres cubes.

Les sept dixièmes environ du débit sont distribués par le Bahr Chibin, deux dixièmes par le canal Bagourieh et un dixième par les dérivations directes du canal Menoufieh.

PROVINCES DE L'OUEST

La région située à l'ouest de la branche de Rosette et qui forme la province de Béhéra est la moins importante des trois parties du Delta ; elle ne contient, en effet, que 253 400 hectares de terres cultivées. Elle comprend au sud une étroite bande qui s'étend le long du Nil, en aval de la pointe du Delta, sur 70 kilomètres environ ; vers le nord, elle s'évase en un triangle limité par le désert à l'ouest, par le Nil à l'est et au nord par la mer.

---

[1] Avec les améliorations apportées au service des irrigations, la cote en amont du Barrage ne descend plus jamais à 13,00 ; elle ne peut guère être inférieure à 13,80 m.

L'histoire de l'irrigation de cette province est intéressante à suivre.

Du temps de la culture par bassins, les terres étaient inondées au moyen d'une série de canaux parallèles partant de la branche de Rosette et s'en éloignant dans la direction de l'ouest. Plus tard, lorsque Méhémet Ali voulut développer les arrosages d'été, il creusa un grand canal sefi, appelé canal Katatbeh, ayant sa prise à 40 kilomètres environ en aval de la pointe du Delta. Ce canal, sur 80 kilomètres, était parallèle à la branche de Rosette et coupait ainsi tous les anciens canaux d'inondation auxquels il devait dorénavant fournir de l'eau pendant l'étiage et pendant les crues; il se retournait ensuite à angle droit sur 22 kilomètres jusqu'à la ville de Damanhour et reprenait une direction nord-ouest (voir fig. 25). Ce canal avait 123 kilomètres de longueur et aboutissait dans le canal Mahmoudieh. Celui-ci avait été également creusé par Méhémet Ali ; il était destiné à apporter de l'eau douce à Alexandrie, à relier cette ville avec le Nil par une voie navigable et en même temps à arroser environ 2 000 hectares[1]. Le canal Mahmoudieh a un parcours de 77,500 km. du Nil à la mer et suit une direction générale de l'est à l'ouest. Il reçoit vers le kilomètre 15 les eaux du canal Katatbeh. Son origine est à 56 kilomètres de l'embouchure de la branche de Rosette ; le niveau moyen des crues en ce point est de 3,80 m., la cote du sol étant environ 3 mètres ; mais, en étiage, l'eau s'élève à peine au-dessus du niveau de la mer.

D'après Linant, on avait choisi pour la prise un point aussi bas afin de pouvoir laisser le cours de l'eau libre dans le canal sans barrage ni écluse intermédiaires.

Naturellement cette solution amena toutes sortes d'inconvénients et il se produisit, à la prise et à la jonction avec le Katatbeh, des dépôts considérables dont l'enlèvement devint avec le temps de plus en plus difficile et coûteux.

Le tracé du Mahmoudieh est d'ailleurs extrêmement défectueux et se ressent des conditions dans lesquelles il fut établi.

Les travaux furent en effet exécutés par des hommes de corvée dont le nombre dépassa 350 000, qui vinrent sur les lieux et se mirent à l'œuvre avant tout piquetage[2]. Chaque contingent commença à creuser à l'endroit où il se trouvait en suivant une direction sommairement indiquée sur le terrain ; les alignements ainsi adoptés par chaque groupe d'ouvriers formèrent une ligne brisée qu'on dut raccorder ensuite par des coudes brusques et nombreux. En outre, le point de départ à Atfeh ayant été choisi trop au nord, il fallut, pour éviter de tomber dans le lac Edkou, faire un

---

[1] Depuis cette époque, la surface arrosée par le canal Mahmoudieh s'est beaucoup développée ; en 1887, elle était déjà de 70 000 hectares et depuis elle a largement augmenté.

[2] D'après Linant de Bellefonds bey dans ses Mémoires sur les principaux travaux publics d'Égypte.

grand coude vers le sud qui allongeait encore le parcours malgré l'insignifiance[1] de la pente disponible.

Pendant la crue, le Mahmoudieh recevait son eau à la fois par le Nil et par le canal de Katatbeh ; mais, pendant l'étiage, l'alimentation par le Nil n'existait pour ainsi dire pas, et on ne pouvait guère compter non plus sur le Katatbeh qui ne débitait pas plus qu'il n'était nécessaire à ses propres besoins. On y suppléait au moyen d'un réservoir peu profond, créé par l'endiguement de terrains bas situés près du Mahmoudieh vers le kilomètre 8. Ce réservoir couvrait environ 4 000 hectares, était rempli pendant la crue par le Mahmoudieh lui-même et se déversait dans le canal au moment des basses eaux.

A cette époque, bien que le canal fût destiné à la navigation, il n'avait pas d'écluses à sa prise sur le Nil ; on y transbordait les marchandises. C'est en 1842 seulement qu'on construisit deux écluses accolées à Atfeh, l'une de 12 mètres de largeur avec son radier à la cote —1,37 m., l'autre de 8,50 m. Le radier de l'écluse d'Alexandrie fut établi à la cote (— 1,90 m.). Ainsi disposé, le canal Mahmoudieh était le premier chaînon de la route des Indes à travers l'Égypte, route qui comprenait une voie navigable d'Alexandrie au Caire par le canal Mahmoudieh et par le Nil, et une voie de terre, par le désert, du Caire à Suez.

L'alimentation du canal ayant été reconnue insuffisante pendant l'étiage, on établit en 1849, à Atfeh, des pompes à vapeur pouvant élever environ 6 mètres cubes d'eau par seconde à 2,50 m. de hauteur, soit 500 000 mètres cubes par jour, et on supprima le réservoir du kilomètre 8. Vers 1870, cette usine fut agrandie de façon à fournir 800 000 mètres cubes par jour (9 mètres cubes par seconde.) Les machines fonctionnaient à peu près cent cinquante jours par an, tant que le Nil et le Katatbeh ne pouvaient alimenter le canal par gravitation.

Mais les besoins d'eau augmentaient par suite du développement des cultures et les curages se faisaient mal. Malgré le relèvement du plan d'eau d'étiage par l'emploi des pompes, on fut obligé d'extraire du lit du canal, en 1870, deux millions de mètres cubes de limon.

A ce moment, le profil type du canal fut fixé à 20 mètres de largeur au plafond, avec talus à 2 de base pour 1 de hauteur au maximum et banquettes de 4 mètres à 50 centimètres au-dessus des basses eaux. La profondeur d'eau à l'étiage fut réglée à 2,60 m. ; en hautes eaux, elle pouvait atteindre 4 mètres. La cote du plafond au départ était —0,87 m. et à Alexandrie —1,21 m.

---

[1] La traversée de terrains marécageux et du lac d'Aboukir présenta de grandes difficultés et nécessita la construction de murs en maçonnerie pour soutenir les berges du canal sur une dizaine de kilomètres.

En 1880, on résolut encore d'accroître la quantité d'eau élevée à Atfeh. L'usine fut complètement transformée et sa puissance augmentée de façon à donner, de 1882 à 1885, 1 500 000 mètres cubes d'eau par jour (17 mètres cubes par seconde) et, à partir de 1886, 2 à 3 millions de mètres cubes par jour (23 à 35 mètres cubes par seconde). Les pompes travaillaient pendant toute la durée des basses eaux, du mois de décembre au mois d'août, environ deux cent cinquante jours.

Mais, en 1890, le système d'irrigation de la province de Béhéra ayant été transformé de façon à ce que, pendant l'étiage et au commencement de la crue, elle reçût toute son eau d'un canal s'alimentant en amont du barrage du Delta, et, pendant la période des plus hautes eaux, du canal de Katatbeh, les machines d'Atfeh cessèrent, à partir de cette année-là, de fonctionner pendant l'étiage. On ne les fait plus marcher actuellement que dix ou quinze jours au commencement du mois d'août, lorsque la crue est en retard et qu'il faut un supplément d'eau pour l'arrosage du maïs, ou encore pendant les très bas étiages, comme en 1900.

Bien des difficultés surgirent aussi du côté du Katatbeh. La construction du barrage du Delta entraînait naturellement l'alimentation de la province de Béhéra par un canal ayant sa prise en amont de cet ouvrage. Ce canal fut creusé en 1860 sous le nom de rayah de Béhéra avec 20 mètres de largeur au plafond. Il partait du Barrage même et longeait le Nil jusqu'au Katatbeh, qu'il rejoignait après un parcours de 41 kilomètres. Il était projeté pour donner l'eau d'arrosage à toute la province pendant toute l'année.

Mais, pendant longtemps, le barrage du Delta ne fut pas en état de supporter la retenue pour laquelle il était fait. Il en résulta que le rayah de Béhéra ne recevait pas assez d'eau. On ne pouvait d'ailleurs ni augmenter ni même espérer qu'on maintiendrait bien longtemps ce débit insuffisant avec les moyens d'action dont on disposait alors. Car ce canal envahi, sur presque tout son parcours, par les sables du désert et creusé dans un sol très meuble, exigeait des curages énormes dont l'exécution incombait à la corvée fournie par les villageois de la province. Or, comme la province est petite et que ses corvées étaient déjà surchargées par d'autres travaux, on était obligé de recourir aux contingents fournis par d'autres provinces, ce qui soulevait de justes protestations. Malgré tous les efforts, 20 000 hommes travaillant pendant vingt-cinq à trente jours parvenaient à peine à assurer en juin 1880 un débit de 15 mètres cubes par seconde et en 1882, 11 mètres cubes seulement. La situation était grave, la province manquait d'eau pendant l'étiage. D'autre part, pendant la crue, on barrait la prise du rayah de crainte que le courant ne bouleversât de fond en comble le lit et les berges dans les parties sablonneuses. L'eau de crue continuait donc à être fournie par le Katatbeh.

Pour parer au défaut d'alimentation du rayah de Béhéra pendant l'étiage, on résolut, en 1880, de faire pour le Katatbeh comme pour le Mahmoudieh, c'est-à-dire de lui fournir de l'eau par des machines élévatoires. On installa à sa prise une grande usine hydraulique pouvant élever du Nil dans le canal 2 millions et demi à 3 millions de mètres cubes par jour (29 à 35 mètres cubes par seconde). Ces machines fonctionnaient pendant les basses eaux de décembre à fin juillet, deux cent vingt jours environ.

Le rayah de Béhéra continuait d'ailleurs à donner encore pendant l'étiage un peu d'eau qui s'ajoutait à celle des pompes. En 1884 et 1885, avec le relèvement qu'on commençait à obtenir au Barrage jusqu'à la cote 12,50 m., il débitait 17 à 18 mètres cubes par seconde. Mais une expérience malheureuse, faite pendant la crue de 1885 pour obtenir l'enlèvement des apports dans le canal au moyen du courant produit par les eaux, le boucha presque complètement et, en 1888, pendant l'étiage, il ne donna plus que 5 mètres cubes par seconde, malgré les retenues de 3 mètres et 3,50 m. que produisait alors le Barrage.

On prit alors le parti d'exécuter sur ce canal de grands travaux de dragage et de consolidation des berges, et, quand ils furent achevés, à partir de l'année 1890, les pompes de Katatbeh cessèrent, comme celles d'Atfeh, de fonctionner ; elles ont même été enlevées et utilisées ailleurs ; toute l'eau de la province arrive donc maintenant pendant les basses eaux par le rayah de Béhéra, la prise du Katatbeh n'étant plus utilisée que pendant une partie de la crue.

De grandes modifications ont également été apportées dans ces dernières années au tracé de la partie inférieure du Katatbeh. Nous avons dit que, vers le kilomètre 90, il faisait un coude brusque vers l'ouest sur 22 kilomètres environ ; il traversait ainsi à un niveau élevé les terres basses de la région et les détériorait par des infiltrations ; il coupait aussi les lignes naturelles de drainage. Pour faire cesser ces inconvénients, on fit de grands travaux de 1891 à 1895 pour rectifier cette section du canal et lui donner à partir du kilomètre 42 une direction plus rationnelle.

Après toutes ces vicissitudes et ces modifications, voici comment est actuellement établi le système des canaux de la province de Béhéra.

Le rayah de Béhéra, qui fournit aujourd'hui toute l'eau de la province pendant l'étiage et au commencement de la crue, a sa prise située à l'ouest du barrage du Delta (branche de Rosette) avec un ouvrage de tête composé de trois arches de 4,10 m. d'ouverture et d'une écluse de 8 mètres de largeur ; le radier est à la cote 10,60 m. Ce canal a 41 kilomètres de longueur ; la largeur du plafond est de 20 mètres et la pente 0,065 par kilomètre.

Au kilomètre 6 est un pont-barrage construit il y a quelques années, composé de trois arches de 5 mètres et d'une écluse de navigation de 35 mètres de longueur sur 8 mètres de largeur. Cet ouvrage a un but très spécial. En cet endroit, le rayah de Béhéra se trouve bordé, sur sa rive gauche, par le bassin Iswid, le dernier de la chaîne de la province de Ghizeh, et, sur sa rive droite, par de petits bassins s'étendant jusqu'à la branche de Rosette. La vidange du bassin Iswid s'écoule dans le rayah même au moyen d'une coupure de digue, le traverse pour inonder en passant les petits bassins situés sur sa rive droite et de là se déverse dans le Nil soit directement, soit en refluant en partie par le rayah jusqu'à son ouvrage de tête. Le pont-barrage du kilomètre 6 a pour but surtout, au moment du passage de la décharge du bassin Iswid, de régler le volume d'eau qui doit s'écouler en aval par le canal et de relever le niveau d'amont pour donner une bonne inondation aux petits bassins. Au commencement de la crue, il sert aussi, par la retenue qu'il peut produire, à lancer de bonne eau limoneuse dans le bassin Iswid.

Au kilomètre 21, est un autre ouvrage régulateur composé de trois arches de 5 mètres et d'une passe navigable de 8,50 m. de largeur.

A son extrémité aval, le rayah de Béhéra débouche librement dans le Katatbeh qui forme son prolongement. Ce dernier canal a, tout près de son confluent avec le rayah de Béhéra, un court branchement de prise sur la branche de Rosette avec un ouvrage de tête, de construction récente, composé de sept arches de 5 mètres, qui n'est ouvert que pendant les hautes eaux pour suppléer à ce moment-là à l'alimentation fournie par le rayah.

Sur les premiers 40 kilomètres de son cours, le Katatbeh est un simple canal d'amenée ayant 20 mètres de largeur au plafond et une pente moyenne de 0,04 m. par kilomètre. A son origine, la cote d'altitude du plafond est de 8 mètres et celle des terres voisines 13 mètres ; ce canal, pendant la crue, peut porter 5,50 m. de hauteur d'eau. Au kilomètre 17, est un pont régulateur de 15,80 m. de débouché total et, au kilomètre 40, un autre ouvrage de 14,45 m. de débouché. En amont de ce dernier ouvrage, à Kafr Boulin, se détachent deux embranchements, le canal Nubarich qui s'éloigne en longeant le désert (81 kilomètres de longueur et 10 mètres de largeur), et le canal Abou Diab (75 kilomètres de longueur et 8 mètres de largeur). Ces deux canaux arrosent la plus grande partie du côté ouest de la province de Béhéra. Au même endroit se trouve un déversoir au Nil de trois arches de 3 mètres.

A Kafr el Eiss, au kilomètre 51, le Katatbeh a une seconde prise sur le Nil de 20 mètres de largeur, utilisée pendant la crue, qui peut prendre 2 mètres de hauteur d'eau en moyenne au mois d'août, au moment des grands besoins de l'agriculture.

Au même point, le Katatbeh se divise en trois branches.

La première, qui porte encore le nom de Katatbeh et qui est prolongée par le Sahel Merkez, a 18 mètres de largeur à son origine et 55 kilomètres de longueur ; elle suit les bords du Nil et va alimenter le Mahmoudieh auprès de son origine, à Atfeh.

La seconde, le Handak Gharbi, s'écarte vers le nord-ouest en suivant le côté ouest de la ligne du chemin de fer ; il a à sa prise une largeur de 14 mètres au plafond ; sa longueur est de 33 kilomètres. Au kilomètre 24, il a une jonction avec le troisième embranchement du Katatbeh qui est le Handak Charghi, canal de 45 kilomètres de longueur, qui suit le côté est de la ligne du chemin de fer, qui a 8 mètres de largeur à sa prise et qui s'élargit à 20 mètres depuis sa jonction avec le Handak Gharbi jusqu'au canal Mahmoudieh dans lequel il se jette.

Quant au canal Mahmoudieh, dont le tracé est resté tel que nous l'avons décrit, il est maintenant entièrement alimenté toute l'année par les deux embranchements du canal Katatbeh que nous venons de citer : le Sahel Merkez qui s'y déverse à Atfeh, et le Handak Charghi qui y tombe au kilomètre 15. Une écluse de 12 mètres de largeur, construite au kilomètre 45 avec trois pertuis de 2,20 m. de largeur, sépare la partie du canal consacrée à l'irrigation, celle qui est à l'est, de celle qui est presque exclusivement destinée à l'alimentation en eau douce de la ville d'Alexandrie. Le radier de cette écluse est à l'altitude — 0,50. La largeur du plafond du canal est réglée à 15 mètres entre Atfeh et le kilomètre 45 et à 12 mètres entre ce dernier point et Alexandrie.

Le rayah de Béhéra, pendant l'étiage, avec la cote d'eau 12,30 m. à sa prise, débite 40 mètres cubes ; avec la cote 13 mètres, il donne 57 mètres cubes ; avec la cote 14 mètres, 78 mètres cubes, soit avec 3,40 m. de hauteur d'eau. Avec la cote de 15,50 m. qui correspond à une hauteur d'eau de 4,90 m., le débit est de 170 mètres cubes par seconde. A la suite des travaux qui viennent d'être exécutés à son ouvrage de tête, on peut actuellement pousser le niveau de l'eau jusqu'à la cote 16,10 m. et alors le débit s'élève à près de 200 mètres cubes par seconde.

Quant au canal Mahmoudieh, on lui donne, en moyenne, 1,90 m. de hauteur d'eau pendant l'étiage et 2,90 m. pendant la crue. En temps d'étiage, on cherche à maintenir le niveau du côté d'Alexandrie à 1 mètre au moins au-dessus de la mer pour fournir à la ville une eau de bonne qualité.

DISTRIBUTION DES EAUX AU BARRAGE DU DELTA ET DANS LES DEUX BRANCHES DU NIL

Il résulte de ce qui précède que le barrage du Delta est la clef de l'irrigation des 1 300 000 hectares qui forment la partie cultivable de la Basse Égypte. C'est cet ouvrage qui commande la distribution des eaux du fleuve dans les canaux d'arrosage des trois parties du Delta et dans les deux branches de Rosette et de Damiette. C'est là que sont prises les mesures générales pour la répartition des eaux qui apporteront la fertilité jusqu'à la mer, c'est-à-dire jusqu'à plus de 150 kilomètres de distance.

Résumons les conditions principales que doit remplir cette distribution et l'outillage qui est à la disposition des ingénieurs pour la réaliser.

Les besoins d'eau sont les suivants :

Pendant la période des basses eaux, mars à juillet, arrosage de 40 à 50 p. 100 de la surface des terres, plantées en riz pour une petite partie et en coton pour le reste, soit en tout de 520 000 à 650 000 hectares.

Dès le commencement de la crue, soit en juillet et août, continuation de l'arrosage du riz et du coton, et, en plus, arrosage des terres à maïs et à sorgho représentant 40 p. 100 environ de la surface cultivable, soit en tout plus de 1 100 000 hectares.

Pendant la crue, arrosage de toutes les terres du Delta, tant pour les récoltes sur pied que pour la préparation des récoltes d'hiver.

Enfin, après la crue, pendant l'hiver, arrosage modéré des récoltes sur pied, sur les deux tiers environ de la surface du Delta ; les besoins d'eau sont alors peu pressants et variables suivant l'état plus ou moins humide de l'atmosphère.

Pour irriguer cette vaste étendue de territoire, qui descend en pente douce vers la mer en partant de la cote d'altitude maxima de 18 mètres pour aboutir aux cotes de 0,50 m. à 1 mètre auxquelles s'arrêtent les terres cultivables, on a créé à la pointe du Delta un grand ouvrage régulateur qui barre les deux branches du Nil au moyen d'appareils mobiles de fermeture.

Le radier de cet ouvrage est à la cote 9,50 m. sur la branche de Damiette et varie de 9 mètres à 11,50 m. sur la branche de Rosette.

La retenue qu'il peut produire s'est beaucoup accrue depuis qu'il est mis en service par suite des travaux de renforcement qu'on y a exécutés ; elle atteint aujourd'hui l'altitude maxima de 15,50 m.

Mais ce niveau ne peut naturellement être maintenu en étiage, à l'amont du Barrage, que lorsque les besoins de l'arrosage ne dépassent pas le débit du fleuve.

Dans les plus bas étiages, la cote de l'eau en aval du Barrage descend jusqu'à 9,20 m.

En crue, toutes les portes du Barrage étant ouvertes, les eaux sont arrivées à la cote d'altitude 18,60 m. en 1878; c'est le maximum; elles ont atteint la cote 15,39 m. en 1877, c'est le minimum. Elles montent en moyenne à la cote 17,25 m.

En temps d'étiage comme en temps de crue, les eaux sont distribuées par trois grands canaux : le rayah de Béhéra (20 mètres de largeur) pour la province de l'ouest; le rayah Menoufieh (55 mètres de largeur), pour les provinces du centre; le rayah Tewfikieh (26 mètres de largeur), pour les provinces de l'est.

Les radiers des ouvrages de prise de ces trois canaux sont, pour le premier, à la cote 10,60 m. et pour les deux autres à la cote 9,50 m. En temps de crue, les eaux peuvent s'y élever à des cotes de 15,50 m. à 16 mètres.

En outre, l'arrosage des provinces de l'est est complété par trois autres canaux moins importants, qui ont leur prise à une certaine distance en amont du Barrage : les canaux Ismaïlieh, Cherkaouieh et Bessoussieh.

Pendant l'étiage, ce sont là les seuls canaux qui reçoivent l'eau du Nil pour la distribuer sur la Basse Égypte ; toutefois, quelques terres bordant le Nil sont arrosées au moyen de machines à vapeur puisant directement dans le fleuve.

Pendant la crue, c'est-à-dire à partir du milieu d'août, un certain nombre de prises réparties le long des deux branches de Rosette et de Damiette viennent augmenter le volume d'eau fourni par ces canaux.

Enfin, le barrage de Zifta, établi sur la branche de Damiette, achevé en 1903, a apporté de nouvelles facilités à la distribution des eaux dans les provinces de l'est et du centre. Par la prise du rayah Abbas (20 mètres d'ouverture), sur la rive gauche, et par la prise du canal Mansourieh (20 mètres d'ouverture), sur la rive droite, il permet de donner une alimentation directe à certains districts du nord, notamment pendant les bons étiages et pendant la période annuelle de forte tension de l'irrigation qui se produit au commencement de la crue.

Distribution au Barrage pendant l'hiver. — A la suite d'une série d'étiages bas pendant lesquels on avait éprouvé des difficultés à donner de l'eau en quantité suffisante, le service des irrigations avait pensé qu'il convenait, pendant les mois de février et de mars, de restreindre le débit dans les canaux, de façon à pousser les propriétaires à ne pas planter plus de riz et de coton qu'on ne pourrait en arroser pendant les mois d'été. Mais on reconnut bientôt que le but n'était pas atteint, et que le seul résultat obtenu était de faire souffrir du manque d'eau les cultures au moment où elles en avaient le plus besoin, c'est-à-dire quand les plantes étaient encore jeunes. On résolut donc, ces dernières années, de laisser en hiver couler dans les canaux autant d'eau qu'on en demande. C'est aux cultivateurs à prendre leurs mesures pour ne pas étendre leurs semailles au delà de ce que pourra plus tard irriguer le Nil.

Ainsi actuellement, en principe, le débit des canaux est réduit dans les mois de décembre et de janvier pour les curages; puis, au mois de février, date à laquelle la demande d'eau se produit, on manœuvre les portes du Barrage de façon à obtenir et à maintenir en amont un niveau en rapport avec les besoins de l'agriculture et on ouvre entièrement les prises des canaux.

En 1893, on n'avait commencé à fermer le Barrage que lorsque la cote amont était descendue à 13,26 m., soit le 8 février; c'était une cote trop basse.

En 1895, année où il y eut peu de pluies en hiver, on fut obligé de relever pendant douze jours, à partir du 29 janvier, la cote de la retenue de 13,60 m. à 13,85 m.; puis, comme on avait ensuite abaissé cette cote à 13,50 m., on fut encore obligé de la relever jusqu'à 13,75 m. pendant les huit premiers jours de mars.

En 1900, on régla le Barrage de façon à maintenir les cotes de 13,80 m. et 13,85 m. pendant le mois de février et jusqu'au 19 mars; les rapports officiels constatent qu'on ne reçut pas de plaintes pour manque d'eau pendant ces deux mois.

C'est donc la cote d'altitude de 14 mètres qui paraît convenir pour la retenue du Barrage dans cette saison.

La seule restriction à apporter au débit d'hiver des canaux est de ne pas leur donner plus d'eau qu'il n'en faut pour l'arrosage, à moins qu'on ne puisse retourner l'excédent au Nil par leurs déversoirs. Sans quoi, ce surplus d'alimentation va se perdre dans les lacs du nord, en relève le niveau, inonde les terres basses et rend le drainage difficile.

La chute au Barrage est faible à cette époque de l'année, le débit du Nil étant très supérieur aux besoins. Ainsi, en 1893, avec un niveau de 13,55 m., maintenu du 15 au 28 février, les cotes d'aval étaient 12,85 m. pour la branche de Rosette et 12,90 m. pour la branche de Damiette.

Distribution au Barrage pendant l'étiage. — Le principe de la distribution pendant l'étiage est de lancer dans les six grands canaux d'alimentation du Delta, avec un niveau aussi élevé que le permet la retenue du Barrage, tout le débit du Nil, si c'est nécessaire, réparti entre eux aussi équitablement que possible [1].

---

[1] Il y a quelques années, la population n'acceptait pas cette répartition; elle réclamait l'ou-

La base admise pour cette répartition, et calculée d'après l'étendue des surfaces cultivables, est la suivante :

2/5 du débit total pour les provinces de l'est ;
2/5 — du centre ;
1/5 — de l'ouest.

Nous donnons ci-dessous un tableau de cette répartition faite le 13 juin 1900, avec un étiage exceptionnellement bas, une cote amont du Barrage de 12,95 m. et un débit du Nil de 220 mètres cubes par seconde. Ce débit étant inférieur à la quantité normale nécessaire aux cultures, on fit entrer en ligne de compte le volume élevé par les pompes installées sur les branches du Nil, en aval du Barrage ; car, dans les conditions de disette d'eau où l'on se trouvait, il était absolument nécessaire de mesurer exactement à chaque province sa consommation réelle. Les pompes donnant, d'après l'estimation des ingénieurs, un total de 50 mètres cubes par seconde, la quantité d'eau à répartir se trouvait être de 270 mètres cubes par seconde.

NIVEAUX DES CANAUX		NOMS DES CANAUX	RÉPARTITION du débit total évalué à 270 m³ par seconde.	DÉBIT des pompes à déduire.	RÉPARTITION du débit du fleuve au Barrage.
en amont de la prise.	en aval de la prise.				
m.	m.			m³	m³
		Province de l'ouest.			
12,91	12,26	Rayah Béhéra...	1/5 × 270 m³	15	39
		Provinces du centre.			
12,91	12,86	Rayah Menoufich..	2/5 × 270 —	23	85
		Provinces de l'est.			
12,92	12,36	Rayah Tewfikieh..	25/100 × 270 m³	7,3	60,2
13,14	12,85	Canal Ismailieh...	10/100 × 270 —	3	24,0
13,04	13,03	Canal Cherkaouieh.	3/100 × 270 —	1	7,1
13,05	13,03	Canal Bessoussieh.	2/100 × 270 —	0,7	4,7
		Totaux............		50	2.0,0
		Débit total réparti.........			270 m³

D'après les chiffres des deux premières colonnes du tableau, qui donnent les cotes en amont et en aval des ouvrages de prise, le rayah Menoufich et les canaux Cherkaouieh et Bessoussieh coulaient librement, tandis que les prises des autres canaux étaient en partie fermées pour donner la répartition voulue.

verture en grand des prises des six canaux d'alimentation du Delta pendant l'étiage ; ce n'était pas juste, car en fait les provinces du centre étaient ainsi moins favorisées que celles de l'est ou de l'ouest.

Dans les années ordinaires, on maintient facilement le niveau de la retenue à la hauteur réglementaire par la simple fermeture des portes, quoiqu'une quantité d'eau assez importante filtre entre elles, et le niveau de l'eau en aval reste au moins à la cote 10,50 m. Mais, dans les mauvais étiages, on est obligé d'étancher tous les joints ; alors il ne passe plus dans les branches de Rosette et de Damiette aucune goutte d'eau du Nil ; elles ne reçoivent que des infiltrations ; le lit est à sec à l'aval du Barrage et la cote de l'eau y descend jusqu'à l'altitude 9,20 m. Malgré ces précautions, on ne peut, ces années-là, tenir la cote réglementaire en amont du Barrage, le débit du Nil étant alors inférieur aux besoins de l'irrigation. En 1900, la cote tomba, de ce fait, à 12,92 m. ; en 1890, elle était descendue à 12,89 m. ; et cela, bien que le débit des canaux fût réduit au minimum par une sévère application des rotations. Dans ce cas, il n'y a rien à faire, qu'à laisser passer les mauvais jours.

Aujourd'hui, le débit naturel d'étiage est augmenté par des prélèvements sur le réservoir d'Assouan, mais la demande d'eau est aussi plus considérable qu'autrefois à cause de l'extension des cultures, de sorte que, presque tous les ans, on est obligé de fermer hermétiquement le Barrage. Cette opération se fait ordinairement dans le courant d'avril, le 20 avril en 1906, le 6 avril en 1907. Mais, pendant les très bonnes années, il y a assez d'eau dans le Nil en été pour qu'on n'ait pas besoin de fermer complètement les portes.

Distribution au Barrage au commencement de la crue. — On arrive ainsi jusque vers le milieu du mois de juillet, époque critique pour les irrigations, parce que, la crue commençant à peine, le fellah réclame beaucoup d'eau pour les semailles du maïs.

La cote minima qu'il convient d'avoir à ce moment-là en amont du Barrage est 15,50 m. Aujourd'hui que cet ouvrage peut donner avec sécurité cette cote, quelle que soit la hauteur de l'eau en aval, il n'y a de difficulté à l'obtenir que dans les années d'étiage bas et prolongé. Dans tous les cas, on maintient le Barrage fermé jusqu'à ce que les eaux de la retenue arrivent à cette altitude, les canaux ayant leur prise entièrement ouverte et débitant toute l'eau qu'on leur demande[1].

Lorsque le Barrage ne pouvait encore supporter, par suite de ses dispositions, que des charges de 3,50 m. à 4 mètres, les arrangements étaient tout différents.

Avant 1896, on ouvrait graduellement les portes au fur et à mesure que le Nil montait, de façon à maintenir le niveau d'amont; le Barrage

---

[1] La cote de 15,50 m. au Barrage fut obtenue en 1903, le 3 juillet ; en 1901, le 22 juillet ; en 1907, le 26 juillet ; en 1900, le 30 juillet.

était complètement ouvert lorsque le fleuve atteignait ce niveau sans retenue. C'était en général vers le 5 août que ce fait se produisait.

Mais, en 1896, la crue étant en retard, il y eut manque d'eau entre le 15 juillet et la fin d'août. On essaya alors, pour la première fois, de régler le Barrage au mois d'août avec la cote 15,50 m. en amont et 1 mètre de chute. On sauva ainsi le maïs. Le Barrage fut complètement ouvert le 22 août, soit dix-sept jours après l'époque ordinaire.

Depuis lors, dès que la crue se fait sentir, on cherche à atteindre le plus tôt possible la cote 15,50 m. pour la maintenir ensuite.

Par cette manœuvre du Barrage en juillet, on avance d'une quinzaine de jours au moins le moment où le Nil atteint la cote 15,50 m. ; c'est un grand bénéfice pour le coton et le maïs et une grande facilité pour la distribution de l'eau.

Distribution au Barrage pendant la crue. — Au milieu d'août, la crue est généralement assez haute pour que le Barrage soit ouvert en grand sans que le Nil, en amont, s'abaisse au-dessous de la cote 15,50 m. On le laisse ouvert jusqu'au moment où le fleuve redescend à cette cote et alors on commence à le fermer plus ou moins pour le régime d'hiver.

Par exception, dans les très mauvaises années, le Barrage n'est pas complètement ouvert pendant la crue. Ainsi, en 1899, le Nil n'était encore, le 31 juillet, en amont du Barrage, qu'à la cote 14,30 m. ; il s'éleva graduellement jusqu'au 9 septembre à l'altitude 15,61 m. ; mais on ne put obtenir cette cote qu'en créant une chute de 0,28 m. sur la branche de Rosette et de 0,16 m. sur la branche de Damiette. La crue commençant alors à baisser, on ne put maintenir un niveau suffisant qu'en fermant davantage les portes et on empêcha de cette façon le Delta de souffrir d'une très mauvaise crue[1].

Pendant la crue, les ouvrages de prise des canaux restent ouverts en grand jusqu'à ce que la cote du Nil atteigne celle qui est fixée comme maxima pour ces canaux, soit environ 16 mètres. A partir de ce moment, on règle les ouvertures de prise de façon à ce que le niveau dans les canaux ne dépasse pas cette hauteur.

Distribution dans les deux branches du Nil et au barrage de Zifta. —

[1] Pendant les trois années suivantes, marquées par des crues très faibles, le Barrage ne fut jamais complètement ouvert :
Année 1904, niv. max. à Assouan 7,82 m. (14 p. 11 k.); cote max. de la retenue du Barrage, 16,29 m.
Année 1905, niv. max. à Assouan 7.75 m. (14 p. 8 k.); cote max. de la retenue du Barrage, 16,24 m.
Année 1907, niv. max. à Assouan 7,35 (13 p. 15 k.).
En 1903, année de crue bonne mais tardive, le Barrage ne fut complètement ouvert que le 31 août.

Aussitôt que, par l'effet de la crue, la cote de la retenue du Barrage du Delta s'est élevée jusqu'à 15,50 m., c'est-à-dire en général dans le courant de juillet, on commence à ouvrir progressivement les portes de cet ouvrage ; et alors les branches de Rosette et de Damiette reçoivent toute la quantité d'eau qui n'est pas absorbée par les canaux d'alimentation de la Basse Égypte.

Dans la branche de Damiette, le barrage de Zifta est alors fermé complètement, de façon à relever les eaux du fleuve jusqu'à la cote de 8,60 m. environ, nécessaire pour fournir un bon débit au rayah Abbas et au canal Mansourieh dans cette saison. On manœuvre alors les portes de façon à maintenir la cote de la retenue en rapport avec les besoins de l'irrigation, et le barrage n'est complètement ouvert que lorsque l'eau nécessaire aux provinces de l'est et du centre est entièrement assurée par le rayah Tewfikieh et par le rayah Menoufieh en raison du niveau de la crue.

En 1904, le niveau à Zifta ne commença à monter que le 31 juillet et le barrage ne fut complètement ouvert que le 20 novembre.

En 1905, le rayah Abbas commença à couler le 6 août avec une retenue à la cote 6,93 m. et le canal Mansourieh eut sa prise ouverte le 10 août avec une retenue à la cote 8,25 m.

Dans la branche de Rosette, l'eau de la crue va librement jusqu'à la mer.

Sur chacune des deux branches de Rosette et de Damiette, une partie du débit est absorbée par des canaux nili échelonnés le long des berges et dont les prises, en raison de leur niveau, se remplissent vers le milieu du mois d'août.

Après l'hiver, quand, pour satisfaire aux besoins de l'agriculture, on ferme graduellement les portes du Barrage du Delta, la proportion d'eau qui s'écoule dans les deux branches diminue rapidement par rapport à celle qui est envoyée dans les canaux. Ces deux branches ne servent plus d'ailleurs, pendant le printemps et l'été, qu'à alimenter des machines élévatoires qui n'ont guère qu'un débit maximum de 25 mètres cubes par seconde pour la branche de Rosette et de 20 mètres cubes par seconde pour la branche de Damiette. Toutefois, pendant l'étiage, le barrage de Zifta est fermé et, dans les bonnes années, il peut donner encore, par le rayah Abbas et par la prise du canal Mansourieh, un supplément d'arrosage aux cultures de coton et de riz dans les régions septentrionales des provinces de l'est et du centre. Mais, dans les mauvaises années, lorsqu'on est obligé de calfater hermétiquement les portes du Barrage du Delta pour empêcher toute perte par l'aval, on ne peut guère compter sur ce surplus d'alimentation. Dans ce dernier cas, les deux branches du Nil, sur toute leur longueur, ne reçoivent plus d'eau que par la nappe souterraine et par le drainage naturel, vers la cuvette profonde du lit du fleuve, des infiltrations provenant de l'irrigation des terres.

Cette récupération par le sous-sol est relativement assez importante. Ainsi, d'observations faites par les ingénieurs, pendant le très bas étiage de 1900, sur la branche de Rosette, dans la partie inférieure de son cours, il résulte que les infiltrations fournissent à cette branche, évaporation déduite, en mai 50 mètres cubes et en juin 40 mètres cubes par seconde. C'est un débit suffisant pour entretenir le débit des pompes. Cependant, au mois de juin de la même année, cette alimentation par le sous-sol sembla s'arrêter tout à fait; sur la branche de Damiette, le lit du fleuve ne présentait dans certains endroits qu'une succession de mares stagnantes (c'est d'ailleurs tout à fait exceptionnel). On dut alors réduire de 11,53 m. par seconde le débit du rayah Menoufieh en diminution de la part qui lui revenait et augmenter d'autant le débit du rayah Tewfikieh; cette quantité doublée fut restituée au Nil, au kilomètre 89, par l'ouvrage de tête du canal Mansourieh, et mise ainsi à la disposition des machines élévatoires établies à peu près par moitié sur une rive et sur l'autre.

Avec le régime d'étiage qui vient d'être indiqué, il arrive assez souvent que, par suite du faible débit des deux branches du Nil pendant l'été, les eaux de la mer remontent jusqu'à des distances de 30 à 60 kilomètres des embouchures et rendent l'irrigation par machines impossible sur tout ce parcours.

On remédie à cet inconvénient de diverses manières, suivant que, d'après les prévisions, la situation doit durer plus ou moins longtemps. Tantôt, lorsque cette invasion de l'eau salée ne doit se produire que quelques jours avant l'arrivée de la crue, on fait des lâchures dans le lit du fleuve par les déversoirs des canaux, ou même par le Barrage. Tantôt, lorsque les eaux salées ne remontent pas trop haut, on autorise les pompes à puiser dans les canaux voisins. Mais quand on prévoit que les difficultés doivent durer plusieurs mois, on barre le fleuve par une digue en enrochements établie à quelques kilomètres de l'embouchure. On crée ainsi une petite retenue suffisante pour empêcher les eaux de la mer de refluer en amont. En outre, ce barrage provisoire, laissé en place jusque vers la fin de juillet, relève les eaux du commencement de la crue, permet ainsi de les lancer dans les canaux des districts bas du nord du Delta et facilite les semailles du riz et du maïs en avançant l'époque où elles pourraient être faites sans cela. Aussitôt que les niveaux du fleuve rendent le secours de cette retenue inutile, la digue est enlevée aussi complètement que possible.

Sur la branche de Damiette, cet ouvrage temporaire est établi à Faraskour, à 12 kilomètres de l'embouchure. En 1900, il fut fermé le 16 mars et enlevé fin juillet; il produisit une retenue d'un demi-mètre pendant l'étiage.

La dépense de construction et d'enlèvement fut de 128 000 francs. En 1907, la branche de Damiette fut fermée du 8 mai au 14 août pour une dépense de 24 500 francs. Le service des irrigations estime que, grâce à la retenue ainsi créée, on peut, pendant la durée de l'existence de ce barrage temporaire, utiliser pour l'arrosage un volume total de 60 à 80 000 000 mètres cubes qui s'écouleraient sans profit à la mer.

L'introduction de l'eau salée dans le lit du fleuve est encore plus nuisible sur la branche de Rosette que sur la branche de Damiette, d'une part, parce que les cultures qui en souffrent sont plus étendues et, d'autre part, parce que, lorsque la mer remonte en amont de la prise du canal Mahmoudieh, l'alimentation d'eau douce de la ville d'Alexandrie et l'irrigation de grandes surfaces de terres qui dépendent de ce canal se trouvent compromises. Aussi c'est plus fréquemment qu'on construit un barrage provisoire à l'embouchure de la branche de Rosette. On le place à Mehallet el Amir, à 30 kilomètres de l'embouchure du fleuve. Par exemple, en 1898, on en fit un qui fonctionna des premiers jours de juin à la fin de juillet, qui coûta 208 000 francs et qui donna une retenue de 0,40 m. à 0,50 m. pendant l'étiage, et de 1,25 m. à la fin de juillet, lorsque les eaux nouvelles arrivèrent. Les pompes d'Atfeh purent alors fonctionner du 23 mai au 18 août, et fournirent au canal Mahmoudieh pendant cette période un débit supplémentaire de 60 000 000 mètres cubes. En 1900, on recommença, au prix de 245 000 francs; le barrage fonctionna du 18 avril à la fin de juillet; les pompes d'Atfeh marchèrent du 10 juin au 17 août et lancèrent dans le canal Mahmoudieh pendant ce temps 84 000 000 mètres cubes d'eau douce.

De 1900 à 1908, on reconstruisit tous les ans le barrage de Mehallet el Amir. L'utilité de ce travail se fait donc sentir de plus en plus. Elle résulte de ce que, par suite de l'extension rapide des cultures et des défrichements, les grands canaux issus de la pointe du Delta n'apportent plus assez d'eau aux biefs inférieurs, même dans les années moyennes, pendant l'étiage et au commencement de la crue. On leur donne alors un supplément de débit au moyen de la réserve créée par le barrage provisoire dont la crête, ordinairement arrêtée à la cote de 3,25 m. au-dessus du niveau de la mer, produit en amont une cote d'eau de 2,50 m. au maximum en juillet. En 1904, la retenue formée par cet ouvrage du 1er mai au 1er août fit bénéficier l'irrigation d'un volume d'eau évalué comme il suit :

Volume débité par les canaux de la rive droite . .	63 000 000 m³
— — le canal de Rosette (rive gauche).	27 000 000
— élevé par les pompes d'Atfeh —	26 000 000
— — — des particuliers . . .	30 000 000
Total.	146 000 000 m³

La dépense de construction et d'enlèvement de la digue de Mehallet el Amir fut cette année-là de 260 000 francs.

L'usage de ces digues provisoires date du temps où, le Barrage ne donnant pas encore tout son effet, certains canaux importants avaient leurs prises sur les deux branches du Nil, et où l'irrigation des provinces du Delta dépendait encore pour une grande part de la bonne alimentation de ces canaux. On trouvait alors plus économique et plus pratique d'exhausser le niveau des eaux d'étiage, en divers points du fleuve, par ces ouvrages

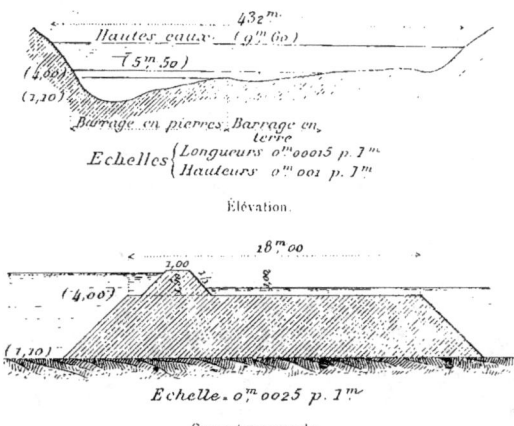

Fig. 30 et 31. — Barrage provisoire de Mit Gamr.

temporaires, que de creuser les canaux à une profondeur assez grande pour leur assurer un débit suffisant.

Ainsi, voici quels furent, en 1887, les barrages provisoires construits en travers du Nil :

Sur la branche de Damiette :

1° En aval des prises du Bahr Moez et du canal Sahel, à Mit-Gamr ; ouvrage commencé le 15 avril et achevé le 15 mai, formé de 3 000 mètres cubes de pierres ; coût, 35 000 francs ; retenue obtenue, 0,44 m. ;

2° En aval des prises des canaux Mansourieh et Om Salama ; ouvrage commencé le 22 avril et fini le 1er mai, comprenant 6 190 mètres cubes de pierres ; coût, 63 000 francs ; relèvement obtenu, 0,62 m. ;

3° En aval de Damiette ; ouvrage commencé le 18 mai et fini le 19 juin ; on répara sur 400 mètres de longueur l'ouvrage de 1886 pour 26 000 francs.

Sur la branche de Rosette :

1° En aval de la prise du canal de Katatbeh ; ouvrage commencé le 3 février et fini le 6 mars pour 68 000 francs ; relèvement obtenu 0,85 m. ;

2° A Mehallet el Amir, en aval d'Atfeh, ouvrage commencé le 1ᵉʳ février et fini le 7 avril ; coût 276 000 francs ; relèvement obtenu, 0,50 m.

Les figures 30 et 31 représentent le barrage provisoire qui fut construit en 1885 à Mit-Gamr, sur la branche de Damiette. C'est un massif d'enrochements établi en travers du fleuve et formant une digue de 430 mètres de longueur avec 25 mètres de largeur en couronne. Quand la crue venait, la plus grande partie possible des pierres était déposée sur la rive pour être utilisée l'année suivante ; le reste, laissé en place, ne produisait qu'un relèvement insensible des eaux, la section du lit mineur barré pendant l'étiage n'étant qu'une très faible portion du lit majeur.

GRANDES VOIES DE NAVIGATION

Le régime artificiel, créé aux deux branches du Nil pour le bénéfice des irrigations, rend naturellement la navigation impossible sur la plus grande

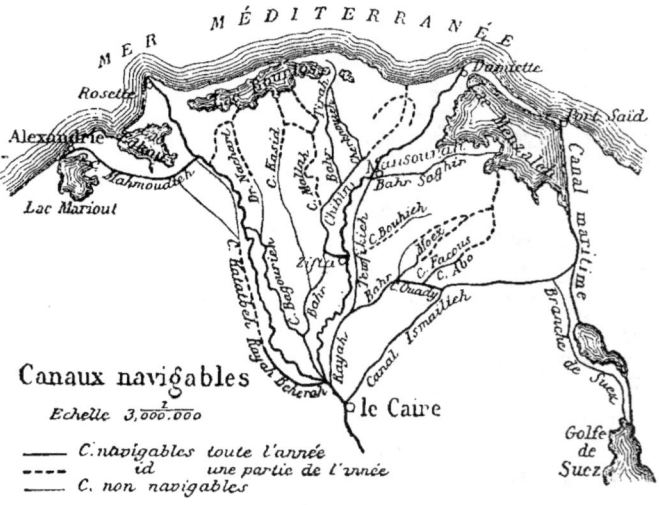

Fig. 32.

partie de leur parcours pendant plus de la moitié de l'année, c'est-à-dire du mois de janvier au mois d'août. Pour parer à cette situation, on forma, au moyen des principaux canaux d'irrigation, des lignes intérieures de navigation ; il suffit pour cela d'accoler des écluses aux ouvrages régulateurs. D'ailleurs, par suite de l'apport des infiltrations dans les deux branches du Nil, celles-ci ont encore, presque toujours, à une centaine de kilomètres en aval du Barrage, assez d'eau pour porter des barques.

Les grandes voies navigables du Delta sont les suivantes (voir fig. 32) :

1° Du Caire à Alexandrie, par le fleuve jusqu'au Barrage, puis par le rayah Menoufieh et le canal Bagourieh qui est muni d'une double écluse de communication avec le Nil à Goddabah : de là, par le Nil, jusqu'à Atfeh, et ensuite par le canal Mahmoudieh jusqu'à Alexandrie ;

2° Du Caire à la mer, par les provinces du centre, en empruntant le Nil, le rayah de Menoufieh et le bahr Chibin, ce dernier canal communiquant avec le Nil à Zifta par le rayah Abbas ;

3° Du Caire au lac Menzaleh par le Nil, le rayah Tewfikieh, le canal Mansourieh et le bahr Saghir, avec communication au Nil par une écluse à Zifta et par une autre à Mansourah ;

4° Du Caire à Suez par le canal Ismaïlieh, avec une artère transversale qui, empruntant le canal Ouady et le bahr Moez, se relie avec le rayah Tewfikieh.

En dehors de ces grandes lignes, les barques sont admises à circuler sur beaucoup d'autres canaux pour de petits parcours, entre les ouvrages régulateurs, et pendant certaines époques où ces canaux ont un tirant d'eau suffisant.

Les communications sont donc assurées par eau sur un grand nombre de points du Delta au moyen des ouvrages mêmes qui servent à l'irrigation, et elle se fait ainsi dans des conditions de sécurité et de régularité bien supérieures à celles qu'on pourrait espérer en utilisant le cours même du fleuve.

STATISTIQUE DES CANAUX D'IRRIGATION ET DES MACHINES ÉLÉVATOIRES

Les digues qui protègent les cultures de la Basse Égypte contre les crues du Nil ont 920 kilomètres de longueur.

Quant aux canaux qui en assurent l'arrosage [1], ils ont une longueur totale de 9542 kilomètres, dont 7498 kilomètres de canaux sefi et 2042 kilomètres de canaux nili, ce qui représente, par hectare, une longueur de 7 mètres de canal, dont 5,7 m. en canaux sefi. Ces canaux, d'après leur largeur, se répartissent comme il suit :

LARGEUR DU PLAFOND A LA PRISE	LONGUEUR DES CANAUX	
	sefi	nili
Plus de 12 mètres	1 296 km.	—
Entre 6 m. et 12 m.	1 504 —	170 km.
Moins de 6 mètres	4 698 —	1 872 —
	7 498	2 042
Longueur totale	9 542 km.	

[1] Les chiffres relatifs à la statistique des canaux sont extraits du rapport du Ministère des Travaux Publics sur le service des irrigations pour l'année 1904.

Comme ces canaux ne distribuent pas l'eau en général au niveau des terres, au moins pendant une partie de l'année, ils sont complétés par un outillage considérable de machines élévatoires, telles que norias (sakiehs) et pompes à vapeur, sans compter les petits appareils mobiles tels que les chadoufs, vis d'Archimède, etc., qui sont innombrables. Ces machines sont réparties comme il suit [1] :

Sur la branche de Damiette :

	NOMBRE.	FORCE EN CHEVAUX.
Machines fixes	94	690
Locomobiles avec pompes centrifuges	171	830
Totaux	265	1 520

Sur la branche de Rosette :

	NOMBRE.	FORCE EN CHEVAUX.
Machines fixes	24	400
Locomobiles avec pompes centrifuges	65	300
Totaux	89	700

Sur les canaux :

	NOMBRE.	FORCE EN CHEVAUX.
Machines fixes	409	2 830
Locomobiles avec pompes centrifuges	3 014	13 000
Totaux	3 423	15 830

Ainsi, il y a en tout dans la Basse Égypte :

	NOMBRE DE MACHINES FIXES OU MOBILES.	FORCE EN CHEVAUX.
Sur la branche de Damiette	265	1 520
Sur la branche de Rosette	89	700
Sur les canaux	3 423	15 830
Totaux	3 777	18 050

Ce qui représente à peu près un cheval et demi par cent hectares [2].
Quant aux sakiehs, elles sont distribuées comme il suit :

Sur la branche de Damiette	2 410
Sur la branche de Rosette	1 300
Sur les canaux	59 460
Sur des puits creusés au milieu des champs	17 440
Total	80 610

[1] Les chiffres qui suivent sont extraits de l'ouvrage de M. Willcocks « Egyptian Irrigation », publié en 1899. Ils ne doivent donc plus être considérés qu'à titre d'indication générale et non comme des données statistiques exactes.

[2] Il existe en outre, depuis quelques années, un certain nombre de machines destinées à élever l'eau de puits artésiens, la force ascentionnelle, dans ces puits artésiens étant insuffisante pour amener l'eau au niveau du sol.

Soit sur l'ensemble une moyenne de une sakieh pour 17 hectares. Parmi celles qui sont établies au milieu des champs, le plus grand nombre ne fonctionne plus actuellement.

ENTRETIEN DES DIGUES ET DES CANAUX

L'entretien des digues et des canaux exige chaque année des mouvements de terre considérables. Le renforcement des digues, le curage des canaux nili ainsi que des canaux sefi secondaires qu'on peut sans inconvénient laisser à sec en hiver pendant quelques semaines, sont exécutés par des terrassiers, à l'entreprise. Mais le curage des principaux canaux sefi se fait à la drague.

En moyenne, pendant les cinq années 1898 à 1892, on a exécuté, dans le Delta, pour 1 270 000 mètres cubes de dragages par an et pour 7 500 000 mètres cubes de déblais à sec. Les dragages étant payés à raison de 0,95 fr. le mètre cube et les terrassements à 0,43 fr. en moyenne, il en résulte que la dépense totale est de 4 460 000 francs, qui, répartis sur les 1 300 000 hectares du Delta, font une dépense annuelle de 3,20 fr. par hectare cultivable[1], et de 467 francs par kilomètre de canal. En 1904, cette dépense était réduite à 416 francs par kilomètre de canal.

A cette somme, il faut ajouter la dépense de gardiennage des digues du Nil pendant la crue : ce service est fait par des hommes de corvée, recrutés dans les villages et non payés. La durée du gardiennage et le nombre des hommes appelés sont variables avec l'intensité et la durée de la crue. Le temps de présence de ces hommes sur les digues est de soixante-quinze à cent jours. Mais pendant les crues très basses, comme en 1899, le service de gardiennage devient très réduit ; le nombre total des journées d'homme n'a pas dépassé cette année-là 41 000. En moyenne, on peut compter sur cinq cent soixante mille journées qui, estimées à 1 franc, forment une dépense annuelle de 560 000 francs, ou 0,40 fr. par hectare cultivable.

Enfin, l'entretien des nombreux ouvrages d'art, les travaux de défense des berges du Nil contre les érosions, etc., qui comptent chaque année pour 1 000 000 de francs, représentent à peu près 0,70 fr. par hectare.

En additionnant ces trois sommes, on arrive à un total de 4,30 fr. par hectare comme dépense annuelle d'entretien des canaux et ouvrages d'irrigation du Delta.

---

[1] Pour la moyenne des années 1903 et 1904, le cube des dragages s'est élevé à 800 000 mètres cubes et le cube des terrassements à 6 500 000 mètres cubes. Ces chiffres sont inférieurs à ceux des années précédentes, ce qui indique une amélioration progressive de l'état d'entretien des canaux.

IMPORTANCE DES CULTURES

Si l'on s'en rapporte à la statistique établie par le Ministère des Travaux Publics d'Égypte pour l'année 1904, les cultures du Delta pour l'hiver 1903-04 et pour l'été de 1904 se sont réparties comme il suit [1] :

Cultures d'été.

Coton [2].	501 186 hectares.	
Riz.	59 280	—
Maïs.	22 720	—
Canne à sucre.	1 665	—
Divers.	19 366	—
Total pour les cultures d'été.		604 217 hectares.

Cultures nili.

Maïs, dourah, etc.	464 837	—
Riz.	22 881	—
Divers.	12 620	—
Total pour les cultures nili.		500 338 hectares.

Cultures d'hiver.

Blé.	275 492 hectares.	
Orge.	113 946	—
Fèves.	61 230	—
Fourrages et divers.	391 491	—
Jardins.	5 092	—
Total pour les cultures d'hiver		847 251 hectares.
Total.		1 951 806 hectares.

Les cultures d'été entrent dans ce total pour 31 p. 100, les cultures nili pour 25 p. 100 et les cultures d'hiver pour 44 p. 100.

La surface des terres cultivables étant comptée pour 1 300 000 hectares, on voit que la surface annuelle des récoltes est de 50 p. 100 plus forte que la superficie cultivable.

Ces chiffres montrent en outre que, pour l'ensemble de la Basse Égypte, environ 45 p. 100 de la surface cultivée est plantée en récoltes d'été (coton, riz, etc.), et, en même temps, 38 p. 100 de la même surface portent des cultures nili (maïs, dourah, etc.). C'est donc plus de 80 p. 100 de la surface du pays qui a besoin d'eau à la fois dès le commencement de la crue.

[1] Voir Report upon the administration of Public Works Department in Egypt for 1904, p. 169.
[2] En 1907, la superficie cultivée en coton s'éleva à 533 000 hectares.

CHAPITRE VIII

IRRIGATION DE LA MOYENNE ÉGYPTE[1]

Historique. — Barrage d'Assiout. — Canal Ibrahimieh. — Bahr Yousef. — Distribution des eaux. — Aménagement d'anciens bassins pour l'irrigation. — Dépenses et bénéfices de la conversion des bassins d'inondation. — Bassins d'inondation transformés pour l'irrigation sur la rive droite du Nil. — Province du Fayoum.

HISTORIQUE

La Moyenne Égypte s'étend sur 450 kilomètres de longueur du Nil, à partir de la pointe du Delta ; elle comprend les provinces d'Assiout, de Minieh, de Benisouef, du Fayoum et de Ghizeh. Elle commence, au sud, à la cote moyenne de 53 mètres au-dessus du niveau de la mer, pour aboutir, au nord, par une pente à peu près régulière, à la cote d'altitude moyenne de 17 mètres.

Les terres cultivables sont presque toutes situées sur la rive gauche du fleuve ; elles ont une superficie de 713 600 hectares, dont 70 500 seulement sur la rive droite.

Cette région est soumise en partie au régime de l'inondation, en partie au régime de l'irrigation. Lorsque les travaux en cours d'achèvement seront terminés, elle se trouvera, au point de vue de l'arrosage, divisée comme il suit :

Rive gauche du Nil.

Bassins d'inondation	171 200 hectares.	
Terres d'irrigation	471 900	—
Total sur la rive gauche		643 100 hectares.

Rive droite du Nil.

Bassins d'inondation	51 600	
Terres d'irrigation	18 900	
Total sur la rive droite		70 500
Surface totale		713 600 hectares.

Rive gauche du Nil, sur les cent premiers kilomètres comptés à partir de la limite sud de la province d'Assiout, règne exclusivement la culture par

---

[1] Bien que, dans d'autres parties de l'ouvrage, nous ayons limité la Moyenne Égypte, au sud, à la ville d'Assiout, nous y comprendrons, dans tout ce chapitre, pour la facilité de l'exposition, la province entière d'Assiout, et aussi le Fayoum.

bassins d'inondation ; puis, à partir de Dérout (voir pl. VII), toute la largeur de la vallée est soumise à l'irrigation, sauf une bande étroite représentant le quart à peu près de la surface cultivable et située le long du désert lybique à l'ouest de la ligne de cours d'eau qui serpente dans les terres basses et qui s'appelle le Bahr Yousef, au sud, et le canal Lebani, au nord. En outre, tout le Fayoum est cultivé par irrigation.

Rive droite du Nil, les seuls territoires soumis au régime de l'irrigation permanente, à part quelques domaines particuliers faisant enclaves, forment une bande resserrée entre le désert arabique et le fleuve sur 90 kilomètres de longueur au sud du Caire.

Toute cette superficie était autrefois soumise, d'une façon générale, au régime de l'inondation. Sur une carte dressée en 1854 par Linant de Bellefonds, on trouve la note suivante :

« Dans la Moyenne Égypte, on ne cultive les terres que par inondation, excepté quelques terrains et jardins élevés sur les bords du Nil et la province du Fayoum que l'on cultive pendant l'étiage. Sur les bords du fleuve, on arrose le peu de terrains cultivés au moyen de sakiehs ou machines pour élever les eaux, et dans le Fayoum par les eaux de sources venant du Bahr Yousef et que la hauteur du lit de ce canal au-dessus d'une partie des terres du Fayoum permet de répandre sur celles-ci sans employer des machines pour élever l'eau. »

Pour répandre l'eau d'inondation dans les bassins, on utilisait alors l'extrémité nord du canal Sohagieh dont il a déjà été parlé[1], le Bahr Yousef qui suit la vallée, près du désert, et qui avait son origine à 60 kilomètres environ au nord d'Assiout, enfin de nombreux canaux tels que le canal Sabakha, le canal Ghizeh, etc., ayant leur prise au Nil et alimentant directement un ou plusieurs bassins.

C'est le Khédive Ismaïl qui, le premier, entreprit la transformation de la région pour y développer la culture de la canne à sucre et implanter en Égypte l'industrie sucrière. A cet effet, ils construisit une grande digue longitudinale appelée *Mouhit* (voir pl. V), coupant en deux parties la largeur de la vallée. Entre la digue et le désert s'étendait le territoire consacré à la culture par inondation ; entre la digue et le Nil se développait la bande de terre de 5 kilomètres de largeur moyenne et de 220 kilomètres de longueur, qui était réservée pour l'irrigation. Une surface de 110 000 hectares fut ainsi aménagée pour les cultures d'été. Partant de Dérout à 60 kilomètres au nord d'Assiout, elle se terminait à une centaine de kilomètres au sud du Caire. Par la suite, cette bande irrigable fut prolongée vers le nord, et, en 1903, elle avait une superficie totale de 128 000 hectares.

---

[1] Voir pages 90 et suivantes.

Pour fournir l'eau nécessaire à cette région ainsi transformée, Ismaïl Pacha fit creuser le canal Ibrahimieh, grande artère courant parallèlement au Nil, d'un bout à l'autre de la bande irrigable, sur les terres hautes qui bordent le fleuve.

Ce canal date de 1873. Il part du Nil à la hauteur de la ville d'Assiout (km. 423). Pendant trente ans, c'est-à-dire jusqu'en 1903, il fonctionna sans ouvrage de tête et sans qu'un ouvrage établi dans le fleuve réglât le plan d'eau à sa prise. C'était une simple dérivation dont le débit, dans les diverses saisons, dépendait uniquement de la hauteur naturelle du Nil. Le canal Ibrahimieh, ayant isolé du fleuve le Bahr Yousef, qui s'y alimentait auparavant, fournissait à cet ancien cours d'eau, à Dérout, le débit nécessaire au remplissage de la chaîne de bassins qui en dépendait[1] (voir pl. V) et à l'arrosage de la province du Fayoum. Tel qu'il était, il desservait ainsi, dans les dernières années qui ont précédé les récents travaux de transformation de cette région, environ 128 000 hectares irrigués et, par le Bahr Yousef, il donnait l'inondation à 200 000 hectares de bassins ainsi que l'irrigation à 130 000 hectares du Fayoum.

Lorsque fut décidée, en 1898, la construction du réservoir d'Assouan dans le but de créer une réserve d'eau destinée à augmenter le volume du Nil pendant l'étiage, on résolut d'utiliser une portion de ce supplément de débit à étendre la culture par irrigation sur une grande partie des bassins d'inondation de la Moyenne Égypte. Le programme approuvé alors et presque achevé aujourd'hui comporte la conversion de 170 000 hectares de bassins sur la rive gauche et de 19 000 hectares sur la rive droite, ainsi que l'extension des terrains irrigables du Fayoum.

L'exécution de ce projet nécessitait le remaniement du canal Ibrahimieh et de tout le système des canaux qui en dépendent, de façon à ce qu'ils puissent fournir en tout temps l'eau d'irrigation aux superficies suivantes :

Terrains antérieurement irrigués par le canal Ibrahimieh dans les provinces d'Assiout, de Minieh et de Benisouef.	128 000 hectares.
Province du Fayoum, y compris les extensions	173 000 —
Terrains nouvellement aménagés pour l'irrigation dans les provinces d'Assiout, Minieh, Benisouef et Ghizeh.	170 000 —
Total. .	471 000 hectares.

Le même canal Ibrahimieh doit, en même temps, donner l'eau d'inondation à près de 100 000 hectares de bassins.

Les principes généraux adoptés pour obtenir cette alimentation sont les suivants (voir pl. VII) :

Le canal Ibrahimieh n'a, pour ainsi dire, pas d'ouvrages de distribution

---

[1] Voir page 102.

sur les 61 premiers kilomètres de son parcours, c'est-à-dire depuis sa prise jusqu'à Dérout; c'est en ce point que commence la répartition de ses eaux.

A Dérout, il se divise en deux artères principales : ces deux lignes d'eau sont à peu près parallèles; ce sont la prolongation même du canal Ibrahimieh, à l'est, et le Bahr Yousef, à l'ouest.

La canal Ibrahimieh, en aval de Dérout, donne l'eau d'irrigation à toute la partie comprise entre le Nil et le Bahr Yousef jusque dans les districts méridionaux de la province de Ghizeh.

Le Bahr Yousef, depuis Dérout jusqu'à l'entrée du Fayoum, n'est, pour ainsi dire, pas utilisé pour l'irrigation. Sur ce parcours, il sert, pendant la crue, pour le remplissage des bassins d'inondation conservés sur sa rive gauche et qui représentent 67200 hectares. En même temps, il porte l'eau nécessaire toute l'année pour l'arrosage du Fayoum et de la partie nord de la province de Ghizeh jusqu'à la pointe du Delta. Pour desservir le Fayoum, il se ramifie, en aval d'el Lahoun, en un certain nombre de bras. Pour desservir la province de Ghizeh, il se prolonge par un long embranchement qui est parallèle au Nil et dans lequel aboutit en outre l'extrémité du canal Ibrahimieh. Enfin, le Bahr Yousef communique, par un canal *nili*, avec la série des bassins d'inondation longeant le désert de la province de Ghizeh, qui couvrent une surface de 28 700 hectares.

BARRAGE D'ASSIOUT

Il résulte des dispositions indiquées ci-dessus que c'est la prise du canal Ibrahimieh, située sur le Nil à 423 kilomètres en amont de la pointe du Delta, qui commande l'arrosage de toute la partie de la Moyenne Égypte située au nord de Dérout, formant une superficie de 568 000 hectares, dont 96 000 hectares de bassins d'inondation.

Un service aussi important ne peut être desservi avec quelque sécurité qu'autant que les ingénieurs aient entre les mains le moyen de régler suivant les besoins, autant que possible, le niveau du Nil au droit de la prise et le débit du canal. Aussi, avant d'entreprendre les travaux de conversion des bassins de la Moyenne Égypte, la première chose que fit le gouvernement fut de construire un barrage de retenue sur le Nil, en face d'Assiout, et un ouvrage de prise en tête du canal Ibrahimieh. Ces deux ouvrages furent achevés à la fin de 1902. Ils sont munis tous deux d'appareils mobiles de fermeture[1].

Pendant l'étiage et au commencement de la crue, c'est-à-dire pendant les deux périodes qui sont les plus difficiles au point de vue de l'irrigation

---

[1] Voir au chapitre XIV la description des ouvrages.

parce que le débit du fleuve est souvent faible par rapport aux besoins de l'ensemble du pays, le barrage d'Assiout sert à répartir équitablement les eaux du Nil entre la Moyenne et la Basse Égypte. Il permet, en même temps, par la retenue qu'il produit, de donner en toute saison, à la prise du canal Ibrahimieh, le niveau correspondant au débit qui convient, toutes les fois que le niveau naturel du fleuve n'est pas suffisant pour l'obtenir. Enfin, lorsque la crue est faible, il en élève le niveau de façon à assurer le remplissage complet des bassins qu'il commande sur la rive droite du Nil.

Quant à l'ouvrage de tête du canal Ibrahimieh, on le manœuvre de façon à n'introduire dans le canal que la quantité d'eau fixée par les ingénieurs.

CANAL IBRAHIMIEH

Entre la prise et Dérout. — L'ouvrage de prise se compose de neuf arches de 5 mètres d'ouverture et d'une écluse de navigation de 50 mètres de longueur sur 9 mètres de largeur. Le radier est à la cote 43,25 m., soit à 1,25 m. au-dessous de la cote des plus basses eaux.

Jusqu'à Dérout, au kilomètre 61, le canal Ibrahimieh alimente seulement quelques pompes à vapeur. Les terres situées de chaque côté de ce bief sont d'ailleurs généralement aménagées pour la culture par inondation et ont leur fourniture d'eau indépendante. Deux prises d'eau, sur la rive gauche, servent toutefois à compléter l'inondation de la chaîne de bassins qui se trouve de ce côté. Le tracé suit d'assez près les bords du Nil. Le plafond a une largeur de 40 mètres en amont de l'ouvrage de prise et de 25 mètres en aval; les talus sont inclinés à 2 de base pour 1 de hauteur.

La cote moyenne des étiages du Nil, devant la prise du canal Ibrahimieh, est 45 mètres; mais la cote des plus basses eaux peut descendre à 44,57 m. (années 1889 et 1892); elle s'est aussi élevée dans certaines années (1897) à 45,66 m. Le niveau des terrains de culture, aux abords de la prise, est à la cote 51,80 m. au-dessus du niveau de la mer. Le plafond du canal est donc à 8,55 m. et le niveau des basses eaux moyennes à 6,80 m. au-dessous du sol; mais cette distance diminue rapidement, la pente du canal étant plus faible, à l'origine, que celle de la vallée; vers le centième kilomètre, la pente du plafond suit à peu près celle des terrains cultivables qui est en moyenne de 0,08 m. par kilomètre (voir le profil en long de la figure 33).

Les hautes eaux, à la prise, ont une cote moyenne de 51,75 m., une cote maxima de 52,75 m., (année 1887) et une cote minima de 50,64 m.

(année 1889). La profondeur d'eau, en amont de l'ouvrage de prise, est donc en moyenne de 8,50 m. et monte parfois jusqu'à 9,50 m.

Avec une profondeur d'eau de 1,25 m. à la prise (niveau de l'eau à la cote 44,50 m.), le débit du canal est de 26 mètres cubes par seconde; avec une profondeur d'eau de 3 mètres (niveau de l'eau à la cote 46,25 m.), le débit est de 80 mètres cubes; avec une profondeur d'eau de 3,75 m. (cote de l'eau, 47 m.), le débit est de 130 mètres cubes. Pendant la crue, le niveau normal de l'eau dans le canal est 51,50 m. à 51,75 m., et le débit est alors de 5 à 600 mètres cubes par seconde.

Ouvrages de Dérout. — Les ouvrages de distribution sont groupés à Dérout (km. 61) au nombre de six (fig. 33).

Sur la rive droite :

1° un déversoir destiné à renvoyer au Nil le trop-plein du tronc principal. Cet ouvrage se compose de cinq ouvertures de 3 mètres, munies de vannes et d'une écluse de 8,50 m., inutilisée pour la navigation, qui fut transformée, dans l'année 1904, en deux ouvertures supplémentaires de décharge. Le seuil du déversoir est à la cote 42,96 m., soit à 1,54 m. au-dessous du niveau normal d'étiage qui est 44,50 m.

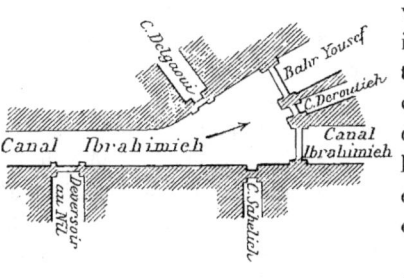

Fig. 33.

2° L'ouvrage de prise du canal Sahelieh composé de deux arches de 3 mètres, avec seuil à la cote 40,91 m.

Le canal Sahelieh arrose, sur 40 kilomètres environ de longueur, les terres comprises entre le Nil et le canal Ibrahimieh; il a 8 mètres de largeur au plafond et est muni de plusieurs ouvrages de retenue.

Sur la rive gauche :

3° La prise du bassin Delgaoui, composée de deux arches de 3 mètres avec le seuil à la cote 42,75 m. Cet ouvrage a pour objet de donner de l'eau, pendant la crue, à ce bassin et à ceux qui sont situés en aval.

En travers même du canal :

4° A gauche, la prise du Bahr Yousef, comprenant cinq arches de 3 mètres avec écluse de navigation de 8,50 m. de largeur. Le seuil de l'ouvrage est à la cote 39,31 m., soit à 5,19 m. au-dessous du niveau normal d'étiage.

5° Au milieu, la prise du canal Déroutieh, composée de trois arches de 3 mètres avec le seuil à la cote 40,11 m., soit à 4,39 m. au-dessous du niveau normal d'étiage.

Ce canal a 70 kilomètres de longueur et distribue l'eau d'arrosage sur le territoire situé entre le Bahr Yousef et le canal Ibrahimieh.

6° A droite, l'ouvrage régulateur du canal Ibrahimieh lui-même, qui comprend sept arches de 5 mètres avec écluse de 8,50 m. de largeur. Le seuil de l'ouvrage est à la cote 39,31 m., soit à 5,19 m. au-dessous du niveau d'étiage.

A Dérout, le niveau moyen d'étiage, qui est 44,50 m., se trouve à 0,50 m. environ au-dessous des terres cultivables.

Quant aux hautes eaux, on en règle l'écoulement de façon à ce qu'elles ne dépassent pas, en ce point, le couronnement des ouvrages, qui est à la cote d'altitude 47,51 m.

En aval de Dérout. — A partir de Dérout, le canal Ibrahimieh se prolonge parallèlement au Nil et en est en général assez rapproché.

Avant les récents travaux de transformation agricole de la Moyenne Égypte, lorsqu'il ne servait qu'à l'arrosage de 128 000 hectares dans les provinces d'Assiout, de Minieh et de Benisouef, il avait une longueur de 201 kilomètres depuis Dérout jusqu'à son extrémité nord à Magnouna. La largeur du plafond était de 30 mètres à l'origine ; elle était réduite à 20 mètres à Minieh, c'est-à-dire à 66 kilomètres en aval de Dérout ; elle diminuait ensuite progressivement. La pente moyenne du canal était de 0,06 m. par kilomètre sur 140 kilomètres ; elle était ensuite de 0,07 m.

Mais, pour que cette grande artère puisse suffire aux nouveaux besoins, il a fallu l'élargir, l'approfondir et la prolonger. On a dépensé pour ces modifications plus de 12 000 000 francs.

Actuellement, le canal Ibrahimieh, depuis Dérout jusqu'à el Ayat (voir pl. VII), point où il se jette dans le canal de Ghizeh, a une longueur de 253 kilomètres et, depuis sa prise, une longueur totale de 314 kilomètres. La largeur au plafond est de 30 mètres à Dérout (km. 61), de 20 mètres à Charahna (km. 215), de 3 mètres à son extrémité (km. 314). A Kocheicha (km. 225), le canal Ibrahimieh franchit, par un siphon de 300 mètres de longueur composé de trois tuyaux de 2 mètres de diamètre, le chenal par lequel se déversent dans le Nil les bassins d'inondation situés à l'ouest du Bahr Yousef[1]. Il poursuit son cours sur 79 kilomètres en aval de Kocheicha jusqu'à sa rencontre avec le canal de Ghizeh.

Dix ouvrages régulateurs sont établis sur son parcours en aval de Dérout ; ces barrages sont munis de vannes métalliques mobiles. Le premier, celui de Hafiz, a 7 ouvertures de 3 mètres (km. 93) ; les suivants comportent : à Minieh (km. 127) 5 ouvertures de 3 mètres ; à Matai (km. 165)

---

[1] Voir page 112.

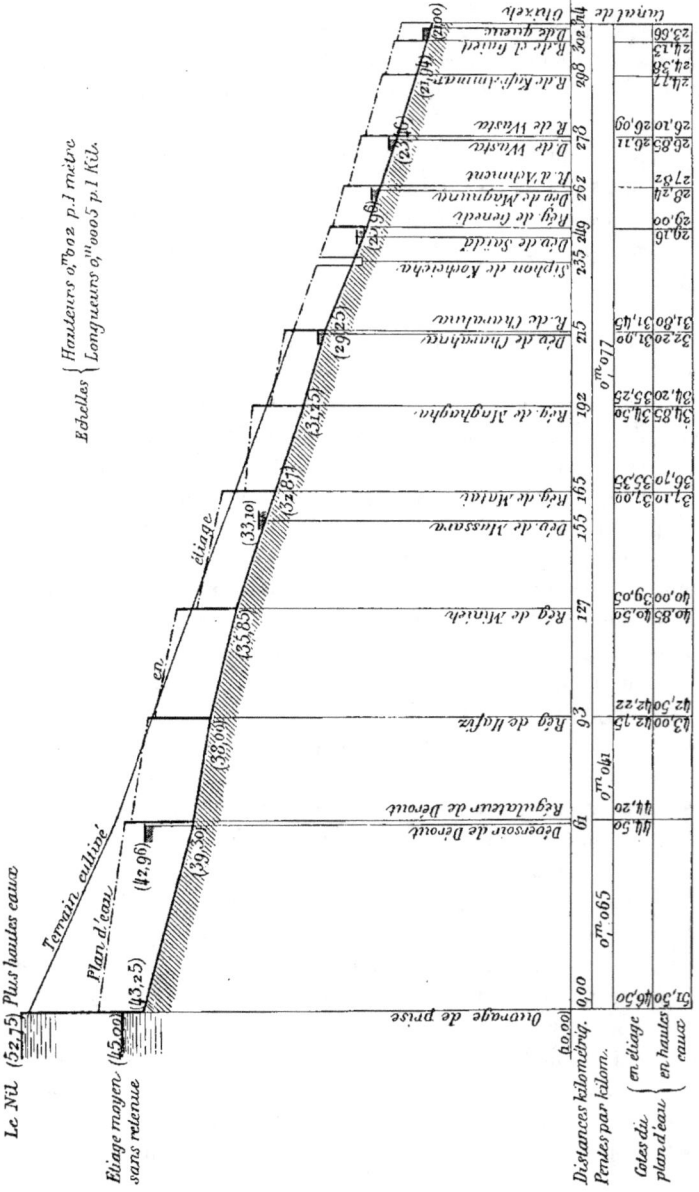

Fig. 34. — Profil en long du canal Ibrahimieh.

4 ouvertures de 3 mètres et 2 de 2,75 m.[1]; à Maghagha (km. 192), 5 ouvertures de 2,50 m.; à Charahna (km. 215), 4 ouvertures de 3 mètres; à Genedi (km. 249), 4 ouvertures de 3 mètres; à Achment (km. 262), 3 ouvertures de 3 mètres; à Wasta (km. 278), à Kafr Ammar (km. 298), à Mit el Gaied (km. 302) une ouverture de 2,50 m.

D'une façon générale, tout le long du canal Ibrahimieh, la distribution des eaux ne se fait pas par le canal lui-même, mais par des embranchements et par des canaux latéraux. Certains de ces embranchements sont très importants. Ainsi le canal Sabakha, qui a sa prise en amont du régulateur de Hafiz, a plus de 100 kilomètres de longueur, arrose 22 000 hectares et débite en été 24 mètres cubes par seconde.

Dans tout le système du canal Ibrahimieh, les cotes de retenue des ouvrages régulateurs sont établies de telle sorte que l'eau arrive partout sur les terres par simple gravitation. Il n'y a d'exception que pour 6 300 hectares situés juste en aval de Dérout; là seulement, pendant l'étiage, on doit employer des machines élévatoires pour amener l'eau au niveau des terres cultivées.

Le profil en long de la figure 34 indique le régime normal du canal Ibrahimieh pendant l'étiage et pendant la crue. Les niveaux du plan d'eau, pendant la crue, diffèrent de 0,30 au maximum des niveaux d'étiage en aval de Dérout.

Plusieurs déversoirs échelonnés le long du canal permettent de rejeter au Nil le trop-plein des eaux. Il a déjà été parlé du déversoir qui est situé en amont des ouvrages de Dérout. Les autres ouvrages sont établis à Massara (kil. 155), avec 2 ouvertures de 2,50 m., à Charahna (kil. 215), avec 3 ouvertures de 3,00 m., à Saïda (kil. 246), avec 2 ouvertures de 2,50 m., à Magnouna (kil. 262), avec 2 ouvertures de 2,50 m., à Wasta (kil. 278), avec 1 ouverture de 3,00 m., auprès de l'extrémité (kil. 314), avec 1 ouverture de 2,50 m.

BAHR YOUSEF

Le Bahr Yousef part du canal Ibrahimieh à Dérout (kil. 61). Son ouvrage de prise a cinq arches de 3 mètres d'ouverture et une écluse de 8,50 m. de largeur.

Ce n'est pas un canal artificiel, mais un véritable cours d'eau. Tandis que le canal Ibrahimieh poursuit son tracé dans le voisinage du Nil, c'est-à-dire en suivant la partie haute de la vallée, le Bahr Yousef s'éloigne vers l'ouest dès son origine et développe son lit sinueux et irrégulier au pied des pentes qui longent le désert, c'est-à-dire dans les points bas de la vallée

---

[1] A Minieh et à Matai, il y a de vieilles écluses qui sont inutilisées ou supprimées.

dont l'altitude est d'un mètre environ inférieur au niveau des terres hautes rapprochées du Nil (voir pl. VII).

Le tronc principal du Bahr Yousef a 276 kilomètres de longueur depuis Dérout jusqu'à l'ouvrage régulateur d'el Lahoun qui commande son entrée au Fayoum. Son lit a de 50 à 60 mètres en basses eaux et de 500 à 600 mètres en hautes eaux. Son débit maximum atteint 400 mètres cubes par seconde en hautes eaux. La figure 35 représente sa section transversale vers le kilomètre 250.

Deux ouvrages régulateurs, ayant 20 arches de 3 mètres et une écluse de 24,30 m. de longueur sur 6 mètres de largeur, sont établis à Nazlet el Abid

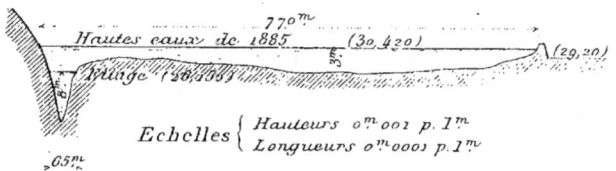

Fig. 35. — Section du Bahr Yousef au kilomètre 250.

(kil. 67 ; cote du seuil, 35,50 m.), à Sakoula (kil. 169 ; cote du seuil, 28,35 m.), et un troisième ayant 25 arches de 3 mètres, à Mazoura (kil. 209 ; cote du seuil 23,92 m.).

Au kilomètre 270, le Bahr Yousef reçoit un important canal nili, le canal Bahabchin, qui a sa prise sur le Nil à Benisouef et qui lui apporte un supplément de débit pendant la crue.

El Lahoun (kil. 276), est le point par où le Bahr Yousef pénètre dans l'intérieur du Fayoum. Dans cet endroit, sont groupés plusieurs ouvrages.

Deux de ces ouvrages contrôlent l'entrée de l'eau au Fayoum ; ce sont le régulateur du Bahr Yousef lui-même (3 arches de 3,25 m. de largeur ; cote du seuil, 21,35 m.), et le régulateur du canal Hassan Wacyf (4 arches de 3 mètres ; cote du seuil, 21,50 m.), sur la rive gauche.

Trois autres ouvrages, sur la rive droite, servent pour les bassins d'inondation ; ce sont :

Le déversoir d'Abou Bakr (25 arches de 3 m.), qui est destiné à écouler dans le chenal du déversoir de Kocheicha la vidange des bassins situés au sud et à l'ouest du Bahr Yousef ;

L'ancien régulateur du bassin el-Hagar (5 arches de 3 m. ; cote du seuil, 22,75 m.), qui n'est plus utilisé que pour le remplissage d'un petit bassin ;

Une prise d'une ouverture de 3 mètres pour le canal nili Agouz qui se dirige vers le nord, le long du désert, sur une vingtaine de kilomètres, pour le remplissage des bassins supérieurs de la chaîne de Ghizeh.

Un dernier ouvrage, sur la rive droite ; c'est la prise d'eau du nouveau canal de Ghizeh (5 arches de 3 m. ; cote du seuil 21,75 m.).

Fig. 36. — Barrage avec écluse de Nazlet et Abid sur le Bahr Yousef.

Nous parlerons à la fin de ce chapitre du prolongement du Bahr Yousef dans le Fayoum, ainsi que du canal Hassan Wacyf, et du rôle qu'ils jouent dans cette province.

Quant au nouveau canal de Ghizeh, qui se détache à el Lahoun du Bahr Yousef, c'est l'artère principale qui alimente l'irrigation de la province de Ghizeh. Il se dirige vers le nord, en longeant le désert, et va se confondre, dans les environs d'el Ayat, avec l'ancien canal de Ghizeh ; celui-ci se prolonge sur les terres hautes voisines du Nil jusqu'au barrage du Delta. C'est aussi à el Ayat que le canal de Ghizeh reçoit l'extrémité du canal Ibrahimieh.

Le canal de Ghizeh à une largeur au plafond de 14 mètres à son origine et une longueur totale de 130 kilomètres environ depuis el Lahoun. Il comporte sur son parcours sept ouvrages régulateurs ; les trois premiers ont 3 arches de 3 mètres, les trois suivants 2 arches de 3 mètres et le dernier une arche de 3 mètres.

DISTRIBUTION DES EAUX

Quantité d'eau nécessaire dans chaque saison. — D'après les surfaces dépendant du canal Ibrahimieh et cultivées soit par irrigation, soit par inondation, on peut établir comme suit le débit que doivent donner le canal lui-même et ses principaux embranchements dans les différentes saisons, en prenant pour base les dépenses normales d'eau par seconde et par hectare qui ont été fixées au chapitre IV pour l'inondation et au chapitre VI pour l'irrigation.

Pour le tronc principal en amont de Dérout :

En étiage, 117 mètres cubes par seconde pour 472 000 hectares irrigables à raison de 0,247 l. par seconde et par hectare ;

Au mois de juillet, pendant les semailles du maïs, 168 mètres cubes par seconde pour 472 000 hectares de terres irrigables, à raison de 0,357 l. par seconde et par hectare ;

Pendant la crue, 550 mètres cubes par seconde, dont 324 mètres cubes pour 472 000 hectares de terres irrigables à raison de 0,687 l. par seconde et par hectare et 226 mètres cubes pour 96 000 hectares de bassins dont 25 p. 100 de cultures nabari (2,775 l. par seconde et par hectare pour l'inondation et 0,826 l. pour le nabari).

Pour l'ensemble des trois canaux Ibrahimieh, Déroutieh et Sahelieh en aval de Dérout :

en étiage, 53 mètres cubes par seconde.
en juillet, 92 —   —
en crue, 178 —   —

correspondant à 258 700 hectares de terres irrigables.

A peu près un dixième de ce débit est affecté au Déroutieh et un vingtième au Sahelieh, de sorte qu'il reste pour le canal Ibrahimieh en aval de

Déroul, 51, 73 et 140 mètres cubes respectivement dans chacune des trois saisons.

Pour le Bahr Yousef :

en étiage, 53 mètres cubes par seconde.
en juillet, 76 — —
en crue, 146 — —

destinés à irriguer 213 200 hectares au Fayoum et dans la province de Ghizeh.

Pendant la crue, il faut ajouter aux 146 mètres cubes ci-dessus, 226 mètres cubes par seconde pour 96 000 hectares cultivés par inondation et en nabari, ce qui donne, dans cette saison, un débit total de 372 mètres cubes par seconde.

Le débit du Bahr Yousef est partagé à el Lahoun en deux parts : l'une pour les 173 400 hectares irrigables du Fayoum qui réclament 43 mètres cubes en étiage, 62 en juillet et 119 en crue ; l'autre pour les 39 800 hectares irrigables et pour les 28 700 hectares de bassins de la province de Ghizeh qui ont besoin de 10 mètres cubes en étiage, 14 en juillet et 95 en crue.

Distribution au barrage d'Assiout. — Après l'achèvement des travaux de transformation de la Moyenne Égypte, la surface irrigable de cette région sera environ 36 p. 100 de la surface de la Basse Égypte, en comprenant dans ce chiffre 19 000 hectares de la province de Ghizeh situés sur la rive droite du Nil.

Au moment des basses eaux et au commencement de la crue, c'est-à-dire aux deux époques critiques pour les irrigations, lorsque le débit du Nil à Assiout arrive à être à peu près égal ou même inférieur aux besoins normaux des territoires situés en aval, il faut régler le barrage d'Assiout de façon à ce que la Moyenne Égypte ne soit pas alimentée aux dépens du Delta. C'est un peu moins des trois quarts du débit total qui doit ainsi rester dans le fleuve. Cette proportion variera d'ailleurs d'une année à l'autre suivant l'extension plus ou moins grande de cultures d'été (canne à sucre, coton, riz) dans chacune des régions irriguées. Pendant ces dernières années, elle a changé au fur et à mesure du degré d'avancement des travaux de suppression des bassins dans la Moyenne Égypte.

Pour donner le débit nécessaire au canal Ibrahimieh pendant l'été, il faut, en amont du barrage d'Assiout, une cote de retenue de 46,50 m. à 46,60 m. et la cote nécessaire pendant la crue est au moins 51,50 m.

En 1903, première année du fonctionnement de cet ouvrage, on commença à le fermer partiellement le 20 mars ; la dénivellation la plus forte d'amont en aval fut de 1,30 m., le 2 avril. Le barrage fut complètement ouvert le 14 août.

En 1905, on calcula que le débit d'étiage pour la Moyenne Égypte devait être égal à 30 p. 100 du débit des canaux du Delta, plus un million de mètres cubes par jour. L'étiage étant bas, cette année-là, on commença à fermer le barrage tôt en février; la chute maxima d'amont en aval fut de 1,60 m. en été. Pendant toute la crue on continua à régler le niveau des eaux, les portes furent baissées presque tout le temps et on put obtenir ainsi une retenue à la cote maxima de 51,50 m.

En 1907, le volume du Nil fut partagé à Assiout de façon à donner au canal Ibrahimieh le quart du débit réservé pour le Delta plus un million de mètres cubes par jour. La manœuvre des vannes fut commencée le 11 février. La cote d'amont de 46,50 m. fut obtenue avec une chute variable qui fut maxima le 2 avril avec une hauteur de 1,71 m. La crue étant très faible, le barrage fut entièrement fermé dès le 7 août jusqu'à la fin de la crue. Le niveau ainsi obtenu pour la retenue fut la cote normale de 51,50 m. et la chute maxima fut de 1,64 m. Toute la crue passa par-dessus la crête des vannes formant déversoir avec un relèvement moyen de plus d'un mètre dont bénéficia la Moyenne Égypte.

Lorsque les niveaux du fleuve sont trop élevés pour le débit nécessaire au canal Ibrahimieh, l'ouvrage de tête de ce canal est partiellement fermé, de façon à donner en aval la cote correspondant aux besoins des cultures.

Distribution des eaux à Dérout. — D'Assiout à Dérout, les eaux du canal Ibrahimieh coulent librement, sans obstacle, dans un lit profond et régulier, maintenues par des berges élevées. Toute l'eau introduite dans le canal à Assiout arrive à Dérout, sauf celle qui est consacrée, en été, à quelques arrosages par machine à vapeur ou, en temps de crue, à fournir un petit supplément d'inondation aux bassins de la rive gauche du canal.

A Dérout se règle le partage des eaux entre le Bahr Yousef, les biefs d'aval du canal Ibrahimieh et les deux canaux beaucoup moins importants qui s'appellent le Déroutieh et le Sahelieh. Et d'abord, lorsque les eaux arrivent à Dérout en trop grande abondance pour les besoins du moment, on en laisse écouler l'excédent dans le Nil par le déversoir dont il a été parlé plus haut[1]. Cet ouvrage est entièrement fermé aussitôt que les eaux se raréfient. L'époque de la fermeture varie avec le régime du Nil; ce fut le 6 février en 1903, le 10 janvier en 1904. On l'ouvre de nouveau lorsque la crue commence à alimenter trop largement le canal.

La distribution des eaux le long du canal Ibrahimieh en aval de Dérout, ainsi que le long des canaux Déroutieh et Sahelieh et de leurs embranchements, se fait suivant les principes généraux exposés au chapitre VI pour

---

[1] Voir page 188.

les canaux d'irrigation, avec cette particularité déjà signalée que, sauf peu d'exceptions, l'eau arrive partout par gravitation, sans le secours de machines élévatoires, contrairement à ce qui se passe dans les canaux de la Basse Egypte. La disposition des canaux de drainage nouvellement établis dans la Moyenne Égypte permet en effet de maintenir l'eau à un niveau élevé dans les canaux d'irrigation sans qu'on ait à redouter une trop grande imbibition des terres, nuisible aux cultures.

Quant au Bahr Yousef, son régime présente certaines particularités spéciales en raison de ce qu'il sert à la fois à l'irrigation et à l'inondation.

Régime du Bahr Yousef. — Pendant les basses eaux et au commencement de la crue, le Bahr Yousef, ainsi que ses prolongements au Fayoum et dans la province de Ghizeh, sont traités comme des canaux ordinaires d'irrigation ; l'utilisation et la répartition des eaux ne commencent guère qu'à el Lahoun, soit à 276 kilomètres en aval de Dérout. Pendant cette saison, les trois ouvrages régulateurs de Nazlet el Abid, de Sakoula et de Mazoura restent ouverts en grand ; ceux d'el Lahoun fonctionnent pour la réglementation des débits en aval.

Mais, pendant la crue, les niveaux du Bahr Yousef doivent être réglés de façon à ce qu'il puisse servir au remplissage des bassins qui bordent sa rive gauche. Les cotes en amont des trois ouvrages régulateurs de Nazlet el Abid, de Sakoula et de Mazoura sont alors établies en conséquence. Le niveau nécessaire, à cette époque de l'année, en tête du Bahr Yousef, atteint la cote d'altitude 46,75 m. En 1904, le niveau maximum fut à la cote 40,50 m. en amont de Nazlet el Abid, 34,30 m. en amont de Sakoula, 30,90 m. en amont de Mazoura, 27 mètres en amont d'el Lahoun. Ces cotes sont inférieures de 0,50 m. environ aux cotes normales de crue : celles-ci sont, en amont des ouvrages, de 4 à 5 mètres plus élevées que celles d'étiage.

Le lit du Bahr Yousef sert aussi à l'écoulement des eaux de vidange des bassins d'inondation situés sur la rive gauche. Ces eaux retournent au Nil par l'ancien déversoir de Kocheicha (km. 117 du Nil), autrefois utilisé pour la vidange de toute la grande chaîne de bassins qui s'étendait dans les provinces d'Assiout, de Minieh et de Benisouef. Il convient de réduire dans une certaine mesure le gonflement qui se produit alors dans le Bahr Yousef, afin d'intercepter le moins possible les lignes de drainage des terrains d'irrigation de la Moyenne Égypte qui, à cette époque de l'année, trouvent un exutoire dans le lit même de ce cours d'eau[1]. Pour que ces lignes de drainage puissent fonctionner à ce moment-là, il faut que le niveau du Bahr

---

[1] Voir chapitre IX, page 213.

Yousef ne dépasse pas la cote de 31,90 m. en aval du régulateur de Sakoula et de 29,20 m. en aval de l'ouvrage de Mazoura. On obtient ce résultat en allongeant un peu la durée de la vidange ; en outre, on s'est attaché à disposer les digues des bassins d'inondation de façon à réduire autant que possible le volume d'eau nécessaire au remplissage.

Province de Ghizeh. — Le régime des eaux dans la province de Ghizeh est analogue à celui qui vient d'être décrit pour la région du Bahr Yousef et du canal Ibrahimieh.

AMÉNAGEMENT D'ANCIENS BASSINS D'INONDATION POUR L'IRRIGATION

Les travaux récents d'aménagement pour l'irrigation des territoires de la Moyenne Égypte, auparavant occupés par des bassins d'inondation, présentent ce caractère que, à l'exception de la grande artère d'alimentation, le canal Ibrahimieh, tous les canaux d'arrosage et de drainage étaient à créer. Les ingénieurs ont donc pu, dans l'élaboration des projets, appliquer les résultats de l'expérience acquise sans être gênés, comme dans le Delta, par les conditions existant antérieurement.

Les principes adoptés sont : l'irrigation sans machines élévatoires par des canaux coulant au niveau des terres et le drainage très développé. La figure 37 montre comment ces arrangements sont exécutés dans une partie de la province d'Assiout située juste au nord de Dérout.

Le terrain est coupé par des canaux de distribution, parallèles autant que le relief du sol le permet, espacés de 1 000 mètres environ et longs de 2 à 4 kilomètres ; entre chacun de ces canaux sont tracées des rigoles de drainage formant un réseau d'évacuation symétrique du réseau d'alimentation. Des prises d'eau sont établies sur les canaux d'arrosage, aux frais du gouvernement, tous les cent mètres pour les rigoles particulières.

Sur la surface de 23 400 hectares qui est représentée figure 37, l'aménagement des canaux et des drains comporte les ouvrages énumérés ci-après :

Canaux de 4,50 m. à 2 mètres de largeur à la prise. . . .   70,6 kilomètres.
Rigoles de 1,30 m. à 0,50 m. de largeur à la prise 179,6   —
Drains de 4,25 m. à 1,40 m. de largeur à l'extrémité aval. . 53,5   —
Rigoles de drainage de 1 mètre à 0,80 m. de largeur à
  l'extrémité aval.   73,6
Longueur totale des canaux et des drains. . . . . 377,3 kilomètres.

La dépense s'est élevée à 144,30 fr. par hectare, ce chiffre comprenant seulement les travaux de canalisation exécutés pour desservir exclusivement la superficie même transformée.

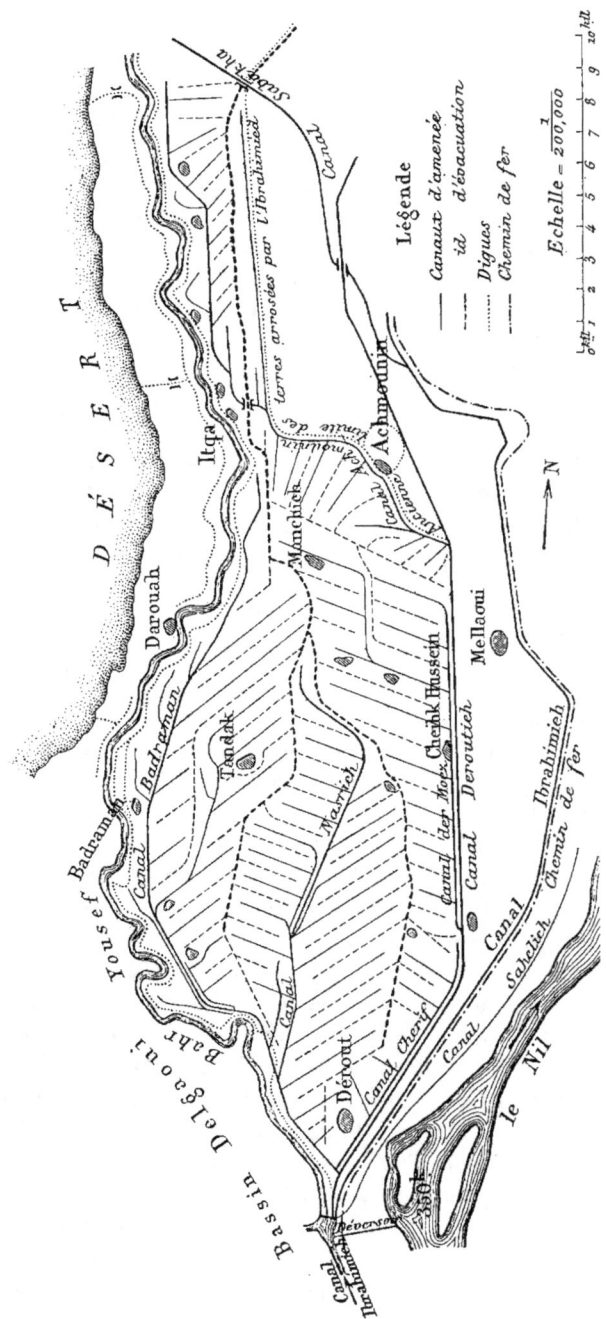

Fig. 37. — Transformation des bassins Achmounin et Itqa pour l'irrigation.

DÉPENSES ET BÉNÉFICES DE LA CONVERSION DES BASSINS D'INONDATION

La surface totale des bassins de la Moyenne Égypte convertie récemment en territoire d'irrigation sur la rive gauche du Nil est de 170 000 hectares. La dépense totale de ces travaux comprenant l'élargissement du canal Ibrahimieh, la construction de tous les canaux et ouvrages d'art nécessaires à l'arrosage et au drainage des terres, s'élève à 110 000 000 de francs ; elle représente une somme de 650 francs par hectare.

Le coût de la construction du barrage d'Assiout et du régulateur de prise du canal Ibrahimieh a été de 23 000 000 de francs. Ces ouvrages profitent non seulement aux 170 000 hectares nouvellement adaptés à l'irrigation, mais encore aux 173 400 hectares irrigués du Fayoum, dépendant du Bahr Yousef, ainsi qu'aux 128 600 hectares qui étaient antérieurement irrigués par le canal Ibrahimieh, soit à une surface de 302 000 hectares en plus des 170 000 récemment transformés. La part de cette dépense à appliquer aux 170 000 hectares que nous considérons ici serait donc environ de 8 000 000 de francs, équivalant à 50 francs par hectare.

On peut donc dire que, pour transformer en terres irrigables les anciens bassins d'inondation de la Moyenne Égypte, on a dépensé, en chiffres ronds, 700 francs par hectare.

Or [1], la bonne terre des bassins d'inondation vaut couramment 4 000 francs l'hectare tandis que la bonne terre irrigable vaut le double. Ainsi, c'est une augmentation de 4 000 francs sur la valeur vénale de la terre qu'a produite le dépense de 700 francs par hectare. Le bénéfice de ces travaux est donc considérable. Il s'élève, pour l'ensemble des bassins convertis, à 170 000 hectares × 4 000 francs = 680 000 000 de francs.

En même temps, le revenu annuel de ces 170 000 hectares passait de 280 francs à 590 francs par hectare, en moyenne, produisant ainsi pour l'ensemble une plus-value de rendement de près de 53 000 000 de francs. Cette plus-value provient de ce que ces terres, autrefois cultivées par inondation, ne pouvaient donner en plus des récoltes d'hiver (blé, fèves, fourrages, etc.) que des récoltes d'été hâtives (maïs, dourah, etc.), tandis que, actuellement, elles sont plantées en coton ou en canne à sucre sur 40 à 50 p. 100 de leur surface. Le coton qui, dans l'année 1903, couvrait, sur toute la Haute Egypte, 40 000 hectares, en occupait 132 000 en 1907, alors qu'il restait à convertir 22 000 hectares de bassins et que le régime normal des cultures

---

[1] Voir les Reports upon the administration of the irrigation services in Egypt and in the Sudan for the year 1907, page 23.

n'avait pas eu le temps de s'établir encore sur une partie des terres trop récemment aménagées pour l'irrigation.

A ces bénéfices directs, il faut ajouter un certain nombre d'avantages, plus difficiles à évaluer, qui dérivent des mêmes travaux, tels que l'amélioration de l'alimentation et du drainage des 128 000 hectares antérieurement irrigués dans la région du canal Ibrahimieh, des facilités de navigation sur le Bahr Yousef et sur le canal Ibrahimieh, une plus grande sécurité pour l'inondation des 96 000 hectares d'anciens bassins qui subsistent en bordure du désert, etc.

Il est bon d'ailleurs d'ajouter que, comme on le verra par la suite (voir chapitre X), ces travaux n'ont pu produire leur effet que parce qu'on avait créé, au préalable, à Assouan, un réservoir d'emmagasinement des eaux de crue permettant d'augmenter le débit d'étiage du Nil. Sans l'appoint fourni par cette réserve, l'extension des cultures par irrigation en Égypte eût été impossible.

BASSINS D'INONDATION TRANSFORMÉS POUR L'IRRIGATION SUR LA RIVE DROITE DU NIL

Dans la province de Ghizeh, juste en amont du Caire, sur la rive droite du Nil, il existait une chaîne de bassins de 19 000 hectares de superficie s'allongeant sur environ 90 kilomètres. Le remplissage de ces bassins était aléatoire ; beaucoup de terrains restaient secs et stériles pendant les années de crue médiocre parce qu'un long promontoire rocheux empêchait de reculer assez loin vers l'amont la prise des canaux de remplissage.

Pour transformer ces bassins en terres irrigables pendant toute l'année, le gouvernement vient d'établir deux importantes usines élévatoires, l'une vers le sud, l'autre plus au nord, et il a doté tout le territoire de canaux d'irrigation et de drainage.

PROVINCE DU FAYOUM[1]

Le Fayoum ne reçoit l'eau du Nil qu'après qu'elle a parcouru les 61 kilomètres du canal Ibrahimieh compris entre Assiout et Dérout et les 276 kilomètres du Bahr Yousef qui s'étendent de Dérout à el Lahoun, soit, en tout, 337 kilomètres (voir pl. V).

La cote d'altitude du sol, qui est de 26 mètres au-dessus du niveau de la mer dans la vallée du Nil à el Lahoun, tombe à 22,50 m. à Medinet-el-Fayoum, chef-lieu de la province, et s'abaisse jusqu'à 44 mètres au-dessous du

---
[1] Se reporter pour la topographie du Fayoum aux pages 50 et 51.

niveau de la mer sur les bords du lac Keroun. Ce lac est sans issue; il recueille le trop-plein des eaux d'arrosage du Fayoum.

A son entrée dans le Fayoum, le Bahr Yousef est contrôlé par un ouvrage régulateur composé de trois arches de 3 mètres d'ouverture. Un second ouvrage composé aussi de trois arches est établi à 12 kilomètres plus bas qu'el Lahoum, en aval de la tête du canal Seilah, qui arrose le contour nord du Fayoum, dont la prise est formée par deux arches de 3 mètres et dont la largeur au plafond est de 14 mètres.

Un canal de 15 mètres de largeur au plafond, le canal Hassan Wacyf, tout récemment construit, se détache de la rive gauche du Bahr Yousef à el Lahoun[1] et longe la limite sud de la province.

En aval d'el Lahoun, le Bahr Yousef a une largeur au plafond de 25 mètres environ; il poursuit son cours jusqu'au kilomètre 24, à Medinet-el-Fayoum, d'où partent quatorze canaux en éventail. Ces derniers canaux desservent la partie centrale de la province; ils peuvent être divisés en trois classes :

1° Des canaux courts à niveau élevé, qui arrosent les terres voisines du Bahr Yousef et de Medinet-el-Fayoum s'étendant approximativement au-dessus de la cote de 18 mètres d'altitude;

2° Des canaux de longueur moyenne, qui arrosent les terres situées entre les cotes 18 et 10 mètres;

3° De longs canaux, creusés en ravins, dont le lit est parfois à 15 mètres au-dessous du sol dans leur cours supérieur; ils irriguent les terres situées au-dessous de la cote 10 mètres dans la région du lac Keroun.

Cette disposition des canaux donne de grandes facilités pour la répartition des eaux. Entre les branches d'un même canal, la distribution s'opère au moyen de déversoirs dont la longueur est proportionnée à la superficie des terrains desservis.

La surface cultivable du Fayoum étant de 173 400 hectares, le débit normal du Bahr Yousef à el Lahoun doit être, d'après les dépenses d'eau admises dans chaque saison pour les terrains irrigués[2] :

en étiage, 35 mètres cubes par seconde et par hectare.
en juillet, 62 — — —
en crue, 119 — — —

De 1900 à 1905, il a été dépensé au Fayoum des sommes considérables tant pour augmenter la surface des terres cultivables que pour améliorer l'alimentation des canaux et l'évacuation des eaux. Les travaux exécutés ont coûté près de 11 000 000 francs, soit environ 63 francs en moyenne par

---

[1] Voir page 192.
[2] Voir chapitre VI, p. 125.

hectare; ils ont consisté principalement en creusement de nouveaux canaux, élargissement d'anciens chenaux, séparation plus nette entre les eaux d'arrosage et les eaux de drainage, construction d'ouvrages régulateurs et distributeurs.

Les conséquences de ces travaux sont très importantes. Ils ont rendu propres à la culture 20 000 hectares de désert et ont triplé la valeur des terres déjà cultivées qui ont bénéficié de ces améliorations.

Auparavant, la superficie des cultures sefi ne dépassait guère 25 000 hectares, soit un cinquième de l'ensemble des terres cultivables qui était alors de 130 000 hectares. Or, dès 1904, cette superficie s'élevait déjà à 50 000 hectares, soit près du tiers de la surface cultivable qui est devenue égale à 173 000 hectares. Cette extension des cultures sefi n'est pas le résultat des seuls travaux exécutés au Fayoum même; elle a été rendue possible par la construction du barrage d'Assiout qui a assuré l'alimentation régulière du Bahr Yousef et par la création du réservoir d'Assouan qui a permis d'accroître le débit disponible du Nil en étiage.

De nombreux travaux sont encore projetés pour l'amélioration de la région centrale de Fayoum et des abords du lac Keroun.

On peut mesurer le chemin parcouru dans ces dernières années au Fayoum par l'examen du tableau comparatif ci-dessous des cultures en l'année agricole 1897-98 et en l'année 1903-1904 [1].

NATURE DES RÉCOLTES	SUPERFICIES CULTIVÉES de septembre 1897 à août 1898.		SUPERFICIES CULTIVÉES de septembre 1903 à août 1904.	
	partielles.	totales.	partielles.	totales.
	hect.	hect.	hect.	hect.
Cultures Nili.				
Maïs, dourah	58 420		65 420	
Riz	9 300	67 720	12 620	78 280
Légumes, etc.	»		240	
Cultures d'hiver.				
Blé	22 470		31 380	
Fèves	27 630	99 250	30 450	116 300
Orge	9 400		13 040	
Fourrages et divers . . .	39 660		41 430	
Cultures Sefi.				
Coton	21 650		31 460	
Canne à sucre	360	25 230	280	34 240
Légumes.	3 220		2 500	
Jardins		1 110		1 430
TOTAUX GÉNÉRAUX		193 310		230 250

[1] Ces chiffres sont extraits des rapports officiels d'irrigation des années 1898 et 1904.

Ainsi, dans l'année 1903-04, il y eut au Fayoum 36 940 hectares de cultures en plus des cultures de l'année 1897-98. La superficie cultivée en coton a passé en six années de 21 650 à 31 460 hectares et cette superficie s'est encore accrue par la suite, car, dans l'année 1904-05, la surface des cultures sefi s'est élevée à 48 300 hectares, tandis qu'en 1897-98, elle ne couvrait que 25 230 hectares.

Il est assez difficile d'évaluer pendant la période d'exécution de ces travaux de transformation les terrassements nécessaires à l'entretien des digues et des canaux de la province. Vers 1900, ils s'élevaient en moyenne à 406 000 mètres cubes par an, dont 87 000 mètres cubes pour les digues et 319 000 mètres cubes pour le curage des canaux, ce qui, à raison de 0,32 fr. par mètre cube, représentait une dépense annuelle de 130 000 francs, soit un peu plus d'un franc par hectare cultivable.

En outre, pendant la crue, la corvée fournissait 40 000 journées d'hommes à raison de 500 hommes pendant quatre-vingts jours pour le gardiennage des digues et canaux, ainsi que pour la surveillance et la manœuvre des ouvrages d'art. En évaluant la journée d'homme à un franc, c'était encore une dépense de 40 000 francs, soit 0,31 fr. par hectare cultivable.

A ces dépenses, s'ajoutaient les frais peu considérables d'entretien des ouvrages d'art.

CHAPITRE IX

DRAINAGE ET ASSAINISSEMENT DES TERRES

Considérations générales. — Dispositions générales des canaux de drainage; dépenses de construction et d'entretien. — Moyenne Égypte. — Fayoum. — Provinces à l'est de la branche de Damiette. — Provinces comprises entre les deux branches du Nil. — Province de Béhéra. — Dessèchement, assainissement et colmatage. — Colmatages dans le nord du Delta. — Dessèchement du lac d'Aboukir. — Défrichement du domaine de l'ouady Toumilat. — Amélioration des terres de Salakous. — Expériences d'assainissement faites dans la Basse Égypte par l'Administration des Domaines de l'État.

CONSIDÉRATIONS GÉNÉRALES

Après avoir pourvu aux moyens d'amener et de distribuer l'eau d'arrosage qui seule, sous le climat sec et chaud de l'Égypte, permet à la terre de produire des récoltes, le premier souci de l'ingénieur doit être d'évacuer loin des terrains cultivés, les eaux surabondantes qui, leur travail de fertilisation accompli, n'ont pas été absorbées par le sous-sol, par l'évaporation ou par la végétation même. Le drainage des eaux usées est aussi nécessaire au maintien de la fécondité des terres qu'il est, dans les villes, indispensable à la salubrité. C'est là une loi naturelle d'ordre général. Tout organisme doit rejeter le surplus des aliments dont il s'est assimilé les parties nutritives, sous peine de tomber en pourriture et de se détruire lui-même. Ainsi dans les pays d'irrigation, la terre, mère nourricière des peuples qui lui donnent, au prix de patients efforts, l'eau nécessaire à son travail de gestation, deviendra bientôt stérile, malfaisante pour l'homme comme pour les végétaux, si une main attentive et expérimentée ne la débarrasse promptement des résidus de l'arrosage.

Il est de tradition chez les ingénieurs italiens qui ont fait de si remarquables travaux hydrauliques dans la vallée du Pô, que les ouvrages destinés à écouler les eaux de colature doivent être exécutés avant les ouvrages d'amenée des eaux d'irrigation.

En Égypte, deux raisons principales obligent les ingénieurs à apporter un soin spécial au drainage des terres.

En premier lieu, le sol est composé, sur une épaisseur toujours forte et souvent considérable, d'un limon argileux qui, tout en se laissant imprégner assez facilement, n'est cependant pas doué d'une puissance de perméabilité suffisante pour que les eaux répandues à sa surface s'y infiltrent rapidement jusque dans les couches inférieures. Les différences très sensibles que l'on constate aux différentes époques de l'année entre les niveaux du Nil et ceux de la nappe souterraine alimentée par le fleuve, ainsi que les retards qui existent dans les oscillations de la nappe souterraine par rapport à celles du Nil, sont les preuves de la lenteur avec laquelle se propage le mouvement des eaux dans l'intérieur du sol et de la résistance que sa ténacité oppose à leur passage.

En second lieu, les eaux d'arrosage qui ont pénétré dans le sol, si on ne leur a pas ménagé des moyens d'évacuation, reparaissent plus loin, par l'effet des lois naturelles d'écoulement, à la surface du terrain, dans les points situés plus bas que leur niveau d'émission. Ces points d'affleurement sont déterminés par les pentes longitudinales et transversales de la vallée d'alluvion, et, quand ces pentes sont faibles et régulières, les eaux de colature envahissent des régions étendues. Or, en Égypte, la terre n'étant pas lavée par les pluies, les eaux qui la traversent se chargent de sels solubles, qui, sous l'action d'une forte évaporation atmosphérique, forment une couche blanchâtre d'efflorescences, destructives de toute fertilité. Le même phénomène est constaté dans tous les deltas des fleuves des pays chauds et secs.

Ces dépôts salins se produisent le long des canaux dans lesquels les eaux coulent à un niveau supérieur à celui des terrains avoisinants, quand ceux-ci n'ont pas de rigoles de drainage. Ils se retrouvent partout où les eaux de colature n'ont pas un écoulement suffisant, naturel ou artificiel. Ils couvrent enfin de vastes espaces dans les terrains bas qui entourent les lacs situés au nord du Delta ainsi qu'aux abords du lac Keroum, au Fayoum. Deux ou trois saisons de sursaturation d'une terre, par des eaux remontant du sous-sol, suffisent pour abîmer profondément cette terre, dont l'assainissement oblige ensuite à des opérations de lavage répétées plusieurs années et à des travaux spéciaux de drainage.

Quoique des canaux d'évacuation des eaux de colature soient utiles partout en Égypte, ils ne sont pas partout nécessaires. Considérons, par exemple, les terres situées auprès de la pointe du Delta, entre les deux branches du Nil; elles sont élevées de 6 à 7 mètres au-dessus des basses eaux du fleuve. Grâce à cette forte différence de niveau, un appel des eaux surabondantes d'irrigation se produit à travers le sol vers le lit du Nil et débarrasse ainsi les cultures de tout excès d'humidité. Là, le drainage est évidemment moins indispensable que dans les endroits où le plan d'eau d'étiage du fleuve est plus rapproché de la surface des terres. Et cependant, même dans cette partie du Delta, les grands canaux d'arrosage dont les eaux coulent au niveau élevé produit par le barrage ne tarderaient pas à donner lieu à des infiltrations détériorantes le long de leur cours, si on n'avait l'attention d'en réduire de temps en temps le niveau de façon à attirer vers leur lit les eaux qui imprègnent le sol. L'abaissement du plan d'eau des canaux après la crue, pendant plusieurs semaines, produit à ce point de vue de bons résultats ; des rotations régulières ont même été pratiquées pendant la crue, dans le but d'empêcher la sursaturation des terres.

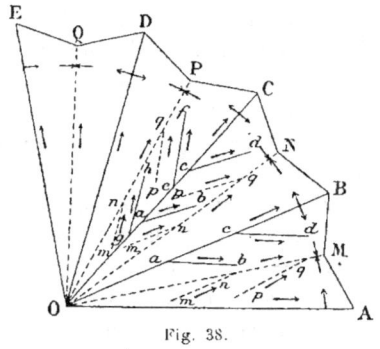

Fig. 38.

On peut se rendre compte assez exactement des conditions d'écoulement des eaux à la surface et dans le sous-sol, principalement dans le Delta, par le croquis schématique de la figure 38. Supposons une sorte d'éventail non entièrement déployé dont le centre O serait à un niveau un peu plus haut que le contour. Les plis de l'éventail formeront des arêtes plus relevées, OA, OB, OC.., entre chacune desquelles seront des arêtes plus basses OM, ON, OP... Les arêtes hautes représentent soit les branches actuelles du Nil, soit les anciennes branches du fleuve et les anciens canaux d'inondation remplissant aujourd'hui le rôle de canaux d'irrigation. Tous ces cours d'eau ont exhaussé le sol sur leurs bords en raison du limon déposé dans leurs débordements annuels. Ce sont là les lignes naturelles d'où doivent partir toutes les prises d'irrigation ab, cd ... Le surplus des eaux d'arrosage, sur le sol et dans le sous-sol, descendra d'autre part vers les arêtes basses OM, ON, OH... qui les recueilleront pour les écouler vers les points bas du pourtour, où elles s'accumuleront pour former des lacs ou bien d'où elles seront évacuées par des procédés appropriés. Les arêtes basses OM, ON, OP... formeront donc les lignes naturelles de colature auxquelles devront aboutir les canaux et rigoles de drainage mn, pq...

Ce n'est là d'ailleurs que la représentation figurée d'une topographie idéale et d'un réseau théorique de canaux et de drains. Il est bien évident qu'on n'a pas pu s'y tenir rigoureusement dans la pratique et qu'on a été amené souvent à couper les lignes naturelles de drainage par des canaux d'irrigation, soit pour réunir entre elles de grandes artères qui doivent se prêter un mutuel appui, soit pour utiliser d'anciennes lignes d'eau destinées à d'autres usages ; mais il résulte toujours de ces dérogations aux lois naturelles des complications dans l'aménagement des canaux et dans leur fonctionnement.

DISPOSITIONS GÉNÉRALES DES CANAUX DE DRAINAGE; DÉPENSES DE CONSTRUCTION ET D'ENTRETIEN

Les eaux de colature sont conduites en dehors des terres irriguées par un réseau de rigoles se déversant dans des canaux secondaires qui aboutissent aux artères principales de drainage.

On calcule que le débit d'un canal de drainage doit être égal au tiers du débit nécessaire à l'irrigation de la région desservie.

La pente des drains peut être très réduite, puisqu'ils ne servent à évacuer que des eaux claires; mais un courant trop faible amène un prompt envahissement du plafond et des talus par des végétations de roseaux et d'autres plantes aquatiques, qui empêchent tout écoulement et nécessitent des curages fréquents et coûteux.

Cette pente est commandée, d'une part, par le niveau des terres à assainir et, d'autre part, par le niveau du réservoir, mer ou lac, dans lequel se déverse le canal, et la marge dont on dispose ainsi est souvent assez petite pour que le tracé des grandes lignes de drainage présente de grosses difficultés.

Pour que le drainage soit assuré dans de bonnes conditions, il faut que le plan d'eau, dans les canaux et rigoles d'écoulement, soit maintenu notablement au-dessous des terres cultivées. On a reconnu en Italie, dans le delta du Pô, que, lorsque le plan d'eau de la nappe souterraine est au maximum de 0,50 m. au-dessous de la surface du sol, les cultures se font dans de très bonnes conditions[1]. Or, dans bien des cas en Égypte, on ne peut atteindre ce résultat, étant données les faibles pentes de la vallée du Nil, par l'effet de la seule gravitation, et on est alors obligé d'avoir recours aux machines élévatoires pour se débarrasser utilement des eaux de drainage.

Dans tous les territoires où prévaut le système de l'inondation des terres pendant la crue, la question du drainage n'existe pour ainsi dire pas. La seule précaution à prendre est de réunir par des chenaux les points bas des bassins, de façon à conduire les eaux qui s'y rassemblent à la fin de la vidange jusqu'aux ouvrages ordinaires de déversement. Les terres ne sont, en effet, couvertes d'eau que pendant une très faible partie de l'année et comme elles sont bien au-dessus du niveau d'étiage du Nil ou des cours d'eau voisins, elles s'assèchent naturellement par infiltration à travers le sous-sol.

Dans les régions d'irrigation, on choisit suivant les dispositions des lieux les points d'évacuation des eaux de colature; tantôt elles sont rejetées

---

[1] Willcocks. Rapport sur l'irrigation pérenne, 1894.

dans le Nil ou dans un autre cours d'eau, le Bahr Yousef, par exemple, pour la Moyenne Égypte ; tantôt elles se déversent dans des lacs, ainsi au Fayoum et sur le pourtour du Delta ; tantôt on les écoule dans la mer elle-même.

Jusqu'en 1885, le gouvernement égyptien s'était plus préoccupé d'améliorer les conditions d'amenée des eaux d'irrigation que de pourvoir à l'évacuation des eaux de colature.

A partir de cette époque, une grande impulsion fut donnée aux travaux d'irrigation par les ingénieurs anglais qui prirent alors la direction du Ministère des Travaux Publics, et cependant on commença par ne consacrer aux travaux de drainage que des sommes relativement peu importantes. On s'attachait surtout, dans cet ordre d'idées, à empêcher les terres basses du Delta, avoisinant les lacs, d'être submergées par l'écoulement des eaux de crue qui arrivaient trop abondantes dans les biefs inférieurs des grands canaux. Ce résultat fut obtenu naturellement, en même temps que le perfectionnement de la distribution des eaux, par la construction de nombreux ouvrages régulateurs le long des canaux. Mais les travaux de drainage proprement dits n'avançaient qu'assez lentement et, comme les eaux d'irrigation étaient amenées en quantité de plus en plus grande dans les canaux pendant les mois d'étiage, il en résultait, pour les régions basses, une situation de plus en plus difficile ; le sel envahissait progressivement des terres autrefois cultivables, sinon très fertiles.

Pendant la période de 1885 à 1895, on ne dépensait guère que 1 000 000 de francs environ par an pour l'amélioration et l'entretien des drains dans toute la Basse Égypte. On avait cependant, pendant cette période, à peu près assaini 580 000 hectares environ, pour une dépense totale de 10 000 000 de francs et au moyen de 200 kilomètres de canaux publics de drainage ; quelques-uns de ces drains étaient d'anciens chenaux dont on avait rectifié les sections et les pentes ; certains autres étaient des biefs inférieurs de canaux d'arrosage utilisés comme colateurs ; d'autres enfin étaient entièrement construits à neuf.

D'après le rapport du Ministère des Travaux Publics de 1893, les dépenses de drainage, cette année-là, se répartissaient comme suit :

Construction de nouveaux drains.	680 000 francs.
Amélioration d'anciens chenaux.	220 000 —
Réparations et entretien.	200 000 —
Total	1 100 000 francs.

La construction de nouveaux drains comporte naturellement une grande quantité d'ouvrages tels que régulateurs, siphons, aqueducs, ponts, etc., etc.

C'est surtout à partir de 1896 que les ressources mises à la disposition du Ministère des Travaux Publics permirent de donner un rapide essor aux travaux de drainage par la construction de grands canaux d'écoulement et par l'extension du réseau des canaux secondaires.

Dans la période de 1897 à 1901, soit pendant cinq ans, on dépensa ainsi 27 500 000 francs, rien que dans la Basse Égypte, pour construire de nouveaux canaux de drainage et en améliorer d'anciens. Si on ajoute à cette somme environ 9 500 000 francs consacrés au même objet de 1885 à 1897 et 9 000 000 francs de 1901 à 1907, on arrive à un total de 46 000 000 francs employés de 1885 à 1907 pour l'amélioration du drainage des 1 300 000 hectares de la Basse Égypte.

En 1904, les canaux de drainage de la Basse Égypte avaient une longueur totale de 3 387 kilomètres se répartissant comme il suit :

Drains ayant à leur embouchure :

Plus de 8 mètres de largeur de plafond		907 kilomètres.
Entre 4 et 8 mètres —		639 —
Moins de 4 mètres —		1 841 —
	Total.	3 387 kilomètres.

Il est difficile de déduire de ces chiffres la somme qu'il y a lieu de dépenser en Égypte par hectare de terre à drainer, car les travaux ne sont pas encore complets. Ils ont été poussés activement dans la région des terres basses qui entourent le Delta, mais ils sont peu développés dans les terres hautes[1].

La dépense faite jusqu'à présent pour le drainage dans la Basse Égypte s'élève à 13 600 francs par kilomètre de drain et à 35 francs par hectare cultivé[2]. Ces travaux ont contribué à augmenter d'au moins 250 000 hectares la surface cultivable du Delta.

Les frais nécessaires à l'entretien des canaux de drainage ne sont pas encore bien fixés. Pour le moment, on n'y dépense pas assez d'argent, 180 francs seulement en moyenne par kilomètre et par an dans la Basse Égypte ; c'est tout à fait insuffisant. Les cultivateurs se plaignent de l'engorgement des drains, du relèvement de leur plan d'eau et de l'insuffisance d'assèchement des terres. Les ingénieurs du Ministère des Travaux Publics réclament au moins 400 francs par kilomètre et par an pour l'entretien de ces chenaux d'évacuation. Ce défaut d'entretien constitue un danger sérieux pour l'agriculture.

En outre, des travaux de drainage et d'assainissement exécutés par le

---

[1] Les terres même les plus fertiles et les plus hautes ont une tendance, par suite de l'évaporation des eaux d'irrigation, à se saler ; il n'est pas douteux qu'on remédierait à cet inconvénient par la construction de rigoles de drainage nombreuses et assez profondes pour attirer l'eau au-dessous de la surface du sol.

[2] Le prix des déblais est en moyenne de 0,40 fr. par mètre cube pour les terrassements et 0,90 fr. pour les dragages.

gouvernement, celui-ci ainsi que certains propriétaires fonciers procèdent, sur quelques territoires favorablement placés, à des défrichements par colmatage au moyen des eaux limoneuses de la crue.

MOYENNE ÉGYPTE

Les grands travaux de transformation exécutés récemment dans la Moyenne Égypte pour étendre les procédés de culture par irrigation sur la plus grande partie des terres autrefois soumises au régime des bassins d'inondation (voir chap. VIII) ont amené la construction d'un réseau très complet de canaux de drainage dans cette région.

Pour cette bande de terrains qui s'allonge entre le désert lybique et le Nil, de Dérout à la pointe du Delta (voir pl. VII), les seuls exutoires possibles des eaux de colature sont les lits du fleuve lui-même et du Bahr Yousef.

Autrefois, lorsque les terres irriguées de la Moyenne Égypte ne comprenaient que 128 000 hectares desservis par le canal Ibrahimieh, on n'avait apporté que peu d'attention au drainage.

Les terres situées entre le canal Ibrahimieh et le Nil, étant des terres hautes, se drainaient naturellement par le sous-sol vers le Nil pendant la plus grande partie de l'année, mais ce drainage naturel s'arrêtait pendant la crue.

Quant aux terres situées à l'ouest du canal Ibrahimieh, elles n'avaient aucun moyen d'évacuation des eaux de colature ; il en résultait, pour les parties les plus basses, une situation fâcheuse causée par des infiltrations qui ruinaient le sol ou en diminuaient la fertilité.

Vers 1895, le gouvernement s'était préoccupé de remédier à ces inconvénients ; il avait établi quelques lignes de drainage qui se déversaient, pendant les basses eaux, dans le Nil par des canaux nili servant, en temps de crue, au remplissage des bassins. C'était insuffisant, car ce drainage était supprimé pendant la période des hautes eaux.

Un peu avant 1903, on prit des arrangements pour déverser, pendant la crue, les eaux de colature de la province de Minieh dans le Bahr Yousef ; mais, pendant le passage du flot provenant de la vidange des bassins, on devait interrompre cet écoulement, le niveau du Bahr Yousef devenant alors plus élevé que celui des drains. On chercha alors à diminuer le volume de l'eau de drainage, à l'époque de la vidange des bassins, en restreignant le débit des canaux d'arrosage. Ainsi, en 1903, on abaissa pendant quinze jours, du 11 au 25 octobre, le niveau du canal Ibrahimieh, en aval de Dérout, de la cote normale 45,30 m. à la cote réduite 44,70 m. et on ferma pendant le même temps tous les embranchements de la rive gauche du canal dans la province de Minieh. Les cultivateurs ne se plaignirent pas trop. On put aussi, dès le 3 novembre, écouler un peu d'eau de drainage dans le Nil au moyen d'une brèche pratiquée dans les berges du canal nili de Charahna (kil. 215 du canal Ibrahimieh). Mais ce n'étaient là que des mesures transitoires : on n'obtenait, en somme, qu'un drainage insuffisant et intermittent.

Le drainage de toutes les terres irriguées de la Moyenne Égypte, situées sur la rive gauche du Nil entre Dérout et la pointe du Delta, est actuellement assuré par un grand canal longitudinal, coulant parallèlement au Nil, appelé drain Mouhit (voir pl. VII).

Le drain Mouhit a 322 kilomètres de longueur ; il a son origine à 35 kilomètres au nord de Dérout et aboutit dans la branche de Rosette, auprès de Katatbeh, à 40 kilomètres en aval du barrage du Delta.

Dans la première partie de son parcours, jusque vers Benisouef, sur 150 kilomètres environ, il suit l'ancienne digue Mouhit qui séparait des bassins d'inondation, avant les derniers travaux, les terrains autrefois irrigués par le canal Ibrahimieh. Son tracé est en général à peu près à mi-distance du canal Ibrahimieh et du Bahr Yousef. A partir de Benisouef, il se rapproche du désert et, dans la province de Ghizeh, il côtoie la bande étroite de bassins qui longe le désert lybique. Puis il coule parallèlement au rayah de Béhéra jusqu'à son confluent avec le Nil à Katatbeh.

Le drain Mouhit a une largeur au plafond de 17,50 m. en amont du déversoir d'Etsa (km. 42), de 7,50 m. en aval du même ouvrage, de 15 mètres à la hauteur de Benisouef (km. 146). Il traverse à Kocheicha le chenal de vidange des bassins d'inondation de la rive gauche du Bahr Yousef par un siphon de 300 mètres de longueur composé de 5 tuyaux de 2 mètres de diamètre. Plus au nord, sa largeur au plafond est de 18 mètres à el Ayat (km. 220) et de 14 mètres à Abou Noumros (km. 257).

Le drain Mouhit ne conduit pas jusqu'à son extrémité d'aval toutes les eaux de colature de la région qu'il dessert. Il est muni, le long de son cours, de plusieurs bouches d'évacuation dont les unes se déversent dans le Bahr Yousef et les autres dans le Nil.

Ces déversoirs sont échelonnés comme suit :

Sur le Bahr Yousef :

A Abou Rahib (km. 90), en aval de l'ouvrage régulateur situé sur le Bahr Yousef à Sakoula.

A Mazoura (km. 115), en aval de l'ouvrage régulateur du même nom ;

Sur le Nil :

A Etsa (km. 43), à Charahna (km. 112), à Benisouef (km. 146), à el Ayat (km. 220), à Abou Noumros (km. 257), à Katatbeh (km. 322).

Ces déversoirs au Nil sont reliés au drain Mouhit, en général, par d'anciens canaux nili passant en siphon sous le canal Ibrahimieh. Le chenal d'Etsa, qui a 22 mètres de largeur au plafond, franchit ce canal par un siphon ayant cinq arches de 3 mètres d'ouverture, le déservoir d'el Ayat par un siphon composé de trois arches de 3 mètres et le déversoir d'Abou Noumros par un ouvrage comprenant trois tuyaux de 2 mètres de diamètre.

En raison de la surélévation des eaux dans le Nil et dans le Bahr Yousef pendant la crue, le fonctionnement de ces divers déversoirs présente certaines particularités intéressantes.

Ainsi, les déversoirs au Nil doivent être fermés à partir du moment où le niveau du fleuve devient plus élevé que celui des drains. Toutefois, le point où le drain Mouhit débouche dans la branche de Rosette, a été choisi assez loin pour que l'écoulement des eaux de colature apportées jusque-là puisse s'y faire toujours librement. D'autre part, le drain d'Etsa coule toute l'année grâce à une usine élévatoire installée sur le bord du Nil, que l'on met en marche aussitôt que les eaux devenues trop hautes dans le fleuve empêchent le déversement par gravitation.

Commencée en 1901 et achevée en 1903, l'usine d'Etsa comprend quatre machines à action directe commandant quatre pompes centrifuges Easton de 1,20 m. de diamètre alimentées par six chaudières ; chaque pompe peut élever 2 mètres cubes par seconde à 4,50 m. de hauteur. Cette installation a coûté 1 270 000 francs.

Quant aux deux déversoirs d'Abou Rahib et de Mazoura, sur le Bahr Yousef, ils doivent être fermés pendant tout le temps que, par suite du flot de vidange des bassins d'inondation[1], le niveau du Bahr Yousef dépasse les cotes de 31,90 m. en aval de l'ouvrage de Sakoula et de 29,20 m. en aval de l'ouvrage de Mazoura.

Dans ces conditions, pendant la saison des eaux basses et moyennes, les deux déversoirs d'Abou Rahib et de Mazoura sont bouchés et toutes les eaux de colature des trois provinces d'Assiout, de Minieh et de Benisouef sont dirigées par gravitation dans le Nil, au moyen des trois déversoirs d'Etsa, de Charahna et de Benisouef. Quand le niveau du fleuve devient assez haut pour empêcher l'écoulement naturel par ces trois ouvrages, l'usine élévatoire d'Etsa est mise en marche et assure le drainage des terres situées en amont. En même temps, les déversoirs de Charahna et de Benisouef sont fermés et on ouvre ceux d'Abou Rahib et de Mazoura jusqu'au moment où, le niveau du Nil s'étant abaissé, il devient possible de rétablir l'écoulement vers le lit du fleuve. Comme, d'un autre côté, c'est précisément pendant la période des hautes eaux que se fait la vidange des bassins d'inondation situés sur la rive gauche du Bahr Yousef, le problème qu'ont à résoudre les ingénieurs pour que le drainage des districts en aval d'Etsa soit ininter-

[1] Voir au chapitre VIII le rôle de Bahr Yousef dans la vidange des bassins d'inondation.

rompu, est de régler l'assèchement des bassins de façon à ce que les niveaux du Bahr Yousef se maintiennent au-dessous des cotes indiquées ci-dessus. En général, on parvient difficilement à éviter un arrêt de quelques jours dans le fonctionnement des déversoirs d'Abou Rahib et de Mazoura et on sera sans doute amené, par la suite, à compléter tout le système par la construction d'une ou plusieurs usines élévatoires analogues à celle d'Etsa, mais moins importantes.

En 1904, les pompes d'Etsa travaillèrent du 16 août au 2 septembre et du 9 au 21 octobre et les deux déversoirs du Bahr Yousef furent fermés pendant vingt jours en octobre. Ainsi pendant vingt jours, le drainage d'une grande partie des provinces de Minieh et de Benisouef fut arrêté. Il est vrai de dire que, à cette époque, le drain Mouhit n'était pas encore achevé dans son cours inférieur.

En 1905, les déversoirs d'Abou Rahib et de Mazoura ont fonctionné de juillet à novembre, sauf pendant une quinzaine de jours en octobre.

Par contre, en 1907, année de crue très faible, les déversoirs au Nil ne furent pas fermés et l'usine d'Etsa resta inactive.

La première partie du drain Mouhit, jusqu'à Benisouef, y compris ses déversoirs, a été pratiquement achevée en 1904, avec une dépense totale de 3 500 000 francs environ; elle dessert, au moyen de ses ramifications, une superficie de terres irrigables de plus de 240 000 hectares situés dans les provinces d'Assiout, de Minieh et de Benisouef.

La seconde partie de ce drain, destinée à écouler le surplus des eaux d'amont et à drainer les terres s'étendant depuis la ville de Benisouef, jusqu'à la pointe du Delta, soit environ 40 000 hectares, est actuellement en voie d'achèvement. Quand elle sera terminée, elle apportera, par ses trois déversoirs, de plus grandes facilités pour le drainage des provinces supérieures de la Moyenne Égypte.

La figure 37, qui représente les anciens bassins d'Achmounein et d'Itqa de la province d'Assiout transformés pour l'irrigation, montre comment y sont disposés les canaux secondaires d'évacuation des eaux et les rigoles de drainage. Ce sont les mêmes principes qui ont été adoptés dans toute la Moyenne d'Égypte. Une ligne de drainage est établie parallèlement à chaque canal d'amenée; le réseau d'évacuation est ainsi tout à fait symétrique du réseau d'amenée des eaux.

FAYOUM

Le drainage du Fayoum est facile en raison des pentes assez fortes du terrain vers le lac Keroun. Ce lac, qui est le réceptacle naturel des eaux de colature, a une surface d'environ 200 kilomètres carrés. Par suite de la suppression d'anciens bassins d'inondation, qui ont été transformés en terres d'irrigation, et qui se vidaient dans le lac Kéroun, par suite aussi d'une meilleure utilisation des eaux d'arrosage dont une trop grande partie allait autrefois se perdre sans utilité dans le même lac, son niveau maximum annuel s'est abaissé de 4 mètres environ depuis 1885. Le plan d'eau varie d'ailleurs suivant la saison ; il baisse généralement du 1er mars au 31 octobre, monte du 1er novembre au 31 janvier et reste stationnaire en février ; ce mouvement est en rapport avec les quantités d'eau consacrées à l'irrigation aux diverses époques de l'année et aussi avec l'intensité de l'évaporation. Dans son ouvrage sur le Fayoum et le lac Mœris, le major Brown calcule que l'évaporation enlève, en année moyenne, une tranche d'eau de 2,36 m. à la surface du lac.

Au 1er mars 1902, le Keroun affleurait à 44,19 m. au-dessous du niveau de la mer, soit à 69 mètres au-dessous du niveau des terres au pont d'el Lahoun, qui marque l'entrée dans le Fayoum du Bahr Yousef, source unique d'alimentation de la province. En 1905, le niveau maximum du lac était 43,77 m. au-dessous du niveau de la mer.

Les canaux d'arrosage du Fayoum, qui sont tous des embranchements du Bahr Yousef (voir pl. V), versent directement dans le lac Keroun l'excédent de leurs eaux, excédent qu'on cherche à réduire à son minimum en réglant avec soin le débit du Bahr Yousef d'après les besoins, de façon à éviter un relèvement du lac qui compromettrait les cultures des terres basses. Les eaux de drainage lui sont pour la plus grande part amenées par deux canaux principaux, le Ouady Nezleh au sud-ouest et le Bahr Timieh au nord-est. Des travaux sont actuellement en cours pour rendre le réseau de drainage tout à fait distinct du réseau des canaux d'arrosage.

Une petite partie du Fayoum, nommée el Gharak, ne peut être drainée vers le lac Keroun ; c'est une dépression tout à fait fermée sauf du côté de la petite gorge par où elle reçoit son canal d'irrigation ou Bahr el Gharak. Les parties inférieures de ce bassin se trouvent dans de mauvaises conditions au point de vue du drainage ; tout ce qu'on peut faire, à moins de dépenser des sommes énormes, est de diminuer, autant que les nécessités des cultures le permettent, le débit du Bahr el Gharak.

PROVINCES A L'EST DE LA BRANCHE DE DAMIETTE

La pente générale de Delta étant celle qui est figurée sur la coupe longitudinale ci-jointe (fig. 39), les lacs qui forment une ceinture sur les bords de la mer sont les exutoires naturels de l'excédent de débit des canaux d'irrigation ainsi que des eaux de drainage.

Les provinces situées à l'est de la branche de Damiette, dont la surface cultivable est de 500 200 hectares, sont bordées au nord par le lac Menzaleh, qui communique avec la mer par une seule ouverture, celle de Gemileh. Ce lac couvre d'une façon permanente une superficie de 180 000 hectares, et comme son niveau monte d'environ 0,60 m. pendant la crue, au moment où le débit des canaux atteint son maximum, il inonde en plus, pendant plusieurs mois chaque année, 85 000 hectares de terres incultivables.

Pendant longtemps, à la suite de la suppression générale du régime des bassins dans le Delta, le trop-plein des canaux d'arrosage et les eaux de colature des terres hautes, qui arrivaient dans les terres basses du nord, y

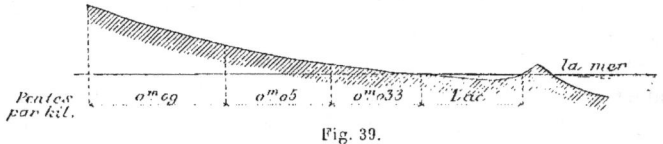

Fig. 39.

circulaient avec lenteur, dans des chenaux irréguliers et non endigués et, divaguant sur un sol presque sans pente, y formaient des marécages d'eau saumâtre d'une superficie de 160 000 hectares. La moitié à peu près de cette surface a pu être mise en défrichement par l'effet des grands travaux de drainage entrepris pendant ces dernières années.

Les principes suivant lesquels sont conçus ces travaux de drainage sont les suivants :

1° Ne pas exagérer le débit de crue des grandes artères d'irrigation et faire en sorte qu'elles apportent au Menzaleh le moins possible d'eaux inutiles, qui exhausseraient trop le niveau du lac et nuiraient ainsi à l'écoulement des canaux de drainage en diminuant leur pente superficielle. A cet effet, les grands canaux d'irrigation ont été munis, tout le long de leur cours et à leur extrémité inférieure, d'ouvrages régulateurs permettant de contrôler leur débit en tout temps. Les canaux de drainage envoient d'ailleurs forcément plus d'eau au lac pendant la crue, à cause de l'irrigation plus intensive qui se fait, sur toutes les terres, à cette époque de l'année.

2° Utiliser, autant que possible, comme grandes artères de drainage, les anciens chenaux qui formaient auparavant les cours inférieurs des grands canaux d'irrigation, de façon à réduire les frais de construction. Au point où un canal d'irrigation devient canal de drainage, se trouve un ouvrage régulateur qui ne laisse passer que la quantité nécessaire à maintenir un faible courant dans le canal d'irrigation.

Les canaux de drainage sont endigués et prolongés jusque dans l'intérieur du lac, de façon à fournir en toute saison un bon écoulement. Ordinairement, dans leur partie inférieure où la pente du lit est nécessairement faible, on force plutôt la profondeur que la largeur, de façon à empêcher l'envahissement des plantes aquatiques. Un coup d'œil jeté sur la carte de la Basse Égypte (pl. VI) montre comment ces principes ont été appliqués dans la partie du Delta qui nous occupe.

Un seul grand canal d'irrigation, le Bahr Saghir, aboutit au lac Menzaleh ; son débit est contrôlé dès son origine par un ouvrage régulateur. Les autres grands canaux, le Bouhieh, le Bahr Moës, le Bahr Facous se terminent, comme canaux d'irrigation, par un ouvrage régulateur, à une quarantaine de kilomètres du lac, ne donnant l'eau aux terres situées en aval que par des embranchements secondaires. Sur le reste de leur parcours jusqu'au lac, ils forment des canaux d'écoulement qui, réunis entre eux à peu de distance des bords du Menzaleh, se confondent en deux grandes artères de déversement, le Bahr el Bagar et le Bahr Taouil. Quelques colateurs moins importants drainent la région comprise entre le Bahr el Saghir et le Nil.

Le Bahr el Bagar dessert environ 124 000 hectares ; il a 85 kilomètres de longueur. Sa largeur normale varie de 14 à 20 mètres au plafond.

Le Bahr Taouil, depuis son embouchure dans le lac Menzaleh jusqu'au point où il se divise en deux branches principales, appelées le Bahr Facous et le Hadous, a 7 kilomètres de longueur. Il dessert 197 000 hectares. Sa largeur au plafond est de 40 mètres. Le niveau du lit, à l'extrémité du canal dans le lac, est à 3 mètres au-dessous du niveau de la mer.

De nombreux embranchements se ramifient dans les intervalles compris entre les canaux d'irrigation jusque sur les terres voisines du Nil et s'écoulent dans ces artères principales de drainage.

Nous traiterons à part le drainage de la région située le long du cours inférieur du canal Ismaïlieh.

L'ensemble de ces travaux ne constitue pas une solution définitive ; on voit en effet sur la carte quelle vaste région, actuellement en cours de défrichement, est encore mal desservie par les canaux d'arrosage dans le voisinage du lac Menzaleh. Toutes ces terres seront évidemment mieux pourvues un jour, au fur et à mesure qu'on pourra augmenter le débit du Nil à l'étiage en créant des réserves d'eau le long de son cours.

Lorsque ce temps sera venu, on pourra en outre, en améliorant et en réglant les communications du lac avec la mer, livrer à la culture les 80 000 hectares qui sont actuellement noyés une partie de l'année par suite du gonflement du lac pendant la crue et même envisager la question du dessèchement du lac.

PROVINCES COMPRISES ENTRE LES DEUX BRANCHES DU NIL

Les principes généraux qui viennent d'être indiqués ont aussi été appliqués à ces provinces, dont la surface cultivable est de 535 400 hectares environ.

L'excédent des eaux d'irrigation et les eaux de drainage de ce territoire se déchargent dans le lac Bourlos, à l'exception des eaux provenant des terres comprises entre le Bahr Chibin et la branche de Damiette. Celles-ci se déversent directement dans la mer, ainsi que celles fournies par une petite superficie située sur la rive gauche du Bahr Chibin.

Le lac Bourlos, en 1885, c'est-à-dire avant qu'on n'eût pris en main d'une façon sérieuse la question du drainage, recevait chaque jour, en temps de crue, par les divers canaux qui y aboutissaient, 41 500 000 mètres cubes d'eau. Son niveau s'élevait alors à 1 mètre au-dessus du niveau de la mer du côté ouest et à 1,25 m. du côté est, cette surélévation étant due à l'effet des vents régnants. La culture s'arrêtait naturellement à la limite des terrains situés au-dessous de cette altitude.

Le premier travail entrepris, avant d'exécuter les ouvrages de drainage proprement dits, fut de construire sur les grands canaux d'irrigation des ouvrages régulateurs en nombre suffisant pour contrôler entièrement leur débit en temps de crue. Les derniers de ces ouvrages sont établis à la limite de la zone actuellement peuplée, soit à des distances de 30 à 40 kilomètres des bords du lac; les terres situées au nord de cette ligne sont celles où les écoulements étaient mal réglés et qui présentaient plutôt l'aspect de marécages que de terres cultivables. Ces terres, dont la surface représente 122 000 hectares n'ont pu commencer à être mises progressivement en culture qu'après l'exécution des canaux de drainage; elles sont arrosées par des embranchements partant des principaux canaux d'irrigation, en amont des ouvrages terminus dont nous venons de parler. En aval de ces ouvrages, les lits de ces grands canaux deviennent des colateurs auxquels aboutissent les drains des terres hautes. Toutefois ces vieux chenaux rectifiés, endigués et mis à un profil convenable, n'ayant pas été suffisants, on a dû construire entre eux un certain nombre de canaux de drainage entièrement neufs.

Le lac Bourlos présente actuellement, en basses eaux, une surface de 75 000 hectares et, en hautes eaux, de 150 000 hectares; son niveau s'élève en temps de crue jusqu'à 0,60 m. au-dessus du niveau de la mer, avec laquelle il communique par une seule ouverture souvent obstruée par une barre de sable; il est entouré d'une ceinture de terres incultes, trop marécageuses pour qu'on en ait commencé jusqu'à présent le défrichement et dont la surface est de 80 000 hectares.

Le système complet, dont les lignes principales sont indiquées sur la carte (pl. VI), comporte :

Deux drains qui se jettent directement dans la mer à l'est du lac Bourlos.
Neuf drains principaux qui se déversent dans le lac Bourlos.

Quelques-uns de ces canaux d'écoulement sont très importants; ainsi le drain formé par la réunion des biefs inférieurs du Bahr Nachart et du Bahr

Saïdi dessert à lui seul 142 000 hectares et peut débiter 32 mètres cubes par seconde.

PROVINCE DE BÉHÉRA

Le drainage de cette province s'effectue dans des conditions différentes de celles qui viennent d'être exposées.

Deux lacs, tout à fait indépendants l'un de l'autre, la bordent du côté du Nord : l'un, à l'est, le lac Edkou, qui a un débouché sur la mer; l'autre, à l'ouest, le lac Mariout, qui est sans issue.

La province de Béhéra comprend 253 400 hectares cultivables parmi lesquels 116 000 environ dont le défrichement n'a été commencé que depuis l'extension des canaux de drainage. Il y a en outre 55 000 hectares de terres basses, salées et marécageuses, qui sont incultes, dans le voisinage immédiat des lacs. Le drainage est dirigé vers chacun des deux lacs, les terres les plus hautes, c'est-à-dire celles qui sont le long du Nil et celles qui, du côté du désert, sont au-dessus de la cote d'altitude 2,50 m., évacuent leurs eaux dans le lac Edkou, tandis que les terres basses s'égouttent dans le lac Mariout, dont la surface est toujours maintenue au-dessous du niveau de la mer par l'action de puissantes machines élévatoires.

Le lac Edkou est entièrement séparé par le canal Mahmoudieh du reste de la province, depuis le Nil à Atfeh jusqu'à la mer à Alexandrie, et le surplus des eaux du Mahmoudieh se déverse dans la mer à Alexandrie. Ce lac ne reçoit donc pas le trop-plein des grands canaux d'irrigation; autrefois, pendant la crue, il recueillait, au nord-est, l'excédent des eaux du canal Fazzarah, dont le débit est aujourd'hui contrôlé par un ouvrage de prise sur le Nil. Il ne vient donc en réalité dans le lac Edkou que les infiltrations du sous-sol de la province et les eaux de drainage qui lui sont amenées par des canaux spéciaux. Sa surface est de 25 000 hectares. Pendant les années 1895 à 1900, son niveau maximum a varié de la cote + 0,52 à la cote + 0,80; il a lieu en hiver, l'effet de l'égouttement plus abondant des terres de la province pendant la crue se trouvant prolongé, tant par suite de l'évaporation moins active dans cette saison que par les pluies littorales [1]. Dans les mêmes années, le niveau minimum, qui se produit en juillet, a varié de la cote — 0,20 à la cote + 0,04. Le chenal de communication avec la mer se trouve fréquemment obstrué et il faut veiller avec soin à l'état de cette barre, si on veut éviter un trop fort relèvement des eaux du lac en hiver.

Deux petits canaux de drainage recevant les eaux des terres situées au

---

[1] Les vents régnants ont en outre une grande influence sur les niveaux de tous ces lacs.

nord du canal Mahmoudich se déversent dans la partie occidentale du lac ; le grand drain principal de la province aboutit dans la partie orientale. Ce dernier drain, qui s'appelle drain Edkou, dessert par lui-même tout le territoire qui borde la branche de Rosette, et, par un grand embranchement, le drain Kaïri, les plus élevées des terres situées du côté du désert (pl. VI). Ces deux canaux réunis égouttent une surface totale de 170 000 hectares. Ils traversent tous deux par des siphons le canal Mahmoudieh. Le drain Kaïri a 24 mètres de largeur dans sa partie inférieure ; le siphon par lequel il franchit le Mahmoudich est formé de dix tuyaux en tôle de 1,83 m. de diamètre donnant un débouché total de 27,28 mètres carrés. Le siphon du drain Edkou est composé de 5 tuyaux de même diamètre avec un débouché total de 13,75 mètres carrés.

Il y a avantage à se servir le plus possible du lac Edkou pour le drainage, puisqu'il s'écoule dans la mer par gravitation, tandis que les eaux arrivant dans le lac Mariout, si elles sont trop abondantes, doivent en être enlevées au moyen de pompes. Mais, d'un autre côté, le lac Mariout étant toujours maintenu à un niveau inférieur à celui du lac Edkou peut recevoir les eaux provenant des terres d'une moindre altitude.

Le lac Mariout est séparé de la mer par un seuil rocheux ; il couvre 28 000 hectares en basses eaux. Autrefois, le plan d'eau y variait entre les cotes — 3,50 m. en été et — 2,50 m. en hiver. L'évaporation compensait entre ces limites l'apport produit par l'égouttement de la crue et par les pluies de l'hiver[1].

Mais, à la suite des améliorations introduites dans l'irrigation et le drainage de la province, le niveau maximum s'est relevé peu à peu ; il avait atteint — 2,10 m. en 1892 et la situation ne fit que s'aggraver avec le temps, en raison des travaux exécutés pour augmenter encore l'alimentation des canaux, pour faciliter l'écoulement des eaux de drainage et pour rejeter dans le lac Mariout les eaux d'infiltration de l'ancien lac d'Aboukir, aujourd'hui desséché et cultivé sur une surface de plus de 12 000 hectares.

Le moment vint enfin où, pour prévenir un exhaussement du lac qui empêcherait le fonctionnement des canaux de drainage et qui noierait des terres considérables en exploitation, on fut obligé de recourir à l'emploi de pompes à vapeur rejetant dans la mer le trop-plein des eaux.

Le lac Mariout reçoit actuellement le surplus des eaux d'irrigation et les eaux de colature de 122 000 hectares. Dans sa partie méridionale abou-

[1] La pluie n'est pas un phénomène négligeable dans le nord du Delta, car, à Alexandrie, il tombe, pendant les trois ou quatre mois d'hiver, une moyenne annuelle de 200 millimètres de hauteur d'eau. Or, chaque millimètre de hauteur d'eau tombée sur le lac Mariout correspond à un volume de 280 000 mètres cubes, ce qui représente, pour 200 millimètres de pluie, un volume d'eau de 56 000 000 de mètres cubes, et cela sans compter l'eau d'égouttement des terres voisines du lac sur lesquelles la pluie est également tombée. A cette époque de l'année, il ne s'évapore guère à la surface du lac que 1 000 000 de mètres cubes par jour.

tissent les extrémités des canaux d'irrigation Nubarieh et Hager, dérivés du rayah Béhéra et contrôlés d'ailleurs par des ouvrages régulateurs, et les deux drains Nubarieh et Oumoum, qui ont des ramifications s'étendant jusqu'à 60 kilomètres de distance entre le canal Mahmoudieh au nord et le désert au sud. Enfin, le produit du drainage de l'ancien lac d'Aboukir s'y déverse par deux siphons construits sous le canal Mahmoudieh.

Pour évacuer les eaux surabondantes, de façon à ce que le lac ne s'élève jamais au-dessus de son ancienne altitude maxima de — 2,10 m., c'est-à-dire de façon à ce que les terrains riverains du lac ne se trouvent pas dans des conditions plus mauvaises qu'autrefois, on a établi sur la rive nord une grande usine élévatoire, avec un canal de fuite de 1 500 mètres environ de longueur entre les pompes et la mer.

L'histoire de cette usine est intéressante.

Une société anglaise avait obtenu la concession du desséchement du lac d'Aboukir qui représentait une superficie de 12 000 hectares. Pour cette opération, la Société avait installé deux pompes centrifuges de 1,20 m. de diamètre, système Gwynne, pouvant élever en vingt-quatre heures 500 000 mètres cubes d'eau à 4 mètres de hauteur et les envoyer dans la mer. Une fois les eaux enlevées et la mise en exploitation des terres commencée, le gouvernement accepta que la Société construisît deux siphons sous le canal Mahmoudieh pour écouler dans le lac Mariout les 250 000 mètres cubes d'eau de drainage provenant journellement du sol de l'ancien lac. Les deux pompes centrifuges furent en même temps cédées au gouvernement et transportées sur la rive nord du lac Mariout, en un point appelé le Mex. La Société reçut 140 000 francs pour le transport des machines, 36 000 francs pour le creusement du canal de fuite et passa un contrat d'une durée de sept ans pour le fonctionnement de l'usine, avec engagement de pomper au maximum une quantité d'eau représentant 426 000 mètres cubes élevés à 4 mètres de hauteur par jour de vingt-quatre heures. Le gouvernement devait payer 15 600 francs par an pour personnel et frais généraux, et en plus 1 170 francs par million de mètres cubes élevé.

Mais l'époque où l'on faisait ces arrangements était précisément celle où les travaux d'irrigation et de drainage de cette région se développaient rapidement ; aussi, à peine l'usine eut-elle été mise en marche, on s'aperçut que, bien que les pompes eussent un débit très supérieur à l'apport des eaux du lac d'Aboukir, elles n'étaient pas suffisantes pour extraire du lac Mariout l'excédent d'eau provenant du reste de la province et pour maintenir le niveau maximum de — 2,10 m., qui avait été prévu et qui était reconnu être encore trop haut pour le bon fonctionnement du drainage.

On décida alors successivement de transporter au Mex d'abord deux, puis, plus tard, trois grandes turbines à axe vertical, qui avaient été installées, en 1883, par la maison Farcot, à l'entrée du canal de Katatbeh pour l'irrigation de la province de Béhéra et qui étaient devenues inutiles après l'achèvement des travaux du barrage du Delta et du rayah de Béhéra[1].

En 1900, l'usine comprenait les deux pompes centrifuges Gwynne et les cinq turbines Farcot, ces dernières pouvant élever 500 000 mètres cubes chacune en vingt-quatre heures ; la puissance totale disponible était donc de 3 000 000 de mètres cubes par jour. Jusqu'en 1898, les pompes centrifuges fonctionnaient sous l'empire du contrat passé avec la Société d'Aboukir et les turbines Farcot en régie. Pour éviter la complication résultant de ce système mixte, le contrat avec la société fut résilié et depuis lors l'usine marche tout entière en régie, sous la direction des agents du gouvernement. On obtint ainsi une notable économie. Dans la saison 1898-99 le prix de revient du million de mètres cubes fut de 884 francs avec du charbon valant 32 francs la tonne. En 1899-1900, il fut de 1 203 francs avec du charbon à 43,60 fr. En 1903-1904, il fut de 851 francs avec du charbon coûtant 30,15 fr.

Avec cette grande installation, le but qu'on cherche à obtenir est de maintenir le niveau du lac au-dessous de la cote — 2,40 m., cote à partir de laquelle les drains fonctionnent difficilement. Pour cela, la règle suivante est adoptée : lorsque la cote du lac dépasse — 2,50 m., toute l'usine est mise en marche ; lorsqu'elle est comprise entre — 2,50 m. et — 2,60 m. deux pompes centrifuges et deux turbines fonctionnent ; entre — 2,60 m. et — 2,70 m., deux pompes centrifuges seulement ; au-dessous de — 2,70 m., l'usine est arrêtée. Mais si, dans l'hiver, malgré le pompage, le niveau s'élève au-dessus de — 2,40 m., les cotes indiquées ci-dessus sont augmentées d'autant, car les terrains qui ont été inondés à ce moment-là n'ont rien à gagner, pour le reste de la saison, à un abaissement du niveau du lac.

La saison de pompage commence en novembre et finit en mai et quelquefois en juin, suivant les années.

Dans la saison 1899-1900, les deux pompes Gwynne et deux turbines seulement étaient prêtes à fonctionner. L'usine travailla du 4 novembre 1899 au 4 avril 1900 et éleva 202 987 741 mètres cubes d'eau.

Dans la saison 1900-01, l'usine étant complètement terminée, toutes les pompes et les turbines furent mises en marche. Elle travailla tout entière pendant trente-sept jours, et cependant, le 19 janvier, le niveau du lac monta à — 2,18 m., soit à 0,22 m. au-dessus de la cote fixée comme maximum. Il est donc fort probable qu'on sera un jour ou l'autre obligé d'augmenter encore la capacité de l'usine. Le débit total des pompes entre le 29 octobre

---

[1] Voir page 165 et aussi chapitre XI.

1900 et le 17 avril 1901 fut de 316 693 553 mètres cubes, avec une dépense de 369 000 francs, représentant 1 265 francs par million de mètres cubes d'eau élevée avec une consommation de 6 000 tonnes de charbon du prix de 55,40 fr [1]. la tonne. La hauteur moyenne d'élévation fut de 3,02 m. Le lac Mariout servant au drainage de 122 000 hectares, la dépense de pompage correspond à 3 francs par hectare [2].

DESSÉCHEMENT, ASSAINISSEMENT ET COLMATAGE

Après que le gouvernement a pourvu une région des canaux colateurs nécessaires à l'évacuation des eaux usées, il reste aux particuliers à profiter des facilités mises ainsi à leur disposition.

Quand il s'agit de terres déjà cultivées et bien situées, le fellah n'a qu'à établir sur son terrain des rigoles de drainage de largeur plus ou moins grande, et d'une profondeur suffisante pour que l'eau qu'elles reçoivent n'affleure pas à moins de 0,50 m. à 0,60 m. au-dessous du niveau du sol. Ces rigoles, réunies dans un ou plusieurs petits canaux, vont aboutir dans le colateur public le plus rapproché. Parfois, le niveau du colateur est trop élevé dans la traversée des terrains à drainer pour que l'écoulement des rigoles d'assainissement puisse se faire par gravitation; on a alors recours à des machines élévatoires; le pompage des eaux de drainage est en général peu répandu jusqu'à présent en Égypte chez les particuliers.

Mais, quand on a affaire à des terres basses, marécageuses, non cultivées depuis de longues années, il faut faire subir au sol certaines opérations préparatoires avant de le mettre en culture.

Ainsi qu'il a été dit déjà plusieurs fois, les terres soumises à l'action des infiltrations s'imprègnent de sels divers formant efflorescence à la surface, se désagrègent et deviennent impropres à toute production agricole. Ainsi des analyses d'échantillons prélevés sur l'emplacement du lac d'Aboukir, après le dessèchement, ont donné les résultats suivants [3] :

Dans un échantillon, 8,11 p. 100 de chlorure de sodium et 1,79 p. 100 de magnésie ; dans un autre, 8,56 p. 100 de chlorure de sodium et 0,93 p. 100 de magnésie. Ce sont là des proportions maxima. Dans des échantillons pris auprès du lac, sur un sol élevé d'un mètre environ au-dessus du niveau

---

[1] Prix exceptionnellement élevé cette année-là.

[2] Dans la saison 1904-1905, les pompes fonctionnèrent du 1er septembre au 30 avril, élevant 454 218 888 mètres cubes pour une dépense totale de 332 500 francs représentant 730 francs par million de mètres cubes.
Dans la saison 1905-1906, la quantité d'eau élevée du 1er octobre au 31 mars fut de 410 000 000 de mètres cubes avec une dépense de 381 700 francs, soit 793 francs par million de mètres cubes.

[3] Chiffres extraits d'un mémoire « The reclamation of Lake Abukir », paru dans les « Minute of the Proceedings of the Institute civil Engineers », London.

moyen des eaux, la proportion de chlorure de sodium tombait à 1,62 p. 100 et celle de magnésie était de 1,10 p. 100. Dans ce dernier endroit, les pluies d'hiver lavent le sol, aussi la proportion des sels solubles est plus faible.

La quantité de sels contenus dans les terrains, plus ou moins marécageux, qui avoisinent les lacs du nord du Delta est généralement comprise entre ces limites. Dans les terrains déjà cultivés de la même région, la proportion de magnésie descend à 0,50 p. 100 et celle du chlorure de sodium à 0,01 p. 100.

Au-dessus de 3 p. 100 de sels dans un terrain, il ne pousse qu'une végétation rabougrie de plantes sauvages; avec 2 p. 100 on peut commencer à cultiver une espèce de millet (panicum crus-galli); pour le trèfle et pour le riz, il ne faut guère que la quantité de sels soit supérieure à 0,50 p. 100.

Ainsi, la première opération à faire pour rendre cultivables des terres envahies par les eaux d'infiltration est de leur enlever l'excès de sels qu'elles contiennent; de leur faire ensuite produire des récoltes qui demandent beaucoup d'eau, comme le riz, ou qui n'en craignent pas l'abondance, comme les plantes fourragères; puis, lorsque les terres sont ainsi bien purifiées, on peut y entreprendre des cultures de céréales et de coton, mais en ayant toujours soin, au cas où le drainage n'est pas complètement assuré par des rigoles profondes, de continuer de temps en temps les lavages du sol au moyen de récoltes de trèfle ou de riz. C'est pour avoir négligé cette dernière précaution que des terres salées, rendues à la culture par des lavages ou des colmatages, ont été de nouveau remplies de sels et sont rapidement retournées à leur état primitif, jetant ainsi du discrédit sur les méthodes rationnelles employées pour leur assainissement.

Trois méthodes sont en usage en Égypte pour dessaler les terres : le colmatage, le lavage de surface, le lavage intérieur.

Le colmatage se pratique pendant que le Nil est haut, lorsque les eaux sont fortement chargées de limon. Elles sont amenées en couches plus ou moins épaisses sur le sol à défricher ; on les y laisse séjourner jusqu'à ce qu'elles soient clarifiées, puis on les évacue et on recommence l'opération. Au bout d'un certain temps, il s'est déposé une épaisseur de limon suffisante pour la culture; des rigoles de colature empêchent les sels de remonter et de contaminer le sol neuf ainsi formé. Ce procédé n'est applicable que dans les endroits où l'on peut amener les eaux du Nil avec une vitesse assez forte pour qu'elles restent chargées d'une bonne proportion de limon.

Pour le lavage de surface, on fait simplement passer, d'une façon continue, le plus d'eau douce possible sur le sol, sans établir de rigoles de drainage. Cette méthode est économique, mais demande beaucoup d'eau et a besoin d'être renouvelée de temps en temps, si l'on veut empêcher les terres de se saler de nouveau.

Le lavage intérieur se pratique en divisant la terre par petites parcelles, au moyen de rigoles d'amenée et d'évacuation dont les déblais sont relevés de chaque côté en forme de digues. L'eau est amenée sur le sol jusqu'à un niveau aussi élevé que le permettent ces petites digues et est constamment maintenue à ce niveau. En vertu de la pression qu'elle exerce, cette eau s'infiltre dans la terre et s'écoule dans les rigoles d'évacuation en entraînant une certaine quantité de sels dissous. Le même procédé peut être employé avec des lignes de drains en poterie noyés dans le sol à une profondeur plus ou moins grande, et avec un écartement plus ou moins fort, suivant la nature du terrain, le produit de ces tuyaux de drainage étant recueilli dans des rigoles d'évacuation convenablement établies.

Nous citerons quelques exemples de ces divers procédés en indiquant les résultats obtenus.

COLMATAGES DANS LE NORD DU DELTA

Mehemet Ali avait entrepris l'assainissement de terres basses pour la culture du coton. Le sol fut divisé en parcelles de 500 hectares environ (fig. 40), bordées, d'un côté, par un canal d'amenée donnant l'eau pendant la crue à un

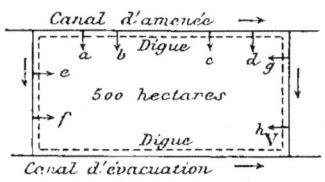

Fig. 40.

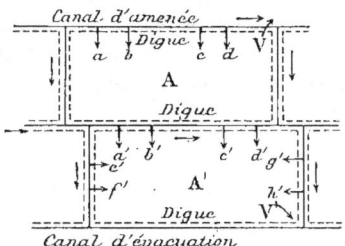

Fig. 41.

niveau supérieur à celui des terres, et, du côté opposé, par un canal d'évacuation. Les digues de ces deux canaux, ainsi que de deux rigoles d'amenée creusées sur les deux autres côtés de la parcelle à améliorer, limitaient ainsi un petit bassin de submersion. On y introduisait l'eau par des coupures $abc..., gh$ pratiquées dans les berges des canaux d'amenée ; elle séjournait là une quinzaine de jours et on la rejetait dans le canal d'évacuation par une coupure V faite dans la digue de ce canal.

Dans le cas où les canaux d'amenée et d'évacuation étaient trop éloignés l'un de l'autre (fig. 41), on créait deux séries parallèles de bassins dans leur intervalle, A et A'. La série A était alimentée par des coupures a, b, c, d, faites dans la digue du canal d'amenée, et vidée dans ce canal même, quand les eaux avaient baissé, par une coupure V. La série A' était alimentée par des coupures a', b', c', d'..., f', g', faites dans les digues de canaux d'amenée secondaires, et était vidée dans le canal d'évacuation au moyen d'une coupure V'.

Les résultats obtenus furent bons, mais on cultiva du coton, sur les terres ainsi traitées, avant que le colmatage fût suffisant, et la qualité du sol se perdit vite.

En 1887, M. Willcocks procéda de même sur des terres de cette région appartenant à la Daïra Sanieh. En trois ans, il put mettre une superficie très étendue en culture de trèfle et d'orge, mais, quoique le colmatage ne fût pas encore assez complet, on se laissa aller à y mettre tout de suite du coton et, en deux ans, la terre revint à son état primitif de stérilité.

En 1887 et pendant les années suivantes, l'administration des Domaines de l'État entreprit l'amendement, par colmatage, de terres situées dans le nord de la province de Dakhalich et fortement endommagées par le sel. Les opérations étaient dirigées de façon à obtenir une couche de terrain vierge de 0,05 m. à 0,10 m. d'épaisseur. Le domaine de Tamaï ainsi traité a une superficie de 5 000 hectares. A la fin de 1890, on avait amélioré 3 700 hectares par l'établissement de 50 kilomètres de rigoles dont la construction coûta 31 000 francs ; mais les eaux limoneuses n'arrivant pas sur ces terres par gravitation, il fallait les élever mécaniquement ; les frais de pompage furent de 27 500 francs. La dépense totale de 58 500 francs représente une somme de 15 francs par hectare, et le résultat ainsi obtenu fut de doubler le produit des récoltes.

DESSÉCHEMENT DU LAC D'ABOUKIR[1]

En 1887, le desséchement du lac d'Aboukir fut concédé à une société anglaise. La concession comprenait 12 400 hectares (fig. 42). Le lac forme une cuvette, plate au milieu et se relevant doucement vers les bords. Au centre, le sol est à 1 mètre au-dessous du niveau de la mer et, même sur le bord, il est au-dessous de ce niveau. Le lac est séparé de la mer par la digue du chemin de fer et par un mur en maçonnerie. Le grand canal Mahmoudieh longe au sud la superficie concédée.

Ce lac était un véritable marais salant dans lequel apparaissaient, en basses eaux, des dépôts salins de 0,07 m. à 0,10 m. d'épaisseur.

Il n'y avait que deux moyens de le dessécher : soit rejeter les eaux à la mer en les élevant au moyen de pompes, soit les écouler, au moyen de siphons construits sous le canal Mahmoudieh, dans le lac Mariout dont le niveau est de 1,50 m. environ plus bas que celui du lac d'Aboukir. Le gouver-

[1] Extrait des « Minute of the Proceedings of the Institute civil Engineers » : « The reclamation of Lake Abukir. »

nement ayant d'abord interdit ce dernier procédé, on eut recours au premier et on construisit du côté nord, dans le voisinage de la mer, une usine élévatoire à vapeur comprenant deux pompes centrifuges Gwynne, du type « Invincible », de 1,20 m. de diamètre à l'aspiration, capables d'élever chacune 175 mètres cubes par minute à 4 mètres de hauteur. L'installation de l'usine coûta 500 000 francs.

L'eau pour le lavage des terres et pour la culture est obtenue au moyen de deux prises sur le canal Mahmoudieh, ayant chacune deux ouvertures de 1,50 m. sur 1,25 m. de hauteur et débitant 14 mètres cubes par seconde avec une charge maxima de 2,80 m. Ces deux prises sont situées vers les extrémités du domaine et alimentent chacune un réseau de canaux hauts, circulant sur les bords du lac, et un réseau de canaux bas, construits dans la partie centrale. Les deux

Fig. 42.

réseaux sont séparés par un ouvrage distributeur, à poutrelles horizontales, qui est réglé de façon à donner 1 mètre de différence de niveau entre les canaux d'alimentation de chaque réseau. L'eau est fournie partout par gravitation. La pente des canaux est réglée, autant que possible, à 0,07 m. par kilomètre, avec profondeur maxima de 1,30 m. ; la largeur du lit des canaux principaux varie de 7 mètres à 2 mètres. Le grand canal de ceinture sud a 24 kilomètres et demi de longueur et celui du nord 12 kilomètres. Le débit des canaux est calculé à raison de 0,826 l. par seconde et par hectare, et celui des colateurs est égal à 40 p. 100 de ce volume.

Pour l'évacuation des eaux, on a construit trois grands drains se dirigeant vers la station des pompes et partageant la surface en quatre parties de 3 000 hectares ; ils ont une pente de 0,05 m. par kilomètre, une profondeur de 2,25 m. et une largeur de 3 à 8 mètres. Les drains sont établis avec des dimensions plus fortes que la théorie ne l'exige, afin de pouvoir servir de réservoirs pendant l'arrêt des pompes qui, comme règle, fonctionnaient le jour seulement, et de rendre possible le maintien du niveau normal à la tête des drains. Il faut, en effet, qu'il y ait toujours un courant dans l'ensemble des drains, sans quoi, au moment où l'on recommence à pomper, l'eau est épuisée rapidement auprès des pompes et le canal y est déjà à sec que, à peu de distance, les drains ne se sont pas remis à couler.

Outre ces trois drains principaux, un drain de ceinture règne sur les deux tiers de la circonférence du domaine pour intercepter les eaux des terres voisines qui s'égouttaient autrefois dans le lac.

On se proposait, d'abord, de dessaler les terres du lac par de simples

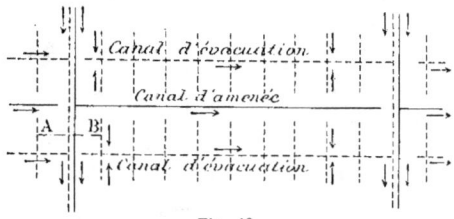

Fig. 43.

lavages faits avec de l'eau provenant soit du canal Mahmoudieh, soit du drain de ceinture; ces eaux étaient répandues sur des parcelles de 250 hectares environ, limitées par de fortes digues. Les eaux, après avoir séjourné

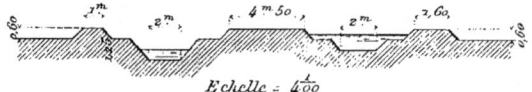

Échelle = $\frac{1}{400}$
Fig. 44. — Coupe suivant A B.

quelque temps sur les terres, étaient pompées et rejetées en dehors des digues. Mais on renonça bientôt à ce procédé, tant à cause de l'action sur les digues des vagues formées par le vent à la surface des bassins, que parce que, en raison de la nature argileuse du sol, au bout de deux ou trois opérations, la quantité de sel dissoute n'était plus en rapport avec la dépense d'extraction des eaux. Le système généralement adopté fut le suivant.

Le terrain fut divisé en rectangles de 30 hectares ayant 1 000 mètres de long sur 300 mètres de large (fig. 43 et 44), limités des quatre côtés par des canaux d'évacuation et traversés dans leur milieu par un canal d'amenée parallèle aux grands côtés. Ce rectangle était divisé lui-même en 20 rectangles plus petits, de 150 mètres sur 100 mètres, par des rigoles de drainage parallèles aux petits côtés. Les berges de tous ces canaux et rigoles formaient des digues qui divisaient chaque parcelle de 30 hectares en 20 petits bassins. L'eau arrivait dans ces bassins d'une façon continue et, s'infiltrant dans le sol, s'écoulait par les drains jusqu'aux pompes. Lorsque les terres étaient suffisamment dessalées pour porter des récoltes de millet, de riz ou de trèfle, on subdivisait les vingt bassins en bassins plus petits par des rigoles de drainage de 0,25 m. de largeur au plafond et de 0,70 m. de profondeur, dont les déblais formaient de petits épaulements limitant chaque bassin secondaire. Les rigoles étaient plus ou moins espacées suivant la nature des cultures.

La dépense ainsi faite sur ces terres, y compris l'installation des pompes, mais non compris la dépense d'élévation des eaux, a été de 227 francs par hectare. Or, aussitôt que les terres purent être mises en culture, elles furent louées 67 francs l'hectare la première année, 124 francs la seconde année, 186 francs la troisième année, et plus cher ensuite.

Le contrat de desséchement du lac d'Aboukir est le seul de cette espèce qui ait été fait jusqu'à présent par le gouvernement égyptien. Voici quelles en sont les stipulations principales ; il est daté de mars 1887.

ARTICLE PREMIER. — M... est autorisé, à ses risques et périls, à rendre cultivables les terres du lac d'Aboukir . . . .

ART. 2 — .... Le concessionnaire s'engage formellement à recevoir toutes les eaux des propriétés riveraines se déversant actuellement dans l'étendue aujourd'hui concédée et à faire, à cet effet, à ses frais, les canaux et tous les travaux jugés nécessaires par le Ministère des Travaux Publics ainsi que tous les autres canaux d'évacuation ou travaux nécessaires. Ces eaux devront ensuite être rejetées dans la mer au moyen de pompes d'épuisement...... Un plan de ces travaux sera soumis dans un délai de trois mois au Ministère des Travaux Publics pour être, après modification s'il y a lieu, approuvé et rendu exécutoire dans un délai de six mois.

ART. 3. — ... Tous les drains collecteurs devront être achevés au plus tard le 31 décembre 1890 (sous peine de déchéance) . . . .

ART. 5. — Le concessionnaire pourra être autorisé à prendre pour le dessalement des terres l'eau du canal Mahmoudieh, mais seulement pendant la crue du Nil, c'est-à-dire depuis le jour où, après le 15 août, l'eau du canal Mahmoudieh aura atteint une hauteur de 2.20 m. au nilomètre d'Alexandrie jusqu'au jour où, avant le 15 novembre, la hauteur ne sera plus que 2.20 m. au même nilomètre. . . . .

ART. 6. — Les terres faisant partie de la présente concession seront exemptes d'impôt jusqu'au 31 décembre 1890, date fixée pour l'achèvement des travaux. A partir de cette date, l'impôt sera perçu, savoir : 0,62 fr. par hectare et par an pour les deux premières années ; 3,09 fr. pour les trois années suivantes ; 6,20 fr. pour les cinq années suivantes. A l'expiration de la dixième année, les terres seront soumises à l'impôt qui frappe les terres analogues avoisinantes. . . . .

ART. 7. Aussitôt l'achèvement des travaux constaté, le concessionnaire deviendra propriétaire définitif desdits terrains. . . . .

ART. 10. — Versement d'un cautionnement de 156 000 francs. . . . .

En 1891, le concessionnaire, ayant achevé les travaux, se trouvait très embarrassé pour vendre ses terrains aux particuliers en conservant l'obligation de continuer à faire fonctionner les pompes d'évacuation des eaux. Le gouvernement lui vint en aide par une convention spéciale l'autorisant « à faire écouler dans le lac Mariout les eaux provenant des terres, au moyen de deux siphons passant sous la voie ferrée et de deux autres passant sous le canal Mahmoudieh ». Les conditions principales de ce nouvel arrangement sont les suivantes :

. . . .
Art. 2. — Le coût et l'entretien des siphons ainsi que les travaux nécessaires pour amener les eaux dans le lac Mariout sont entièrement à la charge du concessionnaire......

Art. 3. — Le fonctionnement desdits siphons sera contrôlé par le gouvernement, lequel aura plein pouvoir de les fermer et d'arrêter temporairement le passage des eaux, toutes les fois que, pour une cause quelconque, la surface des eaux du lac Mariout viendrait à atteindre la cote de 2,35 m. au-dessous du niveau de la mer. . . . .

Art. 4. — Le concessionnaire cède au gouvernement les deux pompes par lui établies au bord de la mer pour le desséchement du lac d'Aboukir avec tous leurs accessoires. En échange, le gouvernement lui fait remise d'une partie des impôts qu'il aurait à payer......
..... Le concessionnaire ne paiera à ce titre que la somme de 26 000 francs par an pour les dix premières années. . . . .

Cet arrangement était très avantageux pour le concessionnaire ; au point de vue du gouvernement, il assurait d'une façon définitive la mise en culture des terres du lac d'Aboukir. Les pompes furent, comme on l'a vu, transportées au Mex, sur les bords du lac Mariout[1].

DÉFRICHEMENT DU DOMAINE DE L'OUADY TOUMILAT

La vallée ou ouady Toumilat s'étend, dans le désert, le long du chemin de fer de Zagazig à Ismaïliah, sur une longueur de 60 kilomètres et sur une largeur maxima de 4 kilomètres. Le domaine dont nous nous occupons, d'une superficie d'un peu plus de 8 600 hectares, est situé dans la région occidentale du ouady, c'est-à-dire dans sa partie la plus élevée.

Ce domaine a une histoire. Faisant partie de l'antique terre de Gessen, célébrée par les Juifs, il était probablement, à cette époque lointaine, relié au système des bassins d'inondation de la Basse Égypte, et écoulait le trop-plein de ses eaux par le fond même de la vallée, jusque dans les parties basses du désert, où se trouve actuellement le lac Timsah, sur le passage du canal de Suez. Puis, dans le cours des temps, sans doute abandonnée à elle-même pendant de longs siècles, cette terre formant bas-fond le long des pentes du désert, marécageuse pendant la crue, se desséchait pendant l'été faute d'arrosage régulier ; elle était ainsi devenue tout à fait inculte, lorsque Mehemet Ali entreprit de lui rendre sa fertilité par la création d'un canal d'irrigation, appelé canal Ouady, dérivé du Bahr Moez (voir pl. VI), et par l'établissement de canaux d'écoulement. Il y transporta 16 000 fellahs des différentes parties de l'Égypte. Mais, après sa mort, les fellahs retournèrent dans leurs villages d'origine, et la région revenait rapidement à l'état stérile lorsque, en 1861, la Compagnie du canal de Suez l'acheta au prix de deux millions de francs. Il n'y avait plus alors que 2 500 hectares en culture et 4 500 habitants. Quatre ans après, grâce aux travaux d'arrosage et d'assai-

---

[1] Voir pages 221 et suivantes.

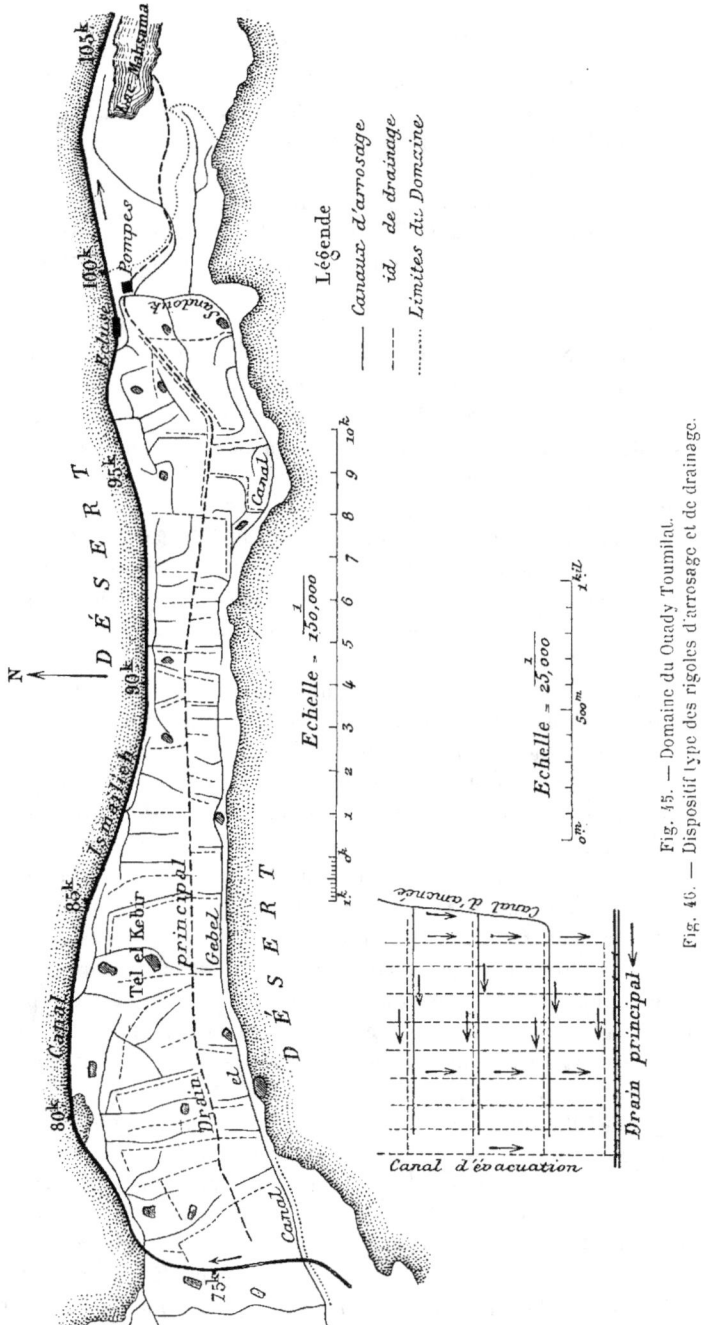

Fig. 45. — Domaine du Ouady Toumilat.

Fig. 46. — Dispositif type des rigoles d'arrosage et de drainage.

nissement exécutés par la Compagnie, 5 000 hectares étaient cultivés et rapportaient 650 000 francs ; la population s'élevait à 14 000 habitants. C'est là un exemple de la rapidité avec laquelle les terres d'Égypte peuvent se transformer quand elles sont bien soignées.

En 1865, le khédive Ismaïl racheta très cher ce même domaine à la Compagnie du canal de Suez et le donna à l'administration des Wakfs avec obligation d'en consacrer le revenu aux écoles dépendant du Ministère de l'Instruction Publique.

Mais la gestion fut mauvaise. En outre, à la même époque, pour faire communiquer le Nil avec le canal maritime, on construisait, le long du bord septentrional de l'ouady Toumilat, un grand canal, le canal Ismaïlich, dont le plan d'eau était fixé à des hauteurs variant de 3 mètres à 2,50 m. au-dessus des terres de l'ouady, et qui donnait lieu à de fortes infiltrations, dont l'évacuation par écoulement naturel était, sinon impossible, du moins fort difficile.

Aussi le sol fut vite ruiné et, en 1891, lorsqu'on fit le cadastre du domaine, on trouva qu'il ne comprenait plus que 3 000 hectares de cultures, auxquels il fallait ajouter 4 200 hectares de terres que l'on pouvait encore cultiver, après assainissement, et 1 400 hectares occupés par les canaux ou stériles, soit en tout 8 600 hectares.

En 1891, le Ministère des Travaux Publics prit en mains la direction des travaux nécessaires pour assainir ce domaine et remettre en culture les terres détériorées. Ces travaux furent exécutés, pour le compte de l'administration des Wakfs, de 1892 à 1895. Ils comportaient d'abord simplement l'exécution d'un canal colateur traversant toute la propriété dans sa plus grande longueur et aboutissant à une usine élévatoire qui envoyait ses eaux dans un lac sans issue, le lac Mahsamah, situé à l'extrémité est du domaine. Mais, comme l'évaporation seule n'arrivait pas à abaisser le plan d'eau de ce lac suffisamment, et que les infiltrations qui en provenaient revenaient par le sous-sol sur une partie des terres à drainer, on dut construire un second canal pour écouler le trop-plein du lac Mahsamah dans le lac Timsah par gravitation (pl. VI). On dépensa ainsi en travaux, pendant ces quatre années, 735 000 francs. Les frais annuels d'élévation des eaux étaient estimés à 55 000 francs (fig. 45 et 46).

Cependant l'état du domaine ne s'améliorait guère, l'administration des Wakfs négligeant de construire les canaux secondaires et les rigoles nécessaires pour amener toutes les eaux d'infiltration jusqu'au drain collecteur ; en outre, les canaux d'irrigation étaient mal aménagés. On prit alors un parti radical. Le Ministère des Travaux Publics se chargea, par un arrangement daté de 1899, d'exécuter tous les travaux d'irrigation, d'écoulement des eaux et de mise en valeur des terres, ainsi que d'administrer le

domaine pendant onze ans. Les fonds des travaux étaient fournis par l'administration des Wakfs qui devait se rembourser sur les produits du domaine.
L'estimation des dépenses à faire était la suivante :

Agrandissement de l'usine élévatoire.	156 000 francs.
Creusement et élargissement des drains principaux et travaux accessoires	442 000 —
Embranchements des drains et rigoles de drainage .	395 000 —
Modifications des canaux d'irrigation	260 000 —
Achat de dragues et de machines agricoles.	65 000 —
Constructions agricoles et autres	220 000 —
Labourage à vapeur et divers	78 000 —
Total.	1 616 000 francs.

En même temps, on calculait que les recettes du domaine deviendraient suffisantes, au bout de deux ans, pour payer les charges annuelles évaluées comme il suit :

Personnel.	52 000 francs.
Élévation d'eau.	65 000 —
Entretien des canaux	26 000 —
Impôts.	152 000 —
Fermage à payer au Ministère de l'Instruction Publique	208 000 —
Total	503 000 francs.

Mais, pour l'ensemble des deux premières années, on estimait qu'il y aurait un déficit total de 150 000 francs, le rendement annuel, au moment de la prise de possession par le Ministère des Travaux Publics, n'étant que de 410 000 francs.

En ajoutant ce déficit de 150 000 francs au devis des travaux égal à 1 616 000 francs, c'est donc une somme totale de 1 766 000 francs qu'on avait à dépenser pour mettre la terre en valeur et qu'on estimait pouvoir être remboursée en onze ans à l'administration des Wakfs sur les plus-values annuelles du rendement des terres.

En 1899, les 3 000 hectares cultivés rapportaient seulement 410 000 francs, et l'on comptait que ce revenu, par suite de l'amélioration des terres et de l'extension des défrichements, à raison de 420 hectares par an, sur les 4 200 hectares à défricher, s'augmenterait au bout de onze ans jusqu'à 840 000 francs.

Ainsi, moyennant une dépense totale de

Travaux de 1892 à 1895	735 000 francs.
Dépenses prévues postérieures à 1899 . . .	1 766 000 —
Total	2 501 000 francs.

ce qui représente 350 francs par hectare cultivé, on doit obtenir un rendement brut de 117 francs par hectare, laissant un bénéfice net de 46,50 fr., en dehors du prix de location de 29 francs à payer au Ministère de l'Instruction Publique.

Les travaux sont commencés depuis 1899.

L'aménagement du domaine, au point de vue de l'arrosage et de l'écoulement des eaux, comprend les dispositions suivantes.

L'arrosage est assuré : 1° par deux canaux principaux ayant leur prise sur le canal Ismaïlieh, aux deux extrémités du domaine : l'un, le canal Gebel, pour les terres hautes qui longent le désert et l'autre, le canal Sandouk, destiné à irriguer les terres basses ; 2° par cinq prises intermédiaires moins importantes faites aussi sur le canal Ismaïlieh.

Pour le drainage, un canal principal de 22 kilomètres est établi le long du domaine, dans les terres basses ; son plafond a 10 mètres de largeur à son extrémité aval et sa pente est de 0,05 m. par kilomètre. Ce canal aboutit à une usine élévatoire composée de quatre pompes centrifuges, dont trois de 0,766 m. et une de 0,504 m. de diamètre au tuyau d'aspiration.

Les eaux sont déversées par les pompes dans un chenal de 6 kilomètres de longueur qui aboutit au lac Mahsamah. Enfin, un canal de 27 kilomètres de longueur, 5 mètres de largeur au plafond et 0,10 m. de pente par kilomètre, réunit le lac Mahsamah au lac Timsah dont les eaux sont au niveau de la mer.

Le dessalement des terres s'effectue par des lavages superficiels.

Les résultats financiers de cette entreprise ont largement justifié les prévisions. Ainsi, pour l'exercice 1906,

Les recettes du domaine ont été de.	1 001 390 francs.
et les dépenses.	605 982 —
Le revenu net ressort donc à	395 408 francs.

Dans les dépenses sont compris les impôts, pour 152 000 francs, et le fermage payé au Ministère de l'Instruction Publique, pour 208 000 francs. Les frais d'élévation des eaux de drainage ont été de 163 296 francs pour 90 000 000 de mètres cubes environ, refoulés à une hauteur moyenne de 2,70 m.

A la fin de 1906, c'est-à-dire sept ans après le commencement des travaux, le total des avances faites par l'administration des Wakfs pour l'amélioration du domaine s'élevait à 1 170 260 francs et le montant cumulé des remboursements prélevés sur les bénéfices nets de chaque année était de 1 101 676 francs, c'est-à-dire qu'il ne restait plus qu'une dette de 68 584 francs qui devait être facilement amortie sur les bénéfices de 1907.

D'autre part, il restait encore à assainir et à aménager 1 260 hectares à la fin de 1906. Ce travail devait être imputé sur les bénéfices des exercices postérieurs, bien suffisants pour supporter ces frais.

Le domaine est actuellement peuplé de plus de 16 500 habitants parmi lesquels environ 4 000 ouvriers agricoles.

AMÉLIORATION DES TERRES DE SALAKOUS

Ces terres sont situées dans la Moyenne Égypte, district de Minieh. Environ 2 500 hectares, situés à l'ouest du canal Ibrahimieh, recevant les infiltrations du canal et manquant de moyens de drainage, étaient devenus salés ; une partie en était incultivable et le reste ne donnait que de faibles produits. Presque toutes ces terres appartenaient à la Daïra Sanieh [1].

Après qu'un grand canal colateur eût été construit pour desservir cette

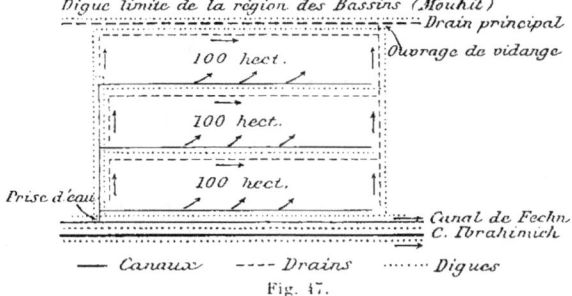

Fig. 47.

région (voir pl. V), on songea à améliorer la qualité de ces terres et à rendre à la culture celles d'où elle avait disparu. Pour cela, on procéda par lavages superficiels sur des surfaces de 3 à 400 hectares à la fois, par le procédé qui a été indiqué plus haut comme ayant donné de mauvais résultats au lac d'Aboukir. Les terres de Salakous étant beaucoup moins salées que celles d'Aboukir et moins profondément, on voulait essayer d'abord un système économique. S'il n'avait pas donné des résultats satisfaisants, on en aurait été quitte, tout en conservant les ouvrages principaux d'amenée et d'évacuation des eaux, pour diminuer la surface des bassins de submersion en multipliant les digues et les canaux, et pour approfondir les rigoles de drainage, de façon à ce que le lavage pût pénétrer plus complètement le sol à assainir. Mais on n'eut pas besoin de recourir à cette dernière méthode plus coûteuse.

L'opération fut entreprise de 1890 à 1893 sur 1 012 hectares. La première année, on traita 310 hectares. Le programme des travaux était le suivant (fig. 47) :

---

[1] C'était une administration de l'État possédant de grands domaines dans la Haute et Moyenne Égypte, aujourd'hui supprimée. Toutes les terres appartenant à cette administration ont été vendues aux particuliers.

1° Diviser en trois bassins de submersion égaux la superficie des 310 hectares, au moyen des déblais provenant des canaux et des drains. Chacun des bassins a son canal d'amenée dans la partie haute, alimenté au moyen d'une prise sur le canal de Fechn, embranchement de l'Ibrahimieh, et son drain, dans la partie basse, se déchargeant dans un drain secondaire qui aboutit dans le drain collecteur de la région.

2° Ouvrir la prise et régler le débit des canaux de façon à ce que les trois bassins se remplissent également; lorsque ceux-ci sont pleins, ouvrir les ouvrages de vidange, de telle sorte que l'eau se maintienne au même niveau dans les bassins, puis fermer les prises et laisser les bassins se vider; consacrer ainsi sept jours au remplissage, sept jours à la submersion avec alimentation continue, sept jours à la vidange et sept jours au desséchement.

3° Faire de cette façon trois lavages en hiver, de novembre à fin février, et un avec de l'eau limoneuse pendant la crue.

4° Semer ensuite du trèfle et des fèves et, si c'est du trèfle, continuer les submersions pendant qu'il est sur pied.

5° Conserver en état tous les ouvrages de prise et de vidange, de façon à pouvoir renouveler de temps en temps les lavages si le besoin s'en faisait de nouveau sentir.

La dépense faite sur les 310 hectares traités la première année fut répartie comme il suit :

Digues, canaux, drains, ouvrages d'art.	28 860 francs.
Nettoyage des terres, défonçage et divers.	12 040 —
Total.	40 800 francs.

Soit 132 francs par hectare.

Or, avant les travaux, sur ces 310 hectares, on ne pouvait en louer que 99, au prix de 113,50 fr. par an, le reste des terres étant tout à fait inculte. Dès l'année qui suivit les lavages, on put louer 294 hectares, le reste des 310 hectares traités étant occupé par les digues et les canaux, au prix de 142 francs l'hectare, avec des baux d'une durée de six années. Le rendement des 310 hectares était donc devenu 41 865,60 fr. au lieu de 11 336,50 fr., ce qui présente une augmentation de recettes de 30 629,10 fr.

Sur la parcelle de 416 hectares qui fut traitée ensuite, on dut faire des lavages pendant deux années, les terres se trouvant dans des conditions plus mauvaises que les précédentes. La dépense fut de 58 656 francs, soit 141 francs par hectare, et le rendement passa aussitôt de 6 344 francs à 36 764 francs.

La troisième parcelle de 286 hectares, traitée en 1892, dut être lavée aussi pendant deux ans. L'opération donna des résultats analogues aux précédents.

EXPÉRIENCES D'ASSAINISSEMENT FAITES DANS LA BASSE ÉGYPTE PAR L'ADMINISTRATION DES DOMAINES DE L'ÉTAT

Dans les terres très salées, les lavages de surface sont généralement insuffisants et ont besoin d'être renouvelés fréquemment, car ils n'atteignent qu'une couche de peu d'épaisseur, 0,30 m. au maximum, de sorte que les sels remontent facilement pendant les saisons où l'on n'irrigue pas.

Les lavages intérieurs sont plus efficaces, mais ils ont l'inconvénient de couper le terrain en petites parcelles par des digues et des rigoles.

L'administration des Domaines de l'État fit, en 1902, des essais comparatifs de ces deux systèmes et essaya également la méthode des drains en poterie posés dans le sous-sol.

Il s'agissait de terres très salées, renfermant dans la couche superficielle 14 p. 100 de chlorures en poids et en contenant encore 5 p. 100 à 0,60 m. de profondeur.

Les expériences portèrent sur 34 hectares, divisés en trois parcelles, dont chacune fut traitée par un des trois procédés indiqués ci-dessus. En raison du niveau du plan d'eau dans le drain public, les eaux de drainage devaient être évacuées au moyen de pompes à vapeur.

La première parcelle, destinée au lavage superficiel, fut entourée d'une digue de 1 mètre de hauteur; l'eau arrivait par une extrémité et s'échappait dans un drain collecteur à l'autre extrémité; une hauteur d'eau de 0,50 m. était maintenue constamment sur les terres.

La seconde parcelle, traitée par lavage intérieur, fut divisée en tranches de 35 mètres de largeur par des drains de 0,70 m. de profondeur; les digues de ces petits drains, d'une hauteur de 0,50 m., pouvaient retenir sur le terrain une hauteur d'eau de 0,20 m. à 0,30 m.

La troisième parcelle, sur laquelle on faisait l'expérience des drains en poterie, fut entourée d'une digue de 1 mètre de hauteur supportant une charge d'eau de 0,50 m. Des files de tuyaux en poterie de 0,10 m. à 0,12 m. de diamètre furent placées dans le sol, à 0,70 m. de profondeur, et espacées l'une de l'autre de 12 mètres.

Les expériences se poursuivirent pendant mille quatre cents heures. Une fois le régime établi, le débit dans chaque parcelle se maintint constant et fut :
Pour la parcelle n° I, 232 mètres cubes par heure.
—   II, 10,4   —
—   III, 117   —

Le sel contenu dans les eaux d'évacuation fut en moyenne :
Pour la parcelle n° I, 3 grammes par litre.
—   II, 44,3   —
—   III, 20,3   —

De sorte que la quantité totale de sel enlevée du sol pendant la durée de l'essai fut :

Pour la parcelle n° I, 975 tonnes.
— II, 632 —
— III, 3 320 —

La méthode des drains en poterie est donc d'un effet très supérieur aux deux autres méthodes, mais aussi la dépense est beaucoup plus forte. Rapportés à l'hectare, les frais du dessalement sur chacune des trois parcelles ont été :

PARCELLES	I	II	III
Rigoles, drains, etc.	155 fr.	239 fr.	722 fr.
Élévation d'eau	160 —	7 —	81 —
Totaux	315 fr.	246 fr.	803 fr.

Les drains en poterie constituent donc une forte dépense ; mais ce n'est pas cependant trop cher, quand il s'agit de transformer un terrain tout à fait inculte en une terre saine et bonne. D'ailleurs, le drain en poterie continue à faire sentir son effet bienfaisant une fois que le sol est mis en culture et empêche le sel de remonter de nouveau dans la couche arable.

D'autre part, c'est la méthode par lavage intérieur qui emploie le moins d'eau.

CHAPITRE X

EMMAGASINEMENT DES EAUX DE LA CRUE DU NIL. RÉSERVOIR D'ASSOUAN

Comparaison entre le débit du Nil et les besoins de l'Égypte. — Historique de la question de l'emmagasinement des eaux du Nil. — Projet de M. Willcocks ; réservoir d'Assouan. — Utilisation des eaux emmagasinées. — Dépenses et bénéfices. — Agrandissement du réservoir d'Assouan.

COMPARAISON ENTRE LE DÉBIT DU NIL ET LES BESOINS DE L'ÉGYPTE

Vers la fin du siècle dernier, la situation de l'Égypte, au point de vue de l'irrigation, était la suivante :

La surface totale cultivée était comptée alors pour 2 380 000 hectares répartis comme suit :

Basse Égypte	1 400 000	hectares.
Haute Égypte	850 000	—
Fayoum	130 000	—
Total	2 380 000	hectares [1].

La Basse Égypte et le Fayoum étaient cultivés par irrigation ; la Haute Égypte, partie par inondation, partie par irrigation, dans la proportion moyenne ci-après :

Cultures par inondation	615 000	hectares.
Cultures par irrigation, dites nabari	115 000	—
Cultures par irrigation [2] permanente	120 000	—
Total	850 000	hectares.

Il faut ajouter à ces chiffres les cultures qedi, qui se font au milieu des bassins d'inondation avant la crue, qui sont aussi des cultures d'irrigation et qui représentent 40 000 hectares.

---

[1] Ce chiffre dépasse de 50 000 hectares celui qui est donné au chapitre I, page 12, pour la superficie cultivée de l'Égypte en 1904. Cette différence provient de ce que l'on portait souvent autrefois dans les statistiques comme terres cultivées des terres à peine défrichées ; elle résulte aussi d'inexactitudes cadastrales.

[2] 100 000 hectares dans la région du canal Ibrahimieh et 20 000 hectares arrosés au moyen de pompes en dehors de cette région.

Ainsi, annuellement, la surface cultivée par irrigation était :

Basse Égypte	1 400 000 hectares.	
Fayoum	130 000	—
Haute Égypte		
Irrigation permanente	120 000	—
Nabari	115 000	—
Qedi	40 000	—
Total pour l'irrigation		1 805 000 hectares.
La surface cultivée par inondation était de		615 000 —
Total général		2 420 000 hectares.

Les 40 000 hectares de cultures qedi sont comptés à la fois dans l'irrigation et dans l'inondation, ces deux modes de culture se succédant sur les mêmes terres. Les cultures qedi, étant alimentées par la nappe souterraine, n'entrent pas en ligne de compte dans l'évaluation des quantités d'eau à amener du Nil sur les terres; on ne doit donc baser les calculs, à ce point de vue, que sur 1 765 000 hectares à pourvoir d'eau d'irrigation.

D'autre part, le nabari des bassins d'inondation ne comporte qu'une irrigation temporaire pendant quelques mois de l'année ; de telle sorte que l'irrigation permanente s'étendait seulement sur une surface totale de 1 650 000 hectares.

Or, les terres d'irrigation permanente réclament des quantités d'eau variables suivant les saisons[1], soit :

Janvier, février et mars	0,220	litre par seconde et par hect. cultivable.	
Avril, mai, juin	0,247	—	—
Du 1er au 15 juillet	0,357	—	—
Du 16 juillet à fin octobre	0,687	—	—
En novembre	0,302	—	—
En décembre	0,220	—	—

Quant au remplissage des bassins, il nécessitait, à cette époque, 200 millions de mètres cubes par jour pendant quarante jours, du 15 août au 25 septembre, soit 2 300 mètres cubes par seconde[2].

Enfin, les terres cultivées en nabari ont besoin de 0,605 l. par hectare du 15 août à fin octobre.

Dans ces conditions, la demande d'eau de l'Égypte était donnée par le tableau ci-dessous.

[1] Voir au chapitre VI pages 125 et suivante.
[2] Voir au chapitre V page 100 et suivantes.

MOIS	DÉBIT NÉCESSAIRE EN MÈTRES CUBES PAR SECONDE			
	Irrigation permanente.	Nabari.	Bassins.	Totaux.
	1 650 000 hect.	115 000 hect.	615 000 hect.	2 380 000 hect.
Janvier, février, mars	360	»	»	360
Avril, mai, juin	410	»	»	410
1er au 15 juillet	590	»	»	590
16 juillet au 15 août	1 130	70	»	1 200
15 août à fin septembre	1 130	70	2 300	3 500
En octobre	1 130	70	2 300	3 500
En novembre	500	»	»	500
En décembre	360	»	»	360

Si l'on compare ces demandes d'eau aux débits mensuels du Nil dans une année moyenne[1], on obtient les résultats suivants :

MOIS	VOLUMES EN MÈTRES CUBES PAR SECONDE		
	Débit du Nil.	Besoins d'eau.	Différence en plus.
Janvier	1 660	360	1 300
Février	1 210	360	850
Mars	900	360	540
Avril	610	410	200
Mai	480	410	70
Juin	510	410	100
Juillet	1 890	1 200	690
Août	7 180	3 500	3 680
Septembre	9 170	3 500	5 670
Octobre	6 310	3 500	2 810
Novembre	3 410	500	2 900
Décembre	2 250	360	1 890

Le débit moyen du Nil suffisait donc aux conditions de la culture, d'autant plus que, parmi les terres de la Basse Égypte classées comme terres cultivables, il y en avait une certaine quantité, autour des lacs ou sur les bords du désert, qui, étant seulement dans une période de défrichement, ne prenaient pas toute la part d'eau qui leur revenait théoriquement.

Mais dans une année de mauvais étiage, comme l'année 1900, où pendant les mois de mars, avril, mai et une partie de juin, le débit du Nil a à peine atteint 250 mètres cubes par seconde, il n'était possible de sauver les cultures d'été que par des mesures exceptionnelles consistant en suppression des cultures de riz et établissement, entre les périodes d'arrosage, d'intervalles de chômage d'une durée exagérée. Or, dans une

---

[1] Voir chapitre II pages 36 et suivantes.

période de trente ans, de 1871 à 1900, il y a eu 14 étiages pour lesquels la hauteur minimum du Nil a été de plus de 0,05 m. inférieure à la moyenne.

D'autre part, les besoins d'eau pour l'irrigation s'élevaient très rapidement de 410 mètres cubes par seconde, en juin, à 1 200 mètres cubes par seconde, en juillet; le débit moyen du Nil monte, il est vrai, au même moment, de 510 mètres cubes par seconde, en juin, à 1 890 mètres cubes par seconde, en juillet. Mais si la crue était en retard, ou si le débit moyen du mois de juillet n'était, comme en 1899, que de 1 350 mètres cubes par seconde, le service des irrigations se trouvait fort embarrassé, et était obligé, dans l'intérêt des cultures d'été, de retarder les semailles du maïs nili d'une façon préjudiciable aux récoltes.

Par contre, pendant les mois de la crue et pendant les mois d'hiver, c'est-à-dire du mois d'août au mois de mars de l'année suivante, le débit du Nil était toujours supérieur aux besoins, même avec les plus mauvaises crues.

En 1890, le gouvernement égyptien commença à étudier les moyens pratiques de prélever une part de cet excédent de débit et de la mettre en réserve en un point de la vallée, pour améliorer les conditions des cultures d'été pendant les mauvais étiages et pour étendre ces cultures, tant sur des terres alors incultes faute d'arrosage, que sur des terres jusque-là condamnées par le système de l'inondation aux seules cultures d'hiver.

Si on ne tient pas compte des trois mois d'août, septembre et octobre, pendant lesquels les eaux sont tellement surchargées de limon qu'on ne voit guère la possibilité de les emmagasiner sans de gros inconvénients, le tableau ci-dessus montre que l'excédent de débit des mois de novembre, décembre, janvier, février et mars donnait dans une année moyenne, un volume inutilisé d'une vingtaine de milliards de mètres cubes. Dans les plus mauvaises années, par exemple en 1899-1900, cet excédent de débit se trouvait être encore de 5 400 000 000 mètres cubes.

HISTORIQUE DE LA QUESTION DE L'EMMAGASINEMENT DES EAUX DU NIL

L'idée d'emmagasiner les eaux de la crue du Nil est très ancienne. Les bassins d'inondation ne sont autre chose que des réservoirs créés, tout le long de la vallée, pour retenir les eaux pendant un certain temps sur les terres à fertiliser et les répandre ensuite, en cas de besoin, sur d'autres terres avant de les rendre au fleuve. Ce ne sont, il est vrai, que des réservoirs dont la durée d'action est très limitée, puisqu'elle ne s'exerce guère que deux mois en tout, mais ils n'en absorbent pas moins, même réduits comme aujourd'hui, le cube considérable de 6 milliards de mètres cubes.

Le lac Mœris, qui recouvrait la plus grande partie de la dépression qui forme la province actuelle du Fayoum n'avait d'autre but que de détourner du Nil une partie des eaux de la crue, pour les restituer pendant les mois d'étiage, au profit de la Basse Égypte. Il formait une réserve très importante; couvrant une surface de 160 000 hectares et contenant une tranche d'eau qui, sur 3 mètres de hauteur, dominait la vallée du Nil, il permettait de rendre au fleuve, en tenant compte des pertes dues à l'évaporation, plus de 3 milliards de mètres cubes d'eau[1]. Les anciens Égyptiens avaient donc compris l'importance du problème et en avaient trouvé une solution grandiose.

Quelques anciens réservoirs existent encore au Fayoum, mais de peu d'étendue; le pays se prête mieux qu'ailleurs à leur établissement, à cause de ses pentes, et c'est probablement là un reste de tradition qui s'est perpétué depuis la disparition du lac Mœris.

Dans les temps modernes, le vice-roi Méhémet Ali avait chargé Linant bey d'examiner si on pourrait créer dans la Haute Égypte des réservoirs[2]; c'est à cette occasion que cet ingénieur fit des recherches sur l'ancien lac Mœris. Il fit en même temps ressortir que, si on voulait créer des réserves d'eau de la crue, sur des terrains endigués, pour arroser les cultures d'été des terrains voisins pendant quatre mois et demi d'étiage, il faudrait, en tenant compte de l'évaporation et des infiltrations, une hauteur d'eau de 4,60 m. sur une surface égale au cinquième de la surface à irriguer. C'était impraticable dans ces conditions, du moment qu'il s'agissait d'établir de pareils bassins sur des terres cultivées, alors fertilisées chaque année par l'eau de crue.

Le seul réservoir qu'ait établi Méhémet Ali est un bassin de 4 000 hectares de superficie, formé par des digues en terre sur un terrain marécageux côtoyé par le canal Mahmoudieh; se remplissant pendant la crue, ce bassin restituait son eau pendant l'étiage.

En 1867, sir Samuel Baker avait signalé l'intérêt pour l'Égypte d'emmagasiner les eaux du Nil et de construire un réservoir à Assouan; mais c'est surtout vers 1880 que l'attention du gouvernement égyptien fut de nouveau appelée sur la question de l'emmagasinement des eaux du Nil.

Après plusieurs années de recherches et d'explorations sur le Nil, un Français, nommé de la Motte, fonda à Paris, à cette époque, sous les auspices de plusieurs notabilités égyptiennes, parmi lesquelles Nubar pacha, la Société d'études du Nil. Le but que poursuivait M. de la Motte, avec

---

[1] *The Fayum and Lake Mœris*, par le major Brown, R. E., 1892.
[2] Mémoires sur les principaux travaux publics en Égypte par Linant de Bellefonds bey, page 418.

l'aide de cette société, était vaste : rétablir, tout le long du Nil, le régime qui paraît avoir existé avant que les seuils des diverses cataractes n'aient été usés et abaissés par la violence des courants, et créer ainsi une série de retenues destinées à régulariser le régime du fleuve et à rendre le gouvernement égyptien « enfin le maître des eaux du Nil ». Inspiré d'abord par des considérations d'ordre général historiques, ethnologiques et économiques, ce plan d'ensemble commença à se préciser lorsque la Société d'études du Nil se mit à envisager les moyens de le réaliser. Entamant le programme d'aménagement du Nil par l'aval, elle résolut d'étudier le projet d'un barrage à Gebel Silsileh, point situé à 70 kilomètres au nord d'Assouan; c'est l'endroit où la vallée franchit les dernières couches de grès pour entrer dans le calcaire. Là, le fleuve est resserré entre deux promontoires rocheux, son lit a 350 mètres de largeur. Un ingénieur en chef des Ponts et Chaussées, L. Jacquet, fut envoyé par la Société, dans l'hiver 1881-1882, pour visiter les lieux; il présenta le 15 juillet 1882 un rapport avec indication sommaire des ouvrages qu'il proposait. C'étaient : un barrage plein, insubmersible, pouvant supporter 20 mètres de retenue, établi en travers du Nil; le creusement dans le rocher d'un nouveau lit de 300 mètres de largeur fermé par un barrage mobile; un déversoir latéral de 700 mètres de longueur sur la rive droite ; une dérivation éclusée pour la navigation et un canal d'irrigation sur la rive gauche. Gebel Silsileh avait été choisi par la Société, en raison des conditions favorables d'exécution résultant de ce que le lit et les rives du Nil étaient constitués par un massif rocheux, mais aussi, et surtout, parce que, en amont de ce défilé, s'étend une vaste plaine, désignée sous le nom de plaine de Kom Ombo, sur laquelle on espérait former un réservoir de 140 000 hectares de superficie, pouvant contenir 7 à 8 milliards de mètres cubes d'eau. M. Jacquet terminait son rapport en conseillant d'entreprendre les études définitives nécessaires pour reconnaître si le projet était réellement pratique. Mais l'affaire en resta là pour le moment.

En 1886, un Américain, M. Cope Witehouse, signala, à 30 kilomètres du bord de la vallée du Nil, une vaste dépression nommée Ouady Rayan, située dans le désert, au sud-ouest du Fayoum, comme pouvant servir de réservoir d'emmagasinement. Le fond de cette dépression est à 42 mètres au-dessous du niveau de la mer, et, à l'altitude de 23 ou 24 mètres, cote minima nécessaire pour que l'eau mise en réserve sur cet emplacement puisse être déversée dans la vallée, elle a une superficie de 67 000 hectares. Les eaux de ce réservoir auraient pu être utilisées pendant l'étiage pour le Fayoum, la Basse Égypte et la province de Ghizeh.

Le Ministère des Travaux Publics, séduit par cette idée, en fit une première étude et conclut à la possibilité et à l'utilité de l'exécution, tout en déclarant que la situation financière et la nécessité de dépenser alors des sommes considérables pour le drainage de la Basse Égypte, ne permettaient pas d'envisager encore l'extension des cultures d'été par l'emmagasinement des eaux de crue.

La question restait ainsi stationnaire, lorsque M. Prompt, inspecteur général des Ponts et Chaussées, alors administrateur français des chemins de fer égyptiens de l'État, imprima aux idées une nouvelle direction qui allait hâter la solution du problème.

En proposant l'Ouady Rayan comme réservoir, M. Cope Witehouse s'était manifestement inspiré du souvenir de l'ancien lac Mœris dont l'emplacement était tout voisin. En choisissant Gebel Silsileh, la Société des études du Nil avait devant les yeux la vision de la vaste plaine de Kom Ombo, qui devait former un nouveau lac Mœris traversé par le fleuve. Or, d'une part, l'Ouady Rayan, par sa situation géographique, ne peut être d'aucune utilité ni pour la Haute, ni pour la Moyenne Égypte, et, d'autre part, des nivellements avaient montré que la plaine de Kom Ombo était en général plus élevée qu'on ne l'avait d'abord espéré, et qu'un barrage en ce point aurait noyé la ville d'Assouan. M. Prompt envisagea le problème autrement.

En février 1890, il adressa au Ministère des Travaux Publics un rapport duquel il résultait que, en raison des faibles pentes du Nil, il suffisait de rechercher, dans le lit même du fleuve, des points convenables pour asseoir solidement un mur de réservoir ; la vallée elle-même, avec sa largeur normale, formerait en amont de ce mur, avec une retenue de 16 mètres de hauteur, un réservoir suffisant pour contenir un ou deux milliards de mètres cubes d'eau. Ainsi, dans cet ordre d'idées, pourvu que le sol fût bon à l'endroit du barrage, il n'était pas indispensable qu'en amont la vallée s'élargît de façon à former un lac (ce qui d'ailleurs semblait n'exister nulle part), car la retenue devait s'étendre en longueur jusqu'à 150 à 200 kilomètres vers le sud comme conséquence de la pente même de cette vallée [1]. Plusieurs de ces ouvrages pouvaient, d'après M. Prompt, se construire les uns derrière les autres, et il proposait d'en établir un à Kalabcheh, à 50 kilomètres en amont d'Assouan.

Les bases de l'étude des réservoirs du Nil se trouvant ainsi préparées, le Ministère des Travaux Publics, alors dirigé par sir Colin Scott Moncrieff, décida en 1890 la création d'un service spécial, sous la direction de M. l'ingénieur Willcocks [2], pour faire les recherches nécessaires, examiner les diverses solutions possibles et présenter un projet.

---

[1] Communications de M. Prompt à l'Institut Égyptien du 6 février et du 26 décembre 1891.
[2] Aujourd'hui sir William Willcocks.

PROJETS DE M. WILLCOCKS; RÉSERVOIR D'ASSOUAN

Après quatre années de travail, M. Willcocks déposait, le 23 novembre 1894, un remarquable rapport dans lequel il faisait une monographie complète du Nil, exposait les besoins de l'irrigation dans l'hypothèse que la culture par inondation fût complètement supprimée, et comparait les avantages et les inconvénients de dix solutions différentes.

Les dix solutions examinées dans ce rapport sont les suivantes, en allant du sud au nord :

EMPLACEMENTS DES BARRAGES	HAUTEUR de retenue.	CAPACITÉ utile[1] en millions de mètres cubes.
	mètres.	
Kalabcheh.	22	1 800
—	25	2 560
Au sud de Philœ	25	2 650
—	28	3 580
Cataracte d'Assouan	19	900
— —	25	2 700
— —	28	3 700
Gebel Silsileh	20	2 390
—	24	3 510
Ouady Rayan	3	1 000

[1] La capacité utile est calculée en déduisant 5 à 7 p. 100. pour l'évaporation.

M. Willcocks considère qu'il n'y a pas d'autre endroit possible, en aval de Ouady Halfa, et donne la préférence à un barrage construit sur la cataracte d'Assouan avec une retenue de 28 mètres.

Quant aux quantités d'eau qu'il est nécessaire d'emmagasiner annuellement pour toute l'Égypte, supposée cultivée entièrement par irrigation, en y comprenant les terres actuellement incultes et pouvant être défrichées, le Ministère des Travaux Publics les évaluait comme il suit :

Basse Égypte	1 550 000 000	mètres cubes.
Moyenne Égypte.	950 000 000	—
Haute Égypte	1 160 000 000	—
Soit au total	3 660 000 000	mètres cubes.

à débiter en avril, mai, juin et juillet avec un débit normal de 320 mètres cubes par seconde, pouvant s'élever à 630 mètres cubes par seconde en juillet.

Ces projets, après avoir été examinés et discutés par sir William Garstin, sous-secrétaire d'État au Ministère des Travaux Publics, furent soumis à une commission internationale composée d'un ingénieur anglais, sir Benjamin

Baker, vice-président de l'institut des ingénieurs civils de Londres ; d'un ingénieur italien, M. G. Torricelli, professeur d'irrigation et d'assainissement à l'École supérieure d'agriculture de Portici, et d'un ingénieur français, M. Boulé, inspecteur général des Ponts et Chaussées.

Cette commission se réunit en février 1894 et déposa son rapport en avril.

Le réservoir de l'Ouady Rayan fut écarté, comme nécessitant des canaux considérables pour amener les eaux et pour les décharger dans la vallée du Nil, comme exigeant un délai très long, peut-être dix années, pour être rempli jusqu'à la cote où il devient utile, comme pouvant donner lieu à des infiltrations dans le Fayoum et enfin comme ne pouvant être utilisé que pour la Basse Égypte. La commission se prononça en faveur d'un barrage construit dans le Nil même, avec des ouvertures pourvues de vannes et capables de laisser passer les plus fortes crues ; elle condamna toute construction d'un barrage plein avec déversoir latéral, considérant que cette dernière solution était de nature à amener un prompt envasement du réservoir.

L'emplacement de Silsileh fut rejeté, parce que la roche de grès qui se trouve en cet endroit, traversée par des couches d'argile, ne paraissait pas assez solide pour résister aux pressions des retenues proposées.

Il en fut de même pour Kalabcheh, parce que la trop grande profondeur du lit du fleuve (22 mètres en basses eaux) rendait la construction difficile et que le peu de largeur du chenal ne permettait pas de donner au barrage assez de développement pour l'écoulement des crues.

Le granit à Philœ fut trouvé trop fissuré.

Enfin, l'emplacement préconisé par M. Willcocks, au sud de la cataracte d'Assouan, fut reconnu par la commission comme satisfaisant aux principales conditions jugées nécessaires, qui sont : un rocher de fondation solide et compacte, un lit assez large pour qu'on puisse ménager dans le barrage les pertuis nécessaires à l'écoulement des crues sans vitesse exagérée, des chenaux peu profonds pour diminuer les difficultés de l'exécution.

La commission recommandait, en principe, que la hauteur maxima d'un barrage percé d'ouvertures ne dépassât pas 35 mètres avec une retenue maxima de 25 mètres.

Il semblait résulter des conclusions de la commission que le projet qui allait être réalisé serait un barrage, établi sur la crête de la cataracte d'Assouan, avec une retenue de 25 mètres, donnant pour le réservoir une cote d'altitude de 115 mètres au-dessus du niveau de la mer et une capacité utile de 2 700 000 000 mètres cubes. Mais cette retenue noyait presque entièrement les superbes monuments qui couvrent l'île de Philœ. Une grande agitation se produisit, dans le monde des savants et des artistes, contre le manque de respect des ingénieurs pour les vestiges du passé, et finalement, cédant à cette pression, on adopta pour le niveau maximum du réservoir la cote 106 mètres, soit une retenue de 20 mètres sur le barrage avec une capacité totale de 1 065 000 000 mètres cubes. C'est ce projet qui fut exécuté.

Même avec ce niveau réduit, l'eau baigne tous les monuments de l'île de Philœ pendant trois ou quatre mois par an, sur une hauteur de deux ou trois mètres, sauf le grand temple d'Isis qui reste toujours à sec. Une somme de 580 000 francs a été affectée à des travaux de consolidation de ces antiques constructions, qui ont été reprises en sous-œuvre dans toutes les parties qui ne reposaient pas directement sur le roc.

Le barrage comporte un canal de navigation avec écluses sur la rive gauche.

Tout l'ouvrage fut achevé en décembre 1902 ; il a commencé à fonctionner pendant l'étiage de 1903.

UTILISATION DES EAUX EMMAGASINÉES

Le principe du fonctionnement du réservoir d'Assouan, en ce qui concerne son remplissage et sa vidange, est le suivant : tous les pertuis, qui sont d'ailleurs établis dans le corps même du barrage, sont largement ouverts pour l'écoulement de la crue, depuis le moment où elle commence à se faire sentir jusqu'au moment où les eaux deviennent plus claires, c'est-à-dire dans le courant de novembre ; on règle alors les vannes de façon à ce que le réservoir se remplisse durant les mois de novembre, décembre, janvier et février, le surplus du débit du Nil, en quantité suffisante pour les besoins de l'agriculture et de la navigation, continuant à passer en aval du barrage par ceux des pertuis qui restent encore ouverts ; puis, dans les mois suivants, jusque vers le 15 juillet, on restitue au Nil le supplément d'eau indispensable aux cultures, et le réservoir se vide de telle sorte que, lorsque le flot des eaux limoneuses arrive, il trouve le lit du fleuve débarrassé, prêt à le recevoir et ne lui présentant d'autre obstacle que la section rétrécie des pertuis du barrage, calculée pour débiter les crues ordinaires avec une charge de 2 mètres et les plus fortes crues avec une charge de 4,25 m.

Ainsi l'eau emmagasinée est lâchée directement, au moment voulu, dans le Nil, qui la porte jusqu'aux prises des grands canaux d'arrosage.

La quantité d'eau à réserver pour une année et pour toute l'Égypte, supposée cultivée entièrement par irrigation, étant évaluée à environ 4 000 000 000 mètres cubes et la capacité du réservoir d'Assouan n'étant estimée qu'à 1 065 000 000, il a fallu décider comment et sur quelles régions du pays on utiliserait cette eau.

Une partie fut destinée à la conversion en cultures d'irrigation de

190 000 hectares de bassins d'inondation situés dans la Moyenne Égypte, entre Assiout et le Caire [1] ; ce qui représente, dans les mauvaises années, un volume de 410 000 000 mètres cubes à ajouter au débit du fleuve pendant les mois d'avril, mai, juin et juillet.

Des 655 000 000 mètres cubes restants, 205 000 000 mètres cubes devaient être consacrés à permettre la culture sucrière sur 80 000 hectares de bassins dans la Haute Égypte, au moyen de pompes à vapeurs ; quant au surplus, il était réservé pour les usages suivants : développer dans le Fayoum les cultures d'été, qui ne couvraient alors qu'un cinquième du territoire ; assurer pendant les étiages bas un arrosage suffisant aux cultures de coton de la Basse Égypte ; mettre en valeur dans la Basse Égypte et dans le Fayoum 80 000 hectares environ de terres stériles faute d'eau, notamment autour des lacs et sur les bords du désert.

La répartition de l'eau du réservoir d'Assouan devait donc être à peu près la suivante :

Haute Égypte	205 000 000	mètres cubes.
Moyenne Égypte	460 000 000	—
Basse Égypte et Fayoum	350 000 000	—
Total	1 015 000 000	mètres cubes.

à ajouter :

Pertes par évaporation et absorption 5 p. 100	50 000 000	mètres cubes.
Total	1 065 000 000	mètres cubes.

chiffre égal à la capacité du réservoir.

En fait, l'expérience a montré que le volume utile du réservoir, déduction faite des pertes par évaporation et par absorption, est de 980 000 000 mètres cubes. Voici comment cette réserve d'eau a été utilisée de 1903 à 1907.

Année 1903. — Étiage bas (0,40 mètre au-dessous de la moyenne), correspondant à un débit minimum de 320 mètres cubes par seconde environ.

Le remplissage du réservoir se fit du 20 octobre 1902 à fin janvier 1903 jusqu'à la cote normale 106 m. La date un peu trop précoce du 20 octobre fut fixée à cause de la prévision d'une baisse rapide des eaux.

La décharge fut réglée comme suit :

du 10 mars au 26 mars,	1 000 000 m. c. par jour	(11,5 m. c. par sec.)
— 26 —	1er mai	2 000 000	—	—	(23	—	)
— 1er mai	20	4 000 000	—	—	(46	—	)
— 20 —	3 juin	11 000 000	—	—	(127	—	)
— 3 juin	25 —	30 000 000	—	—	(347	—	)

[1] Soit 170 000 hectares sur la rive gauche et 20 000 hectares sur la rive droite du Nil.

Ainsi, par le supplément d'eau apporté au fleuve, le débit d'étiage, au moment des plus basses eaux, c'est-à-dire pendant la plus grande partie du mois de juin, a été doublé.

Cette même année, dans la Moyenne Égypte, les travaux de conversion des bassins pour l'irrigation n'étaient achevés que sur 23 400 hectares.

La surface totale pour l'Égypte Basse et Moyenne des cultures sefi fut de 631 490 hectares dont 52 750 hectares de riz. La consommation d'eau, au moment où elle fut réduite à son minimum, fut de 0,659 litres par seconde et par hectare[1].

Année 1904. — Étiage moyen correspondant à un débit minimum de 480 mètres cubes environ par seconde.

Le remplissage du réservoir fut commencé le 1er décembre 1903 et mené lentement jusqu'au 10 mars 1904, date à laquelle fut atteinte la cote normale de 106 m.

La vidange fut établie comme il suit :

    du 10 mai au 20 mai   4 000 000 m. c. par jour (46 m. c. par sec.)
    — 21 — 5 juin   10 000 000 — — (115 —)
    — 6 juin — 10 —   30 000 000 — — (347 —)
    — 11 — 30 —   35 000 000 — — (405 —)

Au début de l'année, les travaux de conversion des bassins de la Moyenne Égypte étaient achevés sur 71 400 hectares seulement.

Pour l'ensemble de l'Égypte Basse et Moyenne, les cultures sefi ont couvert 696 140 hectares et, au moment du moindre débit des canaux, la consommation d'eau a été en moyenne de 0,868 l. par seconde et par hectare sefi, consommation largement suffisante.

Année 1905. — Très mauvais étiage et crue très tardive.

Le remplissage eut lieu du 3 novembre 1904 au 3 janvier 1905.

La décharge fut réglée comme suit :

    du 1er mai au 31 mai,   8 000 000 m c. par jour 92 m. c. par sec.)
    — 1er juin au 15 juin   14 000 000 — — (162 —)
    — 16 — 30 —   16 000 000 — — (185 —)
    — 1er juillet 12 juillet   20 000 000 — — (231 —)
    — 13 — 18 —   14 000 000 — — (162 —)

On peut dire que le tiers de l'eau qui servit à arroser l'Égypte Basse et Moyenne en juin et en juillet fut fourni par le réservoir d'Assouan.

La surface des bassins convertis dans la Moyenne Égypte ne s'élevait encore, au commencement de l'année, qu'à 86 100 hectares et, au moment du plus faible débit du Nil, la consommation d'eau par hectare sefi eut de la peine à s'élever jusqu'à 0,600 l. par seconde.

---

[1] La consommation normale est de 0,605 litre (voir page 125). On compte pour le riz deux fois plus d'eau que pour le coton.

Année 1906. — Étiage bon jusqu'en juin, tombant ensuite jusqu'à 0,34 m. au-dessous de la moyenne. Crue moyenne mais tardive.

Le réservoir fut rempli entre le 9 novembre 1905 et le 9 janvier 1906.

La vidange fut commencée le 12 mai avec 4 000 000 de mètres cubes par jour (46 mètres cubes par seconde), et varia ensuite entre 15 et 21 000 000 mètres cubes (173 à 243 mètres cubes par seconde) jusqu'au 21 juillet, date à laquelle la réserve d'eau se trouva épuisée.

Au commencement de 1906, la surface de bassins transformée pour l'irrigation dans la Moyenne Égypte atteignait 92 930 hectares, c'est-à-dire à peine la moitié de la superficie à transformer.

La surface cultivée en sefi étant, pour toute l'Égypte, 715 640 hectares, la moyenne de la dépense d'eau a été 0,680 l. par seconde et par hectare au moment de l'étiage.

Année 1907. — Étiage à 0,30 m. au-dessous de la moyenne. Crue aussi mauvaise que celle de 1877.

Le remplissage du réservoir se fit du 26 décembre 1906 au 21 janvier 1907.

D'avril à juin, on lâcha une quantité d'eau suffisante pour maintenir en aval un niveau constant correspondant au volume dont on prévoyait pouvoir disposer en cas de mauvaise crue jusqu'au 20 juin. Ce niveau fut fixé à la cote 84,96 du nilomètre d'Assouan, soit à peu près à la cote de l'étiage moyen du Nil. Le 20 juin, cette cote fut relevée à 85,20 m. et le 25 juillet le réservoir était vide avec une cote aval de 87 mètres, correspondant à un débit de 1 500 mètres cubes par seconde.

La vidange se fit ainsi par débits variant de 3 1/2 à 4 millions de mètres cubes par jour jusqu'au 20 juin et de 10 à 20 millions ensuite.

Les bassins convertis s'élevaient cette année-là à 123 000 hectares ; il en restait donc encore 65 700 à convertir.

La surface des cultures sefi fut de 756 363 hectares en Basse et Moyenne Égypte et la consommation moyenne d'eau fut de 0,750 l. par seconde et par hectare pendant les mois d'étiage.

Services rendus par le réservoir. — D'après les rapports officiels du Ministère des Travaux Publics, de 1903 à 1907, la surface des cultures d'été a passé de 80 560 à 152 860 hectares dans la Moyenne Égypte, et de 550 930 à 603 500 hectares dans la Basse Égypte. C'est un gain de 125 000 hectares pour toute l'Égypte. Or, avant l'année 1902, pendant les mauvais étiages, on ne pouvait que par des rotations draconiennes et en sacrifiant le riz de parti pris, pourvoir, avec le seul débit du Nil, à la fourniture de l'eau nécessaire aux surfaces cultivées pendant l'été. Au contraire, dans les années qui suivirent, malgré l'extension des cultures d'été tant dans la Moyenne que dans la Basse Égypte, la distribution d'eau, grâce au supplément de débit prélevé sur le réservoir d'Assouan, fut beaucoup plus normale ; elle fut, chaque année, pour la moyenne des trois mois d'étiage, supérieure à la dépense théorique. Il y eut encore toutefois, dans les plus mauvaises années, des instants de tension et de fourniture d'eau inférieure aux besoins, comme pendant le très bas étiage de 1905 ou pendant le retard de la crue de 1907.

En résumé, de 1903 à 1907, la réserve d'eau d'Assouan a permis d'assurer d'une façon assez satisfaisante l'alimentation de l'Égypte, malgré certaines difficultés temporaires, et on peut dire que, lorsque les 65 700 hectares de bassins de la Moyenne Égypte, qui restaient à convertir à la fin de 1907, seront mis en état de recevoir régulièrement des cultures sefi, c'est-à-dire à la fin de 1909, on aura épuisé les bénéfices du réservoir d'Assouan. Comme on peut compter que 40 p. 100 environ de ces 65 700 hectares, soit 26 000 hectares, porteront chaque année des cultures d'été, il en résulte que, par le fait de la construction de cet ouvrage, la surface annuelle des cultures sefi de l'Égypte pourra s'élever à 782 000 hectares. En 1902, avant la mise en service du réservoir, cette surface était à peine de 620 000 hectares et ne recevait pas toute l'eau qui lui était nécessaire.

Le bénéfice apporté à l'Égypte par le barrage d'Assouan peut s'établir ainsi : possibilité d'augmenter de 160 000 hectares la surface annuelle des cultures sefi, dont 53 000 dans la Basse Égypte et 107 000 dans la Moyenne Égypte ; amélioration de la fourniture d'eau et par suite plus grande sécurité pour les récoltes sur les 620 000 hectares portant antérieurement des cultures sefi.

C'est en moyenne pendant cent jours par an que les 160 000 hectares gagnés pour la culture sefi ne peuvent trouver dans le Nil même l'eau nécessaire à leur irrigation et doivent être alimentés au moyen du réservoir d'Assouan. Sur ces 160 000 hectares, il y a 10 000 hectares plantés en riz ; il faut donc, au point de vue de la consommation d'eau, compter cette superficie de 160 000 hectares pour 170 000 hectares de cultures sefi ordinaires. Comme chaque hectare consomme 0,605 l. d'eau par seconde, soit 52 272 mètres cubes par jour, le volume total dépensé par ces 160 000 hectares pendant la saison des basses eaux est :

170 000 hectares × 52,272 mètres cubes × 100 jours = 888 600 000 mètres cubes.

Dans les années pauvres, toute cette eau est fournie par le réservoir. Le volume emmagasiné étant de 980 000 000 mètres cubes, il reste donc ces années-là encore 92 000 000 mètres cubes à répartir sur les vieux territoires sefi de la Basse Égypte. Ceux-ci profitent, en outre, du supplément d'eau de drainage de la Moyenne Égypte qui retourne au Nil, et qui, dans la même période de cent jours, représente plus de 100 000 000 mètres cubes ; ils peuvent ainsi jouir d'un système de rotations moins dur qu'autrefois.

Dans la Moyenne Égypte, l'extension des cultures sefi a été la conséquence des travaux de transformation des anciens bassins d'inondation des provinces d'Assiout, Minieh, Benisouef et Ghizeh [1], et des travaux de canalisation effectués au Fayoum [2]. Dans la Basse Égypte, elle est due principalement au développement donné à la culture du coton par rapport aux autres cultures, plutôt qu'au défrichement et à la mise en exploitation de territoires nouveaux.

Des considérations qui précèdent, il résulte que l'utilisation des eaux du réservoir d'Assouan ne s'est pas produite exactement suivant les prévisions.

DÉPENSES ET BÉNÉFICES

La construction du réservoir d'Assouan, avec sa retenue à la cote 106, a coûté environ 70 000 000 francs. Il est assez difficile de chiffrer le bénéfice correspondant à cette dépense, bénéfice qui est cependant considérable pour le pays.

Sans ce réservoir, il eût été impossible d'envisager la possibilité de transformer les 190 000 hectares de bassins d'inondation de la Moyenne Égypte en terres d'irrigation [3]. Or, de cette transformation est résultée une plus-value de 4 000 francs par hectare [4], ce qui donne un bénéfice total de

$$190\,000 \text{ hectares} \times 4\,000 \text{ francs} = 760\,000\,000 \text{ francs.}$$

et une augmentation de revenu annuel égale à

$$190\,000 \text{ hectares} \times 330 \text{ francs} = 58\,900\,000 \text{ francs.}$$

Si l'on fait la somme de la dépense de transformation de ces 190 000 hectares de bassins évaluée à 700 francs par hectare [5] et de la dépense de construction du réservoir d'Assouan estimée 70 000 000 francs, on arrive à un total de 203 000 000 francs.

Ainsi, en négligeant les autres avantages apportés à toute l'Égypte par le réservoir d'Assouan et en ne considérant que le développement agricole de la Moyenne Égypte, on voit que la valeur de la propriété foncière, dans cette dernière région, a augmenté de 760 000 000 francs pour une dépense totale de 203 000 000 francs. Or, ces chiffres ne tiennent compte ni de l'accroissement de prospérité du Fayoum, ni de l'extension des cultures d'été de la Basse Égypte, ni de la plus grande sécurité que la régularisation du régime d'étiage du Nil donne à la culture du coton dans toute l'Égypte.

---

[1] Voir chapitre VIII page 183 et suivante.
[2] Voir page 201.
[3] Soit 170 000 hectares sur la rive gauche et 20 000 hectares sur la rive droite.
[4] Voir page 200.
[5] Voir page 200.

Quant aux bénéfices directs du gouvernement, ils ne sont pas considérables. Il a été décidé de lever une taxe supplémentaire sur les terres de bassins qui profitent du débit fourni par le réservoir. Ces taxes annuelles s'élèveront progressivement jusqu'à 31 francs par hectare pour les terres qui reçoivent l'eau au niveau du sol et à 19 francs par hectare pour celles sur lesquelles l'eau aura besoin d'être élevée par des pompes appartenant aux particuliers [1]. Le produit annuel de ces taxes, lorsqu'elles seront établies en plein, s'élèvera à 6 000 000 francs environ. Or, rien que pour les travaux du réservoir d'Assouan, du barrage d'Assiout et de l'ouvrage du canal Ibrahimieh, sans tenir compte des dépenses proprement dites de transformation des bassins, le gouvernement doit payer pendant 30 ans à l'entrepreneur qui avait été chargé de la construction de ces trois ouvrages une annuité de près de 4 000 000 francs [2]. Il ne retire donc qu'un bien maigre profit des sacrifices qu'il a faits ; il en a laissé presque tout le bénéfice au pays lui-même, agissant ainsi en administrateur généreux et clairvoyant, sûr de retrouver, sous une autre forme et comme conséquence de l'accroissement de richesse des habitants, une compensation aux dépenses engagées dans l'intérêt de l'agriculture.

AGRANDISSEMENT DU RÉSERVOIR D'ASSOUAN [3]

Dès l'année 1905, c'est-à-dire moins de trois ans après l'inauguration du barrage d'Assouan, le gouvernement égyptien, satisfait des bons résultats déjà obtenus dans le Delta et la Moyenne Égypte et désireux d'en étendre le bénéfice à d'autres régions, mettait à l'étude les moyens d'emmagasiner une nouvelle réserve d'eau du Nil pour accroître encore le débit d'étiage.

Des recherches furent entreprises dans plusieurs directions et, en même temps qu'on étudiait l'établissement de nouveaux réservoirs dans la vallée du Nil, on examina s'il ne serait pas possible, par la régularisation du lit du fleuve dans son cours supérieur, d'empêcher l'énorme déperdition d'eau qui se produit par évaporation et par infiltration sur toute la surface des immenses marais équatoriaux. Il y a là, en effet, un volume d'eau considérable qui, maintenu par des travaux appropriés dans le courant principal, au lieu de divaguer sans utilité sur de vastes territoires plats, augmenterait la puissance du fleuve pendant l'étiage. Mais les travaux à exécuter dans ce but sont longs, difficiles et très coûteux ; on ne s'arrêta pas pour le moment à cette solution et on résolut de reconnaître avant tout les points de la vallée

---

[1] 50 et 30 piastres par feddan.
[2] Le contrat d'entreprise spécifiait que les travaux seraient payés par annuités.
[3] Voir « Despatch from the Earl of Cromer respecting the water supply of Egypt, april 1907 ».

où l'on pourrait pratiquement construire de nouveaux réservoirs analogues à celui d'Assouan.

Toute la région qui s'étend d'Ouady Halfa à Chablouka, c'est-à-dire de la seconde à la sixième cataracte, fut explorée méthodiquement et il fut constaté que les emplacements qui se prêtaient le mieux à la construction d'un réservoir étaient les quatre suivants (voir pl. I) :

1° Les rapides de Dal, à la seconde cataracte ;
2° L'île de Chirry, à la quatrième cataracte ;
3° Les rapides situés en aval d'Abou Hamed, à la cinquième cataracte ;
4° Les rapides de Chablouka, à la sixième cataracte.

Voici le résumé des observations faites en chacun de ces points :

Rapides de Dal. — Rocher assez bon, quoique de qualité irrégulière. Capacité modérée de la vallée en amont des rapides. Largeur du chenal assez grande pour que toute la crue puisse passer par des ouvertures percées dans le corps même du barrage. Profondeur forte même en basses eaux, rendant l'exécution des fondations difficile.

Ile de Chirry. — Trop petite capacité de la vallée ; distance trop faible (90 km.) entre la crête de la cataracte et la queue des rapides d'Abou Hamed. Structure du rocher peu favorable.

Rapides d'Abou Hamed. — Bon emplacement à première vue. Un barrage de 20 mètres de hauteur relèverait les eaux jusqu'à 150 kilomètres en amont. Mais profil transversal de la vallée trop aplati.

Rapides de Chablouka. — Emplacement peut-être mieux disposé qu'aucun des autres pour un réservoir. Mais un réservoir en cet endroit produirait des marécages pendant six mois de l'année tout autour de Khartoum qui deviendrait inhabitable.

Ainsi, d'après les ingénieurs du Ministère des Travaux Publics, aucun de ces emplacements ne réalise les conditions idéales qu'on recherchait pour la construction d'un nouveau réservoir. En fait, la solution qui, dès l'origine, avait leur faveur consistait à surélever le barrage d'Assouan de façon à augmenter dans une forte proportion le volume d'eau emmagasinée en amont de cet ouvrage. Les reconnaissances de la vallée supérieure du Nil, faites par M. Willcocks dès 1890, quoique moins précises que les dernières études, avaient déjà montré qu'Assouan était de beaucoup le meilleur site à choisir. Les relevés exécutés sur les diverses cataractes en 1905 et en 1906 avaient surtout pour but de prouver au monde savant qu'on ne se décidait pas à la légère, en exhaussant le niveau du réservoir d'Assouan, à noyer sur une plus grande hauteur les magnifiques temples de Philœ et à submerger pendant plusieurs mois chaque année de nombreux monuments antiques situés dans la Nubie, en bordure du Nil, au-dessus de la cote de la retenue actuelle.

Au point de vue technique, les principaux avantages que comporte la surélévation du barrage d'Assouan par rapport aux autres solutions envisagées sont l'économie et la rapidité dans l'exécution, la proximité plus grande des terres à irriguer et par conséquent plus de facilité pour proportionner à chaque instant le débit du réservoir au besoin des cultures, enfin des pertes par évaporation et par infiltration moindres que si la masse d'eau emmagasinée était répartie entre deux ou plusieurs réservoirs. Mais, d'un autre côté, il y a évidemment plus de risque à accumuler derrière le même barrage toute la réserve d'eau.

D'après le projet qui fut définitivement adopté et dont l'exécution a été commencée en 1907, le niveau normal du réservoir rempli, qui est actuellement fixé à la cote 106 au-dessus du niveau de la mer, sera relevé à la cote 113. La capacité du réservoir sera ainsi portée de 980 000 000 mètres cubes à 2 300 000 000 mètres cubes.

Cette masse d'eau est encore très inférieure à celle de 4 000 000 000 mètres cubes qui serait nécessaire pour permettre de supprimer complètement en Égypte les bassins d'inondation. Si des 2 300 000 000 mètres cubes emmagasinés on déduit 103 000 000 mètres cubes pour les pertes par évaporation, 260 000 000 mètres cubes pour les pertes par infiltration[1] et pour remplissage du lit du Nil jusqu'aux terres à irriguer, il restera 1 937 000 000 mètres cubes disponibles pour l'irrigation, soit environ un milliard en plus du volume du réservoir actuel. Le gouvernement égyptien a l'intention de consacrer cette nouvelle réserve d'eau à l'arrosage de 400 000 hectares de terres incultes qui sont à assainir et à défricher le long des lacs situés au bord du Delta.

---

[1] Ces chiffres sont établis d'après l'expérience déjà acquise avec le réservoir actuel.

CHAPITRE XI

ÉLÉVATION MÉCANIQUE DES EAUX D'ARROSAGE

Considérations générales — Nataleh. — Vis d'Archimède. — Chadouf. — Sakieh. — Tabout, tympan. — Roue hydraulique à palettes. — Pompes à vapeur. — Charges résultant pour l'agriculture de l'élévation mécanique de l'eau. — Formalités relatives à l'installation des machines élévatoires. — Grandes usines élévatoires. — Usines élévatoires appartenant au Gouvernement.

CONSIDÉRATIONS GÉNÉRALES

L'élévation mécanique des eaux d'arrosage est un facteur très important de l'irrigation égyptienne.

Dans l'ensemble du pays, en laissant de côté les petits appareils mus à bras d'homme, faciles à déplacer, dont le nombre est considérable, on compte environ 109 000 machines élévatoires actionnées par la vapeur, par les animaux ou par l'eau, et réparties comme il suit[1] :

	POMPES A VAPEUR		NORIAS, TYMPANS, roues diverses.
	Nombre.	Force en chevaux.	
Basse Égypte	3 777	18 050	80 610
Haute et Moyenne Égypte	189	2 500	23 195
Fayoum	9	60	1 050
TOTAUX	3 975	20 610	104 855

Ce coûteux outillage est rendu nécessaire par les conditions de niveau dans lesquelles arrive l'eau d'arrosage.

Considérons d'abord les terres hautes, riveraines du Nil, qui s'alimentent dans le lit même du fleuve. En temps de bonne crue, elles peuvent être

[1] Cette statistique est extraite de l'ouvrage de M. W. Willcocks « Egyptian Irrigation » publié en 1899.

irriguées à niveau ; mais, pendant la baisse des eaux, il n'en est plus de même. C'est presque toute l'année que les machines élévatoires doivent fonctionner pour les terres de cette catégorie.

Prenons, d'autre part, des terres situées dans l'intérieur de la Basse Égypte, arrosées par des canaux qui reçoivent leur eau d'une prise faite dans le Nil, en amont du barrage du Delta.

Dans l'établissement de ces canaux, on a cherché avant tout à régler les sections et les pentes, de telle sorte que l'énorme masse d'eau que demande l'agriculture, au moment de la crue, puisse être répandue sur les terres par gravitation, sans élévation mécanique. Ce premier but atteint, on ne s'est pas attaché à le réaliser pour tout le reste de l'année ; on s'est contenté de prendre les dispositions nécessaires pour que, avec les eaux basses et moyennes, les niveaux relatifs des canaux et du sol rendissent pratiquement possible l'élévation mécanique. Il en est résulté que, presque partout, il faut recourir aux pompes ou à d'autres machines pendant une grande partie de l'année pour irriguer ; les régions un peu éloignées de la pointe du Delta sont naturellement celles qui se trouvent dans les meilleures conditions, au point de vue de la durée et de la hauteur d'élévation, puisque la pente généralement adoptée pour les canaux est moindre que celle de la vallée.

De grandes améliorations ont déjà été apportées à cet état de choses par les relèvements successifs de la retenue du Barrage et par la construction de nombreux ouvrages régulateurs le long des canaux ; mais le pas décisif ne sera fait que lorsque, par l'extension du réseau de drainage jusque sur les rives mêmes des canaux d'arrosage et jusque sur les terres les plus hautes, on ne craindra plus les infiltrations résultant de plans d'eau maintenus au-dessus du niveau du sol. Le temps amènera certainement ce dernier perfectionnement, lorsqu'on aura pu dépenser les sommes nécessaires à cet effet, et surtout lorsque, par suite de l'augmentation croissante de la valeur vénale des terres et de la diminution progressive du prix des produits agricoles, le fellah réclamera l'abolition de l'élévation mécanique de l'eau, qui constitue une lourde charge pour lui.

A ce moment-là, on trouvera très probablement plus avantageux, tant au point de vue de l'économie qu'au point de vue de la conservation de la fertilité des terres, de recevoir par gravitation l'irrigation, et de n'employer les machines élévatoires que pour se débarrasser, le cas échéant, des eaux de drainage, dont le volume est trois fois moindre que celui des eaux d'arrosage.

C'est déjà ce qu'on a fait, dans la Moyenne Égypte, pour tous les territoires d'irrigation desservis par le canal Ibrahimieh. Là, toutes les terres, sauf une petite partie située le long du bief supérieur de ce canal, reçoivent en tout temps l'eau d'arrosage par gravitation et de puissantes machines à vapeur évacuent les eaux de drainage pendant la crue[1].

Partout où subsiste encore le régime des bassins d'inondation, dans la Haute comme dans la Moyenne Égypte, les conditions de l'élévation mécanique des eaux sont tout à fait différentes. La culture par submersion ne peut comporter que la fourniture de l'eau par gravitation, mais on doit recourir à des machines élévatoires pour l'arrosage des cultures nabari (maïs ou dourah) couvrant les terres hautes pendant la crue et pour les cultures qedi (maïs ou dourah) faites dans les points bas des bassins au moyen des eaux de la nappe souterraine avant la crue. On se sert, en outre, de pompes à vapeur pour l'arrosage de certains domaines isolés des bassins d'inondation par des digues et cultivés par irrigation. Il existe aussi, sur la rive droite, dans la Haute et la Moyenne Égypte, des superficies cultivables, quelques-unes très étendues, formant enclaves sur les bords du fleuve entre des terres hautes désertiques et où l'irrigation ne peut être pratiquée qu'au moyen de pompes puisant dans le Nil.

Par contre, dans le Fayoum où la pente du terrain est relativement forte, on ne compte que fort peu de machines d'arrosage, dont la plus grande partie est mise en mouvement par le courant même des canaux.

Citons enfin quelques rares domaines où l'arrosage est obtenu au moyen d'eau artésienne relevée jusqu'au niveau du sol par des machines à vapeur.

Les divers appareils élévatoires employés en Égypte sont mus par l'homme, par les animaux, exceptionnellement et au Fayoum seulement, par l'eau, enfin par la vapeur.

L'homme manœuvre le nataleh, la vis d'Archimède, le chadouf; les animaux domestiques font tourner diverses espèces de sakiehs (norias), de tabouts (roues à augets) ou de tympans; l'eau, au Fayoum, actionne des norias ou des tabouts; enfin, la vapeur met en mouvement des pompes de différentes sortes.

Avant de passer à l'étude de ces diverses machines, nous rappellerons que, pour les canaux d'irrigation, on admet un débit continu de 0,605 l. par seconde et par hectare cultivé en coton. En comptant un arrosage tous les vingt jours, en moyenne, ce qui est considéré en général comme suffisant, le chiffre de 0,605 l. par seconde et par hectare équivaut à un volume d'eau de 1 045 mètres cubes par arrosage donné à un hectare. Comme ce chiffre comprend toutes les pertes par évaporation et par infiltration, depuis la prise au Nil des canaux jusqu'aux champs, nous pouvons dire que la quantité d'eau à élever pour donner un arrosage à un hectare de terre planté en coton et situé dans le voisinage, sera de 800 à 900 mètres

---

[1] Voir chapitre IX, p. 213.

cubes. Nous prendrons ce volume comme base pour évaluer la puissance agricole des machines élévatoires.

NATALEH (fig. 48).

Cet instrument s'emploie lorsque la hauteur à laquelle l'eau doit être élevée est de 0,50 m. à 0,60 m. et ne dépasse pas un mètre, et lorsque l'irrigation à niveau est fréquente; il est facile et peu coûteux à installer et à déplacer. Il se compose d'un seau en cuir de 0,40 m. de diamètre et de

Fig. 48. — Nataleh.

0,25 m. de profondeur, à bord circulaire rigide, formé souvent d'une arête recourbée de feuille de palmier; il est muni de quatre cordes en fibres de palmier. Pour l'employer, on entaille la berge du canal, de façon à faire une petite plate-forme de 1,50 m. environ de largeur, au niveau de l'eau ou un peu au-dessus de ce niveau, jusqu'où l'on pousse la rigole à alimenter, en ayant soin de terminer celle-ci par un bourrelet en terre recouvert d'une natte qui le consolide; deux hommes se placent sur la plate-forme; ils sont ou debout, ou appuyés sur deux petits monticules en limon desséché. Ils tiennent dans chaque main une des quatre cordes du seau en cuir et, leur imprimant un mouvement de balancement, lancent le seau dans le canal, le relèvent en rejetant le haut du corps en arrière, l'approchent de l'extrémité de la rigole et, chacun d'eux faisant avec les bras le mouvement du terrassier qui vide sa brouette sur le côté, déversent l'eau dans la rigole.

Un natalch avec deux équipes de deux hommes, se relayant d'heure en heure, peut arroser en une journée de un sixième à un tiers d'hectare suivant la hauteur d'élévation.

VIS D'ARCHIMÈDE (fig. 49).

Pour les faibles hauteurs, on emploie également la vis d'Archimède. L'appareil est construit en bois; il est muni d'un axe en fer, reposant à

Fig. 49. — Vis d'Archimède.

ses deux extrémités sur de petits cadres en bois ou sur de simples pieux fixés dans le sol; en haut est une manivelle en fer qui est saisie par un ou deux hommes. Ces vis ont environ 1,90 m. de longueur sur 0,30 m. de diamètre. Avec deux hommes, elles font autant de travail que le natalch avec quatre.

CHADOUF (fig. 50).

Lorsque la hauteur d'élévation dépasse un mètre, l'effort que les hommes sont obligés de développer pour soulever le panier du natalch devient trop fatigant. On fixe alors le panier à un levier qui permet d'augmenter l'amplitude de son mouvement, et l'on obtient ainsi un nouvel appareil, qu'on appelle *chadouf*, et qui suffit pour élever l'eau jusqu'à 3 mètres de hauteur.

Le chadouf se compose essentiellement de deux supports verticaux, de 1,20 m. de hauteur environ, écartés l'un de l'autre de 1 mètre, supportant

Fig. 50. — Chadouf.

à leur partie supérieure une traverse en bois à laquelle est suspendu un grand levier de 3 mètres environ de longueur ; des cordes en fibres de palmier et un petit axe en bois forment l'assemblage de suspension du levier sur sa traverse ; les deux supports verticaux sont généralement formés soit de branches d'arbres fourchues, soit de faisceaux de roseaux fichés verticalement dans le sol et consolidés au moyen d'un empâtement de limon desséché. A l'une des extrémités du levier pend un panier[1] analogue à celui du nataleh, attaché par l'intermédiaire d'une tige mobile de 2,50 m. environ de longueur et de cordes en fibres de palmier. A l'autre extrémité du

[1] Ce seau en cuir est assez souvent aujourd'hui remplacé par un vieux bidon à pétrole en fer-blanc.

levier est un contrepoids en terre séchée, assez pesant pour qu'il entraîne le panier rempli d'eau.

L'appareil est mis en place de façon à ce que le levier soit parallèle à la rigole à alimenter et perpendiculaire au canal d'amenée; une petite tranchée conduit l'eau de ce canal jusqu'au pied du chadouf, et l'homme chargé de manœuvrer l'appareil s'installe sur une étroite plate-forme établie à 1 mètre environ au-dessous de la rigole et formée soit d'un petit rebord en terre, soit de quelques branchages. Dans cette position, il pèse de son poids sur la tige de suspension du panier jusqu'à ce que celui-ci atteigne l'eau et soit rempli; le contrepoids agit alors pour faire remonter le panier jusqu'au niveau de la rigole dans laquelle l'homme le vide par un mouvement de bascule.

Parfois, dans certains endroits éloignés du Nil et des canaux, on utilise le chadouf pour puiser de l'eau d'irrigation dans des puits creusés jusqu'à 4 et 5 mètres au-dessous du sol, mais ces hauteurs sont tout à fait exceptionnelles.

En général, lorsqu'on veut monter de l'eau à plus de 2,50 m. de hauteur, on superpose deux chadoufs, chacun des appareils puisant l'eau dans le bassin où le chadouf inférieur l'a déjà élevée; pour plus de 4,50 m. on superpose trois chadoufs. Souvent, sur les bords du Nil, dans la Haute Égypte, le voyageur rencontre des ateliers de chadoufs fonctionnant ainsi sur des rangées de trois ou quatre de front et sur trois et même quatre étages différents; il est saisi de l'aspect pittoresque de tous ces leviers montant et descendant lentement en cadence, sous l'impulsion régulière que leur impriment des nègres ou des fellahs bronzés du soleil, presque nus, ruisselants d'eau et maintenus en haleine par le chant nasillard que pousse de temps en temps l'un des travailleurs et qui se mêle au bruissement de l'eau qui tombe.

Comme le nataleh, le chadouf est d'une installation tellement simple qu'il peut s'établir où l'on veut et se déplacer avec la plus grande facilité et, pour ainsi dire, sans frais; deux paquets de tiges de maïs ou de roseaux, deux bâtons, un peu de corde, un panier et un peu de cuir sont les matériaux qui le composent; tout fellah les possède et le limon du Nil suffit pour les mettre en œuvre.

Le mouvement du chadouf est lent; un homme n'élève guère à 1 mètre de hauteur moyenne que dix paniers par minute; à 10 litres par panier, cela fait 100 litres par minute et 6 mètres cubes à l'heure. Un homme travaille au chadouf à peu près deux heures de suite; on admet, en général, qu'un appareil avec deux hommes arrose, en douze heures, 4 à 500 mètres carrés et qu'il suffit pour desservir un demi-hectare de culture.

Des nombreuses observations faites, sur ce sujet, par les ingénieurs de l'expédition française d'Égypte, il résulte que le travail produit par le fellah avec le chadouf est de 330 kilogrammètres en moyenne par minute, tandis que l'action dynamique d'un homme de force moyenne, élevant des poids avec une corde et une poulie et faisant ensuite descendre la corde à vide, est considérée ordinairement comme n'étant que de 216 kilogrammètres pendant le même temps. Le chadouf utilise donc d'une manière avantageuse la force musculaire du travailleur.

SAKIEH (fig. 51).

Pour les hauteurs supérieures à 3 mètres, le chadouf est une machine onéreuse, aussi emploie-t-on plus fréquemment, dans ce cas, une sorte de noria qui est appelée *sakieh*.

La sakieh est très répandue en Égypte; elle est disposée de la façon suivante : une roue en bois de 1,50 m. environ de diamètre est garnie d'alluchons de 20 centimètres de longueur; l'arbre de cette roue est vertical; il porte à la partie inférieure, au-dessous du niveau du sol, sur une crapaudine grossière formée de pièces de bois juxtaposées et il est assemblé par des cordes, d'une façon invariable, avec un levier horizontal de 3 mètres de longueur qui, mis en mouvement par un bœuf ou un autre animal, entraîne dans sa rotation la roue horizontale. L'extrémité supérieure de l'axe vertical passe dans un tourillon grossièrement fait en fer ou en bois et fixé à une traverse horizontale de 5 à 7 mètres de longueur dont les bouts reposent sur deux piliers en terre séchée, en briques crues ou en maçonnerie, établis en dehors du manège sur lequel marche l'animal moteur. Souvent l'arbre vertical de la roue est formé par une forte branche non équarrie et se bifurquant en haut en forme de grande fourche, dont les deux bras facilitent la liaison avec le levier horizontal du manège. Parfois, pour de petites sakiehs, la traverse supérieure est supprimée, l'arbre est alors maintenu vertical au moyen de pièces de bois horizontales établies au niveau du sol.

La roue horizontale engrène une roue dentée verticale en bois, de 1 mètre environ de diamètre, portant des alluchons analogues à ceux de la roue horizontale et dont l'arbre passe au-dessous du niveau du sol, sous le manège, et porte à son autre extrémité une roue de 1,50 m. à 2 mètres de diamètre qui supporte la chaîne de la noria. Cette chaîne est simplement formée par une échelle de corde portant des pots de terre cuite espacés de 50 centimètres environ, qui s'élèvent pleins d'eau jusqu'au sommet de la roue et se déversent dans une auge placée latéralement.

En résumé, le sakieh se compose d'un manège mettant en mouvement un engrenage à lanterne qui entraîne une roue verticale portant une chaîne de noria. Tout l'appareil est grossièrement fait, avec les bois d'acacia

ÉLÉVATION MÉCANIQUE DES EAUX D'ARROSAGE

ou de sycomore tout tordus qu'on trouve dans le pays et qui sont employés à peine équarris. Aussi la présence d'une sakieh s'annonce de loin par un grincement continu, dont la plainte incessante, s'élevant dans le calme de

Fig. 51. — Sakieh.

la plaine ou troublant le silence de la nuit, marque l'effort au prix duquel l'homme apporte la fertilité à la terre desséchée.

Souvent les sakiehs sont installées sur le bord du Nil ou des grands canaux, pour ainsi dire provisoirement ; la terre de la berge leur sert de fondations, le puits dans lequel descend la noria a ses parois verticales creusées dans le limon ; il est simplement masqué en partie par quelques branches recouvertes de terre sur lesquelles passe l'animal qui fait tourner le manège ; les supports de la traverse supérieure sont dans ce cas de simples massifs de terre.

Mais certaines sakiehs sont aussi établies à demeure, soit sur des puits creusés au milieu des champs, soit sur les bords des canaux ; elles sont alors entourées d'arbres qui protègent les hommes et les animaux contre les ardeurs du soleil ; elles sont installées sur des massifs de maçonnerie ; les puits des norias sont également maçonnés. Quelquefois on réunit ainsi deux, trois ou quatre norias aux angles d'un même puits. Ces puits sont construits sur des rouets en bois au-dessous desquels on enlève la terre pour les faire descendre au fur et à mesure que la maçonnerie s'avance ; ils sont en général en briques et sont recouverts partiellement de petites voûtes destinées à supporter les axes des norias et les auges de décharge.

Les grandes sakiehs sont attelées de deux bœufs, mais souvent on n'en emploie qu'un seul, ou un buffle, parfois un âne, parfois un cheval, quelquefois même un chameau. Les bœufs ou les buffles qui travaillent aux sakiehs sont relayés toutes les trois heures.

D'une série d'expériences rapportées dans l'ouvrage de l'expédition française en Égypte, il résulte que le volume des pots d'une sakieh étant de 1,60 litre et le poids d'un pot de 1 kilogramme à peu près, le débit de cette sakieh varie de 4200 à 4800 litres par heure, suivant la hauteur d'élévation, et cette hauteur atteint parfois 10 à 11 mètres. Mais le rendement de ces appareils est très variable; car, le volume des pots n'étant pas ordinairement mis en rapport avec la hauteur d'élévation, il en résulte que, pour de faibles différences de niveau, l'animal moteur n'est pas obligé de développer toute sa force. De plus, même pour des hauteurs de 10 et 11 mètres, le rendement est médiocre à cause de la grossièreté de la construction des engrenages et de l'ajustement fort imparfait des diverses parties du mécanisme. Ainsi, dans les expériences signalées ci-dessus, il a été reconnu qu'un cheval, faisant mouvoir une sakieh et élevant de l'eau à 10 mètres de hauteur, ne produisait que 718 kilogrammètres par minute ; or la puissance d'un cheval attelé à un manège et tournant au pas est évaluée, en Europe, à 2430 kilogrammètres par minute; même en admettant une grande différence de force entre les chevaux d'Égypte et les chevaux d'Europe, on trouve donc que le travail de la sakieh est peu productif. Tandis qu'un bœuf peut donner normalement un travail de 2160 kilogrammètres par minute, il n'utilise avec une sakieh élevant l'eau à 10 mètres de hauteur qu'un travail de 700 kilogrammètres environ.

Ainsi, si la sakieh est un appareil peu coûteux comme construction et comme installation, elle est peu économique au point de vue du rendement. Elle présente d'ailleurs l'inconvénient d'élever l'eau, au moins en

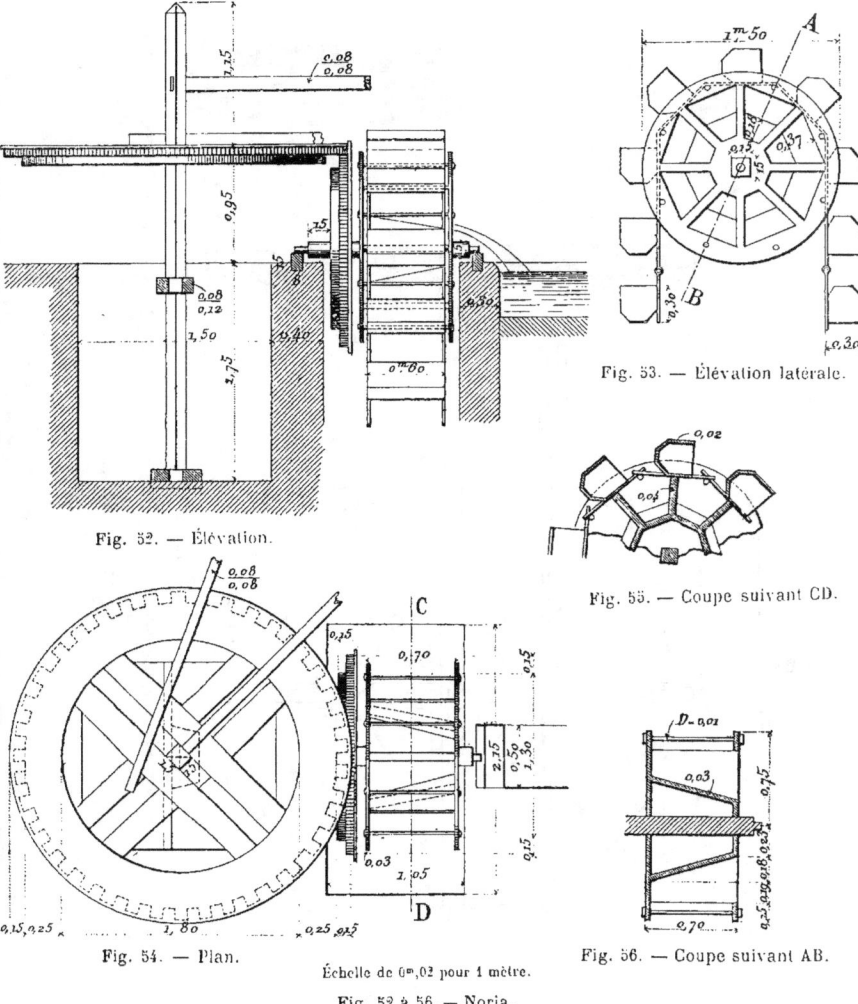

Fig. 53. — Élévation latérale.

Fig. 52. — Élévation.

Fig. 55. — Coupe suivant CD.

Fig. 54. — Plan.

Échelle de 0ᵐ,02 pour 1 mètre.

Fig. 56. — Coupe suivant AB.

Fig. 52 à 56. — Noria.

partie, jusqu'à une hauteur de 1 mètre à 1,50 m. au-dessus du point où elle doit être délivrée.

Les rendements qui viennent d'être indiqués sont plutôt théoriques. Dans la pratique du service des irrigations, on admet, pour la fixation de la durée des chômages pendant l'époque des rotations d'été dans la Basse

268   LES IRRIGATIONS EN ÉGYPTE

Égypte, qu'une sakieh, établie dans les conditions moyennes de la région, avec une élévation d'eau de 3 à 4 mètres, peut débiter 300 mètres cubes en

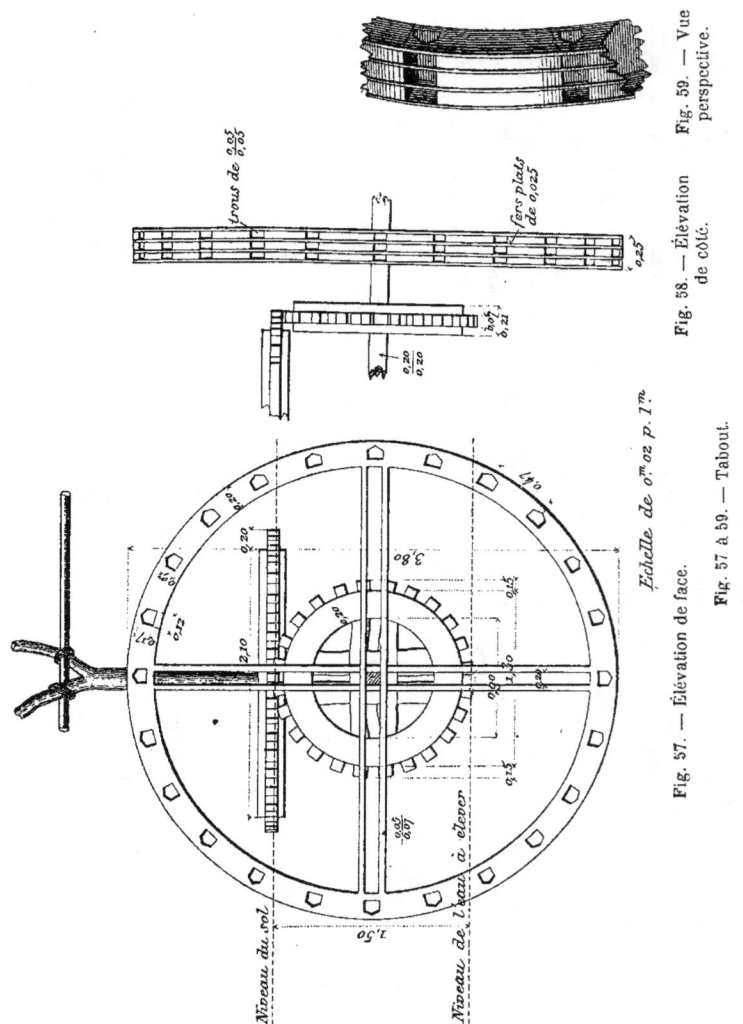

Fig. 57 à 59. — Tabout.
Fig. 57. — Élévation de face.
Fig. 58. — Élévation de côté.
Fig. 59. — Vue perspective.

vingt-quatre heures, c'est-à-dire arroser un tiers d'hectare par jour. Pour travailler ainsi, elle a besoin de trois buffles et de deux hommes. On compte en outre qu'une sakieh peut desservir une superficie cultivable de 5 à 6 hectares dont une proportion de 30 à 40 p. 100 est cultivée en coton.

Dans quelques endroits de la Basse Égypte et au Fayoum, la sakieh a subi certains perfectionnements qui en ont fait un appareil plus économique; les extrémités des axes et les coussinets ont été garnis de ferrures qui diminuent les frottements, et la chaîne des pots en terre a été remplacée par une noria dont les augets, construits en zinc ou en bois, ont 60 centimètres de longueur sur 30 centimètres de largeur et 30 centimètres de profondeur. Ces sakiehs, avec un seul animal moteur, suffisent presque pour arroser un demi-hectare en douze heures, tandis qu'une sakieh ordinaire n'arrose guère plus d'un tiers d'hectare pendant le même temps (fig. 52 à 56).

TABOUT, TYMPAN (fig. 57, 58, 59).

Dans la Basse Égypte, toutes les fois qu'on a à élever l'eau à moins de 3 mètres de hauteur, on se sert, non d'une noria, mais d'une roue, sur le pourtour de laquelle sont ménagés des encoffrements dans lesquels l'eau est élevée, et d'où elle se déverse dans une auge latérale et de là dans la rigole d'irrigation. Cette roue est mise en mouvement comme la roue qui porte la noria de la sakieh. L'animal moteur est généralement un buffle ou un bœuf.

L'eau est amenée par une rigole dans un puits creusé sous la roue élévatrice; celle-ci est disposée de telle façon que le fond de l'auge, dans laquelle l'eau se déverse, soit à peu près au tiers de la hauteur totale de la roue à partir du sommet; cette condition détermine la hauteur du haut de la roue par rapport au niveau du sol. Contrairement à ce qui arrive pour les autres machines d'irrigation employées en Égypte, cette roue est faite avec soin et bien ajustée. La charpente en est composée de quatre bras formés chacun de quatre montants fixés autour du moyeu. Le pourtour en est formé comme celui d'une roue ordinaire à augets dont les aubes seraient remplacées par de simples palettes, dont les augets seraient complètement fermés par un bordage circulaire présentant seulement une ligne d'ouvertures ménagées à la base de chaque auget, et dont l'une des couronnes latérales serait également percée d'un trou à la base de chaque auget, tout près du bord inférieur de la couronne.

L'eau pénètre dans les augets par les trous du pourtour, est élevée dans le mouvement de la roue et se déverse par les trous latéraux dans une bâche en bois lorsque l'auget arrive vers le sommet de sa course.

On rencontre également, dans la Basse Égypte, depuis quelques années, pour l'élévation de l'eau à de faibles hauteurs, des tympans construits en bois et mus par des animaux.

ROUE HYDRAULIQUE A PALETTES (fig. 60 et 61).

Tous les appareils précédents ont pour moteur l'homme ou les animaux. Dans le Fayoum, où les canaux ont une pente beaucoup plus considé-

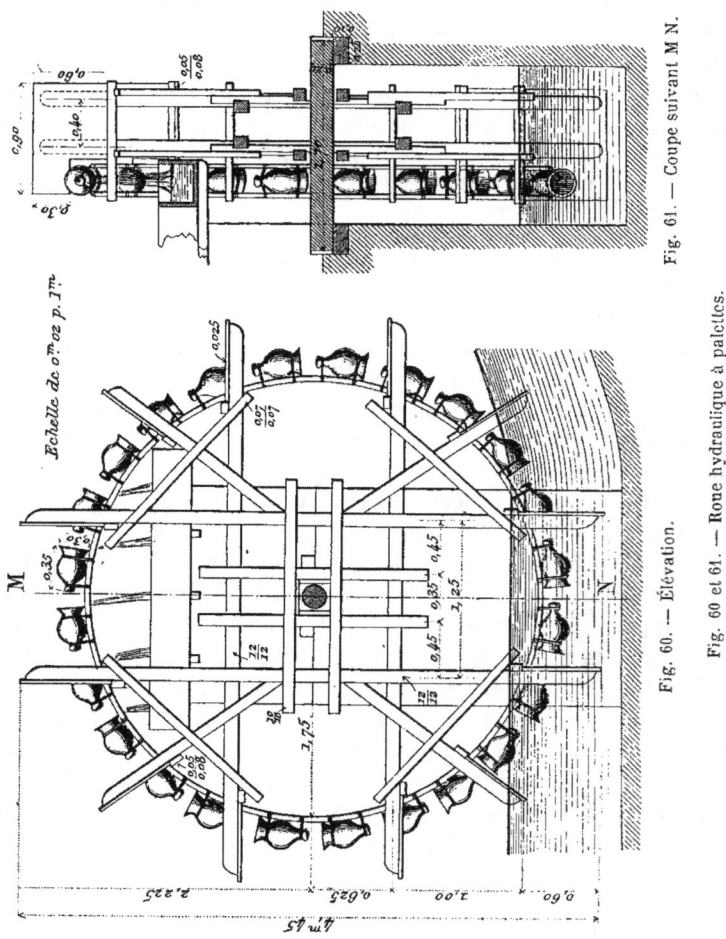

Fig. 61. — Coupe suivant M N.

Fig. 60. — Élévation.

Fig. 60 et 61. — Roue hydraulique à palettes.

rable que dans le reste de l'Égypte, on utilise les chutes d'eau pour actionner des roues à palettes, qui portent sur leur pourtour des pots en terre au moyen desquels l'eau est élevée jusqu'au niveau des terres. Ces roues sont analogues à celles qui existent aux environs de Palma et qui sont décrites dans l'ouvrage de M. Aymard sur les irrigations du midi de l'Espagne.

Certaines de ces roues sont disposées dans le lit même du Bahr Yousef, dans des endroits où la pente de ce cours d'eau est à peu près de 50 centimètres par kilomètre et elles sont mises en mouvement par la force du courant. Mais, le plus souvent, elles sont établies à la prise même des canaux ou sur leur parcours ; le canal est alors resserré entre deux murs en maçonnerie qui comprennent la roue et en supportent l'arbre ; on ménage en ces points, comme force motrice, des chutes d'eau de 30 centimètres à 60 centimètres de hauteur. Quelquefois plusieurs roues sont établies de cette façon, en batteries, à côté ou à la suite les unes des autres.

Les dimensions de ces roues sont très variables. Ordinairement, elles ont 4,50 m. de diamètre, sont munies de 12 palettes de 90 centimètres de longueur sur 60 centimètres de largeur et portent une couronne de 24 vases en terre de 7 litres de capacité. Elles font à peu près, dans ces conditions, quatre tours par minute et élèvent, par conséquent, 40 mètres cubes d'eau par heure à une hauteur moyenne de 3 mètres ; elles peuvent donc donner en dix-huit heures un fort arrosage à un hectare. On calcule qu'une seule de ces roues suffit pour irriguer pendant l'été une superficie de 13 hectares en culture.

Certaines roues portent deux couronnes de vases en terre disposées chacune d'un côté des palettes. Il existe du reste des roues à grand diamètre qui peuvent porter jusqu'à 96 vases en deux couronnes.

MACHINES A VAPEUR

La plupart des machines que nous venons de décrire sont remarquables par la rusticité de leur construction et la simplicité de leur emploi ; elles font partie de ce patrimoine d'instruments primitifs qui ont été légués aux générations actuelles par le génie inventif des premières races d'agriculteurs, et qui se sont transmis, à travers les siècles, avec ce caractère de tradition et d'invariabilité que conservent les choses d'Orient. A ces appareils grossiers, dont les dispositions sont fondées sur l'utilisation des forces de l'homme et des animaux, sont venues s'ajouter, dans le courant du siècle dernier, la machine à vapeur et les pompes.

La machine à vapeur est en général une locomobile, et la pompe, une pompe centrifuge ; ce sont deux engins faciles à transporter et à mettre en place. Le plus souvent la locomobile est abritée par un petit hangar en planches ou par une hutte en terre recouverte d'une terrasse ; à quelques pas, la pompe centrifuge, reliée au moteur par une courroie, et fixée sur un châssis en charpente ou sur une petite plate-forme en maçonnerie, plonge dans le canal son tuyau d'aspiration.

Il existe toutefois, un peu partout, des machines fixes actionnant également des pompes centrifuges. Les pompes ordinaires avec machines fixes ne se rencontrent guère que dans les établissements les plus importants, et surtout sur les bords du Nil, où les hauteurs d'aspiration sont beaucoup plus fortes que sur les canaux et peuvent atteindre, dans la Haute Égypte, par exemple, jusqu'à 11 mètres.

Toutes ces machines et leurs installations ne diffèrent en rien de celles qu'on peut trouver dans tous les pays du monde: il est donc inutile d'insister sur leur description.

Les machines à vapeur servant à l'irrigation sont alimentées en général avec du charbon; mais, ce combustible étant cher en Égypte, l'agriculteur, toutes les fois qu'il le peut, brûle des tiges de fèves, de la paille provenant des récoltes ou des bois de cotonnier.

Avec des hauteurs d'élévation de 3 à 4 mètres, fréquentes dans la Basse Égypte, on calcule qu'une pompe centrifuge, ayant un tuyau d'aspiration de 0,10 m. de diamètre, arrose en vingt-quatre heures un hectare et demi et peut desservir de 22 à 26 hectares, suivant que l'on cultive 30 p. 100 ou 40 p. 100 de la superficie en coton. Elle équivaut à 4 sakiehs. Une pompe de 0,20 m. de diamètre, qui est le type le plus répandu, arrose en vingt-quatre heures 8 hectares, et peut desservir de 118 à 140 hectares; elle équivaut à 22 sakiehs.

CHARGES RÉSULTANT POUR L'AGRICULTURE DE L'ÉLÉVATION MÉCANIQUE DE L'EAU

La nécessité d'élever l'eau est une coûteuse sujétion imposée à l'agriculteur en Égypte, et tout projet d'amélioration de l'irrigation dans ce pays doit se donner pour but la suppression aussi complète que possible des machines élévatoires. Nous avons vu combien d'hommes et d'animaux nécessite la mise en mouvement des natalehs, des chadoufs et des sakiehs. Si, d'autre part, nous considérons la pompe à vapeur, dans une terre d'altitude moyenne, elle dépense 110 kilogrammes de charbon ou 290 kilogrammes de bois de cotonnier pour donner un arrosage à un hectare, ce qui représente à peu près une somme de cinq francs. Mais ce chiffre est bien souvent inférieur à la réalité parce que les machines sont mal entretenues et consomment beaucoup plus de combustible qu'il ne faudrait. En 1883, l'administration des Domaines de l'État calculait qu'elle avait, pendant l'année, irrigué à la vapeur une superficie qui, multipliée par le nombre d'arrosages, formait un total de 102817 hectares irrigués chacun une fois seulement. Sur un pareil nombre d'arrosages, la moyenne des dépenses en charbon, huile, etc., a été de 3,56 fr. par arrosage et par hectare. Si l'on compte des arrosages espacés de vingt jours pour le coton, soit 8 arrosages pour une récolte, la dépense d'arrosage d'un hectare de coton revient ainsi à 20,50 fr. non compris l'intérêt et l'amortissement du matériel.

Cette dépense est naturellement beaucoup plus forte pour le fellah qui n'a ni les connaissances techniques, ni le personnel expérimenté, nécessaires pour obtenir un fonctionnement économique de ses pompes et qui, s'il ne possède pas une machine ou une part dans une machine, est obligé de recourir aux bons offices de voisins plus riches qui l'exploitent sans merci.

M. Villcocks, dans son ouvrage « *Egyptian Irrigation* » estime que, en moyenne, l'arrosage par pompe à vapeur d'un hectare de coton coûte au fellah 38 francs dans les conditions ordinaires, non compris l'intérêt et l'amortissement du matériel, les réparations et tous les faux frais.

FORMALITÉS RELATIVES A L'INSTALLATION DES MACHINES ÉLÉVATOIRES

Le fellah peut installer n'importe où, et sans autorisation, le nataleh ou le chadouf dont il a besoin pour irriguer son champ, pourvu, bien entendu, que la rigole de fuite ne traverse pas une digue ou une route publique ; dans ce dernier cas seulement, il lui faut une permission.

Pour les sakiehs, les tabouts ou autres appareils mus par les animaux, une permission est toujours nécessaire ; elle est délivrée sans frais par le préfet (moudir) de la province, sur la proposition de l'Ingénieur en chef des irrigations. (Décret du 22 février 1894 [1].)

Pour les machines élévatoires mues par la vapeur, l'eau ou le vent, une autorisation du Ministère des Travaux Publics est nécessaire, conformément au décret du 8 mars 1881, dont les principaux articles sont reproduits ci-dessous :

ARTICLE PREMIER. — Il est et demeure interdit d'établir des machines à élever les eaux d'arrosage ou de desséchement, que ces machines soient fixes ou mobiles, qu'elles soient mues par la vapeur, par des chutes d'eau ou par le vent, sans au préalable en avoir obtenu l'autorisation du Ministère ou des services des Travaux Publics.

Cette autorisation ne donne au bénéficiaire aucun droit de propriété, dans quelque limite que ce soit, sur le terrain du domaine public ou privé de l'État occupé ou traversé par les tuyaux, conduites ou aqueducs de prise d'eau et d'aspiration.

Le gouvernement reste étranger à tous rapports entre les tiers et le bénéficiaire, et il lui laisse, vis-à-vis d'eux, la responsabilité de tous actes dommageables ou autres occasionnés par son installation ou autrement.

ART. 2. — L'établissement des machines élévatoires fixes ne sera autorisé que sur les bords du Nil ; toutefois, le Ministère des Travaux Publics pourra exceptionnellement l'autoriser sur certains canaux. Le Ministère reste seul juge de l'opportunité de l'autorisation et il se réserve toute liberté d'imposer, suivant les cas, les charges et conditions auxquelles elle sera soumise.

ART. 3. — Toute machine élévatoire fixe ou mobile est soumise à l'obligation générale de laisser complètement libre la circulation sur les digues et canaux, de respecter toutes

[1] Voir chap. XIV.

les servitudes, de ne nuire en rien aux nécessités de l'entretien de ces digues et canaux et de la défense du pays contre les inondations.

Art. 4. — L'inexécution de toute condition ou obligation imposée par l'autorisation d'établir une machine élévatoire entraînera de plein droit le retrait de cette autorisation, sans préjudice des recours que le gouvernement se réserve d'exercer en réparation des dommages et remboursement de dépenses occasionnées à l'État.

Art. 5. — Une installation autorisée pour un endroit déterminé ne pourra être déplacée que sur une nouvelle autorisation sans paiement de nouveaux droits.

Art. 6. — Le gouvernement conserve le droit, pour cause d'utilité publique (exécution des travaux publics, danger pour les digues, les ouvrages d'art, etc.) de faire déplacer toute installation autorisée.

Art. 7. — L'autorisation donnée pour installer une machine élévatoire fixe ou mobile ne comporte que le droit, pour les concessionnaires, de faire une installation pour prendre de l'eau d'un canal ou du Nil; elle n'entraîne aucune obligation pour le gouvernement d'assurer l'alimentation continue de la machine; pour le passage des eaux fournies par cette machine, le concessionnaire devra s'entendre avec ses associés ou les tiers dont il aura à traverser les terrains, sans intervention d'aucune sorte du gouvernement.

Pour faire passer les eaux à travers les terres vagues ou autres terres du gouvernement, le concessionnaire devra se munir d'une autorisation spéciale.

Il est interdit de faire des rigoles d'amenée des eaux, tant le long des digues, des canaux et du Nil, que le long des banquettes et des talus de ces digues.

Art. 8. — Les rigoles ou conduits pour conduire les eaux des machines aux terrains seront établis de manière à ne gêner en rien la circulation publique et les passages des eaux d'écoulement et d'irrigation, sous la réserve des droits des tiers, vis-à-vis desquels le concessionnaire reste seul responsable; le gouvernement imposera pour le passage sous les digues et routes, et au-dessous et au-dessus des canaux, tous les travaux qu'il jugera convenables.

Art. 9. — Pour cause d'utilité générale, en cas d'étiage exceptionnel, ou quand le débit d'un canal deviendra notoirement inférieur aux besoins des cultures qu'il dessert, les services des Travaux Publics pourront, par mesure générale applicable à tout un canal ou à un seul bief d'un canal, ordonner l'arrêt momentané des machines élévatoires ou fixer une marche réduite de celles-ci, en tenant compte, s'il y a lieu, de l'importance relative des appareils et des terrains qu'ils arrosent, sans qu'en pareil cas le gouvernement puisse encourir aucune responsabilité pour dommage causé aux cultures.

....

Art. 13. — Les propriétaires des machines élévatoires sont responsables des accidents ou dommages qui pourront être occasionnés par ces machines.

Le gouvernement se réserve cependant le droit d'exercer, dans l'intérêt public, la surveillance de la conduite de ces machines, sans pour cela dégager les propriétaires de la responsabilité qui leur incombe.

Les droits à payer pour obtenir l'autorisation d'établir une machine sont[1] :

1° Un droit fixe de 26 francs par machine pour frais d'instruction;

2° Un droit de 13 francs par cheval-vapeur sans que jamais la somme à percevoir puisse être inférieure à 130 francs.

GRANDES USINES ÉLÉVATOIRES

Certaines usines élévatoires, établies sur les bords du Nil, sont destinées à arroser des propriétés de plusieurs milliers d'hectares appartenant soit à un particulier, soit à une société foncière, soit à une administration de l'État.

---

[1] 1 L. Eg. pour frais d'instruction et 50 piastres par cheval-vapeur avec un minimum de 5 L. Eg.

Toutes les fois que les eaux élevées n'alimentent que des canaux privés, l'autorisation est accordée aux conditions ordinaires, quelle que soit l'importance de l'installation.

Mais le Ministère des Travaux Publics a été amené à accorder des permissions de cette nature, non plus à des propriétaires voulant irriguer leurs terres, mais à des industriels se proposant de distribuer l'eau qu'ils élèvent sur des terres ne leur appartenant pas, et de la faire circuler dans des canaux publics.

Le cas s'est présenté notamment dans la région des bassins de la Haute Égypte pour y favoriser le développement de la culture de la canne à sucre. Ainsi la Société égyptienne d'irrigation a été autorisée à installer deux grandes usines dans le voisinage de Nag Hamadi (province de Keneh), pouvant chacune arroser effectivement plus de 4 000 hectares de canne à sucre, avec de l'eau puisée dans le Nil à des profondeurs pouvant atteindre 9 mètres pendant l'étiage [1]. Même autorisation a été accordée un peu plus au nord, à Belianah (province de Guirgueh), à la *Sugar and Land C°*.

Des permissions analogues ont aussi été données dans le sud du Delta, en des points où les terres trop hautes étaient difficilement irriguées même avec la retenue du Barrage.

Ces entreprises fonctionnent ordinairement en déversant les eaux d'arrosage, pendant l'étiage, dans le réseau des canaux publics nili, alors à sec; pendant la crue, les machines s'arrêtent et ces canaux reprennent leur rôle de distributeurs d'eau du Nil par gravitation. C'est donc plus qu'une autorisation d'élever de l'eau qui est donnée ainsi, c'est encore la faculté de la distribuer par des canaux d'usage public, dont l'entretien est à la charge de l'État.

Quoique le gouvernement n'intervienne pas, entre l'entreprise et les particuliers, pour régler les conditions de la fourniture de l'eau, et encore moins pour obliger à en prendre, il ne peut évidemment mettre des canaux publics à la disposition de ces industriels qu'autant que les agriculteurs riverains en reconnaissent l'utilité, et il doit en outre défendre ceux-ci contre les exigences du fournisseur d'eau d'arrosage.

Aussi les formules d'autorisation délivrées pour ces sortes d'installations, après avoir défini la force et la disposition des machines et des pompes, leur emplacement, la région dans laquelle elles doivent distribuer l'eau, comprennent une série de clauses spéciales, très strictes, relatives à l'emploi des canaux publics nili, au consentement des propriétaires desservis par ces canaux, au prix maximum de l'arrosage.

Voici les principales de ces clauses :

---

[1] L'une de ces usines comprend deux machines de 380 chevaux chacune ; chaque machine fait fonctionner deux pompes ayant un tuyau de refoulement de 1,20 m. de diamètre et deux tuyaux d'aspiration de 0,50 m. La vitesse des pompes est de 130 tours par minute.

Vu les déclarations écrites, présentées par les habitants des villages desservis par les canaux nili ci-après désignés...

Conformément au désir exprimé par les intéressés, le Ministère autorise le passage des eaux de ces machines dans les canaux nili suivants... à condition que le passage des eaux dans ces canaux ait lieu seulement pendant la saison d'étiage qui commencera dès que les eaux du Nil cesseront d'arriver par gravitation aux canaux et finira dès qu'elles pourront entrer librement, ainsi qu'il est prévu à l'article 10 du décret du 8 mars 1881.

Cette autorisation n'est accordée que pour une seule saison ; mais faute d'avis contraire avant l'ouverture de la campagne d'irrigation, elle sera renouvelée tacitement d'année en année. Néanmoins, le gouvernement pourra obliger le permissionnaire à produire à nouveau, avant chaque campagne, le consentement des propriétaires intéressés.

Il n'est pas permis au permissionnaire d'établir dans les canaux des digues de retenue autres qu'en terre. Ces digues devront être enlevées avant l'entrée des eaux de crue dans les canaux par les soins du permissionnaire.....

L'autorisation pour le passage des eaux de la machine dans les canaux est accordée sans préjudice du droit absolu qu'a le gouvernement d'interdire le passage des eaux provisoirement pour raison de curage ou définitivement pour cause d'utilité publique, à quelque moment qu'il veuille ; cette interdiction ne pouvant au surplus rendre le gouvernement responsable vis-à-vis du permissionnaire ou de tout autre, sous quelque prétexte que ce soit. Les machines seront soumises en outre à tous les programmes de rotations qui seront mis en vigueur à chaque saison.

Le permissionnaire est tenu de s'entendre avec les habitants pour l'irrigation de leurs cultures chetoui et sefi au moyen des eaux de la machine, sans que le gouvernement ait à intervenir en aucune façon dans les responsabilités incombant respectivement aux deux parties.

Le gouvernement n'est nullement obligé d'assurer l'alimentation continue de la machine. Les habitants sont parfaitement libres de se servir ou non des eaux de cette machine pour l'irrigation de leurs cultures. Au cas où ils voudraient se servir des eaux de la machine, le permissionnaire ne pourra leur imposer une redevance supérieure à 18,57 fr. par hectare et par arrosage[1]. Le permissionnaire ne devra, en aucun cas, saisir les terrains à défaut de paiement du prix de l'eau...

En cas de contravention au prix maximum, une amende est infligée souverainement par le Ministère des Travaux Publics, et en cas de récidive, on peut prononcer la déchéance.

..... Pour garantir l'exécution de toutes les clauses et conditions de l'autorisation, le permissionnaire a versé un cautionnement de...

La présente autorisation est délivrée au permissionnaire à ses risques et périls et sans constituer, à son profit, aucune immunité spéciale. Chacune des clauses et conditions stipulées est strictement obligatoire ; en cas d'inexécution, la déchéance pourra être prononcée.

La déchéance comporte de plein droit la confiscation du cautionnement. Elle sera prononcée par arrêté ministériel, sauf recours du permissionnaire, dans le mois de la notification qui lui en sera faite par la voie administrative, au Conseil des ministres, dont la décision ne sera susceptible d'aucun recours devant aucune espèce de juridiction.

La déchéance pourra également être encourue par le permissionnaire en cas d'abandon ou d'interruption de l'exploitation pendant toute une saison d'étiage, c'est-à-dire entre les mois de mars et d'août.

---

[1] Dans certains cas, le maximum de la redevance est fixé en nature pour la saison, soit 1 070 kilogrammes de canne à sucre ou 107 kilogrammes de coton par hectare en cas de récolte normale pour 10 arrosages au moins. En cas de récolte inférieure à la normale, la redevance est diminuée proportionnellement et est fixée s'il y a lieu par une commission composée de l'ingénieur en chef des irrigations et de deux notables.

En cas de déchéance..... le gouvernement pourra procéder à l'arrêt immédiat de la machine par la voie administrative sans autre formalité et sans que, de ce chef, aucune protestation ou réclamation puisse être élevée par l'intéressé....

.... Toutefois le gouvernement pourra..... s'il le juge à propos, exiger que le permissionnaire déchu continue néanmoins le fonctionnement des machines, de manière à assurer provisoirement l'irrigation de la zone autorisée jusqu'au moment où il y sera pourvu par d'autres moyens. Dans ce cas, le gouvernement pourra au besoin assurer lui-même le fonctionnement des machines aux frais du permissionnaire déchu...

Après trente années d'exploitation, si la déchéance n'a pas été prononcée, le gouvernement pourra à tout moment et moyennant un préavis de deux ans, mettre fin à l'autorisation, sans que le permissionnaire ait de ce chef à réclamer aucune indemnité ou compensation quelconque, et il sera alors procédé, s'il y a lieu, à l'enlèvement de toute installation se trouvant sur le domaine public.

Toutefois, dans ce cas, comme aussi dans le cas de déchéance et de quelque manière que l'exploitation prenne fin, le gouvernement aura la faculté de racheter l'installation et l'appareillage de la pompe et de la machine élévatoire à un prix qui sera fixé à dire d'experts...

USINES ÉLÉVATOIRES APPARTENANT AU GOUVERNEMENT

Actuellement, le gouvernement possède les usines suivantes :

1° Dans la Moyenne Égypte :

L'usine d'Etsa, dans la province de Minieh, destinée à rejeter dans le Nil les eaux de drainage des provinces de Minieh et d'Assiout ;

Deux usines, à peine achevées, dans la province de Ghizeh, qui ont pour objet l'irrigation de 20 000 hectares d'anciens bassins d'inondation sur la rive droite du Nil.

2° Dans la Basse Égypte, province de Béhéra :

L'usine du Mex qui déverse à la mer les eaux de drainage s'accumulant dans le lac Mariout ;

L'usine d'Atfeh, à l'embouchure du canal Mahmoudieh, qui élève dans ce canal de l'eau d'arrosage.

Nous avons déjà parlé des quatre premières installations dans les chapitres précédents [1].

Quant à la dernière, elle ne fonctionne plus qu'exceptionnellement pendant les très bas étiages, comme en 1900, ou encore pendant quelques jours du mois d'août lorsque la crue tarde à se faire sentir. Elle est le dernier reste d'un système que, en 1880, le Ministère des Travaux Publics se proposait d'introduire dans la plus grande partie de la Basse Égypte et qui consistait à élever l'eau à la tête des principaux canaux au moyen de puissantes usines hydrauliques.

A cette époque, le gouvernement sortait à peine des embarras financiers qui avaient amené la chute du khédive Ismaïl ; il ne voyait pas les moyens

---

[1] Voir pages 213 et suivante, page 201 et pages 219 et suivantes.

de dépenser sur le barrage du Delta, encore incomplet et manquant de solidité, les sommes considérables nécessaires pour le mettre en état de fonctionner convenablement; il craignait même d'être obligé de le reconstruire entièrement. D'autre part, il se heurtait chaque année à des difficultés croissantes pour l'entretien des canaux permanents de la Basse Égypte, n'ayant plus assez de brutale énergie pour tirer de la corvée des efforts efficaces, et redoutant de confier à des entrepreneurs l'exécution de ces travaux de curage dont dépendait l'existence même des récoltes sur de vastes territoires. Pris entre ces deux sortes de difficultés, il envisagea une solution ayant pour objet de remplir les canaux au moyen de pompes à vapeur installées sur les bords du Nil. Par ce procédé, il évitait les grandes dépenses à engager pour consolider ou reconstruire le Barrage et pour remanier les canaux du Delta de façon à les alimenter au moyen de la retenue que procurerait cet ouvrage restauré ; de plus, il supprimait les travaux de curage les plus pénibles, puisque les canaux, recevant l'eau à un niveau élevé, il n'était plus nécessaire de maintenir leur plafond au-dessous des basses eaux du Nil ; enfin, en s'adressant à des concessionnaires auxquels on devait rembourser les frais de premier établissement par annuités, il dotait rapidement le pays d'un système complet d'irrigation sans y engloutir tout d'un coup un gros capital.

Ces avantages étaient compensés, il est vrai, par des charges annuelles d'autant plus fortes que le charbon est cher dans ce pays ; mais, en somme, le gouvernement ne faisait qu'appliquer en grand ce que font les particuliers dans certaines régions de la Haute et de la Basse Égypte et ce que le Ministère des Travaux Publics fait actuellement pour les 20 000 hectares de la province de Ghizeh auxquels le réservoir d'Assouan doit fournir pendant l'étiage de l'eau d'arrosage à puiser dans le lit même du Nil.

Un commencement d'exécution fut donné à ce projet pour la province de Béhéra, dont toute l'eau pendant l'étiage, depuis 1885 jusqu'à 1890, soit pendant six ans, fut fournie exclusivement par deux grandes usines établies, l'une à l'embouchure du canal Katatbeh, à 40 kilomètres en aval du barrage du Delta, actuellement supprimée, et l'autre, celle d'Atfeh, à l'embouchure du canal Mahmoudieh, encore utilisée de temps en temps [1] (fig. 62).

L'alimentation par machines de toute une province, comprenant à cette époque à peu près 200 000 hectares cultivés, constitue une phase assez intéressante de l'histoire des irrigations d'Égypte pour que, sans entrer dans de grands détails, nous en indiquions les lignes principales.

Un contrat fut passé à la date du 11 mai 1880 avec une société repré-

---

[1] L'usine de Katatbeh a été supprimée, puis transportée au Mex (voir chap. IX, page 224), lorsque, après les travaux exécutés au Barrage et sur le rayah de Béhéra, ce dernier canal eût été mis en état de fournir d'eau la province par gravitation.

sentée par M. Ed. Easton, ingénieur anglais, pour alimenter au moyen de pompes à vapeur le canal Mahmoudieh, à Atfeh, et le canal du Katatbeh, à sa prise ; l'entreprise comprenait : 1° l'extension, et, en cas de besoin, la transformation des anciennes installations qui avaient été établies à Atfeh par Saïd Pacha pour envoyer de l'eau dans le Mahmoudieh pendant l'étiage ; 2° la création d'une usine et de ses accessoires à l'embouchure du Katatbeh.

Les principales conditions de ce contrat étaient les suivantes :

L'eau du Nil devait être élevée :

A Atfeh, à 2,90 m. au-dessus du niveau de la mer, soit à une hauteur

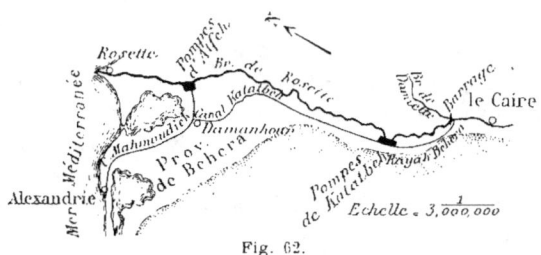

Fig. 62.

maxima de 2,75 m. au-dessus du plus bas étiage du Nil (la cote des terres voisines est de 3 mètres) ;

Au Katatbeh, à la cote 9,50 m., soit à 3 mètres au plus au-dessus de l'étiage du Nil (la cote des terres riveraines est de 13 mètres).

Le débit de chacune des usines devait être de 1 500 000 mètres cubes en vingt-quatre heures.

En 1883, la Société n'avait pas encore terminé ses travaux par suite de mécomptes qu'elle avait éprouvés dans l'emploi des machines du Katatbeh. Le gouvernement reconnaissant alors que, quand toute l'eau de la province serait fournie uniquement par les machines d'Atfeh et du Katatbeh, un débit de 3 millions de mètres cubes ne serait pas suffisant, étant donné surtout que la surface des terres cultivées pouvait s'augmenter tant du côté du désert que du côté des lacs, on passa un nouveau contrat avec la même société pour qu'elle mît ses usines hydrauliques en état d'élever à Atfeh 2 500 000 mètres cubes, et au Katatbeh 2 500 000 mètres cubes par vingt-quatre heures.

A Atfeh, l'établissement put fonctionner dès 1885, mais, au Katatbeh, c'est en 1886 seulement que les pompes purent donner régulièrement le débit demandé.

Les dates de mise en marche des pompes étaient fixées tous les ans par le Ministère des Travaux Publics, d'après le niveau des eaux du Nil ; mais les dates normales stipulées au contrat étaient le 5 février pour le Mahmoudieh et le 15 avril pour le Katatbeh.

Des amendes considérables allant jusqu'à 26 000 francs pour un arrêt total d'un jour de l'un des établissements pouvaient être imposées aux concessionnaires.

Le gouvernement égyptien devait payer à la Société du Béhéra :

1° Une somme fixe annuelle de 684,300 francs représentant l'intérêt du capital engagé et les frais généraux indépendants de la marche des machines ;

2° Une somme de 728 francs par million de mètres cubes élevés à Atfeh et de 1 092 francs par million de mètres cubes élevés au Katatbeh.

La Société avait la concession de l'élévation de l'eau pour une période de trente-cinq ans ; toutefois le gouvernement pouvait racheter cette concession à des prix fixés, à partir de la vingtième année.

Telles étaient les conditions générales auxquelles la Société fournissait l'eau dans les canaux du Mahmoudieh et du Katatbeh.

Aussitôt la concession obtenue, en 1880, M. Easton avait commencé les travaux d'installation au Katatbeh comprenant :

1° Un canal d'amenée de 35 mètres de largeur au plafond sur 80 mètres environ de longueur entre le Nil et l'usine ;

2° Un ouvrage de prise, formé par trois arches en maçonnerie de 7 mètres d'ouverture se fermant au moyen de portes métalliques, dont le radier est à 1,50 m. au-dessous des plus basses eaux du Nil ;

3° Un canal de décharge de 20 mètres de largeur au plafond et de 500 mètres de longueur entre l'usine et le Katatbeh ;

4° Un bassin compris entre l'ouvrage de prise et le canal d'écoulement et contenant les appareils élévatoires ;

5° L'usine et ses dépendances.

Les appareils élévatoires se composaient primitivement de dix énormes vis d'Archimède en tôle, de 4 mètres de diamètre et de 12 mètres de longueur. Ces dix vis alignées parallèlement étaient mues par un arbre de couche long de 50 mètres et actionné à l'une de ses extrémités par des machines Compound verticales du type des machines marines. Ce projet mal conçu, mal étudié et mal exécuté, donna des résultats déplorables ; dès le premier jour, les vis se brisèrent et l'usine fut arrêtée.

Après quelques essais infructueux pour réparer ce désastre, la Société se trouvant, par son nouveau contrat de 1883, obligée de fournir une quantité d'eau plus considérable que celle qui était primitivement prévue, prit une mesure radicale, se décida à changer complètement le système adopté et confia la commande de nouvelles machines à la maison Farcot, de Saint-Ouen, en prescrivant d'utiliser autant que possible l'ouvrage de prise et les anciennes fondations dans l'installation des appareils nouveaux.

L'usine est alors composée de cinq machines horizontales actionnant chacune, directement et sans aucune transmission, des pompes centrifuges à arbre vertical. Les machines sont à enveloppe de vapeur, à quatre distributeurs cylindriques, à condensation; les cylindres ont 1 mètre de diamètre et la course des pistons est de 1,80 m. L'arbre vertical porte, à sa partie supérieure, une manivelle horizontale dont le bouton reçoit l'action de la bielle. Un volant pesant 22 tonnes est calé sur cet arbre qui, plus bas, porte la roue à ailettes de la pompe rotative. On a adopté pour cet arbre vertical la disposition du pivot hors de l'eau appliqué pour les turbines.

L'aire de la pompe a 2,10 m. de diamètre et la roue à ailettes mesure 4 mètres à sa circonférence extérieure et présente une hauteur de 2 mètres. Le tuyau d'aspiration s'enfonce en s'évasant au-dessous du niveau des basses eaux et la roue à ailettes refoule l'eau vers l'extérieur dans une capacité annulaire qui enveloppe la roue et est supportée par trois colonnes en fonte fondées sur le radier; cet anneau est prolongé par le tuyau de refoulement, d'abord recourbé en forme de siphon pour éviter le désamorçage et augmentant ensuite de section pour se raccorder à son extrémité à la voûte en maçonnerie qui donne issue à l'eau dans le canal de fuite.

Ces appareils centrifuges, très hardis, fonctionnent encore parfaitement à l'usine du Mex, où on les a transportés depuis. Ils marchent avec une vitesse maximum de quarante tours, et peuvent débiter 7 mètres cubes par seconde.

A ces cinq pompes verticales étaient ajoutées, à titre de réserve, trois des grandes vis d'Archimède primitivement essayées; ces vis avaient été soigneusement consolidées. Chacune d'elles pouvait débiter 2 mètres cubes par seconde. Elles étaient mises en mouvement par une machine compound verticale du type des machines marines.

La capacité de l'usine entière se trouvait être ainsi de plus de 40 mètres cubes par seconde ou environ 3 500 000 mètres cubes en vingt-quatre heures, la puissance totale des machines étant de 3 500 chevaux effectifs.

La vapeur était fournie par une batterie de onze chaudières tubulaires, dont trois de 190 mètres carrés de surface de chauffe, provenant des ateliers du Creusot et les huit autres, du type Farcot, ayant chacune 175 mètres carrés de surface de chauffe.

A Atfeh, les conditions étaient bien différentes, et, en premier lieu, la hauteur d'élévation était moindre; en outre, on devait utiliser, autant que possible, l'installation ancienne. La société concessionnaire s'adressa pour la commande des machines de cette usine à M. Feray, d'Essonne.

L'établissement d'Atfeh se compose de huit grandes roues Sagebien de 3,60 m. de largeur et de 10 mètres de diamètre, élevant l'eau à une hauteur maximum de 2,60 m. environ et pouvant débiter chacune un volume de 4 à 500 000 mètres cubes en vingt-trois heures. Quatre de ces roues sont établies dans l'ancien bâtiment des pompes du gouvernement; elles sont actionnées par les quatre anciennes machines qui mettaient autrefois en mouvement des pompes centrifuges. Ces machines du type des machines jumelles verticales à balanciers, construites par la maison anglaise Forester, étaient à un seul cylindre ; on a modifié leur système de distribution de vapeur et on les a transformées en machines du système Woolf par l'addition de nouveaux cylindres. On a ainsi amélioré beaucoup leur rendement.

Les quatre dernières roues Sagebien sont disposées dans un autre bâtiment et actionnées par deux des machines Compound, type de machines marines, qui avaient été primitivement installées au Katatbeh pour faire marcher les vis d'Archimède.

La vapeur est fournie par une batterie de dix chaudières tubulaires de 190 mètres carrés de surface de chauffe chacune.

La puissance que l'usine peut développer est de plus de 1 250 chevaux en eau élevée.

L'usine d'Atfeh est établie sur la rive gauche du canal Mahmoudieh, à la hauteur des écluses de prise.

Le canal d'amenée, long de 170 mètres, a une largeur de 30 mètres à son embouchure et un ouvrage de prise composé de deux arches de 8 mètres et d'une de 5 mètres, fermées par des portes métalliques ; le niveau du radier de cet ouvrage est à la cote 90 centimètres au-dessous de la mer.

Le canal de décharge, long de 90 mètres, a 26 mètres de largeur au plafond ; il débouche dans le canal Mahmoudieh par un ouvrage formant pont sous la digue du canal, et composé de cinq arches de 4 mètres ; la cote d'altitude du plafond de ce canal est de 1,26 m.

En 1890, lorsque les conditions d'irrigation de la province de Béhéra se trouvèrent complètement modifiées par suite de l'achèvement des travaux du rayah de Béhéra, le gouvernement racheta à la Société les usines et résilia le contrat pour une somme de 5 820 000 francs.

Pendant la période de fonctionnement des usines, les plus fortes quantités d'eau élevées annuellement correspondent aux étiages de 1888 et de 1889.

Pendant l'étiage de 1888, l'usine d'Atfeh marcha du 25 novembre 1887 au 25 août 1888, soit pendant deux cent soixante-seize jours, avec une élévation moyenne de 1 775 362 mètres cubes par jour, et l'usine du Katatbeh donna une moyenne de 2 371 190 mètres cubes par jour pendant cent quatre-vingt-cinq jours, entre le 8 février et le 12 août 1888. On éleva donc en tout, pendant cette saison, dans les deux usines, 1 060 000 000 mètres cubes et on paya à la société, suivant son contrat, 1 715 000 francs. La quantité maxima fournie par les deux usines au mois de juillet était de 5 250 000 mètres cubes par jour.

Pendant l'étiage de 1889, l'usine d'Atfeh marcha deux cent soixante-onze jours et celle du Katatbeh deux cent vingt-quatre jours ; la quantité totale d'eau élevée fut de 882 millions de mètres cubes et la somme payée à la société de 1 507 000 francs.

En calculant sur une superficie cultivable de 200 000 hectares, c'est donc une dépense de 7,50 fr. à 8 francs par hectare que représentaient les frais d'élévation d'eau à la charge du gouvernement, et de 22,50 fr. à 24 francs par hectare cultivé, en admettant qu'un tiers de la surface portât des récoltes d'été.

En fait, par la suppression des pompes, sans tenir compte de l'annuité de 684 300 francs payable à la Société pendant un certain nombre d'années pour intérêt et amortissement du capital de premier établissement et pour frais généraux, le gouvernement a économisé annuellement 900 000 francs environ représentant la dépense d'élévation d'eau. Or, la dépense d'entretien du rayah de Béhéra, entre l'ancienne usine du Katatbeh et le barrage du Delta, ne dépasse pas 150 000 francs par an, et, par le Rayah, on peut avoir 6 millions et demi à 7 millions de mètres cubes par jour au lieu des 5 millions que donnaient les machines. Ces chiffres font bien ressortir l'intérêt qu'il y avait à arrêter les usines aussitôt qu'il fut possible de le faire avec sécurité et à alimenter cette province par un canal ayant sa prise en amont du barrage du Delta.

CHAPITRE XII

DIGUES ET CANAUX

Conditions générales de l'entretien des digues et des canaux. — Digues du Nil. — Digues des bassins. — Canaux. — Mode d'exécution des travaux d'entretien des digues et des canaux ; suppression de la corvée. — Terrassements à sec. — Entretien des digues du Nil et des bassins pendant la crue. — Dragages. — Moyens employés pour diminuer ou empêcher l'envasement des canaux : canaux Ramadi, Ibrahimieh ; rayahs Béhéra, Menoufieh, Tewfikieh. — Consolidation des berges par des fascinages et des plantations. — Envasements par suite de vitesses insuffisantes du courant.

CONDITIONS GÉNÉRALES DE L'ENTRETIEN DES DIGUES ET DES CANAUX

Pour une superficie cultivée de 2 330 000 hectares, l'outillage destiné à l'utilisation agricole des eaux du Nil comporte approximativement[1] :

2 300 kilomètres de digues construites pour limiter le lit majeur du Nil pendant la crue ;

2 900 kilomètres de digues de séparation des bassins d'inondation ;

3 400 kilomètres de canaux d'inondation dans la région des bassins ;

12 500 kilomètres de canaux publics d'irrigation recevant l'eau toute l'année ;

3 000 kilomètres de canaux d'irrigation qui ne reçoivent de l'eau que pendant la crue.

4 500 kilomètres de canaux de drainage.

Si, dans la Haute Égypte, les digues des bassins et du Nil ne sont pas maintenues en bon état, la culture y est mise en péril et de grandes surfaces de terres sont menacées de stérilité. Dans la Basse Égypte, une rupture des digues du Nil pendant la crue noie les riches récoltes de coton qui sont alors sur pied et amène ainsi des désastres irréparables. Or, le remblai des digues est formé de limon et repose sur le limon de la vallée. Ainsi construites, elles ne peuvent résister à la pression des eaux, aux érosions

---

[1] Ces chiffres, qui datent d'une dizaine d'années, ont été modifiés dans une certaine mesure, d'une part, par suite des travaux d'amélioration exécutés dans la Basse Égypte et au Fayoum, et d'autre part, en raison de la suppression de la plupart des bassins d'inondation de la Moyenne Égypte.

du courant d'un fleuve dont le lit est essentiellement mobile, aux efforts des vagues soulevées par le vent à la surface des bassins ou du Nil, à toutes ces causes de détérioration qui se produisent chaque année, que si elles sont l'objet d'une surveillance attentive et d'un soigneux entretien.

Quant aux canaux, ils sont, sauf de très rares exceptions, creusés dans un sol limoneux peu résistant; sous l'action d'un fort courant, les berges s'éboulent sur le plafond, donnant lieu à des sinuosités et à des irrégularités fâcheuses du chenal. D'autre part, comme, pendant la crue, ils reçoivent une eau très chargée de matières, si la vitesse n'est pas alors partout bien uniforme et suffisante pour maintenir en suspension le limon, des envasements se produisent rapidement qui bouchent en partie le canal et diminuent son débit. Dans certains cas encore, les bancs de sable qui se déplacent le long du fleuve envahissent les prises des canaux et créent aux ingénieurs une autre série d'ennuis. Ce n'est donc qu'avec des précautions et des réparations continuelles qu'on peut assurer le fonctionnement régulier de l'ensemble des canaux qui sont les facteurs indispensables de la vie et de la fertilité dans tout le pays.

Ajoutons à cela que tous les ouvrages d'art qui assurent la répartition et l'écoulement des eaux, reposent sur un sol éminemment affouillable et qu'il faut, chaque année, défendre leurs fondations à grand renfort d'enrochements.

Ainsi, par suite des conditions d'établissement et de fonctionnement des canaux et des digues d'Égypte, d'importants travaux annuels d'entretien sont nécessaires pour ainsi dire tout le long de ces ouvrages; chaque année, il faut vérifier les sections, ramener les canaux à leur profondeur normale et les digues à un profil convenable.

Si l'on n'y pourvoyait avec la plus grande régularité, il ne faudrait pas longtemps pour que la ruine et la stérilité règnent où l'on rencontre aujourd'hui abondance de biens et fécondité du sol. C'est, en effet, un caractère spécial de l'irrigation égyptienne que les ouvrages qui la desservent sont rapidement déformés et facilement détruits par l'usage même qu'on en fait, si une main attentive n'arrête pas au fur et à mesure les dégâts qui se produisent. C'est, par contre, une économie annuelle considérable et un grand bienfait pour l'agriculture quand le régime des eaux, réglé d'une façon rationnelle et surveillé continuellement, est établi de façon à diminuer autant que possible les envasements et les érosions.

En 1879, on calculait que le cube des terrassements à exécuter chaque année pour l'entretien des digues et des canaux était de 29 000 000 mètres cubes, dont 16 000 000 pour la Haute Égypte et 13 000 000 pour la Basse Égypte, sans compter 1 400 000 mètres cubes de dragages.

Vingt ans après, malgré le développement pris dans l'intervalle par tous les ouvrages d'irrigation et l'augmentation du volume d'eau distribuée régulièrement pour l'arrosage, ce cube n'était plus que de 19 000 000 mètres

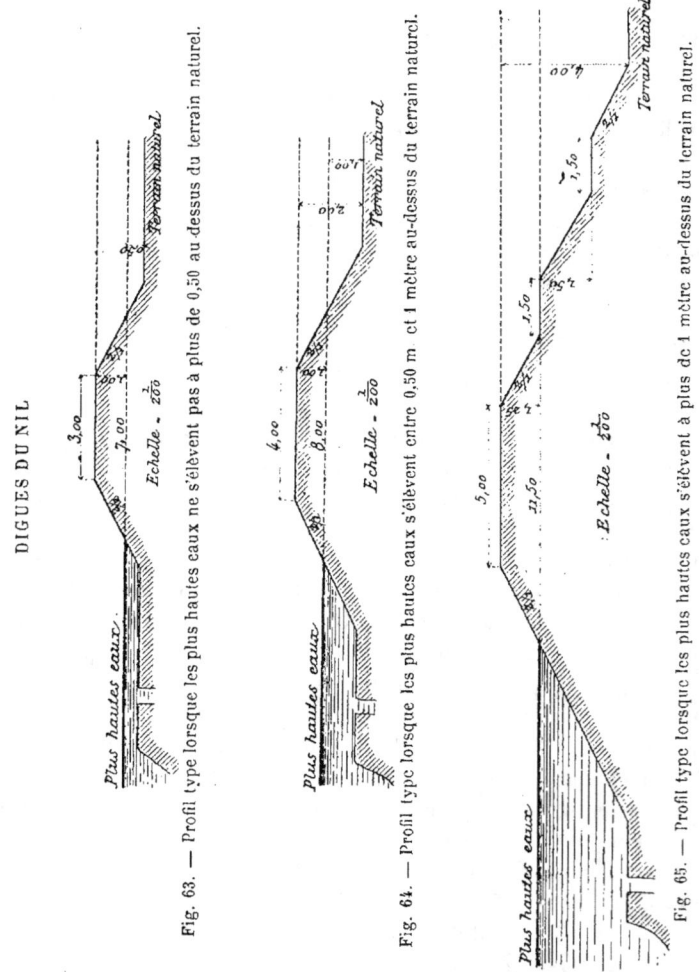

Fig. 63. — Profil type lorsque les plus hautes eaux ne s'élèvent pas à plus de 0,50 au dessus du terrain naturel.

Fig. 64. — Profil type lorsque les plus hautes eaux s'élèvent entre 0,50 m et 1 mètre au-dessus du terrain naturel.

Fig. 65. — Profil type lorsque les plus hautes eaux s'élèvent à plus de 1 mètre au-dessus du terrain naturel.

cubes, dont 11 000 000 pour la Haute Égypte et 8 000 000 pour la Basse Égypte, sans compter 1 800 000 mètres cubes de dragages[1].

Grâce aux systèmes de distribution employés, grâce à un entretien

---

[1] Ces cubes ont encore diminué depuis. Pour la moyenne des années 1903-1904, le volume des terrassements d'entretien, dans toute l'Égypte, a été de 17 200 000 mètres cubes et le volume des dragages, de 1 000 000 mètres cubes.

soigné et méthodique, la quantité de travail à exécuter s'est trouvée ainsi diminuée d'un tiers. C'est une économie annuelle de près de 4 000 000 francs, représentant une moyenne de 1,65 fr. par hectare de terre cultivée.

DIGUES DU NIL

Le niveau des fortes crues dépasse les terres riveraines du Nil de 1 mètre environ dans la Haute Égypte et de 2 mètres à 3,50 m. dans la Basse Égypte. Les digues du Nil sont des levées en terre destinées à empêcher le pays d'être envahi par ces hautes eaux ; elles sont établies tout le long et des deux côtés du fleuve, sauf dans les endroits où, le désert côtoyant les rives, il n'y a pas de cultures à protéger. Leur crête dépasse le niveau des plus hautes crues. Elles sont parfois construites sur le bord même du fleuve ; mais le plus souvent leur tracé court à une certaine distance des berges, distance variable suivant les lieux et suivant l'amplitude des déplacements du fleuve entre ces digues, et pouvant atteindre jusqu'à 100 et 200 mètres.

Les terrains compris entre les digues et le lit même du Nil sont cultivés ordinairement en maïs ou sorgho, pendant la crue, avec de l'eau puisée dans le fleuve au moyen de sakiehs ou de chadoufs. Mais quand les propriétaires des terres situées de l'autre côté des digues ont besoin d'irriguer avec de l'eau pompée au Nil, on les autorise à établir au travers de ces digues des aqueducs ou des tuyaux d'amenée. Ces ouvertures, bien qu'elles soient, en temps de crue, fermées, bouchées avec des corrois de limon, et surveillées, constituent à ce moment-là un certain danger ; il est rare cependant, en raison de l'attention même qu'on y porte, qu'elles soient la cause de ruptures. Par prudence, on n'accorde pas de semblables autorisations dans les points où les hautes eaux s'élèvent à plus de 1,50 m. au-dessus du sol sur lequel la digue repose et où la distance entre le pied de la digue et la berge est moindre que 50 mètres.

Les digues du Nil, autrefois construites par les fellahs appelés en corvée pour ce travail, souvent réparées depuis, ont des sections très irrégulières ; elles ont ordinairement des dimensions exagérées en épaisseur.

Les figures 63, 64, et 65 représentent des types de profils qui ont été adoptés depuis une quinzaine d'années par le service des irrigations, comme profils minima à exécuter partout où l'on a à faire des digues neuves, ou lorsqu'une certaine longueur de digues nécessite des réparations importantes. La largeur de la crête varie de 3 à 5 mètres, suivant la hauteur de l'ouvrage ; les talus sont à 2 de base pour 1 de hauteur.

Avec le dernier profil, si l'on craint des infiltrations dangereuses à cause de la nature du terrain, les talus inférieurs, du côté de la digue opposé au fleuve, sont inclinés à 3 de base pour 1 de hauteur et même moins si c'est nécessaire. Si le sol est léger et sableux, le talus tout entier est réglé à 3 de base pour 1 de hauteur et les banquettes sont supprimées.

DIGUES DES BASSINS

Les digues qui forment les bassins d'inondation sont, les unes transversales, séparant les bassins les uns des autres ; les autres longitudinales, séparant des chaînes parallèles de bassins ou isolant les bassins de terrains affectés à l'irrigation, ou du Nil, ou de cours d'eau tels que le canal Sohaghieh et le Bahr Yousef.

Le tracé de ces digues, le plus souvent très anciennes, est généralement assez sinueux. Cela tient surtout, sans doute, à ce que, lorsqu'une digue se rompait, des affouillements se produisant à son emplacement, on reculait un peu l'assiette de la partie à reconstruire afin d'éviter des frais trop considérables de remblai. Peu à peu, dans la suite des temps, les alignements primitifs ont eu ainsi une tendance à disparaître.

Étant établies sur un sol presque uniformément plat, la terre des digues est prise de chaque côté de leur emplacement, dans des fosses d'emprunt creusées au pied des talus ; c'est aussi dans ces fosses d'emprunt qu'on prend la terre nécessaire aux rechargements. Le profil en travers des anciennes digues est généralement peu régulier ; mais on le ramène peu à peu à un type uniforme indiqué par la figure 66.

C'est au moment du remplissage, et dans les cas de vidange subite et accidentelle du bassin aval, que ces digues ont à supporter la plus forte pression, ou encore lorsque le bassin est par accident rempli outre mesure. Les digues peuvent avoir alors à supporter des pressions de 1,50 m. à 2 mètres d'eau, rarement plus.

Les digues longitudinales des bassins sont construites comme les digues transversales ; mais lorsqu'elles sont destinées à isoler un bassin d'un terrain d'irrigation, la chambre d'emprunt extérieure au bassin est souvent utilisée comme fossé de drainage arrêtant les infiltrations qui proviennent des eaux du bassin et qui pourraient compromettre les récoltes irriguées.

L'une des causes principales de destruction des digues réside dans les vagues que le vent du nord, vent régnant pendant la saison de la crue, produit à la surface des bassins. Ces vagues sont d'autant plus fortes que les bassins ont plus d'étendue et de profondeur ; elles désagrègent les talus. On a cherché à y remédier par des plantations de roseaux ou d'autres plantes ; mais, dans cette terre desséchée pendant la plus grande partie de l'année, les résultats ont été peu satisfaisants. Le procédé qui tend actuellement à se généraliser consiste à faire un revêtement en pierres sèches sur le talus nord des digues, comme l'indiquent les profils des figures 67 et 68.

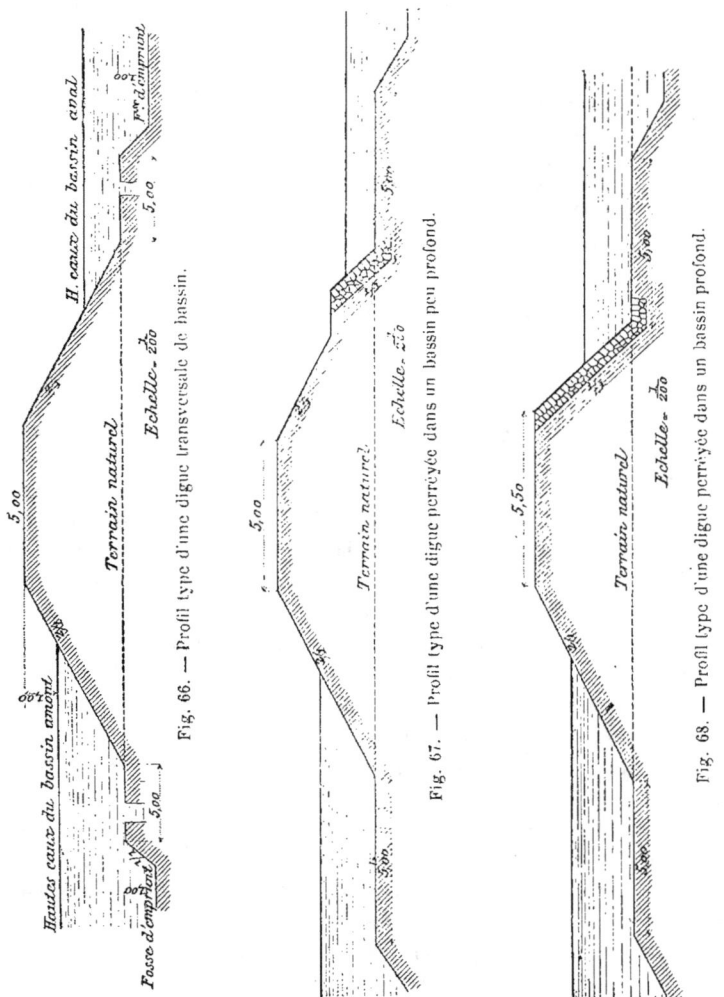

Fig. 66. — Profil type d'une digue transversale de bassin.

Fig. 67. — Profil type d'une digue perréyée dans un bassin peu profond.

Fig. 68. — Profil type d'une digue perréyée dans un bassin profond.

Les perrés sont faits avec des pierres pesant de 35 kilogrammes à 70 kilogrammes, les interstices étant remplis avec des pierres plus petites et des débris de carrières ; ils ont 0,40 m. à 0,50 m. d'épaisseur.

Ces perrés coûtent en moyenne de 6,50 fr. à 8 francs par mètre linéaire de digue ; mais lorsque les vents ont été violents et les vagues fortes, ils nécessitent des frais d'entretien assez élevés; l'eau lancée contre le revêtement pénètre en effet à travers les joints jusqu'au corps même de la digue, qui est alors attaqué. Aussi a-t-on adopté pour certaines digues plus exposées un mur de défense disposé suivant le croquis ci-contre (fig. 69).

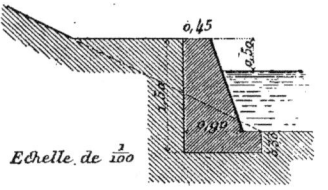

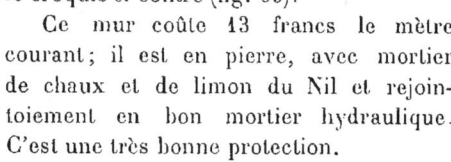

Fig. 69.

Ce mur coûte 13 francs le mètre courant; il est en pierre, avec mortier de chaux et de limon du Nil et rejointoiement en bon mortier hydraulique. C'est une très bonne protection.

Il existait, en 1904, 375 kilomètres de digues protégées par des revêtements, et le travail se poursuit chaque année.

CANAUX

Le sol de l'Égypte étant très plat, les canaux sont toujours construits en déblai. Les terres sont rejetées, dans chaque profil en travers, sur les bords de la cuvette et forment digues; il n'y a pas de transports de terre parallèles à l'axe longitudinal. Les talus du canal sont souvent inclinés à 1 de base pour 1 de hauteur, ou à 2 de base pour 1 de hauteur et les talus des cavaliers à 3 de base pour 2 de hauteur. Pour les grands canaux donnant lieu à de forts déblais et par conséquent à des dépôts considérables sur les berges, une risberme de 2 à 3 mètres au moins de largeur est ménagée au niveau du terrain naturel entre l'arête de la cuvette et le pied de la digue. Souvent ces digues servent de route publique et alors elles ont en couronne 5 mètres de largeur au moins.

Le profil type ci-dessous (fig. 70) montre des dispositions généralement adoptées.

De chaque côté de l'axe est figurée dans ce profil une rigole de drainage destinée à recueillir les eaux d'infiltration du canal et à les empêcher de détériorer les terres riveraines. Ces rigoles sont indispensables partout où le niveau de l'eau du canal dépasse ordinairement celui des terrains de culture; mais, d'une façon générale, il n'en existe encore que le long de peu de canaux; elles sont formées au moyen des fossés d'emprunt nécessaires pour renforcer les digues du canal lorsque celui-ci n'est creusé qu'à fleur du sol et ne peut fournir entièrement les remblais nécessaires pour ces digues.

La pente ordinaire des canaux est de 0,04 m. par kilomètre. Ce qu'il faut avant tout, si l'on veut éviter des difficultés d'entretien, c'est que la vitesse y soit assez grande pour maintenir en suspension dans l'eau tout le limon qu'elle contient. On constate[1] que, parmi les anciens cours d'eau naturels ayant leur prise au Nil, aujourd'hui transformés en canaux, ceux qui ne s'envasent jamais ont une vitesse moyenne d'environ 0,70 m. par seconde et que le rapport de leur largeur à leur profondeur est de 12 à 1.

Un autre point important à considérer, pour l'établissement des canaux qui partent du Nil, est le choix de l'emplacement à adopter pour la prise. Ce choix est en effet délicat, avec un fleuve dont le lit se déplace facilement et dont les eaux sont très limoneuses, si l'on veut, d'une part, assurer une bonne alimentation pendant toute l'année et, d'autre part, éviter les envasements qui se produisent nécessairement avec les changements de vitesse de l'eau.

Les règles traditionnelles suivies en Égypte sont les suivantes :

La prise est placée autant que possible dans une rive concave où les hauts fonds du Nil se trouvent contre la berge, et l'axe du canal est tracé aussi près que possible de la tangente à la courbe suivie par le courant central du fleuve. Mais lorsque, pour des raisons spéciales, le canal a sa prise dans un alignement droit du fleuve, sa direction fait avec le fleuve un angle aussi aigu que possible. Jamais la prise d'un canal n'est mise dans un endroit où se produit un banc de sable ; ce n'est guère, en effet, que dans ce cas que le sable qui court dans le fond du fleuve peut, lorsque le banc est arrivé à la hauteur du lit du canal, envahir celui-ci et, comme en vertu de son poids il ne peut être transporté bien loin, il en obstrue complètement l'entrée.

Pour ne pas s'être toujours, dans les temps récents, conformé à ces règles, on a eu de grands déboires avec des canaux s'embranchant sur le Nil sous des angles de 45° et même 80°. Dans ces canaux, il s'est produit de grands dépôts le long de la berge amont de la prise et, par suite, des corrosions sur la berge aval. A la prise du canal Ibrahimieh, qui se trouve dans ces conditions, on n'a pu remédier à cet inconvénient qu'en revêtant le talus de la berge aval du canal avec de forts perrés en enrochements.

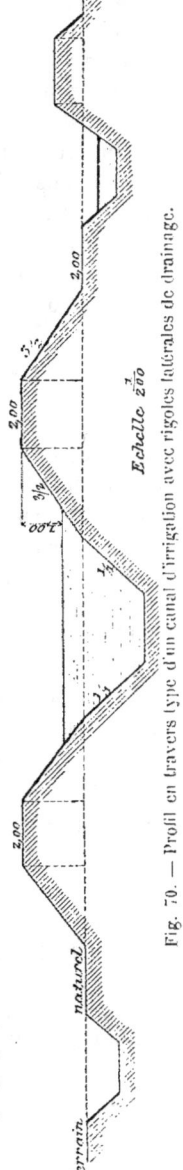

Fig. 70. — Profil en travers type d'un canal d'irrigation avec rigoles latérales de drainage.

[1] M. Willcocks, Rapport sur l'irrigation pérenne, 1894.

Ces remarques s'appliquent surtout aux canaux qui, comme c'était toujours le cas autrefois et comme c'est encore le cas de beaucoup de canaux nili de la région des bassins, n'ont pas d'ouvrage de prise. Il est bon toutefois de s'y conformer aussi, même quand ils en ont un.

Autrefois, à cause des changements fréquents qui se produisent dans le cours du Nil, les ouvrages de prise n'étaient jamais établis sur la berge même du fleuve, mais seulement à une distance de 200 à 500 mètres de l'entrée du canal. Il en résultait des accumulations de limon entre le fleuve et la prise, comme à l'entrée du canal Ismaïlieh, auprès du Caire. Actuellement, on met toujours ou presque toujours les ouvrages à l'entrée même des canaux, mais on a soin d'en défendre les abords par des enrochements et par des perrés et, s'il y a lieu, de fixer le lit du Nil par des épis.

MODE D'EXÉCUTION DES TRAVAUX D'ENTRETIEN DES DIGUES ET DES CANAUX SUPPRESSION DE LA CORVÉE

Les envasements et les éboulements de talus sont les deux principales causes de détérioration qu'il faut combattre chaque année sur les canaux. Quant aux digues, ou elles s'affaissent sous l'effet des infiltrations, ou elles sont rongées par le courant, ou elles sont attaquées par le battillement des eaux; il faut les recharger et rétablir leurs profils et leurs talus tous les ans. En outre, pendant la crue, elles nécessitent une surveillance toute spéciale pour éviter les ruptures; les points menacés doivent être consolidés d'urgence.

Pour l'exécution de ces travaux absolument nécessaires à la vie de l'Égypte, il fallait entre les mains du gouvernement, aux époques où l'administration du pays n'était pas encore régularisée et où le budget des travaux publics n'était pas établi sur des bases fixes et certaines, et dépendait uniquement du pouvoir arbitraire des souverains, un instrument puissant, dont l'emploi fût indépendant et des ressources financières mises à la disposition des ingénieurs, et de la rentrée plus ou moins difficile des impôts. Cet instrument, on l'avait trouvé dans la corvée, c'est-à-dire dans l'obligation imposée à tous les habitants des campagnes de travailler gratuitement aux ouvrages destinés à assurer l'irrigation des terres; ainsi, chaque année, des troupes considérables de travailleurs non payés étaient tirées de leurs villages pour renforcer les digues et curer les canaux. Naturellement, un semblable déplacement d'hommes ne se faisait pas sans donner lieu à des actes d'injustice et de cruauté, et la courbache était le grand auxiliaire des fonctionnaires chargés d'opérer le rassemblement des corvées. En outre, la corvée avait été souvent détournée du but auquel elle était spécialement destinée; ainsi, elle servit à la construction des chemins de fer, d'une partie du canal de Suez, des bassins de radoub et, en général, à toutes sortes de travaux publics, parfois aussi à des travaux particuliers pour le plus grand profit des cheikhs, des pachas et des agents du pouvoir.

La corvée, dans de semblables conditions, ne pouvait être qu'odieuse au fellah. D'ailleurs, si elle peut être nécessaire dans certaines circonstances, exceptionnelles ou impérieuses, elle n'est, dans la plupart des cas, qu'un mauvais mode d'utilisation de l'énergie vitale d'un pays; elle ne peut convenir qu'à des contrées dont l'administration est mauvaise et imprévoyante ou dont le trésor est vide.

Déjà, en 1881, sous l'influence des idées européennes, on avait senti le besoin de bien déterminer les travaux qui devaient être mis à la charge de la corvée.

Par le décret khédivial du 25 janvier 1881, les travaux relatifs aux irrigations étaient partagés en trois catégories : ceux à la charge de l'État, c'est-à-dire dont les dépenses étaient imputées sur les ressources du budget, ceux à la charge de la population en général, c'est-à-dire dont l'exécution devait être faite par corvées, et ceux à la charge des propriétaires des terrains intéressés.

Les travaux à la charge de l'État étaient les suivants :

Les travaux concernant les ouvrages d'art qui intéressent une ou plusieurs provinces, existant ou à faire sur le Nil et ses branches, sur ses digues, sur les canaux principaux, sur les digues des bassins de la Haute Égypte et autres digues d'intérêt général ;

Les curages s'exécutant au moyen de dragues, y compris toutes dépenses d'acquisition, de fonctionnement et d'entretien (en 1881, les dragages n'étaient guère appliqués qu'aux trois grands canaux Ibrahimieh, Ismaïlieh et Mahmoudieh) ;

La fourniture et le transport des matériaux tels que pierres, bois, etc., réclamés par l'intérêt général, soit pour la conservation des digues et des ouvrages, soit pour la fermeture des ouvrages de retenue et des prises d'eau des canaux.

Les travaux à la charge de la population en général étaient les suivants :

Les terrassements, remblais et déblais, et les curages à la main, qu'ils intéressent une ou plusieurs provinces, les villages d'un ou plusieurs districts[1] ;

Le gardiennage des digues et des ouvrages pendant la crue du Nil ;

Le maniement et la mise en œuvre des matériaux destinés à la conser-

---

[1] Les districts correspondent à peu près à nos cantons de France.

vation des digues, canaux, ouvrages d'art et aux fermetures des barrages et des prises d'eau.

Les travaux à la charge des intéressés étaient :

Les travaux de terrassement, de gardiennage, de fermeture des barrages et prises d'eau dont profitent seulement un ou deux villages ou des propriétés particulières ;

Les travaux qui se rapportent aux ouvrages d'art faits ou à faire sur les canaux ou digues intéressant soit des villages d'un ou plusieurs districts, soit un village, soit une propriété particulière.

Les travaux incombant à la corvée sont ceux qui sont désignés ci-dessus comme étant à la charge de la population en général et ils étaient ainsi parfaitement limités. Il y avait en outre des corvées particulières pour les ouvrages intéressant soit un village, soit des villages d'un ou plusieurs districts. Ainsi, sauf ce qui concerne la construction et l'entretien des ouvrages d'art et sauf pour les dernières ramifications des canaux, la corvée devait fournir, sous le régime du décret de janvier 1881, toute la main-d'œuvre nécessaire à la construction, à l'entretien et à la surveillance des canaux et des digues.

On comptait que, pour les travaux d'irrigation, il fallait convoquer le quart de la population mâle des campagnes pendant quarante-cinq jours. Dans les devis, on admettait que, en moyenne, un homme de corvée exécutait 1,80 m^3. de terrassements, soit 2,30 m^3. pour le curage des canaux peu profonds et le renforcement des digues, et 1,35 m^3. pour les canaux profonds.

En présence des difficultés de plus en plus grandes rencontrées dans le rassemblement des hommes de corvée, et aussi de l'extension du réseau des canaux sefi dont les artères principales ne pouvaient être entretenues au moyen de curages à sec, on avait commencé par autoriser les corvéables à se racheter ; on avait même abaissé le taux de rachat en 1885, jusqu'à 7,80 fr. par homme dans la Basse Égypte, 3,90 fr. pour les régions des rizières et 5,20 fr. dans la Haute Égypte. Mais une mesure plus radicale fut prise peu d'années après. Le 28 janvier 1892, parut un décret khédivial supprimant la corvée, sauf pour le gardiennage et la surveillance des digues et autres ouvrages pendant la crue du Nil.

L'article premier de ce décret, qui marque une date importante dans l'histoire de l'irrigation égyptienne et qui exonérait la population d'une charge lourde et vexatoire plusieurs fois séculaire, est ainsi conçu :

La corvée est et demeure supprimée dans toute l'Égypte.
Le gardiennage et la surveillance des digues et autres ouvrages, ainsi que les travaux d'urgence, en cas de danger pendant la crue du Nil, resteront seuls à la charge de la population ; le nombre des journées demandées de ce chef à la population sera indiqué

dans un rapport que notre Ministre des Travaux Publics nous adressera à la fin de chaque année ; ce rapport qui sera inséré au *Journal Officiel*, spécifiera, en outre, pour ce qui concerne les travaux d'urgence en cas de danger pendant la crue du Nil, les motifs à raison desquels il n'aura pas été possible de les faire exécuter moyennant rémunération.

Ce décret avait été pris après un essai d'exécution à l'entreprise des travaux incombant à la corvée, essai qui avait été inauguré en 1890 sous l'inspiration de Nubar Pacha, président du Conseil des ministres, et de Sir Colin Scott Moncrieff, sous-secrétaire d'État au Ministère des Travaux Publics. La suppression de la corvée avait été rendue possible grâce à l'affectation d'un crédit annuel de 10 400 000 francs destinés à payer aux entrepreneurs les travaux qui auparavant étaient à la charge de la population [1]. Les travaux à exécuter sur ce fonds spécial sont discutés chaque année, vers le milieu du mois de décembre, par les agents du service des irrigations, dans des réunions provinciales où figurent, avec les administrateurs des provinces, plusieurs notables de la région.

Ainsi, actuellement, tous les travaux d'irrigation sont faits par entreprises. Le gardiennage des digues du Nil et des bassins pendant la crue, les travaux urgents de consolidation à exécuter à ce moment-là, ainsi que les manœuvres des ouvrages de la région des bassins, sont seuls à la charge de la corvée [2].

TERRASSEMENTS A SEC

Les terrassements à sec pour l'entretien des digues et des canaux s'exécutent pendant l'hiver. Pour le curage des canaux sefi, des périodes de chômage sont fixées pendant les mois de janvier et de février ; c'est l'époque où les terres n'ont que de très faibles besoins d'eau.

Les seuls instruments employés pour ces travaux sont le *fass*, espèce de houe en fer assez large et à manche court, et le *couffin*, sorte de panier cylindrique tressé en feuilles de palmier. Le fass, sert à piocher la terre et le couffin à la transporter. Le couffin ordinaire est muni de deux anses en corde de palmier et il contient une charge utile de 10 à 15 litres, bien qu'il ait une capacité d'une vingtaine de litres. Les couffins soignés sont bordés et renforcés avec des cordes de palmier. Les couffins ordinaires peuvent être utilisés, avant d'être mis hors d'usage, au transport de 40 mètres cubes

---

[1] Sur ce crédit une somme de 6 500 000 francs était fournie sur les fonds de la Caisse de la Dette Publique avec le consentement des grandes puissances.

[2] En 1907, année de très faible crue, la corvée du Nil a employé, dans la Haute Égypte, 12 549 hommes pendant 47 jours, et dans la Basse Égypte, 34 800 journées d'hommes, ce qui représente, pour toute l'Égypte, 624 603 journées de travail.
En 1906, année de crue normale, le nombre d'hommes convoqués en corvée durant la crue fut de 16 025 pendant 52 jours dans la Haute Égypte et de 3 767 pendant 26 jours dans la Basse Égypte, ce qui donne en total 926 300 journées de travail pour l'ensemble de l'Égypte.

de terres sèches ou de 30 mètres cubes de terres humides, et les couffins bordés peuvent servir à transporter jusqu'à 50 et 60 mètres cubes de terres sèches ou humides. Le prix d'un couffin est de 0,35 fr. à 0,40 fr. ; les couffins bordés coûtent 0,50 fr. à 0,60 fr.

Les hommes sont échelonnés le long du canal à curer ou de la digue à renforcer et partagés en fouilleurs et transporteurs ; ces derniers sont souvent des enfants. L'homme, avec son fass, pioche le lit du canal ou la chambre d'emprunt et pousse la terre dans le couffin que l'enfant soulève par ses deux anses et porte sur la tête jusqu'au cavalier ou au lieu du dépôt.

Il est rare que les transports de terre aient lieu autrement que dans des profils transversaux. Les remblais pour les digues des bassins ou du Nil sont généralement pris dans les chambres d'emprunt qui ont servi à leur construction et qui sont chaque année plus ou moins remblayées par les eaux de submersion limoneuses. Quant au produit du curage des canaux, il est déposé en cavaliers sur les berges. Ces travaux ne comportent donc pas de longues distances de transport. Dans les contrats de terrassements d'entretien, le prix de base est établi sur un transport horizontal de 25 mètres et sur un transport vertical de 5 mètres. Au delà de ces distances, l'entrepreneur a droit à une plus-value. Dans les contrats de travaux neufs, la distance limite de transport est fixée à 50 mètres. Lorsque cette distance, ce qui arrive rarement, approche ou dépasse une centaine de mètres, l'emploi de l'homme devient trop coûteux comme transporteur ; on le remplace par l'âne ou le chameau.

De chaque côté du bât de l'animal est accroché un panier en tresses de palmier, de forme tronc-conique, dont le fond, mobile autour d'une sorte de charnière en corde de palmier à la façon d'un clapet, peut être maintenu fermé au moyen d'un bout de corde et d'un crochet en bois. Chaque panier a 0,80 m. à 0,90 m. de hauteur et 0,60 m. à 0,70 m. de largeur à son ouverture ; il contient environ 75 litres. Ces paniers sont remplis au moyen de couffins ordinaires ; pour les vider, il suffit d'en ouvrir le fond. Le chameau se couche pour la charge et reste debout pour la décharge ; souvent on substitue des caisses en bois aux paniers tressés.

En Égypte, tout paysan est un terrassier ; cependant, pour les travaux, on préfère les hommes de la Haute Égypte ; on les désigne sous le nom de saïdiens. Les terrassiers se paient, en général, de 1 franc à 1,50 fr. et les enfants de 0,60 fr. à 0,75 fr. pour la journée. Le plus souvent, sur les chantiers, ces ouvriers se réunissent par groupes et prennent de petites tâches. Le prix de la journée du chameau est de 5 francs, conducteur compris.

Les terrassements d'entretien sont payés 0,30 fr. par mètre cube pour le curage des canaux nili et pour le rechargement des digues[1], et 0,50 fr. pour le curage des canaux sefi. Dans ce dernier cas, l'administration manœuvre les ouvrages régulateurs de façon à empêcher l'entrée des eaux dans le bief à curer et à faciliter l'écoulement de celles qui y sont contenues ; c'est aux entrepreneurs qu'il appartient de terminer l'assèchement de la manière qui leur convient le mieux. Ils obtiennent ordinairement ce résultat en partageant le bief à curer en plusieurs parties par des barrages provisoires en terre et en rejetant les eaux qui restent d'une section dans l'autre.

Ces barrages sont enlevés avant qu'on ne remette l'eau dans le canal, après les mesurages. Tous ces frais sont compris dans le prix unitaire du mètre cube. Le curage des canaux se fait lorsque les dépôts atteignent au moins 0,20 m. d'épaisseur. Pour mesurer les cubes exécutés, les entrepreneurs laissent tous les 200 mètres une bande de terrain de 5 mètres de largeur sans y toucher. La surface de ces profils témoins, qui ne sont enlevés qu'après la vérification du travail, multipliée par la distance de deux profils, donne le volume des déblais.

En général, on confie à un même entrepreneur, par adjudication, chaque année tous les travaux d'entretien des digues et canaux d'un même district. Un même entrepreneur peut prendre plusieurs districts.

Au point de vue de la rapidité de l'exécution, on fixe les bases suivantes à chaque entreprise :

Pour un cube total de moins de 15 000 mètres cubes, 1 000 mètres cubes par jour ; pour un cube total compris entre 15 000 mètres cubes et 20 000 mètres cubes, 1 500 mètres cubes par jour ; pour un cube total supérieur à 20 000 mètres cubes, 2 000 mètres cubes par jour.

De fortes amendes sont prévues dans les contrats pour les retards dans l'exécution ; il est en effet important, surtout pour les canaux sefi, que la période de chômage soit strictement limitée d'après les besoins des cultures.

ENTRETIEN DES DIGUES DU NIL ET DES BASSINS PENDANT LA CRUE

Ces travaux relèvent de la corvée[2], le gouvernement fournit seulement les matériaux nécessaires à la consolidation éventuelle des digues.

Les corvéables désignés commencent à être convoqués lorsque le Nil arrive à l'altitude 17,88 m. (18 pics) au nilomètre de Rodah ; ils sont échelonnés le long des digues en proportion variable, d'après le degré de sécurité

---

[1] Pendant la période d'exécution des travaux de transformation des bassins de la Moyenne Égypte ces prix normaux se sont notablement augmentés par suite de la forte demande de main-d'œuvre. Ainsi, en 1906, pour l'ensemble de la Haute Égypte, le prix moyen du mètre cube de terrassement d'entretien s'est élevé à 0,36 fr.

[2] Décret du 28 janvier 1892, page 294.

qu'elles présentent ; parfois deux hommes suffisent pour garder un kilomètre de digues ; d'autres fois, on en met une quinzaine ; en moyenne, quatre hommes par kilomètre de digue du Nil et sept par kilomètre de digue de bassin, sans compter ceux qui sont préposés à la surveillance et à la manœuvre des ouvrages d'art des bassins. Ces hommes restent en service jusqu'à ce que toute crainte de danger ait disparu.

Protégés du soleil pendant leurs moments de repos par de petits abris en roseaux, ils restent en permanence sur la digue qu'ils ont à surveiller ; ils veillent aux infiltrations qui peuvent se produire, aux affaissements, aux érosions ; ils exécutent les petits travaux courants de défense, transmettent verbalement d'un poste à un autre les ordres ou les nouvelles, portent les instructions des ingénieurs ou des cheikhs, donnent l'alarme aux villages en cas de danger et appellent à leur aide pour les besognes urgentes. Ces hommes travaillent sous les ordres des autorités administratives des villages (cheikhs et omdehs), des districts et des provinces, et ils sont dirigés par les ingénieurs du service des irrigations, qui ont chacun une certaine longueur de digues sous leur responsabilité, et qui ont à leur disposition des dahabiehs ou des canots à vapeur sur lesquels ils habitent et au moyen desquels ils peuvent se rendre rapidement sur les points menacés. Ces agents transportent en même temps, sur leurs canots ou au moyen de barques dans lesquelles il est approvisionné à l'avance, le matériel de première nécessité pour la consolidation des digues, qui consiste en moellons, bois de diverses dimensions, roseaux, sacs à terre, etc., ainsi que des fass et des couffins qui sont toujours les outils employés pour les terrassements.

Les moellons sont pris dans des dépôts qui sont formés pendant l'hiver sur les bords du Nil, auprès des endroits les plus exposés. Quant aux bois, outils, sacs à terre, ils sont tenus en réserve dans des magasins disséminés dans les villages et en sont extraits au moment de l'emploi ; ceux de ces matériaux dont on s'est servi et qui peuvent encore être utilisés sont réunis après la crue et remis en magasin pour les années suivantes. Les roseaux sont déposés dans le voisinage des digues à défendre ou sur les digues mêmes.

Les crues qui sont les plus dangereuses pour les digues sont celles qui sont hautes et de longue durée ; elles mouillent l'intérieur des digues, en diminuent la résistance et produisent souvent des affaissements.

La première précaution, lorsque les eaux montent, est de boucher avec soin, au moyen de pieux et de sacs à terre, tous les aqueducs ou tuyaux de prise d'eau appartenant aux particuliers, qui sont établis au travers des digues. Puis, pendant la crue, après que les postes de gardiens ont été répartis et lorsqu'ils signalent des signes de faiblesse ou de corrosion en un pont d'une digue, on met en usage, de la façon suivante, les matériaux approvisionnés.

Les enrochements sont employés pour former des épis qui détournent le courant ; pour protéger les fondations d'ouvrages en maçonnerie ; pour diminuer la pression sur des ouvrages de prise de solidité insuffisante en formant des barrages provisoires en travers d'un canal. Ils sont encore jetés sur le talus d'une digue menacée pour constituer à sa surface un parement résistant, mais c'est là un procédé coûteux et souvent peu efficace, car les eaux pénètrent toujours à travers les moellons jusqu'au noyau de la digue qu'elles continuent à attaquer. On arrive cependant, par ce dernier moyen, à défendre certains villages construits sur le bord même du Nil, juste derrière la digue ; par des rechargements successifs, celle-ci arrive à être très solide, étant alors composée d'une grande quantité de pierres qui ont pénétré peu à peu dans le corps même du remblai.

Les sacs à terre sont le meilleur moyen de défendre les digues ; ils sont faciles à apporter, vite remplis et forment une excellente protection. Pour les employer, on plante d'abord dans le pied du talus une file de pieux qu'on relie ensemble par des moises et qu'on maintient en arrière par des tirants en bois et des contre-fiches ; entre ces pieux et les talus, on empile des sacs à terre qui forment un mur presque vertical. Le plus souvent (c'est la méthode traditionnelle en Égypte), au lieu de sacs à terre on se sert, de la même manière, de roseaux et de broussailles.

La quantité de pièces de bois ainsi mises en œuvre pendant les fortes crues est considérable. Ainsi, en 1887, on en consacra 55 000 à la défense des digues du Nil qui protègent contre l'inondation la partie centrale du Delta et qui ont ensemble une longueur totale de 430 kilomètres.

Quand une digue est rapidement rongée par le courant, une méthode usitée est de construire, contre la digue et sur le parement extérieur, une banquette formant contrefort. Mais, si ce procédé est bon lorsque le sol est résistant, il est dangereux dans bien des cas ; il arrive souvent, en effet, qu'il existe en arrière de la digue une chambre d'emprunt dont le fond, rendu mou et spongieux par les efflorescences salines provenant des infiltrations, n'est pas en état de supporter le poids d'un remblai.

On considère, dans presque toutes les circonstances où une digue est attaquée, qu'il est préférable de la protéger par des sacs à terre, ou, si le courant est trop violent, d'immerger des enrochements jusqu'à une hauteur de 2 mètres environ au-dessous de l'eau et de mettre les sacs à terre à l'abri de ces enrochements.

Enfin, comme dernière ressource, si des infiltrations trop fortes traversent la digue et font craindre une prompte rupture, on construit d'urgence une nouvelle digue en arrière et à une certaine distance de celle qui est menacée.

Parfois, dans le Delta, où une rupture peut produire de si grands désastres en détruisant de larges étendues de récoltes, quand la digue du Nil inspire des inquiétudes, soit en raison de sa composition ou de sa hauteur, soit pour toute autre cause, on établit en arrière, à l'avance et par mesure de précaution, une seconde digue de sûreté.

Ordinairement, c'est la rive concave qui est menacée ; mais, dans les fortes crues, les courbes du courant s'allongent et alors le sommet des digues convexes se trouve en danger.

L'entretien du profil des digues pendant l'hiver et la surveillance pendant la crue sont actuellement assez bien réglés et toutes les dispositions nécessaires assez bien prises pour que les ruptures soient relativement très rares et que leur effet en soit très vite arrêté.

En plus des soins donnés à la défense des digues du Nil pendant la crue et à leur entretien pendant les basses eaux, on doit encore, pendant le cours de l'année, procéder le long du fleuve à d'autres travaux. Ce n'est pas, en effet, pendant la crue seulement que le fleuve ronge ses berges, c'est aussi et surtout au moment des eaux moyennes et même pendant l'étiage. En général, quand les digues ne sont pas menacées, quand les déplacements du courant n'intéressent pas des ouvrages d'utilité publique ou des centres habités, le gouvernement ne s'en préoccupe pas ; mais quand il le juge utile, c'est ordinairement par des épis qu'il fixe ou rectifie le lit du Nil. Ces travaux de régularisation n'ont pas pris jusqu'à présent un grand développement.

Les travaux de défense contre la crue du Nil coûtent chaque année à l'Égypte 1 000 000 à 1 500 000 francs ; la dépense est plus élevée dans les années de forte crue. Ces chiffres ne comprennent pas le prix des corvées qui gardent les digues et qui représentent environ 1 600 000 journées. En évaluant cette main-d'œuvre à 1 franc par homme et par jour, on arrive ainsi à une dépense totale de 3 000 000 de francs environ. Répartie sur les 2 330 000 hectares qui forment la surface de l'Égypte, ce chiffre correspond à 1,26 fr. par hectare et, par rapport à la longueur des digues du Nil et des bassins, qui est de 5 200 kilomètres, la dépense est de 577 francs par kilomètre[1].

DRAGAGES

Avant 1885, les trois canaux Ibrahimieh, Ismaïlieh et Mahmoudieh étaient les seuls qui fussent régulièrement entretenus au moyen de dragues ; tous les ans, on faisait aussi du dragage en certains points du Nil, pour dégager les prises de quelques grands canaux.

Jusqu'en 1884, le gouvernement exécutait lui-même ces travaux en

[1] Ces chiffres sont antérieurs à l'année 1903.

régie avec un matériel lui appartenant; à cette époque, un entrepreneur fut chargé de draguer l'Ibrahimieh pendant plusieurs années avec le matériel même du gouvernement; l'entretien du Mahmoudieh fut traité dans des conditions analogues avec un autre entrepreneur.

Puis, en 1885, l'entretien et la mise au profil par dragages furent étendus à d'autres canaux, et on confia à deux entrepreneurs, dans de certaines limites de cube annuel, l'exécution générale, au moyen de dragues, du curage des canaux sefi de la Basse Égypte pendant une période de huit années, ces entrepreneurs pouvant utiliser en partie leur propre matériel et en partie le matériel du gouvernement; l'entretien du canal Ismaïlieh se trouvait compris dans l'un de ces deux contrats. Depuis cette époque, tous les dragages se font par entreprise, le gouvernement ayant complètement renoncé à l'exécution en régie des travaux de cette nature.

Il y eut ensuite trois entreprises de dragages : l'une, pour le canal Ibrahimieh; l'autre, pour la province de Béhéra, et la troisième, pour les autres provinces de la Basse Égypte. La première entreprise a exécuté pendant les cinq années 1896-1901, un cube annuel moyen de 262 000 mètres; la seconde, un cube moyen de 497 000 mètres, dont 323 000 pour l'entretien des drains et des canaux et 174 000 pour travaux neufs; la troisième, un cube moyen de 1 471 000 mètres, dont 979 000 pour l'entretien et 492 000 pour travaux neufs.

L'ancien matériel du gouvernement égyptien encore employé dans ces travaux se compose, pour la plus grande partie, d'appareils achetés autrefois aux entrepreneurs du canal de Suez. Quelques-uns sont des dragues à long couloir qui déposent les déblais directement sur les berges; d'autres sont de simples dragues à godets qui se déchargent dans des chalands ou dans des gabarres à vapeur. Ce vieux matériel avait été augmenté en 1884 de deux fortes dragues à godets commandées en Angleterre. Les entrepreneurs l'emploient concurremment avec leurs propres engins, qui se composent de dragues à pompes, de dragues à godets et de dragues à cuiller des types ordinaires.

Les dragues à pompes sont celles qui paraissent, de l'avis des ingénieurs du service des irrigations, convenir le mieux au curage des grands canaux sefi, lorsque les dépôts à enlever sont récents ou sableux; elles peuvent produire 500 à 600 mètres cubes de déblai par jour quand la hauteur d'élévation n'est pas trop forte. Mais, quand les dépôts sont anciens, il faut avoir recours aux dragues à cuiller et à godets; et, dans ces dernières, il faut avoir soin que les godets aient une forme assez évasée pour que le limon ne reste pas attaché aux parois.

On dispose du produit des dragages de diverses manières.

Lorsque le travail se fait près de la prise du canal, les déblais sont chargés dans des gabarres et jetés au Nil. Dans les biefs inférieurs, ils sont portés, par des ouvriers, des chalands sur les cavaliers, ou bien, quand les arrangements des dragues le permettent, ils sont rejetés directement sur la banquette du canal dans des cunettes longitudinales de 6 à 8 mètres de largeur et de 1,50 m. à 2 mètres de profondeur, creusées à cet effet (fig 71). Ces cunettes sont vidées avant chaque nouveau curage et leur contenu, alors bien sec, est facilement mis en cavalier à bras d'hommes à quelques mètres en arrière. D'autres fois encore, les dragues à godets se déversent dans des chalands où des pompes centrifuges reprennent les déblais pour

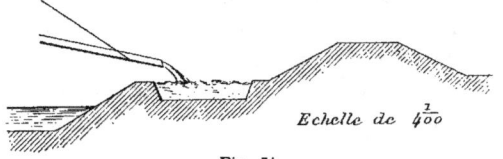

Fig. 71.

les refouler soit dans les cunettes, soit sur des terrains bas ou incultes situés non loin du canal.

Les clauses les plus intéressantes du contrat de dragage des provinces centrales et orientales du Delta sont les suivantes :

La durée du contrat est de huit ans et peut être portée à quinze ans.

Le matériel, les ateliers, magasins, etc., appartenant au gouvernement et mis à la disposition des entrepreneurs, doivent être entretenus en bon état de réparation et restitués au gouvernement à l'expiration du contrat dans le même état où ils se trouvaient au moment de l'inventaire, sauf l'usure due aux effets du temps et aux causes naturelles.

Dans le cas où le matériel de dragage prêté par le gouvernement se trouverait hors d'usage avant l'expiration du contrat, ou ne serait pas adapté à une partie quelconque du travail à exécuter, l'entrepreneur n'a aucun droit de réclamer du gouvernement, ni un nouveau matériel, ni un prix supérieur à celui qui est spécifié.

Les entrepreneurs fournissent à leurs frais le reste du matériel de dragage, les chalands, remorqueurs, etc.

Le gouvernement se réserve le droit de curer tout canal ou drain à bras d'hommes ou par dragage.

Si l'entrepreneur n'achève pas un travail dans le délai qui lui a été fixé, le gouvernement a le droit d'arrêter le dragage et de faire le curage à bras d'hommes en faisant supporter à l'entrepreneur l'excédent de dépenses.

Aussitôt que possible après le 1er novembre de chaque année, le gouvernement notifie le plan de campagne qui peut être d'ailleurs modifié par suite de circonstances imprévues.

Les entrepreneurs s'engagent à draguer tout canal ou drain dont la largeur au plafond n'est pas inférieure à 5 mètres et dont la profondeur est suffisante pour permettre aux dragues de flotter.

Aucun minimum de dragage annuel n'est fixé ; mais l'entrepreneur n'est pas obligé de draguer plus d'un million de mètres cubes dans une campagne, à moins qu'avis ne lui en soit donné deux mois avant le 1er novembre, et alors il est tenu d'exécuter les ordres en tant qu'il lui est possible de le faire.

La saison de dragage des canaux s'étend du 1er novembre au 1er juin ; les drains peuvent être dragués à n'importe quelle époque.

L'entrepreneur doit maintenir un matériel de dragage avec équipages, combustible, etc., suffisant pour draguer 130 000 mètres cubes par mois entre le 1er novembre et le 1er juin et 20 000 mètres cubes par mois entre le 1er juin et le 1er novembre.

La banquette sur laquelle doit être déposé le produit du dragage est réduite une fois pour toutes à une hauteur n'excédant pas 4 mètres au-dessus du niveau moyen des eaux en avril, et cela par les soins du gouvernement, ou à ses frais moyennant paiement de 0,40 m. par mètre cube. La largeur de la banquette n'est pas moindre de 6 mètres. C'est ensuite à l'entrepreneur qu'incombe le nivellement ultérieur de cette banquette lorsqu'elle a été surhaussée par les dépôts.

Les quantités de dragage exécutées sont déterminées au moyen de profils relevés quinze jours au plus avant le commencement et après la fin du travail.

On ne drague un canal que lorsqu'il y a au moins une épaisseur de 0,30 m. à enlever. Si la cote du fond après le dragage est 0,15 m. trop basse ou plus, on paie ce surplus jusqu'à 0,15 m. seulement. On ne paie rien pour toute portion de canal dont le lit a été laissé au-dessus du niveau prescrit. Si certaines parties sont laissées à une hauteur supérieure de 0,20 m. au niveau prescrit, on peut exiger de l'entrepreneur qu'il ramène sa drague pour faire le déblai nécessaire.

Le prix fixé est de 0,92 fr. par mètre cube dragué.

Pour le canal Ibrahimieh, le prix du mètre cube dragué était, avant 1903, fixé à 0,97 fr. Mais, à cette époque, on dut remanier le contrat, parce que les dragages devenaient beaucoup moins importants par suite de l'établissement du barrage d'Assiout et de l'ouvrage de prise du canal. Le prix du mètre cube dragué fut alors fixé à 1,56 fr. avec garantie d'un minimum de 100 000 mètres cubes par an ; le prix du transport des déblais au Nil par gabarres est payé 0,26 fr. le mètre cube.

Les autres clauses du contrat du canal Ibrahimieh sont peu différentes de celles qui viennent d'être indiquées pour la Basse Égypte ; toutefois des conditions spéciales ont été introduites pour préciser le mode de mesurage.

On comprend en effet que, la détermination du travail effectué résultant de profils relevés dans le canal avant et après le passage de la drague, on doit prendre certaines précautions pour que le montant du cube à payer ne soit pas faussé par les déplacements de vase que produisent l'action des godets et le courant. Supposons, par exemple, une drague ayant attaqué par l'aval un dépôt d'une certaine longueur ; d'une part, les godets soulèvent une certaine quantité de limon qui n'est pas élevé par la drague, mais qui est entraîné par le courant jusqu'à une certaine distance où il se dépose et où il rehausse le fond déjà dragué. D'autre part, l'eau, appelée vers les sections à plus grande profondeur qui viennent d'être draguées, augmente de vitesse sur le banc vaseux en amont de la drague et en écrète une partie pour la déposer en aval, dans les endroits où la drague a déjà passé.

Après de nombreuses expériences, on a admis les règles suivantes pour le canal Ibrahimieh.

En avant de la drague, on ne doit pas relever de section à moins de 25 mètres de distance de la chaîne à godets à la ligne d'eau, ni à plus de 165 mètres du même point ;

En arrière de la drague on ne prend pas de profil à moins de 150 mètres de la drague elle-même.

On tient compte ainsi, dans une mesure équitable, des quantités de limon qui sont seulement déplacées et non enlevées. D'ailleurs, l'entrepreneur, étant donnés les termes de son contrat, doit se préoccuper des dépôts qui se font sur les parties déjà draguées ; aussi il creuse toujours un peu au-dessous de la cote fixée.

Pour éviter ces inconvénients, on drague autant que possible en commençant par l'amont ; mais on ne peut toujours le faire. Des difficultés de cette nature ne se présentent pas du reste dans les sections à petite vitesse et à profondeur plus forte que 2 mètres à 2,50 m., mais seulement dans les endroits peu profonds où le courant est rapide.

MOYENS EMPLOYÉS POUR DIMINUER OU EMPÊCHER L'ENVASEMENT DES CANAUX

Les terrassements exécutés chaque année pour l'entretien des digues et des canaux, outre qu'ils coûtent de grosses sommes d'argent ne sont pas sans causer de sérieux embarras.

Le rechargement des digues se fait au moyen d'emprunts pris sur les terrains voisins. Lorsque ces terrains sont occupés par un canal, cela n'a d'autre effet que d'approfondir ce canal sur une certaine longueur, et les eaux limoneuses qui viennent ensuite remblaient vite les parties ainsi creusées. Mais lorsque les emprunts, comme c'est souvent le cas, sont prélevés sur des terres susceptibles d'être cultivées, on crée des bas-fonds qui reçoivent des infiltrations et perdent leur fertilité.

Pour les canaux, les produits du curage mis en cavalier sur les berges ne peuvent être accumulés indéfiniment en hauteur, ils finissent par empiéter sur les champs riverains et par les recouvrir d'un monticule inculte que le propriétaire est obligé d'accepter sans indemnité, à titre de servitude. Dans les endroits où il y a des envasements annuels considérables, comme dans le bief supérieur de quelques canaux, ou encore à certaines jonctions d'embranchements, ce sont de véritables collines de limon qui s'amoncèlent. On cherche à s'en débarrasser comme on peut; tantôt, le fellah puise dans ces dépôts pour niveler des bas-fonds ou amender ses terres; tantôt on en fait des briques; mais cela ne suffit pas à les faire disparaître.

Pour toutes ces raisons en plus de celles beaucoup plus importantes qui se rapportent à la sécurité des digues et au bon fonctionnement des canaux, il y a un grand intérêt à rechercher les moyens de diminuer le cube annuel des terrassements d'entretien.

On poursuit ce but, en ce qui concerne les digues des bassins, en protégeant leurs talus contre l'action des eaux par des perrés ou des murs de défense ou encore par des plantations, et pour les digues du Nil, en les mettant à l'abri des atteintes du courant par la régularisation du fleuve au moyen d'épis.

Quant aux canaux, quoique leur envasement ait souvent des causes assez complexes, il résulte toujours du même fait général ; il se produit, en effet, partout où la vitesse de l'eau n'est pas dans un rapport convenable avec la quantité de limon en suspension et avec la ténacité des parois du canal.

Beaucoup a été fait pour améliorer dans ce sens le régime de l'écoulement dans les canaux par la construction d'ouvrages régulateurs et d'ouvrages de prise, par la régularisation des profils, par la consolidation des talus, par l'application de méthodes rationnelles à la distribution des eaux. En outre, des procédés particuliers qui vont être exposés ci-après, ont été appliqués sur certains grands canaux, dont l'envasement rapide compromettait l'alimentation et exigeait chaque année des dépenses considérables.

Canal Ramadi. — Ce canal est un canal d'alimentation de bassins situé dans la province de Kench; il a sa prise sur la rive gauche (km. 893 du Nil); par une crue moyenne il reçoit 3,50 m. de hauteur d'eau avec un plafond de 20 mètres de largeur. En 1894, il avait été parfaitement curé sur les dix premiers kilomètres. Cependant, en 1895, on eut à extraire 123 000 mètres cubes avec une dépense de 38 000 francs sur les cinq premiers kilomètres. En relevant pendant la crue suivante des profils sur ces cinq kilomètres tous les huit jours, on constata que, au commencement de la crue, du 13 août au

10 septembre, il se fit un fort dépôt dans les trois premiers kilomètres, atteignant une hauteur de 1,50 m. dans le premier kilomètre, 1 mètre dans le second et 0,70 m. dans le troisième. Puis, lorsque la crue baissa, soit du 10 septembre au 30 octobre, le banc fut écrêté et réparti sur les cinq premiers kilomètres. Le dépôt était de nature sableuse.

Le phénomène qui s'est produit est le suivant :

La prise est dans un endroit où le Nil, à peu près rectiligne, transporte du sable quand la crue montante est dans toute sa force et la vitesse de l'eau assez grande pour le maintenir en suspension. A l'entrée du canal Ramadi, la déviation du courant crée des vitesses latérales qui amortissent le pouvoir d'entraînement ; les sables, plus lourds que le limon ordinaire, se déposent alors sur une faible distance et exhaussent fortement le plafond du canal. Plus tard, lorsque le courant est moins violent, au moment de la crue descendante, il transporte moins de matières ; mais en même temps la vitesse s'accroît à l'entrée du canal par suite de la réduction de section qui s'y est produite par rapport aux sections d'aval ; l'eau se recharge alors de matières au passage du bas-fond et les dépose un peu plus loin, au point où le canal a conservé jusqu'alors sa section normale.

Pour y remédier, on a transporté la prise du canal à 3 kilomètres en aval, en un endroit où le Nil est en courbe et où, ayant déposé ses sables dans la section élargie par laquelle le courant passe d'une rive à l'autre, il n'est plus chargé que de limon léger.

Plusieurs canaux de cette région dont la prise est disposée par rapport au Nil dans les mêmes conditions que l'était le canal Ramadi sont sujets aux mêmes envasements. C'est là un fait général qui ne se produit pas lorsque la prise du canal est établie dans une courbe bien marquée et bien fixée du Nil.

Canal Ibrahimieh [1]. — Le canal Ibrahimieh est encore un exemple d'un canal dont la prise est mal placée, dans une partie rectiligne de la rivière. Les bancs de sable se promènent en cet endroit dans le lit du fleuve ; lorsqu'ils sont en face de l'entrée du canal, les eaux y introduisent une grande quantité de dépôts ; lorsque, au contraire, par suite du déplacement longitudinal des bancs, l'eau est plus profonde devant l'entrée du canal, les apports sont moins considérables.

En outre, l'axe du canal est incliné à 45° environ sur la direction du courant du fleuve, ce qui donne lieu, à l'entrée du canal, à des courants obliques, c'est-à-dire comme conséquence, à des dépôts le long de la rive amont (rive gauche) et à des érosions sur la rive aval (rive droite) et ensuite, sur

---

[1] Voir la description de ce canal, pages 187 et suivantes.

une certaine longueur, à un courant qui ondule de droite à gauche, et cause des éboulements de berges. On a combattu ces érosions par de forts perreyages sur la rive droite du canal.

D'un autre côté, l'Ibrahimieh, sans ouvrage de prise avant 1902, était une vraie rivière qui recevait en étiage comme en crue toute l'eau que le Nil lui donnait et qui la portait librement sur 64 kilomètres jusqu'aux ouvrages répartiteurs et au déversoir de Dérout. Pendant l'étiage, la profondeur était entretenue au moyen de dragages ; mais, pendant la crue, il se produisait des

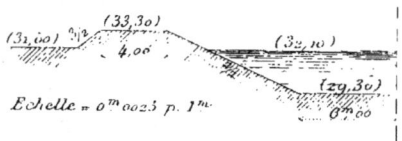

Fig. 72. — Section près de la prise.

dépôts considérables tout le long du canal. Ces dépôts étaient dus surtout, dans les premiers kilomètres, à ce que le canal prenait du Nil des eaux très chargées de matières lourdes. Plus loin, ils résultaient principalement de ce que le canal Ibrahimieh coulait avec de grandes vitesses, trop fortes

Fig. 73. — Section avec risberme pour les dragages.

pour la résistance des berges, qui s'effondraient dans le lit du canal et le comblaient, et cela, avec d'autant plus de facilité que les dépôts de dragage sont placés sur une risberme noyée pendant la crue (voir les profils en travers du canal sur les figures 72 et 73). Ces grandes vitesses avaient surtout pour cause le niveau que les eaux ne pouvaient dépasser à Dérout en raison de la disposition des ouvrages qui s'y trouvent, niveau qui donnait une pente superficielle moyenne de 0,08 m. par kilomètre depuis le Nil.

Un double phénomène se produisait. Au commencement de la crue, les eaux, par suite de leur grande vitesse, désagrégeaient les talus ; mais, comme elles étaient alors chargées d'autant de limon qu'elles en pouvaient porter, ces talus s'éboulaient sur place ; la ligne d'eau s'élargissait outre mesure et le plafond s'exhaussait.

Puis, au moment de la crue descendante, le service des irrigations maintenait quelque temps encore, soit en décembre et janvier, un fort courant dans le canal. Les eaux du Nil, alors moins chargées de limon, pouvaient en prendre encore un peu eu égard à la vitesse qu'on leur donnait; elles enlevaient donc une partie des terres déposées dans le fond et les rendaient au fleuve par le déversoir de Dérout. Mais une faible quantité était ainsi emportée, et il fallait chaque année de forts dragages pour rétablir le débouché nécessaire au débit des eaux d'étiage. En outre, ces éboulements étaient dangereux pour les digues, notamment pour la digue de rive droite, qui porte le chemin de fer de la Haute Égypte; ils nuisaient aussi, par les sinuosités qu'ils créaient, à la régularité de l'écoulement dans le canal.

Depuis qu'un ouvrage de prise a été construit en tête du canal et un barrage de retenue établi en travers du Nil, en aval de cette prise, les conditions de l'alimentation se trouvent complètement modifiées; d'ailleurs,

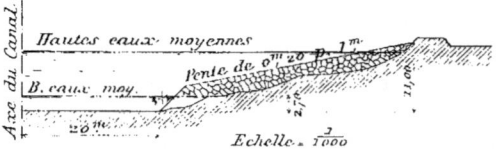

Fig. 74. — Section avec épis.

par suite de la suppression des bassins de la Moyenne Égypte, le régime du canal est aussi tout à fait changé tant en étiage que pendant la crue.

Mais, avant qu'il fût question de tous ces nouveaux arrangements, le service des irrigations s'était préoccupé, depuis 1886, de rendre aux talus du canal leur inclinaison normale et de les protéger contre les attaques du courant de façon à maintenir les profils et à restreindre le cube des dragages annuels. Des travaux furent faits dans ce but tout le long du canal entre la prise et Dérout, sur 61 kilomètres, de 1886 à 1896.

Ces travaux ont consisté notamment dans la construction de 216 paires d'épis en moellons espacées l'une de l'autre de 250 mètres. Les épis sont placés deux par deux vis-à-vis l'un de l'autre; ils ont 2 mètres de largeur en couronne avec talus à 45°. Leur point d'enracinement sur la berge est à 0,50 m. au-dessus des plus hautes eaux et ils descendent avec une pente de 1 sur 5 jusqu'à 4 mètres au-dessus du plafond (fig. 74). Une largeur libre de 40 mètres est réservée entre les têtes de deux épis symétriques.

Avec quelques perreyages sur certains points du talus de la rive droite, le long du chemin de fer, ces épis ont été pour les berges une bonne protection; ils ont empêché les forts éboulements. Quand à l'effet sur le lit, il a été évidemment de produire dans le profil longitudinal des creux en aval de chaque épi et des bosses en amont; les différences sont de 1 mètre environ d'un creux à la bosse suivante.

La dépense totale de ces travaux de défense a été en chiffres ronds de 1 000 000 francs pour 61 kilomètres.

Quel a été le résultat au point de vue des dragages annuels nécessaires pour obtenir le débit d'étiage ?

Pour les deux années 1884-1885, antérieures à la construction des épis, le cube moyen des dragages était de 968 300 mètres cubes ; mais, sur ce chiffre, 256 300 mètres cubes provenaient des curages faits en aval de Dérout. L'envasement en aval de Dérout, à partir de cette époque, a cessé de se produire parce qu'on prit soin de maintenir pendant la crue, dans cette partie du canal, une vitesse suffisante pour que le limon amené jusque-là restât en suspension jusqu'aux ouvrages de distribution. Pour nous en tenir donc à la partie du canal située en amont de Dérout, pendant ces deux années, la moyenne des dragages y fut de 712 000 mètres cubes et la dépense de 924 000 francs. Ce sont ces chiffres que nous inscrivons dans le tableau ci-dessous :

Dragages du canal Ibrahimieh entre la prise et Dérout.

PÉRIODES	CUBES ANNUELS moyens.	DÉPENSE ANNUELLE moyenne.	OBSERVATIONS
1884-85	712 000 m³	924 000 fr.	Avant la construction des épis.
1886-91	565 000 —	591 000 —	Période de progression du travail des épis ; en 1891, ils étaient achevés sur 18 kilomètres.
1892-96	377 000 —	371 000 —	Période d'achèvement de la construction des épis.
1897-1901	262 000 —	255 000 —	Les épis sont terminés.

La diminution est remarquable ; elle n'est peut-être pas entièrement due à l'effet des épis sur la stabilité des berges ; elle peut être aussi causée dans une certaine mesure par un déplacement du chenal profond du fleuve au droit de la prise, d'où il résulte que les eaux entrant dans le canal sont moins chargées de limon qu'autrefois. En tout cas, le fait est fort intéressant à constater, même comme résultat de ces deux causes.

Actuellement avec le nouveau régime du canal, le cube annuel des dragages est réduit à 100 000 mètres cubes et la dépense à 230 000 francs.

Rayah de Béhéra[1]. — Ce canal a sa prise en amont du barrage du Delta, à l'ouest de la branche de Rosette. C'est un exemple d'un canal creusé en grande partie au travers d'un désert de sable.

Il a 44 kilomètres depuis sa prise jusqu'au point où il se jette dans le

---

[1] Voir la description de ce canal, pages 164 et suivantes.

canal Katatbeh. Sur les neuf premiers kilomètres, il coule dans les terres cultivables et ensuite, sur 32 kilomètres, il coupe un désert couvert de sables mouvants.

Sa largeur est de 20 mètres au plafond, les talus ont 2 de base pour 1 de hauteur dans les terrains de culture, et 5 à 6 de base pour 1 de hauteur dans les sables.

Avant la mise en état du barrage du Delta, c'est-à-dire lorsque cet ouvrage ne relevait les eaux du Nil que de 0,30 m. à 0,50 m., le rayah de Béhéra portait 1 mètre à 1,50 m. de profondeur d'eau en étiage ; mais, par crainte d'éboulement des berges sableuses, lorsque les eaux de la crue dépassaient un certain niveau, on interrompait l'alimentation en barrant le canal par des digues en pierres ou en terre, à la prise (l'ouvrage de tête ne présentant pas une sécurité suffisante), au kilomètre 9 et au kilomètre 27.

Malgré ces précautions, il fallait chaque année 20 000 hommes de corvée, travaillant pendant vingt-cinq à trente jours, pour nettoyer le lit du canal du sable qui provenait de l'écroulement des talus ou qui était apporté du désert voisin par le vent. Les déblais, déposés sur les bords de la cuvette, et en partie au-dessous du niveau des plus hautes eaux qui y étaient admises, retombaient chaque année et devaient être relevés chaque année à grand renfort de bras.

De 1885 à 1887, on fit des essais pour obtenir le curage du canal au moyen d'un fort courant provoqué par l'introduction de l'eau de la crue à son maximum de hauteur. Comme on aurait dû s'y attendre, le sable des talus, trop lourd pour être emporté bien loin par des eaux déjà chargées de limon, se déposait sur le fond, à quelques mètres du point d'où il était enlevé. L'effet fut désastreux, et le canal se remblaya presque complètement sur une grande partie de sa longueur.

On se décida alors, d'une part, à faire des travaux de consolidation des talus et, d'autre part, à combattre l'envahissement du canal par le sable du désert.

Pour rétablir d'abord le profil normal du canal, on se servit de dragues qui enlevèrent 375 000 mètres cubes de déblais.

Pour consolider ensuite les talus, on employa la méthode des épis, comme sur le canal Ibrahimieh, et des plantations.

Les épis sont actuellement au nombre de 475, soit 12 en moyenne par kilomètre. Dans les alignements droits, ils sont placés en face l'un de l'autre, à des distances de 200 mètres. Dans les courbes allongées, les épis de la berge concave sont à 100 mètres de distance. Dans les courbes de faible rayon, les épis de la rive concave sont à 50 mètres de distance et ceux de la rive convexe à 100 ou 200 mètres suivant les cas. De petits épis intermédiaires sont en outre placés dans les endroits où il y a des érosions locales.

Ces épis sont construits en pierres sèches ou en briques de 0,40 m. ✕ 0,20 m. ✕ 0,10 m.

Quant aux plantations, elles sont faites sur les talus, depuis un niveau un peu inférieur au niveau d'étiage jusqu'à une hauteur plus élevée que le niveau de crue. On a dû choisir des espèces poussant bien dans le sable ; celles qui ont le mieux réussi sont le Bouss Hagna (arundo donax) et le Burdi (typha angustata) ; mais ce dernier a l'inconvénient d'envahir le canal.

Pour empêcher les apports de sable du désert, on construisit le long du canal des écrans en roseaux ou en tiges d'arbrisseaux tels que le cotonnier ; c'est le système ordinairement en usage pour s'opposer au cheminement des dunes de sable. On lança en outre, dans le désert qui s'étend à l'ouest du canal, une partie de la décharge des bassins de la province de Ghizeh, de façon à développer, sur ces terres auparavant stériles, une certaine végétation après le retrait des eaux et à colmater le sol.

Les dépenses de protection ainsi faites, non compris les dragages qui ont coûté 4 600 000 francs, ont été les suivantes :

Construction d'épis	592 000	francs.
Plantations	59 000	—
Ecrans pour empêcher les apports de sable du désert.	31 000	—
Inondation dans le désert	286 000	—
Construction de digues, d'ouvrages divers.	26 000	—
Dépense totale.	994 000	francs.

Ce qui représente environ 24 000 francs par kilomètre de canal.

A la suite de ces travaux, le cube annuel à draguer n'atteint pas 100 000 mètres cubes, soit une dépense de 100 000 francs, et le canal est utilisé pour porter l'eau toute l'année à la province de Béhéra jusqu'au moment de la crue où la hauteur du Nil, à la prise du canal Katatbeh, est assez forte pour que ce dernier canal suffise à l'alimentation de toute la province ; le rayah de Béhéra est alors fermé.

Rayah Menoufieh[1]. — Ce grand canal, qui part du barrage du Delta, alimente toute la superficie de la Basse Égypte comprise entre les deux branches du Nil. Il a théoriquement 40 mètres de largeur au plafond.

Autrefois, ce canal ne s'envasait pas ; mais, depuis 1890, on dut y faire des dragages annuels. Dans les cinq années 1896 à 1900, la moyenne du cube dragué sur les 28 kilomètres de ce canal a été de 250 000 mètres par an.

Les causes de cet envasement étaient de plusieurs sortes.

En premier lieu, l'augmentation de débit et de vitesse résultant de l'ex-

---

[1] Voir la description de ce canal, pages 157 et suivantes.

tension des irrigations, avait amené l'érosion des talus et leur éboulement et, par suite, de très fortes irrégularités dans la section transversale du canal.

En second lieu, des travaux de rectification du Nil avaient été entrepris juste en amont du barrage du Delta, c'est-à-dire à peu de distance de la prise du rayah Menoufieh. Le procédé employé pour obtenir cette rectification consistait à faire creuser au fleuve lui-même son nouveau lit en déplaçant le courant au moyen d'épis. Comme résultat, les eaux étaient chargées du limon arraché à la rive attaquée et une partie de ce limon allait se déposer dans les premiers kilomètres du rayah Menoufieh.

En troisième lieu, au moment de la crue, la nécessité de fournir l'eau à niveau aux terres voisines de la pointe du Delta, qui sont très élevées, obligeait à fermer en partie les deux ouvrages régulateurs de Nanaïeh (km. 11) et de Karineïn (km. 28); on relevait ainsi le niveau des eaux limoneuses dans le canal; mais, en même temps, on diminuait la vitesse d'écoulement; d'où formation de dépôts.

Ici encore on a remédié aux érosions des berges par des épis et par des plantations. Mais on avait d'abord fait les épis trop bas; entièrement submergés au moment de la crue, ils produisaient en aval une chute dont l'effet était de ramener sur le plafond le produit des dragages de l'année précédente, déposé sur les talus dans le but d'en rectifier le profil. On surhaussa ces épis et on obtint ainsi de bons résultats pour la fixation des berges.

Enfin, pour diminuer les envasements résultant de la réduction de vitesse des eaux au moment de la crue, on a exécuté un projet qui consiste à reporter jusqu'au Nil, en amont du barrage, la prise de tous les canaux nili qui desservent la pointe du Delta sur une distance de 25 kilomètres, tant à droite qu'à gauche du rayah Menoufieh, et qui étaient alimentés auparavant par ce dernier canal. De cette façon, on n'a plus à manœuvrer les ouvrages régulateurs pour relever dans le rayah les eaux de la crue qui filent, sans réduction de vitesse, vers des terrains moins élevés (voir pl. VIII, fig. 11).

Actuellement, les dragages du rayah Menoufieh sont insignifiants ou nuls.

Rayah Tewfikieh[1]. — Jusqu'à présent, ce canal, achevé en 1888, n'a pas eu besoin de dragages; cependant les berges se sont rongées peu à peu par suite de l'excès de vitesse et de débit que les nécessités des irrigations ont imposé, et on a senti le besoin d'y construire des épis pour consolider les talus et rétablir la section normale dans les points attaqués.

[1] Voir la description de ce canal, pages 153 et suivantes.

CONSOLIDATION DE BERGES DE CANAUX PAR FASCINAGES ET PLANTATIONS

Des travaux de cette nature exécutés dans ces dernières années, à titre d'essai, ont donné de bons résultats. Les talus sont revêtus de fascinages en roseaux jusqu'à la hauteur du sol naturel où une risberme est ménagée entre la cuvette et le cavalier ; sur cette risberme, on plante de l'herbe, des roseaux ou de petits arbustes.

ENVASEMENTS PAR SUITE DE VITESSES INSUFFISANTES

Les exemples qui viennent d'être cités montrent les procédés employés pour diminuer les dépenses annuelles d'entretien des canaux, en empêchant l'érosion des berges et en cherchant à maintenir une uniformité de section aussi grande que possible tout le long d'un même canal.

Il est une cause d'envasement qui ne peut être combattue qu'en modifiant le régime des eaux ; c'est celle qui résulte de la stagnation momentanée, par suite de rotations ou pour d'autres causes, des eaux limoneuses dans certains biefs.

Ces envasements ne peuvent être prévenus que par le soin constant apporté par les ingénieurs à entretenir dans chaque partie d'un canal une vitesse toujours en rapport avec la quantité de matière que l'eau tient en suspension, et aussi par la construction de déversoirs ayant la position et le débouché nécessaires pour permettre d'obtenir ce résultat.

Beaucoup a déjà été fait dans ce sens, et on peut espérer qu'après quelques années, à la suite de tous ces travaux, les dépenses annuelles de curage seront encore fortement diminuées.

Un autre inconvénient des vitesses réduites qui se produisent notamment dans certains biefs des canaux de drainage dont la pente est faible, est l'envahissement des plantes aquatiques. Le faucardement de ces végétaux se fait, soit à la main, soit avec des appareils mécaniques flottants.

CHAPITRE XIII

DESCRIPTION DE QUELQUES OUVRAGES D'ART

Barrage du Delta. — Barrage d'Assiout. — Barrage d'Esneh. — Barrage de Zifta. — Barrage d'Assouan. — Ouvrages de prise et ouvrages régulateurs : ouvrages de prise du canal Ibrahimieh, du rayah Tewfikieh, du canal Sohaghieh ; ouvrage régulateur avec écluse à Sanaytah sur le rayah Tewfikieh ; ouvrage régulateur sur un canal d'irrigation permanente non navigable ; ouvrages régulateurs des bassins d'inondation ; appareils de fermeture des ouvrages régulateurs. — Déversoirs, siphons, ouvrages divers : déversoirs de Kocheicha, du bassin Hamed ; petit déversoir d'un canal d'irrigation permanente ; siphons sous le canal Sabakha, sous le canal Sohaghieh ; prises de distribution d'eau.

BARRAGE DU DELTA [1]

Construit à l'endroit même où les deux branches de Rosette et de Damiette se séparent l'une de l'autre, à 25 kilomètres en aval du Caire, cet ouvrage commande l'irrigation de toute la Basse Égypte, c'est-à-dire d'une surface cultivée de 1 300 000 hectares. Nous avons, dans un autre chapitre [2], exposé le but pour lequel il a été projeté et les services qu'il rend ; nous nous proposons d'en indiquer maintenant les principales dispositions.

Le barrage du Delta tient une place considérable dans l'histoire de l'irrigation égyptienne, tant par les fortunes diverses qu'il a subies et les remaniements successifs dont il a été l'objet, que par l'importance de son rôle et par l'étendue des ouvrages qui le composent.

Prévu par Bonaparte, pendant l'expédition d'Égypte ; projeté une première fois sous le règne de Mehemet Ali, en 1833, dans un emplacement différent de celui qu'il occupe aujourd'hui, par Linant de Bellefonds, à peine commencé, puis abandonné ; projeté sur de nouvelles bases et dans son emplacement actuel par Mougel bey, ingénieur des Ponts et Chaussées, en 1843, et commencé par lui ; poussé d'abord par Mehemet Ali trop hâtivement pour qu'il pût être exécuté dans de bonnes conditions, puis délaissé ;

---

[1] Lire sur ce sujet : *Mémoires sur les principaux travaux publics d'Égypte*, par Linant de Belfonds bey, *History of the Barrage*, par Major R.-H. Brown. « Egyptian Irrigation » par M. Willcocks.

[2] Voir chapitre VII.

enlevé à la direction de Mougel par Abbas Pacha, pour être confié aux ingénieurs indigènes ; mis partiellement en service en 1867, bien qu'inachevé,

Fig. 75. — Vue amont du barrage du Delta. (Branche de Damiette.)

et présentant tout de suite des signes de faiblesse qui le montraient incapable, dans l'état où il était, de produire une retenue quelconque ; discuté et étudié à nouveau par des ingénieurs et des constructeurs français et anglais, sans qu'on se décidât à rien faire pour corriger ses défauts ; employé ensuite comme simple répartiteur des eaux d'étiage entre les deux branches du Nil et condamné officiellement par le Ministère des Travaux publics, en 1883, à rester affecté à ce rôle secondaire ; repris en main, en 1884, par les ingénieurs anglais qui venaient d'assumer la direction des services d'irrigation ; mis d'abord en état, au moyen d'ouvrages provisoires, de produire une certaine retenue ; subissant de 1886 à 1890 une première série d'importantes réparations pour le renforcement du radier et l'établissement d'appareils mobiles de fermeture d'une manœuvre pratique ; soumis de 1896 à 1898 à un traitement spécial pour la consolidation des massifs de fondations ; enfin, de 1898 à 1900, soulagé par des constructions complémentaires d'une partie de la charge qu'il devait supporter, c'est seulement en 1901, après toutes ces péripéties et tous ces travaux, qu'il put enfin rendre avec sécurité les services pour lesquels il avait été projeté.

Ce n'est guère qu'en suivant pas à pas, depuis l'origine, les transformations apportées à cet ouvrage qu'on peut en bien comprendre les dispositions actuelles.

Barrage de Mougel (pl. VIII, fig. 1, 2, 3). — L'ouvrage se compose de deux barrages établis chacun sur une des branches du Nil et comprenant entre eux une langue de terre de 1 000 mètres environ de largeur qui forme l'extrémité du Delta ; celle-ci, bordée par un quai circulaire, est coupée en son milieu par le grand canal Menoufieh qui arrose les provinces centrales du Delta. Juste en amont du barrage, à l'ouest de la branche de Rosette, est la prise du Rayah Béhéra qui arrose les provinces de l'ouest du Delta ; et à l'est de la branche de Damiette, la prise du rayah Charkieh (appelé depuis rayah Tewfikieh) qui arrose les provinces orientales. Tel fut le plan grandiose adopté par Mougel. C'était la première fois que des ouvrages de cette nature allaient être exécutés au travers d'un grand fleuve.

D'après les projets, la retenue créée par cet ouvrage devait être au maximum de 4,50 m. au-dessus du niveau de l'étiage[1], ce qui, avec une cote moyenne d'altitude de 10 mètres dans les basses eaux, aurait amené le bief d'amont à l'altitude de 15,50 m. Le dessus du radier était à la cote d'altitude 8,25 m.

Le radier des deux barrages se compose d'un massif de béton surmonté d'un lit de briques avec chaînes en pierre de taille ; la largeur du radier est de 34 mètres sur 3,75 m. de hauteur avec parafouilles de 4,90 m. de hauteur en amont et en aval. Ce massif est compris entre deux lignes de pieux jointifs. Le radier est prolongé en aval par un arrière-radier de 8 mètres de largeur, formé d'une couche d'enrochements de 1,50 m. d'épaisseur recouverte d'un lit de béton de 1 mètre de hauteur ; la surface de cet arrière-radier a une pente de 0,20 m. par mètre ; il est terminé en aval par un massif de béton de 4 mètres de largeur sur 3 mètres d'épaisseur appuyé lui-même contre des

[1] Mougel avait même eu primitivement l'idée d'une retenue de 6 mètres.

enrochements et une file de pieux jointifs. La largeur totale du radier maçonné est donc de 46 mètres.

Le radier porte un pont en maçonnerie entre les piles duquel sont disposés des appareils mobiles de fermeture.

Le barrage de la branche de Rosette comprend soixante et une arches, dont cinquante-neuf ont 5 mètres d'ouverture avec piles de 2 mètres d'épaisseur ; les deux autres arches situées au centre de l'ouvrage ont 5,50 m. d'ouverture et sont appuyées sur des piles de 3,50 m. de largeur ; elles sont établies sur l'emplacement d'une passe navigable primitivement projetée. Une écluse de 12 mètres de largeur et une autre de 15 mètres sont construites aux deux extrémités du barrage dont la longueur totale est de 465 mètres.

Le barrage de la branche de Damiette a exactement les mêmes dispositions, sauf qu'il a dix arches de plus ; sa longueur est de 535 mètres.

Le système de fermeture des arches était formé par des portes en tôle de forme cylindrique tournant autour d'un axe horizontal encastré dans l'avant-bec des piles. Ces portes étaient elles-mêmes composées de plusieurs flotteurs parallèles qui, remplis à volonté d'eau ou d'air, devaient faciliter les manœuvres de descente ou de levage. Mises en place, elles reposaient à leur partie inférieure sur un seuil en fonte présentant des ouvertures au travers desquelles un écoulement d'eau continu devait empêcher le barrage de s'envaser en amont. Fermées, ces portes s'élevaient jusqu'à 5,80 m. au-dessus du radier.

Le pont supérieur a une largeur de 8,60 m. entre parapets.

Le barrage de Damiette et la plus grande partie du barrage de Rosette sont fondés sur du sable d'alluvion ou du gravier ; mais, dans la branche de Rosette, du côté de la rive droite, sur 100 mètres au moins de longueur, le lit du fleuve étant plus bas que le niveau projeté pour le dessous du radier, on fit une plate-forme artificielle de fondation en enrochements. Ce remblai atteint en certains points jusqu'à 12 mètres de hauteur au-dessous de la maçonnerie de béton.

Imperfections, malfaçons, inachèvement, mise en service restreint. — Dans la hâte de voir terminer ce grand ouvrage, Méhemet Ali, aussitôt l'exécution décidée, envoya sur les chantiers un nombre considérable d'hommes de corvée et une énorme quantité de matériaux ; ne comprenant pas qu'une difficulté quelconque pût retarder le travail, il faisait harceler ingénieurs et ouvriers, exigeant qu'une certaine tâche déterminée fût exécutée chaque jour. Dans ces conditions, la plus grande partie des travaux sous l'eau qui formaient la base même du barrage et qui devaient en assurer la solidité fut mal faite. Les pieux ne furent pas enfoncés à la profondeur et avec la régularité voulues; le béton, mal coulé dans l'enceinte formée par ces pieux, fut en grande partie délavé et prit mal, surtout dans les endroits où l'on rencontra des sables fluents et sur le remblai en enrochements de la branche de Rosette. Presque toute la partie inférieure du radier fut ainsi exécutée dans de mauvaises conditions et donna au barrage une assiette insuffisante. D'ailleurs les arrière-radiers furent à peine construits.

Ainsi les fondations du barrage étaient mauvaises dans une proportion dont il était impossible de se rendre compte; des sources nombreuses se faisaient jour au travers du radier. On n'en continua pas moins d'achever la superstructure; toutefois le barrage de Damiette ne reçut jamais ses portes de fermeture.

En même temps, on avait construit le rayah Menoufieh, le rayah Béhéra et leurs ouvrages de prise; mais les déblais du rayah Charkieh étaient à peine entamés.

Tel qu'il était, on voulut mettre le barrage en service. On se proposait de relever le niveau des eaux sur la branche de Rosette pour les rejeter plus abondamment dans les deux rayahs construits et dans la branche de Damiette qui alimentait les principaux canaux sefi des régions centrale et orientale du Delta.

Les portes, d'une manœuvre compliquée, étaient difficiles à manier. On procédait, d'ailleurs, à leur fermeture d'une façon très imprudente, étant donnée la faiblesse du radier. On les abaissait d'un coup entièrement dans chaque arche, en partant de la rive droite; il en résultait que les dernières arches de la rive gauche étaient soumises aux efforts d'un violent courant jusqu'au moment où elles étaient fermées. Dans une de ces manœuvres, en 1867, dix arches voisines de la rive gauche éprouvèrent un tassement, par suite de larges fissures qui s'ouvrirent dans le radier, sans doute à cause des ravinements produits dans le lit du fleuve en aval par la force des eaux. Ces dix arches furent entourées d'un fort bâtardeau s'élevant jusqu'à la cote 13 mètres et, dans l'intérieur du bâtardeau, le radier fut chargé de moellons.

Ordinairement, on commençait à fermer le barrage de la branche de Rosette lorsque le niveau des eaux atteignait l'altitude 12,50 m., soit en mars; elles montaient en amont à la cote 13 mètres et se maintenaient à l'aval à la cote 11,25 m., donnant ainsi une retenue maxima de 1,75 m. et un relèvement utile de 0,50 m. seulement. Un grand volume d'eau s'écoulait à travers les ouvertures des seuils en fonte sur lesquels les portes s'appuyaient[1]. Les niveaux d'amont et d'aval baissaient au fur et à mesure que

---

[1] M. Willcocks a calculé qu'une retenue de 1,75 m. donnait par ces ouvertures un débit de 20 000 000 mètres cubes par jour, soit 530 mètres cubes par seconde.

le débit du Nil diminuait et, en plein étiage, on n'obtenait plus guère qu'un gain de 0,30 m. sur la hauteur naturelle des eaux du fleuve. On relevait toutes les portes lorsque le Nil, commençant à monter, atteignait de nouveau la cote 13 mètres, et le fleuve coulait alors librement entre les piles jusqu'à l'étiage suivant.

Tel était, en 1884, l'état du barrage et le faible parti qu'on en tirait. A ce moment, Sir Colin Scott Moncrieff, alors sous-secrétaire d'État du Ministère des Travaux Publics, aidé de l'ingénieur Willcocks, alors inspecteur d'irrigation, résolut d'examiner à fond si réellement le barrage, avec certaines modifications, pouvait être utilisé pour le but dans lequel on l'avait construit, ou s'il fallait définitivement l'abandonner et reconstruire un autre ouvrage à sa place.

Retenue de 3 mètres obtenue par des travaux provisoires (pl. VIII, fig. 4). — En attendant l'achèvement de ces études, on résolut de créer en amont du barrage une cote permanente de 13 mètres pendant l'étiage pour améliorer l'alimentation des provinces du Delta. Afin d'obtenir ce résultat, après avoir jeté en aval une grande quantité d'enrochements, on commença, aussitôt que le Nil atteignit la cote 13 mètres, à abaisser progressivement les portes du barrage de Rosette, puis on boucha les ouvertures des seuils.

On ferma ensuite le barrage de Damiette, en mettant au travers des arches de fortes poutres horizontales sur lesquelles étaient appuyées des poutrelles verticales.

En 1884, on obtint une retenue de 2,20 m. sur la branche de Rosette et de 0,95 m. sur la branche de Damiette. L'arrière-radier en enrochements n'étant pas considéré comme suffisamment robuste, on ne poussa pas plus loin l'expérience.

En 1885, on maintint la cote de 13 mètres en amont avec une chute de 3 mètres; mais pour y arriver, on diminua la sous-pression du radier en divisant la chute totale en deux chutes de 1,50 m. A cet effet, on établit sur l'extrémité aval du radier et tout le long du barrage une digue en enrochements dont la crête, de 2 mètres de largeur, était à 3,25 m. au-dessus du radier ; malgré sa perméabilité, cette digue suffisait pour créer d'amont en aval une différence de niveau de 1,50 m. et elle réduisait ainsi la sous-pression du radier maçonné à l'effet d'une chute de 1,50 m.

Pendant ces essais, il y eut de nouveaux tassements dans les dix arches de la branche de Rosette qui étaient déjà fermées par un bâtardeau; on y remédia tant bien que mal en renforçant les enrochements autour de ce point dangereux.

Mais on ne pouvait laisser un ouvrage si important pour l'Égypte dans ces conditions d'insécurité et dans cette situation d'ouvrage inachevé; il fallait prendre des mesures définitives.

La convention de Londres de 1885 mit heureusement entre les mains du Ministère des Travaux Publics des ressources qui lui permirent d'entreprendre enfin les travaux de mise en état du barrage.

Restauration et achèvement du barrage de 1886 *à* 1890 (pl. VIII, fig. 5). — Le programme de ces travaux comportait :

La consolidation générale du radier ;

L'établissement de portes mobiles de fermeture disposées pour amener la retenue à la cote 14 mètres, c'est-à-dire pour faire travailler le barrage avec une charge de 4 mètres d'eau à l'étiage, la cote admise pour les basses eaux d'aval étant 10 mètres au-dessus du niveau de la mer ;

La mise en état des écluses des deux barrages ;

La construction d'une écluse en tête du rayah Menoufich ;

La construction complète du rayah Charkieh, y compris l'ouvrage de prise ; ce canal, qui faisait partie du plan primitif de Mougel, avait été à peine commencé.

La partie la plus importante et la plus délicate de cet ensemble de travaux était la consolidation du radier. On savait bien, par les plans de Mougel, comment ce radier devait être fait, mais on ne savait pas au juste ce qui avait été réellement exécuté, et encore moins quel était l'état exact de l'infrastructure vingt ans après son achèvement. Avant d'établir un projet définitif, on résolut de mettre à sec une partie du radier, la plus mauvaise, celle qui avoisine la rive gauche de la branche de Rosette. A cet effet, après avoir fermé les portes du Barrage et amorti ainsi le courant on construisit dans le fleuve une digue en terre entourant complètement une longueur de 20 arches. L'eau en amont du Barrage devait être maintenue à la cote 13 mètres pour les besoins des irrigations, sous peine d'assécher toute la Basse Égypte ; et, comme le dessus du radier était à la cote 8,25 m., cette digue devait donc permettre d'épuiser et de travailler sous une charge d'eau de 5 mètres.

Ce bâtardeau fut commencé le 24 mars 1886 ; il permit de constater qu'on pouvait mettre à sec le radier sans trop de difficultés, et de vérifier son état actuel. On profita même de cet examen pour réparer six arches avant le mois de juillet, époque de la crue, suivant les principes qui furent alors arrêtés pour tout l'ensemble de l'ouvrage.

On avait plusieurs fois proposé de donner l'étanchéité au barrage en renforçant le radier par un mur vertical à fondations profondes. Cette solution fut rejetée parce qu'on craignait les désordres que les grandes excavations nécessaires pour établir ce mur auraient pu apporter dans le massif des maçonneries, et on se décida, au lieu d'un radier épais et étroit, à faire un radier large et peu épais, de cette façon on évitait de remanier les infrastructures existantes.

Sir Colin Scott Moncrieff, dans une note sur le Barrage, publiée en 1890, indique comme il suit les bases qu'il sanctionna pour l'exécution de ce projet :

« Nous redoutions l'effet des excavations profondes. Il fut donc décidé d'étendre les fondations de façon à former une large plate-forme étanche. Que ce soit avec un radier profond ou large, le but à atteindre est le même : arrêter tout passage de l'eau par-dessous ou, s'il en passe un peu, l'obliger à circuler assez loin verticalement ou horizontalement pour que sa vitesse soit amortie; et cela non seulement l'empêchera d'entraîner avec elle le sable et le limon, mais encore la forcera à se débarrasser des matières qu'elle tient en suspension, de sorte que chaque année le sol de fondation deviendra de plus en plus imperméable, comme il arrive dans un vieux filtre.

« Cette idée n'était pas neuve, elle a été appliquée par Sir Arthur Cotton aux barrages des grandes rivières de l'Inde méridionale. Toutefois, je ne connais aucune rivière de l'Inde dans laquelle le sable et le limon soient aussi fins que dans le Nil. »

D'après ces principes, les dispositions suivantes furent adoptées (pl. VIII, fig. 5)[1].

Renforcement de l'ancien radier par la superposition d'une couche de maçonnerie de béton de ciment recouverte d'un lit de pierres de taille, le tout de 1,25 m. d'épaisseur; construction d'un avant-radier en maçonnerie hydraulique de 1 mètre d'épaisseur sur 25 mètres de largeur avec une file de pieux de 5 mètres de hauteur enfoncée à 20 mètres en amont de l'ancien radier; établissement d'un arrière-radier en maçonnerie de 13,50 m. de largeur, dont l'épaisseur décroît de 1,50 m. à 1 mètre d'amont en aval, protection de cet arrière-radier en aval par une forte couche d'enrochements maintenue par une rangée de blocs artificiels; couche d'enrochements naturels sur 10 mètres de largeur en amont du radier maçonné.

Tout le travail de consolidation des deux barrages, y compris leurs écluses, de fabrication et de mise en place des appareils de fermeture, fut enlevé en quatre campagnes, de 1886 à 1890, la moitié à peu près de chaque barrage étant terminée dans une campagne.

On commençait, en général, les travaux dans les premiers jours de décembre et on les interrompait fin juin. Le service des irrigations ayant

---

[1] Le projet fut dressé par le lieutenant-colonel Western et l'exécution des travaux dirigée par M. A.-G.-W. Reid, ingénieur au service des Indes.

imposé que la retenue du Barrage fût maintenue pendant toute la durée des travaux à la cote 13 mètres et ne descendît jamais au-dessous de la cote 12,80 m., le chantier correspondant à la besogne d'une campagne était entouré de digues de protection qui le séparaient entièrement du reste du fleuve et à l'abri desquelles on faisait les épuisements. La construction des digues durait environ deux mois ; elles étaient faites avec de la terre jetée dans l'eau calme qui s'étendait autour du Barrage dont les portes étaient préalablement fermées, et elles s'élevaient jusqu'à la cote 14,50 m. en amont et 12,50 m. en aval du Barrage ; elles étaient établies dans des profondeurs d'eau variant ordinairement de 3 à 7 mètres.

Par mesure de précaution, l'enceinte du chantier était formée par deux digues parallèles, distantes de 40 mètres l'une de l'autre (pl. VIII, fig. 6), qui isolaient du fleuve une surface de 10 hectares environ, dont les points bas étaient à 5 mètres au-dessous du niveau des eaux.

Les épuisements étaient faits surtout avec des pompes centrifuges. Dans la saison 1887-1888, on employa à cet effet six pompes centrifuges de 0,30 m., deux de 0,25 m. et un pulsomètre de 0,10 m., sans compter de nombreuses pompes à main ; le matériel d'épuisement fut à peu près équivalent pendant les autres saisons. On n'épuisait pas complètement à la fois toute la surface d'un chantier annuel ; on le divisait en deux ou trois compartiments par des digues auxiliaires, perpendiculaires au Barrage, entre lesquelles se répartissait la charge des eaux.

Dans la partie est de la branche de Rosette, vers le point où le Barrage a été fondé sur un massif d'enrochements en contre-haut du lit naturel du fleuve, l'exécution des digues présenta des difficultés, à cause de la grande profondeur de l'eau, qui atteignait 12 et 15 mètres sur une longueur de 100 mètres. Là, par mesure d'économie, on se contenta d'entourer le chantier par une seule digue, dont la base fut établie entre deux cordons parallèles formés de moellons, de débris de briques et de sacs à terre.

La mise à nu du radier permit de faire les constatations suivantes :

Dans la partie la plus mauvaise du barrage de Rosette, le radier était crevassé, certaines fentes avaient jusqu'à 0,10 m. de largeur ; il y avait un abaissement, dans le pont supérieur, allant jusqu'à 0,15 m. et un transport latéral de 0,20 m. au maximum ;

La partie est de ce barrage était la meilleure ;

Le barrage de Damiette, qui avait moins été soumis à l'action de forts courants que celui de Rosette, était dans un état plus satisfaisant, mais la désagrégation commençait ;

Sous quelques arches, une grande partie du revêtement en pierres de taille et briques n'existait plus ou n'avait jamais existé ; le béton qui apparaissait n'avait que peu de consistance ;

Des sources existaient en bien des points du radier ;

D'une façon générale, l'arrière-radier en talus prévu au projet Mougel n'existait plus ou n'avait jamais existé ; on n'en retrouvait des traces que devant une ou deux arches ;

Les pieux des deux files amont et aval du radier n'avaient pas été recépés ; ils dépassaient le radier de 0,50 m. à 1,25 m. ; la vibration produite par le bouillonnement des eaux les avait en partie déchaussés et avait créé tout le long de leur emplacement des sources qu'on eut beaucoup de mal à étancher pendant les travaux ;

Enfin, conformément aux prévisions de l'auteur du projet primitif, le massif d'enrochements sur lequel est fondée une certaine longueur du barrage de Rosette s'était tellement bien colmaté que les épuisements, dans cette partie, n'ont pas donné plus de peine qu'ailleurs.

L'exécution du travail présenta de grandes difficultés et on eut à recourir à toutes sortes d'artifices pour capter les sources et les boucher. Certaines arches étant en plus mauvais état que d'autres, le profil indiqué plus haut (pl. VIII, fig. 5) fut plus ou moins modifié suivant les circonstances. Ainsi, dans le profil type, l'altitude du nouveau radier est fixée à 8,50 m. ; on s'est bien tenu à cette cote pour tout le barrage de Damiette, sauf deux arches dont le radier a été porté à la cote 10 mètres ; mais, dans le barrage de Rosette, pour certaines arches, les meilleures, on arrêta la maçonnerie à la cote 9 mètres ; pour d'autres à 9,20 m., 9,50 m., 10 m., 10,50 m., et même pour une arche, à 11,50 m.

L'avant-radier a été fait uniformément de 25 mètres de largeur et de 1 mètre d'épaisseur, mais sa composition est variable ; tantôt, lorsque le sol est bon, il est en béton composé de 5 parties de pierres, 1 partie et demie de sable, 1 partie de ciment ; tantôt, quand le sol est sableux, la couche inférieure est en maçonnerie de moellons, avec mortier hydraulique composé de 1 de chaux et $1\frac{1}{2}$ de pouzzolane artificielle ; enfin, quand le sol est mauvais, la maçonnerie est en mortier de ciment avec 2 de sable pour 1 de ciment. C'est d'ailleurs là la composition des diverses maçonneries employées dans le travail.

Quant à l'arrière-radier, sa largeur varie entre 7 mètres et 30 mètres, suivant que les conditions de sécurité étaient plus ou moins favorables. Sur le barrage de Damiette, elle est comprise entre 10 et 15 mètres.

Signalons enfin que l'on supprima dix arches et l'écluse de rive gauche du barrage de Damiette ; ce barrage n'a donc plus actuellement que 61 arches et une seule écluse.

Le nouveau système de fermetures appliqué au Barrage consiste en vannes métalliques glissant sur des galets dans des rainures en fonte ménagées à l'avant-bec des piles. Elles sont montées et descendues au moyen de chaînes manœuvrées par de forts treuils à main roulant sur une voie ferrée supportée par les piles[1]. Chaque arche est munie de deux vannes, glissant chacune dans une rainure distincte, et faisant à elles deux la hauteur normale de la retenue. La vanne supérieure a une hauteur uniforme de 2,50 m. ; quant à la vanne inférieure, sa hauteur varie suivant l'altitude du seuil dans les différentes arches, de telle sorte que, lorsque les vannes sont baissées, le sommet de la vanne supérieure affleure à la cote 14 mètres et le sommet de la vanne inférieure à la cote 11,50 m.

La dépense totale de restauration des deux barrages, y compris les écluses, s'est élevée à 12 090 000 francs. Les quantités de maçonneries exécutées ont été les suivantes :

Béton	23 863 mètres cubes.
Maçonnerie de moellons.	54 411 —
— de pierres de taille.	6 983 —
— de briques.	2 680 —
Enrochements	25 460 —
Total	113 397 mètres cubes.

Il est impossible, d'ailleurs, d'évaluer la dépense primitive du Barrage proprement dit, beaucoup de travaux annexes de fortifications à la pointe du Delta et de terrassements ayant été exécutés en même temps.

Pendant que se poursuivait la restauration du Barrage, on exécutait les autres travaux du programme, c'est-à-dire la construction du rayah Charkieh, appelé aujourd'hui rayah Tewfikieh, et d'une écluse de navigation à la tête du rayah Menoufieh.

A partir de l'étiage de 1891, le Barrage se trouvait donc en état d'alimenter, avec une retenue à l'altitude de 14 mètres (soit 4 mètres au-dessus du niveau moyen des basses eaux), les trois grands canaux d'arrosage des provinces du Delta.

Le Barrage de 1891 *à* 1896. — On ne peut mieux caractériser les conditions dans lesquelles se trouvait le Barrage à la suite des travaux précédents, qu'en rappelant la phrase qui termine un rapport officiel rédigé en 1889, par M. Reid, directeur des travaux :

« Le barrage de Rosette est maintenant complet et n'a besoin que d'une réglementation soigneuse et habile pour prouver la réussite ; mais en même temps, le sol sur lequel il est établi est si faible, la profondeur des fondations primitives si petite, le poids de la superstructure si grand et la pression

---

[1] Ce système est celui qui est actuellement adopté pour la fermeture des ouvrages qui ont des ouvertures de 5 mètres : nous en donnerons un dessin se rapportant au barrage d'Assiout (pl. X, fig. 3, 4 et 5).

de la retenue si forte, que toute imprudence dans la façon de traiter cet ouvrage sera suivie d'effets désastreux. »

En fait, dès le mois de mai 1891, avec une retenue de 3,18 m., sept sources apparurent en aval du barrage de Damiette, le long de l'arête de l'arrière-radier maçonné, et on reconnut, au moyen d'eau teintée, que ces sources venaient du bief amont en passant sous le radier. On les étancha de 1892 à 1895 par le procédé suivant : on dragua en amont de l'avant-radier une fosse, de laquelle on retira les enrochements et le sol perméable qui s'y trouvaient, et on remplaça le tout par un corroi de bonne argile, pilonnée sous l'eau, par couches de 0,50 m., au moyen d'un mouton en fonte pesant 4 tonnes ; ce corroi s'étendait sur l'extrémité de l'avant-radier pour former un joint étanche. Pour empêcher l'argile d'être entraînée par le courant au moment de la crue, on la recouvrit de sacs remplis de béton hydraulique, bien rangés l'un à côté de l'autre par des scaphandriers, de façon à constituer une enveloppe continue de maçonnerie de 0,25 m. d'épaisseur (pl. VIII, fig. 7 et 8).

Ce massif d'argile s'étend le long du barrage de Damiette sur 175 mètres environ. Après l'exécution de ce travail, on ne constata plus à l'aval que de petites sources claires, peu abondantes, et qui ne paraissaient pas dangereuses.

Le barrage de Rosette se comporta bien à ce point de vue ; on n'eut pas à y faire de travaux d'étanchement ; par contre, en 1896, on releva des fissures, très petites, il est vrai, dans les arches de la rive gauche qui avaient autrefois donné lieu à tant d'inquiétudes.

Pendant cette période, les plus hautes retenues qu'on atteignit furent de 3,72 m. sur la branche de Damiette, après l'étanchement des sources, et de 4,07 m. sur la branche de Rosette. Ces travaux d'étanchement coûtèrent environ 325 000 francs.

Injection de ciment au travers des piles. — Tel qu'il était alors, le Barrage remplissait convenablement son rôle ; mais il ne présentait pas des garanties suffisantes contre toute éventualité d'un accident dont les conséquences auraient été incalculables. Ce que l'on savait pertinemment, c'est que le béton des fondations de l'ancien radier était de qualité très inférieure, et cela n'était pas très rassurant ; d'autre part, certains ingénieurs pensaient que des cavités existaient sous les piles et dans l'intérieur du radier, par suite du délavage du béton au moment de la construction. Des sondages faits dans l'intérieur des piles ont démontré que cette dernière supposition était parfaitement exacte ; que certaines parties du béton, minées par les infiltrations, s'étaient détachées du massif de fondation, formant ainsi des vides plus ou moins grands sous les piles ; que le dessous du radier présentait une surface assez irrégulière ; que ces défauts étaient d'ailleurs moins grands ou plutôt moins généralisés au barrage de Damiette ; enfin, que le sol de fondation était généralement formé de bon sable ou de petit gravier.

Ces constatations faites, on prit le parti d'injecter du ciment liquide dans la construction, au moyen de trous forés verticalement dans les piles jusqu'au sol de fondation. Le travail fut exécuté en 1897 et 1898.

Chaque pile fut percée dans son axe de cinq trous de 0,12 m. de diamètre également espacés (pl. VIII, fig. 9 et 10). Ces trous étaient poussés jusqu'au-dessous du radier ; au commencement des travaux, on les curait avec la pompe à sable ; puis, plus tard, on s'aperçut qu'en descendant la sonde jusqu'à 2 ou 3 mètres au-dessous du radier, tous les débris du forage disparaissaient dans le fond du trou sans qu'un nettoyage spécial fût nécessaire. Les trous, une fois terminés, étaient remplis de ciment liquide. Le dessus du Barrage étant à la cote 22 mètres, l'extrémité inférieure du trou de sonde à la cote moyenne 3,50 m., le niveau de la retenue à 13,50 m., et le poids de la colonne de ciment liquide étant double du poids de l'eau, la pression exercée par ce ciment sous le radier était égale à celle d'une colonne d'eau de 26 mètres de hauteur, soit à 2,60 kg. par centimètre carré. Pour les trous de sonde percés dans les avant-becs des piles et qui avaient moins de hauteur que les précédents, la pression était de 1,900 kg. par centimètre carré. Sous ces fortes pressions, on a pu constater que le ciment avait pénétré parfois d'une pile à l'autre par le radier et, dans de nombreux cas, d'un trou à un autre dans une même pile. Les mêmes opérations d'injection de ciment furent exécutées sur les bajoyers des écluses.

Les résultats de ces travaux ont été les suivants :

Barrage de Rosette.

8 piles ont absorbé chacune de 18 à 22 barils de ciment.
25 — — 23 à 30 —
15 — — 31 à 40 —
6 — — 41 à 50 —
7 — — 55 à 439 —

En allouant 18 à 22 barils de ciment pour remplir les trous de sondage d'une pile, et en comptant que 9 barils et demi de 160 kilogrammes forment après la prise 1 mètre cube, on voit, d'après les chiffres ci-dessus, que les vides remplis de ciment, en dehors des trous de sonde, ont été :

Pour 8 piles, rien ou presque rien.
— 25 — 0,40 m³ en moyenne.
— 15 — 0,70 m³. —
— 6   — 1,20 m³. —
— 7   — de 2 m³ à 44 m³. —

Les piles qui ont absorbé le plus de ciment ont été celles de la rive gauche, et ensuite celles de la rive droite fondées sur le remblai de moellons.

Pour le barrage de Damiette, les vides remplis de ciment ont été :

Pour 22 piles, rien ou presque rien.
— 25 — 0,40 m³ en moyenne.
— 13 — 0,70 m³. —
— 5   — 1,20 m³. —
— 7   — 2,00 m³. —

La longueur totale des trous de sonde, y compris ceux des bajoyers des écluses, a été de 12 400 mètres ; le nombre total de barils de ciment employés a été de 6 094[1] et la dépense totale de 160 000 francs.

On a pu ainsi remédier, dans une certaine mesure, aux défauts de construction de l'ancien massif de fondations ; les piles se trouvent parfaitement consolidées ; mais on ne peut dire qu'il en soit de même sur toute la longueur du radier, en l'absence de sondages pratiqués entre les piles. Il est certain toutefois que, avec cette dépense relativement faible, les conditions de sécurité et de résistance de l'ouvrage ont été beaucoup améliorées.

Construction de murs de chute en aval du Barrage. — En 1897, en même temps qu'on exécutait les injections de ciment dont il vient d'être parlé, on reconnut que les irrigations de la Basse Égypte seraient grandement facilitées pendant le mois de juillet, c'est-à-dire au commencement de la crue, et aussi pendant l'étiage, si on pouvait relever le niveau de la retenue de la cote 14 mètres à la cote 15,50 m., quel que soit le niveau de l'eau en aval. Or, comme pendant le faible étiage de 1898, le niveau de l'eau en aval du Barrage était descendu jusqu'à la cote 9,20 m., c'était une hauteur d'eau de 6,30 m. qu'il fallait faire supporter à l'ouvrage.

Le moyen employé pour obtenir ce résultat fut la construction, à quelques centaines de mètres en aval du Barrage, sur chaque branche du Nil, d'un mur de chute plein (pl. VIII, fig. 11, 12, 13, 14), ayant sa crête arasée à la cote 12,50 m. La cote, en aval de l'ancien barrage, ne pouvant plus, dans ces conditions, descendre au-dessous de 12,50 m., la charge sur

---

[1] Le prix du baril de ciment était de 14,35 fr.

ce dernier ouvrage se trouve limitée à 3 mètres avec une retenue maxima à la cote 15,50 m. ; les murs de chute ont eux-mêmes à retenir, dans les plus mauvaises conditions, une hauteur d'eau de 3,20 m. Du même coup, l'ancien barrage gagnait à la fois en sécurité et en efficacité.

Le mur de chute de la branche de Damiette a 418 mètres de longueur ; il comporte une écluse à son extrémité sur la rive droite. Il se compose d'un mur vertical de 3 mètres d'épaisseur fondé sur le terrain naturel à la cote 4 mètres et arasé à la cote 12,50 m., ayant par conséquent 8,50 m. de hauteur. Sur 6,50 m. de hauteur, il est construit en maçonnerie de ciment ; au-dessus, en maçonnerie de moellons avec mortier de chaux et pouzzolane artificielle ; le couronnement est en pierre de taille. Ce mur est encastré à sa base, de chaque côté, dans un corroi d'argile, au-dessus duquel est disposé un fort massif d'enrochements qui s'étend en aval, sur 30 mètres de largeur, jusqu'à un mur de garde de 2,75 m. d'épaisseur et de 2,50 m. de hauteur en maçonnerie de ciment, arasé à la cote 10 mètres. Ce dernier mur est protégé en aval par un massif de 15 mètres de largeur, composé de blocs naturels pesant de une à deux tonnes.

Le mur de chute construit en travers de la branche de Rosette ne diffère du précédent que par des détails ; le mur de garde a un peu plus de hauteur et est protégé à sa base par un corroi d'argile, de façon à pouvoir mieux résister à la pression de l'eau emprisonnée entre le mur de chute et le mur de garde.

Sur les deux branches, quatre murs transversaux relient le mur de chute au mur de garde ; ils sont construits de la même manière ; leur surface supérieure a une pente de 1/12 égale à celle des enrochements encastrés entre les murs de chute et de garde ; ils servent à bien caler les enrochements.

Toutes les parties inférieures de ces ouvrages, aussi bien des écluses que des murs, furent construites sans épuisements, en coulant du ciment liquide dans des massifs de moellons préalablement disposés dans des encoffrements. Voici, par exemple, comme on procédait pour les murs de chute.

Aussitôt que le niveau du fleuve baissait, en novembre, on draguait à l'emplacement du mur, d'après le profil indiqué sur la planche VIII (fig. 13 et 14), puis on réglait les fermetures du Barrage de façon à obtenir en aval la cote 11,58 m ; cette cote baissait d'ailleurs au fur et à mesure que le débit du Nil diminuait. On amenait alors sur l'emplacement du mur un appareil flottant (pl. IX, fig. 1, 2, 3), composé de deux chalands suffisamment espacés l'un de l'autre pour pouvoir comprendre entre eux un caisson de 9 mètres de longueur et 3 mètres de largeur. Entre les deux chalands et posant sur le rebord, était disposé un pont de service portant au moyen de chaînes deux cadres horizontaux destinés à maintenir les parois du caisson, l'un de ces cadres descendu au niveau de l'eau et l'autre à 4 mètres au-dessous. Quatre pieux légèrement enfoncés dans le sol maintenaient ces cadres en position. On introduisait entre ces cadres des panneaux en bois de 1,50 m. de largeur et de 9 mètres de hauteur, formant les parois du caisson ; ces panneaux chargés en bas de pièces de fer pour pouvoir rester verticalement dans l'eau, étaient garnis à leur partie inférieure d'une lame de tôle qui, pénétrant dans le sol, devait empêcher le ciment de s'échapper à l'extérieur. Tout l'intérieur du caisson était garni de toiles fixées par des couvre-joints en planches.

Une fois le caisson en place, on dressait verticalement, dans l'axe, quatre tubes en fer de 0,125 m. de diamètre, percés de trous sur toute leur longueur, allant jusqu'au fond et dépassant un peu, par le haut, le rebord du caisson. Ces tubes étaient également espacés. On introduisait ensuite, dans les tubes percés de trous, des tubes pleins de 0,075 m. de diamètre garnis d'un entonnoir à la partie supérieure et s'élevant jusqu'à 2 mètres au-dessus du niveau de l'eau.

Le caisson ainsi préparé, on le remplissait d'en haut, jusqu'au niveau de l'eau, de moellons mélangés de 20 p. 100 de pierres cassées et de 15 p. 100 de cailloux, puis on coulait du ciment liquide dans le premier et le troisième tubes ; le ciment descendait jusqu'en bas et se répandait dans le massif par les trous du tube extérieur en vertu de sa pression. Dans le second et le quatrième tubes, étaient des flotteurs construits de façon à être plus lourds que l'eau pure et plus légers que le ciment liquide ; on se rendait compte, par leur déplacement, du niveau atteint dans la masse par le ciment coulé. De temps en temps, on changeait les flotteurs de tubes et on coulait le ciment par les tubes qui contenaient auparavant les flotteurs. Au fur et à mesure que le ciment montait, on relevait les tubes intérieurs. En général, pour éviter les déperditions de ciment par le fond, on le coulait d'abord jusqu'à ce qu'il atteignît 1 mètre de hauteur, on le laissait faire prise et on continuait ensuite sur toute la hauteur. Lorsque le ciment était arrivé au niveau de l'eau, on achevait à sec la maçonnerie du mur. Un caisson pouvait ainsi être rempli de maçonnerie en trois ou quatre jours. On déplaçait alors l'appareil flottant, on enlevait l'encoffrement et on reconstituait le caisson à côté, l'une des parois du nouveau caisson étant formée par la face verticale extérieure du bloc qui venait d'être terminé.

Le mur de garde, les murs transversaux et les bajoyers des écluses furent construits de la même manière.

De petites fissures s'étant produites parfois entre deux blocs successifs, par suite des différences de tassement de la maçonnerie, pour éviter cet inconvénient, on ménageait entre les deux blocs un trou cylindrique vertical qu'on laissait vide, et, quand les blocs étaient secs et que les corrois d'argile étaient en place, on remplissait ce trou de ciment qui se répandait dans les petites fentes existant à la jonction des deux blocs.

Le même procédé de ciment coulé sous l'eau fut employé pour le radier des écluses, qui a 100 mètres de longueur sur 17 mètres de largeur. Après la construction des bajoyers, on établit des encoffrements aux deux têtes de l'écluse (pl. IX, fig. 4 et 5). Puis on fixa à un plancher, placé au-dessus du niveau de l'eau, des tubes en fer verticaux descendant jusqu'au fond de la fouille draguée, disposés comme pour les murs de chute et distants de 3,80 m. d'axe en axe. On jeta, tout autour, des moellons mélangés de 20 p. 100 de pierres cassées et de 15 p. 100 de cailloux, de façon à former sur tout le radier une couche uniforme de 2 mètres, et on coula sans discontinuer, jour et nuit, le ciment, par les tubes, d'un bout à l'autre du radier, puis dans les encoffrements de tête destinés à former ensuite bâtardeaux. En moins de quatre jours, le ciment fut coulé dans l'écluse de Damiette ; un mois après on épuisait et on trouvait un radier parfaitement imperméable qu'on achevait de construire à sec. Sur la branche de Rosette, par suite du dérangement causé par de fortes pluies, le coulage du ciment commencé le 24 février ne fut terminé que le 3 mars ; le 4 mars on épuisait et le radier était parfaitement étanche.

En même temps qu'on faisait ces travaux, on augmentait de 1,50 m. la hauteur de toutes les portes supérieures de l'ancien barrage, de façon à ce que, mises en place, elles pussent affleurer à l'altitude 15,50 m., cote de la retenue à obtenir.

Le système de construction avec du ciment coulé ne fut adopté qu'après des essais préliminaires, qui furent jugés satisfaisants. En 1898, du 15 mai au 31 juillet, on fit 80 mètres de longueur de mur sur la branche de Damiette à titre d'expérience en grand ; mais le travail ne fut entrepris activement qu'en 1899. En deux saisons, allant de novembre à juillet, les deux barrages furent entièrement terminés, il ne resta plus pour 1901 que quelques petits travaux de parachèvement. Grâce à la méthode employée pour les fondations sous l'eau, on put ainsi, sans éprouver aucune espèce de difficulté, exécuter avec une grande rapidité ces deux ouvrages comportant :

400 000 mètres cubes de dragages ;
267 000 mètres cubes de terrassements ;
74 000 mètres cubes de maçonnerie de toute nature, dont 43 500 mètres cubes avec ciment coulé ;
200 000 mètres cubes d'enrochements ;
55 000 mètres cubes de corroi d'argile.

La dépense totale, y compris le surhaussement des portes de l'ancien barrage, a été de 11 285 000 francs.

Le prix de revient du mètre cube de maçonnerie de ciment sous l'eau a été de 62,50 fr. le mètre cube, avec du ciment coûtant en moyenne 14,30 fr. le baril de 360 livres anglaises [1].

Le Barrage ainsi transformé fonctionne maintenant dans de bonnes conditions. On a constaté que l'obstacle créé par les nouveaux murs de chute ne relève qu'insensiblement le niveau des crues ; d'ailleurs l'obstruction qu'ils produisent dans le lit du fleuve n'est pas plus forte que celle qui résulte de la présence des piles mêmes de l'ancien barrage.

BARRAGE D'ASSIOUT

Le barrage d'Assiout (fig. 76) a été récemment construit sur le Nil au kilomètre 423. Il a pour objet de régler la hauteur du fleuve à l'entrée du canal Ibrahimieh, cette grande artère qui arrose dans la Moyenne Égypte et au Fayoum 472 000 hectares.

Commencé en décembre 1898, cet ouvrage fut inauguré en décembre 1902. Tous les travaux d'infrastructure furent terminés dans les trois campagnes de 1899, 1900 et 1901, dont la durée s'étend chaque année du mois de décembre au mois de juillet, soit pendant la période des basses eaux.

Le barrage d'Assiout a la forme d'un pont en maçonnerie qui est établi sur un fort radier et dont les arches sont munies d'appareils mobiles de fermeture. Il se compose de 111 arches de 5 mètres d'ouverture avec piles de 2 mètres d'épaisseur. Toutes les dix arches sont des piles-culées de 4 mètres d'épaisseur. Les piles ordinaires ont 12,80 m. de longueur à la base et 11,20 m. au sommet et les piles-culées 15,40 m. de longueur à la base et 14,40 m. au sommet. Les piles supportent des arches en arc de cercle surbaissé, sur lesquelles est établie une route de 4,50 m. de largeur, à 12,50 m. au-dessus du radier. Sur le côté de la route, les arches portent en outre le chemin de roulement des treuils de manœuvre des appareils de fermeture qui se composent, pour chaque arche, de deux portes de 2,50 m. de hauteur chacune et de 5 mètres de largeur ; ces portes, mises en place l'une au-dessus de l'autre, forment une fermeture de 5 mètres de hauteur au-dessus du radier (pl. X, fig. 1 à 8).

A l'extrémité rive gauche du barrage est une écluse de 80 mètres de longueur et de 16 mètres de largeur.

La longueur totale de l'ouvrage entre le mur extérieur de l'écluse et la culée rive droite est de 833 mètres.

Sauf les voûtes des arches, qui sont en briques, toute la superstructure

---

[1] Le projet fut dressé et exécuté sous la direction du major R.-H. Brown, Inspecteur général des irrigations.

est en maçonnerie de moellons et de pierres de taille calcaires avec mortier hydraulique de chaux et de pouzzolane artificielle.

La naissance des arches est établie à la cote des plus hautes eaux, soit

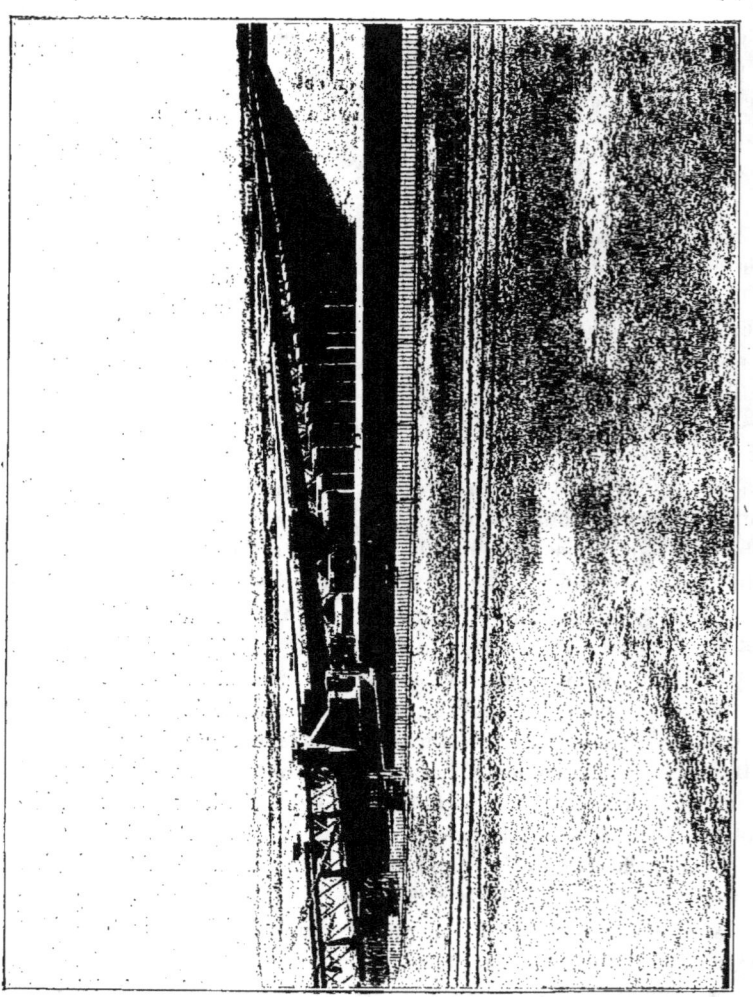

Fig. 76. — Vue amont du barrage d'Assiout.

53,95 m., et le dessus du radier est à 1,25 m. au-dessous de la cote des plus basses eaux, qui est de 44,50 m. La retenue d'amont est fixée, pendant les basses eaux, à la cote 47 mètres, soit 2,50 m. au-dessus des plus basses eaux, et, pendant la crue, à la cote 51,50, soit 8,25 m. au-dessus du radier. L'ouvrage doit, en tout temps, laisser passer l'eau qui est nécessaire à l'irrigation des provinces situées en aval.

Le radier est fondé sur un lit de béton de ciment de 0,90 m. d'épaisseur et de 26,50 m. de largeur, compris entre deux files de pieux en fonte jointifs enfoncés de 4 mètres dans le sol. Sur le béton est posé un massif de maçonnerie de moellons et de mortier de ciment à quatre parties de sable pour une de ciment, ayant 2,10 m. de hauteur et 26,50 m. de largeur. L'épaisseur totale du radier maçonné est donc de 3 mètres. Un lit de pierres de taille encastrées dans la maçonnerie de moellons forme seuil sous les appareils de fermeture. Le radier est protégé sur 20 mètres de largeur, en amont, et sur 50 mètres de largeur, en aval, par des enrochements, et de plus, en amont, par un corroi d'argile[1].

Le sol de fondation est du sable pur sur toute la longueur de l'ouvrage.

Ce qui caractérise principalement cet ouvrage, c'est la double ligne de pieux en fonte établie pour former autour du radier une ceinture étanche qui s'étend en profondeur jusqu'à 7 mètres au-dessous du seuil de barrage.

Ces pieux ont une longueur totale de 4,90 m. et une largeur de 0,698 m. (pl. X, fig. 6, 7 et 8). Chacun d'eux présente sur toute sa longueur, d'un côté, une languette et, de l'autre côté, une rainure dans laquelle s'engage la languette du pieu voisin ; l'arête inférieure du pieu est coupée en biais. Ces pieux étaient enfoncés au moyen de sonnettes à vapeur avec mouton du poids d'une tonne.

La rainure de chaque pieu étant plus profonde de 28,5 mm. que la longueur de la languette, il restait dans le fond de la rainure, entre deux pieux jointifs, un vide ayant la forme d'un carré de 28,5 mm. de côté. Quand les pieux étaient à profondeur, on nettoyait ce vide au moyen d'une pompe à sable ayant un tuyau de 12,5 mm. de diamètre, et on y coulait du ciment de façon à le boucher complètement.

Lorsque les pieux étaient enfoncés avant que le sol de fondation fût complètement déblayé à niveau, on les surmontait d'un autre pieu de 3 mètres de longueur emmanché sur la tête du pieu inférieur au moyen de plaques de tôle et de boulons, qu'on enlevait ensuite.

Deux sonnettes à vapeur pouvaient enfoncer sept pieux de 4,90 m. dans une journée, ou onze pieux en travaillant nuit et jour.

Toute la construction fut exécutée à sec, en épuisant dans de grandes enceintes formées par des digues en terre qui entouraient tout le chantier

---

[1] L'arrière-radier aval en enrochements avait primitivement 20 mètres de largeur, mais en 1905, on le prolongea de 30 mètres sur 2,50 m. d'épaisseur pour empêcher les affouillements qui s'étaient produits pendant la réglementation du barrage en temps de crue. La dépense a été de 380 000 francs.

d'une campagne. Ces digues étaient faites au moyen des déblais dragués a l'emplacement du barrage ou provenant du lit du fleuve.

La première campagne commença le 1er décembre 1898, lorsque les eaux étaient descendues à la cote 48,98 m., et cessa le 7 août, lorsqu'elles étaient montées à la cote 48,37. Les digues d'enceinte du chantier comprenaient l'écluse de rive gauche et 210 mètres de barrage; elles enfermaient une surface de 42 000 mètres carrés dans laquelle il fallait épuiser à 4,80 m. de profondeur. On employa pour les épuisements 8 pompes centrifuges de 0,30 m., 2 de 0,25 m. et 4 de 0,20 m.; les pompes étaient actionnées par des machines verticales à action directe et étaient montées sur des massifs de maçonnerie, de 2 mètres de côté, foncés sur des puits dans le lit du fleuve jusqu'à la cote 38, 50 m. On eut à se défendre contre de nombreuses sources se faisant jour sur l'emplacement du radier; on les capta dans des tubes en fonte s'élevant jusqu'à 7 mètres au-dessus du radier; ces tubes étaient encastrés dans la maçonnerie; une fois la campagne terminée et le chantier couvert d'eau, on les remplissait de ciment jusqu'au niveau du seuil du barrage et on coupait ce qui dépassait ce niveau.

Pour protéger contre les affouillements, pendant la crue, l'extrémité de la partie du radier qui venait d'être achevée, on enfonça les derniers pieux en fonte à 7 mètres de profondeur, et on recouvrit la maçonnerie et le sol voisin sur une certaine longueur avec des sacs de sable.

La seconde campagne commença le 23 novembre, les eaux du Nil étant à la cote 47,50 m. Les digues d'enceinte du chantier comprirent d'abord 110 mètres de longueur de barrage, depuis la partie construite l'année précédente, et 100 mètres de longueur à partir de la rive droite; puis, les fondations terminées sur ces deux sections, on fit, à la suite, une nouvelle enceinte de 150 mètres de longueur du côté rive gauche et de 140 mètres du côté rive droite. Toute la partie restante du Nil fut ainsi barrée successivement pendant la campagne; la navigation fut reportée sur un point du radier terminé. Le 23 juillet, les digues se rompirent; on avait alors battu les deux files de pieux sur toute la longueur du barrage, mais la maçonnerie du radier restait inachevée sur 140 mètres et non encore commencée sur 20 mètres de longueur.

Dans la troisième campagne, on fit d'abord une enceinte de digues autour de la partie inachevée du radier; le travail était difficile, parce que le chenal principal du fleuve s'était reporté de ce côté-là pendant la crue. Après des essais infructueux d'épuisement, ne pouvant atteindre la cote du dessous du radier, on prolongea les digues amont et aval jusqu'à la rive droite, enfermant ainsi une surface totale de 54 000 mètres carrés. Les épuisements nécessitèrent l'emploi de 15 pompes centrifuges de 0.30 m., une de 0,25 m., une de 0,20 m. et une de 0,15 m.

Pendant ces deux dernières campagnes, on eut encore à capter un grand nombre de sources; on procéda comme dans la première année; on en eut ainsi à aveugler 974 sur tout l'ensemble de l'ouvrage.

Pendant la dernière campagne, certains symptômes faisaient craindre que des poches ne se fussent produites, par suite des fouilles et des épuisements, sous les deux extrémités du radier entre lesquelles il restait à travailler; par précaution, on fit des forages distants de 3 à 4 mètres dans la maçonnerie de l'année précédente jusqu'au sol de fondation, et on y coula du ciment au moyen de tubes en fonte s'élevant jusqu'à 5 mètres de hauteur au-dessus du radier. On procéda de même sur une assez grande partie du radier de rive droite où, en quelques points, on avait constaté de petits craquements résultant de l'effet des épuisements sur les sources souterraines.

Les portes de fermeture du barrage sont en tôle, d'un modèle presque identique à celles du barrage du Delta; elles glissent verticalement dans des rainures en fonte fixées par de grands boulons aux avant-becs des piles[1]; elles sont munies de galets de roulement, qui diminuent le frottement sur les rainures; on les manœuvre du haut du pont au moyen de deux chaînes supportées par un treuil roulant qui se déplace le long du barrage; ces treuils sont au nombre de quatre (pl. X, fig. 3, 4 et 5).

Dans les mois de mai et juin, le nombre des ouvriers travaillant sur les chantiers s'éleva en moyenne à 12400 dont 375 européens et le reste indigènes. Les travaux de superstructure avançaient parallèlement à ceux des fondations et, en février 1902, tout était terminé.

Le barrage d'Assiout a coûté environ 19 000 000 francs, non compris achat de terrains et autres dépenses accessoires, soit 23 000 francs par mètre courant de barrage, y compris l'écluse.

BARRAGE D'ESNEH

Le barrage d'Esneh (pl. X, fig. 10) est établi sur le Nil au kilomètre 809. Il a pour but de régler la hauteur du fleuve pendant la crue à l'entrée des grands canaux d'inondation des bassins de la province d'Esneh[2]. Commencé à la fin de 1906, il a été inauguré au commencement de 1909.

L'ouvrage a à peu près les mêmes dispositions que le barrage d'Assiout; il a été construit entièrement à sec par épuisement.

Il comporte 120 ouvertures de 5 mètres de largeur séparées par des piles

---

[1] La rainure aval ne descendait primitivement que jusqu'à 2,50 m. au-dessus du radier c'est-à-dire jusqu'au niveau supérieur de la porte amont entièrement baissée. On est en train de prolonger cette rainure jusqu'au radier même, de façon à ce que la porte supérieure puisse fonctionner en temps de crue, si c'est nécessaire, comme un déversoir à seuil mobile.

[2] Voir page 113.

de 2 mètres d'épaisseur et, de dix en dix ouvertures, par des piles-culées de 4 mètres d'épaisseur. Les arcs en maçonnerie qui surmontent les piles supportent une chaussée de 6 mètres de largeur et un pont roulant pour les treuils de manœuvre des portes. Il y a, dans chaque arche, deux portes métalliques de 5 mètres de largeur et de 3 mètres de hauteur chacune, glissant sur des galets jusqu'au radier, dans deux rainures en fonte encastrées dans les piles. Les piles ont 11,50 m. de hauteur depuis le radier jusqu'à la naissance des voûtes qui est elle-même à la cote des plus hautes eaux, soit 82,50 m. au-dessus du niveau de la mer.

Le radier maçonné a 3 mètres d'épaisseur et 30 mètres de largeur ; sa surface supérieure est à 1,30 m. au-dessous du niveau des plus basses eaux, soit à l'altitude de 71 mètres. Le sol de fondation est généralement du sable fin compact. Deux files parallèles de pieux en fonte jointifs sont enfoncées sous le radier à 4 mètres de profondeur pour assurer l'étanchéité du barrage. Ces deux files de pieux sont distantes l'une de l'autre de 26,50 m.

Le radier est protégé par des massifs d'enrochements de 20 mètres de largeur, en amont, et de 40 mètres de largeur en aval, avec, en plus, en amont, un corroi d'argile de 11,75 m. de largeur, appuyé contre la maçonnerie du radier.

Le seuil du barrage est en pierre de taille sur 15 mètres de largeur. Le radier est entièrement en granit d'Assouan, avec mortier de ciment anglais de Portland. Les piles et toute la superstructure sont en grès provenant des carrières antiques de Gebel Silsileh.

Une écluse pour la navigation est établie sur la rive gauche.

L'exécution de cet ouvrage a été confiée aux entrepreneurs du barrage d'Assiout, MM. John Aird et Cie, pour les terrassements et les maçonneries, et, MM. Ransomes et Rapier pour la partie métallique.

Le devis estimatif s'élève à 26 000 000 francs.

BARRAGE DE ZIFTA

Ce barrage est établi sur la branche de Damiette [1], à 85 kilomètres en aval du barrage du Delta. Commencé en 1901, il fut terminé au commencement de 1903 (pl. X, fig. 9).

Le but de cet ouvrage est principalement de venir en aide au barrage du Delta au commencement de la crue, au mois de juillet, époque où il y a dans toute l'Égypte une demande d'eau considérable pour l'arrosage des cultures d'été et les semailles du maïs et du dourah. Au moyen de prises faites sur le Nil en amont de cet ouvrage, les longs canaux d'irrigation qui

---

[1] Voir page 149.

s'alimentent au barrage du Delta reçoivent un supplément d'eau qui facilite la distribution dans leurs biefs inférieurs, autrefois entièrement tributaires des biefs supérieurs.

Ce barrage est construit pour retenir, en cas de besoin, une hauteur de 4 mètres au-dessus des plus basses eaux d'été. Ses dispositions sont presque identiques à celles du barrage d'Assiout. Il a 50 arches de 5 mètres d'ouverture avec piles de 2 mètres de largeur et, toutes les dix arches, une pile-culée de 4 mètres de largeur. Le radier en maçonnerie a 30 mètres de largeur et 3 mètres d'épaisseur ; il est compris entre deux lignes de pieux en fonte, en amont et en aval, celle d'amont enfoncée à 4 mètres de profondeur, et celle d'aval à 3 mètres seulement au-dessous du sol de fondation du radier. Sur la rive gauche est une écluse de navigation de 12 mètres de largeur sur 65 mètres de longueur utile.

Sur les deux tiers de la surface de l'écluse et sur presque toute la longueur de l'ouvrage, le sol de fondation est de l'argile solide. Aussi les travaux, exécutés à sec d'après les méthodes que nous avons exposées pour le barrage d'Assiout, n'ont pas présenté de difficultés.

La construction du barrage a coûté 10 000 000 francs environ, représentant une dépense de 25 000 francs par mètre linéaire de l'ouvrage, y compris l'écluse.

Le barrage de Zifta était à peine terminé qu'on sentit le besoin de lui faire supporter une charge d'eau plus forte que celle qui était d'abord prévue. On reconnut, en effet, dès la première année de son fonctionnement, qu'il pourrait rendre de plus grands services si, au moment même où la crue commence à se faire sentir dans la branche de Damiette, il pouvait rester complètement fermé jusqu'à ce que le niveau d'amont eût atteint la cote d'altitude minima de 8,50 m. Le radier étant à la cote 2,18 m. c'était une pression de 6,30 m. à laquelle l'ouvrage devait résister.

Le procédé par lequel on obtint ce résultat fut analogue à celui qui fut employé au barrage du Delta. On construisit, à 200 mètres environ en aval du premier barrage, un second barrage permettant de maintenir l'eau à la cote 4,55 m. en aval du premier, de telle sorte que la chute totale fût partagée entre les deux ouvrages.

Cet ouvrage auxiliaire (pl. X, fig. 10) se compose d'un mur de 4 mètres de hauteur et de 3 mètres d'épaisseur dont la crête est arasée à la cote 2,68 m. Ce mur est en maçonnerie de ciment ; il porte un seuil en pierre de taille arasé à la cote 3 mètres et un système de hausses mobiles en acier qui, dressées, s'élèvent jusqu'à la cote 4,55 m. Ces hausses, qui ont 3 mètres de largeur sur 2 mètres de hauteur, sont au nombre de 108, partagées en douze groupes de neuf chacun. Elles sont mues par l'eau sous pression. La longueur totale de l'ouvrage entre ses culées est de 337 mètres.

Le mur en ciment est protégé en amont et en aval par des enrochements. Les enrochements d'aval forment un arrière-radier de 1,50 m. d'épaisseur dont la surface est réglée suivant une pente de 1 sur 12 et dont le pied est appuyé sur un second mur continu en maçonnerie de ciment de 2 mètres de hauteur sur 1,50 m. d'épaisseur, arasé à la cote 1,68 m. Ce second mur est défendu lui-même par quatre rangées de blocs artificiels en béton de ciment de 1.200 kilogrammes chacun.

Ce travail supplémentaire a été terminé en 1907.

BARRAGE D'ASSOUAN [1]

Le barrage d'Assouan est construit en travers du Nil, à quelques kilomètres en amont de la ville d'Assouan, sur la crête de la cataracte. C'est un mur en maçonnerie percé d'orifices à fermetures mobiles. Barrant complètement le fleuve, il permet d'emmagasiner, dans la vallée même, une réserve d'eau considérable. Celle-ci, restituée au Nil pendant les mois d'étiage, donne alors à l'Égypte un supplément d'alimentation destiné à améliorer les conditions de l'irrigation et à étendre les cultures de coton et de canne à sucre.

L'importance du barrage d'Assouan comme ouvrage d'art, les modifications qu'il apporte au régime des eaux, la sécurité que doit présenter au point de vue de la stabilité une digue ainsi percée d'ouvertures à grandes sections jetée sur un des plus grands fleuves du monde, le capital considérable engagé dans sa construction et les conséquences résultant de son établissement pour l'irrigation du pays tout entier, toutes ces raisons conseillaient au gouvernement égyptien de ne se lancer dans cette entreprise qu'après de longues études préparatoires et qu'en s'inspirant de l'avis des ingénieurs les plus expérimentés.

Les études furent faites de 1890 à 1893 par M. Willcocks [2] et furent soumises, en 1894, à une commission composée de Sir Benjamin Baker, ingénieur de tant de travaux considérables, de M. Boulé, inspecteur général des Ponts et Chaussées, si connu par ses barrages sur la Seine, et de M. G. Torricelli, savant ingénieur hydraulicien. Le projet définitif fut ensuite dressé par M. Willcocks, avec le concours de Sir Benjamin Baker, désigné comme ingénieur-conseil.

L'exécution du barrage d'Assouan se partage en trois périodes :

1° Le barrage est construit d'abord pour une retenue de 20 mètres de hauteur, donnant une réserve d'eau d'environ un milliard de mètres cubes.

Un contrat fut passé le 21 février 1898 avec MM. John Aird et Cie pour

[1] Voir chapitre X.
[2] Aujourd'hui Sir William Willcocks.

l'exécution de ce travail. La cérémonie d'inauguration du barrage eut lieu en grande pompe le 10 décembre 1902.

2° Un arrière-radier maçonné est établi en aval du barrage pour défendre le sol rocheux contre les affouillements.

Commencés en 1904, ces travaux furent terminés en 1906. Ils ont été exécutés en régie.

3° Le barrage est surélevé de façon à donner une retenue de 27 mètres de hauteur totale et une capacité de réservoir égale à 2 300 000 000 mètres cubes.

Les travaux ont été commencés en 1907 et sont actuellement en cours d'exécution : on estime qu'ils seront achevés en 1913.

Ils sont confiés à MM. John Aird et Cie pour les maçonneries et à MM. Ransom et Rapier pour les parties métalliques.

Première période (1898-1902). — *Construction du barrage pour une retenue de 20 mètres*. — La cataracte d'Assouan est formée par une succession de rapides, qui produisent une différence de niveau de 5 mètres environ à l'étiage, sur une distance de près de 5 kilomètres comprise entre l'île de Philœ et la ville d'Assouan. La chute est inégalement répartie sur cette longueur ; elle est à peu près de 3 mètres entre une ligne prise à 100 mètres en amont de l'axe du barrage et une ligne prise à 100 mètres en aval.

Le Nil en cet endroit est divisé, par des rochers et de petites îles, en un grand nombre de bras (pl. XI, fig. 1 et 2). Sur l'emplacement même du barrage, il y avait, à l'étiage, cinq chenaux qui, en allant de la rive droite à la rive gauche, étaient désignés sous les noms de :

Grand chenal : largeur à l'étiage.	50 mètres.
— profondeur maxima à l'étiage.	6 —
El Haroun : largeur à l'étiage	40 —
— profondeur maxima à l'étiage	2 —
Petit chenal : largeur à l'étiage	25 —
— profondeur maxima à l'étiage	5 —
Chenal central : largeur à l'étiage.	100 —
— profondeur maxima à l'étiage.	4,50 m.
Chenal de l'Ouest : largeur à l'étiage.	100 mètres.
— profondeur maxima à l'étiage	8 —

Tout le lit du fleuve, les îles qui en émergent et les berges, sont entièrement composés de roches dures de syénite ou de diorite, fissurées à la surface sur une profondeur plus ou moins grande.

En dehors des chenaux d'étiage, le niveau général du lit majeur du fleuve est compris entre les deux cotes d'altitude 85 mètres et 95 mètres. Le niveau moyen des crues est à la cote 98 mètres et le niveau des étiages à la cote 90 mètres.

La cote maxima du réservoir est fixée à 106 mètres et la cote minima à laquelle se maintient l'eau en aval est 86 mètres ; le barrage doit donc retenir une hauteur d'eau de 20 mètres. Avec cette retenue, le réservoir contient 1 065 000 000 mètres cubes d'eau et le relèvement de niveau se fait sentir sur le Nil jusqu'à 160 kilomètres en amont.

La crête du barrage est arrêtée à la cote 109 et le dessus du parapet à la cote 110 ; les fondations, en un point de la passe du Grand chenal, ayant été descendues jusqu'à la cote 70 mètres, il en résulte que la plus grande hauteur de l'ouvrage, y compris sa fondation, est de 40 mètres ; le point le plus bas atteint par les fondations est à 13,50 m. au-dessous du lit du fleuve et la plus grande hauteur de maçonnerie au-dessus de ce lit est de 28 mètres.

La longueur du barrage est de 1 966 m. ; son tracé est rectiligne en plan ; sa section est celle d'un mur de réservoir en maçonnerie (pl. XI, fig. 2 et 3).

Sur 500 mètres environ, rive droite, c'est un mur plein ; mais, sur le reste de sa longueur, il est percé de 180 ouvertures destinées au passage de l'eau. Ces orifices sont munis de portes mobiles qu'on peut lever ou abaisser suivant qu'on veut vider ou remplir le réservoir. Ils sont placés à des niveaux différents, de façon à permettre de réduire autant que possible la pression d'eau sous laquelle chaque vanne doit manœuvrer ; ils sont divisés en pertuis inférieurs au nombre de 140 et pertuis supérieurs au nombre de 40.

Les pertuis inférieurs ont 7 mètres de hauteur sur 2 mètres de largeur, soit un débouché de 14 mètres carrés ; les pertuis supérieurs ont une surface moitié moindre, leur hauteur étant de 3,50 m. avec la même largeur de 2 mètres. Leur section est rectangulaire avec un évasement à l'amont.

Un canal de navigation a été creusé dans le roc à l'extrémité rive gauche du barrage. Sa longueur est de 2 000 mètres environ. La chute de 20 mètres entre le niveau maximum du réservoir et le niveau minimum du Nil, en aval du barrage, est rachetée par quatre écluses, dont trois ont 6 mètres de chute chacune et la quatrième 3 mètres. La largeur du canal au plafond est de 13 mètres. La largeur des écluses est de 9,50 m. et leur longueur utile de 75 mètres. La navigation devant être maintenue dans ce canal en tout temps, quel que soit le niveau du réservoir, les portes de l'écluse amont ont 19 mètres de hauteur ; celles de l'écluse aval n'ont que 9 mètres.

La cote du plafond du canal, en amont des écluses, est 90 mètres et en aval 83 mètres.

Voici comment on manœuvre le barrage :

Pendant la crue, les portes sont levées et tous les pertuis ouverts en plein. Il en est ainsi tant que le fleuve reste chargé de limon. Quand l'eau commence à devenir claire, c'est-à-dire en octobre ou en novembre, suivant le caractère de la crue, on se prépare à abaisser les portes. On ferme d'abord les pertuis les plus bas, puis progressivement les pertuis intermédiaires et les pertuis supérieurs, jusqu'à ce que le niveau du réservoir atteigne la cote 106, ce qui doit arriver, dans une année ordinaire, en février ou en mars. Pendant tout ce temps, le débit qui passe à travers le barrage doit être réglé d'après l'état du fleuve et d'après les besoins de l'irrigation et de la navigation.

La cote 106 est maintenue en amont jusqu'à ce que la demande d'eau devienne supérieure au débit journalier du Nil; cette demande est toujours très forte en mai, juin et juillet.

Quand il devient nécessaire de prélever sur le volume emmagasiné pour augmenter les ressources naturelles du Nil, on procède en sens inverse de ce qui vient d'être dit. Les pertuis supérieurs sont d'abord ouverts, puis les intermédiaires, puis les inférieurs; le niveau baisse graduellement dans le réservoir, et lorsqu'on vient à ouvrir les portes les plus basses, la pression qu'elles ont à supporter pendant leur manœuvre se trouve ainsi très réduite.

Le temps employé à vider le réservoir est réglé d'après les nécessités des irrigations; mais, quand la crue arrive, toutes les portes doivent être ouvertes; elles offrent un débouché total de 2 400 mètres carrés.

En appliquant la formule $v = 0,8\sqrt{2gh}$, on trouve que le débit d'une crue moyenne de 10 000 mètres cubes par seconde franchira le barrage avec une vitesse de 4,65 m. par seconde, sous une charge de 2 mètres, et qu'une crue exceptionnelle de 14 000 mètres cubes par seconde passera, sous une charge de 4,25 m., avec une vitesse de 7 mètres par seconde.

Le barrage est entièrement construit en granit et en mortier de ciment. D'après le rapport de M. Willcocks, auteur du projet, les dimensions en ont été calculées de telle sorte qu'en aucun point la pression sur les maçonneries ne dépasse 5 kilogrammes par centimètre carré.

Dans la partie voisine de la rive droite, où il n'y a pas d'ouvertures, la largeur au sommet est de 5 mètres, le parement amont est à peu près vertical, avec un fruit de 0,02 m. par mètre, le parement aval est incliné à 1 de base pour 1 1/2 de hauteur et se raccorde en haut avec la verticale par un arc de cercle de 6,605 m. de rayon. Un simple bandeau de 1 mètre de hauteur, en saillie, forme le couronnement (pl. XI, fig. 4).

Sur le reste de la longueur du barrage, où sont percés les pertuis, la largeur en couronne est portée à 7 mètres et le fruit du parement amont à 0,056 m. par mètre; un puits de 1 mètre de largeur est ménagé du haut en bas, au-dessus de chaque ouverture, pour faire monter et descendre les portes (pl. XI, fig. 5). En outre, des contreforts de 6 mètres de largeur et de 1,15 m. de saillie sont établis en aval, avec le même profil que le mur lui-même, à 70 mètres de distance les uns des autres, comprenant entre eux une série de 10 ouvertures.

Le corps de la maçonnerie est en moellons de granit bruts avec mortier de ciment à 4 volumes de sable pour 1 de ciment; les pierres ne sont pas disposées par lits arasés. Le parement amont est en moellons de granit, de fortes dimensions, appareillés, dont la face est grossièrement taillée de façon à former de forts bossages; ces moellons sont posés à bain de mortier de ciment à 1 de ciment pour 2 de sable. Le parement aval est construit de la même manière, mais le rejointement seul est fait avec ce dernier mortier, qui est également employé pour la partie inférieure des fondations sur une couche de 0,70 m. d'épaisseur.

Les quatre faces de la plupart des pertuis sont entièrement composées de fortes pierres de taille de granit parfaitement dressées; la face supérieure est formée de linteaux d'une seule pièce.

On avait d'abord pensé à garnir les quatre parements de ces pertuis avec des plaques de fonte qu'on considérait comme plus capables de bien résister à l'action des fortes vitesses de l'eau en temps de crue; mais on renonça à cette idée, sauf pour 30 des ouvertures les plus basses (fig. 77). Pour celles-ci, le revêtement de fonte a une épaisseur de 35 à 38 millimètres en plaques de 1,50 m. sur 1,90 m. Les plaques verticales ont chacune deux nervures verticales de 0,30 m. de saillie, évidées de façon à être bien prises dans la maçonnerie; ces plaques sont réunies ensemble par deux boulons de 38 millimètres; un joint en feutre de 3 millimètres est ménagé entre les faces des nervures verticales ainsi reliées l'une à l'autre. Les plaques de fonte du radier ont 2,70 m. sur 0,75 m.; elles sont posées avec des joints de 0,003 m. en feutre; elles ont chacune une nervure de 0,30 m. noyée dans la maçonnerie; elles ne sont pas réunies ensemble, mais sont seulement boulonnées, à chaque extrémité, avec la nervure de la plaque verticale située au-dessus.

Dans chaque pertuis, se trouve une porte en acier glissant dans des rainures en fonte et manœuvrée de la partie supérieure du barrage au moyen d'un treuil. Pour diminuer les frottements sur les rainures, des rouleaux en fonte sont disposés entre la face aval de la porte et la face d'appui de la rainure. Chaque porte a ainsi deux trains de 34 rouleaux ayant 37 centimètres de longueur et 19 centimètres de diamètre, et dont les axes sont fixés dans un cadre en acier formé de barres de 0,160 m. de largeur sur 0,025 m. d'épaisseur. Ce cadre est lui-même suspendu dans la rainure par un câble d'acier à deux brins; il monte et il descend en même temps que la porte elle-même, mais avec une vitesse moitié moindre. Ce système de rouleaux, connu en Angleterre sous le nom de système F.-G. Stoney, réduit considérablement les frictions; il est appliqué à 90 des portes inférieures et aux 40 portes supérieures; les 50 autres sont munies de simples galets comme les portes des autres barrages du Nil, elles ne doivent manœuvrer que sous 3,30 m. d'eau.

DESCRIPTION DE QUELQUES OUVRAGES D'ART

Une fois en place, les portes s'appuient sur un cadre en fonte formé des deux rainures verticales dans lesquelles elles glissent, d'un linteau supérieur et d'un seuil inférieur.

Les rainures sont formées de cinq segments superposés, renforcés par

Fig. 77. — Barrage d'Assouan ; revêtement métallique des pertuis.

des nervures ; elles garnissent les abouts du puits de manœuvre qui ont 1 mètre de largeur sur 1 mètre de profondeur. Les segments sont assemblés à joints étanches ; la face sur laquelle s'appuie la porte est planée avec soin et reçoit une plaque de roulement bien dressée, fixée de façon à pouvoir être renouvelée. Ces rainures sont garnies d'un écran incliné en acier, qui s'avance vers l'amont jusqu'à la face extérieure du cadre des rouleaux, et prévient ainsi la formation de remous dans les rainures lorsque les portes sont ouvertes ; en outre, cet arrangement de l'écran et des cadres des rouleaux permet, en tout temps, la visite et le nettoyage de ces appareils en aval de la porte.

Les seuils ont la même largeur que les rainures ; leur surface est horizontale sous la porte et ensuite inclinée de 0,15 m. vers l'aval.

Le linteau est formé d'un tambour creux en fonte, boulonné sur les rainures à 7 mètres de hauteur au-dessus du seuil ; il présente un dispositif formant joint étanche avec la porte. A cet effet, une barre ronde, tournée, est placée dans la cavité du linteau horizontalement, et des ouvertures sont pratiquées dans la fonte, de façon à permettre à l'eau de la retenue de presser la barre contre une forte poutre planée en fonte, faisant corps avec la porte.

L'étanchéité est obtenue par un procédé analogue entre les portes et le fond des rainures. On a eu surtout pour but de prévenir ainsi les érosions provenant de fuites continuelles entre les surfaces en contact.

Les portes sont en acier avec bordage en tôle de 0,020 m. Elles sont calculées pour supporter les pressions maxima suivantes :

NOMBRE des pertuis.	DIMENSIONS	ALTITUDE des seuils.	PRESSION maxima totale.	OBSERVATIONS
	mètres.	mètres.	tonnes.	
63	7 × 2	87,50	300	
25	7 × 2	92,00	190	
50	7 × 2	92,00	190	Ces portes sont celles qui n'ont pas de rouleaux Stoney.
22	3,50 × 2	96,00	75	
18	3,50 × 2	100,00	50	

Chaque porte est suspendue par deux câbles d'acier, enroulés sur des poulies à cinq gorges, manœuvrés par deux hommes au moyen d'un treuil placé sur le couronnement de l'ouvrge, de telle sorte que le levage se fasse à raison de 0,05 m. par minute.

Des écrans métalliques, qui peuvent se dérouler devant la tête des pertuis et les masquer, permettent, en cas de besoin, les visites et les réparations de l'ouvrage en tout temps.

Les portes des écluses de navigation sont en acier, à un seul vantail ; quand l'écluse est ouverte, ce vantail est logé dans une chambre latérale perpendiculaire à la direction de l'écluse (fig. 78). Un pont-levis, au-dessus de l'écluse, prolongé par un pont fixe au-dessus de la chambre latérale, porte deux files de rails. Sur ces rails roule un chariot muni d'un grand nombre de roues. Au chariot est suspendue la porte de l'écluse. Lorsque l'écluse est ouverte, le pont-levis est relevé verticalement et la porte est

Fig. 78. — Barrage d'Assouan ; vue des écluses de navigation.

suspendue au chariot dans la chambre latérale. Quand on veut fermer l'écluse, le pont-levis est mis en place et le chariot portant le vantail est tiré au-dessus de l'écluse ; le vantail est alors abaissé et s'appuie contre les chardonnets garnis d'acier et contre le seuil, en acier également. Des vannes sont disposées dans le bordage des portes pour le remplissage et la vidange du sas. Les manœuvres sont faites au moyen de l'eau sous pression.

D'après le contrat d'entreprise, les travaux de construction du barrage devaient être terminés en cinq ans comptés à partir du 1er juillet 1898. Grâce à l'activité des entrepreneurs et à des étiages exceptionnellement favorables, tout fut achevé en quatre campagnes.

Conformément aux clauses formelles du cahier des charges, toutes les parties de l'ouvrage furent construites à sec, dans de grandes enceintes formées au moyen de puissantes digues jetées en travers du fleuve. L'exécution de ces digues rencontra d'assez grandes difficultés, en raison de la force du courant dans les bras qu'il s'agissait de barrer et qui présentent une dénivellation de 3 mètres sur 200 mètres.

L'année 1898 fut principalement consacrée à amener du matériel, à établir les voies ferrées, les bureaux, les ateliers et à commencer l'excavation sur la rive droite en dehors du lit du fleuve.

Dans la campagne suivante, de novembre 1898 à juillet 1899, pendant qu'on continuait les travaux sur ce point et qu'on y exécutait les maçonneries, on commença à barrer le Grand chenal, El Haroum et le Petit chenal. Il fallait d'abord arrêter le courant et diminuer le débit de ces trois bras.

Pour cela, on construisit une jetée en pierres en aval de l'ouvrage, et assez loin pour qu'on pût intercaler une digue en terre entre les enrochements et la fondation du barrage.

Cette jetée fut montée jusqu'à la cote 93 mètres, soit 5 mètres au-dessous du niveau moyen des crues ; elle fut formée de blocs de 1 à 4 tonnes entremêlés de pierres plus petites pour remplir les interstices. Une grue, pour les blocs, et des wagons, pour les moellons, étaient amenés par une voie ferrée à l'extrémité de la jetée en construction qu'on exécutait ainsi à l'avancement.

Les jetées barrant les trois bras formaient une ligne continue de 200 mètres de longueur sur laquelle pouvaient circuler les trains de matériaux.

La jetée du Grand chenal donna une différence de niveau de 2 mètres entre l'amont et l'aval, à son achèvement ; le courant était assez fort pour que des pierres de 2 tonnes fussent entraînées ; cette construction avait 60 mètres de longueur, une hauteur maxima de 19 mètres, une largeur de 9 mètres en couronne et des talus à 45° en aval et à 0,75 pour 1 en amont.

La jetée d'El Haroum ne présenta pas de difficultés, le courant n'étant pas très fort sur ce bras.

Quand on en arriva au Petit chenal, qui a 35 mètres de largeur, avec 8,50 m. de profondeur, le courant, reporté de ce côté par suite de la fermeture des deux autres bras, devint tellement violent que les blocs de 3 ou 4 tonnes n'y résistaient pas. On dut, pour avancer, lancer dans le courant deux wagons dans lesquels on avait solidement amarré, au moyen d'un réseau de barres en fer, un chargement de blocs de 2 à 3 tonnes ; chacun de ces wagons pesait 35 tonnes.

La crue passa sur ces jetées ; en novembre, on les répara et on commença la construction des digues étanches en amont du barrage. Ces digues furent constituées avec des sacs remplis de sable granitique, de seize au mètre cube, avec les dimensions suivantes : couronnement à la cote 93,50 m. ; largeur au sommet, 5 mètres ; talus aval à 45° ; talus amont à 1,5 pour 1, porté ensuite à 2 pour 1 par les sables et débris jetés sur le parement pour assurer l'étanchéité ; hauteur maxima, 17 mètres. Elles purent supporter des charges de 10 mètres d'eau. Aussitôt ces digues achevées, le niveau, en aval des jetées d'enrochements, tomba à la cote 86 mètres et on n'eut que très peu de chose à faire pour les étancher avec de petits épaulements en sacs de sable.

Ces travaux préliminaires terminés, dans les premiers jours de janvier 1900, on épuisa, sans difficultés d'ailleurs. En même temps, profitant de la baisse exceptionnellement rapide du Nil, on barra également le chenal Central par les procédés déjà décrits, rejetant ainsi toutes les eaux du fleuve dans le chenal de l'Ouest, et on poussa aussi activement que possible les travaux. Le roc solide, sans fissures, fut trouvé d'une façon générale plus bas qu'on ne s'y attendait ; dans le Petit chenal, on dut descendre jusqu'à la cote 70,50 m.

A la fin de la campagne, l'eau coulait, dans les quatre bras qu'on avait entrepris, sur les fondations, au travers des pertuis déjà terminés sur une certaine hauteur.

Pendant la campagne 1901, on travailla sur le chenal de l'Ouest, comme on l'avait fait l'année précédente sur les quatre autres bras, et, en 1902, il ne restait plus à faire que les maçonneries supérieures, la pose des portes et des appareils de fermeture. Le creusement du canal de navigation de la rive gauche et la construction des écluses marchaient parallèlement aux autres travaux et, en décembre 1902, on pouvait inaugurer le barrage dont l'achèvement avait demandé seulement quatre ans d'efforts, au lieu des cinq années primitivement prévues.

On reconnut, en cours d'exécution, qu'il faudrait construire une cinquième écluse, pour éviter certains rapides, en aval de l'entrée du canal navigable ; ces travaux ont été terminés en 1904.

Pendant la période la plus active, c'est-à-dire dans la campagne de 1900, il y avait sur les chantiers une moyenne de 5 350 ouvriers dont 756 européens ; ces derniers étaient surtout des tailleurs de pierres et des mineurs italiens ; il y eut au maximum 8 550 ouvriers par jour, dans le mois de juin, dont 900 européens.

La dépense totale a été de 70 000 000 francs environ, ce qui repré-

Fig. 79. — Vue d'ensemble du barrage d'Assouan, côté aval.

sente 66 francs pour 100 mètres cubes de capacité du réservoir. On a eu à exécuter 700 000 mètres cubes de maçonnerie.

Construit avec de beaux matériaux d'une chaude couleur rosée, grandiose par sa masse, encadré de rochers sombres aux contours tourmentés qui, d'un côté, plongent dans une vaste étendue d'eau tranquille et, de l'autre, dans des flots bouillonnants argentés d'écume, éclairé par une lumière intense qui marque vigoureusement les saillies de la corniche et des contreforts et les rugosités des parements, cet ouvrage, malgré les lignes un peu sèches du couronnement, présente une belle apparence de la calme solidité qui convient à la barrière élevée pour entraver dans sa course un grand fleuve (fig. 79).

Mais si, en le contemplant, on est amené naturellement à penser aux bienfaits qu'il apporte à l'agriculture d'Égypte, on ne peut s'empêcher de songer aux dangers qu'il fait courir à l'un des joyaux de l'ancienne terre des Pharaons, l'île de Philœ. Noyés en partie par l'eau du réservoir pendant plusieurs mois de l'année, les monuments qui embellissent ce lieu célèbre se trouvent aujourd'hui dans des conditions toutes nouvelles, qui affectent leur stabilité et leur conservation. Des travaux importants de consolidation ont été faits, toutes les mesures ont été prises pour défendre, autant qu'il est humainement possible, ces vieux temples contre l'action des eaux : le temps montrera si ces précautions auront été efficaces et dans quelle mesure. Quoi qu'il en soit, c'est toujours avec une certaine mélancolie qu'on constate une fois de plus que, ici comme ailleurs, le progrès, dans sa marche irrésistible en avant, emporte souvent avec lui quelque intéressante relique des temps passés, et qu'on se rappelle la parole toujours vraie du poète : Ceci tuera cela.

Seconde période (1904-1906). — *Construction d'un arrière-radier.* — Une année à peine après que le barrage eût été mis en service, on constata que des affouillements s'étaient produits en aval dans la surface rocheuse. Les masses d'eau qui, sous la charge du réservoir, jaillissent des orifices en puissantes cascades avaient disjoint le granit, arraché des blocs énormes, creusé des trous profonds et, en un mot, avaient causé dans le roc des désordres tels qu'ils pouvaient devenir dangereux pour la stabilité de l'ouvrage si on n'y apportait un prompt remède.

Le principe adopté fut de supprimer les chutes d'eau, qui se produisaient à la sortie des orifices, en appuyant contre la base du mur du réservoir un radier maçonné affleurant au seuil de ces orifices et s'étendant en pente douce jusqu'aux rochers naturels sur une largeur variant de 30 à 60 mètres (voir fig. 80 et 81). Comme les pertuis sont divisés en séries qui sont à des niveaux différents, le radier maçonné n'a pas des dispositions uniformes sur toute la longueur du barrage ; en chaque endroit, la hauteur de son point de départ et sa pente dépendent du niveau de la série de pertuis dont il reçoit l'écoulement. Pour éviter les courants transversaux qui se produiraient sur la ligne de jonction de deux portions de radiers partant de niveaux différents, de forts murs de garde transversaux séparent ces deux portions de radier et donnent à l'eau une direction normale à l'ouvrage. Ces murs peuvent servir aussi, à l'occasion, de bâtardeaux pour isoler une

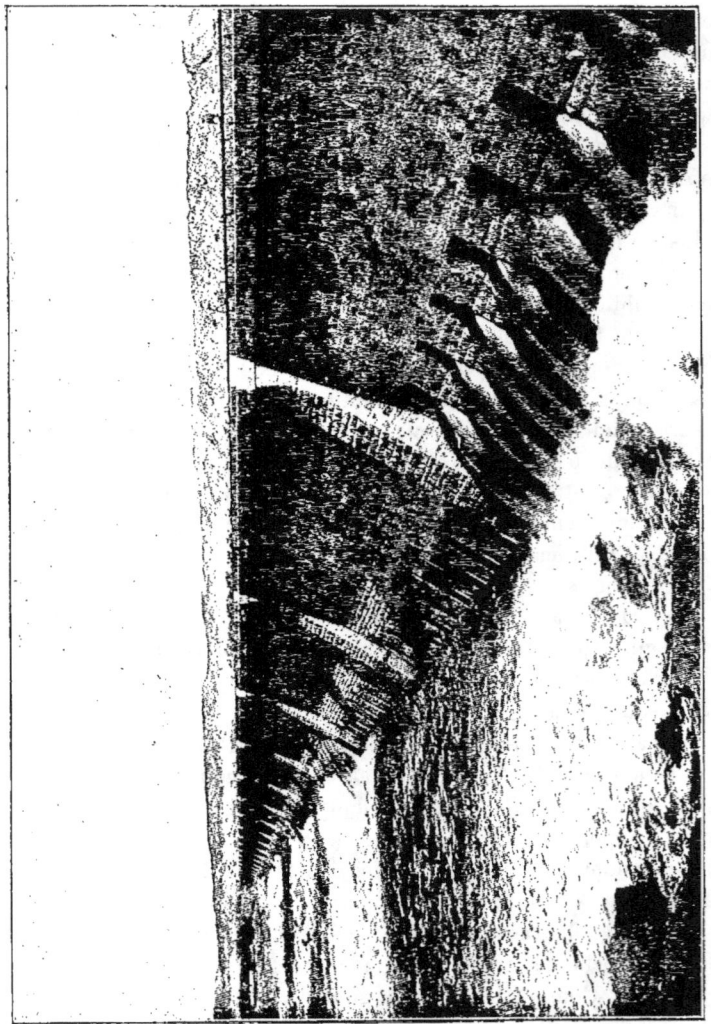

Fig. 80. — Barrage d'Assouan pendant la crue avant la construction de l'arrière-radier.

partie du radier et en permettre la visite ou la réparation ; ils sont au nombre de dix, irrégulièrement espacés.

Le radier maçonné s'étend sur 1150 mètres de longueur, au pied de toute la partie du barrage qui est percée d'ouvertures (pl. XI, fig. 6 et 7).

Après un essai exécuté en 1904, vers l'extrémité rive droite, le travail fut entrepris en grand, en 1905, sur la moitié de la longueur, du côté de la rive gauche, et, en 1906, sur la seconde moitié. Toute la surface sur

Fig. 81. — Barrage d'Assouan pendant la crue après la construction de l'arrière-radier.

laquelle on devait travailler pendant la campagne était isolée du lit du fleuve par des digues et mise à sec par des pompes.

On commença par bien nettoyer le rocher sur l'emplacement du radier, enlevant à la mine tout ce qui n'était pas absolument sain et compact, descendant en certains points plus bas même que le dessous des fondations du barrage. Le chantier occupait de 2 à 7 000 travailleurs dont 500 européens. Puis on se mit à maçonner.

Tout le corps du radier, depuis la surface du rocher nettoyée à vif jusqu'en haut est construit en moellons de granit hourdés au mortier de ciment. Le parement est aussi en granit; il est formé, suivant les efforts à supporter, d'un simple pavage en moellons à joints incertains ou d'un lit de pierres de taille de 0,40 m. d'épaisseur; en certains points même des lignes de parpaings de 0,80 m. d'épaisseur, espacées de 1,60 m. d'axe en axe, sont intercalées entre les pierres de taille de parement. Le mortier est composé de 6 de sable pour 1 de ciment dans les parties basses situées à plus de 3 mètres au-dessous de la surface supérieure du radier, de 4 de sable pour 1 de ciment dans le corps de l'ouvrage et de 2 de sable pour 1 de ciment dans le revêtement.

Ces travaux qui ont déjà subi l'épreuve de plusieurs années se sont bien comportés. Ils ont nécessité l'exécution de:

282 000 mètres cubes de déblai de rocher;
136 000   —   de maçonnerie;
61 000 mètres carrés de parement.

Ils ont coûté 7 350 000 francs.

On a dépensé en même temps 500 000 francs environ dans les appareils métalliques. Une partie de cette somme a été consacrée à garnir de vannes auxiliaires les portes qui ne sont pas munies de rouleaux Stoney, afin de diminuer l'effort à exercer au moment du levage.

Troisième période (à partir de 1907). — *Surélévation du barrage pour une retenue de 27 mètres.* — L'intérêt qu'il y avait à accroître la réserve d'eau destinée à être répandue pendant l'étiage sur la terre d'Égypte avait bien vite amené le gouvernement à examiner la question de la surélévation du barrage d'Assouan [1].

Le projet primitif de M. Willcocks qui avait servi de base à l'exécution de cet ouvrage prévoyait une retenue de 28 mètres de hauteur, et la section transversale adoptée pour la construction du mur de réservoir avait été calculée pour cette retenue. Il semblait donc qu'il devait suffire de construire quelques mètres de maçonnerie sur la crête du barrage pour atteindre le but proposé. Mais les ingénieurs s'émurent de la théorie nouvelle publiée en 1904 par MM. Atcherley et Carl Pearson, professeurs à l'Université de Londres, au sujet des efforts qui se développent dans les sections verticales des murs de réservoirs, et sir Benjamin Baker, s'inspirant de cette théorie, jugea prudent, pour surélever le barrage, d'en renforcer la section.

---

[1] Voir page 255.

Les dispositions principales du projet dressé par cet éminent ingénieur et actuellement en cours d'exécution sont les suivantes (pl. XI, fig. 7).

La crête du barrage, qui était à la cote 109 est reportée à la cote 114 et est surmontée d'un parapet d'un mètre de hauteur. La cote normale de la retenue, qui était à la cote 106, est fixée à la cote 113, donnant ainsi au réservoir un supplément de hauteur d'eau de 7 mètres. Le mur du réservoir est renforcé, en aval, sur toute sa hauteur et sur toute sa longueur, par un massif de maçonnerie de 5 mètres d'épaisseur épousant le profil du parement et encastré à sa base dans le radier. En couronne, la largeur qui était de 7 mètres est portée à 11 mètres.

Pour assurer, malgré le tassement de la maçonnerie neuve, une bonne liaison entre le corps de l'ancien mur et le massif de renforcement, on a recours à l'artifice suivant. Des barres d'acier (2,50 m. de longueur et 0,032 m. de diamètre), espacées d'un mètre, sont scellées, sur la moitié de leur longueur, dans le mur ancien, normalement au parement, et sont prises, à leur autre extrémité, dans la nouvelle maçonnerie. En outre, pendant l'exécution du massif de renforcement, on ménage un intervalle libre, continu, de 0,15 m. de largeur entre l'ancienne et la nouvelle maçonnerie, de telle sorte que celle-ci se trouve supportée par les barres d'acier sans avoir de contact direct avec le parement primitif. Au fur et à mesure que la construction s'élève, on dresse de distance en distance dans cet espace vide des tubes métalliques allant de bas en haut jusqu'au sommet de l'ancien mur en épousant la forme du parement et on remplit tout l'intervalle libre avec des pierres cassées. Les tubes sont analogues à ceux qui ont été employés (voir p. 329 ci-dessus) pour couler du ciment dans les fondations des murs de garde du barrage du Delta. Lorsqu'on jugera que la maçonnerie neuve aura terminé son travail intérieur et pris son assiette définitive, c'est-à-dire environ deux ans après son achèvement, on injectera, au moyen de ces tubes, un coulis de ciment qui formera avec les pierres cassées un béton remplissant entièrement le vide laissé entre l'ancien mur et le massif de renforcement, et c'est alors seulement qu'on procédera à l'exhaussement du barrage.

Toutes les maçonneries de renforcement étaient terminées à la fin de 1909.

Le programme des travaux comprend, en outre, l'exhaussement sur 6 mètres de hauteur des bajoyers et des portes des écluses du canal latéral de navigation et la construction d'une nouvelle écluse en aval du groupe des quatre écluses existantes.

L'ensemble du travail, y compris les modifications à apporter aux appareils métalliques, est estimé à 39 000 000 francs. Dans cette somme figure une dépense de 1 500 000 francs destinée à consolider les monuments antiques de la Nubie qui seront plus ou moins noyés[1] et à faire un relevé, ainsi qu'une exploration complète, de toutes les nécropoles qui seront inondées annuellement.

Tout doit être terminé, d'après les prévisions actuelles, en 1913.

OUVRAGES DE PRISE ET OUVRAGES RÉGULATEURS

Les ouvrages régulateurs, qu'ils soient construits sur des canaux d'irrigation permanente ou d'irrigation temporaire pendant la crue, ou sur des canaux d'inondation, ou entre des bassins d'inondation, sont des ponts en maçonnerie, qui sont formés d'arches ayant en général 3 mètres d'ouverture, et qui sont fondés sur des radiers établis de façon à résister à la souspression produite par la retenue et à l'action des chutes d'eau résultant de la réglementation des niveaux en amont et en aval. Ces ouvrages sont fermés ou par des poutres verticales appuyées sur un châssis de charpente fixé en travers des arches, ou par des poutrelles horizontales glissant dans des rainures ménagées aux avant-becs des piles, ou par des vannes métalliques. Les manœuvres de levage ou de mise en place des appareils de fermeture se font du haut de la chaussée supérieure de l'ouvrage ou du haut de passerelles en bois supportées sur les avant-becs des piles.

Les ouvrages de prise des canaux sont disposés d'après les mêmes principes ; exceptionnellement, dans les plus importants, on donne 5 mètres d'ouverture aux arches au lieu de 3 mètres ; elles sont alors le plus ordinairement fermées par des vannes métalliques.

Tous ces ouvrages sont fondés sur le sol d'alluvion de la vallée du Nil, c'est-à-dire sur du limon plus ou moins argileux, ou sur du sable plus ou moins mélangé de limon, parfois sur du sable pur et même du gravier dans la Haute Égypte, plus rarement sur du sable très fin et fluent.

Quelques exemples montreront les dispositions généralement adoptées.

Prise du canal Ibrahimieh. — Cet ouvrage est composé de neuf arches de 5 mètres d'ouverture et d'une écluse de navigation de 50 mètres de longueur sur 9 mètres de largeur. Les dispositions du radier, des maçonneries en élévation et des vannes de fermeture sont exactement semblables à celles du barrage du Nil à Assiout[2].

Cet ouvrage est fait pour supporter une charge d'eau de 3 à 4 mètres. Son radier a 3 mètres d'épaisseur et 26,50 m. de largeur ; il est compris

---

[1] Avec la retenue à la cote 113, le relèvement des eaux du Nil se fera sentir jusqu'à 295 kilomètres en amont du barrage d'Assouan.

[2] Voir page 331.

entre deux files de pieux en fonte jointifs, enfoncés à 4 mètres de profondeur ; il est protégé en amont par un corroi d'argile et, en amont comme en aval, par des enrochements sur 20 mètres de largeur.

Il a été terminé en 1902.

Prise du rayah Tewfikieh. — Cet ouvrage a été achevé en 1888 ; il est placé en tête du grand canal qui arrose les provinces de l'est du Delta [1]. Il a coûté 1 560 000 francs.

Il se compose de six arches de 5 mètres d'ouverture et d'une écluse de navigation de 50 mètres de longueur sur 8,50 m. de largeur. Il produit une retenue maxima de 4 mètres. La superstructure et les appareils de fermeture sont à peu près semblables à ceux du barrage du Delta. Quant au radier, il est fondé sur un sol de sable très léger qui, pendant la construction, donnait passage à des sources nombreuses et très abondantes. Il est en maçonnerie de ciment ; il a 24 mètres de largeur et 2,50 m. d'épaisseur, avec un arrière-radier maçonné de 22 mètres de largeur et de 1,50 m. d'épaisseur, et un avant-radier, également maçonné, de 10 mètres de largeur et de 1,50 m. d'épaisseur ; il est protégé en amont et en aval par de forts enrochements.

Les piles et les culées sont fondées sur des puits en briques ayant 2,50 m. de diamètre extérieur, descendus jusqu'à 5,50 m. au-dessous du plafond du canal ; l'enfoncement était obtenu en draguant intérieurement ; les puits, arrivés à profondeur, étaient remplis de béton. A 14 mètres du bord amont et à 7,50 m. du bord aval du radier, sous l'avant et l'arrière-radier, sont disposées dans toute la longueur de l'ouvrage, deux lignes de puits rectangulaires ayant extérieurement 2,50 m. sur 4,50 m. et laissant entre eux un intervalle vide de 0,30 m. de largeur rempli ensuite avec du béton coulé entre deux files de palplanches. Les puits sont enfoncés à 6 mètres de profondeur au-dessous du plafond du canal et forment ainsi deux forts murs continus étanches en amont et en aval de l'ouvrage.

Ouvrage de prise du canal Sohaghieh. — Le Sohaghieh est un grand canal d'inondation de la Haute Égypte [2]. Son ouvrage de prise se compose de vingt et une arches en plein cintre de 3 mètres d'ouverture. Il date de la première moitié du siècle dernier.

Le radier a 40 mètres de largeur sur 2 mètres d'épaisseur ; il est en béton avec revêtement de deux lits de briques superposées de champ ; c'est le mode de construction le plus généralement employé pour les ouvrages analogues. Des enrochements en moellons forment arrière-radier en aval et protègent le massif de maçonnerie contre les affouillements.

[1] Voir page 153.
[2] Voir page 90.

La superstructure de l'ouvrage est en briques, sauf les arêtes, les bahuts, les rainures, qui sont en pierres de taille.

Les piles ont 2 mètres d'épaisseur, leur hauteur totale est de 5,69 m. entre le niveau du radier et la naissance des voûtes, qui, de même que le

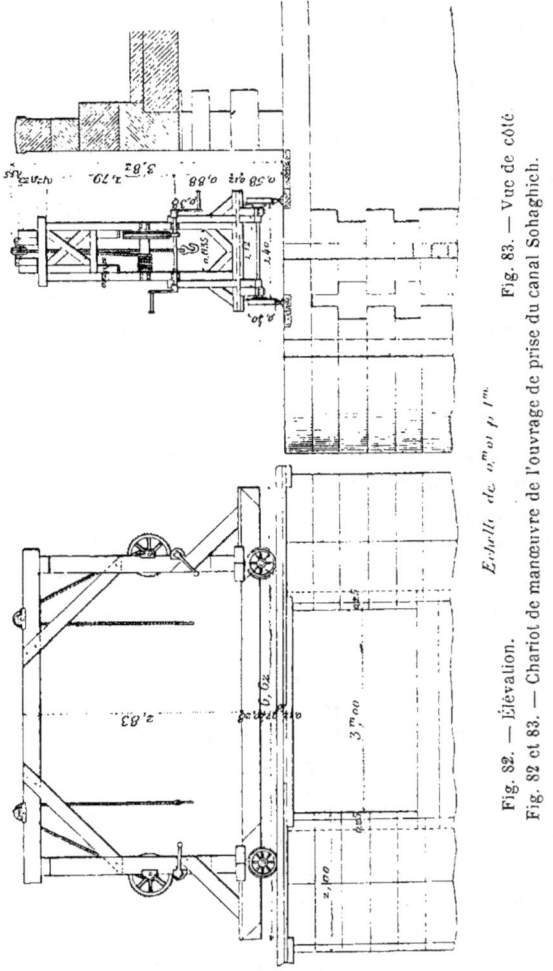

Fig. 82. — Élévation.
Fig. 83. — Vue de côté.
Fig. 82 et 83. — Chariot de manœuvre de l'ouvrage de prise du canal Sohaghich.

dessus des piles en amont, est à 0,10 m. au-dessus des plus hautes eaux du Nil. La surface du radier est à 3,50 m. au-dessus des plus basses eaux ; le lit du canal est à sec tant que la crue n'a pas atteint cette hauteur.

Les arches sont fermées au moyen de poutrelles horizontales glissant dans des rainures de 0,30 m. de largeur ménagées dans les avant-becs des piles. Les poutrelles ont 0,25 m. d'équarrissage ; elles sont manœuvrées au moyen d'un chariot en charpente, muni de palans, qui se déplace tout le long du pont en roulant sur des rails portés par des longrines qui reposent sur les avant-becs des piles (fig. 82 et 83.)

Ouvrage régulateur avec écluse à Sanaytah sur le rayah Tewfikieh. — Cet ouvrage a été terminé en 1899. Il a coûté 470 000 francs (pl. XII). Il se compose de sept arches de 3 mètres d'ouverture et d'une écluse navigable de 8 mètres de largeur sur 50 mètres de longueur.

La charge normale qu'il a à supporter est de 1 mètre au maximum ; mais, accidentellement et pendant les rotations, il peut avoir à subir une charge de 3 mètres d'eau ; la profondeur d'eau maxima est de 5 mètres.

Le radier a 16,50 m. de largeur et 2,10 m. d'épaisseur ; il est composé d'une couche de béton de 1,10 m. qui repose sur le sol de fondation, d'un lit de briques de 0,60 m. et d'une assise de pierres de taille de 0,50 m. Il est protégé en amont par un avant-radier en maçonnerie de moellons de 4,50 m. de largeur et d'une épaisseur variant de 1 mètre à 0,50 m. ; un arrière-radier de construction analogue, mais de 11,50 m. de largeur, est établi en aval. Le tout est défendu par des enrochements.

Les piles ont 1,25 m. d'épaisseur, 10,50 m. de longueur à la base, 9,50 m. à la naissance des voûtes et 4,90 m. de hauteur ; elles sont en maçonnerie de briques, les arêtes et rainures en pierres de taille.

Le pont supérieur est supporté par des voûtes de briques en arc de cercle ; il a 5,50 m. de largeur hors œuvre.

Les appareils de fermeture sont formés par deux vannes en acier laminé, qui se placent l'une au-dessus de l'autre et qui sont du même type que celles des barrages du Nil (pl. X) ; elles sont manœuvrées du pont supérieur au moyen d'un treuil roulant sur des rails supportés au moyen de longrines par les avant-becs des piles.

Les portes des écluses, comme d'ailleurs toutes celles qui ont été construites en Égypte, sont métalliques.

Ouvrage régulateur sur un canal d'irrigation permanente non navigable. — L'ouvrage représenté sur les figures 84 à 89 est construit sur le canal Sabakha, à Balansourah, dans la Moyenne Égypte. Il se compose de trois arches de 3 mètres avec piles de 1 mètre ; il se ferme au moyen de poutrelles. Le radier à 12 mètres de largeur sur 1 mètre d'épaisseur et est protégé en amont et en aval par des enrochements. La profondeur maxima de l'eau dans le canal est 3,50 m.

Ouvrages régulateurs des bassins d'inondation — La planche XIII reproduit un type de régulateur établi dans une digue transversale d'un

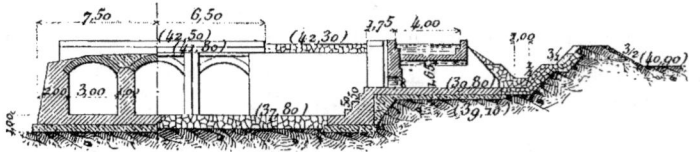

Fig. 84. — Coupe transversale.   Fig. 85. — Élévation en aval et coupe AB.

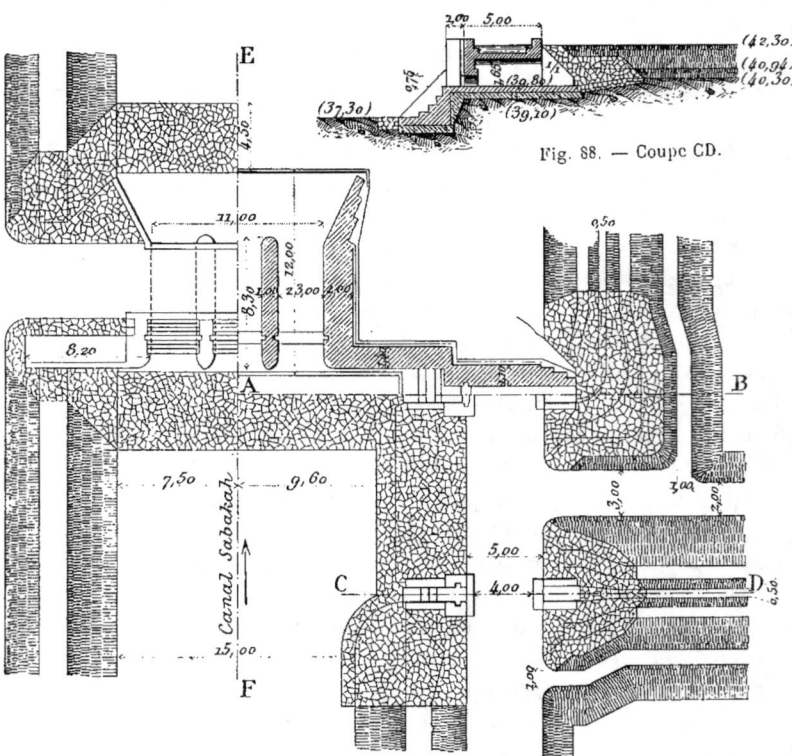

Fig. 88. — Coupe CD.

Fig. 86. — Plan.   Fig. 87. — Coupe horizontale.

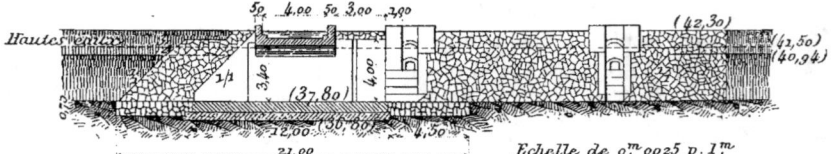

Fig. 89. — Coupe verticale EF.
Fig. 84 à 89. — Pont régulateur de Balansourah, sur le canal Sabakha, avec prises d'eau de distribution.

bassin. Ce qui caractérise les ouvrages de cette nature, c'est qu'ils travaillent ordinairement avec des profondeurs d'eau de 4 à 5 mètres en amont, sous une chute normale de 1 mètre environ, et avec un débit moyen de 8 mètres cubes par seconde et par mètre linéaire de débouché. Toutefois, ils peuvent accidentellement être soumis à de fortes pressions et à des courants violents, dans le cas où le bassin inférieur, par suite d'une rupture de digues ou d'une fausse manœuvre, se vide brusquement.

Ces ouvrages ont généralement des arches de 3 mètres d'ouverture avec piles de 2 mètres de largeur et de 11 à 12 mètres de longueur. Ils sont construits sur radier maçonné de 2 mètres d'épaisseur et de 40 mètres de largeur, en béton hydraulique, recouvert de briques avec chaînes de pierres de taille. Des parafouilles sont établis en amont et en aval, et un arrière-radier en enrochements, en aval.

La superstructure de ces ouvrages est en briques avec arêtes, rainures et parapets en pierres de taille. Le mortier employé est un mélange de sable, de chaux grasse et de brique pilée formant pouzzolane artificielle.

La fermeture des arches est obtenue le plus souvent au moyen d'aiguilles verticales appuyées sur des poutres transversales, qui sont espacées de 1 mètre à 1,50 m. et qui sont maintenues par un cadre en charpente fixé dans des rainures ménagées aux avant-becs des piles. Ces aiguilles sont manœuvrées du pont supérieur au moyen de chèvres et de palans ou au moyen de forts leviers qui prennent leur point d'appui sur le parapet (pl. XIII, fig. 1).

Dans les ouvrages établis récemment, on emploie plutôt des poutrelles horizontales, mises en place et relevées au moyen de treuils roulants en charpente analogues à celui qui est représenté figures 82 et 83.

La difficulté, dans ces sortes d'ouvrages, est de préserver le talus aval de la digue des affouillements produits par les remous latéraux de l'eau pénétrant dans le bassin. Autrefois, on perreyait ce talus sur 50 mètres au moins de longueur ; mais, néanmoins, il est arrivé souvent que les culées ont été contournées par les eaux et que les ouvrages ont été ruinés.

Pour éviter de semblables inconvénients, le major Ross, inspecteur général des irrigations, lorsqu'il s'est occupé d'améliorer les bassins, en 1888, a conseillé l'adoption des règles générales suivantes :

La largeur du radier, depuis les rainures des poutrelles de fermeture jusqu'à l'extrémité aval de l'arrière-bec des piles, est déterminée par la largeur de la digue au travers de laquelle est construit l'ouvrage ; cette largeur est d'environ 9 mètres en moyenne. En aval de ce point, le radier aura une largeur de 17 à 20 mètres avec une inclinaison de surface d'un dixième. L'arête latérale du radier sera à 1 mètre en arrière de la fondation du mur en aile. Sur le côté du radier, on établira un épi perpendiculaire à la direction de l'ouvrage ayant une hauteur égale à la moitié de la profondeur normale de l'eau dans le bassin aval, et ayant une pente superficielle d'un dixième. Cet épi peut être fait de différentes manières. Il sera, par exemple, un mur en maçonnerie de 1,50 m. à 2 mètres de hauteur, fondé sur le bord du radier, ou un massif d'enrochements perreyé, ou un noyau en terre recouvert d'un perré maçonné à la base. A l'extrémité du radier, ainsi défendu latéralement et protégé par de forts enrochements nivelés avec une pente superficielle d'au moins un dixième, les affouillements qui peuvent se produire accidentellement sont sans danger pour l'ouvrage et pour les digues.

Ouvrages régulateurs des canaux d'inondation. — La planche XIV donne deux types de ces régulateurs, sur lesquels il y a peu de choses à dire. Ces ouvrages fonctionnent normalement, comme ceux des bassins, avec de grandes profondeurs d'eau et une chute maxima de 1 mètre.

L'ouvrage représenté figures 1 à 5, a deux arches de 3 mètres d'ouverture ; les piles ont 1 mètre d'épaisseur, 9,50 m. de longueur à la base et 7,50 m. au sommet ; elles supportent des voûtes en arcs surbaissés, construits en briques. Le radier a 17,50 m. de largeur ; il est formé d'une couche de béton hydraulique de 0,50 m. surmontée d'un lit de 0,50 m. de maçonnerie de moellons, le tout construit avec mortier de chaux grasse et de pouzzolane artificielle. Des enrochements sur 10 mètres en aval et 5 mètres en amont protègent les abords du radier.

Cet ouvrage fonctionne avec 4 mètres de profondeur d'eau en amont. La fermeture est obtenue au moyen de poutrelles glissant dans des rainures en fonte ménagées dans les avant-becs des piles.

La section en travers donnée par la figure 6 se rapporte à un ouvrage plus important fonctionnant avec 6 mètres de hauteur d'eau. Le radier a 26,80 m. de largeur et 2 mètres d'épaisseur ; il est revêtu par un dallage en pierres de taille ; il est protégé, en aval, par quatre lignes de blocs artificiels de béton de 2,25 m. $\times$ 1 mètre $\times$ 1 mètre et par de forts enrochements. On le ferme au moyen de vannes métalliques superposées, du type adopté pour les barrages du Nil, glissant dans des rainures en fonte.

Appareils de fermeture des ouvrages régulateurs. — Le système le plus fréquemment employé en Égypte est celui des aiguilles verticales appuyées sur des traverses horizontales espacées de 1 mètre à 1,50 m. Dans les anciennes installations, les poutres horizontales ont des dimensions énormes : 0,30 m. $\times$ 0,30 m. et sont maintenues en place par des pièces verticales encastrées dans des rainures en pierre de taille de même section ; les aiguilles qu'on appuie sur ces traverses ont jusqu'à 7 mètres de longueur, avec une section de 0,25 m. sur 0,30 m. Ce sont des poids très lourds ; il faut beaucoup d'hommes pour les manœuvrer. En outre, ces longues pièces de bois se courbent et se tordent, et ne peuvent guère donner des fermetures bien étanches. Parfois les traverses horizontales et les pièces verticales encastrées dans la rainure sont reliées ensemble, de façon à former un châssis qu'on peut sortir tout entier, à un moment donné, pour augmenter le débouché de l'ouvrage. Beaucoup de régulateurs importants sont encore fermés au moyen d'aiguilles. Dans ces derniers temps, on a amélioré ce système en diminuant la section des aiguilles, en remplaçant les traverses en bois par des traverses en fer à I qui diminuent moins la section des arches, en établissant des treuils roulants pour les manœuvres. Néanmoins, dans tous les ouvrages neufs ou à réparer, on remplace aujourd'hui les aiguilles par des poutrelles horizontales. A cet effet, on garnit les rainures des piles d'un revêtement en fonte, qui empêche la dégradation des maçonneries sous l'action du glissement ou du choc des pièces de bois. Ce procédé donne une fermeture plus étanche, et les poutrelles, étant moins longues et moins lourdes que les aiguilles, se mettent en place ou s'enlèvent plus facilement au moyen des treuils roulants. Enfin, dans les ouvrages neufs importants comportant un grand nombre d'arches, les appareils de fermeture sont toujours les vannes métalliques dont le système a été employé pour la première fois au barrage du Delta; elles sont plus rapides et plus faciles à manœuvrer, présentent beaucoup plus de sécurité et de précision pour la réglementation des eaux et n'exigent pas autant de personnel.

DÉVERSOIRS, SIPHONS, OUVRAGES DIVERS

Déversoirs. — Dans les bassins d'inondation, ces ouvrages sont destinés à rejeter dans le Nil ou dans des chenaux d'évacuation les eaux surabondantes ou les eaux de vidange. Tantôt ils fonctionnent avec une faible chute et dans une grande profondeur d'eau, 4 à 6 mètres en moyenne; tantôt, notamment quand le Nil a beaucoup baissé au moment de la vidange, la dénivellation peut être très forte et le courant très violent.

Dans le réseau des canaux d'irrigation permanente, des déversoirs sont aussi ménagés en certains points, pour écouler dans le Nil ou dans les drains l'excédent d'eau non utilisée pour les irrigations.

Ces ouvrages ne sont autre chose que des ouvrages régulateurs dont le radier est plus fortement protégé à l'aval contre les érosions que pourrait y produire la violence du courant. Il y en a quelques-uns, dans la région des bassins, qui sont très importants [1]; ainsi celui d'Aboutig qui dessert la plus grande partie de la chaîne des bassins du Sohaghieh, au

---

[1] Voir page 102.

sud d'Assiout, et celui de Kocheicha, qui est situé en aval de la chaîne des bassins de la Moyenne Égypte, au nord de Benisouef.

Déversoir de Kocheicha. — Cet ouvrage, lorsque tous les bassins de la région de l'Ibrahimieh existaient encore, était destiné à évacuer dans le Nil, sous une charge susceptible de varier de quelques centimètres jusqu'à près de 5 mètres, suivant les niveaux respectifs du bassin de Kocheicha et du fleuve, 2000 millions de mètres cubes d'eau en vingt jours, dans une année de forte crue, et 1500 millions de mètres cubes en dix jours, dans une année de basse crue, ce qui correspond à un débit moyen de 120 à 175 mètres cubes par seconde.

Le déversoir de Kocheicha a été construit en 1890-91; il a coûté 1630000 francs (pl. XV, fig. 1, 2 et 3).

Il se compose de 60 arches de 3 mètres d'ouverture supportées par des piles de 1,30 m. d'épaisseur, de 12,50 m. de longueur à la base et de 6,50 m. de hauteur, construites en briques et pierres de taille.

L'ouvrage est fondé sur un sol de limon argileux au-dessous du niveau des basses eaux du Nil. Le radier comprend une partie centrale de 13 mètres de largeur sur 2,75 m. de hauteur, un avant-radier de 10 mètres de largeur sur 1 mètre d'épaisseur, un arrière-radier de 12 mètres de largeur sur 2 mètres d'épaisseur avec pente superficielle de 1 sur 26; le tout en maçonnerie hydraulique, avec revêtement d'une couche de maçonnerie ordinaire de ciment sur l'avant et l'arrière-radier et d'un lit de pierres de taille avec mortier de ciment sur la partie centrale. Une ligne de pieux est enfoncée jusqu'à 4 mètres de profondeur, à 2 mètres du rebord extérieur de l'arrière-radier; celui-ci est protégé par quatre files de blocs artificiels de 2 mètres $\times$ 2 mètres $\times$ 1 mètre, retenues elles-mêmes par une file de pieux enfoncés à 6 mètres de profondeur et par un massif d'enrochements de 1 mètre d'épaisseur sur 20 mètres de largeur ayant une pente superficielle de 1 sur 40.

Les piles sont reliées par deux arcs superposés formant ainsi deux orifices d'écoulement dans chaque arche. L'ouverture inférieure a une section de 5,80 m^2; elle est fermée par une porte en tôle de fer élevée et abaissée au moyen de treuils roulant sur des rails, qui reposent eux-mêmes sur des longrines portées par des piliers construits sur des avant-becs des piles. L'ouverture supérieure a 8,68 m^2 de section; elle est fermée par une porte en tôle à bascule, tournant autour d'un axe horizontal situé à sa partie inférieure; cette porte est maintenue verticalement par des chaînes et tombe d'un seul coup, au moyen d'un déclanchement, sur la plate-forme horizontale qui surmonte l'arc inférieur.

Voici comment on manœuvrait le déversoir de Kocheicha avant les derniers travaux de transformation de la Moyenne Égypte, qui ont été exposés au chapitre VIII. Quand le Nil commençait à monter, on fermait les portes supérieures et on ouvrait les portes inférieures; l'eau entrait alors dans le bassin de Kocheicha à contre-pente, jusqu'au moment où l'alimentation, venant des bassins situés en amont, était assez abondante pour produire un retour d'eau au fleuve par le déversoir. On fermait alors complètement les portes inférieures, qu'on manœuvrait ensuite, en cas de besoin, dans de certaines limites, pour régler les niveaux dans la chaîne des bassins. Lorsque le moment de la vidange était venu, toutes les portes étaient fermées : on ouvrait d'abord toutes les portes supérieures et, deux ou trois jours après, toutes les portes inférieures pour augmenter le débit. Souvent, il n'y avait que quelques centimètres de différence entre le niveau du Nil et celui du bassin au moment où commençait cette opération.

Avec une différence de niveau de 1 mètre, la vitesse dans les ouvertures inférieures était de 3,10 m. par seconde ; avec 4 mètres de charge, elle atteignait 6,20 m. par seconde.

Le déversoir de Kocheicha est tout à fait exceptionnel par sa grandeur ; l'importance de son rôle[1] a beaucoup diminué aujourd'hui par suite de la suppression de la plus grande partie des bassins de la Moyenne Égypte. En général, les déversoirs des bassins ne comportent qu'un petit nombre d'arches et sont fermés par le système ordinaire des aiguilles ou des poutrelles.

Déversoir du bassin Hamed. — Cet ouvrage est situé sur la rive droite du Nil, un peu au nord de Keneh, à l'extrémité aval d'une chaîne assez importante de bassins. Il remplace un déversoir qui s'était effondré en novembre 1900, au moment où on l'ouvrait, avec une rapidité imprudente, sous une charge d'eau de 4,88 m., le radier étant à sec en aval à la suite d'une forte baisse du Nil. Il sert en même temps pour le passage du chemin de fer et du public (pl. XV, fig. 4 à 9). Il se compose de six ouvertures de 3 mètres de largeur fermées au moyen de poutrelles glissant dans des rainures en fonte. Les piles ont 16,60 m. de longueur à la base et 1,50 m. d'épaisseur; elles sont en briques et pierres de taille ; elles supportent un tablier métallique pour la voie ferrée, et deux passerelles, l'une pour le public et l'autre pour la manœuvre des poutrelles.

Le radier a 1,50 m. d'épaisseur sur 26 mètres de largeur, avec parafouilles de 2,50 m. en amont et de 2 mètres en aval; il est formé d'une couche de béton hydraulique de 1 mètre d'épaisseur et d'un revêtement en briques de 0,50 m. avec chaînes en pierres de taille ; à l'aval des piles, sa surface présente une inclinaison de 1 sur 10 ; à l'aplomb des poutrelles,

[1] Voir pages 100 et suivantes sur le rôle du déversoir de Kocheicha avant 1903.

existe un seuil formant saillie de 1 mètre. Ce radier est prolongé en aval par un arrière-radier de 0,75 m. d'épaisseur sur 10 mètres de largeur soutenu par un parafouille de 1,50 m. de hauteur et par une file de palplanches enfoncées à 7,60 m. au-dessous du radier. Cet arrière-radier est formé d'une couche de béton et d'un lit de briques.

L'arrière-radier est protégé lui-même par onze rangées de blocs de béton de 2 mètres $\times$ 1,50 m. $\times$ 0,75 m. reposant sur des enrochements et par une douzième rangée de blocs de 2,30 m. $\times$ 2 mètres $\times$ 0,75 m.

Les murs en aile s'étendent, des deux côtés du chenal d'évacuation, sur 20 mètres de longueur en aval du parement des culées, et, à la suite, des perrés à pierres sèches sont construits sur 20 mètres de longueur, jusqu'au droit de la dernière ligne des blocs artificiels.

Cet ouvrage a à supporter des charges qui peuvent atteindre une hauteur de 5 mètres, le radier n'étant alors noyé que de 0,50 m. et, quand il est ouvert dans ces conditions, il est naturellement soumis à l'action de courants d'une extrême violence.

Petit déversoir d'un canal d'irrigation permanente. — Les figures 10 à 16 de la planche XV représentent un petit déversoir récemment construit dans la Moyenne Égypte et ayant pour objet d'écouler dans le Bahr Yousef le trop-plein des eaux du canal Badraman. Il y a une différence de niveau de 2,40 m. entre le plafond du canal d'amenée et le plafond du canal de fuite, qui ont tous deux 2 mètres de largeur. L'ouvrage se compose d'un puits en briques de 3 mètres de diamètre intérieur et de 6,70 m. de hauteur. Le fond de ce puits est à 1 mètre au-dessous du plafond du canal de fuite. L'eau pénètre dans le puits par une ouverture de 1 mètre de largeur et de 1,50 m. de hauteur, pouvant être fermée par une vanne en tôle, et dont le seuil est au niveau du plafond du canal d'amenée. Elle s'en échappe par une autre ouverture de 1 mètre sur 1 mètre, dont le seuil est au niveau du plafond du canal de fuite et qui peut également être fermée par une vanne métallique, lorsque le niveau du Bahr Yousef est trop élevé pour que le déversement puisse s'y faire.

Beaucoup de petits déversoirs ou ouvrages de chute de cette nature, avec puits de 1 mètre de diamètre, existent sur les canaux à forte pente du Fayoum.

Siphons. — De nombreux siphons se rencontrent, aussi bien dans le réseau des canaux d'irrigation permanente, que dans le réseau des canaux d'inondation de la Haute Égypte. Dans le premier cas, ils ont surtout pour but de faire traverser les canaux d'irrigation par les lignes de drainage. Dans le second cas, ils servent principalement à amener les eaux des canaux d'alimentation d'une chaîne de bassins sur les terres hautes de la chaîne aval en leur faisant franchir les biefs supérieurs des canaux d'alimentation de cette dernière chaîne [1].

Ces ouvrages sont ordinairement construits aujourd'hui avec des tuyaux en tôle ; l'exécution en est facile et rapide. Toutefois, il existe de nombreux exemples de siphons entièrement en maçonnerie.

Siphon sous le canal Sabakha (pl. XVI). — Ce siphon sert à faire passer les eaux d'un drain principal sous le canal Sabakha qui arrose, dans la province de Minieh, d'anciens bassins récemment supprimés [2].

Les dispositions de cet ouvrage sont très simples. Il se compose de trois tuyaux en tôle posés côte à côte sur un lit de béton. Ces tuyaux ont 1,50 m. de diamètre et 0,006 m. d'épaisseur ; ils sont formés par bouts de 2 mètres de longueur, ayant alternativement 1,50 m. et 1,512 m. de diamètre, de façon à pouvoir s'emboîter l'un dans l'autre ; ces bouts sont assemblés au moyen de rivets ; ils sont renforcés en leur milieu par un cercle en cornière de $\frac{60 \times 60}{6}$.

Les extrémités des tuyaux sont encastrées dans les murs de tête de l'ouvrage, qui a une longueur totale de 42,30 m. d'une tête à l'autre.

Le plafond et les talus du canal Sabakha, qui passe au-dessus du siphon, sont entièrement perreyés sur 12 mètres de longueur.

Siphon sous le canal Sohaghieh (fig. 90). — Cet ouvrage porte les eaux

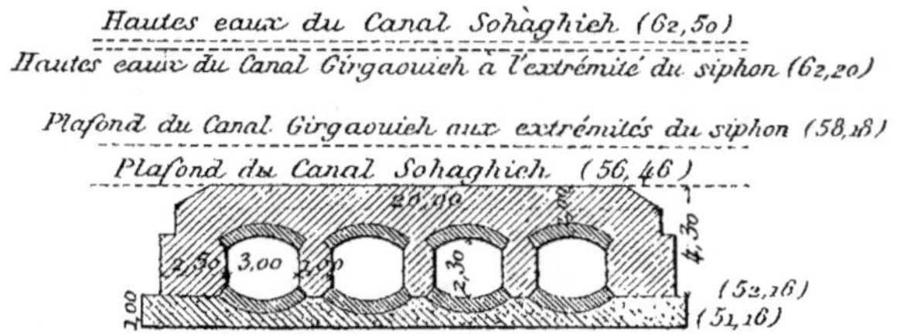

Fig. 90. — Coupe du siphon du canal Guirgaouieh.

du canal d'inondation Guirgaouieh sous le canal Sohaghieh, pour inonder ou arroser les terres hautes situées au nord de Sohag [3].

Il a 117,50 m. de longueur et comprend quatre ouvertures de 3 mètres de largeur sur 2,30 m. de hauteur, séparées par des piliers de 1 mètre d'épaisseur ; les culées ont 2,50 m. d'épaisseur. Les ouvertures sont couvertes par des voûtes et leur radier est en forme de voûtes renversées ; voûtes et piliers sont en briques ; le tout repose sur un lit de béton de 1 mètre d'épaisseur et est chargé par un massif de maçonnerie de 2 mètres d'épais-

---

[1] Voir pages 61 et suivantes.
[2] Voir figure 37, page 199.
[3] Voir pages 90 et suivantes.

seur, dont la surface forme le plafond même du canal Sohaghieh qui passe au-dessus.

Pendant une année de très basse crue, en octobre 1899, le canal Sohaghieh était très bas et au contraire le canal Guirgaouieh donnait le plus d'eau possible pour arroser les terres hautes situées en aval, de sorte qu'il se produisit une sous-pression de 3,08 m. d'eau sous les voûtes du siphon, qui se fissurèrent. On dut les renforcer et donner des instructions sévères pour régler les niveaux respectifs des deux canaux, de façon à éviter de nouveaux accidents.

Prises d'eau. — Les prises d'eau sur les canaux sont construites par les particuliers ; ce sont de petits aqueducs maçonnés ou des tuyaux en métal, en poterie ou en ciment, suivant leur importance ; elles ne présentent pas de dispositions spécialement intéressantes.

Toutefois, dans le réseau des canaux d'arrosage qui viennent d'être creusés pour la transformation en terres d'irrigation des bassins d'inondation de la Moyenne Égypte, le gouvernement s'est décidé à établir lui-même tous les 400 mètres, sur les canaux de distribution, des prises d'eau mises à la disposition des cultivateurs riverains. De cette façon, il n'y a plus du tout de prises d'eau appartenant aux particuliers sur les canaux publics ; c'est une grande amélioration apportée au service des irrigations et au contrôle de l'eau.

Sur les figures 84 à 89, page 358, sont représentés deux types de prises d'eau qui sont fermées par des vannes en tôle avec tige à vis pouvant être cadenassée à volonté.

CHAPITRE XIV

ORGANISATION ADMINISTRATIVE ET LÉGISLATIVE DU SERVICE DES IRRIGATIONS

Organisation administrative : budget. — Considérations générales sur la législation. — Conseils provinciaux. — Attributions des moudirs et des inspecteurs d'irrigation. — Digues et canaux : décret du 22 février 1894 ; arrêté du 16 juillet 1898. — Restrictions apportées aux arrosages à certaines époques. — Gardiennage et protection des digues pendant la crue du Nil : décret du 29 juin 1899. — Remise des impôts en cas de non-arrosage des terres. — Régime des propriétés qui bordent le Nil. — Expropriation pour cause d'utilité publique. — Autorisation de puits artésiens.

ORGANISATION ADMINISTRATIVE : BUDGET

Le service des irrigations relève du Ministre des Travaux Publics et de son conseiller anglais. Il est dirigé par deux inspecteurs généraux anglais, l'un pour la Basse Égypte, l'autre pour la Haute Égypte. Sous leurs ordres sont huit inspecteurs de cercles et trois directeurs des barrages du Nil, ces derniers chargés respectivement des trois barrages du Delta, d'Assiout et d'Assouan.

Les huit cercles entre lesquels l'Égypte est partagée pour ce qui concerne les irrigations sont les suivants :

1ᵉʳ *Cercle*. — Provinces du Delta à l'est de la branche de Damiette : Galioubieh, Charkieh et partie méridionale de Dakhalieh.

2ᵉ *Cercle*. — Provinces du Delta entre les deux branches du Nil : Menoufieh et partie méridionale de Garbieh.

3ᵉ *Cercle*. — Province située à l'ouest de la branche de Rosette : Béhéra.

Cercle de Zifta. — Parties septentrionales de Dakhalieh et de Garbieh.

4ᵉ *Cercle*. — Provinces de la Moyenne Égypte : Benisouef, Minieh et section nord de la province d'Assiout.

5ᵉ *Cercle*. — Provinces du Sud : Nubie, Keneh.

6ᵉ *Cercle*. — Provinces du nord de la Haute Égypte : Guirgueh et section sud de la province d'Assiout.

Cercle du Fayoum. — Province du Fayoum.

En outre, pendant l'exécution des travaux de transformation de la Moyenne Égypte, un cercle supplémentaire était constitué sous le nom de Cercle des Projets pour la direction de ces travaux.

La province de Ghizeh est rattachée à la direction du barrage du Delta.

Les inspecteurs des quatre premiers cercles et du cercle de Zifta, et les directeurs des barrages sont anglais. Presque tout le reste du personnel est composé d'indigènes, sauf un certain nombre d'ingénieurs plus particulièrement chargés de la surveillance de l'exécution des contrats d'entreprises ou d'autres services spéciaux.

La plus grande partie du personnel technique indigène se recrute parmi les élèves de l'École polytechnique du Caire. Cette école avait été fondée par Mehemet Ali, sur le modèle de l'École polytechnique de France, avec le concours de professeurs français ; les études y sont actuellement d'un niveau moins relevé et d'un caractère surtout pratique. Plusieurs des ingénieurs indigènes actuellement en service ont complété leur instruction technique en France ou en Angleterre. Ainsi le Ministre actuel des Travaux Publics, Ismaïl Pacha Sirri, qui a été directeur du Cercle des Projets, est un ancien élève de l'École centrale de Paris.

Dans chaque inspection d'irrigation, il y a, comme règle générale, un ingénieur en chef par province et, sous ses ordres, un ingénieur adjoint par district. Les provinces sont des circonscriptions administratives à la tête desquelles est un agent du Ministère de l'Intérieur, nommé *moudir*, dont les fonctions sont à peu près celles d'un préfet de département en France, et les districts (*merkez*), analogues aux cantons de France, sont sous l'autorité d'un agent du service administratif opérant sous la direction du *moudir* et nommé *mamour*.

Des circulaires et des décrets règlent le rôle des moudirs, des mamours et des chefs de village en ce qui concerne les irrigations, mais le personnel technique relève directement et entièrement des inspecteurs d'irrigation.

Le personnel affecté aux irrigations comprend, comme fonctionnaires permanents inscrits dans les cadres :

2 inspecteurs généraux ;

8 inspecteurs de cercles ;

3 directeurs des barrages du Nil ;

12 directeurs de travaux ;

21 ingénieurs en chef ;
144 ingénieurs adjoints ;
19 surveillants de travaux ;
80 commis aux écritures ;
36 magasiniers ;
6 agents divers.

Le budget annuel du service des irrigations se répartit comme il suit [1].

Personnel.	3 150 000 francs.
Travaux neufs.	583 600 —
Entretien et réparations	15 330 000 —
Pompes d'irrigation et de drainage	513 700 —
Dépenses diverses	976 800 —
Total.	20 554 100 francs.

A cette somme, il convient d'ajouter, dans les années de crue ou très forte ou très faible, des dépenses supplémentaires pouvant atteindre 500 000 à 800 000 francs. Ce budget correspond en moyenne à 8,80 fr. par hectare de terre cultivée.

Ce n'est pas d'ailleurs sur les ressources du budget ordinaire qu'ont été exécutés les grands travaux qui ont transformé depuis 1885 l'irrigation égyptienne, tels que la réparation du barrage du Delta, les améliorations générales du système des bassins de la Haute Égypte, la construction des barrages d'Assouan, d'Assiout, d'Esneh et de Zifta, le développement du drainage et le remaniement du réseau des canaux de la Basse Égypte. Un budget extraordinaire dont la Caisse de la Dette Publique a fourni la plus grande partie, a permis de faire face à ces travaux pour l'ensemble desquels il a été dépensé en vingt ans, de 1885 à 1905, 240 000 000 francs, somme qui représente un peu plus de 100 francs par hectare de terre cultivée. En 1906, le budget extraordinaire s'élevait à 31 000 000 francs et, en 1907, à 45 600 000 francs.

CONSIDÉRATIONS GÉNÉRALES SUR LA LÉGISLATION

En même temps que se transformait l'irrigation égyptienne au prix de sacrifices d'argent considérables, le besoin se faisait sentir d'établir sur des bases précises la législation des arrosages, qui, il y a une vingtaine d'années, était dans un état tout à fait rudimentaire.

On pourrait croire que l'Égypte, renommée pour la sagesse de ses anciens habitants et pour l'antiquité de ses irrigations, a conservé dans ses traditions tout un patrimoine de lois et de coutumes se rapportant à l'utilisation des eaux du Nil ; et cependant rien de semblable n'existe. Ainsi,

[1] D'après le budget de 1907.

avant 1890, il n'y avait ni réglementation spéciale pour l'usage des eaux, ni juridiction particulière pour les affaires relatives aux irrigations, ni pénalités appropriées aux contraventions pour l'arrosage. Le fait est assez étonnant et mérite qu'on s'y arrête ; une semblable lacune peut en effet paraître étrange, dans un pays qui non seulement doit toute son existence aux eaux du Nil, mais encore où s'est implantée, depuis de longues années, la domination des Arabes qui ont laissé en Espagne de si curieux spécimens de règlements sur l'arrosage.

On peut attribuer, pour une grande part, cette anomalie à deux causes spéciales à l'Égypte : la pratique de la culture par inondation et le régime de la propriété foncière.

Dans un système de bassins d'inondation, l'initiative individuelle est forcément annihilée pour tout ce qui concerne l'arrosage ; tous les champs englobés dans une même enceinte de digues subissent le même sort, sans que l'action de chacun puisse y rien changer. Quand l'eau arrive, il faut que la terre la reçoive et, quand la vidange commence, elle englobe à la fois toute une chaîne de bassins. Le fellah n'a aucun travail à faire sur sa terre pour l'inonder ou l'assécher, pas de rigoles à y creuser, pas de digues à y élever ; son rôle est purement passif.

D'autre part, le gouvernement ne peut même pas abandonner à des collectivités d'individus le soin d'alimenter chaque groupe de bassins et d'en rejeter à leur gré les eaux dans le fleuve ; les diverses séries de bassins dépendent, en effet, dans une certaine mesure, les unes des autres pour le remplissage et la vidange, et ces deux opérations ne peuvent avoir lieu que sous le contrôle d'une autorité centrale administrant le régime du Nil, donnant l'eau et la retirant suivant les conditions variables des crues. Si l'Égypte est un don du Nil, le Nil est aussi la source unique et nécessaire de la fertilité de toute l'Égypte, et le gouvernement doit présider, d'un bout à l'autre de son cours, à la répartition de ses eaux pendant toute la durée de la crue, aussi bien pour éviter la stérilité de certaines parties que pour prévenir en d'autres points les désastres d'une trop forte inondation.

En pratique, depuis de longs siècles, le souverain disait au paysan : « Travaille sous mes ordres, en corvée, à la construction et à l'entretien des digues et des canaux ainsi qu'à leur surveillance pendant les hautes eaux, et je te donnerai autant d'eau que je le pourrai, suivant que le Nil le permettra ; puis, après que tu auras cultivé la terre ainsi fécondée, tu me paieras les impôts que je jugerai nécessaires. » C'était la seule loi qui existât et elle était durement appliquée.

Au temps où la culture par inondation régnait dans toute l'Égypte ; il s'y faisait bien aussi des cultures par irrigation, mais seulement dans les endroits privilégiés, situés soit sur les rives du Nil, soit sur le bord de certains chenaux naturels où l'eau coulait toute l'année, et d'où le fellah pouvait l'élever sur les terres au moyen d'appareils simples et grossiers. Chacun prenait l'eau qui passait à sa portée, quand elle y venait, à moins qu'il n'en fût empêché par le bon plaisir des agents ou des favoris du pouvoir.

Quand Mehemet Ali entreprit le creusement des grands canaux d'irrigation de la Basse Égypte, il ne vit aucune raison pour changer l'absolutisme et l'arbitraire de ce régime transmis par les générations précédentes et qui convenait à son caractère. Il ne pouvait comprendre l'utilité d'une réglementation de l'usage des eaux pouvant limiter son propre pouvoir ou celui de ses agents; il considérait l'Égypte tout entière comme une vaste ferme qu'il était chargé de faire valoir, et dont il tirait des revenus qui lui permirent de rêver la grandeur et l'autonomie du pays.

D'ailleurs, les conditions de la propriété foncière l'amenaient naturellement à cette conception. Il semble, en effet, que, dès les temps les plus reculés, la propriété n'ait pas existé en Égypte dans le sens où nous entendons ce mot. Sans remonter au delà de la conquête arabe, les historiens musulmans racontent qu'à cette époque « le cultivateur ne possède pas le fonds du sol, lequel appartient à la commune, et, par extension, au souverain, c'est-à-dire, à l'État. » La commune formait, pour ainsi dire, l'unité territoriale; c'était elle, comme collectivité, qui était usufruitière des terres. L'impôt était la part des récoltes qui revenait au vrai propriétaire, l'État, et c'était la commune qui en était responsable; le paysan n'était qu'un ouvrier. Sauf pour quelques domaines, c'est là le système qui resta en vigueur dans toute l'Égypte jusqu'au siècle dernier; il n'était pas favorable à l'élaboration d'un code de l'arrosage. L'arbitraire du gouvernement ou les caprices des puissants du jour étaient les seules règles des irrigations; le fellah n'avait strictement aucun droit d'élever la voix pour mettre en culture des terres qui ne lui appartenaient pas; tout ce qu'il pouvait faire, c'était de réclamer l'exemption de l'impôt si on ne lui avait pas donné d'eau, heureux s'il l'obtenait du bon plaisir des gouvernants.

C'est par des acheminements successifs assez récents que le droit de propriété finit par se constituer, depuis 1813, époque où Mehemet Ali fit établir le premier cadastre et répartir les terres entre les paysans, jusqu'à la loi de liquidation qui, en 1880, reconnut le droit de propriété absolu du cultivateur sur la plus grande partie des terres, et jusqu'au décret de 1891 qui étendit ce droit à toutes les terres d'Égypte.

La question de la propriété foncière étant enfin résolue, il fallut bien en arriver à établir quels sont les droits et les devoirs, tant du propriétaire du sol que du gouvernement, en ce qui concerne la distribution et l'usage des eaux.

Le principe naturel qui, sauf exceptions, domine actuellement l'irrigation, c'est que la terre qui, dans ce pays, ne produit rien sans arrosage, a droit à l'eau, comme l'homme a droit à la vie. Ce droit n'est limité que par les besoins de la collectivité et les conditions des canaux, et c'est le gouvernement qui est juge de ces besoins et de ces conditions. Ainsi, d'une part, le gouvernement projette et exécute les ouvrages qui lui paraissent propres à assurer l'irrigation et à la développer ; il distribue l'eau du Nil en toutes saisons dans tous les canaux publics ; il la répartit entre ces canaux dont il fixe le niveau comme il l'entend, en s'inspirant de l'intérêt public ; il détermine les dimensions des prises d'eau des rigoles d'arrosage et la force des machines élévatoires établies sur les canaux publics, en tenant compte des besoins de l'agriculture et des ressources de l'alimentation ; d'autre part, le propriétaire a le droit de prendre autant d'eau qu'il en peut passer par sa prise ou par sa pompe, pendant tout le temps que le canal ou le bief de canal public qui le dessert n'est pas mis en chômage.

Les rouages qui concourent au service des irrigations sont :

1° Des conseils provinciaux consultatifs ;

2° Les fonctionnaires qui dépendent du Ministère des Travaux Publics : ce sont les agents d'exécution.

3° Le personnel administratif qui relève du Ministère de l'Intérieur, c'est-à-dire les moudirs (préfets) des provinces, les chefs des districts et des villages ;

4° Des tribunaux administratifs spéciaux ;

5° La population en général des villages convoquée, au moment de la crue, pour la surveillance des digues.

Avant de passer à l'examen des divers documents législatifs relatifs à l'irrigation, il convient de remarquer, d'une façon générale, que la juridiction des tribunaux administratifs ne s'applique qu'aux indigènes et non aux résidents européens. Ces derniers relèvent uniquement des tribunaux ordinaires. Ils sont jugés, dans leurs rapports avec le gouvernement ou avec les indigènes ou avec des européens d'une autre nationalité, par des tribunaux, dits *mixtes*, établis en Égypte suivant un accord avec les puissances, composés de juges de diverses nationalités et de juges indigènes, et appliquant un code qui se rapproche beaucoup du code français. Ces tribunaux, à part quelques exceptions nettement déterminées, n'ont pas dans leur compétence les délits et les crimes, qui sont jugés par l'autorité consulaire. Pour les contraventions, ils ne peuvent appliquer que des peines variant de 1,30 fr. à 26 francs et de un à sept jours de prison.

CONSEILS PROVINCIAUX

Ces conseils ont été créés par la loi organique d'Égypte du 1ᵉʳ mai 1883. Par décision du Conseil des Ministres du 27 décembre 1890, ils remplacent l'institution des conseils d'agriculture, qui avaient été créés en 1871, et des assemblées générales des travaux qui leur avaient été substituées par ordre khédivial du 3 janvier 1880.

D'après la loi organique, les attributions des conseils provinciaux sont les suivantes :

Pouvoir de voter des contributions extraordinaires à établir en vue de dépenses d'utilité publique intéressant la province ;

Obligation de donner leur avis préalable sur les travaux d'irrigation ;

Pouvoir de donner leur avis sur les travaux d'irrigation intéressant la province ;

Pouvoir d'émettre des vœux sur les questions intéressant l'agriculture, telles que desséchement des marais, amélioration des cultures et écoulement des eaux, etc.

Ces conseils provinciaux sont composés de membres élus. Ils se réunissent au moins une fois par an. Quand ils traitent des questions d'irrigation, l'inspecteur des irrigations assiste aux séances avec voix délibérative (décision du 27 décembre 1890). Ils sont présidés par le moudir qui a voix délibérative.

Les conseils provinciaux constituent donc, en réalité, des assemblées consultatives auxquelles sont soumises les mesures prises pour l'irrigation des provinces, la répartition des travaux de curage annuels, etc., etc. La décision définitive reste toujours entre les mains du Ministère des Travaux Publics ou du Conseil des Ministres, suivant les cas [1].

ATTRIBUTIONS DES MOUDIRS ET DES INSPECTEURS D'IRRIGATION

Les rapports des moudirs avec les inspecteurs d'irrigation sont fixés par un règlement de décembre 1885, dont l'esprit peut être indiqué, d'une manière générale, en disant que les inspecteurs d'irrigation et leurs ingénieurs sont les agents d'exécution de toutes les mesures concernant les irrigations, et que les moudirs ont à leur présenter et à discuter avec eux les besoins, les demandes et les plaintes du public.

Ainsi il appartient au moudir de veiller à ce qu'une juste distribution des eaux soit faite dans les divers districts ; il doit faire connaître aux inspecteurs d'irrigation les localités auxquelles, à tel ou tel moment, il est nécessaire de donner plus d'eau, en tenant compte des plaintes justifiées qui lui seraient adressées par les chefs des villages ; avec le conseil provincial, il indique, au commencement de chaque année, les divers travaux à exécuter pour les curages ; il ne peut agir par lui-même que dans les cas de danger pressant, de rupture d'une digue ou d'un ouvrage, et lorsqu'il n'y a pas sur

---

[1] De nouvelles lois sont actuellement à l'étude pour modifier dans un sens plus libéral les attributions des conseils provinciaux.

les lieux d'agent technique ; il doit choisir d'un commun accord avec l'inspecteur ou son adjoint les entrepreneurs pour les curages et les petits travaux.

De son côté, le devoir de l'inspecteur d'irrigation est de donner suite, dans la mesure du possible, aux observations du moudir relatives à la distribution des eaux, mais c'est lui seul qui a le contrôle technique de cette distribution ainsi que de la manœuvre des ouvrages régulateurs ; il doit répondre aux demandes du moudir et donner tous les renseignements que ce fonctionnaire désire, en particulier pour les affaires à soumettre au conseil provincial ; il doit communiquer au moudir et publier la réglementation des canaux ; il doit se concerter avec le moudir pour les changements projetés dans l'irrigation et le drainage de la région ; lorsqu'il a l'intention de fermer un canal pour plus de quatorze jours, il doit en informer le moudir, afin que celui-ci ait le temps de lui présenter ses observations s'il y a lieu.

Toutes les fois qu'il y a désaccord sur les points ci-dessus entre le moudir et l'inspecteur d'irrigation, ces deux fonctionnaires en réfèrent à leurs ministères respectifs qui tranchent le différend.

DIGUES ET CANAUX ; DÉCRET DU 22 FÉVRIER 1894 [1]

Le décret du 22 février 1894 forme la loi fondamentale des irrigations. Il comprend quarante-trois articles. Nous le publions ci-après in extenso après en avoir fait ressortir les principales dispositions :

Les articles 1 à 3 définissent ce qu'on doit entendre par canal et drain public ou privé. Un canal public est celui qui arrose la totalité ou une partie des terrains de plus de deux villages ; une rigole privée est celle qui sert à un ou deux villages seulement, ou à une terre appartenant à une seule personne ou à une famille en état de communauté, bien que contenue dans plusieurs villages ; toutefois une rigole peut être classée comme publique, sur la demande des propriétaires, quand elle arrose plus de 420 hectares. Un drain est public, quand il dessert plus de deux villages ou qu'il reçoit les eaux d'écoulement de plus de 840 hectares.

L'article 7 est très important. Il établit que le gouvernement n'a aucune indemnité à payer pour manque ou arrêt des eaux ayant comme cause un cas de force majeure, ou des réparations et des modifications reconnues nécessaires, ou une réglementation des eaux faite dans l'intérêt public ou pour le curage ; toutefois dans ce dernier cas, l'inspecteur d'irrigation doit choisir le moment favorable pour les travaux et le moudir doit consulter les intéressés.

[1] Un premier décret sur les digues et canaux a été promulgué en 1890 ; divers changements ont été introduits depuis cette date dans le texte primitif.

Les articles 8 à 19 traitent de la construction, de l'entretien, de la modification des rigoles, prises d'eau ou drains privés, ainsi que de l'installation des machines élévatoires, autres que les machines fixes ou locomobiles et celles mues par l'eau ou par le vent[1]. Toutes les mesures relatives à ces divers objets sont décidées, suivant les cas, soit par l'inspecteur d'irrigation après avis du moudir, soit par l'inspecteur et le moudir d'un commun accord et, si besoin est, après descente sur les lieux et comparution des intéressés. S'il y a désaccord entre le moudir et l'inspecteur des irrigations, dans les cas où cet accord est prescrit, ou si les intéressés n'acceptent pas la décision de ces fonctionnaires, c'est le Ministère des Travaux Publics qui prononce en dernier ressort. Les difficultés qui surgissent entre les particuliers au sujet des rigoles, drains ou prises d'eau sont réglées de la même manière. Toute la procédure et les notifications ont lieu par la voie administrative, ainsi que, s'il y a lieu, l'exécution des travaux et le recouvrement des dépenses.

L'article 23 concerne la réfection ou la réparation des ponceaux privés établis dans la digue du Nil ou d'un canal et constituant un danger à cause de leur mauvais état. L'inspecteur peut ordonner les travaux nécessaires, qui, en cas de non-exécution par l'intéressé, sont faits par l'administration et les frais recouvrés administrativement; à l'approche de la crue, l'inspecteur peut ordonner la fermeture immédiate et l'enlèvement définitif de l'ouvrage, s'il le juge nécessaire.

L'article 24 stipule que, dans le cas où on est obligé d'occuper une parcelle de terrain ou une construction pour des travaux de défense contre l'inondation, la propriété occupée est évaluée par une commission spéciale, dont l'organisation est prévue par l'article 27 et qui décide sans recours; l'indemnité est payée par le Ministère des Travaux Publics.

L'article 27 institue une commission spéciale pour fixer le montant des indemnités dues soit pour les terrains nécessaires à l'établissement des rigoles ou des drains privés, soit dans les autres cas prévus au décret. Cette commission est composée du moudir, de l'ingénieur en chef de la province et de deux notables choisis par chacune des parties intéressées.

Les articles 26, 28, 29, 30 et 31 visent la navigation et donnent au gouvernement le droit de faire procéder administrativement à l'enlèvement des barques échouées, formant obstacle dans un canal.

Les articles 32 à 41 énumèrent les contraventions et les pénalités à appliquer dans chaque cas; ces pénalités sont prononcées par une commission composée du moudir, de l'ingénieur en chef et de trois notables désignés par le Ministère de l'Intérieur; si la condamnation comporte emprisonne-

---

[1] L'installation de ces machines est régie par le décret du 8 mars 1881, voir page 273.

ment le contrevenant peut en appeler devant une autre commission composée du sous-secrétaire d'État au Ministère de l'Intérieur, d'un conseiller khédivial [1] et d'un délégué du Ministère des Travaux Publics. Le recouvrement des frais et des amendes se fait par voie administrative.

Ainsi, si l'on excepte certaines formalités de procédure et l'introduction de quelques éléments étrangers dans la commission d'estimation des indemnités et dans la commission des contraventions, ce décret donne à l'administration des Travaux Publics les pouvoirs les plus étendus ; c'est elle qui décide toutes les mesures et qui règle en dernier ressort toutes les contestations relatives à l'usage des eaux.

Décret sur les digues et canaux.

ARTICLE PREMIER. *Canaux et digues publics.* — Le mot « canal » signifie un cours d'eau servant à l'irrigation de la totalité ou d'une partie des terrains de plus de deux villages.

Tous les canaux de cette nature sont considérés comme publics.

Ils sont généralement construits et entretenus aux frais de l'État et font partie du domaine public.

L'usage et l'occupation des digues des canaux ne sont permis aux particuliers que par tolérance, conformément aux dispositions de l'article 21 du présent décret.

ART. 2. *Rigoles privées.* — Par le mot « rigole », on entend un chenal ou cours d'eau servant à l'irrigation des terrains d'un ou deux villages seulement, ou d'une terre appartenant à une seule personne ou à une famille en état de communauté, bien que contenue dans plusieurs villages.

Toutes les rigoles sont considérées comme propriété privée ; leur construction et leur entretien sont à la charge des particuliers qui en profitent.

Le gouvernement, en cas de retard à les curer, pourra faire exécuter lui-même cette opération aux frais desdits habitants. La somme ainsi dépensée sera répartie par le moudir en proportion de l'impôt payé par chacun et sera recouvrée conformément aux dispositions du décret du 25 mars 1880 [2].

Toutefois si la surface habituellement irriguée par une rigole excède mille feddans [3] appartenant soit à une seule, soit à plusieurs personnes, cette rigole pourra toujours, sur la demande des propriétaires, être considérée comme un canal public.

ART. 3. *Drains.* — Le mot « drain » indique un fossé destiné à l'écoulement des eaux provenant de l'irrigation, de la pluie ou du drainage.

Le drain est public quand il dessert plus de deux villages, privé lorsqu'il n'en dessert qu'un ou deux seulement, à moins qu'il ne soit destiné à recevoir les eaux d'écoulement d'une superficie supérieure à deux mille feddans [4]; dans ce cas, il est considéré comme public, bien que situé dans un seul village.

Les drains publics sont entretenus par l'État, et les drains privés par les propriétaires intéressés ; les dispositions du second paragraphe de l'article précédent sont applicables aux drains privés.

[1] Chef du contentieux d'un ministère.

[2] Décret relatif à la saisie et à la vente administrative en cas de non-paiement des impôts à l'échéance.

[3] 420 hectares.

[4] 840 hectares.

Art. 4. *Travaux de préservation contre l'inondation.* — Les travaux de préservation contre l'inondation comprennent les digues, les épis, les digues transversales (Salibahs), les digues longitudinales (Tarrads) et autres ouvrages servant à protéger les terrains et les villages contre le débordement des eaux.

Ces ouvrages sont considérés comme publics et doivent être en entier à la charge du gouvernement.

Quant aux hochas [1] particuliers sur les « sahels [2] » du Nil, ou qui font partie des hods [3] et qui sont construits par leurs propriétaires, leur entretien reste à la charge de ces derniers.

Art. 5. *Attributions des inspecteurs d'irrigation et des ingénieurs en chef.* — Les inspecteurs d'irrigation sont les représentants du Ministre des Travaux Publics et ont sous leurs ordres les ingénieurs en chef et tout le personnel du service des irrigations dans les limites de leurs inspections ; leurs attributions et leurs relations avec les moudirs sont fixées par le règlement du 31 décembre 1885 [4].

Art. 6. *Servitudes sur les terrains.* — Le propriétaire d'un terrain grevé par voie légale de servitudes telles que rigoles et drains traversant ce terrain et destinés à desservir les terrains voisins, ne pourra, en aucun cas, rendre ces rigoles ou drains à la culture, ni les détruire ou les remblayer sans le consentement par écrit des propriétaires des terrains desservis par ces drains ou rigoles.

Art. 7. *Arrêt des machines élévatoires ou fermeture des canaux.* — Aucune indemnité ne peut être réclamée au gouvernement pour des pertes occasionnées par un manque ou un arrêt des eaux d'un canal résultant de cas de force majeure, ou ayant pour cause des réparations ou des modifications reconnues nécessaires, ou une mesure quelconque que l'inspecteur d'irrigation jugerait nécessaire de prendre afin de réglementer les eaux dans ce canal, ou d'en maintenir la cote, telle que, par exemple, la fermeture d'un canal ou la suspension de l'irrigation pendant un certain nombre de jours sur tout ou partie de ce canal, en vue de faire face à un besoin d'eau plus urgent dans un autre endroit.

Dans le cas où il serait nécessaire de curer ou de réparer un canal quelconque, l'inspecteur d'irrigation, l'ingénieur en chef de la moudirieh, comme son agent, doit choisir pour effectuer ces opérations, le temps pendant lequel on peut se dispenser des eaux nécessaires à l'irrigation ou à l'arrosage.

Toutefois, avant de commencer un travail quelconque de cette nature, l'inspecteur d'irrigation doit se mettre d'accord avec le moudir, conformément aux dispositions du règlement du 31 décembre 1885, fixant les attributions et les relations des inspecteurs d'irrigation et des moudirs.

Le moudir doit appeler et consulter les intéressés ou leurs représentants légaux.

Art. 8. *Construction de rigoles sefi [5].* — Les propriétaires ou le village qui désireraient construire dans leurs propres terrains une rigole pour l'eau sefi doivent adresser leur demande au moudir.

Celui-ci la communiquera à l'inspecteur d'irrigation, accompagnée de son avis et de ses observations, et, si l'inspecteur se trouve d'accord avec lui, le moudir accordera ou refusera, suivant le cas, l'autorisation demandée.

La rigole ainsi autorisée sera construite aux frais des demandeurs et leur appartiendra.

Néanmoins, le droit de propriété sur cette rigole n'aura pas pour conséquence d'empêcher les autres propriétaires voisins de l'utiliser, même pendant l'étiage, pour l'irriga-

---

[1] Terrains entourés de digues où l'on fait des cultures d'irrigation dans la région des bassins.
[2] Terres hautes avoisinant le Nil.
[3] Bassins d'inondation.
[4] Voir page 373.
[5] Rigoles servant pour les cultures qui se font pendant la période d'étiage du Nil.

tion de leurs terrains, après que les propriétaires de la rigole auront pris la quantité d'eau suffisante pour leurs terrains. Mais les propriétaires voisins devront, dans ce cas, contribuer, en proportion de l'étendue de leurs terrains qui profitent de la rigole, aux frais de sa construction et de son entretien.

Art. 9. *Passage des eaux à travers les terres d'autrui, à défaut d'autres moyens pour l'irrigation.* — Dans le cas où un propriétaire trouverait que, sans la construction d'une rigole sur des terrains qui ne lui appartiennent pas ou sans se servir d'un canal nili ou d'une rigole existant sur la propriété d'autres personnes, il lui est impossible de pourvoir suffisamment à l'irrigation de ses terres, à défaut d'arrangement à l'amiable avec les propriétaires intéressés ou leurs représentants légaux, il présentera sa réclamation au moudir qui la communiquera avec son avis et ses observations à l'inspecteur d'irrigation.

Ce dernier examinera la question sur les lieux et prononcera sa décision, après avoir entendu les propriétaires intéressés ou leurs représentants légaux s'ils se présentent.

Il pourra déléguer à cet effet l'ingénieur en chef de la province ou son propre adjoint.

Avis sera donné du jour et de l'heure de la descente sur les lieux aux propriétaires intéressés ou leurs représentants légaux au moins quatorze jours avant.

Mais si la rigole ou canal nili doit servir à amener de l'eau sefi fournie par écoulement naturel ou élevée au moyen de machine, et que le propriétaire voisin s'oppose à son établissement parce qu'elle nuirait aux terrains à traverser, l'inspecteur d'irrigation ira lui-même sur les lieux et prendra pour base de son rapport l'étude précise des niveaux.

Si ce rapport est favorable à la demande et que le moudir, après en avoir pris connaissance, se trouve d'accord avec l'inspecteur, une décision motivée sera rendue par le moudir lui-même.

Cette décision sera signifiée par voie administrative aux propriétaires opposants.

Chacun de ces derniers pourra, dans les quinze jours de la signification, la déférer au Ministère des Travaux Publics qui prononcera en dernier ressort sur la question.

En cas de désaccord entre le moudir et l'inspecteur, la question sera également soumise au Ministère des Travaux Publics.

Le pétitionnaire devra toujours payer la valeur du terrain occupé par la nouvelle rigole et l'impôt dont il est grevé, ainsi qu'une indemnité pour les dommages causés.

La somme à payer sera fixée par la commission mentionnée à l'article 27 du présent décret.

Cet article annule l'article 10 du décret du 8 mars 1881.

Art. 10. *Insuffisance d'eau d'une rigole.* — Le propriétaire qui croirait n'avoir pas la quantité d'eau nécessaire pour ses cultures, doit adresser sa réclamation au moudir, qui la communiquera, également avec son avis et ses observations, à l'inspecteur d'irrigation pour examiner si le débit de la rigole qui alimente lesdites cultures est suffisant, ou bien si cette rigole doit être élargie. L'inspecteur basera ses appréciations sur l'étendue des terrains irrigués et sur la nature des cultures.

Si le propriétaire voisin s'oppose à l'élargissement de la rigole qui est reconnu nécessaire, les dispositions de l'article précédent seront observées, et si cet élargissement a pour but le passage des eaux sefi, les règles établies aux paragraphes 4, 5, 6 et 7 de l'article 9 sont applicables.

Art. 11. *Échange de rigoles.* — Les règles et les formalités prescrites par l'article 9 seront également observées dans le cas où un propriétaire demanderait d'affecter à l'irrigation de ses terres, pendant la crue, une rigole autre que celle dont il se serait servi jusqu'alors.

Mais, pendant les étiages, aucun échange de rigoles ne pourra avoir lieu sans le consentement des propriétaires des terrains que la nouvelle rigole doit traverser.

ART. 12. *Création de prises ou installation de machines élévatoires sur les canaux.* — Si un propriétaire désire créer une prise sur un canal ou établir une sakieh ou une machine élévatoire pour irriguer ses terrains touchant ce canal, il devra présenter sa demande au moudir qui la communiquera, accompagnée de son avis et de ses observations, à l'inspecteur d'irrigation. Ce dernier la transmettra à l'ingénieur en chef de la province, lequel, s'il approuve cette demande, délivrera l'autorisation nécessaire, dans le cas d'une sakieh, et soumettra la question à l'inspecteur d'irrigation s'il s'agit d'une prise d'eau.

Dans tous les cas, une copie de l'autorisation sera transmise au moudir avec la déclaration que le débit du canal peut permettre la création de la rigole ou l'établissement de la sakieh sans porter préjudice aux propriétaires des autres rigoles en aval.

L'ingénieur en chef exigera, au préalable, du pétitionnaire l'engagement de faire à ses propres frais tous les travaux jugés nécessaires pour régler le débit d'eau dans la rigole ou pour maintenir en bon état les digues du canal.

Il désignera l'emplacement que doit occuper la prise ou la sakieh.

Les règles pour l'établissement des machines fixes ou locomobiles mues par la vapeur, par le vent ou par le courant de l'eau, sont toutes édictées par le décret du 8 mars 1881 [1].

Il ne pourra, en aucun cas, être installé ni sakieh, ni tabout sans une autorisation préalable. Cette autorisation sera délivrée gratuitement.

ART. 13. *Suppression d'une rigole pour prévenir un dommage.* — Quand, soit sur la demande des propriétaires intéressés ou leurs représentants légaux, soit de sa propre initiative, un inspecteur d'irrigation trouve que l'existence d'une rigole est inutile à l'irrigation, qu'elle constitue un obstacle au drainage, qu'elle occasionne des infiltrations ou des déperditions d'eau, ou, enfin, qu'elle est nuisible à l'agriculture, il devra, après entente avec le moudir et après que ce dernier aura entendu les propriétaires intéressés, communiquer son avis au Ministère des Travaux Publics, qui ordonnera la fermeture de la rigole à la fin de la récolte et permettra aux propriétaires des terrains avoisinants de la combler, s'il résulte que l'irrigation faite par cette rigole pourrait s'effectuer par une autre sans dommage. Dans ce cas, quant au terrain occupé par la rigole supprimée, on appliquera les règlements en vigueur.

ART. 14. *Élargissement ou rétrécissement du ponceau de prise d'une rigole ou modification du niveau du radier.* — Si l'inspecteur d'irrigation juge que le ponceau de prise d'une rigole est trop large ou que son radier est à un niveau qui permet le passage d'un volume d'eau excédant le besoin des terres irriguées par la rigole, il devra en prévenir le moudir, qui invitera les propriétaires ou leurs représentants légaux à se réunir auprès de lui à un jour fixé. Après leur avoir communiqué l'avis motivé de l'inspecteur d'irrigation, on fixera, s'ils approuvent son avis, l'époque pendant laquelle les travaux pourront être exécutés. Pendant cette époque, les cultures ne doivent pas avoir besoin des eaux.

Si les propriétaires ont des objections à élever contre cette décision, le cas sera déféré par le moudir au Ministère des Travaux Publics, qui ordonnera ce qu'il jugera opportun à ce sujet.

S'il est nécessaire d'élargir le ponceau de prise d'une rigole ou d'abaisser le niveau de son radier pour qu'il y ait un volume d'eau suffisant, une époque sera également fixée à cet effet.

Dans tous les cas, les frais restent à la charge du gouvernement.

ART. 15. *Construction d'un drain se déversant dans les terres d'autrui.* — Dans le cas où un propriétaire, pour drainer ses terres, aurait besoin de créer un drain qui traverserait les terrains d'un autre propriétaire, à défaut d'entente à l'amiable avec l'intéressé, il

---

[1] Voir pages 273 et suivantes.

pourra présenter sa réclamation au moudir, qui la communiquera, accompagnée de son avis et de ses observations, à l'inspecteur d'irrigation. Ce dernier indiquera le cours que le drain devra suivre; faute de moyens de se procurer le terrain nécessaire au passage du drain, l'inspecteur d'irrigation se concertera avec le moudir et, s'ils tombent d'accord, le cas sera soumis au Ministère des Travaux Public, lequel, s'il approuve la construction du drain, prendra les mesures nécessaires. Toutes les dépenses et l'indemnité seront exclusivement à la charge des bénéficiaires. Le passage du drain ne devra causer aucun dommage aux terrains qu'il traversera.

Art. 16. *Réparation d'une rigole ou d'un drain pour empêcher les dommages.* — Le propriétaire d'un terrain endommagé par une rigole ou par un drain qui le traverse, soit faute de curage, soit à cause du mauvais état des digues de cette rigole ou de ce drain, pourra s'adresser au moudir, qui, après entente avec l'inspecteur d'irrigation ou avec l'ingénieur en chef de la province, ordonnera soit la fermeture de la rigole ou du drain, soit leur curage s'il le juge suffisant. Dans le cas où la rigole ou le drain seraient indispensables, le moudir invitera les intéressés à les maintenir en bon état ou à indemniser le propriétaire du terrain endommagé par la rigole ou par le drain.

Art. 17. *Remplacement d'une rigole ne répondant pas aux besoins de l'irrigation.* — Quand un propriétaire trouve que l'emplacement de la rigole traversant son terrain lui rend difficile l'irrigation et qu'il désire faire remplacer cette rigole par une autre, il peut présenter une demande au moudir, qui la communiquera, accompagnée de son avis et de ses observations, à l'inspecteur d'irrigation, qui, après entente avec le moudir, autorisera la suppression de la rigole et son remplacement par une autre aux frais du propriétaire, pourvu que la nouvelle rigole soit, sous tous les rapports, aussi bonne que la première et remplisse les conditions voulues, et que celle-ci ne soit fermée que lors de la mise en état de la nouvelle.

Mais si la rigole ne profite qu'au propriétaire du terrain qu'elle traverse, celui-ci pourra la faire remplacer sur son terrain par une autre rigole sans avoir besoin d'en demander la permission.

Art. 18. *Des difficultés qui pourraient s'élever au sujet de la réparation d'une rigole.* — Si un particulier se plaint au moudir de ce que ses co-intéressés à une rigole ne sont pas d'accord sur la réparation, le moudir déléguera l'ingénieur en chef, qui se rendra sur les lieux et vérifiera la plainte.

S'il est reconnu que la réparation de la rigole est nécessaire, le moudir invitera les intéressés à la réparer.

Mais si les intéressés se trouvaient dans l'impossibilité de faire cette réparation, soit faute d'hommes suffisants dans leur village, soit faute d'argent, le gouvernement pourra se charger de l'exécution à ses frais, sauf à se faire rembourser le montant de la dépense par les intéressés en plusieurs termes que fixera la moudirieh suivant leurs moyens. Le gouvernement pourra renoncer à se faire rembourser par les intéressés s'ils sont reconnus pauvres.

Le Ministre de l'Intérieur statuera définitivement sur le cas de pauvreté.

Art. 19. *Démolition des digues ou comblement des rigoles ou des drains.* — Si un propriétaire se plaint au moudir de ce qu'un de ses co-intéressés à une rigole d'irrigation ou à un drain dont l'entretien est à la charge des propriétaires, conformément à l'article 2, en a démoli les digues ou en a comblé ou usurpé une partie, le moudir communiquera la plainte, accompagnée de son avis et de ses observations, à l'inspecteur d'irrigation, qui se rendra sur les lieux en personne ou déléguera à cet effet l'ingénieur en chef de la province, après en avoir prévenu les intéressés au moins quatorze jours à l'avance. S'il est constaté qu'il y a eu démolition ou comblement, l'inspecteur évaluera les travaux nécessaires pour le rétablissement de la rigole ou du drain dans son état primitif, et en avisera le moudir pour qu'il oblige administrativement le contrevenant à arranger ce qu'il y a de détérioré. En cas de refus de sa part, il sera obligé d'en supporter les frais.

Dans le cas où un propriétaire ou un locataire viendrait à se plaindre au moudir qu'on lui a intercepté l'eau d'une rigole dont il se servait pour l'irrigation, le moudir, ainsi qu'il est dit au premier paragraphe, transmettra la plainte avec son avis et ses observations à l'inspecteur d'irrigation, qui visitera lui-même les lieux ou déléguera à cet effet l'ingénieur en chef de la province, après en avoir prévenu les parties intéressées quatorze jours au moins à l'avance ; s'il est constaté que le plaignant arrosait réellement ses terres au moyen de ladite rigole l'année précédente, l'inspecteur d'irrigation en avisera le moudir, qui prendra administrativement les dispositions nécessaires pour que les choses soient rétablies dans leur ancien état et pour qu'il n'y ait plus opposition à l'usage de la rigole. Le moudir procédera immédiatement à l'exécution de ces mesures aux frais de celui ou de ceux qui ont intercepté la rigole.

Ces frais seront, dans tous les cas ci-dessus, recouvrés dans les formes prescrites par le décret du 25 mars 1880.

ART. 20. *Enlèvement des arbres plantés sur les digues et les talus des canaux.* — S'il est prouvé que les arbres plantés sur les digues, les talus ou les banquettes d'un canal, sont la propriété d'un particulier, et que ces arbres constituent, à cause de leur développement, un obstacle au cours des eaux, à la navigation ou à la circulation sur les digues du canal, l'inspecteur d'irrigation ou l'ingénieur en chef de la province ordonnera au propriétaire de les enlever.

Si celui-ci n'exécute pas l'ordre dans les huit jours, l'inspecteur, après avoir obtenu l'approbation écrite du moudir, fera abattre ou élaguer les arbres, vendra le bois et remettra au propriétaire le produit de la vente, sous déduction des dépenses.

ART. 21. *Tolérance de l'emploi, pour la culture, d'une digue ou d'un lit de canal.* — L'habitude, consacrée par l'usage, de cultiver les digues qui ne sont pas destinées à la circulation et les lits des canaux nil est tolérée ; toutefois, le cultivateur ne pourra rien réclamer au gouvernement pour les travaux de réparation ou de curage nécessaires.

A cet effet, les inspecteurs recommanderont aux agents chargés de ces travaux de tâcher, dans la mesure du possible, d'empêcher tout dégât à la culture sur pied.

Le fermier d'un terrain libre de l'État ne sera pas tenu de payer le loyer du terrain dont la récolte aurait été endommagée à la suite d'un travail d'utilité publique qui y serait exécuté avant que la récolte n'ait mûri ; il lui sera, au contraire, tenu compte du montant de la culture endommagée.

ART. 22. *Transformation d'une digue cultivée en route pour la circulation publique.* — Si la digue d'un canal habituellement cultivée était nécessaire comme route, ou si, pour une raison quelconque, on voulait défendre qu'elle fût cultivée, l'inspecteur d'irrigation invitera le moudir à informer le cultivateur de cette digue qu'à la fin des cultures y existant, il ne lui sera plus permis d'en faire d'autres ; si, malgré cette notification, il persistait à vouloir s'en servir, il n'aurait rien à réclamer au gouvernement dans le cas où ses cultures seraient enlevées par ordre du moudir. Mais si la digue est grevée d'impôt, le gouvernement devra la dégrever et la déclarer d'utilité publique.

ART. 23. *Construction ou réparation des ponceaux appartenant aux particuliers dans la digue du Nil ou d'un canal.* — Si l'inspecteur d'irrigation s'aperçoit qu'un ponceau établi sur la digue du Nil ou d'un canal, ou qu'un autre ouvrage de protection est mal construit ou en état de dégradation, ou qu'il constitue pour toute autre raison une source de dangers pour les digues, il avisera le moudir, qui donnera l'ordre au propriétaire d'en faire la réparation ou la réfection dans un délai de quarante jours pendant la saison d'hiver, faute de quoi, l'inspecteur demandera au moudir l'exécution de ces travaux dans un autre délai de quarante jours.

Si, après une nouvelle invitation de la part du moudir, le propriétaire du ponceau se refusait à en faire la réparation ou la réfection, le moudir pourra faire exécuter ces travaux, et les frais seront recouvrés administrativement du propriétaire dans les formes prescrites par le décret du 25 mars 1880.

Si, à l'approche du temps de la crue, la construction du ponceau n'est pas achevée, l'inspecteur d'irrigation pourra en ordonner la fermeture immédiate, et l'enlèvement définitif dans le cas où la sûreté des digues l'exigerait. Il aura soin d'en informer le moudir et de faire parvenir l'eau, par un autre moyen quelconque, aux terrains qui étaient irrigués par ce ponceau.

Art. 24. *Travaux de défense contre les inondations.* — Dans le cas où l'on serait obligé d'occuper une parcelle de terrain cultivée appartenant aux particuliers, ou de démolir une maison ou une autre construction quelconque située sur lesdits terrains, dans le but d'exécuter les travaux de protection contre l'inondation, l'étendue de la propriété ainsi occupée sera mesurée. L'estimation sera faite par la commission mentionnée à l'article 27; après avoir entendu le propriétaire et l'inspecteur d'irrigation, ce dernier fera connaître au moudir, d'une manière approximative, les avantages résultant de ces travaux.

La somme fixée sera payée par le Ministère des Travaux Publics. Aucun recours ne sera admis contre la décision de la commission.

En cas de danger pendant la crue du Nil, le moudir pourra agir immédiatement ; il pourra occuper un terrain cultivé ou non cultivé, démolir une maison ou toute autre construction pour exécuter des travaux urgents de protection; dans ce cas, l'estimation du dommage sera faite par le moudir ou son remplaçant, de concert avec l'ingénieur en chef ou l'ingénieur du district et quatre notables, dont deux choisis par les intéressés et deux par le moudir ; en cas de partage, la voix du moudir ou de son remplaçant est prépondérante.

Le montant des dommages sera payé par le Ministère des Travaux Publics.

Art. 25. *Déviation du cours du Nil.* — Si le Nil venait à former, par suite de la déviation de son cours, un îlot ou une terre d'alluvion devant une digue sur laquelle est érigée une machine élévatoire dûment autorisée, et que le gouvernement jugeât à propos de vendre ou de louer cet îlot ou cette terre, le propriétaire de cette machine aurait plein droit de creuser une rigole à travers ces terres d'alluvion dans le but d'alimenter la machine, sans qu'il lui soit rien réclamé de ce chef.

Art. 26. *Chargement et déchargement des barques.* — Il sera, en tout temps, permis aux propriétaires de barques de charger et de décharger leurs barques sur tous les débarcadères destinés à cet usage sur les digues du Nil ou des canaux, pourvu qu'il n'en résulte aucun dommage pour ces digues et que la circulation n'y soit point entravée.

Pour les débarcadères séparés de l'eau par des terrains appartenant à des particuliers et auxquels on ne pourrait parvenir par un autre chemin, les propriétaires de barques devront se mettre d'accord avec ces particuliers sur le tracé d'un chemin pour le passage des chargements de leurs barques, moyennant le paiement d'un prix de location raisonnable. En cas d'opposition de la part des propriétaires des terrains à traverser, ils seront obligés d'accepter le prix de location qui sera fixé par la commission mentionnée à l'article 27.

En général, les propriétaires de barques ne pourront construire ni réparer des barques, si ce n'est sur la banquette du côté de l'eau.

Art. 27. *Commission d'évaluation.* — Une commission est instituée pour fixer, à défaut d'accord amiable entre les parties, le montant de l'indemnité due, soit pour les terrains nécessaires à l'établissement de rigoles ou de drains, soit dans tous les autres cas prévus par le présent décret.

Cette commission sera composée du moudir ou de son délégué comme président, de l'ingénieur en chef et de deux notables de la province, choisis par chacune des parties intéressées.

En cas de partage des voix, celle du président sera prépondérante.

Si l'ingénieur en chef est absent ou empêché, l'inspecteur d'irrigation pourra désigner, pour le remplacer, le principal ingénieur adjoint.

Art. 28. *Les propriétaires de barques ne sont pas admis à réclamer contre le gouvernement.* — Les propriétaires de barques ou de la cargaison ne pourront prétendre à aucune indemnité de la part du gouvernement pour les retards occasionnés par la fermeture d'un canal ou pour l'insuffisance des eaux dans ce canal ou dans le Nil. Ils seront, autant que possible, avisés de cette fermeture.

Art. 29. *Naufrage ou échouement de barques.* — Si une barque venait à faire naufrage ou à échouer dans le Nil ou dans un canal public, ou dans un bassin, de façon à constituer un obstacle à la navigation ou au libre passage des eaux, le gouverneur ou le moudir invitera le propriétaire ou le raïs[1], qui est tenu d'en aviser le propriétaire de la cargaison, à enlever sa barque, et au cas où ce dernier ne se conformerait pas à cet ordre dans un délai de huit jours après l'invitation, le gouverneur ou le moudir fera faire cet enlèvement aux frais du propriétaire, et ce dernier ne pourra prétendre à aucune indemnité de la part du gouvernement pour le dommage qui serait causé à la barque ou à son contenu pendant l'opération.

Si le propriétaire ne paie pas les frais d'enlèvement dans un délai de quinze jours après l'invitation qui lui en aura été faite, le gouverneur ou le moudir aura la faculté de vendre la barque et la cargaison. Le produit de la vente sera remis au propriétaire, sous déduction desdits frais. Si les frais d'enlèvement sont supérieurs au prix de la barque et de la cargaison, et que le propriétaire se trouve en état d'indigence, l'excédent de la dépense sera supporté par le gouvernement.

Si une barque ayant coulé soit dans un canal étroit ou dans une écluse, soit devant l'ouverture d'une écluse ou d'un régulateur, etc., venait, soit à arrêter la navigation ou à la rendre très difficile, soit à diminuer le débit de l'eau dans le canal, ou à travers une écluse ou un régulateur, l'inspecteur prendra des mesures immédiates pour enlever la susdite barque de l'endroit dangereux et en informera en même temps le moudir.

Les frais d'enlèvement de la barque seront supportés par le gouvernement, mais le propriétaire n'aura rien à réclamer au gouvernement pour le dommage que cette manœuvre pourrait causer, soit au bateau lui-même ou à ses accessoires, soit à sa cargaison.

Quant à la procédure à suivre après que l'embarcation aura été retirée de l'endroit dangereux, elle aura lieu dans les conditions prescrites à la première partie du présent article.

Art. 30. *Établissement de bacs sur les canaux.* — Pour établir un bac sur un canal, outre l'autorisation du Ministère des Finances, il est nécessaire que l'établissement et le choix de l'emplacement soient approuvés par l'inspecteur d'irrigation.

Pour les anciens bacs, si l'inspecteur d'irrigation reconnaît que leur existence à l'endroit où ils sont établis est nuisible à l'irrigation ou à la navigation, et qu'il soit possible de les déplacer dans un endroit voisin sans entraver la circulation, il devra demander au moudir de les faire déplacer.

Si le déplacement n'est pas possible, l'inspecteur d'irrigation et le moudir s'adresseront, après entente, aux Ministères des Finances et des Travaux Publics, qui décideront, s'il y a lieu, la suppression des bacs ; dans ce cas, les bacs seront dégrevés de leurs taxes et remplacés par un pont qui servira à la circulation publique ; les propriétaires des bacs n'auront droit à aucune indemnité envers le gouvernement.

Art. 31. — Il est défendu, sous les peines prévues par le Code pénal indigène, de

[1] Patron de la barque.

subordonner ou de contraindre à un paiement quelconque d'un droit les barques autorisées à charger et à décharger leur cargaison sur les digues du Nil, d'un canal ou d'un drain public.

ART. 32. — Seront punis d'un emprisonnement de quinze jours à deux mois et d'une amende au moins égale au montant des restitutions qui sera arrêté par le Ministère des Travaux Publics, mais qui ne pourra excéder le double de ce montant :

1° Ceux qui, sans une autorisation spéciale :

A. Auront obstrué le cours des eaux par une digue, par un enrochement ou par un autre obstacle quelconque ;

B. Auront ouvert ou fermé les portes des écluses, ou touché à tout autre appareil servant à protéger les ponts ;

C. Auront enlevé une digue quelconque construite à travers un canal, dans le but de le fermer ou d'en réduire le débit ;

D. Auront établi sur les digues du Nil, d'un canal ou d'un drain public, une construction quelconque, roue hydraulique, sakieh, pompe, etc. (toutes constructions ou machines établies dans ces conditions seront immédiatement enlevées).

Les chadoufs, les natalehs et les vis d'Archimède pourront être établis sans autorisation, pourvu qu'aucune coupure ou dommage ne soit causé aux digues ;

E. Auront pratiqué une coupure dans les digues du Nil ou d'un canal d'irrigation ou d'écoulement, ou auront établi une prise pour le passage des eaux ;

F. Auront enlevé la terre formant les digues ;

G. Auront fait un changement quelconque dans une écluse ou une prise d'eau en maçonnerie, que cette écluse ou prise soit publique ou de propriété privée, construite sur une digue du Nil ou sur celle d'un canal public ;

H. Auront emporté de la terre, des pierres, du bois ou tous autres matériaux des digues du Nil ou d'un canal, ou d'un ouvrage quelconque de protection, ou se seront livrés à des actes pouvant endommager les ouvrages d'art.

Les cheikhs des villages qui auront pris consignation de ces ouvrages d'art seront responsables administrativement desdits actes vis-à-vis du gouvernement s'ils ne l'ont pas avisé, à condition que les gardiens soient nommés par le gouvernement même.

2° Ceux qui auront enterré un cadavre dans les digues ;

3° Ceux qui auront pris l'eau d'un canal, soit en ouvrant la prise du canal ou d'une rigole, soit en pratiquant une coupure dans la digue, soit par l'élévation artificielle, pendant les jours où l'inspecteur d'irrigation, ou toute autorité dûment déléguée, aura fait savoir que l'irrigation ne devait pas être faite.

ART. 33. — Seront punis d'une amende de 25 à 200 P. T.[1] et d'un emprisonnement de de 5 à 30 jours :

1° Ceux qui, sans une permission par écrit de l'inspecteur des irrigations, auront déversé l'eau de drainage dans un canal public ;

2° Ceux qui, sans une autorisation spéciale, auront construit sur un canal un pont quelconque permanent ou provisoire, ou y auront établi un tuyau ou un siphon.

ART. 34. — Seront punis d'une amende de 10 à 50 P. T.[2] et d'un emprisonnement de 24 heures à 15 jours :

1° Ceux qui auront déposé sur les talus ou sur les berges d'un canal la vase provenant des curages ou du creusement d'une rigole, d'une conduite de sakieh ou d'une machine à vapeur ;

2° Ceux qui auront causé un dommage aux berges d'un drain public par l'écoulement des eaux se déversant des champs, ou un comblement dans le lit du drain par le limon ou le sable apportés du dehors par l'écoulement des eaux ;

[1] 25 piastres tarif valent 6,50 fr. et 200 piastres valent 52 francs.
[2] 2,60 à 13 francs.

3° Ceux qui auront établi dans un canal des pieux destinés à attacher des filets pour la pêche.

Art. 35. — Seront punis d'une amende de 200 P. T.[1] ceux qui auront jeté dans le Nil, dans un canal ou dans un drain public, des animaux morts ou toute autre substance nuisible pouvant corrompre l'eau.

Les agents préposés à la garde devront toujours extraire le cadavre de l'eau et l'enfouir.

Art. 36. — Les peines de l'amende et de l'emprisonnement édictées par les articles 32, 33 et 34 pourront être appliquées séparément.

Art. 37. — Indépendamment de toute poursuite pour les contraventions ci-dessus, le contrevenant sera toujours tenu de rétablir les lieux en leur état primitif: s'il s'y refuse, les travaux nécessaires seront exécutés à ses frais par le gouvernement, et la somme dépensée sera recouvrée dans les formes et conditions prescrites par le décret du 25 mars 1880.

Art. 38. — Les condamnations seront prononcées par une commission administrative composée du moudir, de l'ingénieur en chef ou de son remplaçant, et de trois notables de la même province à nommer par le Ministre de l'Intérieur.

La décision sera rendue à la majorité des voix.

Aucun recours ne sera admis si la condamnation ne porte que la peine d'amende.

En cas de condamnation à l'emprisonnement, le condamné pourra se pourvoir en appel devant un comité spécial siégeant au Ministère de l'Intérieur et composé du sous-secrétaire d'État comme président, d'un conseiller khédivial et d'un délégué du Ministère des Travaux Publics.

L'appel devra être interjeté par une déclaration à la moudirieh ou au gouvernorat dans les trois jours qui suivront le prononcé de la décision.

Il ne sera recevable qu'à la condition que l'appelant justifie, au moment même de la déclaration, d'avoir payé l'amende et le montant des restitutions auxquelles il aura été condamné, sauf droit à être remboursé en cas d'acquittement.

Art. 39. — Un règlement spécial arrêté par le Ministère de l'Intérieur établira la procédure à suivre, soit devant la commission, soit devant le comité spécial.

Art. 40. — Les cheikhs[2] et gaffirs[3] des villages et des kafres[4], les intendants des chifliks[5] et des ezbehs[6], des Domaines de l'État et de la Daïra Sanieh, seront reponsables de la sauvegarde des digues et des canaux et de tous travaux d'art qui se trouvent dans leurs circonscriptions respectives, et qui leur ont été consignés; en cas de contraventions, ils seront personnellement tenus des frais de remise en état des travaux si les auteurs restent inconnus.

Art. 41. — Le montant des frais et celui des amendes seront recouvrés conformément aux dispositions du décret du 25 mars 1880[7]; en cas de non-recouvrement de l'amende, le condamné subira un emprisonnement de vingt-quatre heures pour chaque 30 P. E.[8] de l'amende. Cet emprisonnement sera ordonné par le moudir.

Art. 42. — Toutes les dispositions antérieures, contraires au présent décret, sont et demeurent abrogeés.

[1] 52 francs.
[2] Chefs des villages.
[3] Gardiens.
[4] Villages sur des monticules.
[5] Domaines.
[6] Lieux habités en dehors des villages.
[7] Voir annotation page 376.
[8] 7,80 fr.

Art. 43. — Nos Ministres de l'Intérieur, des Finances, des Travaux Publics et de la Justice, sont chargés, chacun en ce qui le concerne, de l'exécution du présent décret.

Arrêté du 16 juillet 1898. — Un arrêté a été pris par le Ministère de l'Intérieur, le 16 juillet 1898, en exécution de l'article 39 du décret sur les digues et canaux ; il règle, comme il est indiqué ci-après, la procédure à suivre par la commission des contraventions instituée en vertu de l'article 38 dudit décret.

Dans les vingt-quatre heures qui suivent le dépôt du procès-verbal de contravention à la moudirieh, un employé faisant fonction de greffier rédige une citation à comparaître qui est remise à l'inculpé par un agent de l'autorité administrative. L'inculpé doit comparaître en personne aux jour et heure fixés. Le procès-verbal fait foi jusqu'à preuve du contraire ; on le lit avec le rapport qui l'accompagne ; l'inculpé présente ses moyens de défense et peut faire entendre des témoins ; il est tenu un procès-verbal d'audience ; la commission prononce séance tenante sa décision motivée à moins qu'elle n'ordonne un supplément d'information ; elle fixe alors le jour de la nouvelle audience dont le délai ne pourra dépasser quinze jours. Si l'inculpé ne se présente pas à la première audience et qu'il ait été régulièrement cité, la décision est rendue par défaut et n'est pas susceptible d'opposition ; s'il y a eu quelque irrégularité de citation, la commission ordonne une nouvelle assignation qui doit être faite dans les trois jours. Durant les rotations d'été, la commission doit se réunir au moins une fois par semaine. En cas d'appel fait aux termes de l'article 38 du décret sur les digues et canaux, l'inculpé doit d'abord verser l'amende et les restitutions auxquelles il a été condamné, et la déclaration d'appel est transmise dans les trois jours au Ministère de l'Intérieur avec le dossier de l'affaire. Le moudir exécute les décisions, soit de la commission, soit du comité d'appel.

RESTRICTIONS APPORTÉES AUX ARROSAGES A CERTAINES ÉPOQUES

Tous les ans le service des irrigations détermine, suivant l'état du Nil, les rotations de chaque canal ou partie de canal, c'est-à-dire les périodes de fonctionnement et de chômage ; ces décisions sont publiées de façon à être portées à l'avance à la connaissance des intéressés ; elles sont prises en vertu du décret sur les digues et canaux.

En outre, quand on prévoit un étiage insuffisant, l'administration avise les propriétaires des districts où l'on cultive le riz, dans le Nord de la Basse Égypte, qu'ils feront mieux de ne faire de semailles qu'après le commencement de la crue, ce qui revient à dire qu'ils devront remplacer le riz par d'autres récoltes, ou ne cultiver que des espèces de riz qu'on sème en juillet; car le riz semé en avril demande pendant l'étiage de grandes quantités d'eau qu'on ne peut garantir; le riz du printemps est alors sacrifié au coton, culture plus générale et plus importante pour le pays.

Enfin, lorsque l'étiage est bas ou que la crue est en retard, on interdit formellement le maïs et les cultures analogues jusqu'à une époque déterminée, afin de ne pas distraire pour ces récoltes dont les semailles peuvent être retardées sans trop d'inconvénient jusqu'en août, une partie de l'eau nécessaire au coton alors sur pied.

Cette dernière interdiction est actuellement réglée par les décrets du 16 mai 1903 et du 22 juin 1905 de la façon suivante :

L'interdiction peut être prononcée pour une période quelconque comprise entre le 15 mai et le 31 juillet. Elle ne s'applique pas aux terres destinées à la culture du riz dans les zones où cette culture serait approuvée, ni aux légumes, cucurbitacées, sésames et arachides, ni aux terres réservées pour le maïs et cultures analogues dont l'arrosage peut s'effectuer au moyen d'eau puisée dans des puits n'ayant de communication avec aucun canal, mais recevant uniquement leur eau des nappes souterraines, ni aux îlots entourés d'eau de tous côtés, ni aux terrains situés le long des deux branches du Nil et enserrés entre le fleuve et ses digues.

Les contraventions à ce décret sont jugées par la commission prévue à l'article 38 du décret sur les digues et canaux; les condamnations peuvent être de quinze jours à deux mois de prison ou d'une amende de 26 francs à 520 francs, sans préjudice du droit de procéder, par voie administrative, à l'arrêt immédiat de tout appareil ou machine élévatoire.

Les chefs et notables des villages sont personnellement tenus d'assurer l'exécution rigoureuse de cette interdiction et de dénoncer les contraventions dans les vingt-quatre heures, sous peine des condamnations édictées dans le décret du 16 mars 1895, qui les régit.

GARDIENNAGE ET PROTECTION DES DIGUES PENDANT LA CRUE DU NIL

Un décret du 25 janvier 1881 stipule que, sauf quelques exceptions, la prestation en nature est due par tous les habitants du pays, du sexe masculin, valides, âgés de quinze ans et au-dessus, jusqu'à cinquante ans. Cette prestation ou corvée, qui était due autrefois pour tous les travaux d'entretien des digues et de curage des canaux, était une lourde charge pour la population; elle n'est plus appliquée aujourd'hui qu'au gardiennage et à la défense des digues pendant la crue du Nil, et elle est réglementée par le décret du 29 juin 1899. Ce décret, qui résume l'organisation des derniers vestiges de la corvée, et qui présente une grande importance au point de vue de la préservation de l'Égypte pendant les crues, est reproduit ci-après presque intégralement.

Décret du 29 juin 1899.

ARTICLE PREMIER. — Les populations de l'Égypte sont chargées du gardiennage et de la surveillance des berges et des ponts durant l'époque de la crue du Nil, conformément aux dispositions du décret du 24 safar 1298 (25 janvier 1881).

ART. 2. — Le 15 juin de chaque année, le Ministère des Travaux Publics désignera aux moudiriehs les postes qui doivent être gardés et surveillés, ainsi que le nombre d'hommes qu'elles devront fournir à cet effet.

ART. 3. — Le 1er juillet, une assemblée se réunira annuellement dans chaque moudirieh sous la présidence du moudir ou de son représentant ; elle sera composée des mamours de merkez [1], de l'ingénieur en chef de la province et de quatre omdehs [2] de chaque merkez.

Ces omdehs seront choisis par tous les omdehs du merkez, dans une réunion qui aura lieu sous la présidence du mamour avant la convocation de l'assemblée au siège de la moudirieh.

Le moudir ou son représentant communiquera à l'assemblée les instructions qui lui auront été adressées par le Ministère des Travaux Publics, relativement au nombre d'hommes à fournir pour le service du gardiennage. L'assemblée déterminera le contingent d'hommes à fournir par chaque merkez et chaque village d'après les registres de recensement existant à la moudirieh.

ART. 4. — Tout omdeh est tenu d'adresser à la moudirieh, avant le 15 juillet, un état nominatif de tous les corvéables de son village.

L'état contiendra la durée de service de chaque cheikh [3].

ART. 5. — Le nombre d'hommes reconnu nécessaire par le Ministère des Travaux Publics se rendra aux postes désignés le 1er août ou à toute autre date qui sera fixée par ledit Ministère, suivant l'état de la crue. Ces hommes ne devront pas être tenus en corvée plus de quinze jours de suite; ils ne pourront être appelés une seconde fois que lorsque tous les corvéables inscrits auront été appelés les uns après les autres, à tour de rôle.

ART. 6. — Si l'un des hommes portés sur la liste adressée à la moudirieh par l'omdeh manque, sur l'appel de son cheikh, de se rendre au poste où il doit faire le service de gaffir [4], ou commet une contravention dans l'exercice de ses fonctions de gaffir, il sera jugé par une commission instituée dans chaque merkez et composée du mamour du merkez ou de son représentant, en son absence, comme président, et de quatre omdehs choisis, aux termes de l'article 3, par les omdehs du merkez pour assister à l'assemblée du gardiennage du Nil, dans la moudirieh, et condamné à l'une des peines suivantes :

1° Une amende de 25 à 100 P. E. [5] ;

2° Une amende au-dessus de P. E. 100 à P. E. 1000 [6] ou un emprisonnement de cinq jours à trois mois.

La réunion de la commission ne sera valable que si deux omdehs au moins sont présents avec le mamour du merkez ou son représentant.

[1] Chefs des districts.
[2] Notables.
[3] Chef de village.
[4] Gardien.
[5] 6,50 fr. à 26 francs.
[6] 26 francs à 260 francs.

Le mamour pourra, au cours de ses inspections sur les digues, loin du siège de son merkez, former sur place et sous sa présidence, une commission composée de quatre omdehs choisis par lui dans les villages voisins, afin de juger les contraventions et les retards qui seraient constatés pendant ces inspections.

Le cheikh du village sera tenu de fournir immédiatement un homme en remplacement de celui qui aura été condamné.

Art. 7. — Tout omdeh ou cheikh qui aurait négligé de fournir, en tout ou en partie, le nombre d'hommes dû, ou qui ne se serait pas rendu au poste dont il a la garde, ou qui aurait quitté le poste sans son autorisation, ou enfin n'aurait pas exercé la surveillance qui lui incombait, sera jugé par la commission administrative visée à l'article 2 du règlement des omdehs et cheikhs et subira les peines disciplinaires édictées dans les articles 9 et 10 du même règlement, l'amende pouvant être portée jusqu'à 2 000 P. E.[1].

Art. 8. — Le mamour du merkez chargé de surveiller les postes des gaffirs, est tenu de prendre immédiatement les mesures nécessaires pour remplacer le cheikh retardataire au poste du gardiennage.

Art. 9. — Il sera institué dans la moudirieh, sous la présidence du moudir ou de son wékil[2] en son absence, une commission composée de quatre omdehs qui seront choisis par l'assemblée visée à l'article 3 pour statuer sur les recours en appel.

Le mamour du merkez peut demander la revision, par la commission d'appel, de tout jugement rendu par la commission de première instance. Le contrevenant ne peut appeler que dans le cas du paragraphe 2 de l'article 6.

Si l'un des membres de la commission de première instance qui ont prononcé le jugement poursuivi en appel se trouve être aussi membre de la commission d'appel, lors de la revision dudit jugement, il ne pourra siéger que si les autres trois membres sont présents.

La réunion de la commission d'appel ne sera valable que si deux omdehs au moins sont présents, dont ni l'un ni l'autre ne devra avoir pris part au jugement poursuivi en appel. . . . .

En plus de cette organisation régulière et permanente de la surveillance des digues pendant la crue, aussitôt que la crue du Nil a atteint la hauteur de 24 pics[3] au nilomètre du Caire, toute personne apte au travail peut être requise par les moudirs et les gouverneurs (décret du 7 septembre 1887) pour concourir aux travaux de défense contre l'inondation dans la localité qui présenterait un danger, à la condition que les réquisitions soient faites dans les localités les plus proches des points menacés. Même lorsque le Nil n'a pas atteint la hauteur de 24 pics, le moudir ou le gouverneur peut exercer le même droit de réquisition, s'il juge qu'il y a danger imminent, et à condition de faire sanctionner cette mesure dans les vingt-quatre heures par le Ministère des Travaux Publics.

Toute personne refusant son concours dans ces cas de réquisition, ou empêchant une autre personne de prêter son concours, est punie par une commission administrative d'un emprisonnement de vingt jours à trois mois

---

[1] 520 francs.
[2] Moudir suppléant.
[3] Altitude 20,05 m.

ou d'une amende de 26 francs à 260 francs avec faculté d'appel, en cas de condamnation à la prison, devant une autre commission siégeant au Ministère de l'Intérieur.

REMISE DES IMPOTS EN CAS DE NON-ARROSAGE DES TERRES

Toutes les terres cultivables d'Égypte paient l'impôt foncier. Mais il est probable que, de toute antiquité, chaque fois qu'une terre n'était pas inondée par le Nil et restait, par ce fait, improductive, le gouvernement lui accordait la remise des impôts pour l'année de stérilité.

Les Arabes avaient même établi une échelle mobile du tribut à payer, suivant la hauteur que la crue atteignait aux nilomètres ; c'est une des raisons de l'attention que les conquérants de l'Égypte ont toujours portée à la reconstruction et à la réparation de ces échelles.

Actuellement l'impôt est fixe ; il varie avec la qualité de la terre. Il dépend en outre de la catégorie légale de cette terre. En Égypte, comme dans tous les pays de conquête musulmane, il y a, en effet, deux catégories de terres : celles dites *Karadji*, qui ont été laissées à la population et qui paient le tribut, et celles dites *Ouchouri*, qui ont été prises par les conquérants et qui paient seulement la dîme. Les meilleures terres karadji paient 107 francs d'impôts par hectare dans la Basse Égypte et 94 francs dans la Haute Égypte ; quant aux terres ouchouri, elles paient au maximum 60 francs par hectare dans la Basse Égypte et 44 francs dans la Haute Égypte. Mais cette distinction entre les terres karadji et les terres ouchouri est sur le point de disparaître. Un décret du 10 mai 1899 établit que toutes les terres, quelles qu'elles soient, paieront un impôt égal à 28,64 p. 100 de leur valeur locative moyenne, avec un maximum de 101,50 fr. par hectare. Cette mesure est en cours d'exécution progressive.

Toutefois le gouvernement considère qu'il n'est pas juste de réclamer ces impôts lorsque les terres sont restées incultes pendant l'année, faute d'arrosage, et, suivant les usages traditionnels, il les dégrève lorsque l'eau de la crue ne les a pas atteintes ; ce dégrèvement est cependant soumis à certaines restrictions. (Décision du Conseil des Ministres du 8 novembre 1888.)

Ainsi les régions où se pratique l'irrigation permanente sont regardées comme jouissant d'avantages suffisants pour leurs cultures pendant toute l'année, et aussi d'assez de facilités pour amener l'eau au niveau des terres, même quand la crue est basse, et comme n'ayant, par suite, aucune raison de réclamer un dégrèvement pour manque d'eau. Aussi les terrains du Delta, en général, ne peuvent être dégrevés de tout ou partie des impôts que dans des cas exceptionnels à examiner par le Ministère des Finances ; les terrains arrosés par le canal Ibrahimieh et ceux du Fayoum ne peuvent être dégrevés dans aucun cas.

Quant aux terres hautes en bordure du Nil, aux îles, aux enceintes endiguées (hochas) pour la culture du nabari dans la région des bassins et éloignées des bords du Nil, enfin aux surfaces des bassins, qui n'ont pû être cultivées parce que les eaux de la crue ne les ont pas atteintes, elles sont dégrevées d'impôts, en totalité si elles restent stériles pendant tout l'hiver, et, pour moitié seulement, si elles ont pu être arrosées au moyen de machines.

Il est à remarquer que les dégrèvements ne sont accordés que pour manque d'eau pendant la crue, et non pour manque d'eau pendant le reste de l'année. Le gouvernement distribue l'eau d'étiage disponible, comme il le peut; s'il n'en vient pas assez dans les canaux, c'est un aléa dont les cultivateurs supportent entièrement les conséquences.

RÉGIME DES PROPRIÉTÉS QUI BORDENT LE NIL

Il existe souvent, sur les bords du Nil, entre les digues de défense, des terres basses qui sont ensemencées au fur et à mesure que les eaux se retirent et dont la surface cultivable varie chaque année avec le niveau de l'étiage. Tous les ans, les parties cultivées de ces terres basses sont mesurées et l'on n'applique l'impôt qu'aux superficies qui portent des récoltes. Les territoires ainsi compris entre les digues du Nil sont considérés comme faisant partie du lit du fleuve et sont soumis au contrôle des agents du Ministère des Travaux Publics, qui ont le droit d'y empêcher toute digue, toute construction ou tout établissement de machine susceptible, à un moment donné, de recevoir le choc des eaux et de rejeter le courant en dehors de sa direction normale.

Le Code égyptien stipule seulement que les alluvions apportées lentement par les fleuves appartiennent aux propriétaires riverains (art. 60 du Code civil); mais quand le Nil, par suite du déplacement de son courant, enlève des portions de terres hautes le long de ses rives et crée au milieu de son lit des îles nouvelles, c'est la loi sur la propriété territoriale de 1858, qui règle les attributions des terrains déplacés et des îles formées, de la manière suivante :

1° Si le mouvement des eaux amène une perte dans les hautes terres d'une commune quelconque et qu'il se forme par alluvion un fonds en communication avec la commune victime de la perte, quoique communiquant en même temps avec d'autres terres, ce fonds servira à remplacer les terres perdues et, en cas d'insuffisance, la partie non remplacée sera dégrevée des charges qui l'affectaient. Si le fonds excède la superficie des terres perdues, l'excédent sera mis en adjudication aux enchères publiques, auxquelles seront appelés les habitants des communes en communication avec le fonds. Si le fonds ne communique pas avec la commune qui a subi la perte, mais avec une autre commune non victime, il sera mis en vente aux enchères publiques et adjugé au plus offrant et dernier enchérisseur, et fera partie intégrante de la circonscription territoriale de la commune.

2° S'il se forme une île ou un îlot au milieu du fleuve entre deux eaux et que le courant ait atteint d'un seul côté les hautes terres riveraines soumises à l'impôt, les terres perdues seront, jusqu'à concurrence de la superficie perdue, dégrevées des charges qui les affectaient et l'île ou l'îlot sera mis en vente et adjugé au dernier enchérisseur parmi les habitants exclusifs des communes situées vis-à-vis de l'île ou de l'îlot et fera partie intégrante de la circonscription territoriale de la commune de l'adjudicataire.

3° Si l'îlot se forme sans aucune perte subie par les terres riveraines soumises à l'impôt, il sera mis en vente pour être adjugé au dernier enchérisseur parmi les habitants des communes situées vis-à-vis de l'îlot et sera ajouté à la circonscription territoriale de la commune de l'adjudicataire. Les parties de cet îlot qui pourraient être par la suite enlevées par les eaux seront, après constatation de la superficie perdue, sujettes à dégrèvement. Dans les cas où il y aurait, au contraire, augmentation par alluvion, l'augmentation sera, sans formalité d'enchère, concédée à l'adjudicataire de l'îlot et aux conditions mêmes de l'adjudication.

Cette loi, qui est assez vague, est la seule qui règle l'attribution de propriété le long des bords du Nil. Et cependant cette question, par suite du long parcours de ce fleuve, est fort importante ; il naît en effet des litiges continuels à cette occasion, soit entre les communes, soit entre les contribuables riverains, et en attendant qu'une loi plus complète et mieux définie régisse cette matière, l'administration est obligée de pourvoir à l'insuffisance de la législation par des mesures prises sans règles fixes ou de se référer aux us et coutumes de chaque localité.

EXPROPRIATION POUR CAUSE D'UTILITÉ PUBLIQUE

L'État a le droit d'exproprier pour cause d'utilité publique les propriétés particulières appartenant aux indigènes et aux étrangers.

L'expropriation est régie, pour les étrangers, par la loi du 24 décembre 1906, et pour les indigènes, par la loi du 24 avril 1907. Ces deux lois sont d'ailleurs identiques dans leurs dispositions.

L'expropriation ne peut avoir lieu qu'en vertu d'un décret publié au *Journal Officiel*, affiché et signifié aux expropriés.

Les propriétaires, ainsi que les tiers intéressés à titre d'usufruit ou de bail, ont droit à l'indemnité d'expropriation.

Si l'indemnité n'a pu être réglée à l'amiable dans une séance de conciliation par le moudir ou le gouverneur, le président du tribunal désigne d'office et sans appel un ou trois experts choisis de préférence parmi les notables de la ville ou de la province où sont situés les immeubles à exproprier.

Aussitôt le rapport des experts déposé, le gouvernement verse à la caisse du tribunal le prix fixé par eux ainsi que la taxe d'expertise arrêtée par le président du tribunal et prend possession des immeubles expropriés.

Des délais maxima et très courts sont prescrits pour toutes les phases de la procédure, de telle sorte que le temps qui s'écoule depuis la signification du décret jusqu'à la prise de possession par le gouvernement est inférieur à trois mois.

Les intéressés, gouvernement ou expropriés, peuvent ensuite attaquer l'expertise devant les tribunaux ordinaires.

La loi sur l'expropriation règle, en outre, la procédure à suivre pour l'occupation temporaire, dont la durée est limitée à deux ans au plus.

AUTORISATION DE PUITS ARTÉSIENS

Nous avons vu que l'usage de creuser des puits artésiens[1] a pris, depuis quelques années, une certaine extension dans les régions éloignées des canaux publics ou soumises, par suite de leur situation, à des rotations d'été trop sévères.

L'eau de ces puits ne monte généralement pas à une hauteur telle qu'elle puisse se déverser d'elle-même sur les terrains à irriguer. Il faut recourir à des machines à vapeur pour l'élever jusqu'au niveau des rigoles d'arrosage.

Une autorisation administrative est nécessaire pour l'établissement d'un puits artésien.

Cette autorisation est donnée en même temps que celle de la machine destinée à faire fonctionner le puits artésien. Elle est délivrée après que le service des irrigations a constaté que l'emplacement choisi est situé à plus de 75 mètres de la digue du canal public le plus proche.

[1] Voir pages 55 et 259.

CHAPITRE XV

AGRICULTURE

Développement agricole de l'Égypte. — Cultures. — Aménagement des terres. — Engrais. — Mode d'exploitation des terres. — Exemple d'une grande propriété rurale. — Rendement des terres.

DÉVELOPPEMENT AGRICOLE DE L'ÉGYPTE

Les deux principaux éléments qui servent de base à l'établissement des projets d'irrigation sont :
1° Les besoins de chaque espèce de culture ;
2° La superficie des terres cultivées à desservir.

Ces deux éléments sont variables avec les saisons ; leur étude a trouvé sa place dans les pages relatives aux bassins d'inondation et aux canaux d'arrosage. Mais un travail sur l'irrigation de l'Égypte ne saurait être complet s'il ne donnait au moins quelques indications sur les procédés de culture, l'aménagement des terres, le produit des récoltes et le rendement du sol, car tout cela est, à vrai dire, la conséquence absolue de l'irrigation même ; tel sera l'objet de ce dernier chapitre.

Avant d'aborder ces questions, il convient toutefois de jeter un coup d'œil rapide en arrière et de donner une idée du développement dont l'agriculture est redevable aux divers perfectionnements apportés dans la distribution des eaux et exposés dans le cours de cet ouvrage.

En 1890, la production annuelle du pays était, en moyenne, de 175 000 tonnes de coton égrené ; en 1900, elle est devenue égale à 275 000 tonnes. En 1907, elle a atteint son maximum qui a été de 320 000 tonnes.

Pour la canne à sucre, la quantité annuelle travaillée dans les usines était, en 1890, de 420 000 tonnes ; elle a passé, en 1900, à 990 000 tonnes. Elle a diminué ensuite sous l'influence de deux causes principales qui sont : d'une part, la vente aux fellahs des domaines de la Daïra Sanieh, qui était la grande productrice de sucre, et, d'autre part, les prix élevés du coton dans la période 1904 à 1907 qui ont amené l'agriculteur à développer la culture du coton au détriment de la canne. En 1905, la production de la canne à sucre était descendue à 540 000 tonnes, elle a une tendance à se relever aujourd'hui.

Ces chiffres, qui s'appliquent aux deux récoltes les plus riches de l'Égypte sont éloquents par eux-mêmes. L'accroissement général de production qu'ils font ressortir est dû à trois causes principales :

L'extension des cultures sur des terres qui étaient autrefois stériles faute de moyens d'arrosage ou de drainage ;

La pratique d'assolements correspondant à des superficies plus grandes affectées au cotonnier et à la canne à sucre et rendus possibles par l'amélioration du débit et de la distribution de l'eau dans les canaux pendant l'étiage ;

Enfin, un meilleur rendement du sol en général sous l'influence d'une fourniture d'eau plus abondante et mieux assurée et d'un drainage plus efficace.

Par une suite naturelle, la valeur de la propriété foncière s'est accrue dans des proportions considérables. Sans tenir compte des terrains, incultes autrefois, qui sont aujourd'hui en pleine production, les bonnes terres du Delta ont au moins doublé de prix depuis quinze ans ; ce qui valait de 2 500 à 3 000 francs l'hectare en vaut de 5 000 à 6 000 aujourd'hui ; et, à ce prix, le revenu net est encore de 5 à 6 p. 100.

CULTURES

Rappelons que les cultures, en Égypte, se divisent en trois groupes :

Les cultures d'hiver ou *chetoui* : céréales, fèves, plantes fourragères, etc., qui se font dans toute l'Égypte et qui se développent d'octobre à mai ;

Les cultures d'été ou *sefi* : coton dans la Basse et la Moyenne Égypte, canne à sucre dans la Moyenne et la Haute Égypte, riz au nord de la Basse Égypte, qui sont sur pied depuis le printemps jusqu'à l'automne ;

Les cultures intercalaires : maïs et sorgho, qui poussent dans toute l'Égypte de juillet à octobre (cultures *nabari* ou *nili*), pendant la crue, et aussi, dans les bassins d'inondation (culture *qedi*), avant la crue, de mai à août.

Blé. — Le blé est une culture d'hiver ; on le sème après la crue, soit vers la fin d'octobre ou dans le mois de novembre, suivant les régions, et la récolte se fait vers la fin de mars ou dans le mois d'avril.

Dans les bassins d'inondation, on le sème sur un terrain encore boueux, puis on roule le sol avec un tronc de palmier, simplement pour recouvrir le grain. Quelquefois, lorsqu'on a fait les semailles dans un sol plus consistant, on fait un labour après les semailles. On ne donne pas d'eau aux terres jusqu'à la récolte.

Dans les terres irriguées, on fait un premier labour avant les semailles et un second après. La terre a été arrosée et lavée avec l'eau de la crue avant le premier labour, on ne donne plus ensuite que deux arrosages, le premier soixante jours et le second quatre-vingt-dix jours après les semailles.

Dans les terres hautes qui ne reçoivent pas l'eau de la crue, il faut quelquefois quatre, cinq et même six arrosages.

Le blé cultivé en Égypte est une sorte de blé dur contenant beaucoup de fécule.

La quantité de semence employée est en moyenne de 1,70 hect. par hectare dans les bassins et de 2,10 hect. à 2,30 hect. dans la Basse Égypte.

Le produit de la récolte peut s'élever sur les meilleures terres jusqu'à 26 hectolitres[1] par hectare; sur des terres de qualité moyenne, il est de 19 hectolitres[2].

Le prix moyen de l'hectolitre de blé étant de 11 francs[3], le produit brut de l'hectare de qualité moyenne est de 209 francs, auxquels il faut ajouter le prix de la paille du blé qui est soigneusement recueillie pour la nourriture des bestiaux et même pour le chauffage des machines à vapeur d'irrigation. La quantité de paille est à peu près de 90 kilogrammes par hectolitre de blé, ce qui représente environ 1 700 kilogrammes par hectare à 2,80 fr. les 100 kilogrammes, soit 47,60 fr. par hectare. Le produit brut total de l'hectare de blé est donc en moyenne de 255 francs[4].

Le battage du blé et le hachage de la paille s'opèrent avec un instrument appelé *noreg*, de la façon suivante : on étend le blé suivant une zone circulaire, sur une aire en terre durcie ; une paire de bœufs ou de buffles passe sur la piste ainsi tracée en traînant une sorte de chariot en bois, composé d'un siège sur lequel se tient le conducteur et porté par deux rouleaux en bois garnis de distance en distance de disques saillants en tôle ; le passage de ces disques sur lesquels roule le noreg et le piétinement des animaux détachent le grain de son enveloppe et brisent en même temps la paille.

---

[1] 5 ardebs et demi par feddan.

[2] 4 ardebs par feddan.

[3] Ces prix sont basés sur ceux de 1902 de l'administration des Domaines de l'État. En 1906, le prix de l'hectolitre de blé a atteint 13,80 fr. D'une façon générale, les prix dont nous nous servons dans cette partie de l'ouvrage ne sont pas les prix du jour, mais doivent être considérés comme de bons prix moyens.

[4] 115 piastres par feddan.

Orge. — L'orge est, comme le blé, une culture d'hiver qui est très répandue en Égypte.

Dans la partie la plus méridionale de la Haute-Égypte, au sud de la région des bassins, on la sème à la fin de novembre, après avoir donné à la terre un premier labour, l'avoir divisée en carrés par de petites digues et l'avoir submergée au moyen de chadoufs et de sakiehs. On est obligé de l'arroser artificiellement tout le temps que la récolte reste sur pied, soit jusqu'à la fin de mars.

Dans les bassins, l'orge est cultivée, comme le blé, sur les terres inondées, après que la terre s'est un peu séchée, avec un labour ou sans labour suivant les cas; mais quand on ne fait pas de labour, on est obligé d'augmenter la quantité de semence.

Dans le Delta, la culture de l'orge se fait aussi comme celle du blé et en même temps que cette dernière, après la crue et avec deux ou trois arrosages artificiels.

La quantité de semence employée varie de 1,10 hect. à 2,20 hect. par hectare, suivant la nature des terres.

Le produit de la récolte est très variable; il peut s'élever en certains points de la Basse Égypte jusqu'à 40 hectolitres par hectare[1]; mais le plus souvent il ne dépasse pas la moitié, soit 20 hectolitres par hectare.

Le prix de l'hectolitre d'orge est actuellement de 6,30 fr.

Un hectolitre d'orge correspond à peu près à une quantité de paille de 75 kilogrammes qui vaut en moyenne 2,40 fr. les 100 kilogrammes.

Le produit brut d'un hectare semé en orge est donc en moyenne de 163 francs[2].

L'orge est surtout utilisée pour la nourriture des bestiaux.

Maïs et dourah. — Le maïs et le dourah, sorte de sorgho (*holcus sorghum*), sont deux plantes qui jouent un rôle spécial dans l'agriculture de l'Égypte, en ce sens que ce sont elles qui fournissent au paysan la plus grande partie de son alimentation. Aussi ils sont cultivés dans toute l'étendue de la contrée et, comme ce sont des produits qui mûrissent vite, ils entrent dans le régime agricole du pays pour constituer une culture intercalaire entre les cultures d'été et les cultures d'hiver.

Le maïs ne reste en moyenne que trois mois sur pied.

Dans la région des bassins, on cultive le maïs soit sur les terres hautes des bords du Nil ou des bassins, soit dans certaines parties basses des bassins eux-mêmes, où l'on peut, en creusant peu profondément, rencontrer des eaux d'infiltration qu'on élève au moyen de chadoufs jusqu'à la surface

---

[1] 8 ardebs 3 dixièmes par feddan.
[2] 255 piastres par feddan.

du sol. Dans ce dernier cas, les semailles se font au mois de mai, de façon à ce que les récoltes puissent être enlevées vers le milieu d'août, lorsque les bassins se remplissent. Dans le premier cas, les semailles se font en juillet et août, au moment où les eaux du fleuve sont déjà assez hautes pour faciliter l'arrosage ; parfois la crue atteint un niveau assez élevé pour que le pied des récoltes soit naturellement baigné dans l'eau pendant quelques jours, ce qui diminue les frais d'irrigation, sans causer grand dommage aux récoltes.

Pour cette culture, on divise le terrain par de petites digues en carrés de 25 à 30 mètres de surface et on sème dans des fosses de 10 centimètres de profondeur, on recouvre le grain, puis on commence les arrosages. On donne d'abord de l'eau pendant plusieurs jours de suite pour bien humecter la terre et activer la germination, puis on arrose régulièrement tous les huit ou dix jours. Comme la plante pousse au moment de la grande chaleur, elle exige beaucoup d'eau.

Dans la Basse Égypte et dans toutes les terres irriguées, le maïs se cultive aussi, soit comme culture de printemps semée en mai, soit comme culture d'automne semée en juillet et août. On s'arrange toujours pour que les semailles soient faites dans des endroits ou à une époque où l'arrosage puisse se faire par des chadoufs ou sans élévation d'eau et, autant que possible, sans sakieh et sans machines à vapeur, par raison d'économie.

Dans les régions d'irrigation, comme le régime agricole y est plus intensif que dans les bassins d'inondation, on doit hâter le développement du maïs avec des engrais pour que les plants restent le moins possible en terre et fassent place à d'autres récoltes. On emploie, à cet effet, des cendres et des terres provenant des ruines de vieilles villes et on en répand environ 7 à 8 tonnes par hectare. On laboure ensuite et on sème, soit dans des trous, soit dans des sillons, puis on divise les champs en carreaux, comme il a été dit plus haut, et on donne un arrosage tous les quinze jours pendant deux mois et demi à trois mois, soit six arrosages environ.

La quantité de semence employée est d'un peu moins d'un hectolitre par hectare.

Le produit de la récolte est très variable ; on peut obtenir jusqu'à 25 hectolitres[1] par hectare dans les bonnes terres et, comme moyenne pour l'Égypte, la moitié, soit 12,50 hect. par hectare.

Le prix moyen est de 8 francs l'hectolitre.

La paille du maïs est employée principalement pour brûler dans les chaudières des machines à vapeur, elle se vend 1 franc les 100 kilogrammes

---

[1] 5 ardebs par feddan.

et représente, pour une production de 12,50 hect. par hectare, un poids de 900 kilogrammes environ.

Le produit brut moyen d'un hectare de maïs est donc, y compris la paille, de 110 francs [1].

Tout ce qui vient d'être dit du maïs se rapporte à peu de choses près au dourah qui donne cependant des rendements un peu plus forts ; il n'y a donc pas lieu de s'occuper spécialement de cette plante qui est tout à fait similaire à celle du maïs comme mode de culture et comme produit.

Riz. — La culture du riz se pratique surtout dans le nord de la Basse Égypte. Dans cette partie, les terres sont basses, on peut donc les arroser facilement. Pour élever l'eau, dans les cas où c'est nécessaire, on emploie des tabouts et, suivant la hauteur d'élévation, on met de une à trois de ces roues pour 4 hectares.

Le riz se cultive en été ; on le sème au commencement d'avril ; la quantité de semence généralement employée est de 1,70 hect. par hectare. Il y a également une espèce de riz qu'on sème en juillet et qui pousse plus rapidement.

La terre, avant d'être ensemencée, est couverte d'eau pendant plusieurs jours ; on la laboure ensuite suivant deux directions rectangulaires, puis on fait un troisième labour, on submerge le sol, on le roule, on le nettoie, on le divise en bassins par de petites digues et enfin on jette la semence dans la boue qui s'est formée après ces diverses opérations ; deux jours après l'ensemencement, on recouvre la terre de 5 centimètres d'eau pendant deux ou trois jours, on laisse s'écouler l'eau, on en donne de nouveau et ainsi de suite jusqu'à la récolte. Souvent on donne de l'eau en quantité beaucoup plus grande. On sarcle les rizières de temps en temps.

La récolte a lieu vers le milieu de novembre et comme, à cette époque de l'année, il y a beaucoup d'eau sur les terres basses, elle se fait parfois sous 25 à 30 centimètres d'eau.

Le riz une fois récolté est battu et blanchi dans des moulins spéciaux ; on calcule que 5 hectolitres de riz brut donnent 4 hectolitres de riz blanchi.

La production moyenne est de 1 800 kilogrammes de riz brut par hectare ; elle est d'ailleurs très variable et peut atteindre le double de cette quantité.

C'est une culture qu'on fait surtout sur les terres basses et salées pour les améliorer avant de leur faire porter d'autres récoltes, et elle est alors peu rémunératrice ; mais dans les bonnes terres et comme culture intercalaire, elle donne un revenu même supérieur à celui du maïs.

Canne à sucre. — La canne à sucre forme la culture d'été la plus importante de la Haute Égypte ; elle ne vient que dans des terres irriguées et elle

[1] 180 piastres par feddan.

ne prospère que dans un sol de bonne qualité. Ainsi, dans certaines parties de la région de l'Ibrahimieh et du Fayoum où elle poussait bien autrefois, ou avait dû renoncer à la cultiver parce que les terres, n'ayant pas d'égouttement suffisant, s'étaient appauvries et que le rendement en était devenu trop faible.

Actuellement il n'y a pas de culture de canne à sucre un peu étendue au nord de la province de Benisouef et elle a notablement diminué, ces dernières années, dans toute la Moyenne Égypte.

Voici comment on organise ces cultures :

La terre est défoncée, autant que possible à la charrue à vapeur, après quoi, elle reçoit trois labours croisés, quelquefois deux seulement ; ces façons sont données du mois de mars au mois de février de l'année suivante, en espaçant suffisamment les labours.

En février, on trace les sillons pour la plantation à la pioche ou à la charrue ; ces sillons ont environ 15 centimètres de profondeur. La plantation se fait en lignes, en couchant dans les sillons des boutures de 40 à 50 centimètres de longueur, sur deux rangs en quinconce ; ces boutures sont ensuite enterrées à la pioche. On plante ainsi la canne à raison de 7.500 kilogrammes de tige par hectare. Cette opération a lieu en mars et en avril.

Après la mise en sillon des boutures, on donne immédiatement un arrosage. Ensuite les arrosages se succèdent de dix jours en dix jours jusqu'à la fin d'août ; à partir de cette époque, jusqu'à la fin d'octobre, on n'arrose plus que tous les quinze ou vingt jours, suivant les apparences de la végétation. Après octobre, on n'arrose plus jusqu'à la récolte ; celle-ci se fait depuis la fin de décembre jusque vers le 15 mars.

La canne peut, après une coupe, donner encore de bonnes tiges l'année suivante. On évite ainsi les frais de plantation. La seule façon à donner à la terre dans ce cas consiste à labourer, puis à butter la plante à la charrue, quand les pousses atteignent 15 à 20 centimètres de hauteur.

La canne, une fois mûre, est coupée et enlevée à dos de chameau jusqu'à un chemin de fer agricole, puis chargée sur des wagons et transportée à l'usine où elle subit les préparations ordinaires.

Le rendement de l'hectare est très variable suivant la qualité de la terre et l'abondance des arrosages. On obtient facilement 68 tonnes par hectare[1]. en cannes de première année et 38 tonnes[2] en cannes de seconde année.

La moyenne des rendements en sucre obtenus en 1901 dans les usines de la Daïra Sanieh[3] a été :

---

[1] 640 cantars par feddan.
[2] 360 cantars par feddan.
[3] Grande administration gouvernementale qui possédait autrefois presque toutes les sucreries de la Haute et de la Moyenne Égypte. Ces usines ont été cédées à la Société générale des sucreries et de la raffinerie d'Égypte qui possédait déjà trois autres grandes sucreries.

Pour le sucre	1ᵉʳ jet	9,80	p. 100 du poids de la canne.
	2ᵉ jet	0,43	— —
	3ᵉ jet	0,16	— —
	Total	10,39	
Mélasse		2,23	
	Total	12,62	p. 100 du poids de la canne.

La canne est achetée par les usines à 15,75 fr. la tonne[1]. Si l'on admet un rendement moyen de 50 tonnes par hectare[2], le revenu brut d'un hectare sera de 787,50 fr., plus environ 15,50 fr. de feuilles, soit en tout 803 francs[3].

Trèfle, fenu grec, gesse, pois des champs. — Le trèfle est un fourrage très répandu dans toute l'Égypte (*trifolium Alexandrinum*). Il se cultive pendant l'hiver et aussi pendant l'automne.

Dans ce dernier cas, on le sème sous le maïs, dans le courant de novembre, un mois environ avant la maturité de cette dernière récolte, on profite ainsi de l'arrosage du maïs et, une fois cette plante enlevée, il suffit de donner un arrosage au trèfle avant la coupe qui se fait cinquante à soixante jours après les semailles. On emploie environ 90 litres de semence par hectare.

Quant au trèfle d'hiver, dans les bassins, on le sème sans labour sur les terrains inondés, dans le mois de novembre, à raison de 100 à 110 litres de graine par hectare, on roule le sol avec un tronc de palmier et on fait une première coupe au bout de quarante à quarante-cinq jours et une seconde trente jours après. Dans les parties où l'on veut récolter la graine, on ne fait qu'une seule coupe.

Dans la Basse Égypte, le trèfle d'hiver se sème vers la même époque, soit en novembre, après un labour et un roulage et sur un terrain divisé en carrés par de petites digues; on donne 110 litres de semence par hectare. On fait généralement trois coupes, la première soixante jours après les semailles, la seconde trente jours après. La récolte reste donc sur pied environ quatre mois et demi. Parfois on ne fait que deux coupes. Enfin souvent les différentes coupes sont mangées sur pied, dans les champs mêmes, par les bestiaux.

Ce n'est guère que pendant les deux mois à deux mois et demi d'hiver qu'on donne en Égypte des fourrages verts aux animaux, et l'on compte que dix bœufs consomment à peu près en vert un hectare de trèfle. Ces bestiaux contribuent en même temps à fumer la terre sur laquelle ils pais-

---

[1] L. E. 0,0275 le cantar. Ce prix a été porté à L. E. 0,03 en 1908, soit 17,20 fr. la tonne, ce qui donne un revenu total de 875 francs à l'hectare ou L. E. 16 au feddan.

[2] 500 cantars par feddan.

[3] Environ L. E. 13 par feddan.

sent ; mais la plus grande partie de la fiente est recueillie pour être séchée et transformée en mottes à brûler. On a actuellement une tendance à laisser plus longtemps sur pied le trèfle pour améliorer le régime des bestiaux.

Une récolte de trèfle réclame en moyenne huit arrosages, soit à peu près un tous les quinze jours.

Dans la région des rizières, le trèfle se sème aussitôt après la récolte du riz, soit vers la fin de novembre, sans autre préparation du sol que de le recouvrir de quelques centimètres d'eau pendant deux ou trois jours.

La gesse et les pois se cultivent surtout dans la Haute Égypte ; on arrache ces fourrages au bout de soixante jours pour être mangés en vert.

Le fenu grec ou helbé est une plante fourragère dont la graine est comestible ; il est, comme espèce, voisin des mélilots. On le cultive comme le trèfle et on l'arrache soixante ou soixante-dix jours après les semailles.

Fèves. — La fève est une des plantes qui prospèrent le plus en Égypte ; elle y est d'ailleurs très répandue. C'est une culture d'hiver.

Dans les bassins, on la sème sur les terres inondées, au commencement de novembre, sans labour. La récolte se fait en février et mars. La quantité de semence employée est de 3 à 4 hectolitres par hectare.

Dans la Basse Égypte, les fèves se sèment aussi en novembre, après la crue, à raison de 3 hectolitres de graines environ par hectare ; on donne un labour à la terre avant de semer ; les semailles se font le plus souvent en sillons ; puis on égalise la terre et on la divise en carrés par de petites digues. Il suffit de deux à trois arrosages en tout pour une récolte de fèves.

La fève est cultivée pour la nourriture des hommes et des animaux.

Le produit d'un hectare de fèves est très variable ; il peut s'élever jusqu'à 20 hectolitres de graines dans les bonnes terres [1] ; sur des terres de qualité moyenne, il est de 16 hectolitres [2].

Au prix de 9,50 fr. l'hectolitre, et en comptant environ 80 kilogrammes de paille par hectolitre de graine, à 1 franc les 100 kilogrammes, le produit brut d'un hectare de fèves est de 165 francs.

Lentilles, pois chiches, lupins. — Les lentilles, les pois chiches et les lupins se cultivent pendant l'hiver, les lentilles en plus grande abondance que les deux autres plantes.

Les époques et les procédés de culture diffèrent peu de ceux qui ont été indiqués pour les fèves.

Les lentilles restent en terre environ quatre mois, les lupins cinq mois et les pois chiches sept mois.

---

[1] 4 ardebs et demi par feddan.
[2] Environ 3 ardebs et demi par feddan.

On emploie de 100 à 200 litres de semence par hectare suivant la nature des terres.

Le produit de l'hectare est analogue à celui qui a été indiqué pour les fèves.

Coton. — Le coton est la plus importante des cultures d'été ; elle se fait dans la Basse Égypte, au Fayoum, dans la Moyenne Égypte, et aussi dans la Haute Égypte sur des terres arrosées au moyen de machines à vapeur. C'est une culture coûteuse, car le moment où elle réclame le plus d'arrosage est précisément celui où l'eau est la plus basse dans les canaux et où la sécheresse est la plus grande.

Le coton se sème vers le mois d'avril et se récolte vers le mois de novembre ; les espèces cultivées en Égypte sont en général à fil résistant et fin, propres à fabriquer des tissus d'aspect soyeux ; celles de la Haute Égypte sont toutefois de qualité inférieure.

La terre est préparée par trois ou quatre labours, puis les mottes sont écrasées ; on trace ensuite des sillons dans lesquels on dépose la graine à raison de 75 litres par hectare, puis on divise le terrain en carrés par de petites digues et on trace des rigoles pour l'arrosage.

Le coton réclame huit ou dix arrosages, soit un tous les quinze jours ; on a de très bonnes récoltes avec un arrosage tous les vingt jours.

Quelques jours après que les jeunes plantes ont levé, on les éclaircit par un binage, puis, quatre fois au moins, on procède à un sarclage soigné des mauvaises herbes.

La cueillette se fait au fur et à mesure que les graines mûrissent ; le coton brut ainsi obtenu est mis dans des sacs et porté dans les usines à égrener. Là, les filaments sont séparés des graines ; il suffit pour cela de présenter le coton devant deux cylindres parallèles tournant en sens inverse l'un de l'autre et assez rapprochés pour entraîner les fibres sans laisser passer la graine.

Le coton ainsi nettoyé est alors mis en balles et dirigé vers des usines de pressage, où il est comprimé avant d'être exporté.

Quant à la graine de coton, on la réserve pour les semailles de l'année suivante, ou bien on la vend pour faire de l'huile.

Enfin le bois du cotonnier est utilisé pour le chauffage des machines à vapeur.

Dans les meilleures terres, on peut récolter 630 à 750 kilogrammes [1] de coton par hectare et dans les terres de bonne qualité moyenne 500 kilogrammes [2].

---

[1] 6 à 7 cantars par feddan.
[2] Un peu plus de 4 cantars et demi par feddan.

Cette plante a des ennemis qui causent de grands ravages en Égypte, ce sont d'abord les brouillards qui s'élèvent souvent le matin pendant les mois de septembre et d'octobre et qui pourrissent les capsules, et ensuite certaines chenilles qui attaquent les feuilles au printemps et les capsules en automne.

Le prix de vente moyen, dans les dernières années, a été de 166 francs [1] les 100 kilogrammes non égrenés ; en outre, on recueille 300 kilogrammes de bois de cotonnier pour 100 kilogrammes de coton ; ce bois vaut 60 centimes les 100 kilogrammes.

Ainsi le produit brut d'un hectare semé en coton est de :

500 kilogrammes de coton à 166 francs les 100 kilogrammes. 830 francs[2].
1 500 kilogrammes de bois à 0,60 fr. les 100 kilogrammes. . .   9 —

Total. . . . . 839 francs.

Cultures diverses. — Les plantes dont il vient d'être parlé sont celles dont la culture est la plus répandue en Égypte ; mais il en existe encore beaucoup d'autres dont la production n'a pris que peu d'importance jusqu'à présent. Ce sont principalement :

Comme textiles, le lin qui se sème en décembre et se récolte en avril et le chanvre qui est une culture d'été ;

Comme plantes oléagineuses, le colza, la laitue, la sésame ;

Comme plantes tinctoriales, l'indigo et le carthame, dont la fleur est employée pour la teinture et la graine pour fabriquer de l'huile ;

Enfin la culture des oignons qui a pris une grande extension dans ces derniers temps ; on en exporte environ 60 000 tonnes par an en Angleterre ; c'est une culture d'hiver qui se fait dans la Haute et la Moyenne Égypte.

AMÉNAGEMENT DES TERRES

Les assolements en usage dans les bassins d'inondation sont des plus simples. Les terres n'y portent qu'une culture par an ; on fait alterner le plus souvent une récolte de blé avec une récolte de fèves et de lentilles ou avec du trèfle ; parfois, on fait deux récoltes de blé de suite et on ne sème que la troisième année l'orge et les plantes fourragères, telles que lentilles, fèves, gesse, trèfle, etc. ; enfin en d'autres points, on alterne le blé, l'orge et les plantes fourragères. Dans l'intérieur des bassins, sur les terres basses faciles à arroser au moyen des eaux du sous-sol, on intercale des cultures de sorgho et de maïs au printemps, mais ordinairement on ne fait pas

---

[1] L. E., 2,900 par cantar. Ce prix a été jusqu'à dépasser L. E. 4.000 en 1907 et a même atteint L. E. 5,500 en 1910.

[2] L. E. 14 par feddan.

deux années de suite cette culture sur la même terre ; ces récoltes disparaissent avant la crue et les cultures d'hiver leur succèdent. On fait aussi du dourah d'été[1] alternativement avec des cultures d'hiver sur les terres hautes, bordant le Nil, qui ne reçoivent pas ordinairement de bonnes submersions par suite de leur niveau élevé, et qu'on peut arroser au moyen de chadoufs ou de sakiehs puisant dans le fleuve.

Dans les régions d'irrigation, l'assolement à peu près régulièrement adopté, il y a quelques années, était un assolement triennal comprenant, la première année, une culture d'été ; la seconde année, une culture d'hiver ; la troisième année, une culture d'hiver à laquelle succède une culture d'automne. Ainsi, pour les bonnes terres de la Basse Égypte, on appliquait souvent la rotation de cultures suivante :

Première année : coton ;

Deuxième année : moitié fèves, un quart trèfle, et le dernier quart en cultures diverses d'hiver ;

Troisième année : blé pendant l'hiver, puis, au moment de la crue, dourah avec une coupe de trèfle après le dourah.

Mais, actuellement, un grand nombre de propriétaires arrive à se rapprocher d'un assolement biennal, en consacrant 40 et même 50 p. 100 des terres au coton, le reste étant cultivé en nili et chetoui (cultures d'automne et d'été) ; cet assolement nécessite l'emploi de beaucoup d'engrais[2].

Dans les terres de la Haute Égypte ou de la Moyenne Égypte où l'on fait de la canne à sucre, l'assolement le plus ordinairement suivi repose sur une rotation quinquennale ainsi organisée ;

Première année : préparation de la terre ;

Deuxième année : canne à sucre ;

Troisième année : deuxième pousse de cannes ;

Quatrième et cinquième années : cultures d'hiver, soit blé, fèves et trèfle, pour la plus forte proportion.

Dans la Moyenne Égypte, qui est également propre à recevoir la canne et le coton, on mélange, suivant les cas, les assolements relatifs à ces deux récoltes, en laissant au moins une année de repos ou de culture chetoui entre la canne et le coton. D'ailleurs, on fait aussi des assolements de trois ans pour la canne, en supprimant la canne de deuxième année.

Dans ces mêmes endroits, sur les terres irriguées où l'on ne cultive pas la canne à sucre ou le coton, la rotation est biennale ; le blé et les fèves alternent pour la plus forte proportion ; dans certains points de la Haute

---

[1] Maïs ou sorgho.

[2] En général, le fellah n'emploie pas assez d'engrais, de sorte que l'assolement biennal épuise les terres. La production totale de coton en Égypte n'a pas augmenté proportionnellement à l'extension de la culture du coton.

Égypte, les lentilles et les pois chiches remplacent en partie les fèves. Dans tous les cas, on réserve chaque année la surface nécessaire pour la culture du trèfle destiné à la nourriture du bétail.

Dans les parties septentrionales du Delta, où l'on cultive du riz, les assolements varient suivant la qualité des terres.

Sur les terrains mauvais et imprégnés de sels, on cultive le riz tous les ans, cette culture étant considérée comme améliorante et l'abondance de l'eau qui lui est nécessaire produisant en même temps un lavage efficace du sol.

Quand les terres sont médiocres, on cultive, une année, du riz et, l'année suivante, une plante d'hiver, blé, orge ou trèfle.

Enfin, quand les terres sont de meilleure qualité, on fait, la première année, du riz et, les deux années suivantes, une culture d'été, c'est-à-dire du coton, et une culture d'hiver avec culture intercalaire de dourah en automne, soit un assolement en trois années analogue à celui qui a été indiqué comme généralement employé autrefois dans la Basse Égypte. La quatrième année, on revient à la culture du riz; la culture d'été se fait soit la deuxième, soit la troisième année.

ENGRAIS

L'eau et le limon du Nil sont à peu près les seules matières fertilisantes que reçoive la terre d'Égypte ; le cultivateur indigène y ajoute, en effet, fort peu d'engrais, et il est permis de croire que, s'il en employait de plus grandes quantités, il améliorerait notablement le rendement du sol et la qualité des produits.

Ainsi, dans les parties des bassins où l'on fait seulement la culture d'hiver après l'inondation, on peut dire que l'usage de l'engrais est inconnu ; la seule fumure qui soit donnée à la terre consiste dans les déjections des animaux qui mangent le trèfle sur pied. On ne met guère d'engrais que sur les terres où l'on fait de la culture de dourah, et parfois, sur celles où l'on fait de la culture d'été ; mais la quantité en est généralement trop faible.

Les engrais qui sont le plus employés en Égypte sont le fumier de ferme, la colombine et la poussière provenant des ruines des anciennes villes.

Le fumier de ferme est peu abondant, à cause du manque de pâturages pendant la plus grande partie de l'année, et à cause de la nécessité qui s'impose, par conséquent, au cultivateur de restreindre autant que possible le nombre des têtes de bétail qu'il élève.

La colombine provient des nombreux pigeonniers qui existent dans tout le pays ; les principes actifs qu'elle contient sont l'azote et l'acide phosphorique. D'après de nombreuses analyses faites, à Paris, par Gastinel Bey, sous la direction de Payen, 100 grammes de colombine d'Égypte renferment :

Azote . . . . 3,93 grammes.
Acide phosphorique (correspondant à 3,64 de phosphate
de chaux) . . . . 1,27 —

Les nombreux monticules qui frappent l'œil du voyageur parcourant l'Égypte et qui marquent la place des villes antiques ou des anciens villages, fournissent deux sortes d'engrais : en premier lieu, des matières salpêtrées qui renferment jusqu'à 6,50 gr. d'azotate de potasse, et en second lieu, une sorte d'engrais terreux qui peut contenir, sur 100 grammes de matière, d'après les analyses de Gastinel Bey, jusqu'à :

Azote . . . . 0,88 gramme.
Acide phosphorique (correspondant à 2,76 de phosphate
de chaux) . . . . 1,27 —
Potasse et soude . . . . 2,25 —

Ces produits, provenant de détritus divers accumulés par le temps dans les ruines et soumis aux influences atmosphériques, sont portés sur les champs dans un état pulvérulent qui facilite l'assimilation des principes actifs. Dans les monticules d'où on les extrait, ils sont mélangés avec des débris de pierres ou de briques ; les paysans, avant de les transporter, ont soin de les tamiser ; ils abandonnent ainsi sur place les gros matériaux et n'enlèvent qu'une poussière fine qu'ils chargent dans de grandes couffes sur le dos des baudets ou des chameaux et qu'ils répandent ensuite sur leurs terres.

En dehors des engrais qui viennent d'être indiqués, les agriculteurs emploient encore les cendres de certains végétaux ; ils se servent aussi, comme amendement, du limon qui est extrait du lit des canaux pendant le curage.

Depuis quelques années, par l'initiative des propriétaires européens et des riches propriétaires indigènes les plus éclairés, les engrais chimiques ont été introduits en Égypte sur une assez grande échelle et l'usage s'en répand ; mais on doit les employer avec prudence, l'eau d'arrosage entraînant dans le sous-sol beaucoup de sels dissous.

MODE D'EXPLOITATION DES TERRES

Le mode d'exploitation des terres varie naturellement suivant l'importance des propriétés

En dehors de la petite, de la moyenne et de la grosse propriété, qui se retrouvent dans tous les pays, il existe en Égypte de grandes exploitations foncières. Ces dernières, tout récemment encore, étaient surtout entre les mains de deux administrations de l'État, les Domaines et la Daïra Sanieh, qui possédaient ensemble 400 000 hectares, soit un sixième de la superficie cultivable de la contrée, et dont les revenus étaient affectés au paiement de certaines dettes publiques. De ces deux administrations, l'une, la Daïra Sanieh, est entièrement liquidée, et l'autre, les Domaines [1], se liquide progressivement; mais, dans ces dernières années, des sociétés foncières se sont formées et ont acquis de grands domaines de plusieurs milliers d'hectares provenant soit de cette liquidation, soit de ventes effectuées par de gros propriétaires. Toutefois la plus forte partie des terres des Domaines et de la Daïra a été acquise par des particuliers.

Comme dans tous les pays agricoles, le petit propriétaire cultive lui-même ses champs; pour des domaines un peu étendus, il se crée une association entre le propriétaire et le paysan, ce dernier se réservant une part des produits; enfin, le gros propriétaire traite avec l'ouvrier en lui payant son salaire en argent et quelquefois en nature, ou bien il se borne purement et simplement à lui louer ses terres; les sociétés ou administrations foncières louent autant que possible leurs terres.

Le gros propriétaire qui exploite lui-même a généralement son domaine géré par un intendant ayant sous ses ordres plusieurs agents pour conduire les travaux des champs. Avec cet arrangement, les fellahs ou paysans qui travaillent la terre reçoivent un salaire en argent et un salaire en nature; le prix de la journée est en général de 1 franc pour les hommes et 50 centimes pour les enfants [2]; la rémunération en nature consiste dans le quart de la récolte d'automne, c'est-à-dire de maïs ou de sorgho, le fellah faisant cette culture sans rétribution en argent. En outre, un demi-hectare de terre est cédé à chaque père de famille qui y cultive du trèfle et y nourrit ses bestiaux; mais on lui retient, sur son salaire en argent, une somme égale à la valeur de l'impôt de ce demi-hectare; le propriétaire irrigue ce terrain avec ses machines élévatoires et compense cette dépense en utilisant le fumier des bestiaux pour fumer en partie sa récolte de maïs.

Le propriétaire dont le domaine est moins considérable et qui ne dispose pas de ressources suffisantes pour l'exploiter lui-même, s'associe au fellah. Dans ce cas, le propriétaire prend à sa charge l'impôt, les frais d'irrigation, les semences, le bétail et le matériel agricole; le fellah ne fournit que la main-d'œuvre jusqu'à complète maturité des produits. Pour son travail, le fellah reçoit le cinquième de la récolte d'été, coton et légumes,

[1] Cette administration ne possédait plus, fin 1907, que 65 000 hectares.
[2] Les prix de la main-d'œuvre ont été augmentés d'au moins 20 p. 100 dans les années de développement économique qui ont précédé la crise financière qui vient de sévir sur l'Egypte.

le quart de la récolte de maïs ; il n'a droit à rien sur les récoltes d'hiver ; un demi-hectare de terre est aussi alloué à chaque père de famille pour cultiver du trèfle. La cueillette du coton, la moisson, le battage et le vannage des récoltes d'hiver, la mise en magasin de ces produits, sont à la charge du propriétaire. La coupe des tiges du cotonnier ne se paye pas.

Quelquefois, le fellah n'a droit qu'au sixième des récoltes d'été et d'hiver, non compris le trèfle, et au quart de la récolte de maïs ; quand il fournit pour cette dernière culture l'engrais et la semence et qu'il laboure avec ses bestiaux, il a droit à la moitié de la récolte. Enfin, lorsqu'il couvre tous les frais de culture et paye la moitié de l'impôt, il a droit à la moitié de toutes les récoltes.

Mais la combinaison qui est la plus répandue est celle dans laquelle le fellah prend le cinquième des récoltes d'été et le quart de la récolte d'automne.

Toutefois la classe d'agriculteurs la plus nombreuse est celle des petits propriétaires qui cultivent leurs champs avec leurs femmes et leurs enfants.

Dans les contrats de location qui sont faits par l'administration des Domaines de l'État dans le Delta, la durée du bail est fixée en général à trois ans, avec l'obligation de ne faire sur la même terre qu'une seule culture d'été pendant cette période. Mais, dans les terres que cette administration cultive elle-même, elle passe ordinairement des baux spéciaux pour la seule culture d'automne ; dans ce dernier cas, la fumure est à la charge du locataire.

En Haute Égypte, sur les propriétés de la Daïra Sanieh, pour les céréales seules, la durée des baux était d'un an ; pour les cannes seules, de trois ans ; pour les cannes et les céréales ensemble, de six ans. Les locataires vendaient aux sucreries leurs cannes à sucre suivant un tarif déterminé. La Daïra se chargeait le plus souvent des labours en ce qui concerne les plantations de cannes à sucre, rarement pour les céréales. Dans les contrats pour la culture des céréales, elle excluait toute récolte d'été et d'automne ; dans les contrats de location qui comprenaient la plantation des cannes, elle interdisait toutes les autres cultures d'été.

EXEMPLE D'UNE GRANDE PROPRIÉTÉ RURALE (pl. XVII)

On ne peut citer de meilleur exemple d'une grande exploitation rurale que la propriété que M. Beyerlé, administrateur délégué du Crédit Foncier Égyptien, possède à Bordein, à quelques kilomètres de la ville de Zagazig, dans la province de Charkieh. M. Beyerlé s'est appliqué à doter ses terres d'une bonne distribution d'eau, à les assainir au moyen d'un réseau étendu de rigoles d'évacuation, à ne pratiquer que des assolements rationnels, à maintenir la fertilité du sol par l'emploi d'engrais judicieusement choisis, à augmenter les rendements par des méthodes perfectionnées de culture et par l'emploi des machines agricoles, et, enfin, dans ces derniers temps, à établir dans son domaine des puits artésiens qui l'affranchissent des rotations parfois très rigoureuses prescrites pour les canaux publics ; en procédant ainsi, il a amené son domaine à un degré de prospérité que ne connaissent guère les terres d'Égypte. Il arrive, dans les bonnes années, à produire par hectare 1 000 kilogrammes de coton[1] et 50 hectolitres de blé[2].

Cette propriété contient 500 hectares et longe le grand canal Abou el Akdar sur 3 200 mètres. De ce canal partent perpendiculairement deux petits canaux publics situés l'un à l'extrémité nord, l'autre dans la partie sud du domaine. Comme le niveau de l'eau du canal est, la plus grande partie de l'année, moins élevé que le sol, il faut presque toujours pomper l'eau d'arrosage, sauf pendant les mois d'août, septembre et octobre ; mais la hauteur d'élévation est faible et ne dépasse pas 3 mètres au plus mauvais moment. Deux machines à vapeur, l'une de 12 chevaux et l'autre de 10 chevaux, avec pompes centrifuges de 0,30 m. et de 0,25 m. de diamètre assurent ce service.

L'eau ainsi amenée au niveau du sol est distribuée au moyen de deux canaux principaux, dans des rigoles parallèles espacées de 250 à 400 mètres.

L'évacuation des eaux s'effectue par un canal de ceinture se déversant dans un drain public qui passe à l'extrémité sud-est de la propriété. Les rigoles de drainage sont creusées, les unes parallèlement aux rigoles d'arrosage et dans le milieu de l'espace qui les sépare, les autres tout à côté des canaux principaux et de certaines rigoles d'arrosage dont les niveaux élevés pourraient donner lieu à des infiltrations de nature à détériorer les terres le long de leur cours.

Des chemins sont établis sur le bord de chaque canal ou rigole d'arrosage, et, sur certains d'entre eux, circule un petit chemin de fer Decauville de 16 kilomètres de longueur comportant un matériel de 39 wagonnets, dont 26 petits, cubant trois quarts de mètre cube, et 13 grands, à boggie, pour le transport des récoltes.

Un directeur de culture réside en permanence sur la propriété avec les employés, comptables, mécaniciens, gardiens, etc., nécessaires, formant un personnel permanent de 40 personnes environ.

260 ouvriers agricoles en moyenne travaillent sur la propriété.

Les bêtes de somme comprennent :

25 paires de bœufs pour le dernier labour du sol ;

28 mulets pour la traction des wagons Decauville ;

---

[1] 9 cantars un tiers par feddan.
[2] 10 ardebs et demi par feddan.

20 ânes et 14 chevaux pour les divers besoins du service.

Quant au matériel agricole, il se compose d'une charrue à vapeur pour le premier labour, de semoirs, d'une batteuse à vapeur, etc.

Les étables et écuries sont parfaitement aménagées, avec fosses à purin; l'eau, pour l'usage du personnel, des animaux et des jardins qui entourent la maison d'habitation, est obtenue au moyen d'un puits de 8 mètres de profondeur d'où l'élève une pompe à vapeur de quatre chevaux jusqu'à des réservoirs placés à douze mètres au-dessus du sol.

L'engrais employé est le fumier de ferme mélangé à des matières de vidange provenant principalement de la ville de Zagazig, des centres d'habitation du personnel et des latrines des mosquées des villages voisins spécialement aménagées à cet effet. Le mélange se fait avec une certaine proportion de terre dans une grande fosse de 100 mètres de longueur sur 25 mètres de largeur.

L'assolement pratiqué est l'assolement triennal ordinaire qui a été indiqué plus haut. On cultive donc le coton chaque année sur un tiers de la propriété.

L'engrais est donné à la terre avant la culture du maïs; quand cette récolte approche de la maturité, on sème du trèfle (*bersim*) entre les pieds de maïs; on en fait deux coupes après que le maïs a été enlevé, et on enterre la troisième coupe qui forme ainsi un nouvel engrais pour la culture du coton qui doit suivre.

Le blé, l'orge, le maïs sont semés au semoir, en lignes, sur billons, contrairement à la pratique égyptienne, ce qui augmente beaucoup le rendement.

Cette propriété, dont l'aspect est rendu plus attrayant par de nombreuses plantations d'arbres est un modèle que tout agriculteur égyptien devrait se proposer d'imiter. D'ailleurs, grâce à de pareils exemples, les grands propriétaires sont entrés peu à peu dans la voie du progrès, et la culture en général s'est beaucoup perfectionnée depuis une vingtaine d'années.

RENDEMENT DES TERRES

D'après Girard, de l'expédition française, l'aménagement de 100 hectares de bonnes terres, bien situées dans le Delta, se faisait autrefois de la façon suivante :

Trèfle	25 hectares.
Blé	30 —
Orge	10 —
Froment et orge mélangés	35 —
Total	100 hectares.

Sur ces 100 hectares, un quart recevait des cultures d'été ou d'automne, soit :

En maïs.	13	hectares.
En sésame	6	—
En coton.	6	—
Total	25	hectares.

Actuellement, ainsi qu'il a été dit plus haut, 100 hectares de bonnes terres du Delta peuvent être aménagées comme il suit :

Maïs, une coupe de trèfle et coton.	33	hectares.
Blé.	33	—
Fèves . . . . 17 ⎫	34	—
Trèfle (dont une moitié louée aux paysans) . . . . 17 ⎭		
Total	100	hectares.

Souvent même la proportion des terres cultivées en coton monte à 40 et même 50 hectares sur 100.

La proportion des cultures d'été est donc maintenant considérablement augmentée par suite des grands travaux entrepris pendant le siècle dernier.

Pour de bonnes terres moyennes de la Basse Égypte, bien situées par rapport au niveau de l'eau des canaux d'arrosage, voici à peu près comment on peut établir le produit net actuel de la culture, avec l'assolement indiqué ci-dessus, et dans le cas d'un grand domaine exploité directement par le propriétaire :

Dépenses pour une superficie de 100 hectares.

1° Semences	3 000	francs.
2° Appointements du personnel	2 500	—
3° Frais d'irrigation par machine	1 500	—
4° Nourriture des bestiaux pendant l'été, à raison de 2 têtes par hectare	1 900	—
5° Salaires des ouvriers pour labours, ensemencements, récolte, battage, etc	8 000	—
6° Frais généraux, amortissement des constructions et du matériel et divers	2 500	—
Dépense totale (non compris les impôts). . .	19 400	francs.

Recettes pour une superficie de 100 hectares.

1° Récolte de dourah sur 33 hectares à 110 francs. . . .	3 630	francs.
A déduire pour les frais de culture payés en nature et pour l'emmagasinage (1/4 environ), soit . . .	907	—
Reste à compter.	2 723	francs.

Report.	2 723 francs.
2° Trèfle cultivé après le dourah : 33 hectares à 110 francs.	3 630 —
3° Coton : 33 hectares à 839 francs	27 687 —
4° Récolte de blé : 33 hectares à 255 francs.	8 415 —
5° Fèves : 17 hectares à 165 francs.	3 805 —
6° Trèfle { 4 hectares 1/2 mangés par les animaux . . . (Pour mémoire).	»
4 hectares pour la graine et la paille : 4 hectares à 30 francs	120 —
Location au paysan de 8 hectares 50 ares, à 100 francs.	850 —
Recette totale.	47 230 francs.
Donc, pour les 100 hectares ainsi cultivés, les recettes sont de	47 230 francs.
Les dépenses de	19 400 —
Différence.	27 830 francs.

ce qui représente un produit net d'environ 280[1] francs par hectare, non compris le payement des impôts et 1 902 francs, impôts déduits.

Pour un domaine de la Moyenne Égypte où l'on fait de la canne à sucre avec l'assolement de cinq ans, on peut admettre à peu près les chiffres suivants, en supposant que, comme dans la région du canal Ibrahimieh, il n'y ait pas de frais d'élévation d'eau.

Dépenses pour une superficie de 100 hectares.

Cannes de première année sur 20 hectares ; frais de culture : 20 hectares à 380 francs	7 600 francs.
Cannes de seconde année sur 20 hectares ; frais de culture : 20 hectares à 180 francs	3 600 —
Terres au repos : 20 hectares	»
Cultures nili et chetoui sur 40 hectares en location . . .	»
Frais généraux sur 100 hectares.	3 100 —
Amortissement des constructions, du matériel et frais divers	1 100 —
Dépense totale (non compris les impôts). . . .	15 400 francs.

Recettes pour une superficie de 100 hectares.

Cannes de première année sur 20 hectares.
  Pour 1 hectare. . . . .
    Feuilles . . . .   18 fr. 60
    Cannes, 68 tonnes à 15 fr. 75.   1 071 fr. »

                        1.089 fr. 60 × 20 hect. = 21 792 francs.

Cannes de seconde année sur 20 hectares.
  Pour 1 hectare . . . . .
    Feuilles . . . .   12 fr. 40
    Cannes, 38 tonnes à 15 fr. 75.   598 fr. 50

                        610 fr. 90 × 20 hect. = 12 218 —

                          A reporter . . . . 34 010 francs.

---

[1] Environ L. E. 4,5 par feddan.
[2] Environ L. E. 3 par feddan.

Report.	34 010 francs.
Terres au repos, 20 hectares.	»
Produit des cultures nili et chetoui, évalué d'après le prix de location. 40 hectares à 310 francs [1].	12 400 —
Recette totale	46 410 francs.

Donc, pour un domaine ainsi cultivé :

Les recettes sont de.	46 410 francs.
Et les dépenses de	15 400 —
Différence	31 010 francs.

Ce qui représente un produit net d'environ 310 francs [2] par hectare non compris le paiement des impôts, et 220 francs [3], impôts déduits.

Si l'on est obligé d'irriguer au moyen de machines à vapeur prenant l'eau dans le Nil, il faut retrancher de ces sommes environ 85 francs par hectare de canne et 50 francs par hectare de culture nili et chetoui [4] pour frais d'élévation d'eau, ce qui, rapporté à la surface totale des 100 hectares, donne une moyenne de 54 francs de réduction de revenu par hectare [5].

Les meilleures terres d'irrigation dans la Basse et la Moyenne Égypte se louent jusqu'à 300 francs l'hectare, déduction faite de l'impôt, et les bonnes terres ordinaires 220 francs ; les bonnes terres des bassins d'inondation, 180 francs l'hectare.

On comprend par ces quelques chiffres que l'idéal de tout Égytien, quel qu'il soit, soit de posséder un lopin de terre dans la vallée du Nil.

[1] L. E. 5 le feddan.
[2] Environ L. E. 5 par feddan.
[3] Environ L. E. 4,5 par feddan.
[4] L. E. 1,400 et 0,800 par feddan.
[5] L. E. 1 par feddan.

TABLE DES PLANCHES

Planche I.	Carte générale de l'Égypte. — Carte du Nil	en tête
— II.	Sections du Nil	21
— III.	Profil en long du Nil en Égypte	35
— IV.	Système des bassins Nord Sohag	89
— V.	Carte de la Moyenne Égypte (rive gauche du Nil), sa situation en 1895	100
— VI.	Carte hydrographique de la Basse Égypte	159
— VII.	Carte de la Moyenne Égypte ; situation actuelle	184
— VIII.	Barrage du Delta : ses transformations successives	316
— IX.	Barrage du Delta : construction de murs de chute avec écluses	328
— X.	Barrages sur le Nil à Assiout, à Zifta et à Esneh	334
— XI.	Barrage d'Assouan	340
— XII.	Pont régulateur de Sanaytah avec écluse de navigation sur le Rayah Tewfikieh	357
— XIII.	Ancien type des ponts régulateurs des bassins de la Haute Égypte	359
— XIV.	Types de ponts régulateurs de canaux d'alimentation des bassins d'inondation	360
— XV.	Types divers de déversoirs	362
— XVI.	Siphon sous le canal Sabakha	365
— XVII.	Propriété Beyerlé à Bordein	410

INDEX ALPHABÉTIQUE

A

Abbas Pacha, 315.
Abbas (Rayah), 160, 169.
Aboukir (lac), 221, 226.
Abou-Rahib (déversoir), 212.
Aboutig (déversoir). 92, 104.
Abyssinie, 20, 24.
Administration des irrigations, 367.
Agriculture, 394.
Aird (sir John), 336, 338.
Albert (lac), 20.
Alexandrie, 7, 8, 14, 163.
Amélioration des terres, 235.
Ariche (el), 12.
Arrosages, 142.
Assiout, 2, 4, 47, 49, 89. 100, 103. 105.
Assiout (province), 12, 99, 111, 119, 182, 277, 367.
Assiout (barrage). voir Barrage.
Assouan, 2, 20, 29, 46, 49.
Assouan (réservoir). 41, 33, 111. 238. 246, 253. 254.
Assouan (barrage). 338.
Assolements, 404.
Atbara, 19, 24, 26.
Atcherley, 352.
Atfeh, 163, 277.

B

Bacs, 383.
Bagourieh (canal), 158.
Bahr Chibin, 157.
Bahr el Baghar, 153.
Bahr el Gazal, 19.
Bahr el Gebel, 24.
Bahr Yousef, 4, 13, 22, 49, 51, 100, 112, 119, 134, 140, 184, 191, 197, 202, 213.
Baker (sir Benjamin), 247, 338, 352.
Baker (sir Samuel), 243.
Barrage d'Assiout, 33, 112, 119, 186, 195, 331.
— d'Assouan, 338.
— du Delta, 33, 148, 164, 168, 314.
— d'Esneh, 33, 113.
— de Zifta, 33, 120, 169. 173, 336.
Barrage provisoire de Talihat, 95.
Barrages provisoires sur le Nil, 177.
Basse Égypte, 1, 4, 11, 12, 14, 48, 49, 59, 119, 134, 144, 206, 215, 239, 257. 258, 366, 401.

Bassins d'inondation. 2, 33, 40, 59, 65, 99, 105. 111, 166, 183, 213, 259, 357.
Bayadieh (canal), 83 à 88.
Béhéra (province), 12, 161, 219, 277, 367.
— (rayah), 120, 164, 169, 309, 318.
Benisouef, 2, 49, 52.
— (province), 12, 14, 99, 100, 103, 105, 111, 119, 183, 367.
Bersim (voir trèfle).
Bessoussieh (canal). 120, 151, 153, 169.
Beyerlé, 409.
Blé, 15. 117. 182, 203. 395.
Boinet Pacha, 15.
Bonaparte. 148. 314.
Boulé, 247, 338.
Bourlos (lac), 5, 22, 156, 218.
Brouillards, 8.
Brown (major R. H). 10, 125, 331.
Budget ordinaire. 369.
— extraordinaire, 369.

C

Caire (le), 4, 12, 48, 53.
Canaux, 284, 290, 292, 301, 313.
Canaux et digues (législation). 374.
Canaux et digues publics. 376.
Canaux de drainage. 208, 210.
Canaux d'inondation, 62, 69, 75, 107.
Canaux d'irrigation, 38, 40, 128, 179, 181.
Canaux de vidange des bassins, 74, 75, 107.
Canne à sucre, 4, 58, 117, 125, 133, 182, 203, 395, 399, 405.
Carl Pearson, 352.
Cercles d'irrigation, 367.
Céréales, 58.
Chadouf, 129, 261.
Chaillé-Long, 17.
Chaînes de bassins d'inondation, 61, 76, 82, 89.
Champion, 44, 52.
Charaki (terres sans arrosage), 61, 113, 136, 387.
Charkieh (province), 12, 150.
Charkieh (rayah), 120, 142, 151, 153, 169, 312, 318, 355, 357, 367.
Chattourah (canal), 90 à 98.
Cheikh (chef de village). 385, 388.
Cheikh Fadel, 4, 114.

Chemins de fer, 13.
Cherkaouieh (canal), 120, 150, 153, 169.
Chetoui (culture d'hiver), 58, 116, 125, 133, 182, 203, 395.
Climat, 5.
Colmatage, 224, 225.
Commerce, 14.
Conseiller anglais, 367.
Conseils provinciaux, 372.
Contraventions, 386, 387.
Conversion de bassins pour l'irrigation, 198, 200, 201, 253.
Cope Witchouse, 244.
Corvée, 110, 292, 387.
Coton, 4, 15, 16, 58, 117, 125, 133, 182, 203, 395, 403, 405.
Crue du Nil (voir Nil).
Cultures par inondation, 56, 67, 107, 112, 239, 401.
Cultures par irrigation, 56, 118, 121, 182, 239.
Cultures dans la région des bassins, 116.
Cultures diverses, 15, 395, 404.

D

Dabaya, 4, 114.
Daïra Sanieh, 235, 400, 408, 409.
Dakhalieh, 12, 150, 367.
Damiette, 14.
Damiette (branche de), 20, 21, 22, 156, 173.
Date d'ouverture des canaux d'inondation, 102.
— déversoirs — , 103.
Défrichement de l'Ouady Toumilat, 230.
Delta (Voir Basse Egypte).
Dépense d'eau d'inondation, 70, 101, 105, 240.
Dépense d'eau d'irrigation, 122, 149, 240, 239.
Dépense d'eau de l'Egypte, 239, 241.
Dépense d'élévation des eaux, 272.
Dépense d'entretien des bassins, 109.
Dépenses d'exploitation des terres, 412.
Dérout, 111, 119, 184, 188, 196.
Dessèchements, 225.
Dessèchement du lac d'Aboukir, 226.
Déversoirs, 361, 364.
Déversoir de Kocheicha, 362.
Déversoir du bassin Hamed, 363.
Déversoirs des bassins, 75, 102.
Déversoir d'Abou-Rahib, 212.
Déversoir d'Etsa, 212.
Déversoir de Mazoura, 212.
Digues, 284, 292.
Digues et canaux (législation), 374.
Digues et canaux publics, 376.
Digues des bassins, 62, 74, 75, 107, 288, 297.
Digues du Nil, 33, 110, 184, 287, 297.
Directeurs, 367, 368.
Distribution des eaux dans le Delta, 168.
Domaines de l'Etat, 53, 237, 408, 409.
Dongola, 20.
Dourah (voir maïs et millet).
Dragages, 181, 300.
Drainage, 204, 237.
Drainage de la Basse Egypte, 206, 213.
Drainage de la Moyenne Egypte, 211.
Drainage du Béhéra, 219.
Drains, 208, 376, 379, 380.
Durée de l'inondation des bassins, 69.

E

Easton (Ed.), 279.
Eau du Nil, sa composition, 41.
Eaux artésiennes, 53.
Eaux blanches, 41.
Eaux rouges, 41, 67.
Eaux souterraines, 53.
Eaux vertes, 41.
Ecole polytechnique, 368.
Edfou, 46.
Edkou (lac), 5, 22, 219.
Emmagasinement des eaux du Nil, 242, 248.
Engrais, 406.
Envasement des canaux, 304, 313.
Erment, 4, 52, 114, 115.
Esneh (province), 104.
Esneh (barrage), voir barrage.
Etsa (déversoir et machines), 212, 213.
Expédition française, 18.
Exploitation rurale, 407, 409.
Evaporation, 7, 10.

F

Farcot, 280.
Fayoum, 4, 12, 14, 50, 119, 134, 183, 201, 214, 239, 257.
Fenu grec, 401.
Feray d'Essonne, 281.
Fèves, 15, 58, 117, 182, 203, 402.
Fourrages, 58, 182, 203.
Fowler (sir John), 41, 122.

G

Gaffir (gardien), 385, 388.
Galioubieh, 12, 150, 367.
Gardiennage des digues et canaux, 110, 181, 204, 385, 387.
Garstin (sir William), 246.
Gastinel bey, 44, 52, 407.
Gebel Silsileh, 1, 2, 20, 47, 244, 247.
Géographie de l'Egypte, 1.
Gesse, 401.
Gessé, 17.
Gharbieh, 12, 156, 367.
Ghizet (province), 12, 100, 103, 111, 166, 183, 198, 277, 368.
Ghizet (canal), 189, 194.
Girard, 411.
Gondokoro, 26.
Grant, 17.
Guirgaouieh (canal), 90 à 98, 365.
Guirgueh, 2, 47.
Guirgueh (province), 12, 49, 105, 109, 110, 117, 119, 368.

H

Haouati (canal), 90 à 98.
Haute-Egypte, 4, 11, 12, 14, 48, 49, 59, 76, 110, 239, 257.
Humidité atmosphérique, 7, 9, 404.

INDEX ALPHABÉTIQUE 419

I

Ibrahimieh (canal), 13, 99, 100. 112, 119, 139, 142, 185, 187, 300, 306, 354.
Impôts, 390.
Inspecteurs généraux, 367.
Inspecteurs d'irrigation, 367, 368, 373, 377.
Interdiction d'arroser, 136, 386.
Irrigation du Delta, 144.
Irrigation de la Moyenne Égypte, 183.
Irrigation par machines à vapeur, 46, 113, 148, 175, 201, 277.
Irrigation dans la région des bassins, 113.
Ismaïl Pacha (Khédive), 17, 41, 122, 184, 277.
Ismaïl Pacha Sirry, 368.
Ismailiah, 12.
Ismailich (canal), 13, 99, 100, 112, 119, 139, 142, 185, 187, 300, 306, 354.

J

Jacquet, 244.

K

Katatbeh (canal), 162, 178.
Keneh, 2, 20, 47, 104.
Keneh (province), 12, 109, 117, 119, 367.
Keroun (lac), 4, 11, 22, 50, 215.
Khamsin, 10.
Khartoum, 17, 19, 26.
Killabieh (canal), 83 à 88.
Kocheicha (bassin), 66, 67, 100, 104, 112, 362.
Kom Ombo, 46, 244.
Kosséir, 14.

L

Lahoun (el), 50, 112, 119, 186.
Lavalley, 10.
Lebani (canal), 49, 111.
Législation, 367, 369, 374.
Lentilles, 402.
Letheby (Dr H.), 41.
Limon du Nil, 42.
Linant de Bellefonds, 10, 18, 128, 144, 162, 184, 243.
Louxor, 47, 82.
Lupins, 402.

M

Machines élévatoires, 128, 136, 179, 257, 273, 377, 379.
Machines d'Atfeh, 163, 277.
Machines du Katatbeh, 165, 278.
Mackenzie (Dr), 42.
Mahallah (canal), 83 à 88.
Mahmoudieh (canal), 162, 220, 300.
Maïs, 15, 58, 69, 117, 133, 182, 387, 397.
Mamour (chef de district), 368, 388.
Mansourieh (canal), 150, 155, 169.
Mariout (lac), 5, 22, 220.
Matana, 4, 114.
Mazoura (déversoir), 212.
Medinet-el-Fayoum, 50, 52.
Mehallet-el-Amir (barrage), 176.

Mehemet Ali (vice-roi), 17, 18, 122, 145, 162, 225, 243, 314, 317, 367, 374.
Menoufieh (province), 12, 136, 367.
Menoufieh (canal), 120, 157, 161, 169, 311, 318.
Menzaleh (lac), 5, 22, 213.
Mesures (poids et), 16.
Millet (dourah ou sorgho), 15, 58, 69, 117, 182, 387, 397.
Minich, 2.
Minich (province), 12, 14, 99, 103, 105, 109, 111, 119, 182, 203, 277, 367.
Ministre des travaux publics, 367, 368.
Mœris (lac), 51, 243.
Moncrieff (sir Colin Scott), 245, 295, 319, 321.
Monnaies, 16.
Motte (de la), 243.
Moudir (préfet), 368, 373, 376 à 386, 388.
Mougel bey, 18, 314, 316.
Mouhit (digue), 184.
Mouhit (drain), 212.
Moyenne Égypte, 4, 59, 76, 111, 183, 211, 253, 257, 258, 366.

N

Nabari (culture), 58, 69, 73, 74, 75, 78, 98, 100, 116, 239, 395.
Nataleh, 129, 260.
Navigation, 12, 178, 201, 382, 383.
Nazlet-el-Abid (régulateur), 192.
Nil, 11, 12, 17, 19, 21, 22, 29, 33, 35, 105, 239, 241.
Nil Blanc, 19, 24, 26.
Nil Bleu, 19, 20, 24, 26.
Nili (canaux), 121, 145, 161, 166, 169, 179, 192, 275, 295, 312.
Nili (culture), 58, 182, 203, 395.
Nilomètres, 18, 23, 27.
Nilomètre d'Assouan, 18, 28, 39.
Nilomètre de Rodah, 18, 28.
Niveaux du sol, 49, 50, 144, 182, 201, 207.
Nubar Pacha, 243, 295.
Nubie (province), 12, 109, 354, 367.

O

Occupation temporaire, 393.
Oignons, 404.
Omdeh (notable), 385, 388.
Orages, 10.
Orge, 15, 117, 182, 203, 395.
Ouady Halfa, 1, 2, 26.
Ouady Rayan, 244, 247.
Ouvrages de prise des canaux, 354.
Ouvrages régulateurs des canaux, 354, 360.
Ouvrage de prise du canal Ibrahimieh, 354.
Ouvrage de prise du rayah Tewfikieh, 355.
Ouvrage de prise du Sohaghieh, 90, 355.
Ouvrage régulateur de Sanaytah, 357.
— du canal Sabakha, 357.
— de bassins, 357.

P

Palmiers, 16.
Payen, 44, 52.

Pénalités, 274, 372, 384, 388, 389.
Pentes du sol, 48.
Personnel des irrigations, 369, 372.
Philœ, 2, 255, 349.
Pluie, 8.
Pluies tropicales, 24.
Poids et mesures, 16.
Pois, 401.
Pois chiches, 402.
Pompes d'Etsa, 213, 277.
Pompes d'Aboukir, 224.
Pompes du Mex, 221, 277.
Pompes à vapeur, 271, 273, 277.
Population, 11.
Port-Saïd, 12.
Pression atmosphérique, 7.
Prises d'eau privées, 366, 381.
Prises d'eau des bassins, 101.
Produits agricoles, 15.
Prompt, 245.
Propriété foncière, 371, 391.
Puits artésiens, 55, 259, 393, 410.

Q

Qedi (culture), 58, 69, 76, 99, 116, 239, 395.

R

Ramadi (canal), 305.
Ransom et Rapier, 336, 338.
Reid, 324.
Remplissage des bassins, 75, 100.
Rendement des terres, 411.
Rigoles privées, 376, 377, 378, 379, 380.
Riz, 59, 125, 133, 182, 203, 387, 399.
Rosette, 14, 173.
Rosette (branche de), 20, 21, 22, 156.
Ross (colonel), 66, 67, 70, 116.
Rotations, 130, 141, 377, 386.
Roue à palettes, 270.
Routes, 13, 381.

S

Saïd Pacha, 279.
Sakieh, 264.
Schweinfurt, 17.
Sefi (culture), 58, 117, 182, 203, 395.
Sefi (canaux), 121, 179.
Siphons, 361, 364.
Siphon sur le canal Sabakha, 365.
Siphon du Guirgaouieh, 90, 93, 365.
Sobat, 19, 24.
Société des études du Nil. 243.
Société égyptienne d'irrigation, 115, 275.

Sohag, 2, 47, 89.
Sohaghieh (canal), 49, 73, 90 à 98, 105, 112, 184, 365.
Sol (sa composition), 51.
Sorgho (voir millet).
Souakim, 12, 14.
Speke, 17.
Submersion (effets de la), 80.
Sucre, 16, 400.
Suez, 16.
Suez (canal), 10.
Superficie cultivée, 11, 15.
Superficie de l'Egypte. 11.
Superficie cultivée par inondation, 107, 112, 182, 239.
Superficie cultivée par irrigation, 116, 119, 150, 156, 161, 182, 185, 203, 239, 253, 256.

T

Tabout, 269.
Tahta (canal), 90 à 98.
Tantah, 52.
Température. 7.
Terrassements. 107, 181, 285, 295.
Tewfikieh (canal), voir Charkieh (canal).
Topographie, 46.
Torricelli, 217, 338.
Trèfle (bersim), 15, 401.
Tribunaux, 372.
Tympan, 269.
Tzana (lac), 20.

U

Usines élévatoires, 275, 277.

V

Valeur des terres, 200, 253, 414.
Vents, 10.
Victoria (lac), 17, 20, 23, 24, 26.
Vidange des bassins, 78, 100, 128, 213.
Vis d'Archimède, 261, 280.
Voies navigables, 13, 178.

W

Wasta. 47.
Willcocks (Sir William), 11, 19, 39, 53, 105, 133, 161, 226, 245, 246, 255, 319, 338, 352.

Zifta (voir barrage).

TABLE DES MATIÈRES

	Pages.
Préface	I
Introduction à la première édition	XIII

Chapitre I. — Coup d'œil général sur l'Egypte 1
Description générale. — Climat. — Divisions administratives, superficie cultivée, population. — Voies de communication. — Produits agricoles. — Monnaies, poids et mesures.

Chapitre II. — Le Nil 17
Considérations générales. — Le cours du Nil. — La crue du Nil, ses causes. — Les nilomètres de l'Égypte. — Le régime naturel du Nil à Assouan. — Ce que devient le régime du Nil dans la traversée de l'Égypte. — Débit du Nil. — Composition des eaux et du limon du Nil.

Chapitre III. — Le sol de l'Egypte 46
Topographie. — Pentes et niveaux du sol. — Province du Fayoum. — Nature du sol et du sous-sol de l'Égypte. — Eaux souterraines.

Chapitre IV. — Procédés généraux de l'arrosage par inondation 56
Culture par submersion et par irrigation. — Bassins d'inondation. — Dimensions des bassins. — Conditions d'une bonne inondation des bassins. — Durée de la submersion. — Canaux d'alimentation. — Digues des bassins. — Canaux et ouvrages de vidange. — Remarques générales. — Remplissage des bassins. — Vidange des bassins. Effets de la submersion du sol.

Chapitre V. — Description des bassins d'inondation 82
Petite chaîne de bassins. — Grande chaîne de bassins. — Les bassins d'inondation de l'Égypte avant 1903. — Situation actuelle des bassins d'inondation. — Irrigation permanente dans la région des bassins. — Importance des cultures dans la région des bassins.

Chapitre VI. — Procédés généraux de l'irrigation égyptienne 118
Cultures par irrigation. — Régions cultivées exclusivement par irrigation toute l'année. — Besoins des cultures. — Canaux *nili* et *sefi*. — Dépense d'eau. — Niveau de l'eau dans les canaux, machines élévatoires. — Distribution des eaux, rotations. — Arrosages.

Chapitre VII. — Irrigation du Delta 144
Historique de l'irrigation du Delta. — Provinces de l'Est. — Provinces du Centre. Provinces de l'Ouest. — Distribution des eaux au barrage du Delta et dans les deux branches du Nil. — Grandes voies de navigation. — Statistique des canaux d'irrigation et des machines élévatoires. — Entretien des digues et des canaux. — Importance des cultures.

Chapitre VIII. — Irrigation de la Moyenne Egypte 183
Historique. — Barrage d'Assiout. — Canal Ibrahimieh. — Bahr Yousef. — Distribution des eaux. — Aménagement d'anciens bassins pour l'irrigation. — Dépenses et bénéfices de la conversion des bassins d'inondation. — Bassins d'inondation transformés pour l'irrigation sur la rive droite du Nil. — Province du Fayoum.

TABLE DES MATIERES

Chapitre IX. — Drainage et assainissement des terres 205
Considérations générales. — Dispositions générales des canaux de drainage ; dépenses de construction et d'entretien. — Moyenne Égypte. — Fayoum. — Provinces à l'Est de la branche de Damiette. — Provinces comprises entre les deux branches du Nil. — Province de Béhéra. — Dessèchement, assainissement et colmatage. — Colmatages dans le nord du Delta. — Dessèchement du lac d'Aboukir. — Défrichement du domaine de l'ouady Toumilat. — Amélioration des terres de Salakous. — Expériences d'assainissement faites dans la Basse Égypte par l'administration des domaines de l'Etat.

Chapitre X. — Emmagasinement des eaux de la crue. Réservoir d'Assouan. . . . 239
Comparaison entre le débit du Nil et les besoins de l'Égypte. — Historique de la question de l'emmagasinement des eaux du Nil. — Projet de M. Willcocks ; réservoir d'Assouan. — Utilisation des eaux emmagasinées. — Dépenses et bénéfices. — Agrandissement du réservoir d'Assouan.

Chapitre XI. — Elévation mécanique des eaux d'arrosage 257
Considérations générales. — Nataleh. — Vis d'Archimède. — Chadouf. — Sakieh. — Tabout, tympan. — Roue hydraulique à palettes. — Pompes à vapeur. — Charges résultant pour l'agriculture de l'élévation mécanique de l'eau. — Formalités relatives à l'installation des machines élévatoires. — Grandes usines élévatoires. — Usines élévatoires appartenant au gouvernement.

Chapitre XII. — Digues et canaux 284
Conditions générales de l'entretien des digues et des canaux. — Digues du Nil. — Digues des Bassins. — Canaux. — Mode d'exécution des travaux d'entretien des digues et des canaux ; suppression de la corvée. — Terrassements à sec. — Entretien des digues du Nil et des bassins pendant la crue. — Dragages. — Moyens employés pour diminuer ou empêcher l'envasement des canaux : canaux Ramadi, Ibrahimieh ; rayahs Behéra, Menoufieh, Tewfikieh. — Consolidation des berges par des fascinages et des plantations. — Envasements par suite de vitesses insuffisantes du courant.

Chapitre XIII. — Description de quelques ouvrages d'art 314
Barrage du Delta. — Barrage d'Assiout. — Barrage d'Esneh. — Barrage de Zifta. — Barrage d'Assouan. — Ouvrages de prise et ouvrages régulateurs : ouvrages de prise du canal Ibrahimieh, du rayah Tewfikieh, du canal Sohaghieh ; ouvrage régulateur avec écluse à Sanaytah sur le rayah Tewfikieh ; ouvrage régulateur sur un canal d'irrigation permanente non navigable ; ouvrages régulateurs des bassins d'inondation ; appareils de fermeture des ouvrages régulateurs. — Déversoirs, siphons, ouvrages divers : déversoirs de Kocheicha, du bassin Hamed ; petit déversoir d'un canal d'irrigation permanente ; siphons sous le canal Sabakha, sous le canal Sohaghieh ; prises de distribution d'eau.

Chapitre XIV. — Organisation administrative et législative du service des irrigations. 367
Organisation administrative ; budget. — Considérations générales sur la législation. — Conseils provinciaux. — Attributions des moudirs et des inspecteurs d'irrigation. — Digues et canaux ; décret du 22 février 1894 ; arrêté du 16 juillet 1898. — Restrictions apportées aux arrosages à certaines époques. — Gardiennage et protection des digues pendant la crue du Nil ; décret du 29 juin 1899. — Remise des impôts en cas de non-arrosage des terres. — Régime des propriétés qui bordent le Nil. — Expropriation pour cause d'utilité publique. — Autorisation de puits artésiens.

Chapitre XV. — Agriculture 394
Développement agricole de l'Égypte. — Cultures. — Aménagement des terres. — Engrais. — Mode d'exploitation des terres. — Exemple d'une grande propriété rurale. — Rendement des terres.

Table des planches 416

Index alphabétique 417

ÉVREUX, IMPRIMERIE CH. HÉRISSEY, PAUL HÉRISSEY, SUCC^r.

1

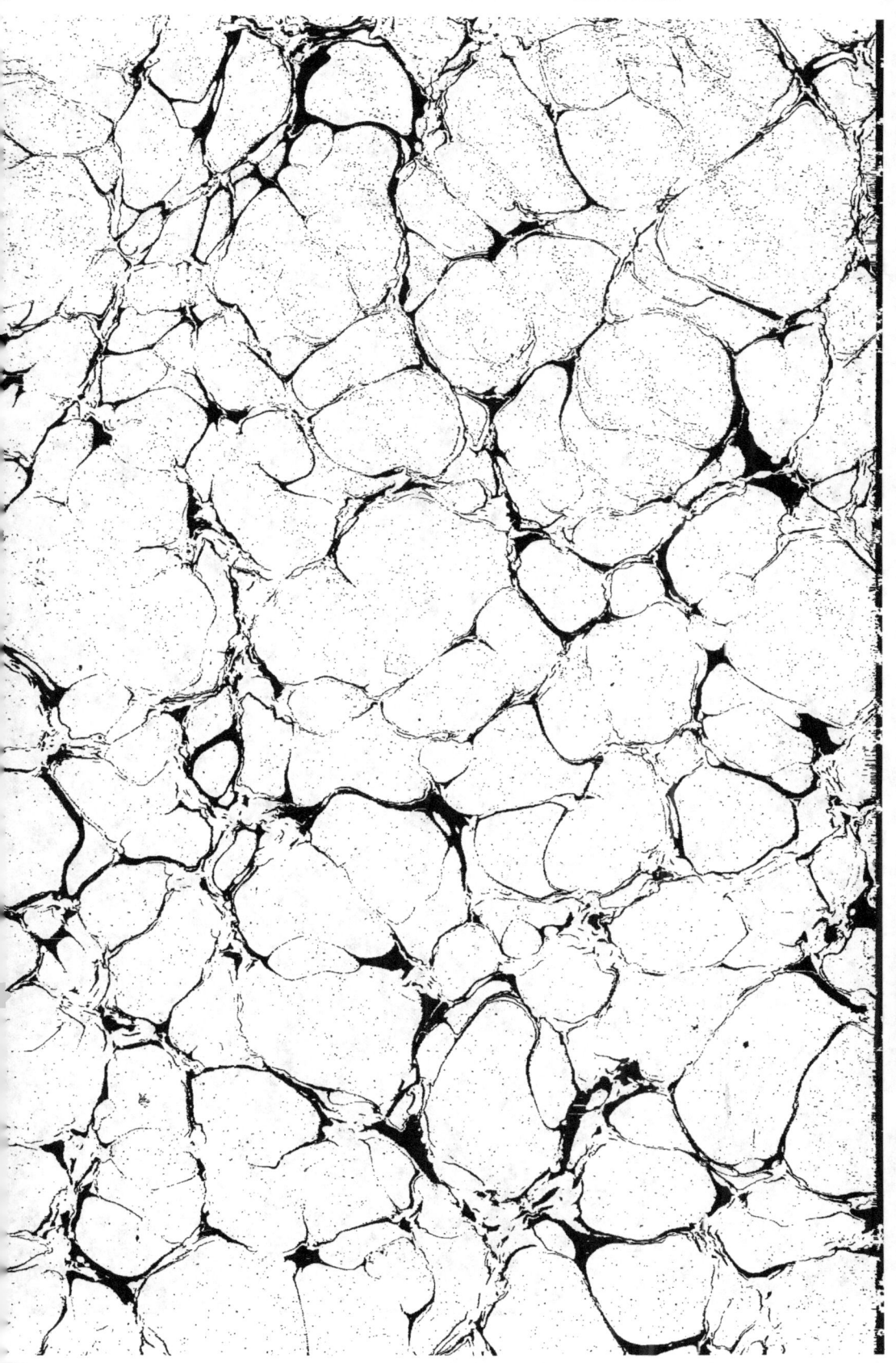

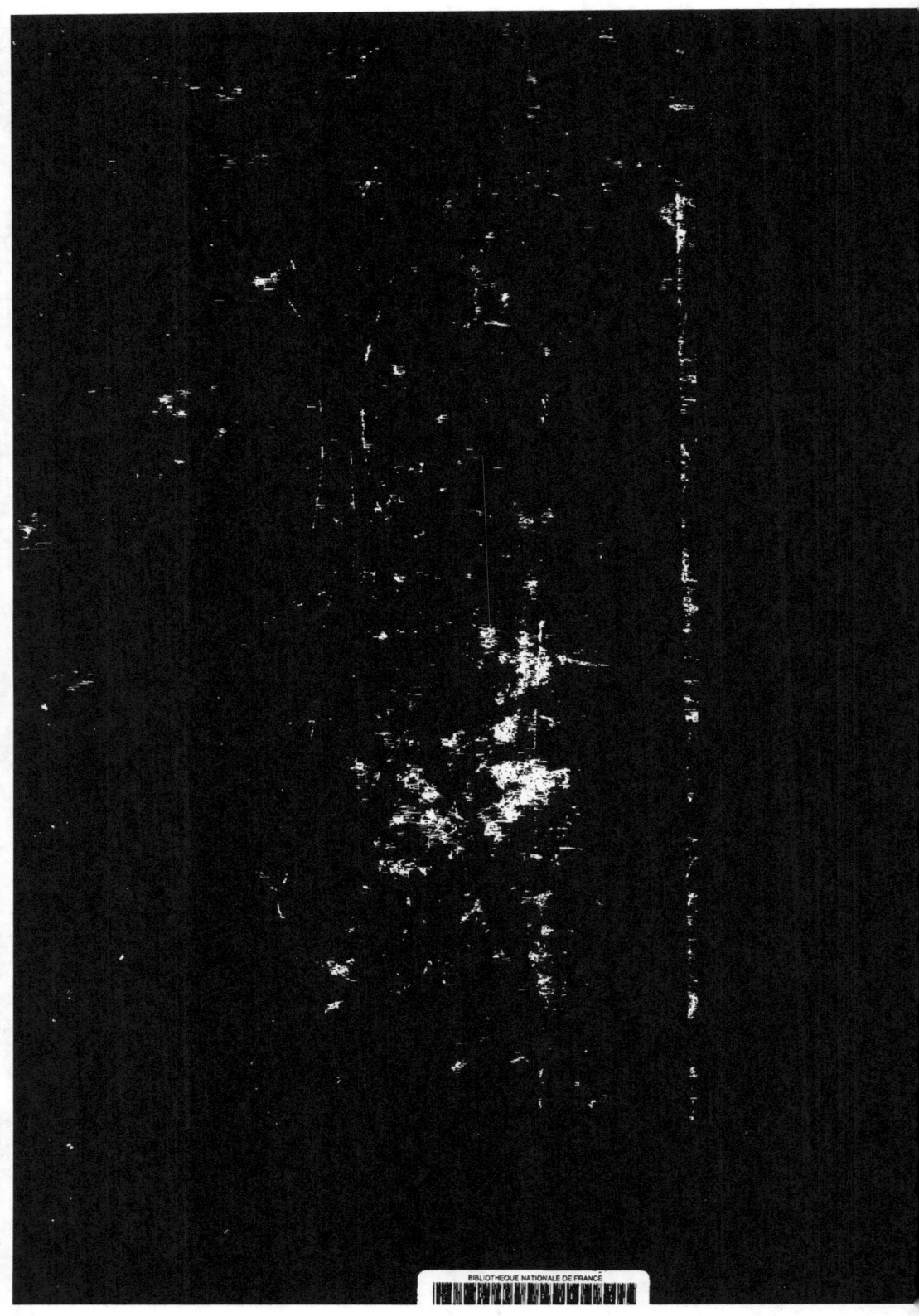

www.ingramcontent.com/pod-product-compliance
Lightning Source LLC
Chambersburg PA
CBHW070532230426
43665CB00014B/1655